G. Niemann • H. Winter

Maschinenelemente
Band 3

Springer

Berlin
Heidelberg
New York
Hongkong
London
Mailand
Paris
Tokio

G. Niemann • H. Winter

Maschinenelemente

Band 3:
Schraubrad-, Kegelrad-, Schnecken-, Ketten-, Riemen-, Reibradgetriebe, Kupplungen, Bremsen, Freiläufe

Zweite, völlig neu bearbeitete Auflage

Mit 234 Abbildungen

Springer

Prof. Dr.-Ing. Dr.-Ing. E.h. Gustav Niemann †

Prof. Dr.-Ing. Dr.-Ing. h.c. Hans Winter †

Hervorgegangen aus Band II der ersten Auflage

Berichtigter Nachdruck 1986, Nachdruck 2004

ISBN 3-540-10317-1 2. Aufl. Springer-Verlag Berlin Heidelberg New York

Bibliografische Information der Deutschen Bibliothek
Die Deutsche Bibliothek verzeichnet diese Publikation in der Deutschen Nationalbibliografie; detaillierte bibliografische Daten sind im Internet über <http://dnb.ddb.de> abrufbar.

Springer-Verlag ist ein Unternehmen von Springer Science+Business Media

springer.de

Einband-Entwurf: medio Technologies AG, Berlin
Gedruckt auf säurefreiem Papier 7/3020 Rw- 5 4 3 2 1 0

Vorwort

Wie schon im Vorwort zu Band I (1975) erwähnt, gibt es neben dem deutschsprachigen Original mindestens fünf fremdsprachige Ausgaben. Das Originalwerk selbst mußte mehrmals in relativ großen Stückzahlen nachgedruckt werden. Dies alles läßt die unveränderte Wertschätzung erkennen, die das Werk bei Konstrukteuren, Berechnungsingenieuren und Studenten genießt.

Die Fachwelt des In- und Auslandes hat eine Neuauflage des Bandes II immer wieder angemahnt, und ausländische Verlage haben schon seit längerem Optionen für neue Lizenzausgaben. — Wir stellen sie hiermit vor. Wegen der ständig zunehmenden Informationsmenge auf unserem Fachgebiet mußte der bisherige Band II noch einmal geteilt werden; die zweite Auflage des Gesamtwerkes ist also jetzt dreibändig!

Der gesamte Stoff wurde in allen wesentlichen Belangen gründlich überarbeitet und neu gestaltet.

Kapitel 20 (Band II) bringt allgemein gültige Grundlagen für Getriebe und Kupplungen sowie Vergleichsangaben über Eigenschaften, Baugrößen, Gewichte und die Anwendung von Getrieben. Damit kann der Leser eine schnelle, überschlägige Auswahl treffen. Dann folgen die Grundgleichungen für Bewegungsvorgänge und Massenwirkungen, die ebenfalls für alle Getriebe und Kupplungen gelten. Neu sind die Angaben zur Berechnung von Lagerkräften für sämtliche Getriebearten einschließlich komplizierter Wellenanordnungen, ferner die Umrechnungstafel für Maßeinheiten. Die weiteren Kapitel in den Bänden II und III behandeln die Getriebearten und Kupplungen im einzelnen.

Wo irgend möglich haben wir uns bemüht, Herkunft, Annahmen und Ableitungen der Berechnungsgleichungen, Festigkeitswerte und Einflußgrößen anzugeben. Damit lassen sich die physikalischen Zusammenhänge besser verstehen und die Berechnungen mit kritischem Verstand ausführen. Der Charakter des Werkes als Lehrbuch ist dadurch deutlicher hervorgetreten.

Die Darstellung berücksichtigt den heutigen Stand der Auslegung, Konstruktion und Berechnung von Getrieben und Kupplungen. Wichtig erschien uns dabei das methodische Vorgehen auf der Basis einer sorgfältigen Analyse der Funktionen. So muß man sich stets klarmachen, daß es entscheidend wichtig ist, die von außen in das Getriebe oder die Kupplung eingeleiteten Kräfte zuverlässig zu erfassen sowie die Betriebsbedingungen weitestgehend abzuklären. Ebenso wichtig ist es zu berücksichtigen, daß die zulässigen Spannungs- und Festigkeitswerte erheblich streuen. Der Konstrukteur muß wissen, welche Voraussetzungen bezüglich Werkstoffsorte, Wärmebehandlung und Herstellungsverfahren den jeweils eingesetzten Werten zugrunde liegen.

Wir haben das Prinzip beibehalten, alle für den Konstrukteur und Ingenieur wichtigen Aussagen über die hier behandelten Maschinenelemente, ob sie nun zulässige Spannungen, Reibungszahlen, Konstruktionsdaten oder sonstige Erfahrungswerte darstellen, möglichst umfassend anzubieten. Man bedenke allerdings: Alle Einflußgrößen treten im wesentlichen statistisch verteilt auf. Dies wird beim Ansatz wichtiger Größen deutlich gemacht. Die Festigkeitswerte werden für eine Schadenswahrscheinlichkeit angegeben. Es hat daher wenig Sinn, angesichts dieser Unsicherheiten und Streuungen etwa Geometriefaktoren auf viele Dezimalen genau zu bestimmen. Auch bei Verwendung der Elektronenrechner sollten kritischer Sachverstand und ein Gefühl für physikalische Zusammenhänge, für Wesentliches und Unwesentliches nicht verlorengehen!

Da Rechner aller Größen (vom Taschenrechner bis zum Großrechner) heute zum Handwerkszeug des Konstrukteurs und Berechnungsingenieurs gehören, sind zu den Diagrammen weitgehend die entsprechenden Berechnungsgleichungen angegeben. Die Darstellung in Diagrammen haben wir beibehalten, da sie einen schnellen Überblick über die Größenordnungen gestatten und damit ein besseres Gefühl für die Zusammenhänge vermitteln. Manche Zahlentafeln (z. B. die Evolventenfunktionen) konnten durch Rechenschemata für Taschenrechner ersetzt werden.

Als neuer Zweig der technischen Wissenschaften wurde die Elasto-Hydrodynamik für verschiedene Probleme eingeführt. — Alle Daten und Bezeichnungen wurden dem Stand der DIN- und ISO-Normung angepaßt, die Einheiten generell auf das SI-System umgestellt.

Durch eigene Aktivitäten in der Forschung über Zahnradgetriebe und deren Grundlagen sowie in der deutschen, amerikanischen und internationalen Normung, aber auch aufgrund unserer engen Zusammenarbeit mit der Getriebeindustrie glauben wir, mit der nun vorliegenden Darstellung den heutigen Stand der Wissenschaft und Praxis aus erster Hand bieten zu können. — Zu allen Themenbereichen, insbesondere solchen, in denen wir nicht selber forschen, haben wir jedoch stets hervorragende Fachleute der Industrie hinzugezogen. Letztlich zeichnen wir aber als Verfasser für alle Aussagen und Angaben selbst verantwortlich.

Sicher wird der kritische Benutzer des Werkes hier und da Unzulänglichkeiten entdecken oder Fehler, die wir übersehen haben. Für entsprechende Hinweise sind wir stets dankbar.

Dieses Lehr- und Arbeitsbuch ist also das Ergebnis einer Gemeinschaftsarbeit. Ohne die Mitwirkung unserer Mitarbeiter am Institut und von Kollegen aus der Industrie wäre dieses Werk heute noch nicht fertig. Deshalb sagen wir allen Beteiligten an dieser Stelle unseren besonderen Dank.

Von unseren Mitarbeitern sind zu nennen: Dipl.-Ing. *H. Vojacek* (Lagerkräfte, Massenwirkungen; Nichtevolventische Verzahnungen; Entwerfen, Gestalten von Stirnradgetrieben; Reibkupplungen, Reibbremsen); Dr.-Ing. *P. Oster* (Zahnkräfte, Verformungen, Korrekturen; Elastohydrodynamik); Dipl.-Ing. *K. Michaelis* (Schmierung; Verlustleistung; Freßtragfähigkeit); Dr.-Ing. *W. Knabel* (Getriebegeräusch); Dipl.-Ing. *G. Schönnenbeck* (Kunststoffzahnräder); Dipl.-Ing. *W. Schmidt* (Planetengetriebe); Dr.-Ing. *G. Fresen* (Stirn-Schraubradgetriebe); Dr.-Ing. *M. Richter* und Dipl.-Ing. *M. Paul* (Kegelradgetriebe); Dr.-Ing. *H. Wilkesmann*, Dr.-Ing. *G. Huber* und Dipl.-Ing. *D. Mathiak* (Schneckengetriebe); Dipl.-Ing. *F. J. Joachim* (Kettengetriebe); Dipl.-Ing. *T. Weiß* (Riemengetriebe); Dr.-Ing. *H. Gaggermeier* (Reibradgetriebe); Dipl.-Ing. *W. Liebhardt* (Freilaufkupplungen); Dr.-Ing. *Th. Hösel* (Verschiedenes).

Beiträge zu Einzelthemen stammen von den Herren Prof. *B. Podlesnik* (Zahnfedersteifigkeit); Dipl.-Ing. *H. Pflaum* (Kraftverteilung über die Zahnbreite); Prof. *H. Rettig* (Werkstoffe, Festigkeitswerte, dynamische Zahnkräfte); Dipl.-Ing. *H. Gerber* (dynamische Zahnkräfte); Dr.-Ing. *H. J. Plewe* (Langsamlaufverschleiß); Dr.-Ing. *W. Käser* (Grübchentragfähigkeit); Dr.-Ing. *U. Broßmann* (Zahnfußtragfähigkeit); Dipl.-Ing. *F. J. Hoppe*, Dipl.-Ing. *Th. Placzek* und cand. ing. *F. Prexler* (Beispiele).

Folgende Kollegen haben in Form von Beiträgen, Daten und kritischer Durchsicht mitgewirkt: Dr.-Ing. *K. Kallhardt*, München und Dipl.-Ing. *H. Treppschuh* (Werkstoffe); Ob.-Ing. *K. Grimpe*, Duisburg (Gestaltung); Ing. grad. *W.-D. Brünings*, Ludwigshafen; Ing. grad. *H. Dopp*, Haren/Ems; Dr.-Ing. *H. Röbner*, Frankfurt; Dr.-Ing. *E. Siedke*, Berlin und Ob.-Ing. *H. Strelow*, Minden (Kunststoffzahnräder); Dr.-Ing. *H. Trapp*, Hückeswagen (Kegelradgetriebe); Dipl.-Ing. *L. Kostka*, Bocholt (Schneckengetriebe); Dr.-Ing. *O. Dittrich*, Bad Homburg (Kettengetriebe, Reibradgetriebe); Ob.-Ing. *H. G. Tope*, Hannover (Riemengetriebe); Dr.-Ing. *K. H. Timtner*, Bad Homburg, Ing. grad.

D. Seidel, München und Dipl.-Ing. *R. Maurer*, Bad Homburg (Freilaufkupplungen); Ing. *E. Mangold*, München, Wirtsch.-Ing. *G. Schrödl*, München, Dipl.-Ing. *D. Wagner*, Hamburg, Dr. *J. Fuhrmann*, Hamburg, Dipl.-Ing. *G. Brandt*, Hamburg, Dr. *E. Jantzen*, Stuttgart, Dipl.-Ing. *G. P. Wollhofen*, München, Dipl.-Ing. *H.-J. Blanke*, München und Ing. grad. *H. Stockmeier*, Augsburg (Schmierung und Kühlung).

Prof. *B. Podlesnik*, Dipl.-Ing. *H. Gerber* und Dipl.-Ing. *M. Paul* haben das Manuskript sorgfältig überprüft. Ihnen sowie unseren Mitarbeitern, die Schreib- und Zeichenarbeiten beigesteuert haben, sei ausdrücklich gedankt. Dasselbe gilt gegenüber allen Firmen, die Zeichnungen und sonstige Unterlagen zur Verfügung gestellt haben.

Die Arbeiten über die Tragfähigkeit von Zahnradgetrieben waren großenteils auch Beiträge zu entsprechenden DIN/ISO-Normen. Diese mit langwierigen, schwierigen Verhandlungen verbundenen Projekte sind neben der eigenen Forschung dem Wert und der Aktualität des Werkes sicher zugute gekommen. Aber sie haben die Fertigstellung der Neuauflage immer wieder verzögert. Der Springer-Verlag hat dies — zwar mit wachsendem Verdruß — letztlich aber mit Geduld und Verständnis ertragen. Dafür sind wir ebenso dankbar wie für die redaktionellen und herstellerischen Bemühungen sowie für die vertrauensvolle Zusammenarbeit mit seinen Mitarbeitern während der Vorbereitungen des Druckes.

Die letzten Zeilen dieses Vorwortes gelten in Dankbarkeit und Verehrung Herrn Professor Dr.-Ing. Dr.-Ing. E. h. *Gustav Niemann*. Er hat das Entstehen der Neuauflage über die vielen Jahre hinweg mit Anteilnahme verfolgt, ihre Fertigstellung jedoch nicht mehr erleben dürfen. In diesem von ihm begründeten Werk wird sein Name lebendig bleiben!

München, im Juni 1983 **H. Winter**

Auch in dem hiermit vorliegenden Neudruck der zweiten Auflage dieses Bandes wurden wieder Druckfehler im Text korrigiert, Unstimmigkeiten in Bildern beseitigt und einige weitere Verbesserungen vorgenommen. Die meisten Anregungen dazu haben — wie bei den früheren Neudrucken der verschiedenen Bände — aufmerksame Benutzer des Werkes gegeben, wofür ihnen an dieser Stelle erneut Dank gesagt sei.

München, im Juni 1986 **H. Winter**

Hinweise

Abkürzungen: DIN: Deutsches Institut für Normung; ISO: International Standards Organization; AGMA: American Gear Manufacturers Association; BS: British Standard; FZG: Forschungsstelle für Zahnräder und Getriebebau, Technische Universität München.

Gleichungen, die mit ⊛ gekennzeichnet sind, sind Zahlenwertgleichungen, d. h., die Einflußgrößen müssen als auf die angegebenen Einheiten bezogene Zahlenwerte eingesetzt werden. Alle übrigen Gleichungen sind Größengleichungen, d. h., die Einflußgrößen dürfen auf beliebig gewählte Einheiten bezogen und eingesetzt werden.

Inhalt der Bände I und II

Band I

Band II

Inhaltsverzeichnis

23 Stirn-Schraubradgetriebe

Man kann sich ein Schraubradpaar aus dem allgemeinsten Fall eines Zahnradpaares mit gekreuzten Achsen — einem Hyperboloidradpaar — entstanden denken (Bild 20/4). Beide hier erkennbaren Kehlräder werden durch (zylindrische) Stirnräder mit Evolventenverzahnung ersetzt (Bild 23/1), deren Flankenrichtung mit der Richtung der Schraubachse übereinstimmt.

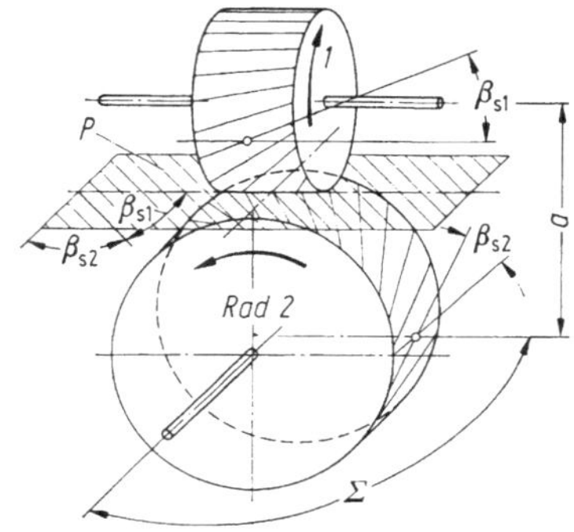

Bild 23/1. Paarung der Schraubräder *1* und *2* mit Planverzahnung *P*. Achsabstand a, Achsenwinkel Σ, Schrägungswinkel β_{s1} und β_{s2}.

Für das einzelne Rad einer Schraubradpaarung gelten deshalb die Maße und Bestimmungsgrößen für Stirnräder, Abschn. 21.3 und Tafel 22.1/11. Auch Herstell- und Prüfverfahren, Abschn. 21.12 und 21.4, sind daher dieselben.

Als Achsenwinkel Σ wählt man meist 90°. — Übersicht und Vergleich mit anderen Getriebearten s. Abschn. 20.3.

23.1 Eigenschaften und Verwendung

Die Zahnflanken berühren sich wie zwei gekreuzte Zylinder in einem Punkt. Mit zunehmendem Achsenwinkel wächst auch die Gleitgeschwindigkeit in Zahnlängsrichtung (Schraubgleiten); dem überlagert sich das von Stirnrädern bekannte Gleiten in Zahnhöhenrichtung.

Punktberührung und Schraubgleiten sind die Ursachen für geringe Tragfähigkeit und hohe Verlustleistung (gegenüber Stirnradpaaren). Deshalb verwendet man Schraubräder meist zur Bewegungsübertragung oder für Nebenantriebe (z. B. Textilmaschinen, Tachometer- und Pumpenantriebe).

Bei kleinem Achsenwinkel ($\Sigma < 25°$) eignen sie sich jedoch auch zur Übertragung größerer Leistungen [23/12]; der Berührpunkt weitet sich dann zu einer langgestreckten Berührellipse aus [23/11]. Im Grenzfall $\Sigma = 0$, d. h. für $\beta_1 = -\beta_2$, ergeben sich Stirnräder auf parallelen Achsen mit Linienberührung.

Schraubräder lassen sich ohne Beeinträchtigung des Zahneingriffs in Achsrichtung verschieben (ausreichende Zahnbreite vorausgesetzt). Die dadurch erreichte Drehverstellung nutzt man beispielsweise zum Einstellen von Nockenwellen.

Aufgrund der Punktberührung sind Schraubräder gegen kleine Fehler der Schrägungswinkel unempfindlicher als Stirnräder auf parallelen Achsen; sie sind jedoch empfindlich gegen Achsabstandsfehler, weil dann die Summe der Schrägungswinkel an den Schraubzylindern nicht gleich dem Achsenwinkel ist, s. (23/1,2).

23.2 Zeichen und Einheiten

Allgemein gültige Zeichen für Verzahnungsgeometrie Abschn. 21.1.1. Kurzzeichen für Verzahnungsabweichungen s. Abschn. 21.4.1.

a	mm	Achsabstand, große Halbachse der Druckellipse
b	mm	Zahnbreite, kleine Halbachse der Druckellipse
c	mm	Kopfspiel
d	mm	Durchmesser
g_{an}, g_{fn}	mm	Eingriffsstrecke im Normalschnitt; Kopf-, Fuß-
h	mm	Zahnhöhe
i	—	$= n_{\bar{a}}/n_{\bar{b}} = z_{\bar{b}}/z_{\bar{a}}$, Übersetzung
l	mm	Kontaktlänge
m	mm	Modul
n	min^{-1}	Drehzahl
s_{nF}	mm	Zahnfußdicke
u	—	$= z_2/z_1$ Zähnezahlverhältnis
v_g, v_t	m/s	Gleit-, Umfangsgeschwindigkeit ($v_{st} \approx v_t$)
v_{gs}	m/s	Schraubgeschwindigkeit
x	—	Profilverschiebungsfaktor
z	—	Zähnezahl
E	N/mm^2	Elastizitätsmodul (E-Modul)
F	N	Kraft
F_t	N	(Nenn-)Umfangskraft
K_A	—	Anwendungsfaktor
P	kW	(Nenn-)Leistung
S	—	Sicherheit
T	Nm	(Nenn-)Drehmoment
X_G	$\sqrt{1/mm}$	Geometriefaktor
X_ε	—	Überdeckungsfaktor (Fressen)
Z_F	$\sqrt[3]{mm^2/N}$	Materialfaktor
Z_G	—	Gleitfaktor
$Z_{\varepsilon P}$	—	Überdeckungsfaktor (Flankenpressung)
α	°	Eingriffswinkel
β	°	Schrägungswinkel
β_B	°	Winkel zwischen Flanken- und Berührlinie
ε	—	Überdeckung
η	—	Wirkungsgrad, Hertzscher Halbachsenbeiwert
ϑ	°	Hertzscher Hilfswinkel
ϑ_{int}, ϑ_{oil}	°C	Integraltemperatur, Öl-
μ_m	—	mittlere Zahnreibungszahl
ν	—	Poissonsche Konstante
ξ	—	Hertzscher Halbachsenbeiwert
ϱ	°, mm	Reibungswinkel, Krümmungsradius
σ_H, σ_F	N/mm^2	Flankenpressung, Zahnfußspannung
Σ	°	Achsenwinkel

Indizes

1 Kleinrad
2 Großrad
a Kopfzylinder, Kopfkreis, Zahnkopf
b Grundzylinder, Grundkreis
ā treibend
b̄ getrieben
e Eingriff
f Fußzylinder, Zahnfuß
m Mittelwert
n Normalschnitt
s Schraubpunkt, Schraubachse
S Freßbeanspruchung
t Stirnschnitt
V Verlust, Verschleiß
x Axialrichtung, Axialschnitt
z Zahn, Verzahnung
α Zahnhöhenrichtung
β Zahnlängsrichtung
γ Gesamtwert

23.3 Geometrie der Schrauhräder

23.3.1 Grundelemente eines Schraubradpaares

Die Achsen beider Schraubräder eines Paares liegen in zwei zueinander parallelen Ebenen. Das gemeinsame Lot beider Achsen ist die Mittenlinie, der kürzeste Abstand beider Ebenen, der Achsabstand (Bild 23/1). Die Schraubachse, die hier an die Stelle der Wälzgeraden der Stirnräder tritt, teilt den Achsabstand im Verhältnis der Schraubradien der beiden Räder (Bild 20/4).

a) Achsenwinkel Σ und Schrägungswinkel β_s auf dem Schraubzylinder.

$$\Sigma = \beta_{s1} + \beta_{s2}; \quad \sin \beta_{s1,2} = \sin \beta_{1,2} \cos \alpha_n / \cos \alpha_{sn}. \qquad (23/1,2)$$

Definition: Rechtssteigende Schrägungswinkel sind positiv, linkssteigende negativ (vgl. Abschn. 21.3.6); daraus folgt das Vorzeichen des Achsenwinkels. — Beispiel: $\Sigma = 40° + (-30°) = +10°$.
Der Achsenwinkel Σ ist der kleinere der beiden Winkel zwischen den Kreuzungsebenen.

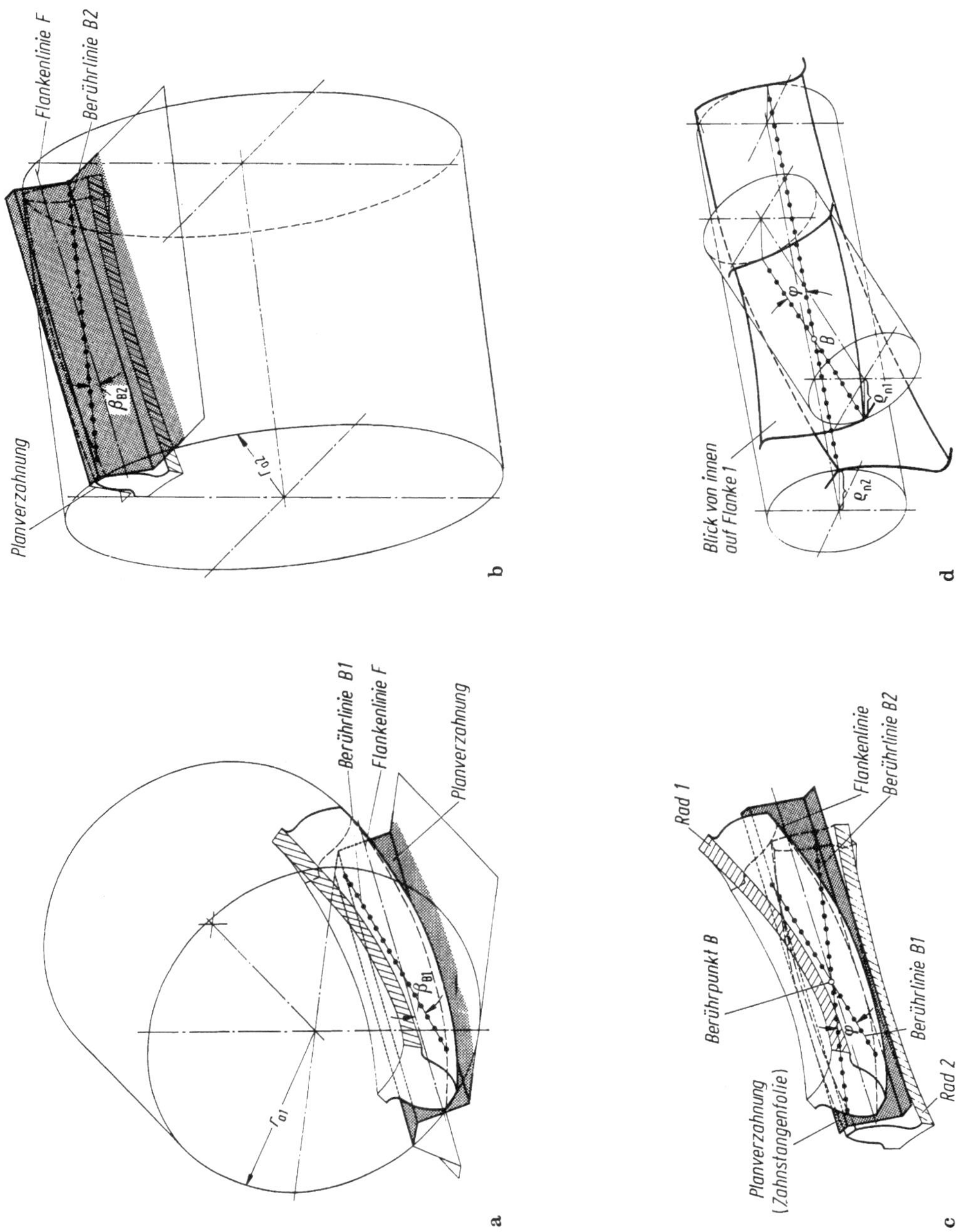

Bild 23/2. Berührung der Zahnflanken von Bild 23/1. a) Berührlinie B_1: Oberes Rad *1* / Planverzahnung; b) Berührlinie B_2: Unteres Rad *2* / Planverzahnung; c) Planverzahnung zwischen den Flanken der beiden Schraubräder; d) Ersatzzylinder mit Krümmungsradien der Flanken im Berührpunkt *B*. (Gezeichnet von Dipl.-Ing. A. Echter.)

b) Übersetzung i, Zähnezahlverhältnis u.

$$i = n_{\bar{a}}/n_{\bar{b}} = z_{\bar{b}}/z_{\bar{a}} = d_{s\bar{b}} \cos\beta_{s\bar{b}}/(d_{s\bar{a}} \cos\beta_{s\bar{a}}). \tag{23/3}$$

Das treibende Rad (Index ā) kann die kleinere Zähnezahl oder die größere haben.

$$u = z_2/z_1 = d_{s2} \cos\beta_{s2}/(d_{s1} \cos\beta_{s1}). \tag{23/4}$$

Gegenüber normalen Stirnrädern sind i und u also nicht gleich dem Durchmesserverhältnis beider Räder, sondern auch vom Verhältnis der beiden (unterschiedlichen) Schrägungswinkel abhängig, ähnlich der Gewindesteigung bei Schnecken.

c) Schraubkreisdurchmesser d_s, Achsabstand a.

$$d_{s1} = m_{sn} z_1/\cos\beta_{s1}; \qquad d_{s2} = m_{sn} z_2/\cos\beta_{s2}; \tag{23/5,6}$$

$$a = 0{,}5(d_{s1} + d_{s2}) = 0{,}5 m_{sn}(z_1/\cos\beta_{s1} + z_2/\cos\beta_{s2}); \tag{23/7}$$

$$\text{für} \quad \Sigma = 90°, \quad a = 0{,}5 m_{sn}(z_1/\cos\beta_{s1} + z_2/\sin|\beta_{s1}|). \tag{23/8}$$

23.3.2 Berührverhältnisse der Schraubräder mit Evolventenverzahnung

Die im Bild 23/1 angedeutete Planverzahnung, gedacht als hauchdünne Schrägzahnstange, kämmt mit beiden Schraubrädern. Die Zahnflanken des Rades *1* berühren die ebene Flanke der Zahnstange — wie von der Schrägverzahnung, Abschn. 21.3.6 bekannt — auf einer schräg über die Flanke verlaufenden Linie B_1 von oben. B_1 bildet mit der Flankenlinie F den Winkel β_{B1} (Bild 23/2a).

Die Flanken des Rades *2* berühren dieselbe Zahnstangenflanke auf der Linie B_2, die im Winkel β_{B2} zur Flankenlinie F liegt, von unten (Bild 23/2b). Beide Berührlinien schließen den Winkel φ ein (Bild 23/2c). Nach Abschn. 21.3.6 gilt:

$$\tan\beta_{B1} = \tan\beta_1 \sin\alpha_n; \qquad \tan\beta_{B2} = \tan\beta_2 \sin\alpha_n, \tag{23/9,10}$$

$$\varphi = \beta_{B1} + \beta_{B2}. \tag{23/11}$$

Die Zahnflanken der beiden Räder liegen also auf verschiedenen Seiten derselben Zahnstangenflanke. Beide Berührlinien schneiden sich in einem Punkt B. Dies ist der einzige momentane Berührpunkt beider Schraubradflanken.[1]

Alle anderen Punkte beider Radflanken haben in diesem Augenblick einen gewissen Abstand voneinander.

a) Eingriffsebenen — Eingriffslinie. Wie bei allen Evolventenstirnrädern können die Zahnflanken des oberen Rades in Bild 23/1 die Flanken der Planverzahnung (gemeinsame Zahnstange) nur in der — vom oberen Grundzylinder abgewickelten — Eingriffsebene *1* berühren (Bild 23/3a). Mögliche Berührlinien sind die Schnitte B_1 der Eingriffsebene *1* mit den Flanken der Planverzahnung. Die Richtung der Eingriffsebene ergibt sich aus der Bedingung, daß diese die Flanken der Planverzahnung im Stirnschnitt des Rades *1* im rechten Winkel schneiden muß.

Die entsprechenden Beziehungen gelten für das untere Rad *2*, die zugehörige Eingriffsebene *2* und die (beiden Rädern gemeinsame) Planverzahnung.

Die Zahnflanken beider Räder können sich nur in Punkten berühren, die beiden Eingriffsebenen gemeinsam sind, d. h. in der Schnittgeraden beider Eingriffsebenen (Bild 23/3b). Dies ist die Eingriffslinie; in ihr schneiden sich die Berührlinien B_1 und B_2, wenn ein Zahnpaar die Eingriffszone durchläuft.

b) Eingriffsstrecke. Die Kopfzylinder beider Räder schneiden die Eingriffslinie in A und E und definieren damit die Eingriffsstrecke $\overline{AE}$ (Bild 23/3b) (gilt nur für Verzahnungen

---

1 Nur für $\Sigma = 0$, d. h. Schrägstirnräder auf parallelen Achsen, fallen die B-Linien B_1 und B_2 aufeinander (Linienberührung).

ohne schädlichen Unterschnitt[2]).

$$\overline{AE} = g_{\mathrm{an1}} + g_{\mathrm{an2}} \tag{23/12}$$

mit den Kopfeingriffsstrecken:

$$g_{\mathrm{an1}} = g_{\mathrm{at1}}/\cos\beta_{\mathrm{b1}} = 0{,}5\left(\sqrt{d_{\mathrm{a1}}^2 - d_{\mathrm{b1}}^2} - \sqrt{d_{\mathrm{s1}}^2 - d_{\mathrm{b1}}^2}\right)/\cos\beta_{\mathrm{b1}} = \overline{SE}; \tag{23/13}$$

$g_{\mathrm{an2}} = \overline{SA}$ nach (23/13) mit Index 2 statt 1. Kopf- und Fuß-Eingriffsstrecken im Stirnschnitt $g_{\mathrm{at1}} = \overline{S_{\mathrm{t1}}E_{\mathrm{t1}}}$ und $g_{\mathrm{ft2}} = \overline{S_{\mathrm{t2}}E_{\mathrm{t2}}}$ s. Bild 23/3b.

c) Zahnbreite. Projiziert man die Eingriffsstrecke in der Eingriffsebene *1* auf die Mantellinie des Grundzylinders *1* und in der Eingriffsebene *2* auf die Mantellinie des Grundzylinders *2*, so erhält man die Mindest-Radbreiten. Die in Axialrichtung außerhalb dieses Bereichs liegenden Teile der Verzahnung kommen nicht zum Eingriff (Bild 23/3b).

$$b_{\mathrm{min1}} = \overline{AE}\sin|\beta_{\mathrm{b1}}|, \quad b_{\mathrm{min2}} = \overline{AE}\sin|\beta_{\mathrm{b2}}| \tag{23/14}$$

mit $\beta_{\mathrm{b1,2}}$ aus (23/30).

Für die Planverzahnung, d. h. für $z_1 = z_2 = \infty$, folgt:

$$b_{\mathrm{min1}} = \frac{h_{\mathrm{a1}} + h_{\mathrm{a2}}}{\tan\alpha_{\mathrm{n}}}\sin|\beta_{\mathrm{b1}}|; \quad b_{\mathrm{min2}} = \frac{h_{\mathrm{a1}} + h_{\mathrm{a2}}}{\tan\alpha_{\mathrm{n}}}\sin|\beta_{\mathrm{b2}}|. \tag{23/15}$$

Für $h_{\mathrm{a1}} + h_{\mathrm{a2}} = 2m_{\mathrm{n}}$ und $\alpha_{\mathrm{n}} = 20°$, d. h. normale Zahnhöhen (Bezugsprofil nach DIN 867) und Null- oder V-Null-Verzahnung ergibt sich:

$$b_{\mathrm{min1}} = 5{,}5m_{\mathrm{n}}\sin|\beta_{\mathrm{b1}}|; \quad b_{\mathrm{min2}} = 5{,}5m_{\mathrm{n}}\sin|\beta_{\mathrm{b2}}|. \tag{23/16}$$

Da diese Werte bereits für Räder unendlicher Zähnezahl gelten, genügt zur Berücksichtigung der Einbautoleranzen meist ein Zuschlag von $(1\ldots2)\,m_{\mathrm{n}}$ zu den Werten von (23/16).[3] Insgesamt soll $b \geq 6m_{\mathrm{n}}$ sein, damit die Zähne ausreichend seitenstabil sind. Mindest-Zahnbreite s. Tafel 22.1/7.

d) Die **Überdeckung** ergibt sich nach Abschn. 21.3.5 aus Eingriffsstrecke $\overline{AE}$ nach (23/12) und Eingriffsteilung p_{en} im Normalschnitt:

$$\left.\begin{array}{l} \varepsilon_{\mathrm{n}} = \overline{AE}/p_{\mathrm{en}} = \overline{AE}/(m_{\mathrm{n}}\pi\cos\alpha_{\mathrm{n}}) = \varepsilon_{\mathrm{n1}} + \varepsilon_{\mathrm{n2}}, \\ \text{Kopf-Teilüberdeckung des Ritzels } \varepsilon_{\mathrm{n1}}, \text{ des Rades } \varepsilon_{\mathrm{n2}}: \\ \varepsilon_{\mathrm{n1}} = \overline{SE}/p_{\mathrm{en}} = g_{\mathrm{an1}}/p_{\mathrm{en}}, \quad \varepsilon_{\mathrm{n2}} = \overline{SA}/p_{\mathrm{en}} = g_{\mathrm{an2}}/p_{\mathrm{en}} \end{array}\right\} \tag{23/17}$$

mit $g_{\mathrm{an1,2}}$ nach (23/13).

23.3.3 Gleitgeschwindigkeiten

Ersetzt man die gemeinsame Planverzahnung von Bild 23/1 durch zwei ineinandergefügte, hauchdünne Zahnstangen, so kann Rad *1* auf seiner Zahnstange *1* mit der Umfangsgeschwindigkeit v_{t1} abwälzen und Rad *2* auf der Zahnstange *2* mit der Umfangsgeschwindigkeit v_{t2} (Bild 23/4a). Weil beide Zahnstangen senkrecht zu ihren Flankenlinien keine Relativbewegung ausführen können, muß die Normalgeschwindigkeit in der Wälzebene v_{n} für beide gleich sein.

$$v_{\mathrm{n}} = v_{\mathrm{st1}}\cos|\beta_{\mathrm{s1}}| = v_{\mathrm{st2}}\cos|\beta_{\mathrm{s2}}|. \tag{23/18}$$

2 Unterschnitt, der so hoch reicht, daß er die Eingriffsstrecke verkürzt; vgl. Abschn. 21.3.8c.

3 Diese Breite ist eine rein geometrische Größe; sie berücksichtigt nicht, daß sich (besonders bei kleinem Achsenwinkel Σ) der Brührungspunkt unter Belastung zu einer breiten Ellipse ausdehnen kann. In solchen Fällen ist die endgültige Zahnbreite erst nach der Tragfähigkeitsberechnung festzulegen, wenn die Halbachsen der Druckellipse bekannt sind, s. (23/62) und [23/11].

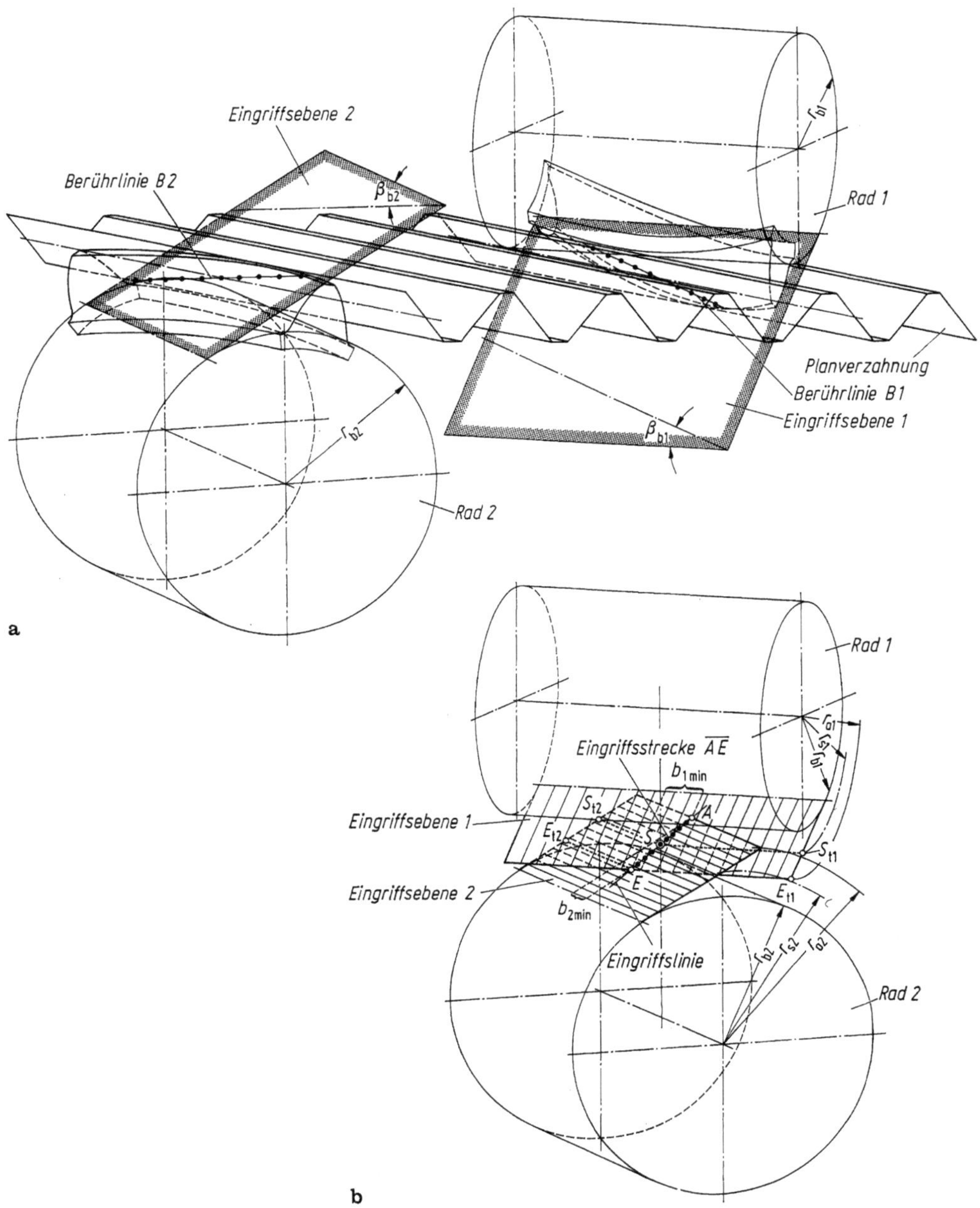

Bild 23/3. **Entstehung der Eingriffslinie eines Schraubradpaares.** **a) Eingriffsebenen *1* und *2* mit Planverzahnung; b) Eingriffslinie als Schnitt der Eingriffsebenen *1* und *2*; $\overline{S_{t2}E_{t2}} = g_{ft2}$, $\overline{S_{t1}E_{t1}} = g_{at1}$. (Gezeichnet von Dipl.-Ing. A. Echter.)**

Da $v_{st} = v_t$ (bei Null- oder V-Null-Verzahnung) oder $v_{st} \approx v_t$ (bei V-Verzahnung) wird im folgenden bei v_t auf den Index s verzichtet.

a) Gleitgeschwindigkeit in Richtung der Flankenlinien, d. h. der Schraubachse (Schraubgleiten). Aus der Bedingung nach (23/18) folgt, daß beide Zahnstangen, und damit auch die Flanken der Räder, mit der Gleitgeschwindigkeit v_{gs} in Zahnlängsrichtung aufeinander gleiten müssen. v_{gs} ergibt sich nach Bild 23/4b als geometrische Differenz beider

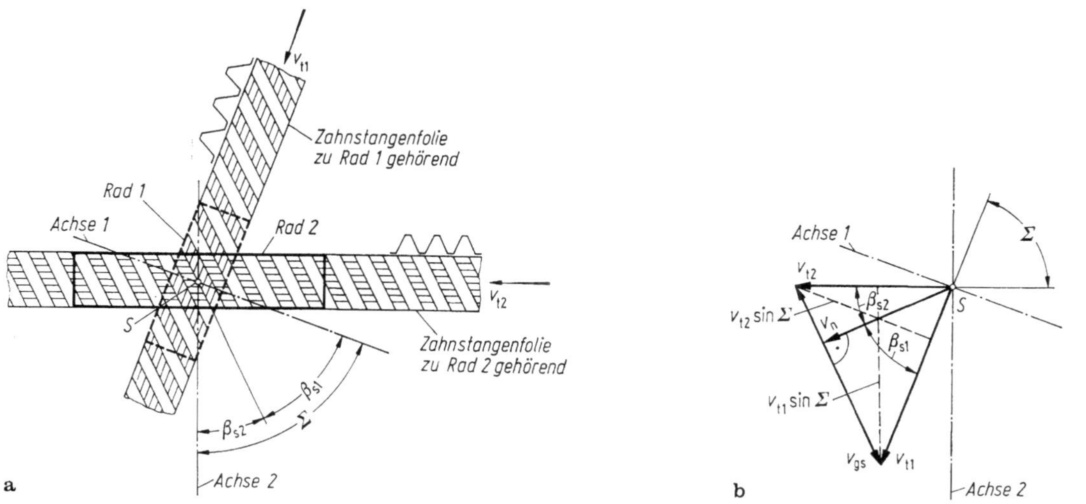

Bild 23/4. Entstehung des Schraubgleitens. a) Modellvorstellung; b) Geschwindigkeiten am Schraubpunkt.

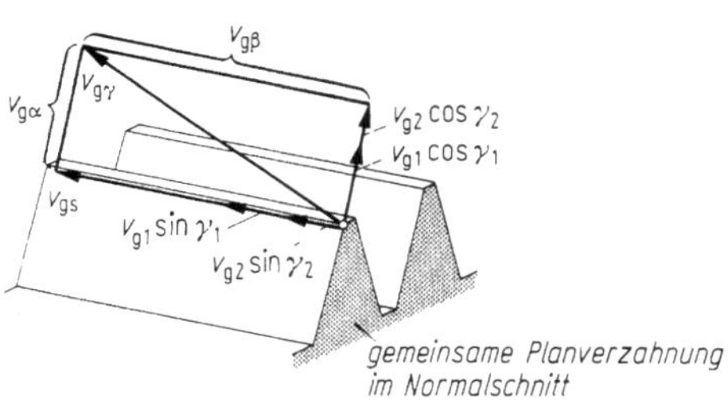

Bild 23/5

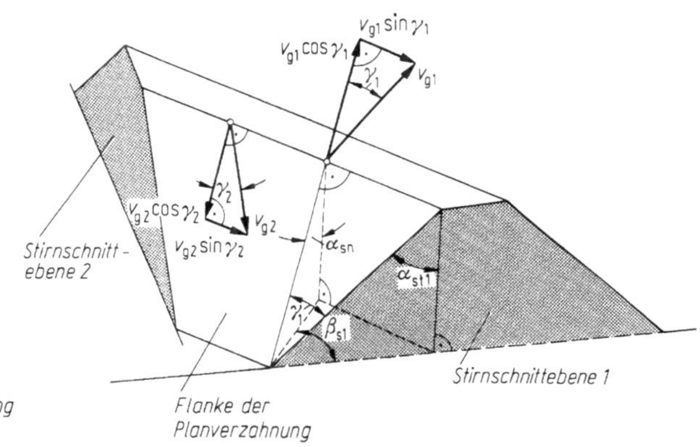

Bild 23/6

Bild 23/5. Anteile der Gesamtgleitgeschwindigkeit. Winkel γ s. Bild 23/6.

Bild 23/6. Anteile aus dem Profilgleiten (Gleitgeschwindigkeit in Zahnhöhenrichtung im Stirnschnitt) in Zahnlängs- und Zahnhöhenrichtung im Normalschnitt am Kopf des Rades *1*.

Radumfangsgeschwindigkeiten:

$$v_{gs} = v_{t1} \sin |\Sigma| / \cos |\beta_{s2}| = v_{t2} \sin |\Sigma| / \cos |\beta_{s1}| \qquad (23/19)$$

mit Σ nach (23/1), Vorzeichen beachten!

b) Gesamtgleitgeschwindigkeit am Zahnkopf. Dem Schraubgleiten überlagert sich das von den Stirnrädern bekannte Gleiten in Zahnhöhenrichtung (s. Abschn. 21.1.7). Dieser Anteil ist allerdings bei großen Achsenwinkeln ($\Sigma > 50°$) klein gegenüber der Schraubgleitgeschwindigkeit.

Die Gesamtgleitgeschwindigkeit $v_{g\gamma 1}$ [4] setzt sich demnach aus dem Anteil in Höhenrichtung $v_{g\alpha 1}$ und einem Anteil in Längsrichtung $v_{g\beta 1}$ zusammen (Bild 23/5). Zur Bestimmung von $v_{g\beta 1}$ und $v_{g\alpha 1}$ geht man

4 Die Gesamtgleitgeschwindigkeit wird hier für den Kopf des Rades *1* bestimmt, da sie dort am größten ist. Die Gesamtgleitgeschwindigkeit am Kopf des Rades *2* kann man in gleicher Weise ermitteln, wenn man von der Kopfeingriffsstrecke des Rades *2*, g_{a2} bzw. der zugeordneten Fußeingriffsstrecke des Rades *1*, g_{f1} ausgeht.

wieder von der Vorstellung mit den zwei hauchdünnen Zahnstangen aus. Man erhält so drei leicht bestimmbare Gleitanteile (s. Bild 23/6):

- Zwischen Rad *1* und Zahnstange *1*:

$$v_{g1} = 2v_{t1}g_{at1}/d_{s1} = 2v_{t1}g_{an1}\cos\beta_{b1}/d_{s1}, \qquad (23/20)$$

- zwischen Rad *2* und Zahnstange *2*:

$$v_{g2} = 2v_{t2}g_{ft2}/d_{s2} = 2v_{t2}g_{fn2}\cos\beta_{b2}/d_{s2}, \qquad (23/21)^5$$

(entsprechend den Beziehungen für Stirnräder, Abschn. 21.1.7): g_{at}, g_{ft} s. (23/13);

- zwischen den beiden Zahnstangen: v_{gs} nach (23/19).

Die Vektorsumme dieser drei Gleitanteile, die sämtlich in einer Ebene, nämlich der Zahnstangenflanke liegen, ergibt die Gesamtgleitgeschwindigkeit. Während v_{gs} direkt nur in $v_{g\beta}$ eingeht, liefern v_{g1} und v_{g2} Anteile zu $v_{g\alpha}$ und $v_{g\beta}$ entsprechend der Stirnschnittspur des jeweiligen Rades auf der Flanke der Planverzahnung.

Nach Bild 23/6: $\tan\gamma_1 = \sin\alpha_{sn}\tan\beta_{s1}$; $\tan\gamma_2 = \sin\alpha_{sn}\tan\beta_{s2}$, (23/22)
(Vorzeichen nach 23.3.1 beachten; v_{gs} nach 23/19 ohne Betragsstriche!)

$$\left.\begin{aligned} &\text{damit: } v_{g\beta 1} = v_{gs} + v_{g1}\sin\gamma_1 - v_{g2}\sin\gamma_2 \\ &v_{g\alpha 1} = v_{g1}\cos\gamma_1 + v_{g2}\cos\gamma_2 \end{aligned}\right\}. \qquad (23/23)$$

Durch geometrische Addition beider, senkrecht aufeinanderstehender Anteile erhält man die Gesamtgleitgeschwindigkeit am Zahnkopf (maßgebend für die Freßbeanspruchung):

$$v_{g\gamma 1} = \sqrt{v_{g\alpha 1}^2 + v_{g\beta 1}^2}. \qquad (23/24)$$

c) **Mittlere Gesamtgleitgeschwindigkeit.** Zur Berechnung von Verlustleistung und Wirkungsgrad benötigt man eine mittlere Gleitgeschwindigkeit. Vereinfacht kann man hierfür angeben:

$$v_{gm} \approx v_{gs} + [(v_{g\gamma 1} - v_{gs})^2 + (v_{g\gamma 2} - v_{gs})^2]/[2(v_{g\gamma 1} + v_{g\gamma 2} - 2v_{gs})]. \qquad (23/25)$$

Ableitung s. [23/2].

23.3.4 Sonstige Verzahnungsdaten

Bei Null- oder V-Null-Verzahnung gelten die oben und nachfolgend für die Schraubkreise angegebenen Beziehungen auch für die Teilkreise, d. h. $\beta_{s1} = \beta_1$, $d_{s1} = d_1$, $m_{sn} = m_n$, usw. Die für das Kleinrad (Index 1) angegebenen Beziehungen gelten mit Index 2 (statt 1) für das Großrad.

- *Eingriffswinkel* auf dem Teilzylinder

im Stirnschnitt: $\tan\alpha_{t1} = \tan\alpha_n/\cos\beta_1$, (23/26)

auf dem Schraubzylinder

im Normalschnitt: $\cos\alpha_{sn} = \sin\beta_1\cos\alpha_n/\sin\beta_{s1}$, (23/27)

im Stirnschnitt: $\sin\alpha_{st1} = \sin\alpha_{sn}/\cos\beta_{b1}$. (23/28)

- *Schrägungswinkel* auf dem Schraubzylinder:

$\sin\beta_{s1} = \sin\beta_1 m_{sn}/m_n$, (23/29)

Grundschrägungswinkel: $\cos\beta_{b1} = \sin\alpha_n/\sin\alpha_{t1}$. (23/30)

- *Modul* auf dem Teilzylinder

im Normalschnitt: $m_n = d_1\cos\beta_1/z_1 = d_2\cos\beta_2/z_2$, (23/31)

im Stirnschnitt: $m_{t1} = m_n/\cos\beta_1$, (23/32)

auf dem Schraubzylinder s. (23/29),

auf dem Grundzylinder: $m_{bt1} = m_{t1}\cos\alpha_{t1}$. (23/33)

---

5 $g_{ft2} = g_{at1}\sin\alpha_{t1}/\sin\alpha_{t2}$.

- *Durchmesser:*

Teilkreis: $d_1 = z_1 m_{t1} = z_1 m_n / \cos \beta_1$, (23/34)

Schraubkreis: $d_{s1} = d_{b1} / \cos \alpha_{st1}$, (23/35)

Grundkreis: $d_{b1} = z_1 m_{bt1}$. (23/36)

23.3.5 Graphische Ermittlung der Schrägungswinkel für gegebene z_1, z_2, a und $\Sigma = 90°$ [6]

In der Regel liegen Achsabstand (vorzugsweise rundes Maß!) und Zähnezahl fest. Die Schrägungswinkel können dann mit folgendem Verfahren näherungsweise bestimmt werden. Wegen der Ableseungenauigkeit muß man diesen graphisch gefundenen Wert nachrechnen und evtl. wiederholt korrigieren.

Die Achsabstandsformel (23/8) wird umgeformt. Für Null- oder V-Null-Verzahnung, d. h. $m_{sn} = m_n$, $\beta_{s1} = \beta_1$, $\beta_{s2} = \beta_2$:

$$z_1 m_n / (2a \cos \beta_1) + z_2 m_n / (2a \sin |\beta_1|) = 1, \tag{23/37}$$

$$X_B = 100 z_1 m_n / 2a; \quad Y_B = 100 z_2 m_n / 2a, \tag{23/38}$$

$$\text{damit: } X_B / \cos \beta_1 + Y_B / \cos \beta_2 = 100. \tag{23/39}$$

Wie Bild 23/7 zeigt, trägt man X_B und Y_B in Millimetern in ein rechtwinkliges Koordinatensystem ein. Die Endpunkte eines 100 mm langen Lineals werden auf den Achsen so verschoben, daß es durch den Punkt B läuft.

Im allgemeinen ergeben sich zwei Lösungen für β_1. Das Verfahren eignet sich auch zur schnellen Auslegung. Man erkennt gleich, ob die gewählten Größen z_1, z_2, a etwa bezüglich Wirkungsgrad günstige Schrägungswinkel ermöglichen.

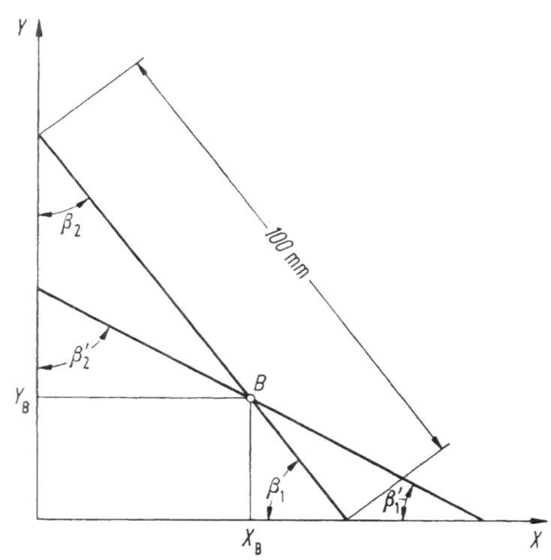

Bild 23/7. Emittlung der Schrägungswinkel für $\Sigma = 90°$ bei gegebenen z_1, z_2 und a nach [23/6].

23.3.6 Profilverschiebung bei Schraubrädern

Durch Wahl geeigneter Profilverschiebungen lassen sich runde Werte für Achsabstand und Teilkreis-Schrägungswinkel erzielen. Die Berechnung ist allerdings umständlich, weil die Betriebsdaten meist nur iterativ ermittelt werden können. Man muß beachten, daß der Achsenwinkel Σ durch die Summe der Schrägungswinkel an den Betriebswälz-Zylindern bestimmt ist. — Die nachfolgend beschriebene Vorgehensweise (hier für $\Sigma = 90°$) ermöglicht eine geschlossene Lösung.

- Man errechnet zunächst den Achsabstand der Null-Verzahnung mit (23/8) ohne Index s; a kann auf ein gewünschtes Maß gerundet werden.
- Damit sind gegeben: α_n, z_1, z_2, m_n, $\Sigma = \pm 90°$, α, β_1. — (Zur Wahl von β_1 s. Abschn. 23.5.2, Wirkungsgrad.)

6 In [23/10] auch Verfahren für $\Sigma \neq 90°$ beschrieben.

- Rechenfolge zur Ermittlung der Schraubkreisdurchmesser d_{s1} und d_{s2}:

1. Aus (23/29) und (23/8):

$$\tan|\beta_{s1}| = 2a \sin|\beta_1|/(z_1 m_n) - z_2/z_1 \qquad (23/40)$$

2. β_{s2} aus (23/1),
3. α_{t1}, α_{t2} aus (23/26),
4. m_{t1}, m_{t2} aus (23/32),
5. m_{bt1}, m_{bt2} aus (23/33),
6. β_{b1}, β_{b2} aus (23/30),
7. α_{sn} aus (23/27),
8. α_{st1}, α_{st2} aus (23/28),
9. d_{s1}, d_{s2} aus (23/35).

- Kontrolle des Achsabstandes:

$$a = 0{,}5(d_{s1} + d_{s2}). \qquad (23/41) \triangleq (23/7)$$

- Summe der Profilverschiebungsfaktoren nach den Beziehungen für Stirnräder (Abschn. 21.3.5.2):

$$\Sigma x = [z_1(\text{inv}\,\alpha_{st1} - \text{inv}\,\alpha_{t1}) + z_2(\text{inv}\,\alpha_{st2} - \text{inv}\,\alpha_{t2})]/(2\tan\alpha_n). \qquad (23/42)$$

Diese Summe kann man nach den in Abschn. 22.1.8 erläuterten Gesichtspunkten auf Klein- und Großrad aufteilen, z. B. für gleiche Gleitgeschwindigkeit an Kopf und Fuß der Zähne.

23.4 Zahnkräfte, Kraftverteilung, Lagerkräfte

Beziehungen zwischen Umfangskraft F_t, Drehmoment T und Leistung P s. Tafel 20/3.

a) Äußere Kräfte, Anwendungsfaktor K_A. Beim Tragfähigkeitsnachweis muß man auch die von außen in das Getriebe eingeleiteten Zusatzkräfte (Drehmomentschwankungen von An- und Abtrieb, Einschaltstöße usw.) berücksichtigen. Geeignete Methoden s. Abschn. 21.5.1. Wenn keine Messungen oder speziellen Erfahrungen vorliegen, die es gestatten, diese Einflüsse genauer zu erfassen, kann man hierfür den Faktor K_A (Tafel 22.3/3) auch bei Schraubradgetrieben als Anhalt benutzen.

b) Innere Kräfte und Kraftverteilung. Bei feiner bis mittlerer Fertigungsqualität werden Verzahnungsabweichungen im Eingriffsbereich weitgehend durch Einlaufverschleiß abgebaut, so daß dynamische Zusatzkräfte vernachlässigt (Faktor $K_v = 1$) und gleichmäßige Aufteilung der Umfangskraft auf die im Eingriff befindlichen Zahnpaare angenommen werden können (Faktor $K_{H\alpha} = 1$). Bei der überschlägigen Kontrolle der Fußfestigkeit wird ohnehin mit ungünstigen Annahmen gerechnet. — Wegen der Punktberührung besteht hier nicht das Problem der ungleichmäßigen Kraftverteilung über die Breite, vgl. Abschn. 23.1 (Empfindlichkeit der Verzahnung).

c) Zahnkraftkomponenten (am Schraubzylinder) (Bild 23/8). Da es bei der Reibung auf die Richtung des Kraftflusses ankommt, verwendet man hier die Zusatz-Indizes $\bar{a}$ (für treibendes Rad) und $\bar{b}$ (für getriebenes Rad) zu Index 1 (für Kleinrad) oder 2 (für Großrad)[7]. Wenn Schraubzylinder = Teilzylinder (d. h. bei Null- oder V-Null-Verzahnung), steht α_t statt α_{st}, α_n statt α_{sn}, $\beta_{\bar{a}}$ statt $\beta_{s\bar{a}}$, $\beta_{\bar{b}}$ statt $\beta_{s\bar{b}}$. Reibungswinkel ϱ, ϱ^* s. Bild 23/8.

Gleichungen gelten nur für $|\beta_{s\bar{a}}| > \varrho^*$ oder $|\beta_{s\bar{b}}| > \varrho^*$;
Vorzeichenregel: Oberes Vorzeichen (+) bei gleicher Steigungsrichtung der Schrägungswinkel bzw. bei $\beta_{s\bar{a}} = 0°$, unteres Vorzeichen (—) bei unterschiedlicher Steigungsrichtung.

- *Umfangskräfte:*

$$F_{t\bar{a}} = 2000\,T_{\bar{a}}/d_{s\bar{a}} = 2000\,T_{\bar{b}}/(d_{s\bar{a}}\eta_z u), \qquad (23/43)\circledast$$

$$= F_{t\bar{b}}\cos(|\beta_{s\bar{a}}| - \varrho^*)/\cos(\pm|\beta_{s\bar{b}}| + \varrho^*) = F_{x\bar{a}}/\tan(|\beta_{s\bar{a}}| - \varrho^*); \qquad (23/44)$$

$$F_{t\bar{b}} = F_n\cos\alpha_{sn}\cos(\pm|\beta_{s\bar{b}}| + \varrho^*)/\cos\varrho^*, \qquad (23/45)$$

$$= F_{x\bar{b}}/\tan(\pm|\beta_{s\bar{b}}| + \varrho^*). \qquad (23/46)$$

- *Zahnnormalkraft:*

$$F_n = F_{n\bar{a}} = F_{n\bar{b}} = F_{t\bar{a}}\cos\varrho^*/[\cos\alpha_{sn}\cos(|\beta_{s\bar{a}}| - \varrho^*)]. \qquad (23/47)$$

7 Ohne Berücksichtigung der Reibung $\varrho^* = 0$ setzen.

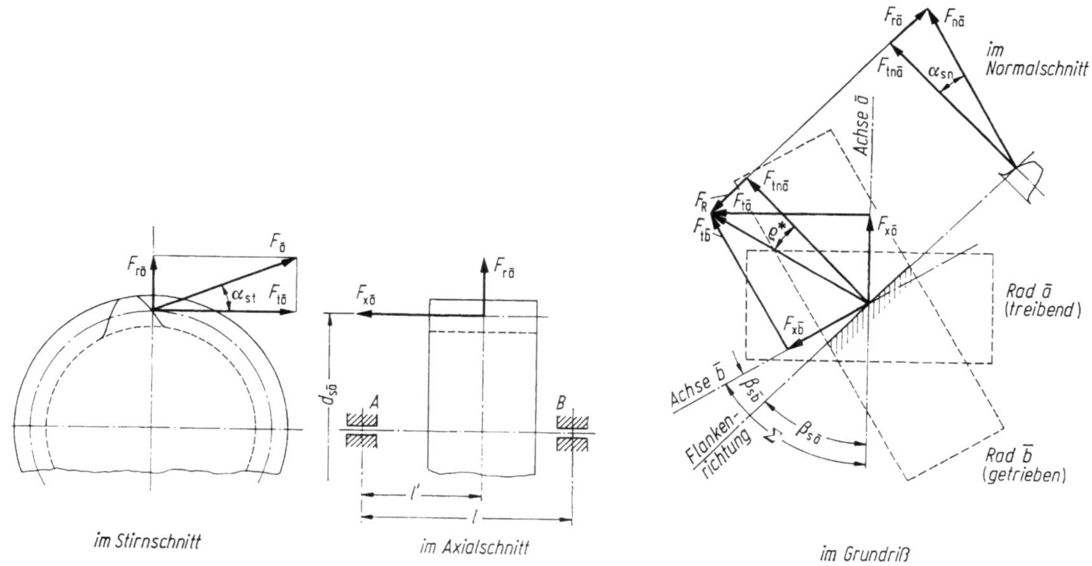

Bild 23/8. Zahnkraftkomponenten. Reibkraft $F_R = F_{n\bar{a}}\mu = (F_{tn\bar{a}}/\cos\alpha_n)\,\mu = F_{tn\bar{a}}\mu^*$ mit $\mu^* = \mu/\cos\alpha_n$, d. h. $\tan\varrho^* \approx \tan\varrho/\cos\alpha_n$. Da $\cos\alpha_n$ meist nahe eins und wegen der großen Unsicherheiten der Reibungszahl, kann man i. allg. setzen: $\mu = \mu^*$ und $\varrho = \varrho^*$.

- *Axialkräfte:*

$$F_{x\bar{a}} = F_{t\bar{a}} \tan(|\beta_{s\bar{a}}| - \varrho^*); \qquad F_{x\bar{b}} = F_{t\bar{b}} \tan(\pm|\beta_{s\bar{b}}| + \varrho^*) \tag{23/48}$$

- *Radialkräfte:*

$$F_{r\bar{a}} = F_{r\bar{b}} = F_{t\bar{a}} \tan\alpha_{sn} \cos\varrho^*/\cos(|\beta_{s\bar{a}}| - \varrho^*), \tag{23/49}$$

$$= F_{t\bar{b}} \tan\alpha_{sn} \cos\varrho^*/\cos(\pm|\beta_{s\bar{b}}| + \varrho^*). \tag{23/50}$$

d) Lagerkräfte. Berechnung aus den Zahnkraftkomponenten nach (23/43...50) und Maßen nach Bild 23/8. Man beachte: Das Kippmoment aus der Axialkraft liefert einen Anteil der Radial-Lagerkräfte.

Für kompliziertere Fälle mit mehreren Kraftangriffsstellen (z. B. mit Querkräften am Wellenzapfen) Lagerkräfte nach Abschn. 20.5.6 bestimmen. An die Stelle der Wälzkreiswerte (Index w) treten bei Schraubrädern die Schraubkreiswerte (Index s).

Bei diesen Berechnungen kann man i. allg. die Zahnreibung vernachlässigen, d. h. $\varrho^* \approx \varrho = 0$ setzen.

23.5 Verlustleistung und Wirkungsgrad

23.5.1 Gesamtverlustleistung und -wirkungsgrad

Erläuterung und Berechnung der Einflußgrößen s. Abschn. 20.1. Danach:

$$\text{Gesamtverlustleistung: } P_V = P_{Vz} + P_{VLP} + P_{V0}. \tag{23/51}$$

Verlustanteile: P_{Vz} s. Abschn. 23.5.2, P_{VLP} und P_{V0} s. auch Abschn. 25.5.5 und 25.5.4 (Schneckengetriebe).

$$\text{Gesamtwirkungsgrad: } \eta_G = P_{\bar{b}}/(P_{\bar{b}} + P_V) = (P_{\bar{a}} - P_V)/P_{\bar{a}}. \tag{23/52}$$

Allgemein: (Abtriebsleistung, -moment, -umfangskraft mit Berücksichtigung der Verluste)/(Abtriebsleistung, -moment, -umfangskraft ohne Berücksichtigung der Verluste).

23.5.2 Verzahnungsverlustleitung P_{Vz} und -wirkungsgrad η_z

Bei großen Achsenwinkeln, etwa $\Sigma > 50°$, vernachlässigen wir das Gleiten in Zahnhöhenrichtung gegenüber dem Gleiten längs der Schraubachse, vgl. Abschn. 23.3.3b.

a) P_{Vz} und η_z bei großen Achsenwinkeln ($\Sigma > 50°$). Reibleistung $\approx$ Reibkraft $F_n \eta_m \cdot$ Schraub-Gleitgeschwindigkeit:

- $P_{Vz} \approx P_{Vs} \approx 10^{-3} F_n \mu_m v_{gs} = P_{\bar{a}}(1 - \eta_z) = P_{\bar{b}}(1 - \eta_z)/\eta_z$. (23/53)⊛

Hierin bedeuten: F_n Zahnnormalkraft nach (23/47); μ_m mittlere Zahnreibungszahl etwa 0,05...0,1 bei geschmierten Metallrädern, nach gutem Einlauf geringer, s. a. Abschn. 25.5.3 (Schneckengetriebe); bei St/St trocken $\mu_m = 0{,}4...0{,}7$, bei St/Kunststoff trocken $\mu_m = 0{,}2...0{,}4$.

v_{gs} Gleitgeschwindigkeit längs der Schraubachse nach (23/19).

- Nach der Regel zu (23/52) erhält man mit $F_{t\bar{b}}$ nach Bild 23/8 und (23/44) mit und ohne Reibung für Null- oder V-Null-Verzahnung:

$$\eta_z \approx \eta_s = \cos\beta_{\bar{a}} \cos(\pm|\beta_{\bar{b}}| + \varrho^*)/[\cos\beta_{\bar{b}} \cos(|\beta_{\bar{a}}| - \varrho^*)], \quad (23/54)$$

$$\text{für } \Sigma = 90°: \eta_z \approx \eta_s = \tan|\beta_{\bar{b}}|/\tan(|\beta_{\bar{b}}| + \varrho^*). \quad (23/55)$$

Hierin ist ϱ^* der fiktive Reibungswinkel; Erläuterung s. Bild 23/8. Anhaltswert für geschmierte Metallräder entsprechend $\mu_m = 0{,}05...0{,}1$: $\varrho^* \approx \varrho = 3...6°$ (sonst $\tan\varrho = \mu_m$).

- *Maximum* des Verzahnungswirkungsgrades mit (23/54) aus der Bedingung $d\eta_s/d\beta_{\bar{a}} = 0$:

$$\text{bei } \beta_{\bar{a}} = 0{,}5(\Sigma + \varrho^*). \quad (23/56)$$

Einfluß von $\mu_m \approx \tan\varrho^*$ bei $\Sigma = 90°$ s. Bild 25/17 (Schneckengetriebe).

- *Selbsthemmung* bei Umkehr der Kraftflußrichtung bedeutet $\eta_z \leq 0$ nach (23/54), wenn Rad $\bar{b}$ treibt. Danach Selbsthemmung bei

$$\beta_{\bar{b}} \geq 90° - \varrho^*. \quad (23/57)$$

Hierfür ist bei treibendem Rad ā nach (23/54) nur

$$\eta_z \leq 0{,}5 \quad (23/58)$$

erreichbar.

b) P_{Vz} und η_z bei kleinen Achsenwinkeln ($\Sigma < 50°$). Hier muß man das Gleiten in Zahnhöhenrichtung berücksichtigen. Bekanntlich tritt die maximale Gleitgeschwindigkeit in Zahnhöhenrichtung am Zahnkopf und am Zahnfuß auf, am Wälzkreis ist sie Null; vgl. Abschn. 21.1.7 (Stirnräder). Wir rechnen (zur Bestimmung der Verlustleistung) mit einer mittleren Gleitgeschwindigkeit.

- *Verzahnungsverlustleistung* P_{Vz} nach (23/53) mit v_{gm} nach (23/25) statt v_{gs}.
  Verzahnungswirkungsgrad

$$\eta_z = \eta_Y = 1 - (\mu_m \cdot v_{gm}/v_{t\bar{a}}) \cdot \cos\varrho^*/[\cos\alpha_{sn} \cdot \cos(|\beta_{s\bar{a}}| - \varrho^*)], \quad (23/59)$$

mit $v_{t\bar{a}}$ Umfangsgeschwindigkeit des treibenden Rades.

23.6 Tragfähigkeitsberechnung und Auslegung

Wegen des starken Gleitens bei Punktberührung wird die Tragfähigkeit von Schraubrädern mit großem Achsenwinkel ($\Sigma > 25°$) durch Gleitverschleiß oder Fressen begrenzt.

Bei kleinen Achsenwinkeln ($\Sigma < 25°$), wo sich die Berührellipse über einen großen Bereich der Zahnbreite oder theoretisch sogar darüber hinaus erstreckt, können Grübchentragfähigkeit und Freßtragfähigkeit wie bei Stirnrädern mit Linienberührung (Abschn. 22.3.3 und 5) berechnet werden. Hierbei muß man auch die Zahnfußtragfähigkeit wie bei Stirnrädern überprüfen (Abschn. 22.3.4).

- *Nachrechnung:* Häufig sind die Hauptabmessungen vorgegeben. Man überprüft dann die Sicherheiten gegen Gleitverschleiß (23/67), Fressen (23/70) und Zahnbruch (23/79).
- *Überschlägige Entwurfsrechnung:* Sind die Abmessungen frei wählbar, so kann man für $\Sigma = 90°$ den erforderlichen Ritzeldurchmesser mit (23/80) schätzen, damit die übrigen Abmessungen bestimmen und hierfür die Sicherheiten wie oben nachprüfen.

23.6.1 Nachrechnung auf Gleitverschleiß

Als Kenngröße für die Verschleißbeanspruchung wird die Flankenpressung am Schraubpunkt benutzt. Man vergleicht sie mit einer zulässigen Pressung, die von Werkstoffpaarung und Gleitgeschwindigkeit abhängig ist.

Nach Bild 23/2d lassen sich die beiden Zahnflanken zur Berechnung der Flankenpressung durch zwei Walzen mit den Radien ϱ_{n1} und ϱ_{n2} ersetzen, die sich im Punkt B berühren; ihre Achsen schließen den Winkel $\varphi = \beta_{B1} + \beta_{B2}$ ein. Dieser Berührpunkt B bildet sich unter Belastung durch die Flankennormalkraft zu einer Berührellipse mit den Halbachsen a und b aus

Hiermit kann man die Flankenpressung berechnen (vgl. Abschn. 13.3.2); (Belastungsannahmen s. Abschn. 23.4):

$$\sigma_H = 1{,}5\,\frac{F_n K_A Z_{\varepsilon S}}{\pi a b} \le \sigma_{HP}\,. \tag{23/60}$$

Hierin bedeuten: F_n Nenn-Normalkraft nach (23/47) ohne Reibung: $F_n = F_{t1}/(\cos\beta_{s1} \times \cos\alpha_{sn})$, K_A Anwendungsfaktor (s. Abschn. 23.4a); $Z_{\varepsilon S}$ Überdeckungsfaktor für Schraubräder mit ε_n aus (23/17):

$$Z_{\varepsilon S} = \sqrt{1/\varepsilon_n}\,. \tag{23/61}$$

a und b, die Halbachsen der Druckellipse, bestimmt man nach den Grundgleichungen der Hertzschen Pressung:

$$\left.\begin{aligned} &\text{große Halbachse } a = Z_F \xi \sqrt[3]{K_A F_n \varrho_n}\,,\\ &\text{kleine Halbachse } b = Z_F \eta \sqrt[3]{K_A F_n \varrho_n}\,. \end{aligned}\right. \tag{23/62}\circledast$$

Hierin bedeuten: F_n Nenn-Normalkraft s. unter (23/60), Z_F Materialfaktor für Schraubräder nach Tafel 23/1, Ersatzkrümmungsradius ϱ_n aus:

$$1/\varrho_n = 1/\varrho_{n1} + 1/\varrho_{n2}\,. \tag{23/63}$$

Die Krümmungsradien ϱ_{n1}, ϱ_{n2} der Ersatzwalzen im Berührungspunkt B (gewählt: Schraubpunkt) ergeben sich aus Bild 21.7/6, Gleichung (21.7/10) und Bild 23/2d:

$$\left.\begin{aligned} \varrho_{n1} &= 0{,}5\sqrt{d_{s1}^2 - d_{b1}^2}/\cos\beta_{b1} = 0{,}5 d_{s1}\sin\alpha_{st1}/\cos\beta_{b1}\\ &= 0{,}5 d_{s1}\sin^2\alpha_{st1}/\sin\alpha_{sn}\\ \varrho_{n2} &= 0{,}5\sqrt{d_{s2}^2 - d_{b2}^2}/\cos\beta_{b2} = 0{,}5 d_{s2}\sin\alpha_{st2}/\cos\beta_{b2}\\ &= 0{,}5 d_{s2}\sin^2\alpha_{st2}/\sin\alpha_{sn} \end{aligned}\right\}. \tag{23/64}$$

ξ, η Halbachsenbeiwerte für die Druckellipse[8] näherungsweise nach Bild 23/9, s. a. [13/8], mit Hertzschem Hilfswinkel ϑ aus:

$$\cos\vartheta = \varrho_n \sqrt{(1/\varrho_{n1}^2) + (1/\varrho_{n2}^2) + 2\cos 2\varphi/(\varrho_{n1}\varrho_{n2})} \tag{23/65}$$

mit φ Achsenwinkel der Ersatzwalzen nach (23/11).

8 Wird das Verhältnis $\xi/\eta > 20$, so handelt es sich um eine sehr lang gestreckte Druckellipse. Es ist dann nicht mehr sinnvoll, die Flankenpressung für Punktberührung zu berechnen. Man legt dann besser Linienberührung zugrunde (s. Stirnräder, Abschn. 21.7.2).

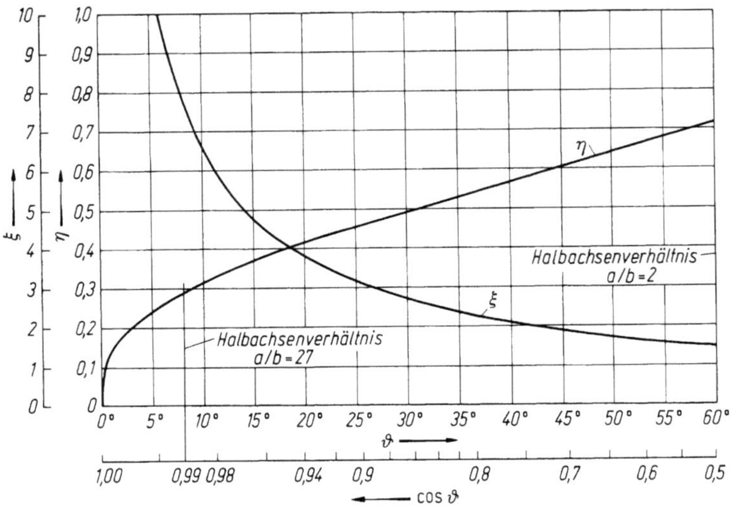

Bild 23/9. Halbachsenbeiwerte für die Druckellipse mit cos ϑ aus (23/65).

- *Zulässige Flankenpressung:*

$$\sigma_{HP} = \sigma_{HV} Z_G / S_{V\min}. \qquad (23/66)⊛$$

Hierin bedeuten: σ_{HV} Grenzwert der Flankenpressung, Anhaltswerte s. Tafel 23/1.

$S_{V\min}$ Mindest-Sicherheitsfaktor gegen Verschleiß. Er kann für Dauerbetrieb meist 1 gesetzt und für Kurzzeitbetrieb bis auf 0,8 vermindert werden, niedrigere Werte nach Erprobung.

- Rechnerische Sicherheit demnach:

$$S_V = \sigma_{HV} Z_G / \sigma_H. \qquad (23/67)⊛$$

Tafel 23/1. Kennwerte zur Berechnung der Flankenpressung bei Schraubrädern

Paarung	Materialfaktor $Z_F = \sqrt[3]{\frac{3}{2}\left(\frac{1-\nu_1^2}{E_1} + \frac{1-\nu_2^2}{E_2}\right)}$	Elastizitätsfaktor $C_E = \frac{3000 Z_{F\,Stahl}}{\pi Z_F}$	Grenzwert der Flankenpressung σ_{HV}
	$\sqrt[3]{mm^2/N}$	—	N/mm^2
borierter Stahl/borierter Stahl	0,023 5	955	1 700 [a]
gehärteter Stahl/gehärteter Stahl	0,023 5	955	1 400 [a]
gehärteter Stahl/Bronze	0,026 3	762	1 150 [a]
gehärteter Stahl/Perlitguß	0,025 7	798	1 150 [a]
vergüteter Stahl/Bronze	0,026 6	745	1 000 [a]
vergüteter Stahl/Grauguß	0,027 2	713	860 [a]
Grauguß/Grauguß	0,029 2	618	750 [a]
Stahl/Kunststoff	0,08 [c]	80 [c]	20...40 [b]

[a] Geschmiert
[b] Trocken; durch Versuch ermitteln
[c] Mittlerer Wert für Polyamid 66 bei 60 °C. Sehr stark temperaturabhängig

Z_G Faktor für den Einfluß des Gleitens; Anhaltswerte:

Für $\Sigma < 50°$: $Z_G = \sqrt[3]{4/(2 + v_{gm})}$, (23/68)⊛

für $\Sigma > 50°$: $Z_G = \sqrt[3]{4/(2 + v_{gs})}$, (23/69)⊛

mit v_{gm} nach (23/25), v_{gs} nach (23/19); vgl. Abschn. 23.3.3b.

23.6.2 Nachrechnung auf Fressen

Grundlage der Berechnung ist — wie bei Stirnrädern — die Integraltemperatur ϑ_{int}, die mit einem gewissen Sicherheitsabstand unterhalb eines Grenzwertes $\vartheta_{S\,int}$ liegen soll. Grundgedanken und Bedeutung der Einflußgrößen s. Abschn. 21.7.4.

Die Freßsicherheit S_S muß i. allg. nicht nachgerechnet werden, sofern v_{gs} (bei $\Sigma > 50°$) bzw. v_{gm} (bei $\Sigma < 50°$) kleiner als 3 m/s ist; vgl. Abschn. 23.3.3b.

$$S_S = \vartheta_{S\,int}/\vartheta_{int} \geq S_{S\,min}. \quad (23/70)$$

- *Grenzwert* $\vartheta_{S\,int}$, abhängig von Öl und Werkstoffpaarung, s. Abschn. 22.3.5 Nr. D2 (Stirnräder) und 24.11.5c (Hypoidräder).
- *Mindestsicherheit gegen Fressen* $S_{S\,min} = 1{,}5$ meist ausreichend, s. Tafeln 22.3/10 und 21.8/3.
- *Integraltemperatur* nach Abschn. 21.7.4.1:

$$\vartheta_{int} = \underbrace{(\vartheta_{oil} + C_1\vartheta_{fla\,int})}_{\vartheta_M} X_S + C_{2H}\vartheta_{fla\,int}. \quad (23/71)⊛$$

Hierin bedeuten: ϑ_{oil} Öltemperatur; C_1, C_{2H} Konstante nach Versuchen: Näherungsweise $C_1 = 0{,}7$ (s. Abschn. 21.7.4.1), $C_{2H} = 1{,}8$ (s. [23/2]); X_S Schmierungsfaktor, für Tauchschmierung $X_S = 1$, für Einspritzschmierung $X_S = 1{,}2$ (wie bei Stirnrädern, Abschn. 22.3.5 Nr. D1; mittlere Blitztemperatur nach [23/2]:[9]

$$\vartheta_{fla\,int} = 110\sqrt{F_n K_A v_{t1}}\;\mu_B X_G X_\varepsilon/(X_{Ca} X_Q) \quad (23/71\,A)⊛$$

mit F_n Nenn-Normalkraft s. unter (23/60), K_A Anwendungsfaktor nach Abschn. 23.4a, v_{t1} Umfangsgeschwindigkeit, μ_B Zahnreibungszahl für Freßbeanspruchung (für Stirnschraubräder $\mu_B \approx \mu_m$, s. unter (23/53).

Geometriefaktor:

$$X_G = k\,(\sin|\Sigma|/\cos\beta_{s2})\sqrt{1/\varrho_n}/[\sqrt{L\cos\beta_{s1}}\,(\sqrt[4]{\tan^2\beta_{s1} + \sin^2\alpha_{sn}} + \sqrt[4]{\tan^2\beta_{s2} + \sin^2\alpha_{sn}})].^{10} \quad (23/72)⊛$$

Hierin bedeuten: Faktor $k = 1$ (für Stirn-Schraubräder), ϱ_n Ersatzkrümmungsradius nach (23/63), Kontaktparameter $L = 2a\xi\eta^2/l$ mit a, ξ, η nach (23/62) und Bild 23/9; Kontaktlänge in Richtung der Bahn des Berührpunktes innerhalb der Druckellipse, näherungsweise[11] $l = 3b$ mit b kleine Ellipsen-Halbachse nach (23/62); damit

$$L = 2\xi^2\eta/3. \quad (23/73)$$

Überdeckungsfaktor:

$$X_\varepsilon = \left(1/\sqrt{\varepsilon_n}\right)[1 + 0{,}5g^*(v_{g\gamma 1}/v_{gs} - 1)]. \quad (23/74)$$

Hierin bedeuten: ε_n Überdeckung nach (23/17), $v_{g\gamma 1}$ Gesamtgleitgeschwindigkeit (23/24), v_{gs} Schraub-Gleitgeschwindigkeit (23/19); Gleitfaktor:

$$g^* = (g_{an1}^2 + g_{an2}^2)/(g_{an1}^2 + g_{an1}g_{an2}); \quad (23/75)$$

10 Näherung für $\sin^2\alpha_{sn} \ll \tan^2\beta_{s1,2}$: $X_G = k(\sin|\Sigma|/\cos\beta_{s2})\sqrt{1/\varrho_n}\,/\,(\sqrt{L\sin|\beta_{s1}|} + \sqrt{L\cos\beta_{s1}\tan|\beta_{s2}|})$.

11 Genaue Berechnung s. [23/2].

g_{an} s. (23/13). Für Verzahnungen mit etwa gleichen Kopfeingriffsstrecken ($g_{an1} \approx g_{an2}$) kann man $g^* = 1$ setzen.

Kopfrücknahmefaktor X_{Ca} nach Bild 22.3/27 mit

$$\varepsilon_{max} : \varepsilon_1 = \varepsilon_{n1} \cos^2 \beta_{b1} \quad \text{oder} \quad \varepsilon_2 = \varepsilon_{n2} \cos^2 \beta_{b2}; \tag{23/76}$$

$\varepsilon_{n1,2}$ nach (23/17). Der Faktor $\cos^2 \beta_b$ berücksichtigt die Besonderheiten der Schraubräder bei der Anwendung der an Stirnrädern gefundenen Gesetzmäßigkeiten; s. Abschn. 21.7.4.

C_a ausgeführte Kopfrücknahme in $\mu m \leq C_{eff}$. Die wirksame Kopfrücknahme $C_{eff} \approx F_n K_A/(b_{wirk} c_\gamma)$ ist die Rücknahme, die gerade die elastische Verformung am Kopf ausgleicht. Vereinfachend kann man ansetzen: $b_{wirk} = 4m_n$, $c_\gamma = 20\,\text{N}/(\text{mm}\,\mu\text{m})$. Wie bei Stirnrädern gilt sinngemäß:

$$\left.\begin{array}{l} \text{Treibendes Ritzel:} \\ \text{Wenn } \varepsilon_1 > 1{,}5\varepsilon_2\text{: } C_a = C_{a1}; \quad \text{wenn } \varepsilon_1 \leq 1{,}5\varepsilon_2 : C_a = C_{a2}. \\ \text{Treibendes Rad:} \\ \text{Wenn } \varepsilon_2 > 1{,}5\varepsilon_1 : C_a = C_{a2}; \quad \text{wenn } \varepsilon_2 \leq 1{,}5\varepsilon_1 : C_a = C_{a1}. \end{array}\right\} \tag{23/77}$$

Eingriffsfaktor X_Q entsprechend dem Ansatz bei Stirnrädern:

$$\left.\begin{array}{l} \text{Treibendes Ritzel:} \\ \text{Wenn } 1{,}5\varepsilon_1 \leq \varepsilon_2 : X_Q = 0{,}6; \quad \text{wenn } 1{,}5\varepsilon_1 > \varepsilon_2 : X_Q = 1{,}0. \\ \text{Treibendes Rad:} \\ \text{Wenn } 1{,}5\varepsilon_2 > \varepsilon_1 : X_Q = 1{,}0; \quad \text{wenn } 1{,}5\varepsilon_2 \leq \varepsilon_1 : X_Q = 0{,}6. \end{array}\right\} \tag{23/78}$$

23.6.3 Nachrechnung der Zahnfußtragfähigkeit

Bei kleinem Achsenwinkel, d. h. langer Druckellipse (ab etwa $\Sigma < 25°$) kann man die Fußtragfähigkeit wie bei Stirnrädern auf parallelen Achsen (Abschn. 22.3.4) berechnen.

Bei größerem Achsenwinkel ($\Sigma > 25°$) führt eine ausreichende Verschleißsicherheit zu so geringen Kräften, daß die Zahnfußtragfähigkeit meist mehr als ausreicht. Daher genügt folgende Überschlagsrechnung:

$$\sigma_F \approx 1{,}5 F_n \cos \alpha_{sn} K_A/m_n^2 < \sigma_{FE}/S_{Fmin}\,, \quad \text{d. h.} \quad S_F = \sigma_{FE}/(1{,}5 F_n \cos \alpha_{sn} K_A/m_n^2) > S_{Fmin}\,. \tag{23/79}$$

Hierin bedeuten: F_n Nenn-Normalkraft s. unter (23/60), K_A Anwendungsfaktor s. Abschnitt 23.4a, σ_{FE} Grundfestigkeit nach Bild 22.3/10 (Stirnräder) bzw. Abschn. 22.4 (Kunststoffzahnräder). Mindest-Bruchsicherheit $S_{Fmin} \approx 2$.

(23/79) entsteht aus dem Ansatz für Stirnräder (21.7/34) durch folgende Vereinfachung und Annahmen: Zahnsegment mit Zahnbreite $b \approx 2$ Zahnhöhe $= 4m_n$, punktförmig durch F_n am Kopf belastet ($Y_\varepsilon = 1$), $Y_{Fa} = 3$ mit $\cos \alpha_{nF} = \cos \alpha_n$, $Y_{Sa} = 2$, (d. h. $Y_{FS} = 6$), $h_F = s_{nF} = 2m_n$.

23.6.4 Überschlägige Auslegung bei $\Sigma = 90°$

Aus den Gleichungen für die Flankenpressung lassen sich die zur Übertragung eines Drehmomentes T_1 erforderlichen Hauptabmessungen nicht explizit errechnen. Man kann jedoch wie folgt vorgehen:

a) Anhalt für den Durchmesser des Rades *1* aus (23/60...66):

$$d_1 \approx K_s C_E \sqrt{K_A T_1}/\sigma_{HV}\,. \tag{23/80}$$

Hierin bedeuten: C_E Elastizitätsfaktor nach Tafel 23/1, σ_{HV} Grenzwert der Flankenpressung nach Tafel 23/1, K_s Auslegungsfaktor, Bild 23/10.

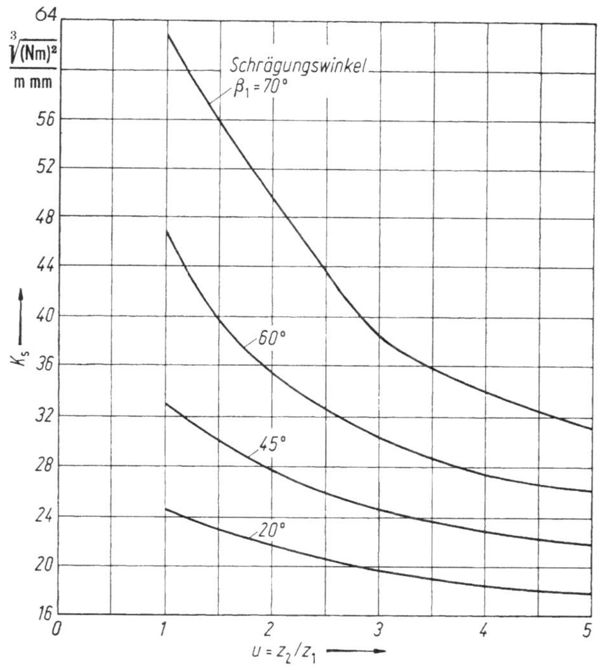

Bild 23/10. Auslegungsfaktor K_s für $\Sigma = 90°$, $\alpha_n = 20°$.

K_s enthält die Halbachsen der Druckellipse für $\Sigma = 90°$ und die Umrechnung der Umfangskraft auf die Normalkraft für $\alpha_n = 20°$. — In (23/80) ist der Überdeckungsfaktor $Z_{\varepsilon S}$ nicht berücksichtigt; man rechnet also auf der sicheren Seite.

Allerdings wird auch der Einfluß der Gleitgeschwindigkeit — Faktor Z_G — vernachlässigt. Für schnelllaufende Getriebe ($v_{gs} > 2$ m/s) sollte deshalb d_1 etwas größer als nach (23/80) gewählt werden. Für hohen Wirkungsgrad, gleichbedeutend mit möglichst geringer thermischer Belastung, $\beta_1 \approx 45°$ wählen.

b) Modul für ausreichende Zahnfußtragfähigkeit. Mit den Annahmen zu (23/79) ergibt sich

$$m_n \approx \sqrt{3F_n K_A/\sigma_{FE}}\,. \tag{23/81}$$

Einflußgrößen s. Hinweise zu (23/79). — Modul m_n auf genormten Wert runden (s. Tafel 22.1/9).

c) Zähnezahlen: $z_1 = d_1 \cos \beta_1/m_n$; $z_2 = uz_1$; z_1 und z_2 ganzzahlig aufrunden; Grenzzähnezahl nach (21.3/40A) beachten.

d) Teilkreisdurchmesser, Achsabstand: $d_1 = z_1 m_n/\cos \beta_1$; $d_2 = z_2 m_n/\sin |\beta_1|$; $a \approx 0{,}5\,(d_1 + d_2)$. Maßgebend ist die Nachrechnung der Sicherheiten.

23.7 Werkstoffe, Bearbeitung, Schmierung

Die wichtigsten Werkstoffpaarungen sind in Tafel 23/1 zusammengestellt. Als besonders verschleißfest haben sich borierte Stahl-Schraubräder[12] erwiesen. Wesentlich für die Tragfähigkeit bei einer Paarung „Hart/Weich" ist eine möglichst glatte Oberfläche des härteren Rades; größere Rauheiten als nach Tafel 23/2 führen zu starkem Verschleiß. Auch durch Nitrieren läßt sich hohe Verschleiß- und Freßtragfähigkeit erreichen; ein relativ dicker Porensaum begünstigt den Einlaufprozeß.

---

12 Die Boridschicht soll einphasig sein, d. h. nur aus Fe_2B bestehen.

Tafel 23/2. Maximale Flankenrauheit des härteren Rades nach [23/7]. Bei $\Sigma < 50°$ von v_{gm} statt v_{gs} ausgehen. (R_a und R_z s. Abschn. 6.4)

Gleitgeschwindigkeit v_{gs} (v_{gm})	m/s	2	5	15
Mittenrauhwert R_a	µm	2,3	0,7	0,18

Weil bei Schraubrädern häufig große Schrägungswinkel vorkommen, kann evtl. die Zahnweite nicht mehr gemessen werden. Man bestimmt dann die Zahndicke durch Messung über Kugeln (s. Abschn. 21.4.7). Ferner ist zu prüfen, ob die Verzahnmaschinen auf die großen Schrägungswinkel eingestellt werden können.

Durch Einlaufverschleiß bildet sich die Bahn des Berührpunktes zu einem Berührstreifen auf der Zahnflanke aus. Die Krümmungsradien werden dadurch größer, die Flankenpressung kleiner. Für hochbeanspruchte Schraubradgetriebe empfiehlt sich daher ein Einlaufprozeß mit dafür geeigneten Ölen (s. Abschn. 21.10.2g). Auch Phosphatieren erleichtert den Einlauf.

Für die Schmierung wird vielfach das Schmieröl der Hauptaggregate mitverwendet, z. B. Motorenöl. Bei freier Wahlmöglichkeit ist Mineralöl oder Syntheseöl mit einer Zähigkeit nach den Richtlinien der Schneckengetriebe einzusetzen (s. Bild 21.10/1). Besteht Freßgefahr, so muß man Öle mit EP-Zusätzen verwenden, die u. U. jedoch den Gleitverschleiß vergrößern [23/7].

23.8 Berechnungsbeispiel

Nachrechnung eines Stirn-Schraubradgetriebes.

Gegeben: $z_1 = 18$, $z_2 = 25$, $x_1 = x_2 = 0$, $\Sigma = 80°$, $\beta_1 = 42°$, $m_n = 3$, $\alpha_n = 20°$, Normwerkzeug nach DIN 3972 mit $h_{fP} = h_{a01} = h_{a02} = 1{,}25 m_n$, $c_1 = c_2 = 0{,}25 m_n$, keine Kopfrücknahme, Rad *1* treibt, $n_1 = 2000\ \text{min}^{-1}$, $T_{\bar{a}} = T_1 = 10$ Nm, $K_A = 1{,}0$, $\mu_m = 0{,}07$ (geschätzt), Materialpaarung: geh. Stahl/geh. Stahl (16MnCr5, einsatzgehärtet, geschliffen), EP-Öl ISO VG 100, FZG-Kraftstufe 10, $\vartheta_{oil} = 60$°C, Tauchschmierung.

Berechnet:[13]

(23/1,3,4,7): $\beta_2 = 38°$; $u = i = 1{,}389$; $a = 83{,}920$ mm. (23/34): $d_1 = 72{,}664$ mm; $d_2 = 95{,}176$ mm. (23/32): $m_{t1} = 4{,}037$ mm; $m_{t2} = 3{,}807$ mm. (23/26): $\alpha_{t1} = 26{,}094°$; $\alpha_{t2} = 24{,}792°$. (23/30): $\beta_{b1} = 38{,}959°$; $\beta_{b2} = 35{,}349°$.
Tafel 22.1/11: $d_{f1} = d_1 - 2h_{a01} + 2x_1 m_n = 65{,}164$ mm; $d_{f2} = d_2 - 2h_{a02} + 2x_2 m_n = 87{,}676$ mm; $d_{a1} = 2a - d_{f2} - 2c_1 = 78{,}664$ mm; $d_{a2} = 2a - d_{f1} - 2c_2 = 101{,}176$ mm.
(23/33): $m_{bt1} = 3{,}625$ mm; $m_{bt2} = 3{,}456$ mm. (23/36): $d_{b1} = 65{,}259$ mm; $d_{b2} = 86{,}403$ mm. (23/13): $g_{an1} = 7{,}7$ mm; $g_{an2} = 7{,}8$ mm. (23/12): $\overline{AE} = 15{,}5$ mm. (23/14): $b_{min1} = 9{,}75$ mm; $b_{min2} = 8{,}97$ mm; gewählte Zahnbreiten: $b_1 = b_2 = 6 m_n = 18$ mm. (23/17): $p_{en} = 8{,}856$ mm; $\varepsilon_n = 1{,}75$.

Geschwindigkeiten:

Tafel 20/3, Nr. 10: $v_{t1} = 7{,}61$ m/s; $v_{t2} = 7{,}18$ m/s. (23/19, 20): $v_{gs} = 9{,}5$ m/s; $v_{g1} = 1{,}254$ m/s: $v_{g2} = 0{,}948$ m/s. (23/22): $\gamma_1 = 17{,}12°$; $\gamma_2 = 14{,}96°$. (23/23, 24, 25): $v_{g\beta 1} = 9{,}63$ m/s; $v_{g\alpha 1} = 2{,}11$ m/s; $v_{g\gamma 1} = 9{,}86$ m/s.

Verzahnungswirkungsgrad:

(23/54): $\eta_z = 0{,}89$ mit $\varrho^* \approx 4°$.

Nachrechnung auf Gleitverschleiß:

(23/43,47): $F_{t\bar{a}} = F_{t1} = 275 N$; $F_n = 394 N$ (ohne Reibung). (23/64, 63): $\varrho_{n1} = 20{,}55$ mm; $\varrho_{n2} = 24{,}47$ mm; $\varrho_n = 11{,}17$ mm. (23/10, 11): $\beta_{B1} = 17{,}12°$; $\beta_{B2} = 14{,}96°$; $\varphi = 32{,}08°$. (23/65): $\cos\vartheta = 0{,}85$. Bild 23/9: $\xi \approx 2{,}6$; $\eta \approx 0{,}51$.

13 Da Null-Verzahnung, $d_s = d$, $\beta_s = \beta$. $m_{st} = m_t$, $\alpha_{st} = \alpha_t$.

Tafel 23/1: $Z_F = 0{,}0235 \sqrt[3]{mm^2/N}$. (23/62): $a = 1{,}0$ mm; $b = 0{,}2$ mm. (23/61, 60): $Z_{\varepsilon S} = 0{,}756$; $\sigma_H = 711$ /Nmm². Tafel 23/1, (23/69): $\sigma_{HV} = 1400$ N/mm²; $Z_G = 0{,}7$. (23/67): $S_V = 1{,}38$ (ausreichend).

Nachrechnung auf Fressen:

(23/75,74): $g_{an1} \approx g_{an2}$, daher $g^* = 1$; $X_\varepsilon = 0{,}77$. (23/73, 72, 78): $L = 2{,}3$; $X_G = 0{,}152$ mm$^{-0,5}$; $X_Q = 1{,}0$. Bild 22.3/27, (23/77): $X_{Ca} = 1{,}0$. (23/71A, 71): $X_S = 1{,}0$; $\vartheta_{fla\,int} = 49{,}3$ °C; $\vartheta_{int} = 183{,}3$ °C. Abschn. 22.3.5 Nr. D.2: $\vartheta_{S\,int} = 273$ °C. (23/79): $S_S = 1{,}49$; Freßsicherheit knapp, evtl. Kopfrücknahme vorsehen (Faktor X_{Ca}), notfalls Badnitrieren oder Borieren erproben; auch kleinerer Modul möglich (Faktor X_ε), vgl. Zahnfußsicherheit.

Nachrechnung der Zahnfußtragfähigkeit:

Bild 22.3/10d: $\sigma_{FE} = 860$ N/mm². (23/79): $S_F \approx 13{,}9 \gg S_{F\,min}$.

23.9 Literatur zu 23

Grundlagen und Getriebe — allgemein s. Abschn. 20.6.

23/1 Naruse, Ch.: Verschleiß, Tragfähigkeit und Verlustleistung bei Schraubenradgetrieben. Diss. TU München 1964

23/2 Richter, M.: Der Verzahnungswirkungsgrad und die Freßtragfähigkeit von Hypoid- und Schraubenradgetrieben. Diss. TU München 1976

23/3 Altmann, F. G.: Bestimmung des Zahnflankeneingriffs bei allgemeinen Schraubgetrieben. Forsch. Ingenieurwes. 8 (1937) Nr. 50

23/4 Drechsel, O.: Calcul des engrenages helicoidaux a axes non-paralleles. Rev. Univers. Mines Metall. Mec. 4 (1948) 689...712

23/5 Grundig, H.; Weber, C.: Untersuchung von Schraubrädern mit Evolventenverzahnung. Bericht 143 (1951), Forschungsstelle für Zahnräder und Getriebebau (FZG), TU München

23/6 Wetzel, R.: Graphische Bestimmung des Schrägungswinkels für das treibende Rad bei Schraubengetrieben mit gegebenem Wellenabstand. Werkstatt Betr. 88 (1955) 718...719

23/7 Jacobsen, M. A. I.: Crossed helical gears for high speed automotive applications. Inst. Mech. Eng., Proc. Automotive Div. (1961/62) No. 10, 359...384. Kurzreferat in Konstr. 16 (1964) 34

23/8 Tuplin, W. A.: Geometry and design of crossed helical gears. The Eng. 211 (1961) 489...493. Kurzreferat in Konstr. 14 (1962) 36

23/9 Remezova, N. E.: Tragfähigkeitsberechnung zylindrischer Schraubenräder. Kurzreferat in Konstr. 14 (1962) 160...161

23/10 Rohonyi, C.: Berechnung profilverschobener, zylindrischer Schraubenräder. Konstr. 15 (1963) 453...455

23/11 Seifried, A.; Bürkle, R.: Die Berührung der Zahnflanken von Evolventenschraubenrädern. Anwendung beim Zahnradschaben von Innen- und Außenstirnrädern und beim Zweiflankenwälzprüfen. Werkstatt Betr. 101 (1968) 183...187

23/12 Langenbeck, K.: Schraubenradgetriebe zur Leistungsübertragung. VDI-Z. 111 (1969) 257...260

24 Kegelrad-, Hypoid-, Kronenradgetriebe

Überblick, Anwendungsbereich, Baugröße, Gewicht s. Abschn. 20.3.1.

24.1 Eigenschaften, Bauarten, Verwendung

Gemeinsames Merkmal: Die Radachsen schneiden sich (Kegelräder, Kronenräder) oder kreuzen sich bei kleiner Achsversetzung (Hypoidräder, Kronenräder). (Sich kreuzende Achsen bei großer Achsversetzung = Achsabstand: Schneckengetriebe und Stirn-Schraubräder.)

Mit Kegel- und Kegelstirnradgetrieben höhere Wirkungsgrade als mit Schneckengetrieben erreichbar. Wirtschaftlichkeitsvergleich s. Abschn. 25.5. Gegenüber Stirnrädern sind zusätzliche Fehlermöglichkeiten zu beachten (Bild 24/1). Diese Fehler können zu einseitigem Tragen, unruhigem Lauf oder Klemmen (d. h. Aufheben des Flankenspiels) führen. Gegenmaßnahmen sind neben hoher Fertigungsgenauigkeit:

- Zahnbreite beschränken (s. Abschn. 24.9);
- Verzahnung breitenballig (Bild 24/2);

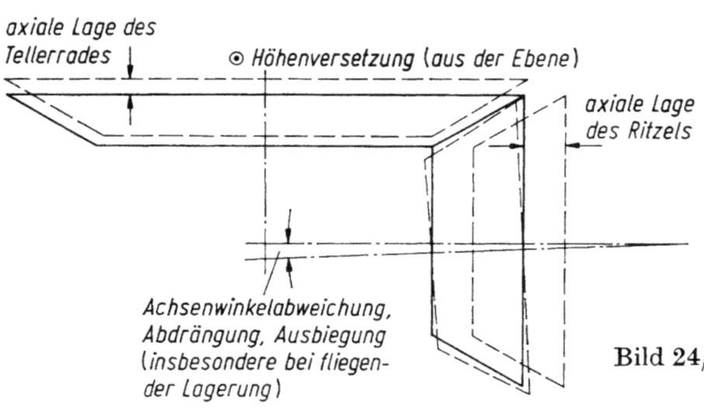

Bild 24/1. Spezielle Fehlermöglichkeiten bei Kegelradgetrieben.

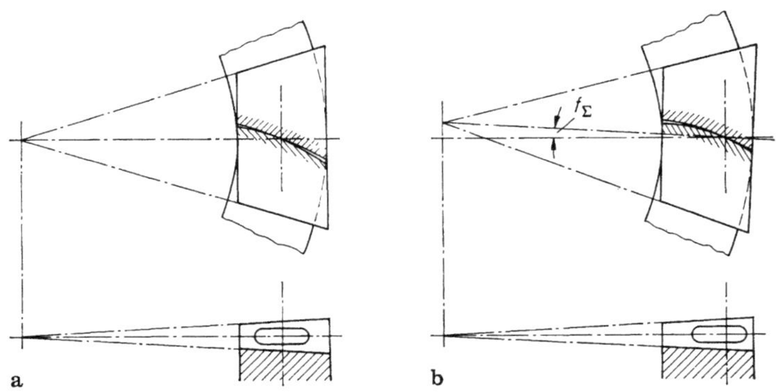

Bild 24/2. Geringere Verlagerungsempfindlichkeit durch breitenballige Zahnform (Ballenhöhe bei einsatzgehärteten geläppten Verzahnungen: b/300...b/500, bei fertiggeschnittenen Verzahnungen ca. b/1000). a) Teilkegelspitze in der Mitte liegend; b) Teilkegelspitze verlagert, dabei noch keine Kantenpressung [20/5].

- Ritzel und evtl. Rad durch axiales Verschieben auf gewünschtes Tragbild einstellen;
- Ritzel und Rad paaren (auf einer Laufprüfmaschine), gemeinsam läppen und paarweise montieren;
- paarweise ersetzen (Austauschbau nur bei geschliffenen Kegelrädern und allenfalls bei Großserien und besonderen Erfahrungen in Fertigung, Werkstoffwahl und Wärmebehandlung), kleines Lagerspiel;
- steifes Gehäuse (oder Gehäuseverformung beim Einstellen des Tragbildes berücksichtigen, Kfz-Bau).

24.1.1 Kegelräder

Nach dem Verlauf der Flankenlinien unterscheidet man die in Bild 24/3 dargestellten Bauformen. Der Flankenverlauf steht in engem Zusammenhang mit der Schneidbewegung des Werkzeugs und wird somit vom Fertigungsverfahren bestimmt.

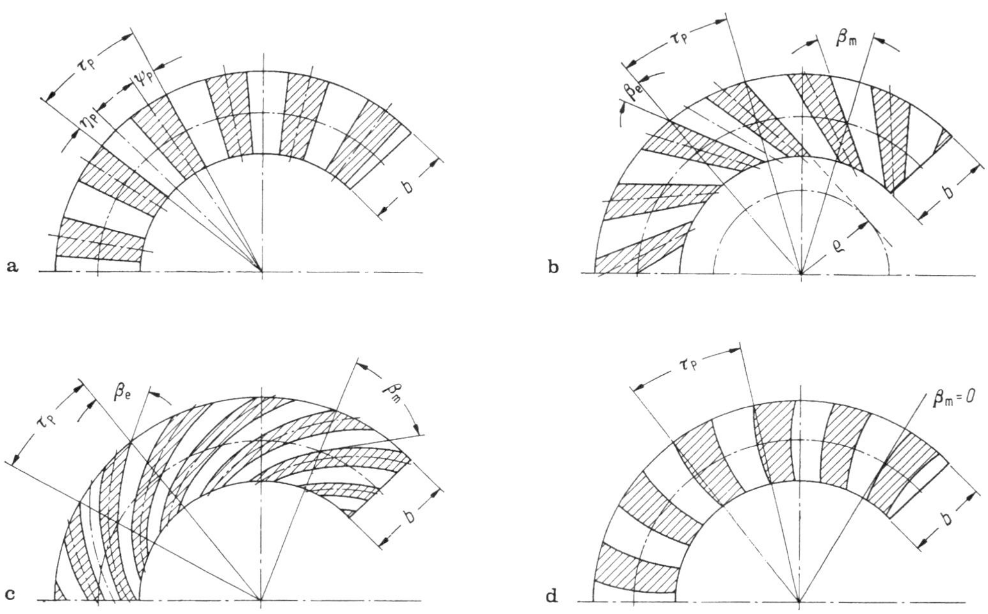

Bild 24/3. Kegelrad-Flankenlinien, τ_P Planrad-Teilungswinkel, ψ_P Zahndicken-Halbwinkel, η_P Zahnlücken-Halbwinkel. (Formen der Bogenverzahnung s. Tafel 24/3.) a) Geradverzahnung; b) Schrägverzahnung (linkssteigend); c) Bogenverzahnung (rechtssteigend); d) Bogenverzahnung mit $\beta_m = 0$; nach [24/3].

- *Geradzahn-Kegelräder.* Wie bei Geradstirnrädern beginnt und endet jeder Zahneingriff gleichzeitig auf der vollen Zahnbreite. Wegen des ungünstigen Geräuschverhaltens für Umfangsgeschwindigkeiten v_{mt} bis ca. 6 m/s (z. B. Hebezeuge, Stellantriebe, Differentialkegelräder) geeignet. Durch Verzahnungsschleifen läßt sich das Betriebsverhalten verbessern (z. B. für Werkzeugmaschinen) (v_{mt} bis ca. 20 m/s).

- *Schrägzahn-Kegelräder.* Die geraden Flankenlinien tangieren einen Kreis mit dem Radius ϱ. Die Zähne kommen allmählich in und außer Eingriff. Die Gesamtüberdeckung ist größer als bei geradverzahnten Kegelrädern, die Gesamtsteifigkeit schwankt weniger. Deswegen geräuschärmer. Geeignet für höhere Drehzahlen und Leistungen, meist geschliffen (v_{mt} bis ca. 50 m/s).

• *Bogenzahn-Kegelräder* (*Spiralkegelräder*). Die Flankenlinien sind gekrümmt, eine konkave Flanke kämmt mit einer konvexen. Flankenlinien und Herstellverfahren s. Tafel 24/3. Der Schrägungswinkel (Spiralwinkel) β ändert sich über die Zahnbreite stärker als bei Schrägzahn-Kegelrädern. Wegen ihrer Geräuscharmut, der hohen Zahnbruchfestigkeit und der wirtschaftlichen Herstellung, verwendet man sie in hochbelasteten, schnelllaufenden Getrieben (v_{mt} bis ca. 30 m/s, geschliffen bis ca. 60 m/s, extrem bis 100 m/s), insbesondere bei großen Stückzahlen.

Ein Sonderfall ist die Spiralverzahnung mit Schrägungswinkel auf Mitte Zahnbreite $\beta_m = 0$ (bei Gleason als „Zerolverzahnung" bezeichnet). Infolge ihrer Längskrümmung weist sie eine gewisse Sprungüberdeckung auf und eignet sich damit für höhere Geschwindigkeiten als Geradzahn-Kegelräder (v_{mt} bis ca. 10 m/s, geschliffen bis ca. 30 m/s).

24.1.2 Hypoidräder (Kegel-Schraubräder)

Hierbei geht die Ritzelachse im Kreuzungsabstand a (Achsversetzung) an der Ritzelachse vorbei. Eventuell kann man deshalb die Ritzelwelle unter der Radwelle hindurchführen (Bild 24/4) und beiderseits der Ritzelverzahnung lagern. Durch die Achsversetzung tritt an den Zahnflanken eine zusätzliche Gleitbewegung in Zahnlängsrichtung auf. Dies führt zu einem verbesserten Geräuschverhalten, jedoch auch zu erhöhter Verschleiß- und Freßbeanspruchung, stärkerer Erwärmung und geringerem Wirkungsgrad. Im Hinblick auf die Freßgefahr sind besondere Schmierstoffe (EP-Öl, Hypoidöl) erforderlich. Die Lage des Ritzels unter der Tellerradachse bringt mitunter bauliche Vorteile (s. Abschn. 24.11).

Hypoidräder werden meist bogenverzahnt, gehärtet und geläppt. Man verwendet sie vor allem in Achsgetrieben von Straßen- und Schienenfahrzeugen, sowie für Textil- und Werkzeugmaschinen.

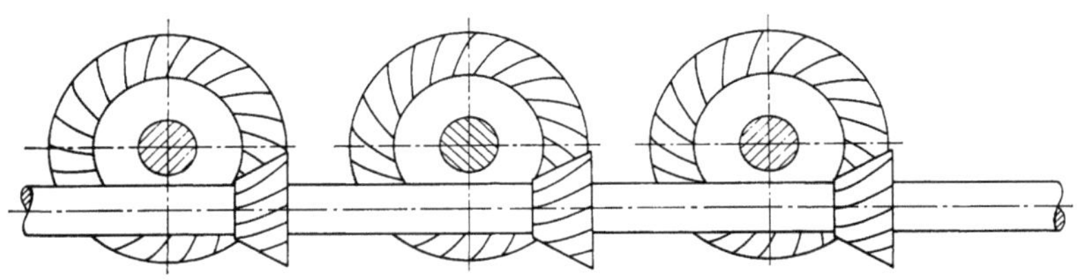

Bild 24/4. Schema eines Textilmaschinenantriebs mit Hypoidradpaaren.

24.1.3 Kronenräder (Stirnplanräder)

Das Ritzel wird hierbei als gerad- oder schrägverzahntes Stirnrad berechnet und hergestellt, das Kronenrad durch Wälzstoßen mit einem Schneidrad, dessen Verzahnung der Ritzelverzahnung entspricht und gleichviel oder geringfügig mehr Zähne als das Ritzel hat (Einzelverzahnung). Kinematisch handelt es sich um ein Kegelradpaar, bei dem sich die Profilverschiebungen entlang der Zahnbreite ändern und zwar so, daß ein zylindrisches Ritzel und ein Planrad als Gegenrad entstehen (Bild 24/5). Bei sich schneidenden Achsen ist Linienberührung möglich, bei Achsversetzung ergibt sich Punktberührung und Zahnlängsgleiten.

Die Zahnbreite des Kronenrades ist innen durch Unterschnitt, außen durch Spitzwerden der Zähne begrenzt. Richtwerte bei Eingriffswinkel $\alpha_n = 20°$ nach [20/7]:

Außenradius: $R_{Pe} = (1{,}1 \ldots 1{,}2)\, z_2 m_n/2\,,$ (24/1)

Innenradius: $R_{Pi} = (0{,}95 \ldots 1{,}05)\, z_2 m_n/2\,,$ (24/2) wobei die größeren Werte etwa für $u = 1{,}5$, die kleineren für etwa $u = 8$ gelten.

$$\text{Zahnbreite } b = R_{\mathrm{Pe}} - R_{\mathrm{Pi}} \approx 0{,}07 z_2 m_{\mathrm{n}} . \tag{24/3}$$

Wird das Ritzel breitenballig ausgeführt, so erhält man ein Kronenradpaar, das gegen Lageabweichungen unempfindlich ist bei allerdings geringerer Tragfähigkeit.

24.1.4 Kegelige Stirnräder

Kopf- und Fußkreis liegen auf Kegelflächen; im übrigen handelt es sich um Stirnräder mit über der Zahnbreite veränderlicher Profilverschiebung (Bild 24/6). Man verwendet sie in der Anordnung nach Bild 24/6a, um spielfreien Eingriff einzustellen (s. Abschn. 22.5.2). Die Profilverschiebungssumme $(x_1 + x_2)$ muß über die Zahnbreite konstant sein.

In der Anordnung nach Bild 24/6b bilden sie Kegel- oder Hypoidradpaare für kleine Achsenwinkel (mit den meisten Kegelradverzahnmaschinen lassen sich sehr kleine Teilkegelwinkel wegen der hierfür erforderlichen großen Wälztrommel nicht erzeugen). Bei Verwendung als Kegelräder muß der Schrägungswinkel der beiden Räder gleich groß und entgegengesetzt gerichtet sein, schrägverzahnte Räder mit ungleichem Schrägungswinkel ergeben eine Achsversetzung, die Zahnflanken weisen Punktberührung auf. Berechnung s. [22.5.2/7, 8].

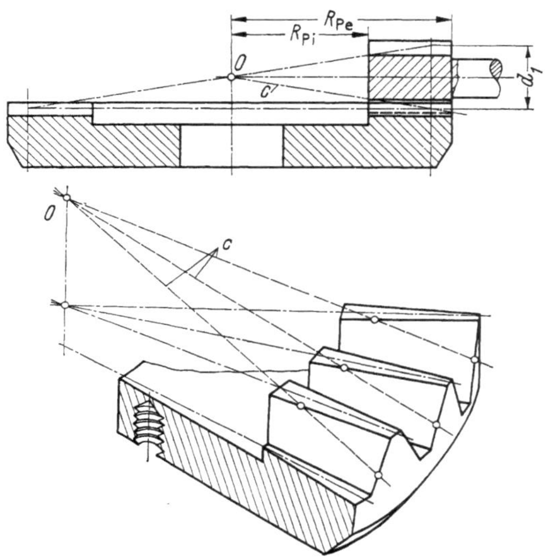

Bild 24/5. Kronenradpaar, bestehend aus Kronenrad (Planrad mit konstanter Zahnhöhe) und Stirnrad; nach [20/7]. C — Wälzkegelmantellinien.

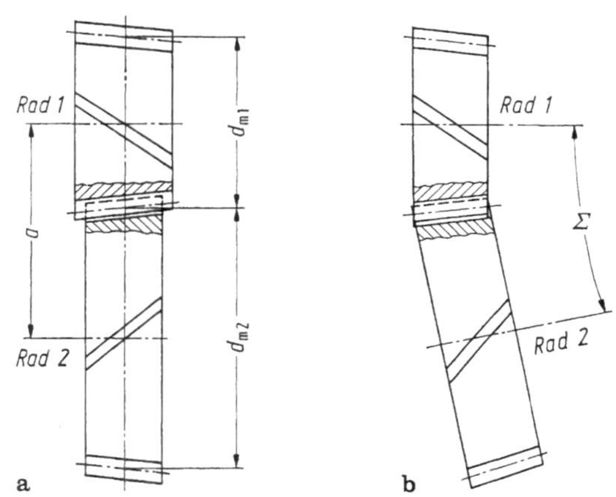

Bild 24/6. Kegelige Stirnräder. a) Mit parallelen Achsen; b) mit sich schneidenden oder kreuzenden Achsen.

24.2 Zeichen und Einheiten

Allgemein gültige Zeichen für Verzahnungen s. Abschn. 21.1.1, für die Tragfähigkeitsberechnung Abschn. 22.3.1, für Verzahnungsabweichungen Abschn. 21.4.3.

a	mm	Achsversetzung
a_{v}	mm	Achsabstand der virtuellen Ersatz-Stirnräder
b	mm	Zahnbreite
b_{eH}	mm	effektive Zahnbreite (Tragbild)
c_{P}	mm	Kopfspiel am Bezugsprofil
$d_{\mathrm{a}}, d_{\mathrm{ae}}, d_{\mathrm{ai}}$	mm	Kopfkreisdurchmesser, äußerer-, innerer-
$d_{\mathrm{e}}, d_{\mathrm{m}}$	mm	äußerer Teilkreisdurchmesser, mittlerer- (auf Mitte Zahnbreite)

d_f, d_{fe}, d_{fi}	mm	Fußkreisdurchmesser, äußerer-, innerer-
d_v, d_{vn}	mm	Teilkreisdurchmesser der Ersatz-Stirnräder — auf Mitte Zahnbreite, — im Normalschnitt
d_{va}, d_{van}	mm	Kopfkreisdurchmesser der mittleren Ersatz-Stirnräder, — im Normalschnitt
d_{vb}, d_{vbn}	mm	Grundkreisdurchmesser der mittleren Ersatz-Stirnräder, — im Normalschnitt
e	mm	Lückenweite auf dem Teilkreis
f_p	µm	Teilungs-Einzelabweichung
h	mm	Zahnhöhe (zwischen Kopflinie und Fußlinie)
h_a, h_f	mm	Zahnkopf-, Zahnfußhöhe
$\bar{h}_a$	mm	Höhe über der Zahndickensehne $\bar{s}$
h_w	mm	gemeinsame Zahnhöhe (= 2 m nach DIN 867)
j	mm	Flankenspiel
m	mm	Modul
p	mm	Teilung
s_n, s_t	mm	Normalzahndicke, Stirnzahndicke auf dem Teilkreis
t_B	mm	Einbaumaß
u, u_v	—	Zähnezahlverhältnis, — der Ersatz-Stirnräder
v_{mt}	m/s	Umfangsgeschwindigkeit am Teilkegel in Mitte Zahnbreite
v_Σ, $v_{\Sigma C}$	m/s	Summengeschwindigkeit, — am Wälzkegel
x_h	—	Profilverschiebungsfaktor
x_s	—	Zahndickenänderungsfaktor
z, z_v	—	Zähnezahl, — der Ersatz-Stirnräder
A_s	µm	Zahndickenabmaß
F_{mt}	N	Nenn-Umfangskraft am Teilkegel in Mitte Zahnbreite
K_A	—	Anwendungsfaktor (äußere Kräfte)
$K_{H\beta}$, $K_{F\beta}$, $K_{B\beta}$	—	Breitenfaktoren für die Grübchen-, Fuß-, Freßtragfähigkeit
$K_{H\alpha}$, $K_{F\alpha}$, $K_{B\alpha}$	—	Stirnfaktoren für die Grübchen-, Fuß-, Freßtragfähigkeit
K^*, K_K^*	N/mm²	K-Faktor
K_v	—	Dynamikfaktor (innere Kräfte)
P	kW	Nenn-Leistung
R_a	µm	arithmetischer Mittenrauhwert
R_e, R_i, R_m	mm	äußere Teilkegellänge, innere-, mittlere-
R_t, R_z	µm	Rauhtiefe, gemittelte —
S_H, S_F, S_S	—	Sicherheitsfaktoren-Grübchen, -Fuß, -Fressen
T	Nm	Nenn-Drehmoment
α, α_t, α_n	°	Eingriffswinkel, — im Stirnschnitt, — im Normalschnitt
β	°	Schrägungswinkel (Spiralwinkel)
β_m	°	Schrägungswinkel (Spiralwinkel) am Teilkegel in Mitte Zahnbreite (= β_v)
δ, δ_a, δ_f	°	Teil-, Kopf-, Fußkegelwinkel
δ_v	°	Ergänzungskegelwinkel
$\varepsilon_{\alpha v}$, $\varepsilon_{v\alpha n}$	—	Profilüberdeckung der Ersatz-Stirnräder — im Normalschnitt
$\varepsilon_{v\beta}$, $\varepsilon_{v\gamma}$	—	Sprung-, Gesamtüberdeckung der Ersatz-Stirnräder
ϑ_a, ϑ_f	°	Kopf-, Fußwinkel
μ_m, μ_B	—	mittlere Reibungszahl für Verlustleistung, — für Freßbeanspruchung
ϱ	mm	Krümmungsradius
Σ	°	Achsenwinkel

Indizes

a Zahnkopf
b Grundkreis einer Evolventenverzahnung
ā treibend
b̄ getrieben
e Größe an der äußeren Teilkreiskegellänge
f Zahnfuß
i innere Teilkegellänge
m mittlere Teilkegellänge
n Normalschnitt
t Stirnschnitt
v virtuelles Ersatz-Stirnrad oder Ergänzungskegel
C Werte im Wälzkreis
K Ersatz-Kegelrad
P Planrad oder Bezugsprofil
0 erzeugendes Werkzeug
1 kleineres Rad eines Radpaares
2 größeres Rad eines Radpaares
* Bezeichnung eines Faktors, mit dem eine Größe in Vielfachen des Normalmoduls ausgedrückt wird (außer bei K*)

Der Index v ohne Zusatzindex e, m oder i kennzeichnet die virtuelle Ersatz-Stirnradverzahnung auf Mitte Zahnbreite; auf den Zusatzindex m wird verzichtet.

24.3 Geometrie der Kegelradverzahnung

Grundkörper sind zwei Kegel (Wälzkegel) mit gemeinsamer Spitze, die sich entlang einer Mantellinie berühren und ohne Gleiten aufeinander abrollen. Die Achsen schließen den Winkel Σ ein (meist 90°). δ_{w1} und δ_{w2} sind die Wälzkegelwinkel (in der Regel gleichzeitig auch Teilkegelwinkel δ_1 und δ_2) (Bild 24/13). Die Teilkegel sind die Bezugsfläche für die Verzahnungsmaße (wie bei den Stirnrädern die Teilzylinder). Bei $\delta_2 = 90°$ entsteht das Planrad, das der Zahnstange beim Stirnrad entspricht. Sein Teilkegel ist eine ebene Kreisscheibe, vgl. Bilder 24/7,8.

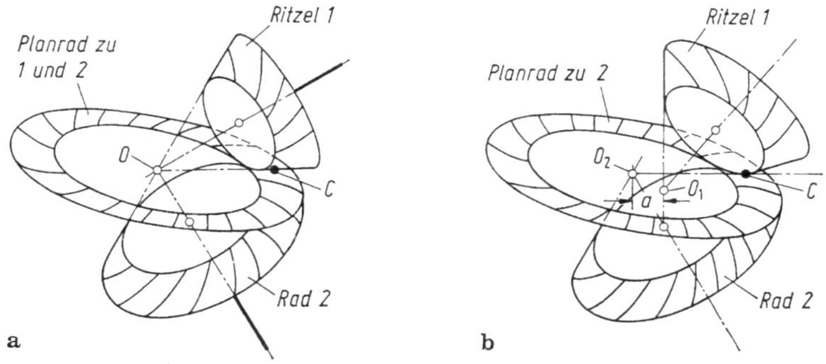

Bild 24/7. Paarverzahnung. a) Planrad für Kegelradverzahnung; b) für Hypoidverzahnung.

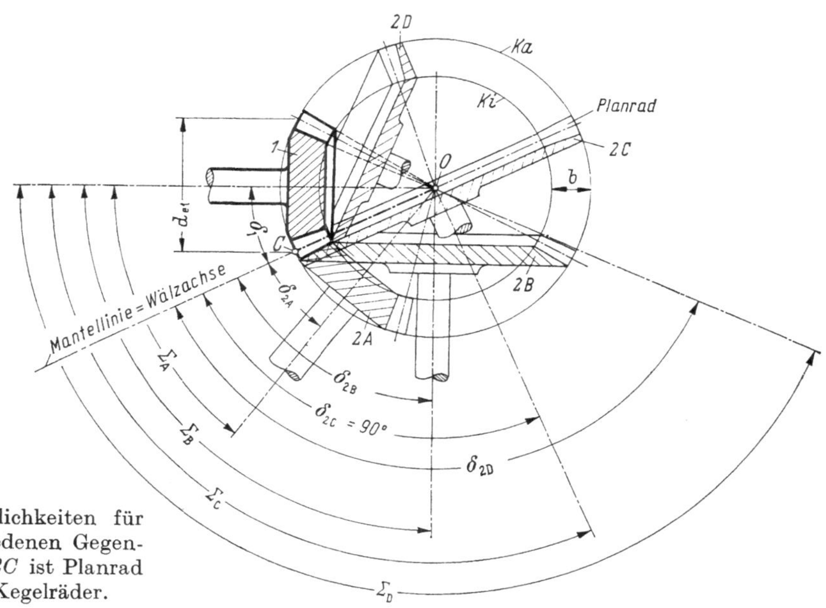

Bild 24/8. Paarungsmöglichkeiten für Kegelrad *1* mit verschiedenen Gegenrädern *2A* bis *2D*; Rad *2C* ist Planrad für alle gezeichneten Kegelräder.

24.3.1 Paarung der Kegelräder

Begriffe „Paar-, Satzräder-, Einzelverzahnung" s. Abschn. 21.1.8.

a) Paarverzahnung, Satzräderverzahnung. Beim Erzeugen der Verzahnung wälzen beide Räder einer Paarung mit derselben durch Werkzeugbewegung verkörperten Planverzahnung (als Patrize und Matrize), Bilder 24/7, 21. Man kann sich vorstellen, daß dabei die zahnstangenartige Planverzahnung wie eine dünne Folie zwischen den Zähnen von Rad und Gegenrad mitläuft, vgl. Bild 24/13.

Mit einem Kegelrad können verschiedene Gegenkegelräder theoretisch einwandfrei unter Linienberührung der Flanken kämmen. Allen diesen Paarungen muß die Planverzahnung (Planrad) gemeinsam sein (Bild 24/8).

Die Planverzahnung ist gekennzeichnet durch die Strecke OC = äußere Teilkegellänge $R_e = d_e/(2 \sin \delta)$, die Zahnbreite b, die Zahnform (Bezugsprofil s. Abschn. 24.3.3), die Form und Richtung der Flankenlinie sowie die Kopf- und Fußfläche. Unterschiedlich sind die Teilkegelwinkel δ und somit auch die Achsenwinkel Σ. Demnach läßt sich eine Kegelrad-Paarverzahnung durch Angabe von δ, Σ und der Planverzahnung eindeutig festlegen. — Bei geradflankigem Bezugsprofil erhält man so Kegelräder mit Satzrädereigenschaften.

b) Einzelverzahnung. Die Verzahnung ist nicht auf ein Planrad bezogen. Vielmehr wird hier das Tellerrad ohne Wälzen — z. B. im Formschneide-Einstechverfahren mit einem Messerkopf hergestellt (Klingelnberg-Zyklomet-, Gleason-Formate-, Oerlikon-Spirac-Verfahren). Das Tellerrad weist meist gerade Zahnprofile auf. Die Flanken des Ritzels werden durch Abwälzen des Tellerradteilkegels am Ritzelteilkegel erzeugt, die Zahnflanken des Tellerrades werden dabei durch die Werkzeugschneiden nachgebildet (Bild 24/9). Das Ritzel kann nur mit dem Bezugstellerrad gepaart werden. Geeignet nur für Übersetzungen $u > 2$; vgl. Abschn. 24.5.2c.

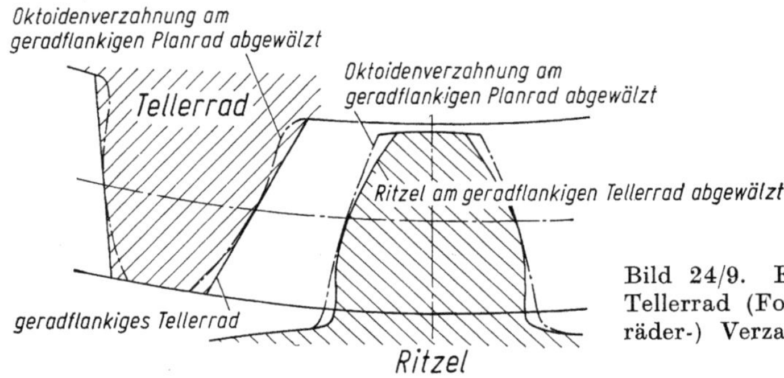

Bild 24/9. Einzelverzahnung mit geradflankigem Tellerrad (Formschneideverfahren) und Paar- (Satzräder-) Verzahnung mit Oktoidenverzahnung; vgl. Abschn. 24.3.2a.

24.3.2 Zahnformen der Kegelräder

Werden die beiden Wälzkegel aufeinander abgerollt, so bewegt sich ein beliebiger Punkt der Zahnflanke auf einer Kugeloberfläche, deren Mittelpunkt der Achsenschnittpunkt ist. Das Zahnprofil erhält man aus dem Schnitt der Kegelradverzahnung mit dieser Kugelfläche (Bild 24/11).

a) Oktoidenverzahnung. Ebenso wie bei Stirnrädern bevorzugt man auch bei Kegelrädern ein Trapezprofil als Bezugsprofil, d. h. als Zahnprofil der Planradverzahnung. Für geradverzahnte Kegelräder besitzt das entsprechende Planrad ebene Flächen als Zahnflanken (Bild 24/10b), für schräg- oder spiralverzahnte Kegelräder im Normalschnitt eine Gerade als Flankenprofil. Diese Gerade wird bei der Kegelradfertigung im Wälzverfahren als Werkzeugschneide längs der schräg- oder bogenförmigen Flankenlinie bewegt.

Die Zahnflanken der so entstehenden Oktoidenverzahnung sind identisch mit den Hüllflächen, die von den Zahnflanken des Planrades mit geradem Zahnprofil am Kegelrad erzeugt werden, wenn die Teilkegel von Planrad und Kegelrad aufeinander abwälzen.

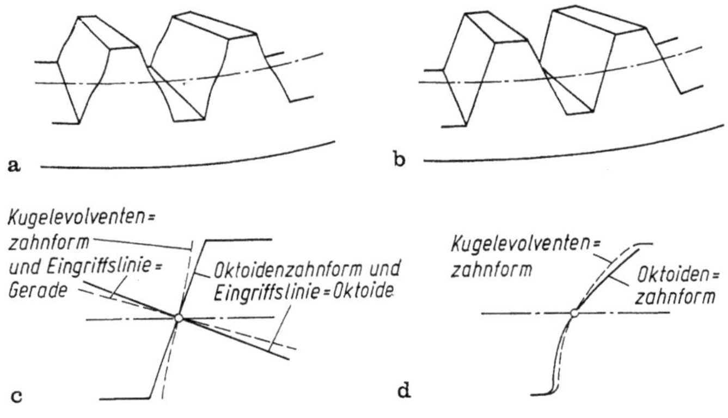

Bild 24/10. Planrad. a) Mit Kugelevolventen-, b) mit Oktoidenzahnform. Vergleich der Zahnformen c) am Planrad, d) am Kegelrad, nach [24/15].

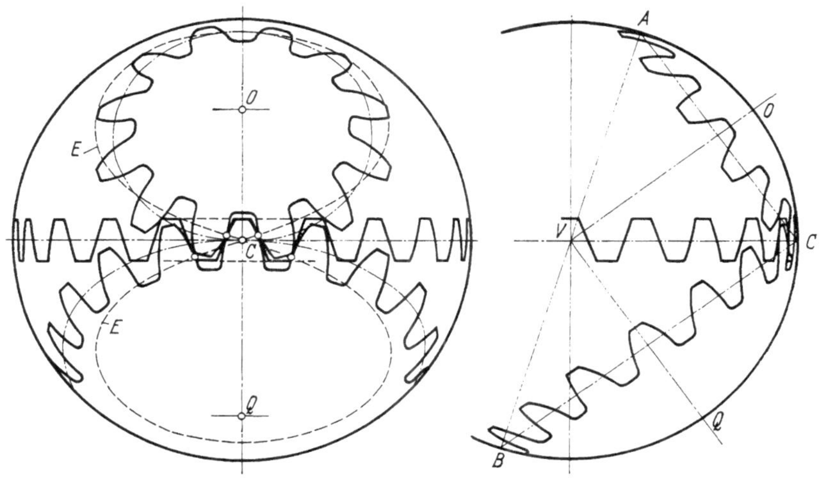

Bild 24/11. Verzahnung und Planverzahnung eines Kegelradpaares mit Oktoidenzahnform, dargestellt auf den umgebenden Kugelflächen, nach [20/21]. *E* Eingriffslinie mit oktoidenförmigem Verlauf auf der Kugelfläche.

Die Erzeugung der Oktoidenverzahnung entspricht somit der Erzeugung der Evolventen-Zahnflanken am Stirnrad. Das Abwälzen am Kegel bringt es aber mit sich, daß die Eingriffslinie der Oktoidenverzahnung in der Projektion von der Geraden etwas abweicht (Bild 24/11). Sie verläuft auf dem betrachteten Kugelmantel der Kegelradpaarung als 8-förmige Kurve. Man kann sie hier nach dem Verzahnungsgesetz (Abschn. 21.1.2) konstruieren, wenn man von den geraden Flanken der Planverzahnung ausgeht und statt der Flankennormalen (bei Stirnrädern) die entsprechenden Großkreise benützt.

Die Oktoidenverzahnung ist für Kegelräder mit Null- und V-Null-Verzahnung trotz der von der Geraden abweichenden Eingriffslinie kinematisch exakt; mit jedem Planrad, bei beliebigem Zahnprofil, lassen sich einwandfreie Kegelräder erzeugen.

b) Kugel-Evolventen-Verzahnung. Diese ebenfalls für Kegelräder geeignete Verzahnung ist eine Kegel-Evolventen-Verzahnung. Bei ihr entstehen die Zahnflanken als „Punktevolventen", beschrieben von Punkten des Kegelmantels, der von einem Kegel — dem Grundkegel — abgewickelt wird (die Punktevolventen liegen auf Kugelflächen). Diese Verzahnung besitzt zwar eine ebene Eingriffsfläche, aber andererseits ein Planrad mit gekrümmtem Flankenprofil. Die Krümmungsrichtung wechselt auf der Wälzebene (s. Bild 24/10a). Man kann sie nur mit Stichel und Schablone herstellen. Sie ist von untergeordneter Bedeutung.

24.3.3 Bezugsprofil, Profilverschiebung und Änderungen am Bezugsprofil

Da die Zahnformen der Kegelräder aufgrund der unterschiedlichen Verzahnungssysteme stark voneinander abweichen, kann man hier kein allgemein anwendbares Bezugsprofil angeben. Die Hauptabmessungen werden z. T. auf den Stirnschnitt am äußeren Teilkegel, z. T. auf den Normalschnitt in Mitte Zahnbreite bezogen. Bei Kegelrädern mit konstanter Zahnhöhe geht man allerdings meist vom genormten Bezugsprofil nach DIN 867 aus. Dabei dient der Normalmodul in Mitte Zahnbreite als Bezugslänge.

Kegelräder mit Oktoidenverzahnung können mit Profilverschiebung ausgeführt werden, wobei jedoch gegenüber Evolventen-Stirnrädern zusätzliche Bedingungen einzuhalten sind. Ferner besteht bei den meisten Kegelrad-Verzahnwerkzeugen die Möglichkeit, die Stellung der Schneiden für Vor- und Rückflanken (Zug- und Schubflanken) unabhängig voneinander zu verändern (beim Kegelradhobeln bearbeiten beispielsweise getrennte Hobelmeißel Vor- und Rückflanke). Man kann also — ohne zusätzliche Werkzeugkosten — vom genormten Bezugsprofil abweichen und hat damit eine Reihe von zusätzlichen Möglichkeiten, um Tragfähigkeit und Betriebsverhalten von Kegelrädern zu verbessern und die Herstellung zu erleichtern. Erläuterungen s. nachstehende Abschn. c)...e).

Bei allen Varianten (außer b) sind die Betriebswälzkegel gleich den Erzeugungswälzkegeln (Teilkegeln). Stets wird dabei die Verzahnung des Ritzels mit der Patrize und die des Rades mit der Matrize der Planverzahnung erzeugt bzw. deren Erzeugung hiervon abgeleitet (s. Abschn. 24.3.1 a).

a) Profilverschiebung: V-Null-Verzahnung (Bild 24/12a,b). Grundgedanke und Möglichkeiten wie bei Stirnrädern, Abschn. 21.3.5. x_h wählt man dementsprechend so, daß Unter-

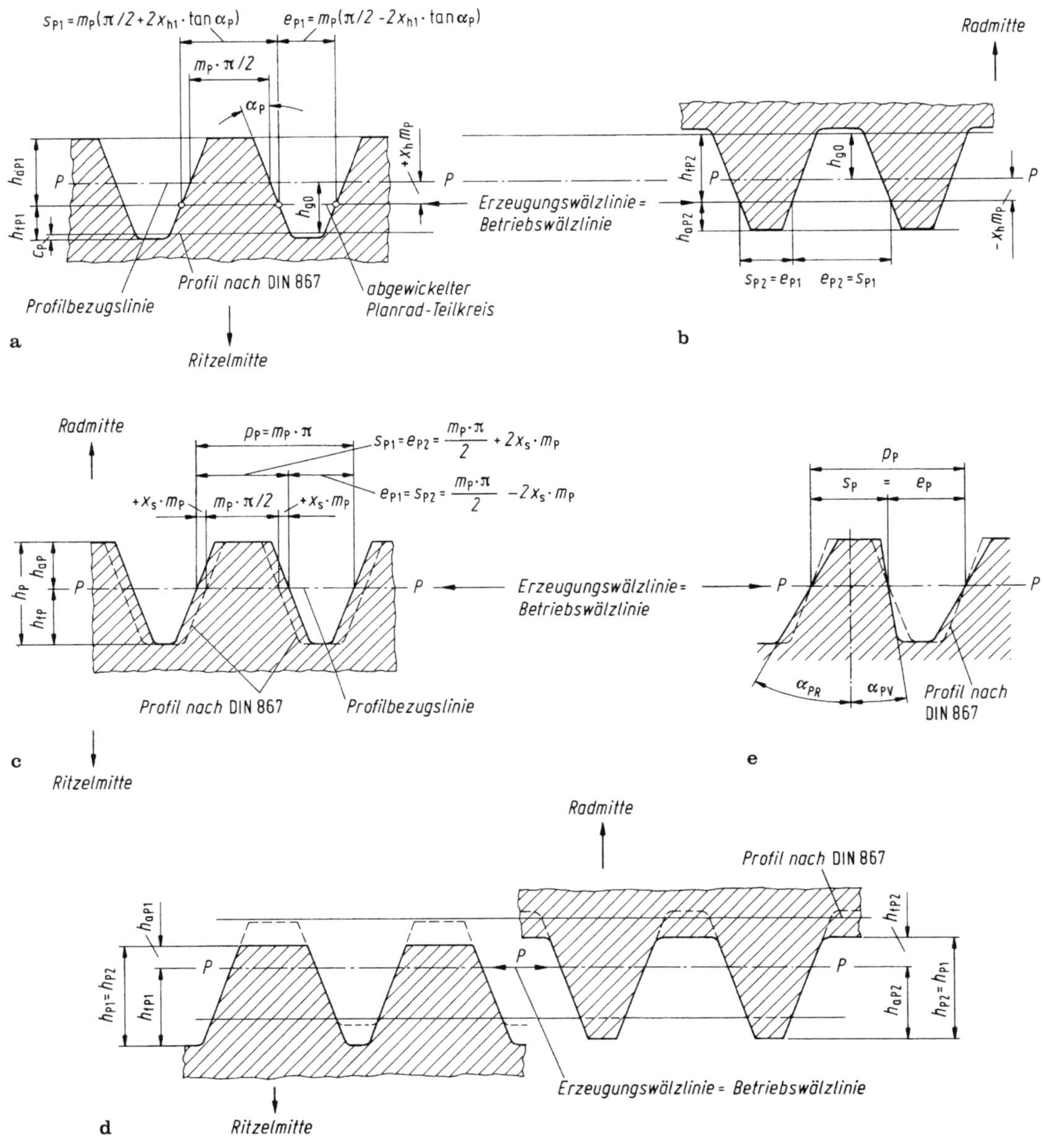

Bild 24/12. Profilverschiebung und Änderungen am Bezugsprofil bei Kegelrädern. a) Positive Profilverschiebung (am Ritzel, Bezugsprofil abgerückt); b) negative Profilverschiebung am Tellerrad, Bezugsprofil zugestellt; a) + b) = V-Null-Verzahnung; c) Bezugsprofil mit positiver Zahndickenänderung für das Ritzel (das Tellerrad erhält eine gleich große negative Zahndickenänderung); d) Bezugsprofil mit Zahnhöhenänderungen (hier $h_{fP1} = h_{aP2} + c_P$; e) Bezugsprofil mit unterschiedlicher Profilwinkeländerung. Bei Hypoidrädern für Vorwärtsflanke $\alpha_{PV} \geq 9°$, für Rückwärtsflanke $\alpha_{PR} \leq 31°$ (extrem).

schnitt vermieden wird, daß die Zahnfußtragfähigkeiten von Ritzel und Tellerrad angeglichen werden (in Verbindung mit der Zahndickenänderung, Abschn. c) und daß sich günstige Gleitverhältnisse am Kopf von Ritzel und Tellerrad ergeben (in Verbindung mit der Zahnhöhenänderung nach Abschn. d)). Anhaltswerte s. Tafel 24/4. Eine Profilverschiebung ergibt sich auch durch eine geeignete Kombination der Maßnahmen nach Abschn. c) und d).

b) Profilverschiebung: V-Verzahnung. Die Betriebswälzkegel weichen hierbei von den Herstell-Wälzkegeln (Teilkegeln) ab; die Bewegungsübertragung ist dann i. allg. kinematisch nicht einwandfrei. x_{h1} und x_{h2} müssen vielmehr so gewählt werden, daß sich eine gemeinsame Betriebseingriffsfläche für Ritzel und Rad einstellt. In den allermeisten Fällen kann man jedoch auf eine V-Verzahnung verzichten, da Korrekturen am Bezugsprofil möglich sind (s. Abschn. c)...e)).

c) Bezugsprofil mit Zahndickenänderung. Wie Bild 24/12c zeigt, werden die Schneidmesser so verstellt, daß die Zahndicke auf der Profilbezugslinie $P - P$ am Ritzel um $2x_s m_P$ größer (am Rad kleiner) als die halbe Teilung ist.

d) Bezugsprofil mit Zahnhöhenänderung. Bei konstanter Zahndicke auf der Profilbezugslinie kann man Kopfhöhe h_{aP} und Fußhöhe h_{fP} unabhängig voneinander ändern (Beispiel s. Bild 24/12d) oder gemeinsam gegenüber den Normwerten (DIN 867) vergrößern oder verkleinern (Hochverzahnung, Kurzverzahnung).

e) Bezugsprofil mit Profilwinkeländerung. Auswirkungen auf die erzeugte Zahnform vgl. Abschn. 21.3.2. Bild 24/12e zeigt ein Beispiel, bei dem die überwiegend im Eingriff befindliche Vorflanke mit kleinerem Profilwinkel erzeugt wird. Man erhält damit eine größere Profilüberdeckung (günstig für das Geräuschverhalten!). Die selten benutzte Rückflanke wird mit vergrößertem Profilwinkel erzeugt. Die Zahnfußdicke bleibt nahezu unverändert. — Häufig bei Hypoidrädern angewendet, u. a. auch, um die Herstellung zu erleichtern.

Die Korrekturen nach den Abschn. a) und c)...e) können einzeln, aber auch gleichzeitig angewendet werden.

24.3.4 Flankenlinienverlauf, Schrägungswinkel (bei Bogenverzahnung Spiralwinkel)

Die Flankenlinien (Schnittlinien der Zahnflanken mit dem Teilkegel) sind mit der Festlegung der Flankenlinien des Planrades (in der Teilkreisebene) eindeutig bestimmt. Übliche Ausführungen und Anwendung s. Abschn. 24.1.1 und Bild 24/3.

Bei Bogenverzahnung treibt i. allg. die konkave Flanke des Ritzels, da sich andernfalls ein spitz auslaufender Zahn, d. h. der größte Schrägungswinkel an der Zehe (inneres Zahnende, vgl. Bild 24/3c), ergäbe. Dies gilt, wenn Spiralrichtung gleich Drehrichtung gewählt wird, was zu empfehlen ist (s. folgende Ausführungen).

Die Krümmung der Flankenlinien ergibt sich aus dem Radius des Messerkopfes und dem Herstellverfahren (vgl. a. Tafel 24/3), der mittlere Spiralwinkel β_m aus der Maschineneinstellung. Beim Festlegen dieser Größen sind die Richtlinien der Kegelrad-Maschinenhersteller (z. B. Klingelnberg, Gleason, Oerlikon) zu beachten. Der Spiralwinkel sollte so groß sein, daß die Sprungüberdeckung $\varepsilon_\beta > 1{,}5$ wird (wegen des in Höhe und Länge begrenzten Tragbildes). Man beachte die Auswirkung des Spiralwinkels auf die Axialkraft, die von den Lagern aufgenommen werden muß. Die Spiralrichtung ist so zu wählen, daß die Axialkraft bei Hauptdrehrichtung von der Kegelspitze weggerichtet ist. Dazu müssen Drehrichtung und Spiralrichtung des Ritzels gleich sein. Anderenfalls wird das Ritzel in die Verzahnung hineingezogen (bei Axialspiel: Klemmgefahr!). — Man bezeichnet eine Verzahnung als rechtssteigend (linkssteigend), wenn die Flankenlinien von der Kegelspitze aus nach rechts (links) verlaufen (s. Bild 24/3).

24.3.5 Kegelflächen

a) Wälzkegel, Wälzkegelwinkel, Teilkegel, Teilkegelwinkel. Die (Betriebs-) Wälzkegel berühren sich auf einer gemeinsamen Mantellinie $R_e = OC$, sie wälzen ohne Gleiten aufeinander ab. Teilkegel sind die bei der Herstellung benutzten Wälzkegel. Sie wälzen hierbei auf den Teilkreisebenen der Erzeugungsplanräder ab. Nach Abschn. 24.3.3 sind Wälzkegel und Teilkegel bei Null- und V-Null-Verzahnungen identisch, d. h. Wälzkegelwinkel = Teilkegelwinkel; s. Bild 24/13.

b) Kopfkegel, Fußkegel — Zahnhöhenverlauf. Die Kegelspitzen von Kopf- und Fußkegel müssen nicht unbedingt mit dem Achsenschnittpunkt O zusammenfallen. Entsprechende Kegelwinkel s. Bild 24/14. Bei Spiralkegelrädern mit konstanter Zahnhöhe (Bild 24/14b)

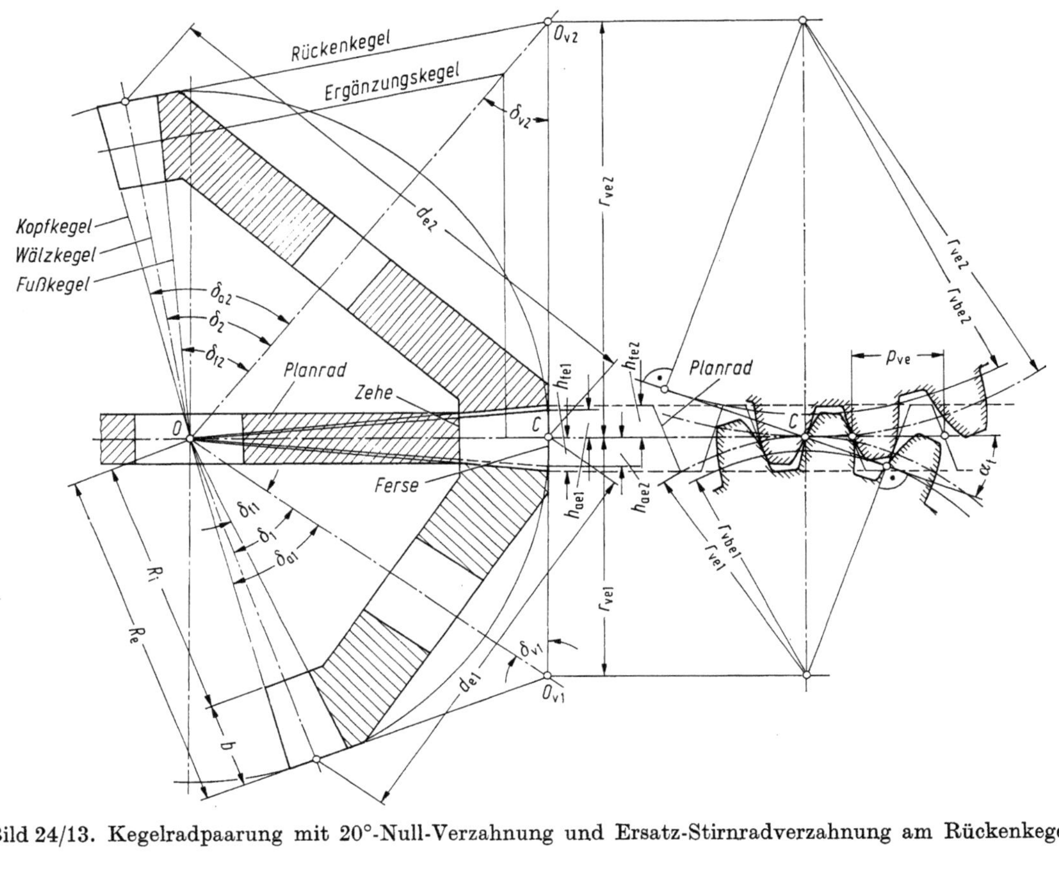

Bild 24/13. Kegelradpaarung mit 20°-Null-Verzahnung und Ersatz-Stirnradverzahnung am Rückenkegel.

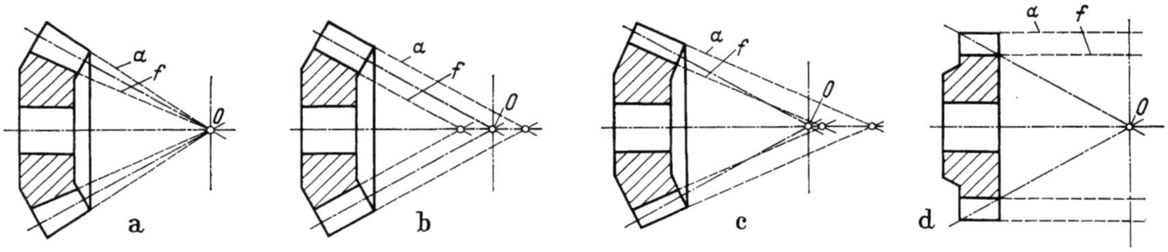

Bild 24/14. Verlauf der Kegelmantellinien für Zahnkopf (*a*) und Zahnfuß (*f*). a) Übliche Ausführung für Gerad- und Schrägverzahnung, ferner Bogenverzahnung nach Gleason; b) parallel zum Teilkegel (Bogenverzahnung nach Klingelnberg, Oerlikon); c) den Teilkegel schneidend (z. B. Klingelnberg Palloidverzahnung); d) Kronenradgetriebe.

verlaufen die Mantellinien von Kopf- und Fußkegel parallel zur Mantellinie des Teilkegels. Der Vorteil ist, daß damit die Schneidmesser, deren Spitzen entlang des Fußkegels geführt werden müssen, sich auch parallel zum Teilkegel bewegen und damit eine exakte Erzeugungsbewegung ausführen. Die Einstellung der Verzahnmaschine auf ein gewünschtes Tragbild ist deswegen einfacher und schneller als bei Kegelrädern nach Bild 24/14a (Ausnahme bei Gleason-Helixform).

Nachteil der Verzahnung mit konstanter Zahnhöhe: Die Zähne werden innen (an der Zehe) sehr schlank, daher hier erhöhte Gefahr des Unterschnitts. Hinsichtlich Tragfähigkeit und Geräuschverhalten sind Bogenverzahnungen nach Bild 24/14a und b etwa gleichwertig. Unterschiedlich kann die Axialkraft auf die Lager sein.

Beim Ritzel einer Kronenradpaarung (Bild 24/14d) sind Kopf- und Fußkegel zu achsparallelen Zylindern entartet (s. Abschn. 24.1.3).

c) Teilkegellänge, Rückenkegel, Ergänzungskegel, virtuelle Ersatz-Stirnräder: (Allgemein) Teilkegellänge R, äußere und innere Teilkegellänge R_e und R_i (s. Bild 24/13). Als Rückenkegel wird derjenige Kegel bezeichnet, dessen Mantellinien in der Entfernung R_e von der Kegelspitze senkrecht auf dem Teilkegel stehen. Die weiteren Kegel mit Mantelflächen parallel zum Rückenkegel nennt man Ergänzungskegel.

Die Verzahnung am Rückenkegel läßt sich in die Ebene abwickeln, wobei alle bisher auf der Mantelfläche des Rückenkegels liegenden Meßgrößen — wie Eingriffswinkel α_t, Stirnteilung p_t, Stirnzahndicke s und Zahnhöhe $h = h_a + h_f$ — unverändert bleiben (Bild 24/13). Der Teilkreisradius r_{ve} der abgewickelten Verzahnung ist gleich der Länge der Mantellinie des Rückenkegels. Diese Abwicklung ist der Stirnschnitt eines virtuellen Ersatz-Stirnrades mit Evolventenverzahnung, Tredgoldsche Näherung [24/30]. Entsprechend dem Verlauf der Flankenlinien auf dem Teilkegel gibt es Ersatz-Stirnräder mit Gerad-, Schräg- oder Bogenverzahnung. Diese Ersatz-Stirnräderverzahnung eignet sich zur Untersuchung der Eingriffsverhältnisse auf dem jeweils betrachteten Ergänzungskegel.

24.3.6 Mittlere Ersatz-Stirnräder

Entsprechend Abschn. 24.3.5c kann man auch der Kegelradverzahnung am Ergänzungskegel auf Mitte Zahnbreite eine Ersatz-Stirnradverzahnung zuordnen (Bild 24/15). Da diese die mittleren Abmessungen der Kegelradverzahnung aufweist, benutzt man sie für

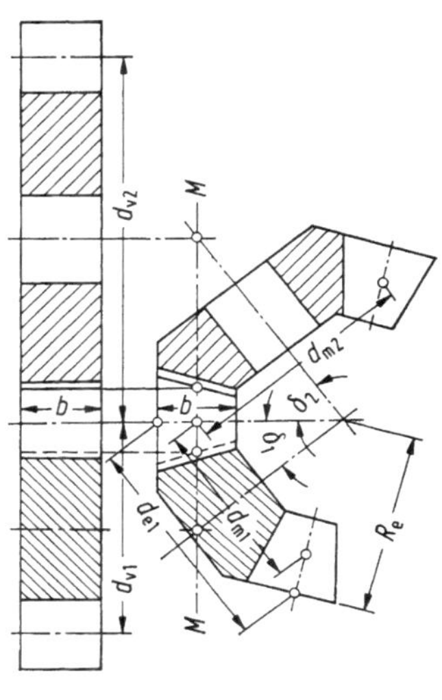

Bild 24/15. Virtuelle Ersatz-Stirnräder eines Kegelradpaares.

die Tragfähigkeitsberechnung. Entsprechend der durchweg breitenballigen Kegelradverzahnung sind auch die Ersatz-Stirnradverzahnungen breitenballig. — Berechnung der Abmessungen s. Tafel 24/1.

Tafel 24/1. Verzahnungsabmessungen für Kegelräder mit Null- und V-Null-Verzahnung (Teilkegel = Wälzkegel), Bild 24/15

Nr.	Maße, Daten	Beziehung
1	Achsenwinkel	$\Sigma = \delta_1 + \delta_2$
2	Teilkegelwinkel	$\tan \delta_1 = \sin \Sigma/(\cos \Sigma + u)$
3		$\tan \delta_2 = \sin \Sigma/(\cos \Sigma + 1/u)$; $\delta_2 = \Sigma - \delta_1$
4	für $\Sigma = 90°$	$\tan \delta_1 = 1/u$; $\tan \delta_2 = u$
5		$1/\cos \delta_2 = 1/\sin \delta_1 = \sqrt{u^2 + 1}$
6	äußere Teilkegellänge	$R_e = 0{,}5 d_{e1}/\sin \delta_1 = 0{,}5 d_{e2}/\sin \delta_2$
7	innere, mittlere Teilkegellänge	$R_i = R_e - b = R_m - b/2$
8	äußerer Teilkreisdurchmesser	$d_{e1} = m_{et} z_1$; $d_{e2} = m_{et} z_2 = u d_{e1}$
8A	mittlerer Teilkreisdurchmesser	$d_{m1} = d_{e1} - b \sin \delta_1 = m_{mn} z_1/\cos \beta_m$; $d_{m2} = d_{e2} - b \sin \delta_2 = u d_{m1}$
9	Zähnezahlverhältnis	$u = z_2/z_1 = d_{e2}/d_{e1} = \sin \delta_2/\sin \delta_1$
10	Modul am Außenkegel	$m_{et} = d_{e1}/z_1 = d_{e2}/z_2 = m_{en}/\cos \beta_e$
11	Modul am Mittelkegel	$m_{mn} = m_{mt} \cos \beta_m$; $m_{mt} = d_{m1}/z_1 = d_{m2}/z_2$
12	Eingriffswinkel[a]	$\tan \alpha_t = \tan \alpha_n/\cos \beta$
13	Kopfkreisdurchmesser[a]	$d_{a1} = d_1 + 2h_{a1} \cos \delta_1$; $d_{a2} = d_2 + 2h_{a2} \cos \delta_2$
14	Fußkreisdurchmesser[a]	$d_{f1} = d_1 - 2h_{f1} \cos \delta_1$; $d_{f2} = d_2 - 2h_{f2} \cos \delta_2$
	bei zur Kegelspitze abnehmender Zahnhöhe[b] (Bezugslänge: m_{et}), jedoch konstantem Kopfspiel (Kopfkegelspitze liegt innerhalb des Teilkegels)	
15	Kopfkegelwinkel	$\delta_{a1} = \delta_1 + \vartheta_{f2}$ (d. h. $\vartheta_{a1} = \vartheta_{f2}$ gewählt); $\delta_{a2} = \delta_2 + \vartheta_{f1}$ (d. h. $\vartheta_{a2} = \vartheta_{f1}$ gewählt)
16	Fußkegelwinkel	$\delta_{f1} = \delta_1 - \vartheta_{f1}$, $\delta_{f2} = \delta_2 - \vartheta_{f2}$
17	Kopfwinkel	gewählt: $\vartheta_{a1} = \vartheta_{f2}$; $\vartheta_{a2} = \vartheta_{f1}$
18	Fußwinkel	$\tan \vartheta_{f1} = h_{fe1}/R_e$; $\tan \vartheta_{f2} = h_{fe2}/R_e$
19	Zahnkopfhöhe[c]	$h_{ae1} = m_{et}(1 + x_{he}) = h_{am1} + (b \tan \vartheta_{a1})/2$; $h_{ae2} = m_{et}(1 - x_{he}) = h_{am2} + (b \tan \vartheta_{a2})/2$
20	Zahnfußhöhe[c]	$h_{fe1} = m_{et}(1 + c_P^* - x_{he})$; $h_{fe2} = m_{et}(1 + c_P^* + x_{he})$
	bei konstanter Zahnhöhe übliche Ausführung (Bezugslänge: m_{mn})	
21	Kopfkegelwinkel = Fußkegelwinkel	$\delta_{a1} = \delta_{f1} = \delta_1$; $\delta_{a2} = \delta_{f2} = \delta_2$
22	Kopfwinkel = Fußwinkel	$\vartheta_a = \vartheta_f = 0$
23	Zahnkopfhöhe[c]	$h_{am1} = m_{mn}(1 + x_{hm})$; $h_{am2} = m_{mn}(1 - x_{hm})$
24	Zahnfußhöhe[c]	$h_{fm1} = m_{mn}(1 + c_P^* - x_{hm})$; $h_{fm2} = m_{mn}(1 + c_P^* + x_{hm})$
Mittlere Ersatz-Stirnräder (virtuelle Ersatz-Stirnräder, bezogen auf Mitte Zahnbreite)		
25	Eingriffswinkel	$\alpha_{vn} = \alpha_n$; $\tan \alpha_{vt} = \tan \alpha_{mt} = \tan \alpha_n/\cos \beta_m$
26	Schrägungswinkel	$\beta_{vm} = \beta_m$, $\sin \beta_{vb} = \sin \beta_m \cos \alpha_n$
27	Zähnezahlverhältnis	$u_v = z_{v2}/z_{v1} = u \cos \delta_1/\cos \delta_2 = \tan \delta_2/\tan \delta_1$
28	für $\Sigma = 90°$	$u_v = u^2 = (z_2/z_1)^2$
29	Zähnezahlen	$z_{v1} = z_1/\cos \delta_1 = d_{v1}\pi/p_t$; $z_{v2} = z_2/\cos \delta_2 = d_{v2}\pi/p_t$
30	für $\Sigma = 90°$	$z_{v1} = z_1 \sqrt{(u^2 + 1)/u^2}$; $z_{v2} = z_2 \sqrt{u^2 + 1} = u^2 z_{v1}$

Tafel 24/1. (Fortsetzung)

Nr.	Maße, Daten	Beziehung
30	im Normalschnitt nach (21.3/29)	$z_{vn} = z_v/(\cos^2 \beta_{vb} \cos \beta_m)$
31	Teilkreisdurchmesser	$d_{v1} = d_{m1}/\cos \delta_1$
		$d_{v2} = d_{m2}/\cos \delta_2$
	für $\Sigma = 90°$	$d_{v1} = d_{m1} \sqrt{(u^2+1)/u^2}$
		$d_{v2} = d_{m2} \sqrt{u^2+1} = u^2 d_{v1}$
32	Achsabstand	$a_v = 0{,}5(d_{v1} + d_{v2})$
33	Kopfkreisdurchmesser	$d_{va1} = d_{v1} + 2h_{am1}$; $d_{va2} = d_{v2} + 2h_{am2}$
34	Grundkreisdurchmesser	$d_{vb} = d_v \cos \alpha_{vt}$
35	Modul	$m_{vt} = m_{mt} = d_{m1}/z_1 = d_{v1}/z_{v1} = d_{v2}/z_{v2}$
		$m_{vn} = m_{mn} = m_{mt} \cos \beta_m$
36	Profilverschiebungsfaktor	$x_{hm1,2} = (h_{am1,2} - h_{am2,1})/2m_{mn}$
37	Zahnbreite	$b_v = b$
38	Drehzahl (bei gleicher Umfangsgeschwindigkeit)	$n_v = n(d_m/d_v)$
39	Eingriffsstrecke	$g_{v\alpha} = \frac{1}{2}[(d_{va1}^2 - d_{vb1}^2)^{1/2} + (d_{va2}^2 - d_{vb2}^2)^{1/2}] - a_v \sin \alpha_{vt}$
40	Profilüberdeckung	$\varepsilon_{v\alpha} = g_{v\alpha} \cdot \cos \beta_m/(m_{mn}\pi \cos \alpha_{vt})$
41	Profilüberdeckung im Normalschnitt	$\varepsilon_{v\alpha n} = \varepsilon_{v\alpha}/\cos^2 \beta_b$
42	Sprungüberdeckung[d]	$\varepsilon_{v\beta} = \frac{b \cdot \sin \beta_m}{m_{mn}\pi} \frac{b_{eH}}{b}$
43	Gesamtüberdeckung[d]	$\varepsilon_{v\gamma} = \varepsilon_{v\alpha} + \varepsilon_{v\beta}$
44	Teilüberdeckung	$\varepsilon_{v1,2} = \frac{z_{v1,2}}{2\pi}[((d_{va1,2}/d_{vb1,2})^2 - 1)^{1/2} - \tan \alpha_{vt}]$

Krümmungsradien s. Abschn. 21.7.2.1 und 22.3.2, Nr. A5.

[a] Zusätzliche Indizes: e, m oder i

[b] Dadurch größere Werkzeugkopfabrundung möglich, ohne daß am inneren Zahnende Eingriffsstörungen zu befürchten sind

[c] Bei Profilhöhe $h_P = m + c_P$; Kopfspiel $c_P = (0{,}1 \ldots 0{,}3)\, m$

[d] Maßgebende Überdeckungen für die Tragfähigkeitsberechnung nach Abschn. 24.10.2...5 mit der effektiven Tragbildbreite. $b_{eH} \approx 0{,}85b$

24.3.7 Modul

Bei Kegelrädern ändert sich der Stirnmodul (Verhältnis Teilkreisdurchmesser zu Zähnezahl) ebenso wie die Stirnteilung über die Zahnbreite. Der Modul wird für das äußere Zahnende (im Stirnschnitt) oder für Mitte Zahnbreite (im Normalschnitt) und zwar häufig nach der Normreihe für Stirnräder (Tafel 22.1/9) gewählt. Dies ist allerdings nicht zwingend, da man mit einem Satz Schneidmesser einen gewissen Modulbereich überdecken kann, vgl. Abschn. 24.3.3. Der Modul sollte in den Grenzen $m_n = b/8 \ldots b/12$ liegen, um die Bruchgefahr an den Zahnenden durch Abdrängung oder Abweichungen der Fertigung und Lagerung gering zu halten.

24.3.8 Gleit- und Wälzbewegung der Zahnflanken

Das Abwälzen der Teilkegel aufeinander ist der Wälzbewegung der Ersatz-Stirnräder (bei gleicher Umfangsgeschwindigkeit) kinematisch gleichwertig. Daher gelten die Beziehungen für Stirnräder, Abschn. 21.1.7 mit den Daten der Ersatz-Stirnräder nach Tafel 24/1: Summengeschwindigkeit $v_{\Sigma v}$ nach (21.1/21), Gleitgeschwindigkeit v_{gv} nach (21.1/23).

24.4 Verzahnungsabweichungen und -toleranzen, Verzahnungsprüfung, Flankenspiel

Für die Verzahnungsgenauigkeit gelten die gleichen Überlegungen wie bei Stirnrädern (Abschn. 21.4). Manche Bestimmungsgrößen, wie Flankenform und -richtung, können allerdings bei Kegelrädern meist nicht gemessen werden, weil es kaum geeignete Meßgeräte gibt. Deshalb hat die Tragbild- und Geräuschprüfung in der Laufprüfmaschine oder im Gehäuse besondere Bedeutung. Wegen der (gegenüber Stirnrädern) zusätzlichen Fehlermöglichkeiten (Abschn. 24.1) muß man die axiale Lage der Verzahnung genau festlegen und tolerieren.

24.4.1 Radkörper- und Einbautoleranzen

Empfehlungen s. DIN 3965, Teil 1 [24/1]. Wenn die Verzahnungsdaten für das äußere Zahnende (Ferse) angegeben und dort auch gemessen werden, muß man die Radkörpermaße hierfür eng tolerieren. (Die Kegel- und Verzahnungskanten dürfen erst nach dem Vermessen gebrochen werden, da man sonst die Verzahnungsmeßwerte verfälscht).

Die Teilkegelspitze ist als Bezugspunkt für Herstellen, Messen und Einbau nicht zu erfassen. Deshalb benötigt man eine zur Radachse senkrechte Bezugsfläche, von der aus der Radkörper in axialer Richtung vermaßt und axial eingestellt wird (Bild 24/16). (Der Abstand von Bezugsfläche zur Teilkegelspitze, das Einbaumaß, wird als fehlerfrei ange-

Geradzahn-Kegelrad			
Modul		m_P	4,233
Zähnezahl		z	21
Teilkegelwinkel		δ	45°
Äußerer Teilkreisdurchmesser		d_e	88,90
Äußere Teilkegellänge		R_e	62,862
Planradzähnezahl		z_P	29,69848
Zahndicken-Halbwinkel		ψ_P	3,03° (3°01′48″)
Fußwinkel		ϑ_f	4,62° (4°37′12″)
oder Fußkegelwinkel		δ_f	
Profilwinkel		α_P	20°
Verzahnungsqualität nach DIN 3965			7
Prüfmaße der Zahndicke	Zahndickensehne im Rückenkegel	$\bar{s}_e$	$6{,}64^{-0{,}05}_{-0{,}10}$
	Höhe über der Sehne	$\bar{h}_{ae}$	4,32
Zusätzliche Verzahnungstoleranzen und Prüfangaben:			
Gegenrad	Sachnummer		789,03
	Zähnezahl	z	21
Achsenwinkel im Gehäuse mit Abmaßen		Σ	90°±0,025°
Ergänzende Angaben (bei Bedarf):			

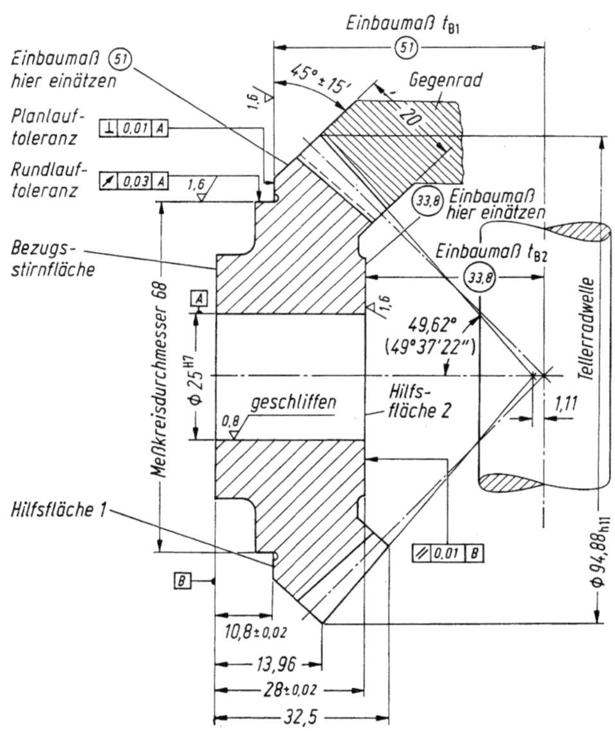

Bild 24/16. Werkstattzeichnung eines Geradzahn-Kegelrades für konstantes Kopfspiel (nach DIN 3966) mit Radkörper- und Einbautoleranzen. — Nach Möglichkeit Bezugsflächen, Hilfsflächen und Bohrung in einer Aufnahme bearbeiten. Wenn Einbaumaß t_{B1} bei Montage nicht lesbar oder nicht meßbar, Maß t_{B2} bestimmen und auf Hilfsfläche *2* angeben.

nommen.) Meist legt man die Hilfsfläche *1* in den Bereich des Rückenkegels und ordnet ihr eine Rundlaufkontrollfläche zu. Beide Flächen sollen möglichst weit außen liegen; sie sind dann am besten zu erreichen; andernfalls kann man die innere Stirnfläche (Hilfsfläche *2*) entsprechend benutzen.

Das für das Tragbild günstigste Einbaumaß wird in der Prüfmaschine ermittelt, auf dem Radkörper eingeätzt und bei der Montage z. B. mit Hilfe von Beilagscheiben eingestellt.

24.4.2 Tragbild, Verzahnungstoleranzen

Durch die breitenballigen Zahnflanken (Bild 24/2) trägt die Zahnflanke nicht über die volle Zahnbreite. Mit Hilfe von Tragbildpaste oder Tragbildlack kann man Lage und Länge des Tragbildes feststellen. Ohne Belastung (auf der Prüfmaschine) soll es mindestens 50% der Zahnlänge überdecken (Bild 24/17). Durch Verändern der Maschineneinstellung lassen sich Form und Lage des Tragbildes beeinflussen. Im Idealfall sollte es bei voller Belastung dann 100% der Zahnlänge überdecken. Da das Verhalten unter Last meist jedoch nicht ausreichend bekannt ist (Toleranzen, Härteverzüge, Verformungen), strebt man i. allg. ein kürzeres Tragbild an. Es soll etwa 85% der Zahnlänge überdecken, die Zahnenden sollen frei bleiben, um ein Kantentragen mit Sicherheit zu verhindern. Bei zunehmender Belastung wandert das Tragbild meist von der Zehe zur Ferse hin (abhängig von der Steifigkeit der Wellen und des Gehäuses, sowie von der Verzahnungsart, d. h. dem Herstellverfahren). Zahnkopf und Zahnfuß sollen keine Druckstellen zeigen.

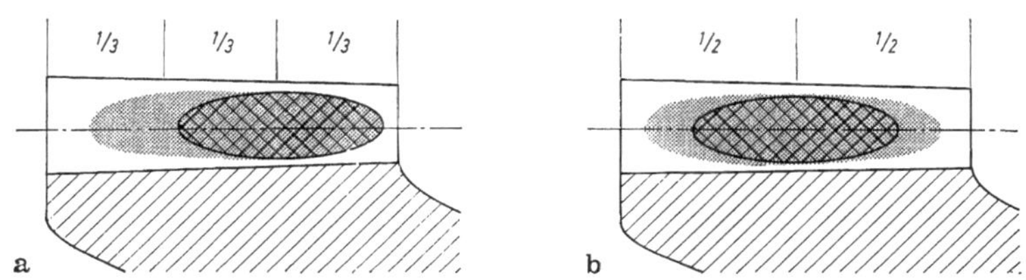

Bild 24/17. Soll-Tragbild, *kreuzschraffiert*: unbelastet (Lage je nach Herstellverfahren; a) zur Zehe hin b) in Mitte Zahnbreite); *gerastert*: im belasteten Zustand.

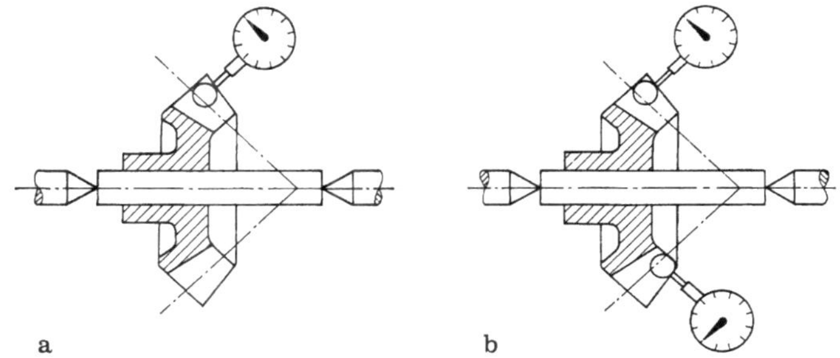

Bild 24/18. Messen des Verzahnungsrundlaufs. a) Rundlaufabweichung; b) Taumel; nach [24/36].

Neben dem Tragbild lassen sich Rundlaufabweichungen — senkrecht zum Teilkegel mit Hilfe einer Meßuhr — relativ einfach prüfen (Bild 24/18). Bei Genauigkeitskegelrädern werden zusätzlich die Teilungsabweichung und die Einflanken-Wälzabweichung kontrolliert.

Toleranzen für Kegelradverzahnungen s. DIN 3965 [24/1]. Hinweise für die Wahl der Verzahnungsqualität s. Tafel 24/2; maßgebend hierfür ist die notwendige Gleichförmigkeit der Bewegungsübertragung oder Laufruhe.

Tafel 24/2. Hinweise zur Wahl der Verzahnungsqualität von Kegelrädern

Qualität (DIN 3965)	Herstellverfahren	Abmessungen	Anwendungsbeispiele
5	geschliffen oder langzeit-gasnitriert — geläppt	klein	Flugzeuge, Meßgeräte, Steuergeräte, Präzisionswerkzeug-, Druckerei-, Drahteichmaschinen
	gehärtet — HM[a]-geschlichtet	groß	Turbinengetriebe, Offshore-Technik, Schiffe, Förderbänder
6	verzahnt, ungehärtet oder gehärtet — geläppt mit speziellen Fertigungs- und Härteeinrichtungen	klein	Präzisionswerkzeugmaschinen, Steuergeräte, Pkw, Omnibusse
	gehärtet — HM[a]-geschlichtet	mittel und groß	Walzwerke, Industriemühlen, Pumpen
7	verzahnt, ungehärtet oder gehärtet — geläppt	klein und mittel	Werkzeugmaschinen, Pkw, Lkw, Walzwerke, Schiffe
8	verzahnt, ungehärtet oder gehärtet — geläppt	mittel und groß	Krane, Apparatebau, Ackerschlepper, Nutzfahrzeuge
9	verzahnt, ungehärtet oder gehärtet (z. T. geläppt)	mittel und groß	Walzwerke, Krane, Ackerschlepper, Apparatebau, Landmaschinen
10	verzahnt, ungehärtet oder verzahnt — gehärtet oder geschmiedet oder gewalzt	klein und mittel	Büromaschinen, Landmaschinen, Differentialkegelräder, Tellerräder (niedrige Drehzahlen)
11	gegossen oder gespritzt oder gestanzt	klein	Büromaschinen, Haushaltmaschinen, Landmaschinen (niedrige Drehzahlen, Stellbewegungen)

[a] Hartmetall

24.4.3 Zahndicke, Flankenspiel

Ist das Bezugsprofil im Normalschnitt (z. B. nach Bild 24/12) gegeben, so beträgt die Normalzahndicke:

$$s_n = 0{,}5 m_P \pi + 2 m_P (x_s + x_h \tan \alpha_P) + A_{sn}/\cos \alpha_n . \qquad (24/4)$$

Stirnzahndicke:

$$s_t = s_n/\cos \beta . \qquad (24/5)$$

Bei Geradzahn-Kegelrädern mißt man die Zahndickensehne i. allg. am äußeren Zahnende (Bild 24/19a):

$$\bar{s}_e = d_e \sin (s_e/d_e) , \qquad (24/6\,a)$$

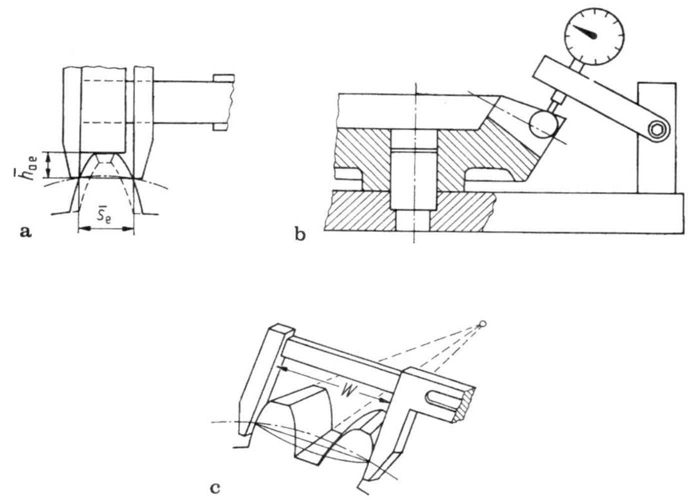

Bild 24/19. Messen der Zahndicke. a) Zahndickensehne; b) Zahnlückenweite; c) Zahnweite; nach [24/36].

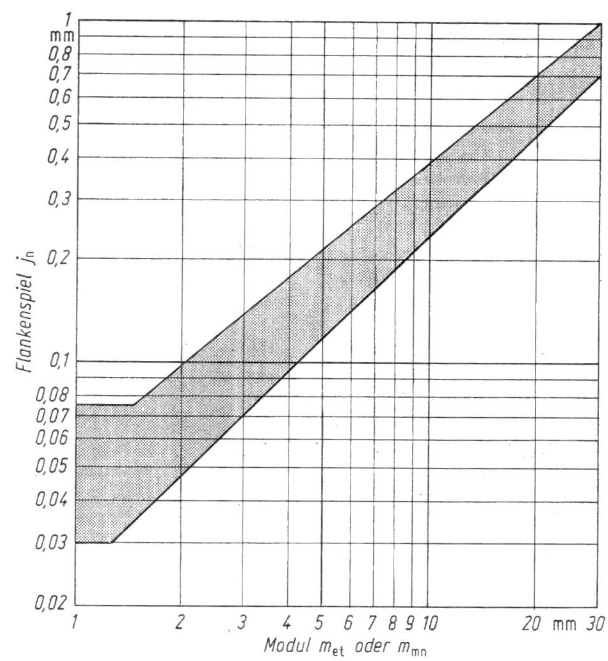

Bild 24/20. Übliche Flankenspiele im Normalschnitt j_n für Kegelradpaare.

bei Schräg- und Bogenzahn-Kegelrädern in Mitte Zahnbreite im Normalschnitt:

$$\bar{s}_{mn} = d_{mn} \sin (s_{mn}/d_{mn}). \tag{24/6 b}$$

Höhe $\bar{h}_{ae}$ bzw. $\bar{h}_{am}$ über der Sehne $\bar{s}_e$ bzw. $\bar{s}_{mn}$ senkrecht zur Teilkegelmantellinie:

$$\bar{h}_{ae} = h_{ae} + 0{,}5 d_e \cos \delta [1 - \cos (s_e/d_e)] \tag{24/7 a}$$

bzw.

$$\bar{h}_{am} = h_{am} + 0{,}5 d_{mn} \cos \delta [1 - \cos (s_{mn}/d_{mn})]. \tag{24/7 b}$$

Das Zahndickenabmaß A_{sn} ergibt sich aus dem geforderten Flankenspiel j_n. Anhaltswerte hierfür s. Bild 24/20. Meist teilt man j_n hälftig auf Ritzel und Rad auf:

$$A_{sn1} = A_{sn2} = -j_n/2. \tag{24/8}$$

Man muß beachten, daß die Verzahnung meist breitenballig ausgeführt ist. Wenn am äußeren Zahnende gemessen wird, muß man also ein zusätzliches Zahndickenabmaß berücksichtigen. Im eingebauten Zustand kann man das Verdrehflankenspiel — meist am äußeren Zahnende — messen, indem man das Tellerrad gegenüber dem festgehaltenen Ritzel verdreht:

$$j_t = j_n/(\cos \alpha_n \cos \beta). \tag{24/9}$$

24.5 Kegelradherstellung

Siehe hierzu auch Abschn. 21.12, Zahnradherstellung.

24.5.1 Spanlose Formgebung

Anwendungsbereich von Sand-, Formmasken-, Spritzguß und Sintern wie bei Stirnrädern. Aus gestanzten Blechzahnrädern lassen sich durch Bördeln Kegel- und Kronenräder herstellen. Tellerräder und Differentialkegelräder, auch mit komplizierten Radformen kann man einschließlich Verzahnung fertig schmieden; eine Wärmebehandlung kann nachfolgen. Tellerradverzahnungen lassen sich auch durch Warmwalzen erzeugen; wenn feinere Verzahnungsqualität notwendig ist, wird danach spanend fertig bearbeitet. Innenkegelradverzahnungen sind praktisch nur durch spanlose Formgebung herstellbar.

24.5.2 Spanende Formgebung

a) Verzahnen von Geradzahn-Kegelrädern.

- Formfräsen mit (meist geradflankigen) Scheiben oder Fingerfräsern fast nur zum Vorverzahnen.
- Verzahnungshobeln nach Schablone: Hierbei schneidet nur die abgerundete Messerspitze; die Schnittleistung ist daher gering; angewendet für Einzelfertigung bei großen Abmessungen (bis 3 m Durchmesser und Modul 40).
- Teil-Wälzhobeln mit Hobelmeißel: Meist angewendetes Verfahren in Einzel- und Kleinserienfertigung. Beim Verzahnen wälzt Ritzel (ebenso Tellerrad) mit gedachtem Planrad (= ideellem Erzeugungsplanrad) ab. Die Schneiden des Werkzeugs überstreichen bei Hobelbewegung die Zahnflanken des Planrades (Bild 24/21). Nach dem Auswälzen einer Zahnlücke wird weitergeteilt.
- Teil-Wälzfräsen: Die Flanken des Planrades werden durch Schneiden zweier Scheibenmesserköpfe nachgebildet [24/18]. Weitere Verfahren — insbesondere für die Serienfertigung [24/16]. Verzahnungsschleifen nach diesem Prinzip bis 400 mm Durchmesser und Modul 10 (Gleason, Maag).

b) Verzahnen von Schrägzahn-Kegelrädern. Auch hierbei ist das Teil-Wälzhobeln mit Hobelmeißel das wichtigste Herstellverfahren. — Verzahnungsschleifen für den gleichen Bereich wie bei Geradzahn-Kegelrädern möglich.

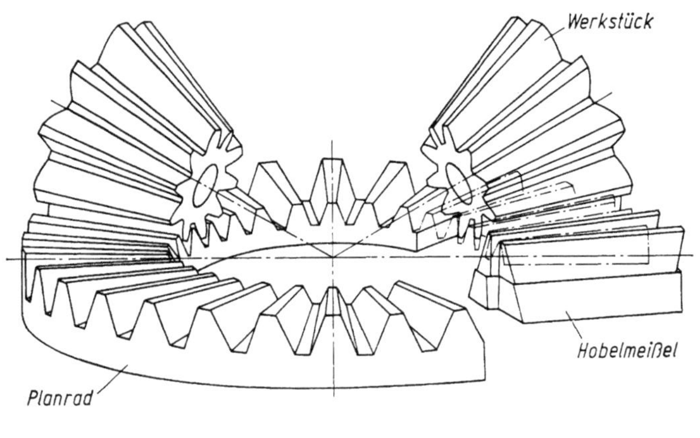

Bild 24/21. Teil-Wälzhobeln mit Hobelmeißel; vgl. [24/23].

c) **Verzahnen von Bogenzahn-Kegelrädern.**

• Teil-Wälzhobeln (Gleason). Der Hobelmeißel führt hierbei eine geradlinige Bewegung aus, während das Rad gleichförmig dreht. Dadurch entsteht Bogenverzahnung mit schwacher Krümmung. Wichtigstes Verfahren für große Kegelräder (bis 2300 mm Durchmesser und Modul 20).

• Die übrigen Verfahren (außer Klingelnberg-Palloid [24/23]) arbeiten mit Messerköpfen. Übersicht s. Tafel 24/3.

Tafel 24/3. Geometrie und Herstellung von Kegelrad-Bogenverzahnungen [24/18]

Gleason

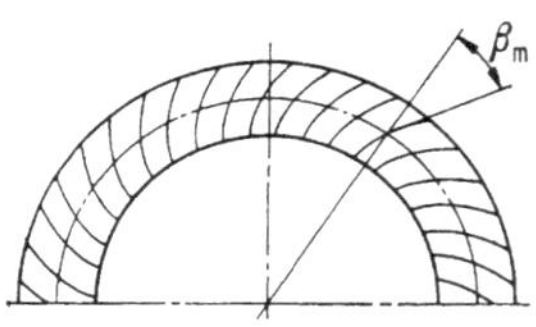

Leitlinie: Kreisbogen
Zahndicke, Zahnhöhe und Lückenweite verjüngen sich zur Kegelspitze. — Spiralwinkel von 0° (Zerolverzahnung) bis etwa 45°; normal etwa 35°. — Gleicher Messerkopf für rechts- und linksgängige Verzahnung verwendbar.

Oerlikon-Spiromatic

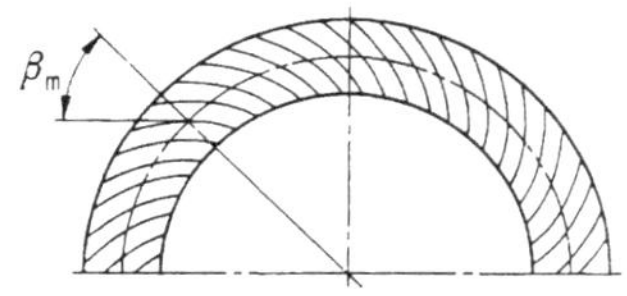

Leitlinie: Epizykloide
Konstante Zahnhöhe. — *N-Verzahnung:* Normalmodul ist in der Zahnmitte am größten und verringert sich nach den beiden Seiten. Spiralwinkel meist 30...50°. — *G-Verzahnung:* Spiralwinkel von 0° bis etwa 50°. — Getrennte Messerköpfe für links- und rechtsgängige Verzahnung.

Klingelnberg-Palloid

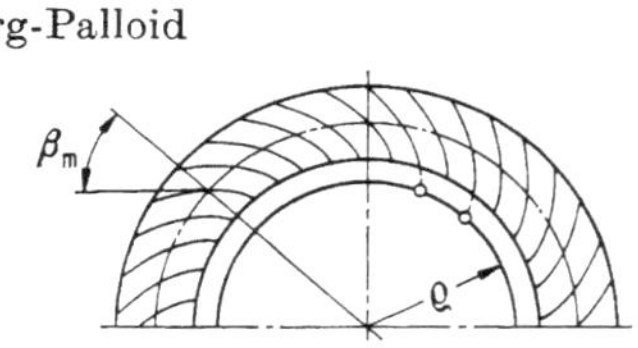

Leitlinie: Evolvente
Konstante Zahnhöhe; annähernd konstante Normalteilung und Normalzahndicke. — Spiralwinkel normalerweise 35° bis 38°. — Leicht schuppige Oberfläche (hervorgerufen durch Hüllschnitte des kegeligen Wälzfräsers). — Lingsgängige Fräser für rechtsgängige Verzahnungen und umgekehrt erforderlich.

Klingelnberg-Zyklo-Palloid

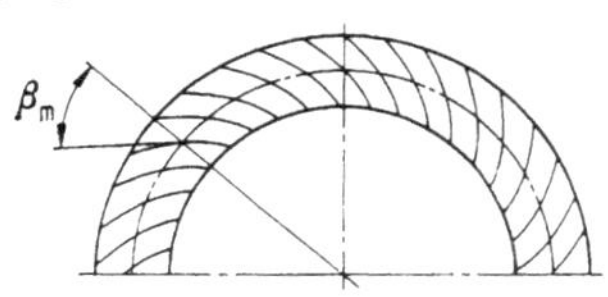

Leitlinie: Epizykloide
Konstante Zahnhöhe; Normalmodul und Normalteilung je nach Spiralwinkel verjüngend bis annähernd konstant. Spiralwinkel von 0° bis etwa 45°. Ein zweiteiliger Messerkopf kann durch Auswechseln der Messer für links- und rechtsgängige Verzahnungen verwendet werden.

Modul-Kurvex

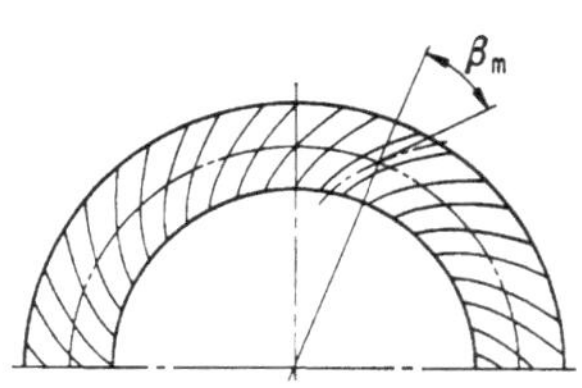

Leitlinie: Kreisbogen
Konstante oder verjüngende Zahnhöhe. — Spiralwinkel von 25° bis etwa 45°. — Werkzeug: Zweiteiliger Messerkopf. — Beide Kegelräder eines Radpaares können mit demselben Messerkopfsatz bearbeitet werden.

• Formschneideverfahren: Beschreibung in Abschn. 24.3.1 b. Wegen Einsparung der Wälzzeit am Tellerrad für große Stückzahlen angewendet.

• Wälzverfahren: Die Schneiden der Messerköpfe bilden die Zahnflanken des ideellen, bogenverzahnten Planrades nach (ähnlich wie die Schneiden des Hobelkammes die Flanken des ideellen, geradverzahnten Planrades in Bild 24/21). Ritzel und Rad werden am gleichen (Erzeugungs-) Planrad abgewälzt. Neuerdings auch Verzahnen von einsatzgehärteten Rädern mit Hartmetallmessern möglich. Nach dem Arbeitsprinzip der Wälzverfahren sind zu unterscheiden:

- Teil-Wälzfräsen (Gleason, Modul). Eine einzelne Zahnlücke wird im Wälzverfahren erzeugt (ausgewälzt); dann wird geteilt, die nächste Zahnlücke ausgewälzt usw.
- Kontinuierliches Wälzfräsen (Klingelnberg, Oerlikon). Verzahnen — wie beim Wälzfräsen von Stirnrädern — ohne Teilvorgang.

d) Verzahnungsläppen. Bei höheren Anforderungen an die Laufruhe (z. B. bei Kraftfahrzeugen) läppt man die Verzahnung nach dem Härten paarweise. Dabei läßt sich auch die Lage des Tragbilds (Härteverzug) in Grenzen korrigieren.

e) Verzahnungsschleifen von Bogenzahn-Kegelrädern. Man benutzt das gleiche Prinzip wie beim Teil-Wälzfräsen. An die Stelle des Messerkopfes tritt eine schnellaufende topfförmige Schleifscheibe. Für Kegelräder bis 890 mm Durchmesser (je nach Spiralwinkel und Übersetzung) bis Modul 17, auch kleine Teilkegelwinkel. Insbesondere für Flugantriebe angewendet, wo wegen der hohen Drehzahlen hohe Genauigkeiten erforderlich sind, aber wegen der kleinen Wanddicken (Leichtbau) große Härteverzüge auftreten.

24.6 Werkstoffe und Wärmebehandlung für Kegelräder

Gleiche Werkstoffe wie für Stirnräder möglich (s. Abschn. 21.9). Für hochbeanspruchte oder schnellaufende Getriebe des Fahrzeug- und Flugzeugbaus (bis 1100 mm Durchmesser bei $u = 5$, bis 700 mm Durchmesser bei $u = 1$) sowie für Industriegetriebe verwendet man weitgehend Einsatzstähle und Einsatzhärtung. Um den Härteverzug möglichst klein zu halten, Radkörper möglichst steif ausführen, evtl. Härtevorrichtungen, vorsehen. Bei nitrierten Rädern sind glatte Zahnflanken wichtig. Bei Paarung einsatzgehärtetes Ritzel —

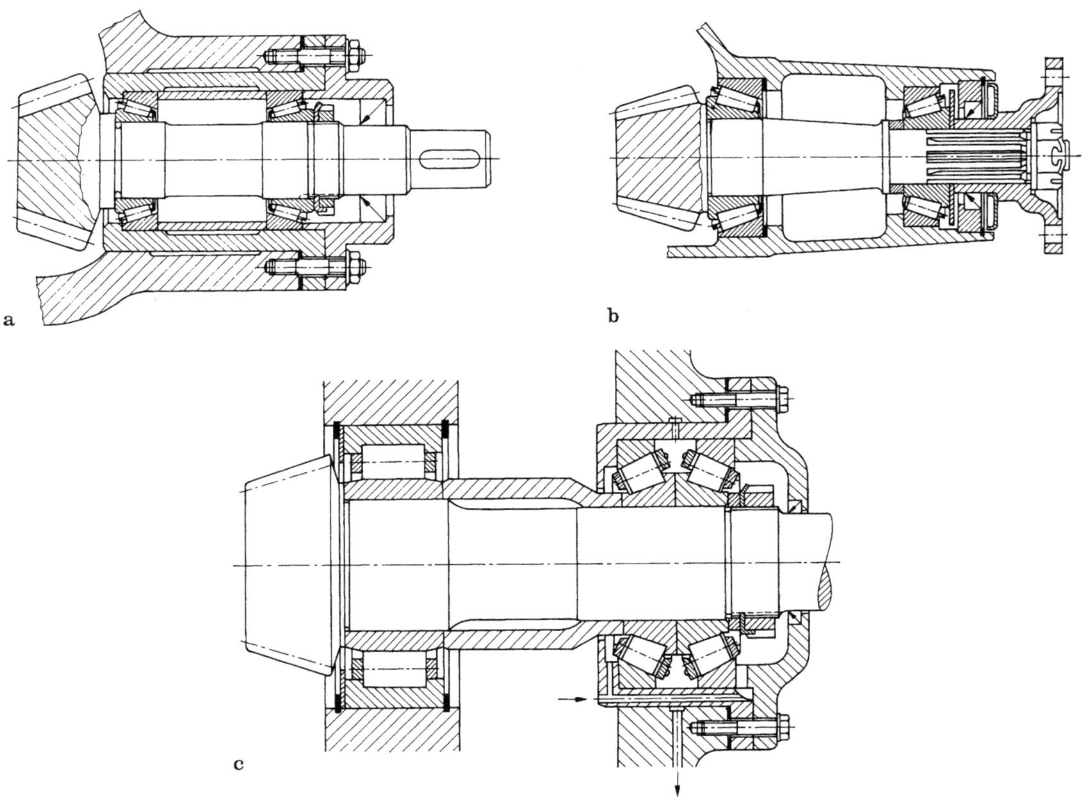

Bild 24/22. Fliegend gelagertes Ritzel. a), b) Vorgespannte Lagerung; c) Fest-Los-Lagerung.

nitriertes Tellerrad evtl. fertiges Ritzel mit ungehärtetem Tellerrad läppen, sorgfältig reinigen, dann erst Tellerrad nitrieren. Wegen der geringen Überlastbarkeit der Nitrierschicht Kantentragen unbedingt vermeiden. — Vorschmieden der Rohlinge und Phosphatieren der Verzahnung s. Abschn. 21.9.2.

24.7 Gestaltung, Schmierung, Lagerkräfte

- Damit die Verzahnung nicht zu empfindlich auf einseitiges Tragen reagiert, begrenzt man in der Regel die Breite: $b \leq 0{,}3R_e$ und $b \leq 10m_{et}$ (s. Abschn. 24.3.7).
- **Aus dem gleichen Grunde wählt man durchweg breitenballige Verzahnung.**
- **Bei Kegelritzeln, die auf die Welle aufgesetzt werden, muß der Zahnkranz zwischen** Zahnfuß und Bohrung (bzw. Zahnfuß und Nut) an der Zehe wenigstens $2m_n$ dick sein (sonst verminderte Zahnfußfestigkeit). Hierdurch ist der größtzulässige Wellendurchmesser für das Ritzel gegeben. Sind dickere Wellen erforderlich, dann Ritzel und Welle aus einem Stück herstellen (Bild 24/22).
- Nach Möglichkeit Ritzel und Rad beidseitig lagern, vgl. Bild 22.2/10; beim Ritzel jedoch meist nicht möglich. Dann, d. h. bei einseitiger Lagerung, Ritzelkopf eng an Lager heranrücken, um elastische Verbiegung der Wellen (und damit ungleiche Lastverteilung an den Zahnflanken) klein zu halten; Nabe daher möglichst kurz.
- Die Lagerung so gestalten, daß man Tragbild und Flankenspiel durch axiales Verschieben von Ritzel und Rad einstellen kann. Beispiele s. Bild 24/22. Lagerung möglichst starr ausbilden, so daß Belastung nur geringe Abdrängungen verursacht. (Vorgespannte Lager, steifes Gehäuse durch Verrippung.)
- An der Zehe besteht die Gefahr, daß der Vorstechstahl scharfe Kerben im Zahnfuß erzeugt; bei Gestaltung und Fertigung beachten.
- Bei beidseitig gelagerten Ritzelwellen Lagerzapfen so bemessen, daß er nicht vom Messerkopf angeschnitten wird (Bild 24/23).
- Zahnbreiten von Ritzel und Rad bei Kegelrädern möglichst gleich groß machen, damit beim Läppen oder Einlaufen keine Kanten entstehen. Die Außenkegel von Ritzel und Rad müssen fluchten, wenn die axiale Lage von Ritzel und Rad hiernach eingestellt wird. Entsprechende Winkel am Außenkegel s. Bild 24/16.
- Tellerräder ab etwa 800 mm Durchmesser und generell bei gehärtetem Zahnkranz aus Zahnkranz und Nabe zusammensetzen, da hierbei meist kostengünstiger (Bild 24/24).
- Konstruktionsbeispiel zur Ölversorgung des äußeren Ritzellagers s. Bild 24/22c.
- Ausgeführtes Kegel-Stirnradgetriebe mit Hinweisen zur Konstruktion s. Bild 22.2/10.
- Empfehlungen zur Größe der Lagerabstände s. Bild 24/25. Berechnung der Lagerkräfte s. Abschn. 20.5.6.

24.8 Verlustleistung und Wirkungsgrad

Anhaltswerte s. Tafeln 20/1 und 21.11/1; Meßwerte s. Bild 24/30. Berechnung nach Abschnitt 21.11 (Stirnräder) mit den Daten der mittleren Ersatz-Stirnräder nach Tafel 24/1. Gleitgeschwindigkeiten s. Abschn. 24.3.8.

24.9 Auslegen und Entwerfen eines Kegelradgetriebes

Oft sind Hauptabmessungen aus früheren Konstruktionen oder aus Leistungstabellen bekannt oder abschätzbar. Dann entwirft man das Getriebe auf dieser Grundlage und kontrolliert die Tragfähigkeit nach Abschn. 24.10. Allgemein kann man beim Entwerfen wie folgt vorgehen:

- Pflichtenheft aufstellen (mit den für Konstruktion, Herstellung und Betrieb wichtigen Größen),

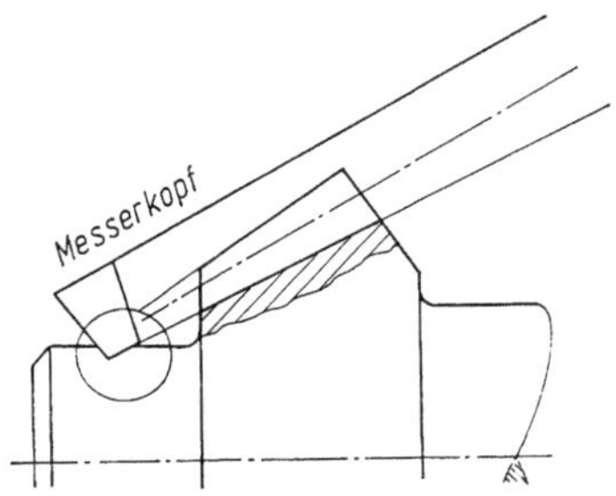

Bild 24/23. Zur Gestaltung von beidseitig gelagerten Kegelritzeln.

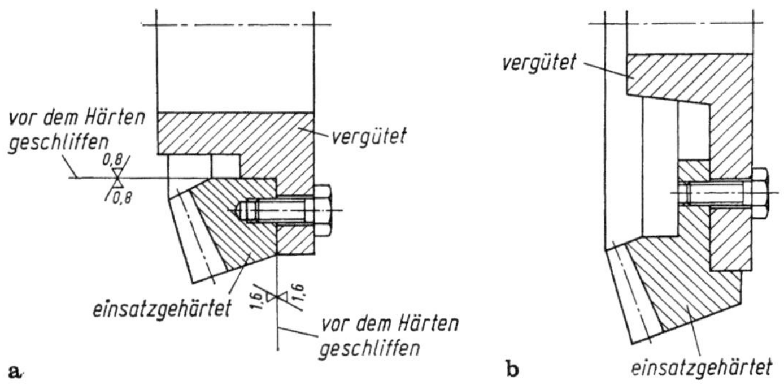

Bild 24/24. Tellerradbefestigung. a) Bei kleinem; b) bei großem Tellerraddurchmesser.

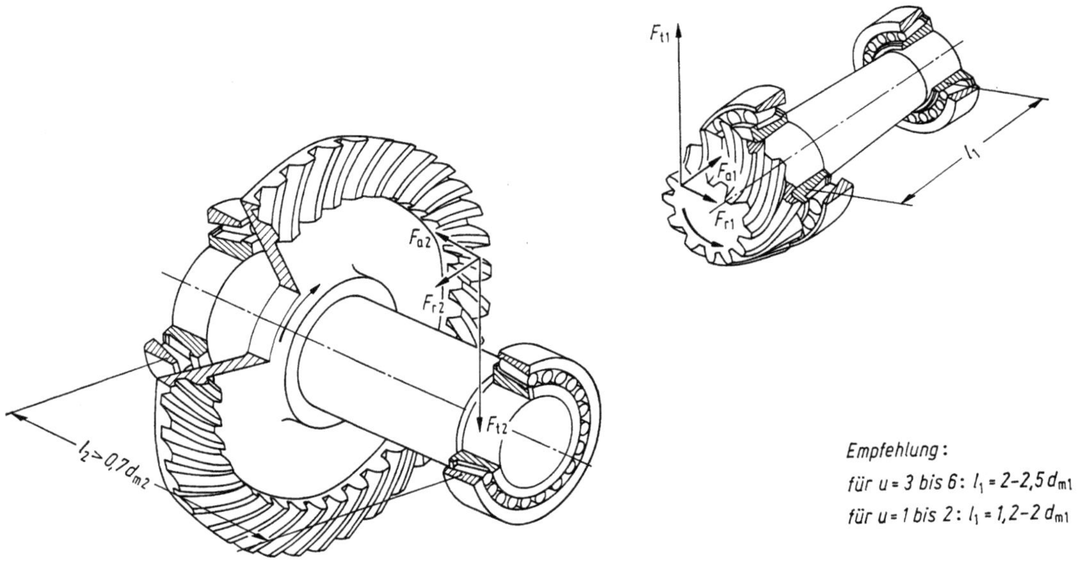

Bild 24/25. Zahnkräfte und Lagerabstände l_1, l_2 bei Kegel- und Hypoidrädern.

- Hauptabmessungen durch Überschlagsrechnung ermitteln,
- Verzahnungsdaten festlegen,
- Entwurf (Gestaltung, Lagerwahl usw.),
- Tragfähigkeit nachrechnen. (Falls die Nachrechnung keine ausreichenden Sicherheiten ergibt, Entwurf korrigieren.)

24.9.1 Gegebene Größen, Pflichtenheft

Beispiel für ein Pflichtenheft s. Tafel 22.1/1 (Stirnräder). Für die Auslegung von Kegelrädern sind ferner wichtig:

- Achsenwinkel Σ (meist 90°).
- Übersetzung und damit Zähnezahlverhältnis $u = z_2/z_1$. Damit liegen auch Teilkegelwinkel δ_1 und δ_2 fest (s. Tafel 24/1).
- Grenzen der Verzahnmaschinen, Durchmesser, Teilkegelwinkel δ_1, δ_2, Schrägungswinkel, Modul, Zähnezahlgrenzen. — $\Sigma < 15°$, $\delta_1 < 6°$ evtl. kritisch. Kegelige Stirnräder beachten (Abschn. 24.1.4).
- Mittlere Ersatz-Stirnräder als Grundlage der Tragfähigkeitsberechnung s. Abschn. 24.3.6. Abmessungen s. Tafel 24/1.
- Grenzen nach Abschn. 24.7 beachten, insbesondere b/R_e und b/m_{et}.
- Wegen der Balligkeit muß man für die Berechnung eine begrenzte Tragbildbreite b_{eH} und eine Lasterhöhung in Mitte Tragbild ansetzen.

24.9.2 Überschlägige Bestimmung von Durchmesser und Breite bei $\Sigma = 90°$

Als Kennwert für die Grübchentragfähigkeit benutzen wir — wie bei Stirnrädern — den K-Faktor nach (22.1/11). — Liegen Betriebserfahrungen mit Kegelradgetrieben vor, so kann man den hieraus (über die Ersatz-Stirnräder) ermittelten K-Faktor K_K^* für die Auslegung benutzen:

$$K_K^* = [F_{mt}/(bd_{v1})]\,[(u_v + 1)/u_v]. \tag{24/10}$$

Aus der Bedingung $b = 0{,}3R_e$ ergibt sich für $\Sigma = 90°$ die Entwurfsformel:

$$d_{e1} = \sqrt[3]{18\,500T_1/(uK_K^*)}. \qquad (24/11)⊛$$

Hilfsweise kann man von den Erfahrungswerten bewährter Stirnradgetriebe ausgehen; dann sind die ungünstigeren Verhältnisse bei Kegelrädern zu berücksichtigen. Mit der Annahme einer Kraftüberhöhung um den Faktor 1,5 und einer effektiven Breite $b_{eH} = 0{,}85b$ (damit soll auch der zur Kegelspitze hin abnehmende Modul erfaßt werden) erhält man

$$d_{e1} = \sqrt[3]{32\,600T_1/(uK^*)}. \qquad (24/12)⊛$$

K-Faktoren ausgeführter Stirnradgetriebe s. Tafel 22.1/2.

Aus der Bedingung $b = 0{,}3R_e$ nach Tafel 24/1 Nr. 5, 6:

$$b = 0{,}15d_{e1}\sqrt{u^2 + 1}. \tag{24/13}$$

Diese Werte sind evtl. nach Abschn. 24.9.3 zu korrigieren.

24.9.3 Wahl von Zähnezahl z_1 und Modul

Um die Ritzelzähnezahl zu bestimmen, kann man sich auf den U-Faktor nach (22.1/15) stützen:

$$U_K = F_{mt}/(bm_{mn}). \qquad (24/14)⊛$$

Mit dem aus bewährten Kegelradgetrieben ermittelten Wert für U_K ergibt sich

$$z_1 = b d_{e1}^2 U_K \cos \beta_m / (2\,800 T_1). \qquad (24/15)⊛$$

Hilfsweise mit den Erfahrungswerten U bewährter Stirnradgetriebe (s. Tafel 22.1/2), mit den gleichen Annahmen wie zu (24/12):

$$z_1 = b d_{e1}^2 U \cos \beta_m / (4\,900 T_1). \qquad (24/16)⊛$$

Man beachte hierzu die Anhaltswerte für z_1 in Tafel 24/4. Aus der Bedingung $b \leq 10\, m_{et}$ folgt

$$d_{e1} \geq 0{,}1 b z_1 \qquad (24/17)$$

Der größere Wert aus (24/12 und 17) ist maßgebend. Damit liegt $m_{et} = d_{e1}/z_1$ vorläufig fest. Weitere Hinweise s. Tafel 24/4.

Tafel 24/4. Anhaltswerte für Kegelräder bei Achsenwinkel $\Sigma = 90°$ und gemeinsamer Zahnhöhe $h_G = 2m$ [a,g]

u	1	1,12	1,25	1,6	2	2,5	3	4	5	6
z_1 [b]	18...40	18...38	17...36	16...34	15...30	13...26	12...23	10...18	8...14	7...11
x_{h1} [c]	0	0,10	0,19	0,27	0,33	0,38	0,40	0,43	0,44	0,45
x_{s1} [d]	0	0.010'	0,018	0,024	0,030	0,039	0,048	0,065	0,082	0,10
α_n	Industriegetriebe meist 20° Fahrzeuggetriebe oft < 20°, z. B. 17,5° [e] hochbelastete, langsame Getriebe oft > 20°, z. B. 22,5° [f]									
Grenzwerte	$b/R_e \leq 0{,}3$; $b/m_{et} \leq 10$; bei Schräg- oder Bogenverzahnung $\varepsilon_{v\beta} \geq 1{,}5$									

[a] Empfehlungen der Maschinenhersteller beachten (z. B. Klingelnberg, Gleason, Oerlikon)
[b] Für bogenverzahnte, gehärtete Kegelräder z_1 mehr an der unteren Grenze, für geradverzahnte, ungehärtete mehr an der oberen Grenze
[c] Gemittelte Werte nach Gleason für Zerolkegelräder. Brauchbar für Geradzahn-Kegelräder, bei Schräg- oder Bogenverzahnung etwa 85% dieser Werte; $x_{h2} = -x_{h1}$
[d] Nach Gleason für Bogenzahn-Kegelräder; $x_{s2} = -x_{s1}$
[e] Größere Überdeckung, bessere Laufruhe
[f] Höhere Fußfestigkeit
[g] Genormte Moduln s. Tafel 22.1/9 (Stirnräder)

24.9.4 Entwurfsskizze, weitere Verzahnungsdaten

Mit d_{e1}, b sowie d_{e2}, δ_1, δ_2 (gegeben durch Übersetzung bzw. Zähnezahlverhältnis, Tafel 24/1) kann man die Teilkegel aufzeichnen.

Hinweise zu Bezugsprofil und Profilverschiebung s. Abschn. 24.3.3, Spiralwinkel und Spiralrichtung Abschn. 24.3.4, Verzahnungstoleranzen Abschn. 24.4.2. Sonstige Maße s. Tafeln 24/1, 4. — Hiermit lassen sich auch die Verzahnungskonturen aufzeichnen. — Zur Gestaltung des Getriebes s. Abschn. 24.7.

24.10 Nachweis der Tragfähigkeit, Rechenschema, Beispiele

Berechnungsgrundlagen wie bei Stirnrädern, s. Abschn. 21.7; Festigkeitsnachweis entsprechend Abschn. 22.3. Das Rechenschema in den Abschn. 24.10.2...6 gilt für die überwiegend verwendeten Null- und V-Null-Verzahnungen und nur für Dauergetriebe. Berechnung von Zeitfestigkeitsgetrieben wie bei Stirnrädern (Abschn. 22.3).

Gegebene Größen, Pflichtenheft s. Abschn. 24.9.1. Hauptabmessungen und Verzahnungsdaten nach Entwurfsrechnung s. Abschn. 24.9.2 ... 4 und Zeichnungsangaben. Zusammenstellung s. Tafel 24/5a.

Tafel 24/5. Eingangsdaten für den Tragfähigkeitsnachweis „Kegelräder"

a) Schema mit Beispiel 1

Kennwort (Auftraggeber, Anlage): **NAMRO 3 (Förderbandantrieb, Braunkohlentagebau)**
Auftrag Nr. **F 0621/07** Typ: **Kegel-Stirnradgetriebe** Name:
Stückzahl: **8** Datum:

Getriebe	Antriebsmaschine: $P_{\bar{a}}$ = **1592** kW, $P_{\bar{a}\,max}$ = kW $T_{\bar{a}}$ = **15202** Nm, $T_{\bar{a}\,max}$ = Nm $n_{\bar{a}}$ = **1000** min^{-1}, $n_{\bar{a}\,max}$ = min^{-1}	Getriebene Maschine: Einschaltdauer: **16** h/d Lebensdauer: **300** d/a; **10** a $T_{\bar{b}}$ = Nm, $T_{\bar{b}\,max}$ = Nm $n_{\bar{b}}$ = min^{-1}, $n_{\bar{b}\,max}$ = min^{-1}
	Verzahnungsart: Gerad-, Schräg-, Bogenverzahnung; treibend: Ritzel	

Kegelrad-verzahnung	z_1/z_2 = **21/74** m_{mn} = **13,66** d_{m1} = **300,72** mm β_m = **17,5°**	b = **160** mm Σ = **90°** α_n = **20°**	$x_{hm1} = -x_{hm2}$ = **0,376** $x_{sm1} = -x_{sm2}$ = **0** h_{a0}/m_{mn} = **1,25** ϱ_{a0}/m_{mn} = **0,25**
	Verzahnungsqualität des Rades nach DIN 3965: **7**, f_{p2} = **28** µm		

Ersatz-Stirnrad-verzahnung	α_{vt} = **20,89°** β_{vb} = **16,41°** z_{v1}/z_{v2} = **21,83/271,06** u_v = **12,42** z_{vn1}/z_{vn2} = **24,88/308,88** d_{v1}/d_{v2} = **312,59/3881,55** mm	a_v = **2097,07** mm d_{va1}/d_{va2} = **346,42/3894,84** mm d_{vb1}/d_{vb2} = **292,05/3626,44** mm m_{mt} = **14,32** $\varepsilon_{v\alpha}$ = **1,329** $\varepsilon_{v\alpha n}$ = **1,444**	$\varepsilon_{v\beta}$ = **0,953** $\varepsilon_{v\gamma}$ = **2,282** ε_{v1} = **0,891** ε_{v2} = **0,438**

	Werkstoff [a] Qualität ML, MQ, ME	Wärmebehandl., Fertigbearb., Oberfl. h. HB, HV, HRC			Rauheit R_z Flanke	Fuß	Festigkeit (Bild 22.3/10) $\sigma_{H\,lim}$	σ_{FE}
Ritzel	**15 CrNi 6, MQ**	**einsatzgeh.**	**ge-**	**720 HV**	12 µm	20 µm	**1500** N/mm²	**920** N/mm²
Rad	**31 CrMoV 9, MQ**	**nitriert**	**läppt**	**700 HV**			**1250** N/mm²	**840** N/mm²

Schmierstoff: **EP-Öl** ISO VG: ν_{40} = **220** mm²/s, FZG-Kraftstufe: **12**
Dichte: ϱ = **0,9** kg/dm³, *Ölsumpf*-/Einspritztemperatur: ϑ_{oil} = **80** °C,
Gleitlager/Wälzlager: s. **Bild 22.2/10**; Kühlung: **keine** (Kontrolle: s. Abschn. 21.11.5)

Sonstiges (vgl. Pflichtenheft):	Lagerung (beidseitig oder fliegend)
Für Dauerbetrieb (Lastverteilung auf 4 Parallelantriebe nicht gleichmäßig): K$_A$ = 1,25. Anfahrbedingungen s. Tafel 22.3/1	**Ritzel und Rad beidseitig gelagert**

[a] Werkstoffqualitäten s. Tafel 21.9/5

Zahlen in ( ) bedeuten, daß diese Werte nur für einen bestimmten Rechengang benötigt werden, z. B. für (Wirkungsgrad).

Zahlen in [ ] bedeuten, daß diese Werte für den weiteren Rechengang nicht benutzt werden, z. B. weil verkürzt weitergerechnet wird.

24.10.1 Berechnungsverfahren

Man geht von den Zahnkräften und Geschwindigkeiten in Mitte Zahnbreite aus und legt im übrigen die Maße der — von Mitte Zahnbreite abgeleiteten — virtuellen Ersatz-Stirnräder zugrunde; Maße s. Tafel 24/1. Statt der Eingriffsteilungs-Abweichung f_{pe}, für die in DIN 3965 keine Toleranzen angegeben werden, benutzt man die Teilungs-Einzelabweichung f_p. Die Linienlast errechnet man aus der Tragbildbreite b_{eH} und nicht aus der Gesamtzahnbreite.

Tafel 24/5. (Fortsetzung)

b) Eingangsdaten für Beispiele 2, 3, 4 (Beispiel 1 s. Tafel 24/5 a)

Beispiel			2	3	4 (Hypoid-)
Bezeichnung			Lkw-Achsgetriebe	Schiffsgetriebe	Pkw-Achsgetriebe
Getriebe	$P_{\bar{a}}$	kW	100	1 912	55
	$T_{\bar{a}}$	Nm	1 750	25 858	117
	$n_{\bar{a}}$	min^{-1}	600	720	4 500
	Verzahnungsart		**Bogenverzahnung**	**Bogenverzahnung**	**Hypoidverzahnung**
Kegelradverzahnung					Ersatz-Kegelradverzahnung
	z_1/z_2	—	**17/29**	**12/37**	**15,04/41**
	m_{mn}	mm	**5,585**	**16,86**	**3,28**
	d_{m1}	mm	**117,36**	**246,94**	**51,93**
	β_m	°	**36**	**35**	**17,97**
	b	mm	**42**	**172**	**25**
	Σ	°	**90**	**90**	**90**
	α_n	°	**20**	**20**	**19**
	$x_{sm1} = -x_{sm2}$	—	**0,015**	**0,025**	**0**
	$x_{hm1} = -x_{hm2}$	—	**0,22**	**0,38**	**0,79**
	h_{a0}/m_{mn}	—	**1,25**	**1,25**	**1,25**
	ϱ_{a0}/m_{mn}	—	**0,25**	**0,25**	**0,25**
Ersatz-Stirnradverzahnung	α_{vt}	°	**24,22**	**23,96**	**19,9**
	β_{vb}	°	**33,53**	**32,62**	**16,96**
	z_{v1}/z_{v2}	—	**19,71/57,34**	**12,62/119,93**	**16,03/119,02**
	u_v	—	**2,91**	**9,51**	**7,43**
	z_{vn1}/z_{vn2}	—	**35,05/102,0**	**21,71/206,36**	**18,41/136,77**
	d_{v1}/d_{v2}	mm	**136,04/395,87**	**259,60/2 468,00**	**55,31/410,82**
	a_v	mm	**265,95**	**1 363,80**	**233,06**
	d_{va1}/d_{va2}	mm	**149,66/404,58**	**306,12/2 488,90**	**67,47/412,57**
	d_{vb1}/d_{vb2}	mm	**124,06/361,02**	**237,24/2 255,39**	**52,01/386,29**
	m_{mt}	mm	**6,90**	**20,58**	**3,45**
	$\varepsilon_{v\alpha}$	—	**1,22**	**1,17**	**1,43**
	$\varepsilon_{v\alpha n}$	—	**1,75**	**1,65**	**1,57**
	$\varepsilon_{v\beta}$	—	**1,20**	**1,58**	**0,64**
	$\varepsilon_{v\gamma}$	—	**2,42**	**2,76**	**2,07**
	$\varepsilon_{v1}/\varepsilon_{v2}$	—	**0,71/0,51**	**0,74/0,43**	**1,18/0,25**
Qualität DIN 3965		—	**7**	**6**	**6**
Teilungs-Einzelabweichung f_{p2}		µm	**18**	**20**	**12**
Werkstoff Bearbeitung	Werkstoff	—	**17 CrNiMo 6**	**17 CrNiMo 6**	**16 MnCr 5**
	Härte	HRC	**62/60**	**62/60**	**62/60**
	Wärmebehandlung	—	**einsatzgehärtet**	**einsatzgehärtet**	**einsatzgehärtet, phosph.**
	Fertigbearbeitung	—	**geläppt**	**HM-geschlichtet**	**geläppt**
	Rauheit R_z Flanke	µm	**4**	**4**	**3**
	Rauheit R_z Fuß	µm	**14**	**5**	**10**
Schmierstoff			**Tauchschmierung**	**Tauchschmierung**	**Tauchschmierung**
	ν_{40}	mm^2/s	**80**	**100**	**220**
	FZG Kraftstufe	—	**12**	**12**	**12**
	$\vartheta_{Öl}$	°C	**100**	**60**	**90**
Lagerung	Ritzel	—	**fliegend**	**beidseitig**	**fliegend**
	Rad	—	**beidseitig**	**beidseitig**	**beidseitig**

Bei einigen Einflußgrößen sind weitere Besonderheiten zu beachten:

a) Zahnfedersteifigkeit. Die Steifigkeit der Zähne ist stark veränderlich über die Breite. Bei Schrägstirnrädern nimmt die Steifigkeit mit zunehmendem Schrägungswinkel ab (vgl. Bild 21.5/6). Durch die schraubenförmige Windung auf dem Kegel, insbesondere des Ritzelkopfes, tritt andererseits eine Versteifung ein [24/29]. Es scheint daher gerechtfertigt für $F_{mt}/b \geq 100$ N/mm, konstante Werte anzunehmen: Einzelfedersteifigkeit $c' = 14$ N/(mm µm); Eingriffsfedersteifigkeit $c_\gamma = 20$ N/(mm µm); vgl. auch Abschn. 21.5.2b, c. Bei $F_{mt}/b < 100$ N/mm sind die Werte von c' und c_γ mit $(F_{mt}/b)/100$ N/mm zu multiplizieren.

b) Dynamikfaktor K_v. Hierfür sind Drehzahl und Masse der Kegelräder (nicht der Ersatz-Stirnräder) maßgebend.

c) Breitenfaktoren.

- Wegen der breitenballigen Verzahnung ergibt sich ein etwa elliptisches Tragbild (Punktberührung). Die daraus resultierende Lastüberhöhung berücksichtigen wir näherungsweise durch den Faktor $K_{H\beta c} = 1{,}5$. Dabei wird ein Vollast-Tragbild vorausgesetzt, das beide Zahnenden freiläßt.
- Normalerweise kann die effektive Zahnbreite (Tragbildbreite) $b_{eH} = 0{,}85b$ gesetzt werden.

Den Einfluß der Verformung und damit auch die Art der Lagerung kann man durch Vorgabe eines kleineren Tragbildes, d. h. eines kleineren Wertes für b_{eH} berücksichtigen oder durch einen Lagerungsfaktor $K_{H\beta\,be}$, s. Tafel 24/6. Man erfaßt damit auch die Wirkung der über die Zahnbreite veränderlichen Zahnsteifigkeit, die dazu führt, daß sich das Tragbild bei Überlasten zum äußeren Zahnende verlagert.

Tafel 24/6. Lagerungsfaktor $K_{H\beta\,be}$ für Kegel- und Hypoidräder [24/4, 6...9]

Anwendung	Lagerung von Ritzel und Tellerrad		
	beide beidseitig	eines beidseitig eines fliegend	beide fliegend
Flugzeug [a]	1,00	1,10	1,25
Kraftfahrzeug [a]	1,00	1,10	1,25
Industrie, Schiff	1,10	1,25	1,50

[a] Voraussetzung: Optimales Tragbild unter Betriebsbedingungen, nachgewiesen durch Verformungsmessungen an den Rädern in den Originalgehäusen und Lagern.

- Gesamtbreitenfaktor für die Grübchen- und Freßbeanspruchung:

$$K_{H\beta} = K_{B\beta} = K_{H\beta c} K_{H\beta\,be} = 1{,}5 K_{H\beta\,be} = K_{F\beta}. \tag{24/18}$$

Wir setzen also den Breitenfaktor $K_{F\beta}$ für die Zahnfußbeanspruchung gleich hoch an. Die etwa um den Faktor 1,5 erhöhte Belastung tritt im mittleren Bereich des Tragbildes auf. Die Stützwirkung der unbelasteten Zahnenden wirkt sich hier kaum aus.

d) Kegelradfaktoren Bei der Berechnung der Tragfähigkeit auf der Grundlage der Ersatz-Stirnräder werden einige kegelradspezifische Eigenschaften nicht erfaßt. Um dies zu berücksichtigen, hat man die Kegelradfaktoren Z_K und Y_K eingeführt. Diese wurden aufgrund von Prüfstandsversuchen und Betriebserfahrungen mit ausgeführten Kegelradgetrieben verschiedener Anwendungsgebiete abgeschätzt.

- Z_K berücksichtigt u. a. den Einfluß des von der Evolvente abweichenden Zahnprofils auf die Grübchentragfähigkeit, insbesondere den positiven Einfluß der bei Kegelrädern üblichen Höhenballigkeit. Z_K soll auch den Einfluß der über die Breite veränderlichen Zahnsteifigkeit erfassen. Für Kegelräder mit geeigneter und angepaßter Höhenballigkeit hat man vorläufig $Z_K = 0{,}85$ gewählt.
- Y_K berücksichtigt u. a. den Einfluß der Zahnlängskrümmung, der Zahnhöhe und der Steifigkeitsänderung über die Zahnbreite auf die Zahnfußtragfähigkeit. Nach dem derzeitigen Stand der Kenntnisse kann man $Y_K = 1$ setzen.

24.10.2 Allgemeine Einflußgrößen

Nr.	Allgemeine Einflußgrößen[1]	Einheit	Beispiel 1	Beispiel 2	Beispiel 3	Beisp. 4 (Hypoid-)
			Förderband-getriebe	Lkw-Achs-getriebe	Schiffsgetriebe	Pkw-Achsgetriebe
G 1	Umfangsgeschwindigkeit: $v_{mt} = d_m n/19100$®	m/s	15,75	3,69	9,31	8,94
	Bereichskennzahl: $v_{mt} z_1/100[u^2/(1+u^2)]^{1/2}$	ms	3,30 < 10	0,54 < 10	1,06 < 10	(0,76) s. Abschn. 21.11.5b
G 2	Nenn-Umfangskraft je Eingriff: $F_{mt} = 19{,}1 \cdot 10^6 P/(n d_m)$®	N	101115	27125	205399	6149
G 3	Nenn-Linienlast[2]: F_{mt}/b_{eH} ($b_{eH} \approx 0{,}85b$)	N/mm	743,5	760	1405	289,4
G 4	Last-Indizes[2,3], Flanke: $K_K^* = F_{mt}/(b d_{v1})(u_v + 1)/u_v$	N/mm²	2,18	6,38	5,08	5,05
	Fuß: $U_K = F_{mt}/(b m_{mn})$	N/mm²	46,26	115,64	70,85	74,99
	Berechnung: Grübchen — Fuß (verkürzt [1A] / direkt) | Fressen — angekreuzt		verkürzt ×, Fressen ×	direkt ×, Fressen ×	direkt ×, Fressen ×	direkt ×, Fressen ×
G 5	Krümmungsradien im Stirnschnitt, benötigt für Fressen: *B*, Verschleiß: *W*, (Wirkungsgrad: η) (Nicht erforderlich für Grübchen- und Fußtragfähigkeit)					
	Beginn des Eingriffs, *W*: $\varrho_{A2} = 0{,}5(d_{va2}^2 - d_{vb2}^2)^{1/2}$	mm	—	—	—	—
	$\varrho_{A1} = a_v \sin \alpha_{vt} - \varrho_{A2}$	mm	—	—	—	—
	Wälzpunkt, *B*, *W*, (η): $\varrho_C = 0{,}5 d_{vb1} \tan \alpha_{vt} u_v/(u_v + 1)$	mm	(51,58)	(22,77)	(47,70)	(8,30)
	Ende des Eingriffs, *B*, *W*: $\varrho_{E1} = 0{,}5(d_{va1}^2 - d_{vb1}^2)^{1/2}$	mm	93,15	41,85	96,73	21,49
	$\varrho_{E2} = a_v \sin \alpha_{vt} - \varrho_{E1}$	mm	654,60	67,25	457,11	57,84
G 6	Einzelfedersteifigkeit c'/Eingriffsfedersteifigkeit c_γ nach Abschn. 24.10.1a	N/(mm µm)	14/20	14/20	14/20	14/20
G 7	Einlaufbetrag (Teilung) nach Bild 22.3/3 mit f_p nach DIN 3965 statt f_{pe}: y_α	µm	2,2	1,5	1,6	≈ 0,9
G 8	Anwendungsfaktor[4] s. Tafel 22.3/3: K_A	—	1,25	1,25	1,25	1,0
G 9	Dynamikfaktor K_v (Vollritzel und Vollrad)[5]					
	Bezugsdrehzahl $N = 0{,}119(v_{mt} z_1/100)[10/c_\gamma \cdot u^2/(1+u^2)]^{1/2}$® mit $c_\gamma = 20$ N/(mm µm) [6]	—	0,268	0,046	0,089	—
	Faktor $G = (f_{p2} - y_\alpha)/(K_A F_{mt}/b_{eH})$®	—	0,028	0,017	0,010	—

a)	Unterkritisch ($N \leq 0{,}85$)						
	Verkürzt: Mit Bereichskennzahl nach G 1 und Bild 24/26:	K_v [7,7A]	—	1,11	[1,03]	[1,02]	—
	Direkt: Nach Tafel 22.3/4 mit $\varepsilon_{v\gamma}$ statt ε_γ:	C_{v12}	—	[0,63]	0,61	0,57	nach Abschn.
		C_{v3}	—	[0,136]	0,12	0,082	24.11.5b:
	$K_v = N(C_{v12}c'G + C_{v3}) + 1$:	K_v [7A]	—	[1,10]	1,01	1,01	1,0
b)	Hauptresonanz ($0{,}85 < N \leq 1{,}15$) nach Tafel 22.3/4:	C_{v12}	—	—	—	—	—
		C_{v4}	—	—	—	—	—
	$K_v = C_{v12}c'G + C_{v4} + 1 = K_{vR}$:	K_v [7A]	—	—	—	—	—
c)	Überkritisch ($N \geq 1{,}5$) nach Tafel 22.3/4:	C_{v56}	—	—	—	—	—
		C_{v7}	—	—	—	—	—
	$K_v = C_{v56}c'G + C_{v7} = K_{vÜ}$:	K_v [7A]	—	—	—	—	—
d)	Zwischenbereich ($1{,}15 < N < 1{,}5$)						
	$K_v = K_{vÜ} + (K_{vR} - K_{vÜ})(1{,}5 - N)/0{,}35$:	K_v [7A]	—	—	—	—	—
G 10	Breitenfaktoren $K_{H\beta}$, $K_{F\beta}$						
	Lagerungsfaktor nach Tafel 24/6:	$K_{H\beta\,be}$	—	1,10	1,10	≈ 1,10	1,10
	$K_{H\beta} = 1{,}5 K_{H\beta\,be} = K_{F\beta}$		—	1,65	1,65	1,65	1,65

1 Eingangsdaten zum Rechenschema s. Tafel 24/5.
1A Verkürzte Nachrechnungen s. Abschn. 22.3c.
2 Bei $b_1 \neq b_2$ für Flankenbeanspruchung kleineren Wert einsetzen; für Fußbeanspruchung Überstand bis $1 m_{mn}$ auf jeder Seite des schmaleren Rades als mittragend annehmen.
3 Erfahrungswerte (für Stirnräder) s. Tafel 22.1/2.
4 Möglichst aus Lastkollektiv und Belastbarkeitslinie, Abschn. 21.5.1.
5 K_v direkt berechnet mit den Daten des Kegelradpaares, nicht der Ersatz-Stirnräder. — Berechnung ausreichend genau auch für leichte Radkörper.
6 Vgl. Abschn. 21.5.2b mit Fußnote 7.
7 Das Hilfsdiagramm für den unterkritischen Bereich (Bild 24/26) beruht auf folgenden Annahmen: (1) Vollritzel und Vollrad (s. a. Fußnote 5) (2) Einzelfedersteifigkeit $c' = 14$ N/(mm µm). (3) Eingriffsfedersteifigkeit $c_\gamma = 20$ N/(mm/µm). (4) Linienbelastung $K_A F_{mt}/b_{eH} \geq 100$ N/mm. (5) Kopfrücknahme (Höhenballigkeit) $C_a = 0$. (6) Flankenformabweichung $f_f \approx$ Teilungs-Einzelabweichung f_p. (7) Annahmen für f_p und y_α, Zuordnung zu Qualitäten nach DIN 3965:

DIN-Qualität		3	4	5	6	7	8	9	10	11	12
f_p	µm	3	5	9	16	26	48	100	176	250	400
y_α	µm	0	0,5	1,5	3	5	11	20	30	50	100
$f_p - y_\alpha$	µm	3,0	4,5	7,5	13	21	37	80	146	200	300

(7) Bei Schräg- und Bogenverzahnung $\varepsilon_{v\gamma} \approx 2{,}3$ zugrunde gelegt.
7A Bei $K_A F_{mt}/b_{eH} < 50$ N/mm genauere Schwingungsberechnung erforderlich, wenn $K_{350} N > 0{,}25$ (Bild 24/26) oder $K_v > 1{,}7$, Gefahr des Flankenabhebens.

Abschn. 24.10.2. (Fortsetzung)

Nr.	Allgemeine Einflußgrößen[1]	Einheit	Beispiel 1	Beispiel 2	Beispiel 3	Beisp. 4 (Hypoid-)
			Förderband-getriebe	Lkw-Achs-getriebe	Schiffsgetriebe	Pkw-Achsgetriebe
G 11	Stirnfaktoren $K_{H\alpha}$, $K_{F\alpha}$					
a)	*Verkürzt:* Nach Bild 22.3/9b: $K_{H\alpha} = K_{F\alpha}$ [8]	—	1,2	[1,2]	[1,1]	—
b)	*Direkt:* Mit G nach Nr. G 9: $q_\alpha = c_\gamma G/(K_v K_{H\beta})$⊛ mit $c_\gamma = 20$	—	[0,306]	0,143	0,120	—
	Nach Bild 22.3/9a[8] mit $\varepsilon_{v\gamma}$ statt ε_γ: $K_{H\alpha} = K_{F\alpha}$	—	[1,04]	1,0	1,0	nach Abschn. 24.11.5b: 1,0
G 12	Zahnreibungszahl für Verlustleistung μ_m					
Nicht erforderlich für Grübchen- und Fußtragfähigkeit	Anhalt für Mineralöl:					
	$v_{\Sigma m} \approx v'_{\Sigma C} = 2 v_{mt} \sin \alpha_{vt}$ [9]	m/s	11,23	3,03	7,56	—
	$\varrho_{Cn} \approx \varrho_C / \cos \beta_{vb}$ mit ϱ_C nach Nr. G 5	mm	53,77	27,32	56,63	—
	$R_a = 0{,}5(R_{a1} + R_{a2})$ [10]	µm	1,2	0,5	0,4	—
	$X_R = 3{,}8(R_a/d_{v1})^{0{,}25}$⊛	—	0,95	0,94	0,75	—
	Dynamische Viskosität bei Betriebs-Öltemperatur					
	$\eta_\vartheta = \nu_\vartheta \cdot \varrho$ mit ν_ϑ nach Abschn. 16.1: η_ϑ [11]	m Pa s	27,7	5,8	31,5	—
	$F_{bmt} = F_{mt}/\cos \alpha_t$	N	108229	29743	224767	—
	$\mu_m = 0{,}045[K_A F_{bmt}/(b_{eH} v_{\Sigma C} \varrho_{Cn})]^{0{,}2} \eta_\vartheta^{-0{,}05} X_R \leq 0{,}2$⊛	—	0,040	0,064	0,038	s. Abschn. 24.11.6
G 13	Zahnverlustleistung aus Zahnbelastung					
Nur für Verschleißtragfähigkeit (und Wirkungsgrad)	Zahnverlustgrad					
	$H_V = \pi(u_v + 1)(1 - \varepsilon_{v\alpha} + \varepsilon_{v1}^2 + \varepsilon_{v2}^2)/(z_{v1} u_v)$	—	(0,102)	(0,117)	(0,155)	nach Abschn. 24.11.2:
	$P_{Vz} \approx P \mu_m H_V$⊛	kW	(6,50)	(0,75)	(11,26)	2,77
G 14	Festigkeitswerte:		Ritzel / Rad	Ritzel / Rad	Ritzel / Rad	Ritzel / Rad
a)	Werkstoffqualität[12] ML, MQ, ME —	—	MQ / MQ	MQ / MQ	MQ / MQ	MQ / MQ
b)	Festigkeitswerte[13] nach Bild 22.3/10: $\sigma_{H\,lim}$	N/mm²	1500 / 1250	1500 / 1500	1500 / 1500	1500 / 1500
	σ_{FE}	N/mm²	920 / 840	1000 / 1000	1000 / 1000	830 / 830

8 Ergibt sich $K_{H\alpha} > \varepsilon_{v\alpha n}$, Verzahnungsgenauigkeit überprüfen.
9 Wenn $v_{mt} > 50$ m/s, $v_{mt} = 50$ m/s einsetzen.
10 Bei geläppten Verzahnungen $R_a \approx R_z/10$.
11 Näherung für Mineralöle: $\eta_\vartheta = \varrho \nu_{40} (40\,°C/\vartheta)^{2{,}85}$, Dichte $\varrho \approx 1$ kg/dm³; damit Zahlenwert von η (in m Pa s) = Zahlenwert von ν in mm²/s.
12 Wöhler- und Schadens-Linie einiger Werkstoffe s. Bilder 21.8/4...7.
13 Anforderungen an Werkstoff und Wärmebehandlung s. Tafel 21.9/5.

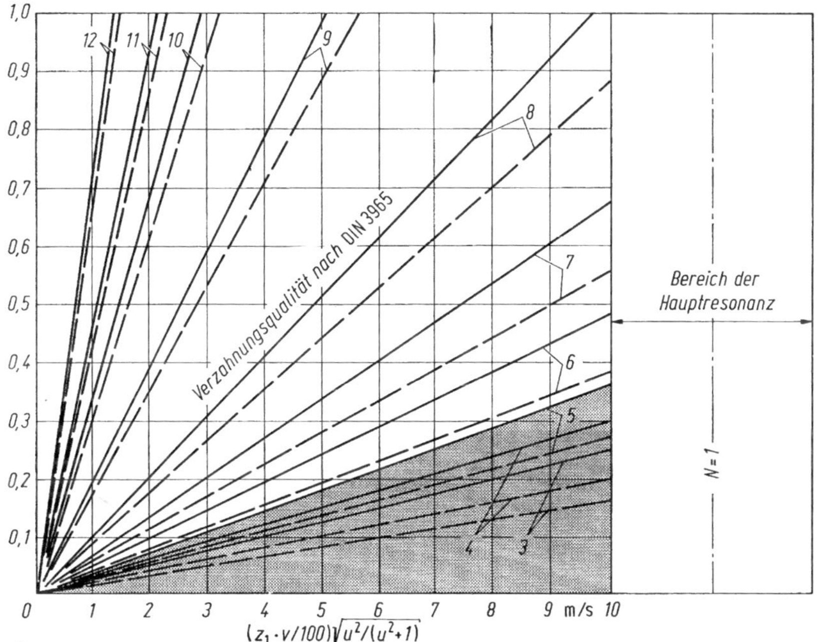

a

Lastkorrekturfaktor f_F für geradverzahnte Kegelräder

Verzahnungsqualität nach DIN 3965	Linienbelastung $F_{mt} \cdot K_A / b_{eH}$ in N/mm							
	≤ 100	200	350	500	800	1200	1500	2000
3	1,64	1,19	1,0	0,92	0,85	0,82	0,80	0,79
4	1,85	1,25	1,0	0,89	0,81	0,76	0,74	0,72
5	2,15	1,34	1,0	0,86	0,74	0,67	0,64	0,62
6	2,51	1,46	1,0	0,82	0,67	0,58	0,54	0,51
7	2,75	1,52	1,0	0,78	0,60	0,50	0,45	0,41
8	3,02	1,60	1,0	0,76	0,54	0,43	0,38	0,33
9	3,25	1,68	1,0	0,73	0,49	0,36	0,31	0,26
10	3,36	1,71	1,0	0,72	0,47	0,33	0,28	0,22
11	3,40	1,72	1,0	0,71	0,46	0,32	0,27	0,21
12	3,43	1,73	1,0	0,71	0,46	0,31	0,25	0,20

b

Lastkorrekturfaktor f_F für schräg- und bogenverzahnte Kegelräder

Verzahnungsqualität nach DIN 3965	Linienbelastung $F_{mt} \cdot K_A / b_{eH}$ in N/mm							
	≤ 100	200	350	500	800	1200	1500	2000
3	1,96	1,29	1,0	0,89	0,79	0,73	0,71	0,69
4	2,20	1,36	1,0	0,85	0,73	0,66	0,63	0,60
5	2,52	1,46	1,0	0,82	0,66	0,57	0,53	0,50
6	2,82	1,55	1,0	0,78	0,59	0,49	0,44	0,40
7	3,03	1,61	1,0	0,76	0,54	0,42	0,38	0,33
8	3,21	1,66	1,0	0,73	0,50	0,37	0,32	0,27
9	3,36	1,71	1,0	0,72	0,47	0,33	0,28	0,22
10	3,42	1,73	1,0	0,71	0,46	0,31	0,26	0,20
11	3,44	1,73	1,0	0,71	0,45	0,31	0,25	0,19
12	3,46	1,74	1,0	0,70	0,45	0,30	0,25	0,19

c

Bild 24/26. Hilfsdiagramm und Zahlentafeln für den Dynamikfaktor im unterkritischen Bereich. Annahmen und Gültigkeit s. Fußnote 7, S. 49. $K_v = f_F K_{350} N + 1$. Lastkorrekturfaktor f_F für Zwischenwerte linear interpolieren. ——— Geradverzahnung, – – – Schräg- oder Bogenverzahnung.

24.10.3 Grübchentragfähigkeit

Nr.	Grübchentragfähigkeit		Einheit	Beispiel 1		Beispiel 2		Beispiel 3		Beispiel 4	
				Förderbandgetriebe		Lkw-Achsgetriebe		Schiffsgetriebe		Pkw-Achsgetriebe	
				Ritzel	Rad	Ritzel	Rad	Ritzel	Rad	Ritzel	Rad
H 1	(Auftretende) Flankenpressung σ_H:										
a)	Zonenfaktor Z_H nach Bild 22.3/11 mit $(x_1 + x_2)/(z_1 + z_2) = 0$ und β_m statt β:	Z_H	—	2,4		2,11		2,13		2,45	
b)	Elastizitätsfaktor nach Tafel 22.3/7:	Z_E	$\sqrt{N/mm^2}$	189,8		189,8		189,8		189,8	
c)	Überdeckungsfaktor nach Bild 22.3/12 mit β_m statt β, $\varepsilon_{v\alpha}$ statt ε_α und $\varepsilon_{v\beta}$ statt ε_β:	$Z_\varepsilon Z_\beta$	—	0,85		0,82		0,84		0,85	
d)	Einzeleingriffsfaktor, falls $z_{vn} < 20$ nach Abschn. 21.7.2.1 mit den Daten der Ersatz-Stirnradverzahnung:	$Z_B \geq 1$	—	1,0	1,0	1,0	1,0	1,0	1,0	1,0	1,0
e)	Kegelradfaktor nach Abschn. 24.10.1 d:	Z_K	—	0,85		0,85		0,85		0,85	
	$\sigma_H = Z_H Z_E Z_\varepsilon Z_\beta (Z_B)\, Z_K \sqrt{K_K^*(b/b_{eH})\, K_A K_v K_{H\beta} K_{H\alpha}}$		N/mm²	874	874	1103	1103	1023	1023	1051	1051
H 2	Grübchenfestigkeit für Dauergetriebe										
	Gemittelte relative Rauhtiefe $R_{z100} = 0{,}5(R_{z1} + R_{z2})\sqrt[3]{100/a_v}$ ⊛	R_{z100}	µm	4,35		2,90		1,67		2,26	
a)	Faktoren für die Schmierfilmbildung										
	Verkürzt: Nach Fußnote 14 $Z_L Z_R Z_v$		—	0,92		[0,92]		[1,0]		[0,92]	
	Direkt: Schmierstoffaktor nach Bild 22.3/13:	Z_L	—	[1,02]		0,95		0,97		1,02	
	Rauheitsfaktor nach Bild 22.3/14:	Z_R	—	[0,97]		1,0		1,05		1,02	
	Geschwindigkeitsfaktor nach Bild 22.3/15:	Z_v	—	[1,01]		0,98		1,0		1,00	
b)	Größenfaktor nach Bild 22.3/16 mit m_{mn} statt m_n:	Z_X	—	0,97	0,93	1,0	1,0	0,96	0,96	1,0	1,0
	$\sigma_{HG} = \sigma_{H\,lim} \cdot Z_L Z_R Z_v \cdot Z_X$		N/mm²	1338	1070	1397	1397	1467	1467	1560	1560
H 3	Rechnerische Grübchensicherheit[15]										
	$S_H = \sigma_{HG}/\sigma_H$		—	1,5[16]	1,2[16]	1,3	1,3	1,4	1,4	1,5	1,5
	Anhaltswerte für Mindest-Grübchensicherheit nach Tafel 22.3/10: $S_{H\,min}$		—	1,2		1,0		1,3		1,0	

14 Verkürzte Methode: Bei angemessener Schmierstoffviskosität (vgl. Bild 21.10/1): Für vergütete, gefräste Radpaare $Z_L Z_v Z_R = 0{,}85$; für nach dem, Fräsen geläppte Radpaare $= 0{,}92$; für nach dem Härten geschliffene oder hartmetallgefräste Radpaare mit $R_{z100} \leq 4$ µm $= 1{,}0$; falls $R_{z100} > 4$ µm: $Z_L Z_v Z_R = 0{,}92$.

15 „Kraftsicherheit", d. h. Verhältnis der übertragbaren Grenz-Umfangskraft zur auftretenden Umfangskraft $S_{HL} = S_H^2$.

16 Nachrechnung für das Anfahrmoment $T_{a\,max} = 2{,}5 T_{aN}$ (Betriebsbedingungen s. Tafel 22.3/1, Beispiel 1): Bild 22.3/17: $Z_{NT1} = 1{,}47$ für $N_{L1} = 3 \cdot 10^5$; $Z_{NT2} = 1{,}3$ für $N_{L2} = 8{,}5 \cdot 10^4$. Daraus $\sigma_{HG1}/\sigma_{HG2} = 2205/1196$; $\sigma_H \approx 1197$ N/mm²; $S_{HN1}/S_{HN2} = 1{,}8/1{,}0$. Siehe auch Fußnote 20, S. 53.

24.10.4 Zahnfußtragfähigkeit

Nr.	Zahnfußtragfähigkeit	Einheit	Beispiel 1		Beispiel 2		Beispiel 3		Beisp. 4 (Hypoid-)	
			Förderband-getriebe		Lkw-Achs-getriebe		Schiffsgetriebe		Pkw-Achsgetriebe	
			Ritzel	Rad	Ritzel	Rad	Ritzel	Rad	Ritzel	Rad
I 1	Auftretende Zahnfußspannung									
a)	Formfaktor nach Bild 22.3/18 mit z_v statt z und z_{vn} statt z_n: $Y_{FS}(Y'_{FS})$[17]	—	4,33	4,4	4,19	4,34	4,15	4,43	$\approx 4{,}20$	$\approx 4{,}15$
b)	Anteilfaktor nach Bild 22.3/20 mit β_m statt β und $\varepsilon_{v\beta}$ statt ε_β: $Y_\varepsilon Y_\beta$	—	0,66		0,51		0,53		0,66	
c)	Überdeckungsfaktor: Y_ε	—	(0,77)		(0,68)		(0,70)		(0,73)	
d)	Kegelradfaktor nach Abschn. 24.10.1 d: Y_K	—	1,0	1,0	1,0	1,0	1,0	1,0	1,0	1,0
	$\sigma_F = U_K(b/b_{eII})\, Y_{FS} Y_\varepsilon Y_\beta Y_K K_A K_v K_{F\beta} K_{F\alpha}$	N/mm²	427	434	606	627	382	408	406	401
I 2	(Zahnfuß-) Grundfestigkeit für Dauergetriebe[18]									
a)	Relativer Oberflächenfaktor									
	Verkürzt: Bei $R_z \leq 16\,\mu$m: $Y_{R\,rel\,T} = 1$	—	$R_z > 16$		[1,0]	[1,0]	[1,0]	[1,0]	[1,0]	[1,0]
	Direkt: Nach Bild 22.3/22: $Y_{R\,rel\,T}$	—	0,960	0,985	0,990	0,990	1,025	1,025	1,0	1,0
b)	Relative Stützziffer für Dauerfestigkeit									
	Verkürzt: Nach Fußnote 19: $Y_{\delta\,rel\,T}$	—	1,0	1,0	[1,0]	[1,0]	[1,0]	[1,0]	[1,0]	[1,0]
	Direkt: Nach Bild 22.3/18, 19: Y_{Sa}	—	1,88	2,1	1,88	1,79	1,85	1,95	2,08	$\approx 1{,}73$
	Nach Bild 22.3/21: $Y_{\delta\,rel\,T}$	—	(1,00)	(1,02)	1,01	1,00	1,01	1,02	1,02	1,00
c)	Größenfaktor nach Bild 22.3/23 mit m_{mn} statt m_n: Y_X	—	0,92	0,92	1,0	1,0	0,88	0,88	1,0	1,0
d)	Wechselfaktor Y_A nach Bild 21.7/15: Y_A	—	1,0	1,0	1,0	1,0	1,0	1,0	1,0	1,0
	$\sigma_{FG} = \sigma_{FE} Y_{R\,rel\,T} Y_{\delta\,rel\,T} Y_X Y_A$	N/mm²	813	761	1 000	990	911	920	847	830
I 3	Rechnerische Zahnfußsicherheit									
	$S_F = \sigma_{FG}/\sigma_F$	—	1,9[20]	1,7[20]	1,6	1,6	2,4	2,3	2,1	2,1
	Anhaltswert für Mindest-Zahnfußsicherheit nach Tafel 22.3/10: $S_{F\,min}$	—	1,5		1,4		1,8		1,4	

17 Bei Zahndickenänderung gilt näherungsweise: $Y'_{FS} = Y_{FS}/(1 + x_s)^2$.

18 Einfluß von Schleifkerben, Kugelstrahlen. Ausschleifen der Fußausrundung, Schrumpfspannungen s. Abschn. 21.7.3.2.

19 Verkürzte Methode: Bei $q_s \geq 1{,}5$ kann man $Y_{\delta\,rel\,T} = 1$ setzen. Bei $1{,}0 \leq q_s < 1{,}5$: $Y_{\delta\,rel\,T} = 0{,}95$. Grenzen für q_s s. Bilder 22.3/18, 19.

20 Nachrechnung für das Anfahrmoment $T_{a\,max} = 2{,}5 T_{aN}$ (Betriebsbedingungen s. Tafel 22.3/1, Beispiel 1): Bild 22.3/24: $Y_{NT1} = 1{,}38$ für $N_1 = 3 \cdot 10^5$; $Y_{NT2} = 1{,}30$ für $N_2 = 8{,}5 \cdot 10^4$; Bild 22.3/25: $Y_{\delta\,rel\,T1(S)}/Y_{\delta\,rel\,T2(S)} = 1{,}18/1{,}09$; $Y_{N1}/Y_{N2} = 1{,}63/1{,}42$; $\sigma_{FGN1}/\sigma_{FGN2} = 2038/1\,193$; $\sigma_{F1}/\sigma_{F2} \approx 978/990$; $S_{FN1}/S_{FN2} = 2{,}1/1{,}2$. Wegen der unzureichenden Sicherheiten (s. a. Fußnote 16) wurde das nitrierte Tellerrad durch ein einsatzgehärtetes ersetzt. Damit ergeben sich auch für das Tellerrad ausreichende Sicherheiten.

24.10.5 Freßtragfähigkeit (Warmfressen)

Nr.	Freßtragfähigkeit (Warmfressen)	Einheit	Beispiel 1	Beispiel 2	Beispiel 3	Beisp. 4 (Hypoid-)
			Förderband-getriebe	Lkw-Achs-getriebe	Schiffsgetriebe	Pkw-Achs-getriebe
K 1	Auftretende Integraltemperatur ϑ_{int}					
a)	Ölsumpf-/Einspritztemperatur ϑ_{oil}	°C	80	100	60	—
b)	Schmierungsfaktor nach Fußnote 21: X_S	—	1,0	1,0	1,0	—
c)	Zahnreibungszahl für Fressen $\mu_B \approx (K_{H\beta} K_{H\alpha})^{0,2} \mu_m \approx 1{,}15\mu_m$ mit μ_m nach Nr. G 12; vgl. Erläuterung zu (21.11/6)	—	0,046	0,073	0,044	—
d)	Blitzfaktor für St/St: $X_M \approx 50$	$K \cdot N^{-3/4} \cdot s^{1/2} \cdot m^{-1/2} \cdot mm$	50	50	50	—
e)	Krümmungsradien nach Nr. G 5: ϱ_{E1}	mm	93,15	41,85	96,73	—
	ϱ_{E2}	mm	654,60	67,25	457,11	—
	Geometriefaktor für den Ritzelkopf $(X_B)_E = 0{,}5(u_v + 1)^{1/2} [\varrho_{E1}^{1/2} - (\varrho_{E2}/u_v)^{1/2}]/(\varrho_{E1}\varrho_{E2})^{1/4}$	—	0,279	0,226	0,324	—
f)	Schrägungsfaktor nach Bild 22.3/26 mit $\varepsilon_{v\gamma}$ statt ε_γ: $K_{B\gamma}$	—	1,18	1,21	1,26	—
g)	Lastkennwert für Fressen $w_{Bmt} = (F_{mt}/b_{eH})\, K_A K_{H\beta} K_{H\alpha} K_{B\gamma}$	N/mm	2171	1897	3651	—
h)	Eingriffsfaktor nach Tafel 22.3/8: X_Q	—	1,0	1,0	1,0	—
j)	Kopfrücknahmefaktor[22] mit $C_a \approx C_{eff}$					
	und $C_{eff} \approx F_{bmt} K_A/(b_{eH} c')$ für $\beta_m = 0$	µm	—	—	—	—
	bzw. $C_{eff} \approx F_{bmt} K_A/(b_{eH} c_\gamma)$ für $\beta_m > 0$	µm	49,74	52,07	96,09	—
	Nach Bild 22.3/27 mit $\varepsilon_{v1,2}$ statt $\varepsilon_{1,2}$: X_{Ca}	—	1,50	1,20	1,42	—
k)	Blitztemperatur für den Ritzelkopf $\vartheta_{fla\,E} = \mu_B X_M (X_B)_E\, w_{Bmt}^{3/4} v_{mt}^{1/2} (a_v^{1/4} X_Q X_{Ca})$ ⊛	°C	78,1	94,0	118,4	—
l)	Überdeckungsfaktor nach Bild 22.3/28 mit $\varepsilon_{v\alpha}$ statt ε_α und ε_{v1} statt ε_1: X_ε	—	0,289	0,33	0,336	—
m)	Mittlere Blitztemperatur $\vartheta_{fla\,int} = \vartheta_{fla\,E} X_\varepsilon$	°C	22,6	31,0	39,8	—
n)	Massentemperatur $\vartheta_M = (\vartheta_{oil} + 0{,}7\vartheta_{fla\,int})\, X_S$	°C	95,8	121,7	87,9	—
	Integraltemperatur $\vartheta_{int} = \vartheta_M + 1{,}5\vartheta_{fla\,int}$	°C	129,7	168,2	147,6	—

K 2	Grenzwert der Integraltemperatur					
a)	Nach FZG-Test A/8,3/90: Schadenkraftstufe	—	12	12	12	—
b)	Kinematische Viskosität ISO VG ($= \nu_{40}$)	mm²/s	220	80	100	—
c)	Test-Massentemperatur nach Bild 22.3/29: ϑ_{MT}	°C	203	203	203	—
d)	Mittl. Blitztemp. im Test nach Bild 22.3/29: $\vartheta_{fla\,int\,T}$	—	105	108	106	—
e)	Strukturfaktor nach Tafel 22.3/9: $X_{W\,rel\,T}$	—	1	1	1	—
	Freßtemperatur $\vartheta_{S\,int} = \vartheta_{MT} + 1{,}5\mu_{mT}(X_{fla\,ET}X_{\varepsilon T})\,X_{W\,rel\,T}$	°C	360,5	365	362,7	—
K 3	Rechnerische Freßsicherheit (Temperatursicherheit)[23]: $S_S = \vartheta_{S\,int}/\vartheta_{int}$	—	2,8	2,2	2,4	nach Abschn. 24.11.6b: 2,8
	Anhaltswert für Mindest-Freßsicherheit nach Tafel 22.3/10: $S_{S\,min}$	—	1,8	1,5	2,0	1,5

21 Für Tauchschmierung $X_S = 1{,}0$; für Einspritzschmierung $X_S = 1{,}2$.

22 Voraussetzungen für den überschlägigen Ansatz für C_{eff} bei Vollast ist eine hinsichtlich der Betriebsverhältnisse optimal gewählte Kopfrücknahme bzw. Höhenballigkeit. Ansonsten gilt: $X_{Ca} = 1$. Hinweise zur Auslegung der Kopfrücknahme bei Stirnrädern s. Abschn. 21.5.6.

23 „Kraftsicherheit", d. h. Verhältnis der übertragbaren Grenz-Umfangskraft zur auftretenden Umfangskraft $S_{SL} \approx (\vartheta_{S\,int} - \vartheta_{oil})/(\vartheta_{int} - \vartheta_{oil})$.

24.10.6 Beurteilung der Kaltfreßgefahr

Siehe Abschn. 21.6.6a.

24.10.7 Verschleißtragfähigkeit

Nachrechnung nach Abschn. 22.3.7, jedoch mit den Daten der Ersatz-Stirnräder (s. Tafel 24/1), d. h., es sind a_v, b_{eH}, u_v, v_{mt} statt a, b, u, v_t zu setzen. Für die Zahnverlustleistung gilt der in Abschn. 24.10.2, Nr. G 13 errechnete Wert. Die Krümmungsradien sind Abschnitt 24.10.2, Nr. G 5, die maßgebende Flankenpressung Abschn. 24.10.3, Nr. H 1, zu entnehmen.

24.11 Hypoidgetriebe (Kegelschraubgetriebe)

Eigenschaften und Anwendungen s. Abschn. 20.3.1 und 24.1.2. Bauarten s. Bild 24/27. Man geht meist von einem gegebenen Tellerrad mit (Gerad-, Schräg- oder) Bogenverzahnung aus und ordnet das Ritzel im gewünschten Achsabstand (Achsversetzung) an, und zwar so, daß sich die Teilkegel der beiden Räder in der Mitte der Zahnbreite in der gemeinsamen Planradebene berühren (Bild 24/28a). Achsversetzung bei leichten Antrieben (Pkw) bis $0{,}4R_{e2}$ (starkes Längsgleiten, günstiges Geräuschverhalten), bei schweren Antrieben bis $0{,}2R_{e2}$ (kleinere Lagerkräfte, einfache Herstellung); vgl. Tafel 24/8. Im Hinblick auf den Wirkungsgrad tendiert man zunehmend zu kleineren Achsversetzungen. Man kann das Ritzel (in der Darstellung von Bild 24/27) nach unten (plus) oder nach oben (minus) verschieben. — Bei Plusversetzung ist der Schrägungswinkel des Ritzels um den Berührwinkel ζ_P größer als der Schrägungswinkel des Tellerrades: $\beta_{m1} = \beta_{m2} + \zeta_P$ (Bild 24/28). Dadurch wird der Durchmesser des Hypoidritzels (bei gleichem Tellerraddurchmesser und gleicher Übersetzung) größer als beim entsprechenden Kegelradgetriebe (größeres β_{m1} bewirkt größeren Stirnmodul). Gleichzeitig steigen Sprungüberdeckung und Axialkraft gegenüber einer Ausführung ohne Achsversetzung. Der größere Ritzeldurchmesser ermöglicht ferner eine dickere Ritzelwelle. Diese Ausführung wird bei Kraftfahrzeugen (Achsantrieb) bevorzugt. — Bei dem minusversetzten Kegelritzel (Bild 24/27) wird umgekehrt der Schrägungswinkel β_{m1} kleiner als β_{m2} des Tellerrades. Daher ist der Ritzeldurchmesser, der Teilkegelwinkel, die Sprungüberdeckung und die Axialkraft kleiner als bei der Ausführung ohne Achsversetzung. Im Extremfall wird das Ritzel zylindrisch.

Empfehlungen für die Wahl der Schrägungswinkel s. Tafel 24/8. Grenzfälle:

- Schrägungswinkel $\beta_{m1} = 0$ (Ritzel mit Gerad- oder Zerolverzahnung).
- Schrägungswinkel $\beta_{m2} = 0$ (Rad mit Gerad- oder Zerolverzahnung).

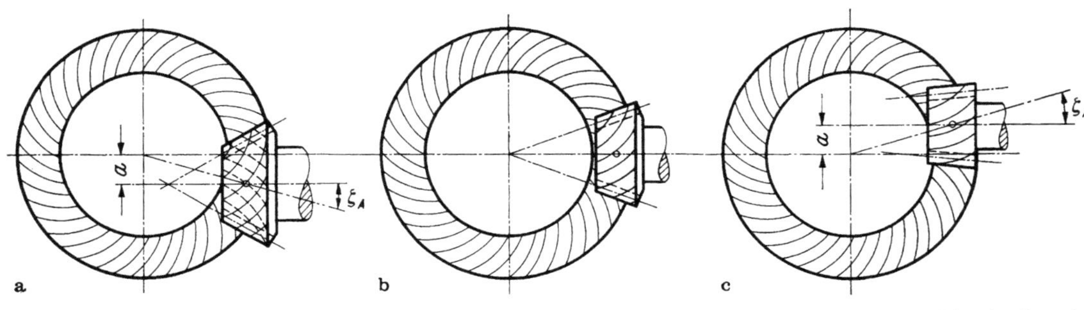

Bild 24/27. Hypoidradpaare (schematisch): a) Plus-Achsversetzung; b) ohne Achsversetzung (Kegelradpaar); c) Minus-Achsversetzung.

24.11.1 Geometrie der Hypoidverzahnung

Zusammenstellung der Bezeichnungen, Geometrie-Beziehungen und Abmessungen s. Tafel 24/7.

Hypoidritzel und Tellerrad ähneln bezüglich ihrer äußeren Kontur — jedes für sich betrachtet — normalen Kegelrädern. Durch die Achsversetzung, die auch beim Verzahnen simuliert wird, ergeben sich jedoch unterschiedliche Zahnformen. Die Angaben in Abschnitt 24.3 über Zahnform, Bezugsprofil, Profilverschiebung, Flankenlinien, Verzahnung am Rückenkegel (virtuelle Ersatz-Stirnräder) gelten auch hier (beachte Bild 24.12e).

Tafel 24/7. Geometrische Beziehungen und Maße für Hypoidradpaare.
Indizes: 1 für Ritzel; 2 für Tellerrad; P für Planrad-Größen; K für Größen der Ersatz-Kegelräder, v für Größen der hiervon abgeleiteten Ersatz-Stirnräder; m für Mittelmaße der Kegelräder; n für Größen im Normalschnitt; s für Größen der Ersatz-Schraubräder

Gleichung Nr.	Maße, Daten	Beziehung
Paarungsmaße (bezogen auf Wälzkegel):		
1	Achsenwinkel (Kreuzungswinkel)	$\Sigma = 90°$
2	Teilkegelwinkel	δ_1, δ_2; $\sin \delta_1 = \cos \delta_2 \cos \zeta_A$
3	Achsversetzung	a; in Planradebene $a_P = R_{m2} \sin \zeta_P$
4	Zähnezahlverhältnis	$u = \dfrac{z_2}{z_1} = \dfrac{d_{m2}}{d_{m1}} \dfrac{\cos \beta_{m2}}{\cos \beta_{m1}}$
5	Zähnezahl	z_1; z_2
6	Versetzungswinkel	ζ_A; $\tan \zeta_A = \tan \zeta_P \sin \delta_2 = \tan \zeta \sin^2 \delta_2$
7	Berührwinkel	$\zeta_P = \beta_{m1} - \beta_{m2}$; $\sin \zeta_P = a_P/R_{m2} \approx \sin \zeta \approx 2a/d_{m2}$
Mittelmaße (bezogen auf Berührpunkt P der Wälzkegel)		
8	Schrägungswinkel in Planradebene	$\beta_{m1} = \beta_{m2} + \zeta_P$: $\tan \beta_{m1} = \dfrac{u \cdot d_{m1}/d_{m2} - \cos \zeta_P}{\sin \zeta_P}$ bei negativer Achsversetzung ist $\beta_{m1} < \beta_{m2}$, sowie ζ_A, ζ_P, a, a_P negativ
9	Eingriffswinkel	α_n, $\tan \alpha_t = \tan \alpha_n / \cos \beta_m$
10	Teilkreisdurchmesser (Mitte Zahnbreite)	d_{m1}; d_{m2}; $d_{m1} = \dfrac{d_{m2}}{u} \dfrac{\cos \beta_{m2}}{\cos \beta_{m1}}$
11	Modul (Normalschnitt)	$m_{mn} = \cos \beta_{m1} \dfrac{d_{m1}}{z_1} = \cos \beta_{m2} \dfrac{d_{m2}}{z_2}$
12	Teilkegellänge	$R_{m1} = 0{,}5 d_{m1}/\sin \delta_1$; $R_{m2} = 0{,}5 d_{m2}/\sin \delta_2$
13	Zahnbreite	$b_2 \lessapprox 0{,}18 d_{m2}$; $b_1 \approx b_2/\cos \zeta_P + 3 m_n \tan \zeta_P$
14	Profilverschiebung (Tafel 24/8)	$x_{m1} m_{mn} = -x_{m2} m_{mn}$
15	Zahnkopfhöhe	h_{am1}; h_{am2}
Ersatz-Kegelräder (Index K)		
16	Achsenwinkel	$\Sigma_K = \Sigma$
17	Teilkegelwinkel	$\delta_{K2} = \delta_2$; $\delta_{K1} = \Sigma - \delta_2$
18	Schrägungswinkel	$\beta_{Km1} = \beta_{Km2} = \beta_{m2}$
19	Eingriffswinkel (Normalschnitt)	$\alpha_{Kn} = [\alpha_{nV}(\text{Zugflanke}) + \alpha_{nR}(\text{Schubflanke})]/2$
20	Teilkegellänge	$R_{Km} = R_{m2}$
21	Teilkreisdurchmesser	$d_{Km1} = 2 R_{Km} \sin \delta_{K1}$; $d_{Km2} = d_{m2}$
22	Zähnezahl (unrunde Zahl)	$z_{K1} = d_{Km1} \cdot \cos \beta_{Km1}/m_{mn}$; für $\Sigma = 90°$: $z_{K1} = z_2/\tan \delta_2$; $z_{K2} = z_2$
23	Zähnezahlverhältnis	$u_K = z_{K2}/z_{K1} = z_2/z_{K1} = d_{m2}/d_{Km1}$
24	Modul	$m_{Kmn} = m_{mn}$
	Zahnbreite, Profilverschiebung, Zahnkopfhöhe s. Mittelmaße	

Tafel 24/7. (Fortsetzung)

Gleichung Nr.	Maße, Daten	Beziehung
Ersatz-Stirnräder für Ersatz-Kegelräder (Index v)		
25	Eingriffswinkel	$\alpha_{vn} = \alpha_{Kn}$; $\tan \alpha_{vt} = \tan \alpha_{vn}/\cos \beta_v$
26	Schrägungswinkel	$\beta_v = \beta_{Km1} = \beta_{Km2} = \beta_{m2}$
27	Zähnezahlverhältnis	$u_v = \dfrac{z_{v2}}{z_{v1}} = \dfrac{d_{v2}}{d_{v1}}$; für $\Sigma = 90°$: $u_v = u_K^2$
28	Zähnezahl (unrunde Zahl)	$z_{v1} = \dfrac{z_{K1}}{\cos \delta_{K1}}$; $z_{v2} = \dfrac{z_2}{\cos \delta_2} = u_v \cdot z_{v1}$
29	Teilkreisdurchmesser	$d_{v1} = \dfrac{d_{m1}}{\cos \delta_{K1}}$; $d_{v2} = \dfrac{d_{m2}}{\cos \delta_2} = u_v \cdot d_{v1}$
30	Modul	$m_{vn} = m_{mn}$; $m_{vt} = m_{mt} = m_{mn}/\cos \beta_m$
31	Zahnbreite	$b_v = b_2$
32	Umfangsgeschwindigkeit	$v = v_1 = d_{m1} n_1/19\,100$ ⊛
Profilverschiebung und Zahnkopfhöhe s. Mittelmaße; Kopfkreisdurchmesser, Grundkreisdurchmesser, Achsabstand, Überdeckungen entsprechend Tafel 24/1.		
Ersatz-Schraubräder (Index s, bezogen auf Berührpunkt P der Wälzkegel = Schraubpunkt)		
33	Kreuzungswinkel	$\Sigma_s = \zeta_P$
34	Schrägungswinkel	$\beta_{s1} = \beta_{m1}$; $\beta_{s2} = \beta_{m2}$; $\sin \beta_{b1,2} = \sin \beta_{m1,2} \cos \alpha_n$
35	Eingriffswinkel [a]	$\alpha_{sn} = \alpha_n$; $\tan \alpha_{st1,2} = \tan \alpha_{sn}/\cos \beta_{s1,2}$
36	Zähnezahlverhältnis	$u_s = z_{s2}/z_{s1} = u \cos \delta_1/\cos \delta_2$
37	Zähnezahl (unrunde Zahl)	$z_{s1} = z_1/\cos \delta_1$; $z_{s2} = z_2/\cos \delta_2$
38	Teilkreisdurchmesser	$d_{s1} = d_{m1}/\cos \delta_1$; $d_{s2} = d_{m2}/\cos \delta_2$
39	Grundkreisdurchmesser	$d_{sb1} = d_{s1} \cos \alpha_{st1}$; $d_{sb2} = d_{s2} \cos \alpha_{st2}$
40	Kopfkreisdurchmesser	$d_{sa1} = d_{s1} + 2h_{am1}$; $d_{sa2} = d_{s2} + 2h_{am2}$
41	Modul	$m_{sn} = m_{mn}$

[a] Unterschiedlich für Vor- und Rückflanke. α_n ist der Eingriffswinkel der zu berechnenden Flanke, also α_{nV} oder α_{nR}

Die Teilkegel (= Wälzkegel) der beiden Kegelräder berühren sich im Punkt P, auf den sich die Maße auf Mitte Zahnbreite beziehen, Bild 24/28. P muß auf der gemeinsamen Normalen der beiden Berührkegel (= Teilkegel) liegen — die Flankenlinien von Ritzel und Rad haben in der Planradebene eine gemeinsame Tangente. Entsprechend sind β_{m1} und β_{m2} festzulegen, sie sind also nicht frei wählbar.

a) Ersatz-Kegelräder, mittlere Ersatz-Stirnräder. Wir schwenken den Teilkegel des Hypoidritzels so, daß seine Achse die Tellerradachse schneidet (in Bild 24/28 Schritt von c nach d und a nach b). So entsteht ein virtuelles Ersatz-Kegelradpaar, wobei das Tellerrad unverändert bleibt. Das Ritzel hat allerdings jetzt denselben Schrägungswinkel und Stirnmodul wie das Tellerrad, jedoch eine größere Zähnezahl als das ursprüngliche Hypoidritzel. — Dieses Ersatz-Kegelradpaar legen wir für die Berechnung der Grübchen- und Zahnfußtragfähigkeit zugrunde, d. h., wir leiten hiervon die mittleren Ersatz-Stirnräder ab, wie in Abschn. 24.3.6 beschrieben. — Maßbeziehungen s. Tafel 24/7.

b) Mittlere Ersatz-Schraubräder. Um für die Berechnung der Freßtragfähigkeit und Verlustleistung die von Kegelrädern abweichenden Gleit- und Wälzbewegungen bei Hypoidrädern zu erfassen, ersetzen wir die Hypoidräder hierfür durch ein Ersatz-Schraubradpaar, das im Berechnungspunkt dieselben Gleitverhältnisse aufweist wie das Hypoidradpaar. — Maßbeziehungen s. Tafel 24/7 und Bild 24/28a.

c) Gleit- und Wälzbewegung der Zahnflanken. Die Zahnflanken gleiten und wälzen aufeinander in jedem Berührpunkt. Die Relativgeschwindigkeit setzt sich aus je einer Kom-

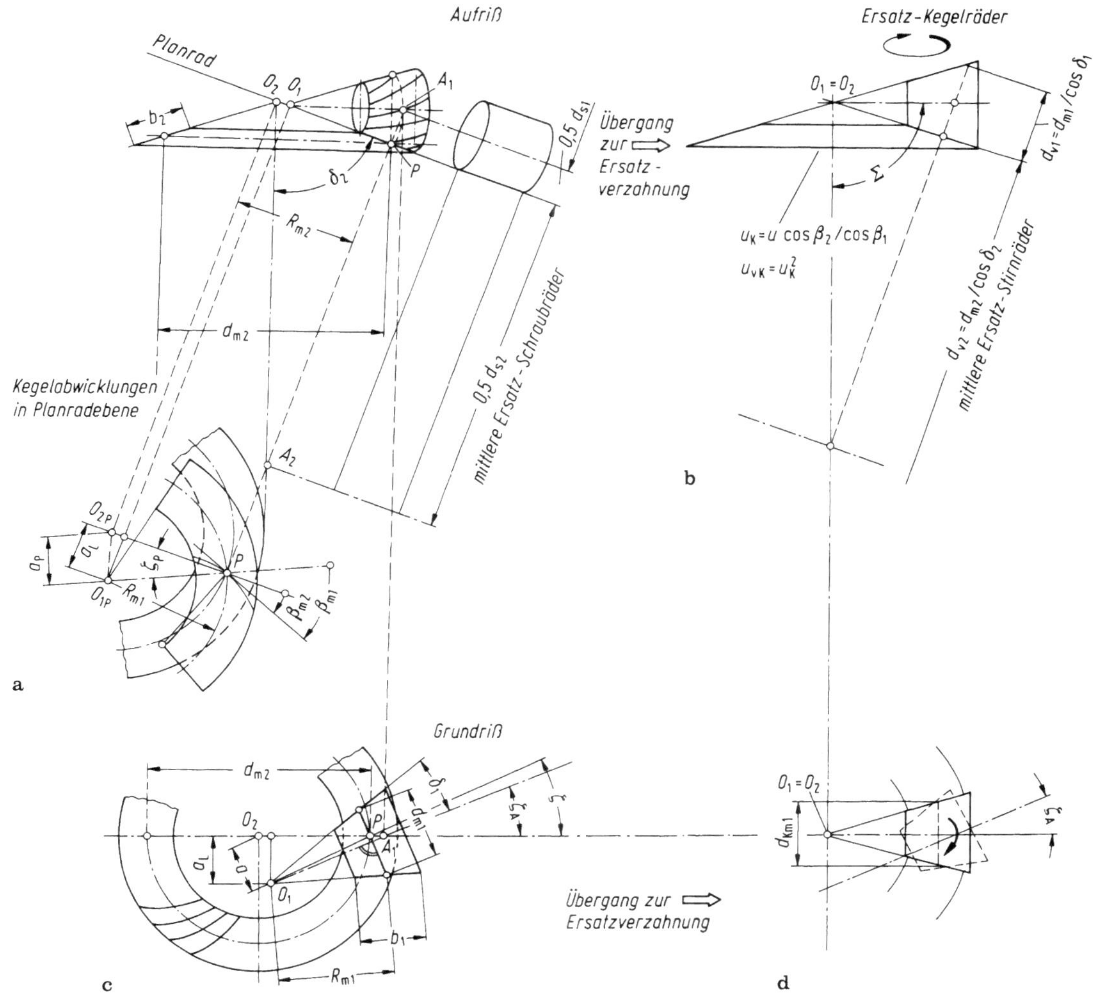

Bild 24/28. Zur Geometrie von Hypoidradpaaren.

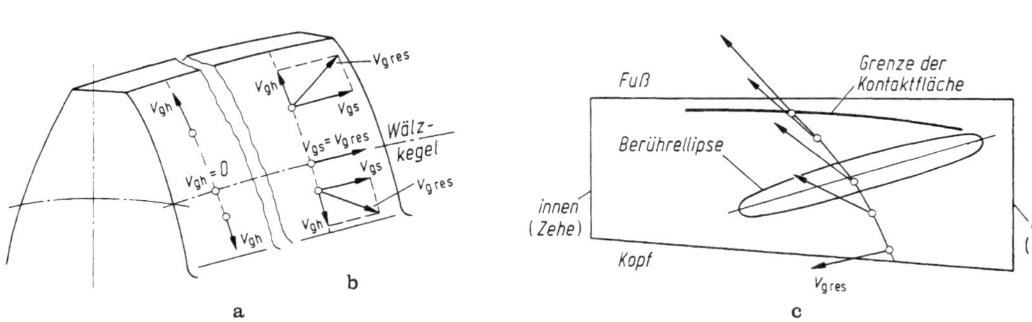

Bild 24/29. Gleitgeschwindigkeiten an den Zahnflanken. a) Bei Kegelradpaaren; b) bei Hypoidradpaaren; c) Verlauf der Gleitgeschwindigkeit entlang der Bahn des Berührpunktes auf der Hypoid-Tellerradflanke.

ponente in Zahnlängs- und Zahnhöhenrichtung, v_{gs} und v_{gh}, zusammen. Der Vektor der Gleitgeschwindigkeit ändert seine Richtung entlang der Bahn des Berührpunktes (Bohrgleiten), Bild 24/29. Berechnung s. Abschn. 23.3.3 (Stirnschraubräder).

Resultierende Gleitgeschwindigkeit v_{gY} am Zahnkopf, -fuß (wichtig für die Freßbeanspruchung) nach (23/19 ... 24); Hinweis: In diesen Gleichungen ist die Vorzeichendefinition für die Schrägungswinkel nach Abschn. 23.3.1a zu beachten!

Mittlere resultierende Gleitgeschwindigkeit v_{gm} (wichtig für die Verlustleistung) nach (23/25).

Summengeschwindigkeit in Zahnlängsrichtung (β_1, β_2 positiv):

$$v_{\Sigma s} = v_{t1}(\sin\beta_1 + \sin\beta_2 \cos\beta_1/\cos\beta_2). \tag{24/19}$$

Summengeschwindigkeit in Zahnhöhenrichtung am Wälzpunkt:

$$v_{\Sigma h} = 2v_{t1}\cos\beta_1 \sin\alpha_n. \tag{24/20}$$

Mittlere resultierende Summengeschwindigkeit (wichtig für Schmierdruckbildung und Reibungszahl):

$$v_{\Sigma m} = \sqrt{v_{\Sigma s}^2 + v_{\Sigma h}^2}. \tag{24/21}$$

24.11.2 Reibungszahl, Verlustleistung und Wirkungsgrad

Anhaltswerte s. Tafel 20/1, s. a. Bild 24/30. Berechnung nach Abschn. 21.11 (Stirnräder) mit folgender mittlerer Zahnverlustleistung:

$$P_{Vz} = F_n K_A v_{gm}\mu_m = 2T_1 v_{gm}\mu_m/(d_{m1}\cos\alpha_{nm}\cos\beta_{m1}) \tag{24/22}$$

mit v_{gm} nach (23/25), mittlere Zahnreibungszahl entsprechend dem Ansatz für Stirnräder (21.11/6):

$$\mu_m = 0{,}045\left(\frac{F_n K_A}{(b_{eH}/\cos\beta_{b2})\, v_{\Sigma m}\varrho_n}\right)^{0,2} \eta_\vartheta^{-0,05} X_R \leq 0{,}2 \tag{24/23}$$

mit F_n Nenn-Zahnnormalkraft wie bei Stirnschraubrädern nach (23/60); K_A Anwendungsfaktor s. Tafel 22.3/3; Tragbildbreite $b_{eH} \approx 0{,}85\, b_2$; $v_{\Sigma m}$ Summengeschwindigkeit nach (24/19 ... 21); ϱ_n Ersatzkrümmungsradius im Wälzpunkt im Normalschnitt nach (23/63,64) mit den Maßen der Ersatz-Schraubräder; η_ϑ in m Pa s dynamische Viskosität bei Betriebsöltemperatur, s. Abschn. 21.11.2b, Fußnote 2.

Einfluß der Flankenrauheit:

$$X_R = 3{,}8\sqrt[4]{R_a/d_{s1}} \tag{24/24}$$

mit R_a, arithmetischer Mittenrauhwert von Ritzel und Rad:

$$R_a = 0{,}5(R_{a1} + R_{a2}).$$

Grenzwert für μ_m s. Abschn. 21.11.2b.

Bei der Reibungszahl für die Freßtragfähigkeit μ_B muß man die Lastverteilung über die Breite berücksichtigen. Für die Berechnung von μ_B genügt es jedoch, $K_{B\beta} \cdot K_{B\alpha} \approx 2$ einsetzen, damit:

$$\mu_B \approx 1{,}15\mu_m. \tag{24/25}$$

24.11.3 Lagerung, Gestaltung, Schmierung

Hinweise hierzu s. Abschn. 24.7 (Kegelräder). Berechnung der Lagerkräfte s. Abschn. 20.5.6.

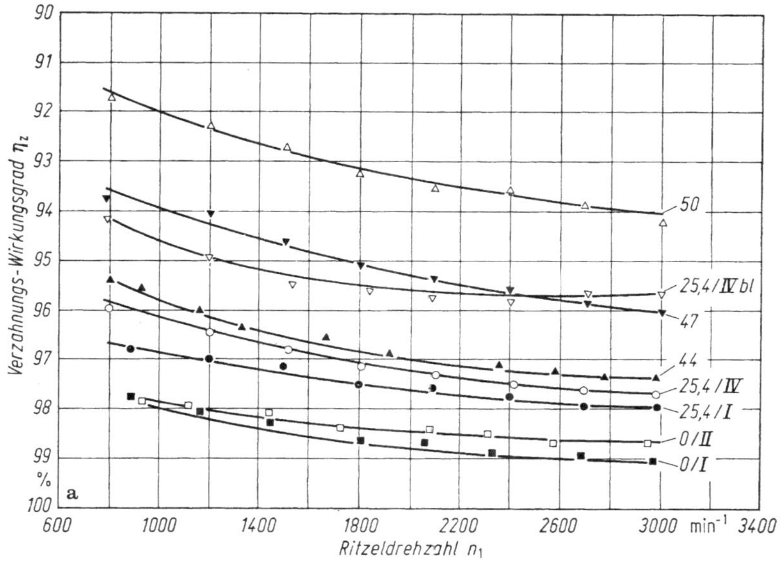

Achsversetzung	Zusatzzeichen	Modul m_{mn}	Spiralwinkel β_{m1}	β_{m2}	Rauheit [a] R_t	R_a	
50 mm		3,36 mm	52,43°	13,47°	2,1 µm	0,23 µm	phosphatiert
47		3,23	52,27°	15,73°	2,2	0,25	phosphatiert
44		3,28	52,12°	17,95°	2,0	0,24	phosphatiert
25,4	IV bl	6,25	48,65°	30,00°	16	1,5	blank
25,4	IV	6,25	48,65°	30,00°	4,5	0,4	phosphatiert
25,4	I	3,07	50,38°	31,38°	2,2	0,24	phosphatiert
0	II	3,43	40,00°	40,00°	6,2	0,61	phosphatiert
0	I	3,35	37,50°	37,50°	6,0	0,62	phosphatiert

[a] In eingelaufenem Zustand

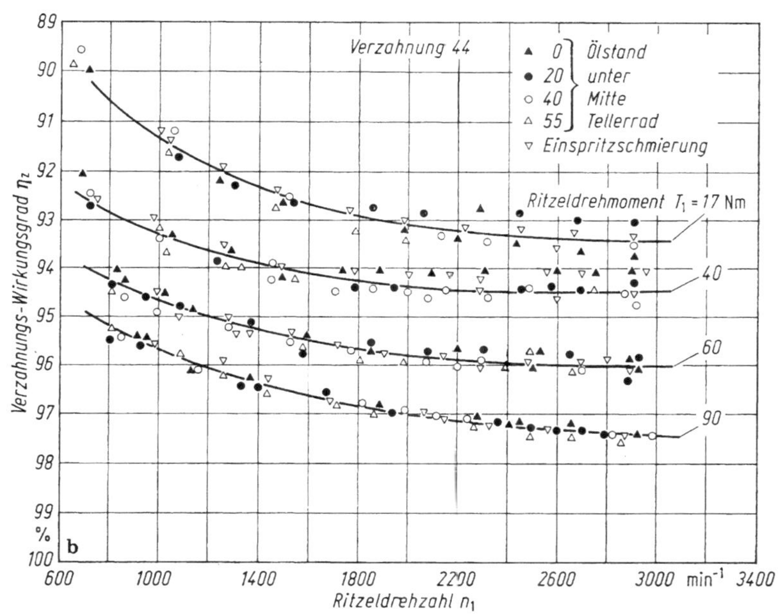

Bild 24/30. Verzahnungswirkungsgrad von Hypoidradpaaren; Zugflanke; [24/27, 45] mildlegiertes Mineralöl $\nu_{50} = 130$ m Pa s; Öltemperatur 90 °C. a) Einfluß der Verzahnungsgeometrie, Ritzeldrehmoment $T_1 = 90$ Nm; b) Einfluß der Belastung bei Verzahnung 44 (= Achsversatz)

24.11.4 Auslegen und Entwerfen von Hypoidgetrieben

Vorgehensweise wie bei Kegelradgetrieben, Abschn. 24.9. Meist geht man von den Abmessungen bekannter Hypoidgetriebe aus. Hiermit kann man den Erfahrungswert K_K^* nach (24/10) bestimmen. Man setzt dabei u_v für die mittleren Ersatz-Stirnräder (vgl. Abschn. 24.11.1a) ein. Ebenso ist zu verfahren, wenn man d_{e1} für das neue Getriebe mit (24/12) ermittelt; bei der Bestimmung von u_K setzt man den Betrag $\cos\beta_{m1}/\cos\beta_{m2}$ größer als bei dem Ausgangsgetriebe an, wenn die neue Achsversetzung relativ größer werden soll und umgekehrt. d_{m1} kann man zunächst mit ca. $0{,}85 d_{e1}$ annehmen. — Notfalls bestimmt man im ersten Schritt die Hauptabmessungen eines normalen Kegelradgetriebes nach Abschn. 24.9 und versetzt dann die Ritzelwelle um das gewünschte Maß. — Anhaltswerte für die Auslegung s. Tafel 24/8.

Tafel 24/8. Anhaltswerte für bogenverzahnte Hypoidradpaare mit positiver Achsversetzung und $\Sigma = 90°$

Erste Festlegungen	Nach Wahl von d_{m2}, u und $2a/d_{m2}$ wird ζ_A, δ_1, d_{m1}, ζ_p, β_{m1} und β_{m2} nach Tafel 24/7 bestimmt $\frac{2a}{d_{m2}} \lessapprox \frac{0{,}9u}{u+4}$ $\left.\right\}$ $\approx 0{,}45 - 0{,}7$ für leichte Kraftfahrzeuge; $\approx 0{,}23$ für schwere Kraftfahrzeuge (Lastwagen) und Industriegetriebe $\tan\delta_2 \approx u$
Mittlere Schrägungswinkel (Gleason)	$\beta_{m2} \leq 35°$; $\beta_{m1} =$ 50° / 45° / 40° für $z_1 =$ 6...13 / 14...15 / 16
Mindest-Zähnezahlen (Gleason)	Für $u =$ 2,4 / 3,0 / 4 / 5 / 6 / 10 $z_{1\min} =$ 15 / 12 / 9 / 7 / 6 / 5 $z_{2\min} =$ 36 / 36 / 36 / 36 / 36 / 50 Außerdem: $z_1 \geq z_G \cos\delta_1 \cos^3\beta_{m1}$, z_G s. (21.3/40 A)
Zahnbreiten	$b_2 \leq 0{,}30 R_{m2}$ bzw. $\leq 0{,}18 d_{m2}$; außerdem: $b_2 \leq 10 m_{mn}$; b_1 s. Tafel 24/7, Nr. 13
Profilverschiebung [24/31]	$z_1 =$ 5...8 / 9 / 10 / 11 / 12 / 13 / 14 $x_{hm1} = -x_{hm2} =$ 0,70 / 0,66 / 0,59 / 0,52 / 0,44 / 0,38 / 0,30
Eingriffswinkel im Normalschnitt für Bogenverzahnung [24/31]	$\alpha_n = \alpha_m + \Delta\alpha$ für die konkave Radflanke und konvexe Ritzelflanke $\alpha_n = \alpha_m - \Delta\alpha$ für die konvexe Radflanke und konkave Ritzelflanke $\tan\Delta\alpha = \frac{2(R_{m1}\sin\beta_{m1} - R_{m2}\sin\beta_{m2})}{d_{v1} + d_{v2}}$ $\left.\right\}$ um Eingriffsverhältnisse für Links- und Rechtsflanken anzugleichen $\alpha_m \approx 20°$

24.11.5 Nachweis der Tragfähigkeit, Rechenschema, Beispiele

Grundlagen, Voraussetzungen, Pflichtenheft usw. s. Abschn. 24.10 (Kegelradgetriebe).

a) Berechnungsverfahren. Annahmen hierzu wie bei Kegelrädern, jedoch mit den mittleren Ersatz-Stirnrädern nach Abschn. 24.11.1a, bei Nachrechnung auf Fressen mit Ersatz-Schraubrädern nach Abschn. 24.11.1b.

b) Berechnung der Grübchen- und Zahnfußtragfähigkeit. Hierzu werden die Hypoidräder durch Ersatz-Kegelräder und diese durch Ersatz-Stirnräder angenähert. Daher Nachrechnung nach Abschn. 24.10.2...4, jedoch mit folgenden Besonderheiten:

- Nr. G 1...G 3 mit Drehmoment T_2, Drehzahl n_2 und Durchmesser des Tellerrades d_{m2}.
- Nr. G 9: Dynamikfaktor $K_v = 1$ (hohe Gleitanteile, ähnlich wie bei Schneckengetrieben).

• Nr. G 11: Stirnfaktoren $K_{H\alpha}$, $K_{F\alpha}$, $K_{B\alpha} = 1$ (i. allg. hohe Belastung bei feiner Qualität, Anpassung durch Verschleiß).
• Nr. G 12, G 13 entfallen, Reibungszahl und Verlustleistung nach Abschn. 24.11.2.

c) Berechnung der Freßtragfähigkeit für die mittleren Ersatz-Schraubräder (vgl. Abschn. 24.11.1 b).

• *Integraltemperatur* nach (23/71), jedoch mit folgender mittleren Blitztemperatur:

$$\vartheta_{\mathrm{fla\,int}} = 110 \sqrt{F_n K_A K_{B\beta} K_{B\alpha} v_{mt1}}\, \mu_B X_G X_\varepsilon / (X_{Ca} X_Q); \qquad (24/26)\circledast$$

F_n, K_A nach den Erläuterungen zu (24/23); $K_{B\beta}$ nach (24/18); $K_{B\alpha}$ nach Abschn. b); v_{mt} nach Nr. G 1 mit d_{m1} und n_1; μ_B nach (24/25); Faktoren X_G, X_ε, X_C, X_Q nach (23/72...78) mit β_1 und β_2 auf Mitte Zahnbreite mit Vorzeichendefinition nach Abschn. 23.3.1a; beim Geometriefaktor X_G gilt für k: $k = 0{,}87\,(a/d_{m2})^{-0{,}433}$ (berücksichtigt die Längskrümmung der Zahnflanken). Beim Kopfrücknahmefaktor X_{Ca} ist zu beachten: Für Hypoidradpaare setzen wir $C_{eff} = F_n K_A/(c_\gamma b_2/\cos \beta_{bm2})$ mit $c_\gamma = 40$ N/(mm μm) wegen der hohen Steifigkeit der schraubenförmig gewundenen Ritzelzähne am äußeren Zahnende.
• Den *Grenzwert* $\vartheta_{S\,int}$ bestimmt man möglichst in einem Hypoidgetriebe-Test mit dem vorgesehenen Schmierstoff. Aus der Belastung, bei der Fressen eintritt und den Testbedingungen (Index T) ermittelt man $\vartheta_{S\,int}$ mit (24/27). Falls Art der Schmierung, Werkstoffpaarung und Oberflächenbehandlung im Test anders sind als im Anwendungsfall, wird dies nach [23/2] ähnlich wie bei Stirnrädern (Abschn. 21.7.4.2) berücksichtigt:

$$\vartheta_{S\,int} = (\vartheta_{oil\,T} + C_1\, \vartheta_{\mathrm{fla\,int\,T}})\, X_{ST} + C_{2H}\, \vartheta_{\mathrm{fla\,int\,T}} X_{W\,rel\,T} \qquad (24/27)\circledast$$

mit $X_{W\,rel\,T} = X_W/X_{WT}$ nach Tafel 22.3/9; für Tauchschmierung $X_{ST} = 1{,}0$; für Einspritzschmierung $X_{ST} = 1{,}2$; nach Versuchen [24/27]: $C_1 = 0{,}7$, $C_{2H} = 1{,}8$.

Kann ein Hypoidgetriebe-Test nicht durchgeführt werden, so kann man hilfsweise auf einen Stirnrad-Test zurückgreifen:

• *FZG-Test nach DIN 51354*, vgl. Abschn. 21.8.1c, geeignet für leicht legierte Öle (Industriegetriebeöle). Bestimmung von $\vartheta_{S\,int}$ s. Abschn. 22.3.5 Nr. D 2.

• *FZG-L 42-Test* [24/41,50] geeignet zur Beurteilung höher legierter Hypoidöle. Entsprechend Abschn. 21.7.4.2:

$$\vartheta_{S\,int} = \vartheta_{MT} + C_2\, \vartheta_{\mathrm{fla\,int\,T}} X_{W\,rel\,T} \qquad (24/28)\circledast$$

mit ϑ_{MT}, Massentemperatur im Test und $\vartheta_{\mathrm{fla\,int\,T}}$, mittlere Blitztemperatur im Test nach Bild 24/31; Gewichtungsfaktor $C_2 = 1{,}5$ (Stirnräder!); $X_{W\,rel\,T}$ nach Tafel 22.3/9.

In Bild 24/31 ist das Mindestdrehmoment für Hypoidgetriebeöle nach MIL L 2105 B oder C eingetragen. Für Öle, die der MIL-Spezifikation genügen, kann man die Werte für ϑ_{MT} und $\vartheta_{\mathrm{fla\,int\,T}}$ daher unmittelbar entnehmen.

• *Freßsicherheit* („Temperatursicherheit"):

$$S_S = \vartheta_{S\,int}/\vartheta_{int} > S_{S\,min}; \qquad (24/29)$$

Mindestsicherheit $S_{S\,min}$ s. Tafeln 22.3/10 und 21.8/3. — „Kraftsicherheit" s. Fußnote 23, S. 55.

24.11.6 Beispiel: Nachrechnung eines Pkw-Achsgetriebes (Hypoidgetriebe)

Nenn-Leistung 55 kW; Ritzel treibend; Ritzeldrehzahl $n_1 = 4500\ \mathrm{min}^{-1}$; (Ritzeldrehmoment $T_1 = 116{,}7$ Nm); Anwendungsfaktor $K_A = 1{,}0$; Hypoidöl nach MIL L 2105 B; Nennviskosität $\eta_{40} = 220$ m Pa s; Betriebsöltemperatur $\vartheta_{oil} = 90\,°C$; Viskosität bei ϑ_{oil}: $\eta_\vartheta = 22$ m Pa s; Tauchschmierung; Ritzel und Rad einsatzgehärtet, geläppt und phosphatiert; Werkstoff 16 MnCr 5; Verzahnungsqualität 6 nach DIN 3965; Rauhheit der Flanken $R_z = 3\ \mu$m ($R_a = 0{,}3\ \mu$m); Rauheit im Zahnfuß $R_z = 10\ \mu$m.

Verzahnungsdaten: $z_1/z_2 = 11/41$; $m_{mn} = 3{,}28$ mm; $a = 44$ mm; $\Sigma = 90°$; $d_{m1}/d_{m2} = 58{,}82$ mm/141,51 mm; $\delta_1/\delta_2 = 16{,}89°/69{,}85°$; $\beta_{m1}/\beta_{m2} = 52{,}12°/17{,}97°$; Zugflanke: $\alpha_n = 9{,}87°$; Schubflanke $\alpha_n = 28{,}13°$; $h_{am1}/h_{am2} = 6{,}08$ mm/0,87 mm; $b_2 = 25$ mm; $R_{m2} = 75{,}37$ mm.

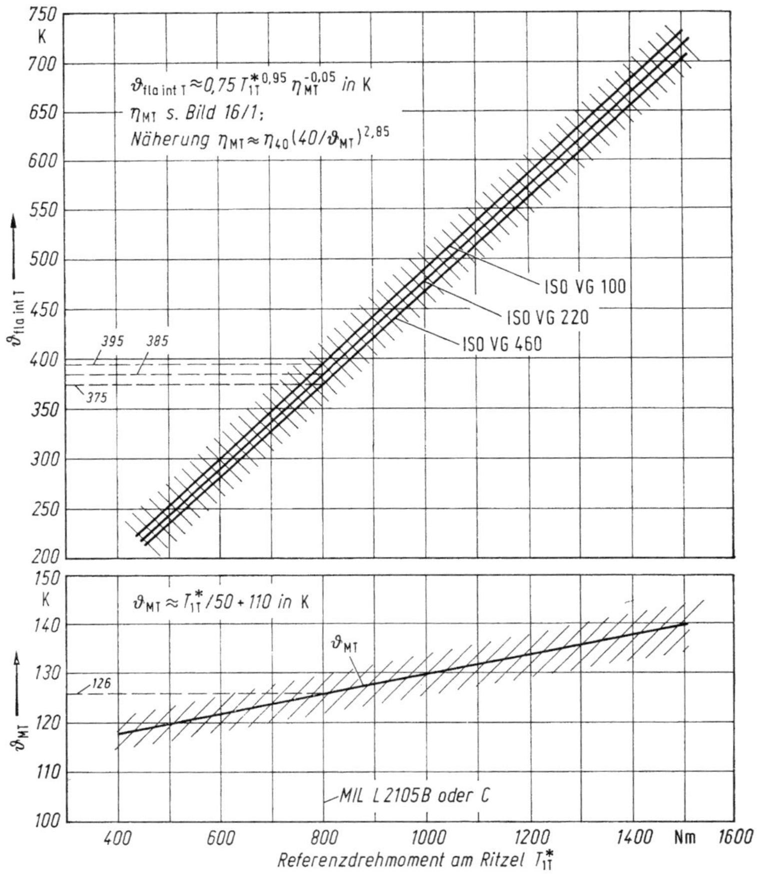

Bild 24/31. Blitztemperatur $\vartheta_{fla\,int\,T}$ im Test und Massentemperatur ϑ_{MT} im Test für Hypoidgetriebeöle nach dem FZG-L 42 Test [24/41].

a) Berechnung der Grübchen- und Zahnfußtragfähigkeit s. Abschn. 24.10.2...4, Beispiel 4. Ersatz-Kegelräder und Ersatz-Stirnräder nach Tafel 24/7. Errechnete Maße s. Tafel 24/5b, Beispiel 4.

b) Berechnung der Freßtragfähigkeit. Ersatz-Schraubräder nach Tafel 24/7: Nr. 38: $d_{s1}/d_{s2} = 61{,}47$ mm/410,79 mm; Nr. 34: $\beta_{s1}/\beta_{s2} = 52{,}12°/17{,}97°$; Nr. 33: $\Sigma_s = 34{,}15°$; Nr. 35: $\alpha_{sn} = 9{,}87°$; $\alpha_{st1}/\alpha_{st2} = 15{,}82°/10{,}37°$; Nr. 39: $d_{sb1}/d_{sb2} = 59{,}14$ mm/404,08 mm; Nr. 34: $\beta_{b1}/\beta_{b2} = 51{,}04°/17{,}70°$; Nr. 40: $d_{sa1}/d_{sa2} = 73{,}63$ mm/412,53 mm.

Zahnnormalkraft im Normalschnitt $F_n K_A = 2000 T_1 K_A/(d_{m1} \cos\beta_{m1} \cos\alpha_n)^{®} = 6560$ N.
Geschwindigkeiten nach Abschn. 24.10.2, Nr. G 1: $v_{mt1} = 13{,}86$ m/s; (23/18): $v_{mt2} = v_{mt1} \cos\beta_{s1}/\cos\beta_{s2} = 8{,}95$ m/s; (14/19): $v_{\Sigma s} = 13{,}70$ m/s; (24/20): $v_{\Sigma h} = 2{,}92$ m/s; (24/21): $v_{\Sigma m} = 14{,}01$ m/s.
Ersatzkrümmungsradien (23/64): $\varrho_{n1}/\varrho_{n2} = 13{,}33$ mm/38,79 mm; $\varrho_n = \varrho_{n1}\varrho_{n2}/(\varrho_{n1} + \varrho_{n2}) = 9{,}92$ mm.
Rauheitsfaktor (24/24): $X_R = 1{,}0$.
Reibungszahl (24/23, 25): $\mu_m = 0{,}045$; $\mu_B = 0{,}052$.
Geometriefaktor X_G (23/10): $\tan\beta_{B1}/\tan\beta_{B2} = 0{,}220/0{,}056$; $\beta_{B1}/\beta_{B2} = 12{,}43°/3{,}18°$; (23/11): $\varphi = 9{,}25°$; (23/65) $\cos\vartheta = 0{,}990$; Bild 23/9: $\xi = 7{,}83$; $\eta = 0{,}29$; (23/73) L = 11,853; (23/72): $X_G = 0{,}058$ mm$^{-0{,}5}$.
Überdeckungsfaktor X_ε. (23/13): $g_{an1}/g_{an2} = 21{,}55$ mm/4,79 mm; (23/75): $g^* = 0{,}859$; (23/17): $p_{en} = 10{,}14$mm; $\varepsilon_{n1} = 2{,}125$; $\varepsilon_{n2} = 0{,}472$; $\varepsilon_{\alpha n} = 2{,}597$; $v_{gs} = v_{t1} \sin\Sigma_s/\cos\beta_{s2} = 8{,}18$ m/s; (23/20, 21): $v_{g1}/v_{g2} = 6{,}11$m/s/0,89 m/s; (23/22): $\gamma_1/\gamma_2 = 12{,}43°/3{,}18°$; (23/23): $v_{g\beta 1} = 9{,}54$ m/s; $v_{g\alpha 1} = 6{,}86$ m/s; (23/24): $v_{g\gamma 1} = 11{,}75$m/s; (23/74): $X_\varepsilon = 0{,}737$.
Kopfrücknahmefaktor X_{Ca}. Nach Hinweis unter (24/26) $Ca \approx C_{eff} = 6{,}3$ µm; (23/76): $\varepsilon_1 = 0{,}85 = \varepsilon_{max}$ ($\varepsilon_2 = 0{,}43$); Bild 22.3/27: $X_{Ca} = 1{,}05$.
Eingriffsfaktor X_Q. (23/78) Ritzel treibend: $1{,}5\varepsilon_1 > \varepsilon_2$: $X_Q = 1{,}0$.
Breiten-, Stirnfaktor nach Abschn. 24.10.2, G 10: $K_{B\beta} = K_{H\beta} = 1{,}65$; Abschn. 24.11.5b: $K_{B\alpha} = 1$.
Mittlere Blitztemperatur (24/26): $\vartheta_{fla\,int} = 90{,}2$ K.

Schmierungsfaktor nach Hinweis unter (23/71): $X_S = 1{,}0$.

Integraltemperatur (23/71): $\vartheta_{int} = 315{,}5\,°C$.

Grenzwert (Freßtemperatur) nach FZG-L 42-Test. Bild 24/31 für Öl nach MIL L 2105 B: $T^*_{1T} = 800\,Nm$; $\vartheta_{MT} = 126\,K$; $\eta_{MT} = 8{,}4\,mPa\,s$; $\vartheta_{fla\,int\,T} = 386{,}2\,K$; Tafel 22.3/9: Für phosphatierte Räder $X_{W\,rel\,T} = 1{,}25$; (24/28): $\vartheta_{S\,int} = 850\,°C$.

Freßsicherheit (24/29) $S_S = 2{,}7$; nach Tafel 22.3/10 ausreichend.

24.12 Literatur zu 24

Grundlagen und Getriebe — allgemein s. Abschn. 20.6; Verzahnungsgenauigkeit s. Abschn. 21.4.8; Werkstoffe s. Abschn. 21.9.12; Herstellung s. Abschn. 21.12.3; Geräusche s. Abschn. 21.13.12.

Normen, Richtlinien

24/1 DIN 3965: Toleranzen für Kegelradverzahnungen, Teil 1 bis 4. September 1981

24/2 DIN 3966: Angaben für Geradzahn-Kegelradverzahnungen in Zeichungen; Aug. 1978

24/3 DIN 3971: Begriffe und Bestimmungsgrößen für Kegelräder und Kegelradpaare; Juli 1980

24/4 DIN 3991: Grundlagen für die Tragfähigkeitsberechnung von Kegelrädern ohne Achsversetzung. Voraussichtlich Entwurf 1983

24/5 DIN 3998, Teil 3: Benennungen an Zahnrädern und Zahnradpaaren; Kegelräder und Kegelradpaare; Hypoidräder und Hypoidradpaare; Sept. 1976

24/6 AGMA 212.02 — 1964 Surface durability (pitting) formulas for straight bevel and zerol bevel gear teeth

24/7 AGMA 216.01 — 1964 Surface durability (pitting) formulas for spiral bevel gear teeth

24/8 AGMA 222.02 — 1964 Rating the strength of straight bevel and zerol bevel gear teeth

24/9 AGMA 223.01 — 1964 Rating the strength of spiral bevel gear teeth

24/10 AGMA 330.01 — 1965 Design manual for bevel gears

Bücher, Dissertationen

24/15 Apitz, G.: Austauschbare Fertigung von Kegelrädern mit geraden und schrägen Zähnen. In: Fachtagung Zahnradforschung 1950. Braunschweig: Vieweg 1951

24/16 Keck, K. F.: Die Zahnradpraxis, Bd. II. München: Oldenbourg 1958

24/17 Zieher, G.: Erzeugung des Kegelrades und die Grundbegriffe für seine Messung. Düsseldorf: VDI-Verlag 1958

24/18 Winter, H.; Bürkle, R.: Herstellung von Kegelrädern. Tech.-Wiss. Veröffentl. d. Zahnradfabrik Friedrichshafen AG, 1966, H. 7

24/19 Langenbeck, K.: Verschleiß- und Freßlastgrenze der Hypoidgetriebe. Diss. TH München 1966

24/20 Henk, H.: Untersuchungen über den Einfluß von Montagefehlern bei geradverzahnten Kegelrädern auf die Genauigkeit der Bewegungsübertragung und das Tragbild. Diss. TH Aachen 1967

24/21 Krumme, W.: Klingelnberg-Spiralkegelräder, 3. Aufl. Berlin, Heidelberg, New York: Springer 1967

24/22 Quast, Ch.: Der Einfluß von Lagefehlern in Kegelradgetrieben auf die Geräuscherzeugung. Diss. TH Aachen 1967

24/23 Pohl, F.; Reindl, R. (Hrsg.): Klingelnberg. Technisches Hilfsbuch, 15. Aufl. Berlin, Heidelberg, New York: Springer 1967

24/24 Grünberger, C. M.: Über die Feinbearbeitung von Kegelradgetrieben durch Einlaufläppen. Diss. TH Aachen 1968

24/25 Bagh, P.: Über die Zahnfußtragfähigkeit spiralverzahnter Kegelräder. Diss. TH Aachen 1973

24/26 Wiener, D.: Untersuchungen über die Flankentragfähigkeit von Kegelradgetrieben. Diss. TH Aachen 1973

24/27 Richter, M.: Der Verzahnungswirkungsgrad und die Freßtragfähigkeit von Hypoid- und Schraubenradgetrieben. Diss. TU München 1976

24/28 Fort, P.: Berechnen und Messen gekrümmter Flächen auf Grund der Erzeugungskinematik am Beispiel der Spiralkegelräder. Diss. ETH Zürich 1977

24/29 Fresen, G.: Untersuchungen über die Tragfähigkeit von Hypoid- und Kegelradgetrieben (Grübchen, Ridging, Rippling, Graufleckigkeit und Zahnbruch). Diss. TU München 1981

Zeitschriftenaufsätze

24/30 Tredgold, Th.: A practical essay on the strength of cast iron. London 1882

24/31 Wildhaber, E.: Basic relationship of hypoid gears. Am. Mach. 90 (1946) No. 4...11

24/32 Coleman, W.: Improved method for estimating fatigue life of bevel and hypoid gears. SAE Q. Trans. 6 (1951) 314...331

24/33 Keck, K. F.: Die Bestimmung der Verzahnungsabmessungen bei kegeligen Schraubgetrieben mit 90° Achswinkel. ATZ 55 (1953) 302...308

24/34 Krumme, W.: Geometrische Untersuchungen an Schraubenkegelrädern. Konstr. 6 (1954) 125...129

24/35 Vogel, W. K.: Die Bedeutung der Zahnlängsform bei Spiralkegelrädern. ATZ 61 (1959) 306...310, 346...350

24/36 Apitz, G.: Messen und Prüfen bei der Fertigung austauschbarer Kegelräder. VDI-Ber. 32 (1959) 99...111

24/37 Brandner, G.: Fertigungsgeometrie kreisbogenverzahnter Kegelräder, Maschinenbautech. 11 (1962) 519...524, 575...580

24/38 Keck, K. F.: Das Schrägzahntragen von Spiralkegelrädern. tz Prakt. Metallbearb. 56 (1962) 528 bis 535

24/39 Keck, K. F.: Das Gleason-Duplexverfahren. tz Prakt. Metallbearb. 56 (1962) 703...706

24/40 Keck, K. F.: Kennzeichnende Merkmale der Oerlikon-Spiralkegelradverzahnung. Konstr. 18 (1966) 58...64

24/41 Seitzinger, K.: Die Freßlastprüfung hochlegierter Getriebeöle nach dem FZG-L 42-Test. Schmiertech. Tribol. 19 (1972) 145...148

24/42 Fort, P.: Bestimmung der Verzahnungsgeometrie durch Computersimulation. Fert. 108 (1975) 33...39

24/43 Rohmert, J.; Wiegand, R.: Zahnflankenläppen spiralverzahnter Kegelräder. Werkstatt Betr. 109 (1976) 229...234

24/44 Wiener, D.: Eignung gerad- und schrägverzahnter Kegelräder. Werkstatt Betr. 109 (1976) 661...665

24/45 Winter, H.: Richter, M.: Verzahnungswirkungsgrad und Freßtragfähigkeit von Hypoid- und Schraubenradgetrieben. Antriebstech. 15 (1976) 211...218

24/46 Kotthaus, E.: Wirtschaftliches Herstellen von Spiralkegelrädern in kleinen und großen Serien. Maschinenmarkt 83 (1977) 1426...1429

24/47 Langenbeck, K.; Benthake, H.; Dillenkofer, H.: Geräuschminderung bei Kegelstirnradgetrieben. Antriebstech. 16 (1977) 393...395

24/48 Rohmert, J.: Spiralkegelräder für Leistungen bis 4400 kW. tz Prakt. Metallbearb. 71 (1977) 51...53

24/49 Kotthaus, E.: Spirac-Schneidverfahren für Kegelrad- und Hypoidgetriebe. Werkstatt Betr. 111 (1978) 179...183

24/50 Michaelis, K.: Freßtragfähigkeitstest für Hochleistungs-Hypoidgetriebe-Schmierstoffe. Mineralöl Tech. 13 T(1979) 1...22

24/51 Bosch, M.: Neue Technologie zum Herstellen spiralverzahnter Großkegelräder im Zyklo-Palloid-Verfahren. Antriebstech. 18 (1979) 507...509

24/52 Bosch, M.; Trapp, H. J.: Spiralverzahnte Großkegelräder — Gesichtspunkte für die Auslegung, Konstruktion und Fertigung. VDI-Ber. Nr. 332 (1979) 207...215

24/53 Eichinger, J.: Kegelradgetriebe in Fahrzeugen. VDI-Z. 121 (1979) 595...599

24/54 Winter, H.; Michaelis, K.: Berechnung der Freßtragfähigkeit von Hypoidgetrieben. Antriebstech. 21 (1982) 382...387

25 Schneckengetriebe

Die Achsen von Schnecke und Schneckenrad kreuzen sich bei großem Achsabstand (im Vergleich zum Hypoidgetriebe), meist unter 90° (Bild 25/1). Gesamtübersicht und Vergleich mit anderen Getriebearten s. Abschn. 20.3.

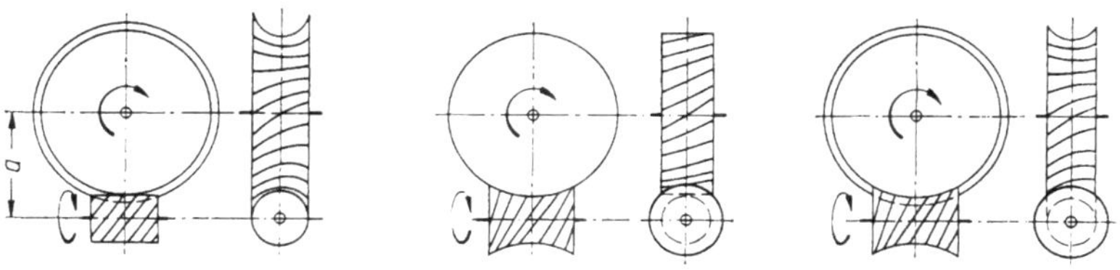

Bild 25/1. Paarungsarten der Schneckenradsätze; *a* Achsabstand. a) Zylinderschnecken-Radsatz (Zylinderschnecke — Globoidrad), b) Stirnradschnecken-Radsatz (Globoidschnecke — Stirnrad), c) Globoidschnecken-Radsatz (Globoidschnecke — Globoidrad).

25.1 Übersicht

Die Zylinderschnecke ähnelt einem Gewindebolzen, der bei Drehung ein Schneckenrad treibt, dessen Verzahnung etwa einem aufgeschnittenen Mutterngewinde entspricht. Kennzeichnend für den Zahneingriff ist — gegenüber Schraubrädern — Linienberührung und ein — im Vergleich zu Stirnrädern — hoher Gleitanteil.

25.1.1 Eigenschaften und Verwendung

• Der hohe Gleitanteil und die geringe Auftreffgeschwindigkeit der Zahnflanken führen zu geräuscharmem, schwingungsdämpfendem Lauf (Bild 25/2).
• Große Übersetzung in einer Stufe möglich. Ins Langsame: $5 \leq u \leq 70$ üblich (bei kleinen Leistungen bis $u = 1000$), überwiegend $15 \leq u \leq 50$; ins Schnelle: $5 \leq u \leq 15$. Hierbei wenig Bauelemente gegenüber (mehrstufigen) Stirn- oder Kegelstirnradgetrieben und damit besonders wirtschaftlich bei kleinen Baugrößen.
• Antrieb der Schnecke von beiden Enden möglich, ebenso durchlaufende Antriebswellen mit mehreren Schnecken hintereinander (für mehrere Abtriebe).

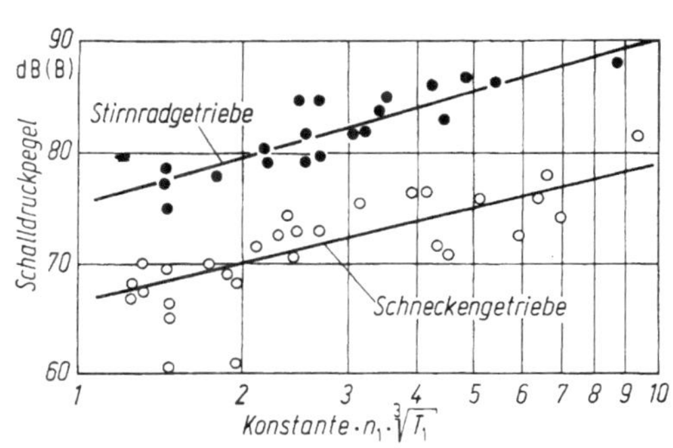

Bild 25/2. Geräuschpegel von Schneckengetrieben; nach [25/53]. Im Mittel etwa 7 dB niedrigerer Geräuschpegel erreichbar.

• Hohe Tragfähigkeit gegenüber Schraubradgetrieben (ebenfalls gekreuzte Achsen) infolge Linienberührung und gleichzeitigem Eingriff von mehreren Zähnen (meist 2 bis 4).
• Stärkerer Verzehr rückwirkender Kräfte bis zur Selbsthemmung (d. h. $\eta_z' \leq 0$ bei treibendem Rad) möglich. Dann jedoch bei treibender Schnecke $\eta_z < 50\%$; ferner Blockieren des Getriebes bei Rückwirkungen (Schwingungen, Überholen) vom Abtrieb her. Daher im allgemeinen Getriebe mit hohem Wirkungsgrad (und Bremse, wenn nötig) bevorzugt.
• Wirkungsgrad kleiner als bei Stirn- und Kegelradgetrieben, abnehmend mit wachsender Übersetzung i und abnehmender Gleitgeschwindigkeit. Bei kleinem i (mehrzähnige Schnecken) Gesamtwirkungsgrade bis 96% (Verzahnungswirkungsgrad bis 98%) erreichbar, s. Tafel 25/1 und Bild 25/17.
• Um höchste Tragfähigkeit zu erreichen, ist Einlaufen (Vergrößern des Tragbildes durch Verschleißabtrag) erforderlich.
• Jede Änderung der Schnecke erfordert Änderung des Werkzeuges für die Schneckenradverzahnung (Paarverzahnung, s. Abschn. 21.1.8).
• Der für die meisten Anwendungen erforderliche, einlauffähige Schneckenradwerkstoff (i. allg. teuere Bronze) hat eine geringere Verschleiß- und Wälzfestigkeit als die bei Stirnrädern verwendeten Stähle.
• Hauptanwendungsgebiet bei Drehzahlen bis 3000 min^{-1} und kleinen Achsabständen ($\leq$ 160 mm). Raddrehmoment bis 2 MNm; Radumfangskraft bis 800000 N; Raddurchmesser bis über 2 m. Sonstige Kenngrößen s. Tafel 20/1.
• Als Leistungsgetriebe für Rühr-, Dreh-, Fahr- und Hubwerke, Textilmaschinen, Pressen, Förderbänder, Scheren, Drehtrommeln, Wanderroste, Zentrifugen u. ä. Als geräusch- und schwingungsarme Getriebe für Aufzüge, Schiffspropellerantriebe, ratterfreie Abstichdreh- und Hobelmaschinen. Als Genauigkeitsgetriebe insbesondere für Tischantriebe von Verzahn- und Fräsmaschinen.[1] Als Stellgetriebe für Bohrwerke, Kraftfahrzeuglenkungen, Ruderanlagen.

25.1.2 Paarungsarten, Flankenformen

a) Entsprechend den **Grundkörpern** von Rad und Schnecke unterscheidet man drei Paarungsarten (Bild 25/1). Sie weisen sämtlich Linienberührung auf. Am gebräuchlichsten sind Zylinderschneckengetriebe (Bild 25/1a).

b) Die **Flankenform** der Zylinderschnecken ergibt sich aus der Herstellung. Nach DIN 3975 unterscheidet man (Bild 25/3):

• ZA-Schnecke: Schneckengänge im Axialschnitt trapezförmig (erzeugende Gerade schneidet die Schneckenachse). Herstellung mit trapezförmigem Drehmeißel, dessen Schneiden im Axialschnitt liegen oder mit entsprechend profilierten Fräswerkzeugen.
• ZN-Schnecke: Schneckengänge im Normalschnitt trapezförmig. (Erzeugende Gerade liegt in einer Ebene, die um den mittleren Steigungswinkel γ_m zur Schneckenachse geneigt ist.) Herstellung mit schräg angestelltem Drehmeißel, näherungsweise mit kegeligem Fingerfräser oder kleinem trapezförmigem Scheibenfräser.
• ZK-Schnecke: Werkzeug (im Normalschnitt angestellt) ist trapezförmig. Herstellung mit großem Scheibenfräser, Schleifscheibe oder profiliertem Drehstahl. Die Balligkeit der Flanken hängt vom Durchmesser des Werkzeuges ab (vgl. Werkzeuge für ZN-Schnecke).
• ZI-Schnecke (Involute = Evolvente): Schneckengänge sind im Stirnschnitt Evolventen (= Schrägstirnrad mit großem Schrägungswinkel). Herstellung mit allen Verfahren für Evolventenstirnräder (Abschn. 21.12), auch mit Drehmeißel oder Wirbelstahl (erzeugende Gerade muß den Grundzylinder der Schnecke tangieren).
• ZH-Schnecke (Hohlflanken): Schneckengänge sind im Axialschnitt konkav. Herstellung mit konvexem Scheibenfräser oder entsprechendem Wirbelstahl oder entsprechender Schleifscheibe z. B. mit Kreisbogenprofil (einfach abzurichten).

Bestimmung der Werkzeugprofile für gegebene Schneckenzahnform s. [25/41].

c) Beurteilung der Paarungsarten und Zahnformen.

• Zylinderschneckengetriebe sind einfacher herzustellen und einzubauen. ZA-, ZN-, ZK- und ZI-Schnecken (Bild 25/3a...d) unterscheiden sich nur wenig in Tragfähigkeit, Schmier-

1 Duplex-Schnecken mit unterschiedlicher Steigung auf Vor- und Rückflanke, d. h. unterschiedlicher Zahndicke über die Breite der Schnecke; durch deren axiales Verschieben läßt sich enges Flankenspiel einstellen [25/28, 32]; s. a. Abschn. 22.5.2.

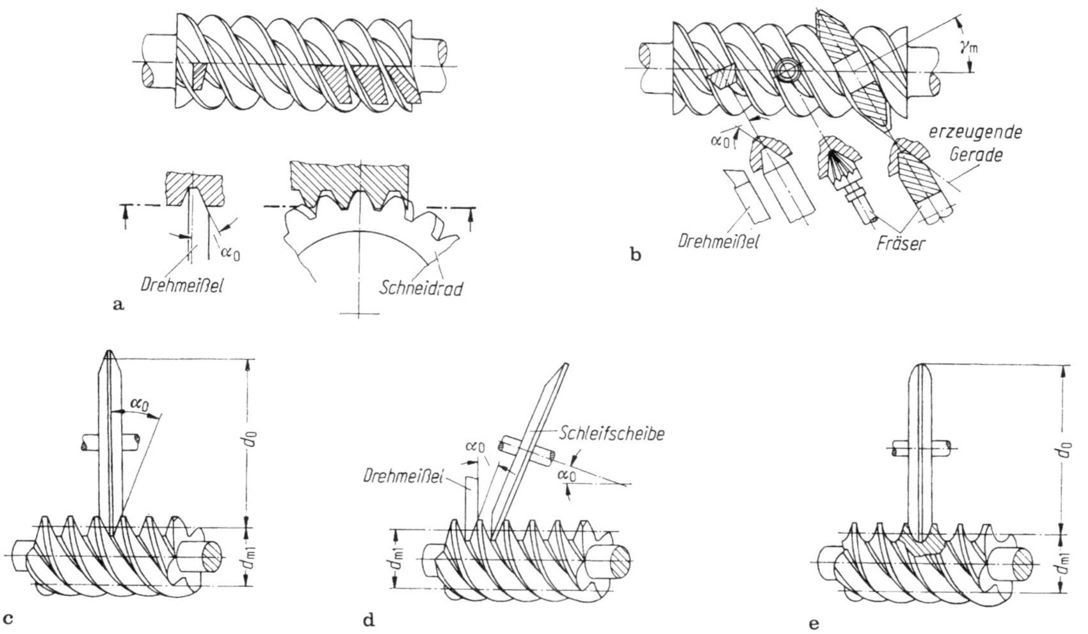

Bild 25/3. Flankenformen der Zylinderschnecken (DIN 3975). a) ZA-Schnecke (Flankenform A); b) ZN-Schnecke (Flankenform N); c) ZK-Schnecke (Flankenform K); d) ZI-Schnecke (Flankenform I); e) ZH-Schnecke (Hohlflankenschnecke, nicht in DIN 3975).

druckbildung und Verlustleistung. Die Berechnungswerte der ZI-Schnecke können deshalb auch für die übrigen Zahnformen verwendet werden. Schleifscheiben für ZA- und ZN-Schnecken sind schwierig, für ZK-Schnecken einfacher abzurichten. Auch ZI-Schnecken werden meist im Formschliff erzeugt (einfacherer Aufbau der Schleifmaschine). Die ZI-Schnecke hat die größte Bedeutung erlangt (hohe Winkeltreue der Bewegungsübertragung, erprobte Meßtechnik, Werkzeuge leicht meßbar).

Die ZH-Schnecke (Wälzgerade W liegt meist zwischen Mittenkreis und Außendurchmesser) weist durch engere Anschmiegung und steileren Verlauf der B-Linien (Bild 25/4) günstigere Schmierdruckbildung und kleinere Verlustleistungen als Schnecken mit anderen Zahnformen auf. Erläuterung s. Abschn. 25.1.3a. Die Hertzsche Tragkraft von ZH-Schnecken ist im Mittel größer, schwankt aber während des Eingriffes stärker als bei ZI-Schnecken (Bild 25/5). Die Flankentragfähigkeit (mittlere Hertzsche Tragkraft) wächst mit zunehmender Profilverschiebung, gleichzeitig wird aber die Drehbewegung ungleichförmiger (hauptsächlich bedingt durch Schwankungen der Berührlinienlänge während des Eingriffes).

Infolge der engeren Schmiegung sind Hohlflanken empfindlicher (Neigung zu Kopf- und Fußträgern) gegen Schneckendurchbiegungen z. B. durch Belastungsstöße, was

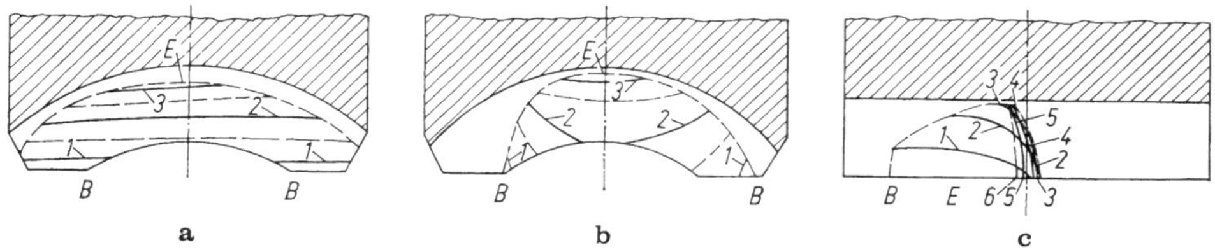

Bild 25/4. Berührlinien und Eingriffsfeld in der Radialebene des Rades [25/37]. *1, 2, 3*... In Eingriff befindliche Radzähne. *B* Eingriffsbeginn, *E* Eingriffsende. a) ZI-Schnecken-; b) ZH-Schnecken-, c) Stirnrad-schnecken-Radsätze.

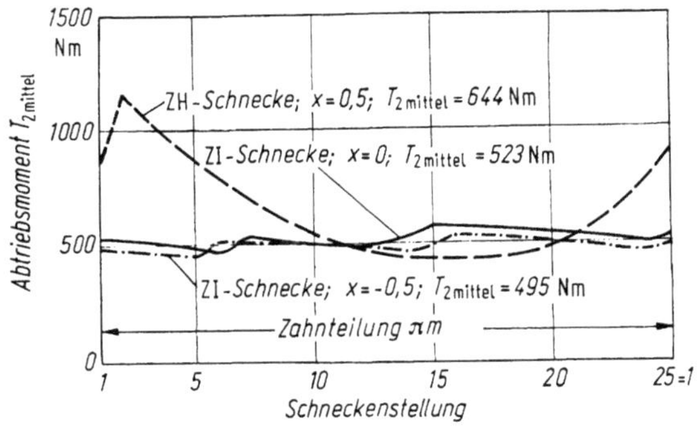

Bild 25/5. Tragfähigkeit (Raddrehmoment T_2) aus der zulässigen Hertzschen Pressung für verschiedene Flankenformen beim Durchlaufen einer Zahnteilung, berechnet nach [25/19] für $a = 100$ mm; $u = 20{,}5$; $3{,}68 \leq m \leq 4{,}205$ und vorgegebene Eingriffsfeldgrößen.

durch Korrekturen der Flankenform zu kompensieren ist (z. B. Schnecke mit $\alpha_0 = 20{,}5°$ statt 20° ausgeführt).

- Globoidschneckengetriebe nach Bild 25/1 c erreichen etwa den gleichen Wirkungsgrad wie die ZI-Getriebe und die Flankentragfähigkeit der ZH-Getriebe. Schnecke und Schneckenrad müssen axial genau eingestellt werden. Auch die Herstellung der Verzahnung ist schwieriger [25/33].
- Stirnradschneckengetriebe nach Bild 25/1 b (aus Kostengründen oft Schnecke aus Bronze, Rad aus Stahl) sind theoretisch den ZI-Schneckengetrieben hinsichtlich Verlustleistung und Flankentragfähigkeit überlegen, wegen folgender Nachteile aber wenig angewendet:

– Stärkere Auswirkung von Verzahnungsfehlern, gleichmäßiges und vollständiges Tragen nur schwer erreichbar;
– starke Erwärmung des kleinen Eingriffsfeldes, das sich nur über die halbe Zahnbreite erstreckt (Bild 25/4).

25.1.3 Tragfähigkeitsgrenzen und Betriebsverhalten

Je nach Ausführung (Zahnform, Übersetzung, Werkstoff, Schmierstoff) und Betriebsart (Drehzahl, Dauer- oder Aussetzbetrieb) ist die Tragfähigkeit durch unterschiedliche Schadenskriterien begrenzt.

a) Einfluß des Verlaufes der Berührlinien (*B*-Linien). Die Schmierdruckbildung hängt ab von der Lage der Resultierenden v_R aus Gleitgeschwindigkeit v_g (für Projektion in der Bildebene = Umfangsgeschwindigkeit v_t) und Wälzgeschwindigkeit $2w$ (mit w = negative Wandergeschwindigkeit der *B*-Linien, Bild 25/6).[2] Wenn v_R senkrecht zur *B*-Linie steht ($\Theta = 90°$), wird der Aufbau von Schmierdruck begünstigt, die örtliche Reibungszahl wird relativ klein, der Verschleiß gering; wo die Resultierende in Richtung der *B*-Linien fällt ($\Theta = 0°$), sind die Bedingungen wesentlich ungünstiger. Liegen die *B*-Linien eng beieinander, so ist

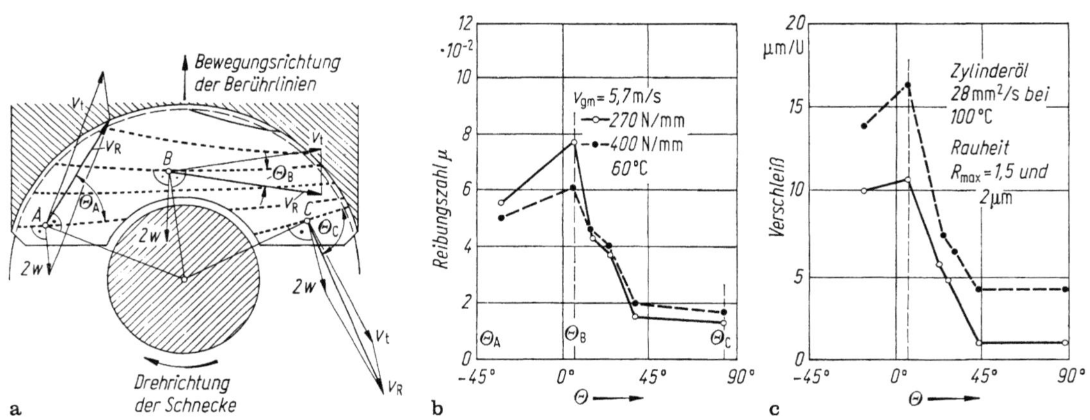

Bild 25/6. Berührlinienverlauf und Schmierdruckbildung. a) Geschwindigkeiten zwischen den Flanken; b) Reibungszahl; c) Verschleiß; b) und c) nach Simulationsversuchen an Probekörpern [25/56], Θ s. Bild a).

2 Elasto-Hydrodynamik s. Abschn. 21.7.1.

der resultierende Krümmungshalbmesser der Zahnflanken (im Normalschnitt der B-Linie) klein, also die Wälzpressung groß; größerer Abstand der B-Linien weist also auf günstigere Flankenbeanspruchung hin. Unterschiede zwischen den Zahnformen s. Bild 25/4. Ermittlung der B-Linien s. Abschn. 25.3.3.

b) Verlustleistung und Wirkungsgrad. Die Verlustleistung P_V eines ölgeschmierten Schneckengetriebes steigt zunächst etwa linear mit dem Abtriebsmoment T_2 — und zwar von der Verlustleistung P_{V0} bei Leerlauf an. Von einem gewissen Drehmoment ab nimmt sie dann stärker zu (Bild 25/7).

Absolute Höhe und Anstieg von P_V hängen stark von der Gleitgeschwindigkeit (d. h. Drehzahl) ab. Bild 25/7 zeigt ferner, daß ein zähes Schmieröl die Leerlaufverlustleistung erhöht. Infolge der besseren Schmierdruckbildung nimmt P_V jedoch hierbei weniger stark mit der Belastung zu. Weitere Einflüsse auf P_V s. Abschn. 25.5.1.

Die Tangente $T0$ vom Nullpunkt an die Kurven in Bild 25/7 berührt diese im Punkt höchsten Gesamtwirkungsgrades. Das hierdurch bestimmte Moment ist jedoch oft nicht dauernd übertragbar, weil die Temperaturgrenzleistung oder eine andere Schadensgrenze vorher erreicht wird.

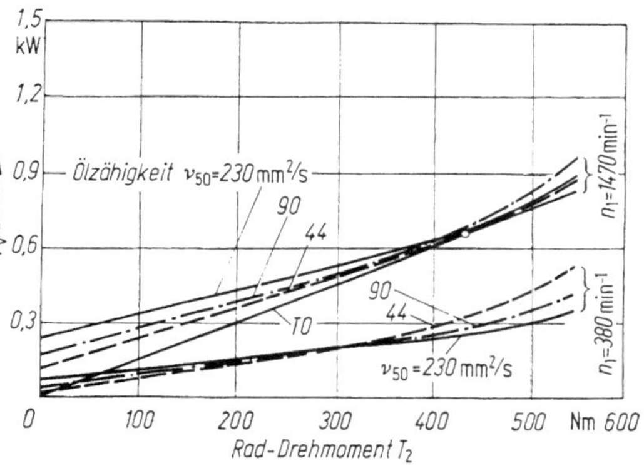

Bild 25/7. Gesamtverlustleistung P_V eines Schneckengetriebes, Einfluß der Zähigkeit ν_{50} von Mineralöl. Aufteilung der Verlustleistung s. Bild 25/15.

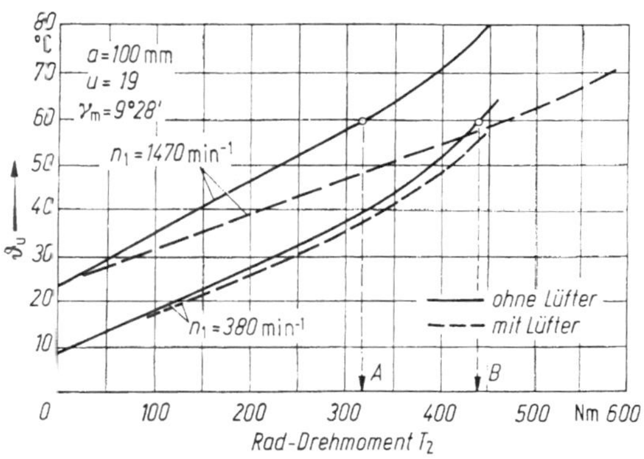

Bild 25/8. Gehäuseübertemperatur ϑ_u eines Schneckengetriebes. Temperatur-Grenzmomente ohne Lüfter bei $\vartheta_u = 60\,°C$: A bei 1470 min^{-1}, B bei 380 min^{-1}.

c) Temperaturgrenze. Die in Wärme umgesetzten Verluste müssen durch Kühlung (Wärmeabgabe nach außen) so reichlich abgeführt werden, daß die Öltemperatur ϑ_L einen gewissen Grenzwert nicht überschreitet (Temperatur und Lebensdauer des Öls s. Abschn. 25.7.5).

Die Tragfähigkeit von schnellaufenden Schneckengetrieben, die im Dauerbetrieb laufen, wird oft durch diese Grenztemperatur bestimmt. Die Kurven der Dauerübertemperatur über dem Abtriebsmoment T_2 (Bild 25/8) verlaufen ähnlich wie die P_V-Kurven in Bild 25/7. Die Punkte dieser Kurven ergeben sich, wenn man bei konstanter Drehzahl und konstantem Drehmoment das Wärmegleichgewicht abwartet und die sich hierbei einstellende Dauerübertemperatur ϑ_u der äußeren Gehäusewand (etwa in Höhe Schneckenmitte) gegenüber der Umgebungstemperatur mißt.

Aus der Grenztemperatur ergibt sich die Temperaturgrenzleistung für jede Drehzahl, s. Beispiele in Bild 25/8. Man sieht: Durch einen Lüfter auf der schnellaufenden Schneckenwelle kann diese Grenzleistung bei hohen Drehzahlen beachtlich gesteigert werden. Eventuell wird dann die übertragbare Leistung durch eine andere Schadensart (z. B. progressive Grübchenbildung) begrenzt.

Da die Öltemperatur nur allmählich ansteigt und das Wärmegleichgewicht erst nach mehreren Stunden erreicht wird, ist die Temperaturgrenzleistung bei Kurzzeitbetrieb und bei mehrfach unterbrochenem Betrieb erheblich größer als bei Dauerbetrieb (ebenso wie bei einem Elektromotor), vgl. Bild 25/18.

d) Grübchentragfähigkeit der Radflanken. Ähnlich wie bei Stirnrädern können bei Hertzschen Pressungen oberhalb der Dauerwälzfestigkeit an den Flanken geringerer Härte (d. h. meist an den Radflanken) Schäden durch Grübchen auftreten (pitting), insbesondere wenn der Gleitverschleiß gering ist (Bild 25/9). Die Grübchentragfähigkeit steigt mit größerer Härte; günstig sind ferner feines, gleichmäßiges Gefüge und manche Syntheseöle. Hohe Härte und Syntheseöle bewirken andererseits im allgemeinen, daß die Radflanken schlecht einlaufen; der erwünschte Gleitverschleiß fehlt, es bildet sich kein volles Tragbild, das für eine gleichmäßige Kraftverteilung über die Radflanken notwendig ist.

Degressive Grübchenbildung ist auch bei hohem %-Anteil nicht schädlich; progressive Grübchenbildung führt jedoch schließlich zu starkem Verschleiß der restlichen Flankenteile mit allen seinen Folgen (Kontrollen s. Abschn. 21.6).

e) Verschleißfestigkeit der Radflanken. Der Gleitverschleiß wird zum entscheidenden Schadenskriterium, wenn die Radzähne innerhalb der geforderten Lebensdauer am Zahnkopf spitz werden oder so geschwächt

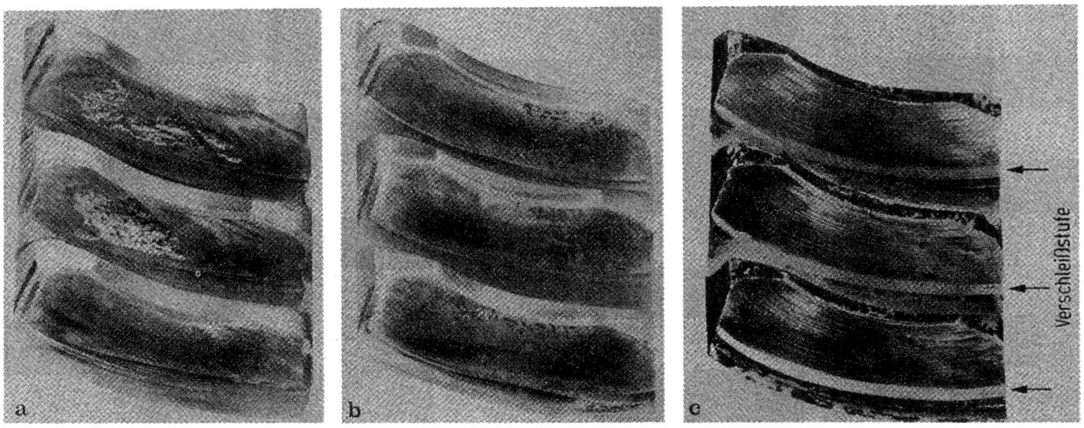

Bild 25/9. Radflanken (Bronze GZ-Cu Sn 12 Ni) mit Grübchen und Gleitverschleiß nach 1500 h Laufzeit. a) Syntheseöl S2; b) EP-Mineralöl L4; c) Reiner Verschleiß (Stufe am Zahnfuß!). Ölart s. Fußnoten e und f zu Tafel 25/5, s. S. 92.

sind, daß sie sich plastisch verformen. Die Verschleißentwicklung hängt stark von den Betriebsbedingungen ab: Ungünstig sind wechselnde Drehzahl und Belastung und häufiges Anfahren. Der Verschleiß läßt sich durch sehr harte und glatte Schneckenflanken klein halten (Oberflächenhärten, Schleifen, Polieren). Günstig sind auch härtere Radwerkstoffe, sowie Syntheseöle, Öle mit hoher Viskosität und hohem Viskositätsindex, ferner manche Additive bei hohen Belastungen. Damit muß allerdings gleichzeitig ein schlechteres Einlaufverhalten (insbes. bei hohen Drehzahlen) in Kauf genommen werden (Grübchenbildung, erhöhte Freßgefahr).

f) Freßverschleiß entsteht durch Überhitzung infolge örtlicher Belastungsspitzen oder Mangelschmierung oder zu geringer Ölzähigkeit vor allem bei hohen Gleitgeschwindigkeiten. Besonders gefährdet sind sehr harte Schneckenradwerkstoffe, die schlecht einlaufen und sich bei Belastungsstößen (d. h. veränderter Wellendurchbiegung und Berührgeometrie) kaum an die Schnecke anpassen. Tritt Fressen bei der Paarung GG/Stahl auf, so ist im allgemeinen mit einem Totalschaden zu rechnen, während kurzzeitig auftretende Freßschäden an Bronzerädern wieder „ausheilen" können.

g) Die **Zahnfußfestigkeit** (Schadensgrenze: Zahnbruch) der Schneckenradzähne ist nur bei sehr ungünstiger Auslegung, vorwiegend statischer Belastung oder nach unzulässig hohem Gleitverschleiß für die Tragfähigkeit maßgebend. Sie kann in erster Linie durch Wahl des Moduls oder der Formzahl beeinflußt werden.

h) Die **Durchbiegung** der Schneckenwelle kann vor allem bei wechselnden Betriebsbedingungen (Drehzahl, Belastung) wichtig für die Verschleißentwicklung an den Radzähnen werden (Verlagerung der Berührlinien und des Tragbildes, dadurch stets erneuter Einlauf). Die Durchbiegung ist ferner ein Maß für die Biegebeanspruchung der Schneckenwelle. Sie muß auch deswegen begrenzt werden. Die genaue Berechnung ist schwierig, da der Einfluß der Schneckenwindungen schwer zu erfassen ist. Man rechnet überschlägig mit einem mittleren Durchmesser.

j) Torsion. Insbesondere bei hintereinander geschalteten Schnecken kann die Verdrehspannung kritisch werden (Vergleichsspannung prüfen).

k) Flankenschäden bei einsatzgehärteten Schnecken. Wegen geringer Zähigkeit (insbes. Kaltzähigkeit) können bei starken Stößen und niedrigen Temperaturen Risse in der Einsatzschicht auftreten. Man zieht dann insbesondere bei Kurzzeitbetrieb Vergütungsstahl vor, s. Abschn. 25.7.4.

25.2 Zeichen und Einheiten

Allgemein gültige Kurzzeichen für Verzahnungen s. Abschn. 21.1.1. Kurzzeichen für Verzahnungsabweichungen s. Abschn. 21.4.1.

a	mm	Achsabstand	d_{e2}	mm	Außendurchmesser eines Schneckenrades
b_1	mm	Zahnbreite der Schnecke			
b_2	mm	Zahnbreite des Schneckenrades	d_m	mm	Mittenkreisdurchmesser
d_b	mm	Grundkreisdurchmesser einer ZI-Schnecke	d_0	mm	Werkzeugdurchmesser
			f_{pz}	μm	Steigungshöhenabweichung

f_γ	°	Steigungswinkelabweichung
k_{ca}	kW/m²K	Wärmedurchgangszahl
$m\ (= m_x)$	mm	Modul eines Schneckengetriebes (mit $\Sigma = 90°$)
m_t	mm	Stirnmodul eines Schneckenrades
m_x	mm	Axialmodul einer Schnecke
n	min^{-1}	Drehzahl
p_b	mm	Grundzylinderteilung einer ZI-Schnecke
p_m	mm	Mittenzylinderteilung
p_x	mm	Axialteilung einer Schnecke
p_{z1}		Steigungshöhe einer Schnecke
$p_{z1\,red}$		reduzierte Steigungshöhe einer Schnecke
q	—	Formzahl einer Schnecke
r_b	mm	Grundkreisradius der Evolventenschnecke
s_{mn}	mm	Normalzahndicke
v_m	m/s	Umfangsgeschwindigkeit am Mittenkreis
v_{gm}	m/s	mittlere Gleitgeschwindigkeit in Flankenrichtung
v_{g0}	m/s	Kenngeschwindigkeit
v_Σ	m/s	Summengeschwindigkeit
v_{gm}/v_Σ	—	Gleit-Summenverhältnis
x	—	Profilverschiebungsfaktor (Schneckenrad)
A_{ca}	m²	Gehäuseoberfläche (wirksame Kühlfläche)
A_s	µm	Zahndickenabmaß
A_{z2}	mm²	Flankenfläche eines Schneckenradzahnes
E	N/mm²	Elastizitätsmodul (E-Modul)
F_n, F_r	N	Normalkraft, Radialkraft
F_t, F_x	N	Nenn-Umfangskraft, Axialkraft
K_A	—	Anwendungsfaktor
L_h, $L_{häq}$	h	Lebensdauer, äquivalente —
N_L	—	Lastwechselzahl
P	kW	Nenn-Leistung
P_V	kW	Gesamtverlustleistung
P_{VLP}	kW	Verlustleistung aus Lagerbelastung
P_{V0}	kW	Leerlaufverlustleistung
P_{Vz}	kW	Verzahnungsverlustleistung
$P_{1\vartheta}$, $P_{2\vartheta}$	kW	Wärmegrenzleistung
$\dot{Q}_{zu}$, $\dot{Q}_{ab}$	kW	zugeführter Wärmestrom, abgeführter —
$dQ_{speicher}$	kWh	Speicherwärme
R_z	µm	gemittelte Rauhtiefe
S_F	—	Zahnbruchsicherheit
S_H	—	Grübchensicherheit
S_W	—	Verschleißsicherheit
S_δ	—	Durchbiegesicherheit
S_T	—	Temperatursicherheit

T	Nm	Nenn-Drehmoment
U, U_{lim}	N/mm²	Kennwert der Zahnfußbeanspruchung, Grenzwert
W_P	—	Verschleiß-Paarungsfaktor
W_R	—	Verschleiß-Rauheitsfaktor
W_v	—	Verschleiß-Geschwindigkeitsfaktor
Y_W	—	Faktor für Umrechnung auf andere Werkstoffpaarung
Z_ρ	—	Kontaktfaktor
Z_E	$(N/mm^2)^{1/2}$	Elastizitätsfaktor
Z_h	—	Lebensdauerfaktor
Z_n	—	Lastwechselfaktor
α_0	°	Erzeugungswinkel
β_b	°	Schrägungswinkel im Grundkreis der Evolventenschnecke
γ, γ_m	°	Steigungswinkel, Mitten —
γ_b	°	Grundsteigungswinkel einer ZI-Schnecke
δ_m	mm	Schneckendurchbiegung
Δm	kg	Massenverschleiß
Δm_{lim}	g	zulässiger Massenverschleiß
Δm_s	mg/h	Verschleißgeschwindigkeit
η_G	—	Gesamtwirkungsgrad
η_z, η_z'	—	Verzahnungswirkungsgrad (Schnecke treibt, Rad treibt)
ϑ_{ai}	°C	Außenlufttemperatur
ϑ_{ca}	°C	Gehäusetemperatur
ϑ_L	°C	Öltemperatur
ϑ_u	K	Übertemperatur
$\vartheta_{u\infty}$	K	Dauerübertemperatur an der Gehäuseaußenwand
μ_0	—	Mindestreibungszahl
μ_z, μ_{zA}	—	Zahnreibungszahl, Anlauf —
ν	—	Querkontraktionszahl
ν_{50}	mm²/s	kinematische Viskosität (bei 50 °C)
ϱ_n	mm	Ersatzkrümmungsradius
ϱ_z	°	Reibungswinkel der Zahnreibungszahl μ_z
ϱ_{Rad}	mg/mm³	Dichte des Schneckenradwerkstoffes
σ_B	N/mm²	Bruchfestigkeit
$\sigma_{0,2}$	N/mm²	0,2%-Dehngrenze
σ_H	N/mm²	Flankenpressung
σ_{HP}	N/mm²	zulässige Flankenpressung (Grübchen)
$\sigma_{H\,lim}$	N/mm²	Grübchenfestigkeit
σ_{WP}	N/mm²	zulässige Flankenpressung (Verschleiß)
$\sigma_{W\,lim}$	N/mm²	Verschleißfestigkeit
τ	°	Winkel zwischen Tangentialebene und Stirnradschnittebene im B-Punkt
Σ	°	Achsenwinkel

Indizes

1	Schnecke
2	Schneckenrad
g	Gleitbewegung
lim	Grenzwert
m	Mittelwert
n	Normalschnitt
r	Radialrichtung
s	Schraubachse
t	Stirnschnitt oder Tangentialrichtung
x	Axialrichtung
z	Verzahnung (außer bei R_z)

25.3 Zylinderschneckengeometrie (für Achsenwinkel $\Sigma = 90°$)[3]

Bei Drehung der Schnecke verschiebt sich deren Zahnstangenprofil im Axialschnitt in Axialrichtung und kämmt dabei mit der Schneckenradverzahnung in der Schneckenrad-Mittenebene (Bild 25/10). Wie bei der Paarung Stirnrad/Zahnstange ist der Teilkreis des Rades stets auch der Wälzkreis, der hier mit der Mantellinie des Mittenzylinders der Schnecke (Profilverschiebung $x = 0$) oder der Mantellinie eines hierzu koaxialen Zylinders (V-Verzahnung) abwälzt. Da die Axialteilung an jedem Durchmesser der Schnecke gleich groß ist, gibt es hier keinen Teilkreiszylinder oder Teilkreis; als Bezugsfläche für die Bestimmungsgrößen der Verzahnung (wie Zahnhöhe, Zahndicke usw.) benutzt man daher den Mittenzylinder: d. h. Nenndurchmesser der Schnecke = Mittendurchmesser d_{m1}.

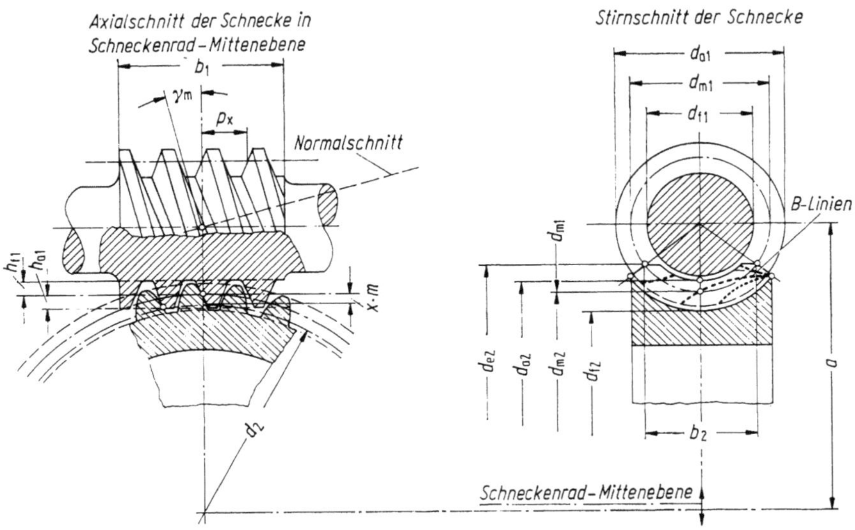

Bild 25/10. Bestimmungsgrößen an einem Zylinderschnecken-Radsatz.

Die Maßbeziehungen ergeben sich aus den von Stirnrädern bekannten Paarungsbedingungen für das oben beschriebene Zahnstangengetriebe in Schneckenradmittenebene (Zeichen: Z) oder aus der Betrachtung der Schnecke als Schrägstirnrad (Zeichen: S) oder als Gewindespindel (Zeichen: G).

25.3.1 Hauptmaße und Verzahnungsdaten

Übersetzung:

$$i = n_a/n_b \quad \text{(bei treibender Schnecke } = n_1/n_2). \qquad (25/1)$$

S

Zähnezahlverhältnis:

$$u = z_2/z_1 = n_1/n_2 \quad \text{(bei treibender Schnecke } = i). \qquad (25/2)$$

Achsabstand:

$$a = (d_{m1} + d_{m2})/2 = (d_{m1} + d_2 + 2xm)/2 = (q + z_2 + 2x)\, m/2. \qquad (25/3)$$

Z Profilverschiebung x (Grundlagen s. Abschn. 21.3.5): Da eine Zahnstange durch Profilverschiebung nicht verändert wird, erhält nur das Schneckenrad eine Profilverschiebung $x = x_2$. Man ändert bei festgehaltenem Achsabstand und Modul (ausgehend von der Nullverzahnung) die Radzähnezahl. Wälzkreis (= Teilkreis des Rades)

3 Für andere Achsenwinkel gelten die Beziehungen für Schraubräder sinngemäß (Kap. 23).

und Wälzachse (= Mantellinie der Schnecke) verschieben sich bei verkleinerter Zähnezahl zum Rad-Zahnfuß (positive Profilverschiebung), bei vergrößerter Zähnezahl zum Rad-Zahnkopf (negative Profilverschiebung). Wahl der Profilverschiebung siehe Abschn. 25.6.1a.

Modul:

$$m = m_{x1} = m_{t2}. \tag{25/4}$$

(Bei Achsenwinkel $\Sigma \neq 90°$ hat die Schnecke den Axialmodul m_{x1} und das Schneckenrad den Stirnmodul m_{t2}, die dann nicht gleich sind).

$$m = p_x/\pi = p_{z1}/(\pi z_1) \tag{25/5}$$

$$= d_{m1}/q = d_{m1} \tan \gamma_m / z_1 \quad \text{(Formzahl } q \text{ s. (25/22)).} \tag{25/6}$$

Normalschnittmodul:

$$m_n = m \cos \gamma_m \quad \text{(Schnitt im Mittenkreis).} \tag{25/7}$$

Durchmesser:

$$d_{m1} = 2a - d_{m2} = qm; \tag{25/8}$$

$$d_{m2} = 2a - d_{m1} = 2a - qm; \tag{25/9}$$

$$d_{a1} = d_{m1} + 2m;^4 \tag{25/10}$$

$$d_{a2} = d_{m2} + 2m(1 + x);^4 \tag{25/11}$$

$$d_2 = z_2 m = d_{m2} - 2xm \quad \text{(Teilkreis = Wälzkreis);} \tag{25/12}$$

$$d_{e2} = d_{a2} + m \quad \text{(üblich);}^4 \tag{25/13}$$

$$d_{f1} = d_{m1} - 2(m + c_1);^4 \tag{25/14}$$

$$d_{f2} = d_{m2} - 2(m + c_2);^4 \tag{25/15}$$

Kopfspiel meist $c_1 = c_2 \approx 0{,}2m$ (s. a. Abschn. 25.6.1a).

Für ZI-Schnecken gilt (25/16):

Grundkreisdurchmesser:

$$d_{b1} = d_{m1} \tan \gamma_m / \tan \gamma_b = m z_1 / \tan \gamma_b. \tag{25/16}$$

Beachte: Grundkreis darf nicht in aktive Flanke fallen!

Steigungshöhe:

$$p_{z1} = \pi m z_1. \tag{25/17}$$

Reduzierte Steigungshöhe:

$$p_{z1\,réd} = p_{z1}/(2\pi) = m z_1/2. \tag{25/18}$$

Axialteilung:

$$p_x = p_{z1}/z_1 = \pi m; \tag{25/19}$$

für ZI-Schnecken gilt (25/20):

Grundzylinderteilung:

$$p_b = m\pi \cos \gamma_b. \tag{25/20}$$

4 Bei normalem Schneckenprofil mit $2m$ gemeinsamer Zahnhöhe.

Normalzahndicke:

$$s_{mn} = m\pi \cos \gamma_m/2 \quad \text{(ohne Flankenspielanteil).} \tag{25/21}$$

Formzahl:

$$q = d_{m1}/m = z_1/\tan \gamma_m = d_{m1}(z_2 + 2x)/d_{m2} = d_{m1}z_2/d_2; \tag{25/22}$$

q kennzeichnet die Dicke der Schnecke und damit ihr Widerstandsmoment gegen Durchbiegung. Sie gibt die Anzahl der Moduln auf dem Mittenkreisdurchmesser an, ist also eine fiktive Schneckenzähnezahl. Mit ihrer Hilfe können die Abmessungen des Getriebes (im Schneckenachsschnitt) wie bei einem Stirngetriebe berechnet werden; s. (25/3,6,8,9). (Beispiele s. Abschn. 25.7.1a).

Steigungswinkel:

$$\tan \gamma_m = mz_1/d_{m1} = z_1/q = d_2/(ud_{m1}); \tag{25/23}$$

$$\tan \gamma_m = [(2a/d_{m1}) - 1]\, z_1/(z_2 + 2x); \tag{25/24}$$

für ZI-Schnecken gilt (25/25):

Grundsteigungswinkel:

$$\cos \gamma_b = \cos \gamma_m \cos \alpha_0. \tag{25/25}$$

Eingriffswinkel:

$$\tan \alpha_x = \tan \alpha_n/\cos \gamma_m. \tag{25/26}$$

Mittlere Umfangsgeschwindigkeit:

$$v_{m1} = \pi d_{m1}\, 10^{-3}\, n_1/60. \circledast$$

Mittlere Gleitgeschwindigkeit:[5]

$$v_{gm} = v_{m1}/\cos \gamma_m. \tag{25/27}$$

Anhaltswerte für weitere Abmessungen:

Zahnbreite der Schnecke:

$$b_1 \approx 2{,}5m \sqrt{z_2 + 1}; \tag{25/28}$$

Zahnbreite des Schneckenrades:

$$b_2 \approx 2m\left(0{,}5 + \sqrt{q + 1}\right). \tag{25/29}$$

25.3.2 Eingriffsgeometrie — Gleichung der Schneckenflanke

Die Schneckenflanke ist eine Schraubenfläche, die durch Verschrauben des Achsprofils der Schnecke um die Schneckenachse entsteht. Dieses Profil ist die Schnittlinie zwischen Schneckenflanke und Achsschnittebene, einer durch die Schneckenachse gehenden Ebene (Bild 25/11). Die Gleichung der Schneckenflanke lautet in Polarkoordinaten:

$$z = f(r) + p_{z1}\varphi/(2\pi). \tag{25/30}$$

Der Anteil $z_0 = f(r)$ ist die Gleichung für das Achsschnittprofil. Sie lautet mit den Bezeichnungen nach Bild 25/12:

$$\text{ZA-Profil: } z_0 = f(r) = r \tan \alpha; \tag{25/31}$$

$$\text{ZI-Profil: } z_0 = f(r) = (r_b/\tan \beta_b)\left[\sqrt{r^2 - r_b^2}/r_b - \operatorname{arc\,cos}(r_b/r)\right]; \tag{25/32}$$

$$\text{ZH-Profil: } z_0 = f(r) = \sqrt{\varrho_M^2 - (k - r)^2}. \tag{25/33}$$

5 Zahnkräfte und Gleitgeschwindigkeiten profilverschobener Schneckenradsätze werden ebenfalls für den mittleren Durchmesser d_m angegegeben, da man hierfür den Wirkungsgrad η_z definiert hat; (er soll die mittleren Verhältnisse im Zahneingriff beschreiben). Da die Gleitgeschwindigkeit in Zahnbreitenrichtung bei $\Sigma = 90°$ wesentlich größer als die in Zahnhöhenrichtung ist, genügt die Näherungsrechnung mit v_{gm}; vgl. Abschn. 23.5.2 (Schraubräder).

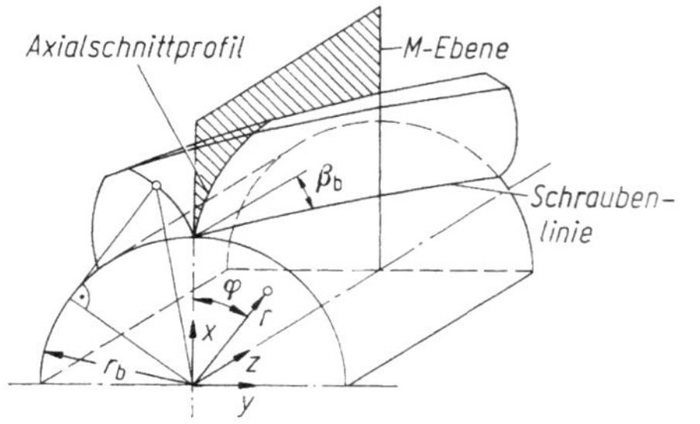

Bild 25/11. Koordinatensystem und Evolventenflanke (Flankenform I) im Axialschnitt [25/19].

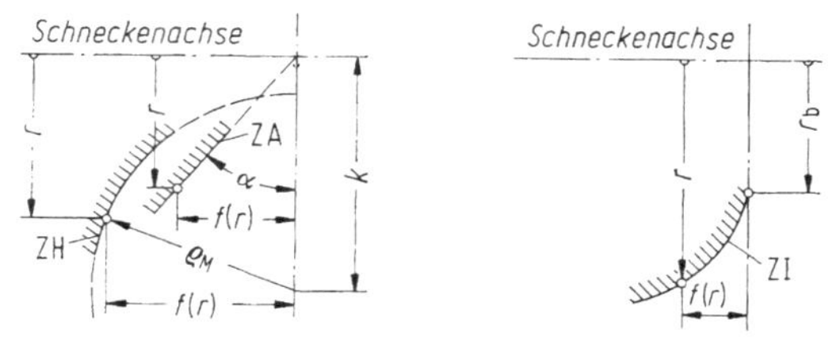

Bild 25/12. Profilformen und Koordinaten im Axialschnitt [25/19].

25.3.3 Ermittlung der Berührlinien [6]

Die Verzahnung von Zylinderschnecke und Schneckenrad stellt im Achsschnitt A die Zahnpaarung einer Zahnstange mit einem Stirnrad dar (Bild 25/13). Berührpunkte und Zahnform des Rades können deshalb aus dem gegebenen Achsschnittprofil A der Schnecke bei gegebenem Wälzkreis des Rades W_2 nach dem Verzahnungsgesetz berechnet oder konstruiert werden (s. Abschn. 21.1.2,3). Dasselbe gilt für jeden Schnitt P parallel zum Achsschnitt A. Allerdings weicht hier das Zahnprofil der Schnecke von dem im Achsschnitt ab; damit ergibt sich hier auch ein anderes Gegenprofil.

a) Berechnung. Für eine gegebene Schneckenstellung ist derjenige Punkt eines P-Profils momentaner Berührpunkt (B-Punkt), dessen Normale durch den Wälzpunkt C_0 geht. Somit lautet die Gleichung zur Ermittlung der Berührpunktkoordinaten:

$$z_0 - (r_{01} - x)/\tan \alpha_B = 0 \qquad (25/34)$$

mit x, z als Koordinaten des B-Punktes, wobei α und z entsprechend der Schneckenform von x abhängen. Die B-Punkte aller P-Schnitte einer Schneckenstellung ergeben die momentane B-Linie. Für andere Stellungen der weiter gedrehten Schnecke erhält man weitere B-Linien, die gemeinsam das Eingriffsfeld eines Schneckengetriebes — eine räumlich gekrümmte Fläche — bilden. Man kann die B-Linien in den Schneckenstirnschnitt (Lage auf den Schneckenflanken) oder in die Radebene (Lage auf den Radflanken) projizieren (Bild 25/13a, c, e).

b) Zeichnerische Ermittlung des Zahnprofils im P-Schnitt. Achsschnittprofil A der rechtsgängigen Schnecke ist als Gerade VI unter 20° zur Senkrechten gegeben (Bild 25/13b). Aus diesem A-Profil werden P-Profile punktweise ermittelt, z. B. Punkt H des P-Profils IX, wobei H im Bild a) in P-Ebene IX angenommen wird. Man zieht Kreisbogen HH_A um 0_1 bis A-Ebene VI und von H_A Waagerechte nach rechts bis zum Punkt H_A auf dem Profil VI im Bild b). Der gesuchte Profilpunkt H des P-Profils IX liegt auf der durch H in der Stirnebene a) gezogenen Waagrechten nach rechts, und zwar im Abstand $\beta p_{z1}/2\pi$ von der Senkrechten durch H_A rechts. Abstand $\beta p_{z1}/2\pi$ ist bekannt als Bogenstück auf Kreisbogen $r = p_{z1}/2\pi = 3{,}5$ cm zwischen den Radialen von H und H_A (Bild a). Ebenso wurden weitere Punkte dieses P-Profils IX und dann die weiteren P-Profile I bis XI ermittelt und im Bild b) eingezeichnet.

c) Zeichnerische Ermittlung der B-Linien. Wälzgerade W_1 der Zahnstange geht in Bild (d) waagerecht durch Wälzpunkt C_A. Die Senkrechte zu W_1 in C_A geht durch die Radachse. Das A-Profil ist so gezeichnet, daß es durch den Wälzpunkt geht. Um festzustellen, welche Punkte der Profile I bis XI gleichzeitig im Eingriff sind, werden von C_A auf die Profile Lote gefällt: Fußpunkte der Lote = Eingriffspunkte. Für Profil VIII ist das Lot eingezeichnet. Überträgt man diese Lotpunkte durch waagrechte Linien in die P-Ebenen I bis XI im Stirnschnitt (a), so erhält man die B-Linie m. Man dreht nun die Schnecke im Uhrzeigersinn um einen Winkel. Dadurch verschieben sich die Profile um ein Stück in Achsrichtung nach rechts. Man fällt wieder Lote von C_A auf die Profile, überträgt die Fußpunkte in die P-Ebenen nach (a) und erhält eine weitere B-Linie. Um das Verfahren zu vereinfachen, läßt man die P-Profile in der gezeichneten Stellung liegen und verschiebt statt dessen den Wälzpunkt C_A nach links, z. B. nach C_0 und fällt von hier aus Lote

6 Nach [25/24], mittels EDV nach [25/19] und [25/20].

auf die Profile, z. B. von C_0 auf das Profil *V*, wie eingezeichnet. Die ermittelten Lotpunkte der *P*-Profile ergeben, in die *P*-Ebenen (a) übertragen, die *B*-Linie *o*. Die Verschiebung des Wälzpunktes von C_A nach C_0 wurde gleich der Zahnteilung *p* gewählt, so daß *B*-Linie *o* auf dem nächsten Schneckenzahn liegt. Weiter eingetragene Wälzpunkte C_1 bis C_0 haben den Abstand $1/2p$ von den vorigen, so daß alle übernächsten *B*-Linien, z. B. *h, k, m, o* oder *i, l, n, p*, gleichzeitig auftreten. Dreht man die Fußpunkte der Lote in (b) nach dem Schema von (e) in die Radebene, so erhält man das Berührlinienfeld auf der Radflanke (c).

d) Berührlinien für andere Schnecken-Zahnformen s. Bild 25/4.

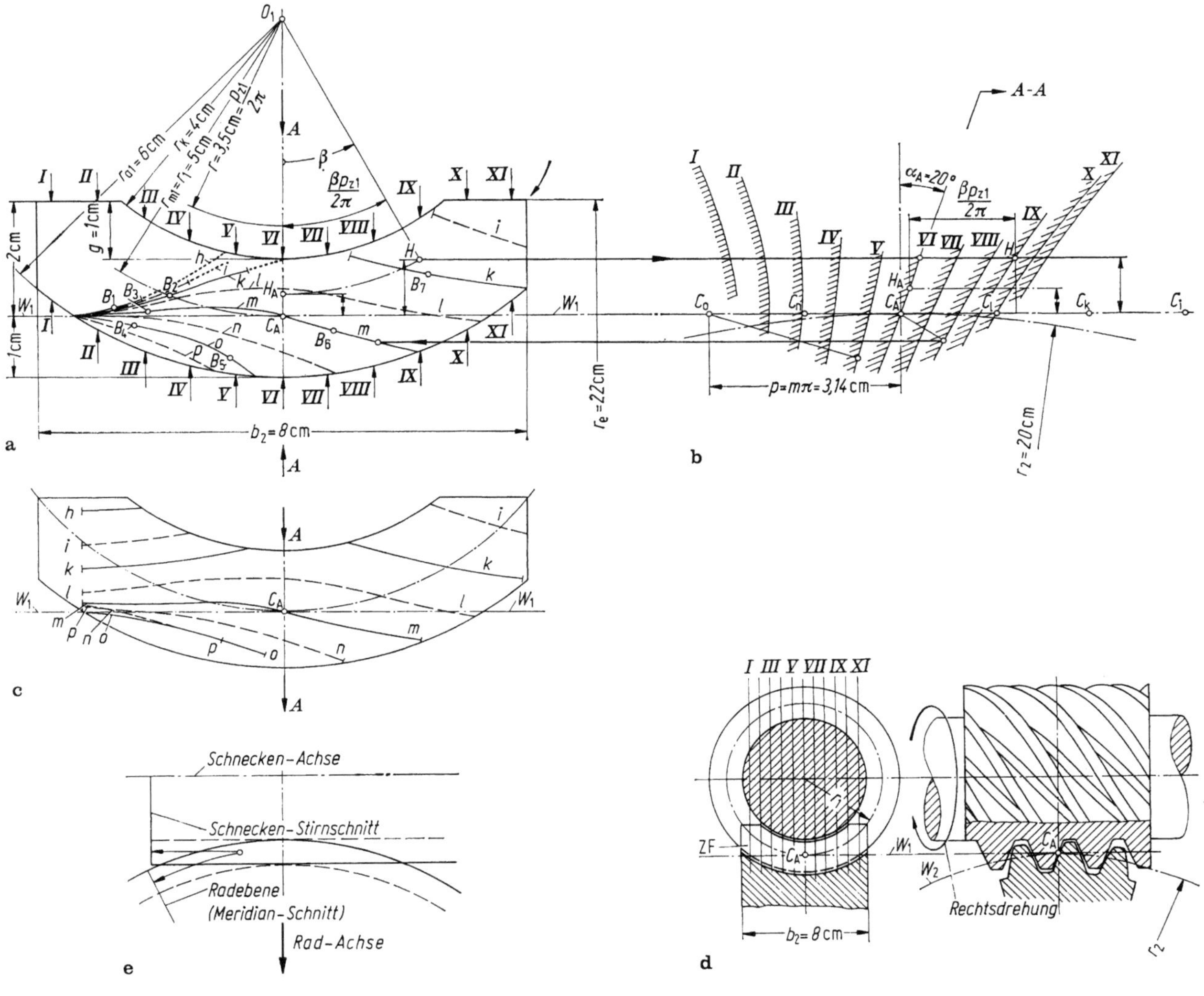

Bild 25/13. Zeichnerische Ermittlung der *B*-Linien. Beispiel: Rechtsgängige Schnecke mit Trapezprofil im Axialschnitt; Wälzachse im Abstand $r_1 = 5$ cm, Modul $m = 1$ cm, Steigungshöhe $p_{z1} = 22$ cm, $z_1 = 7$, $x_2 = 0$ (d. h. $r_1 = r_{m1}$). a) Projektion in den Schneckenstirnschnitt: Zahlen I bis XI geben die Lage der Parallelschnitt-Ebenen an; b) Profile der Schneckenflanke in den Parallelschnitten I bis XI; c) Projektion in die Radebene; d) Stirnschnitt (*links*) und Axialschnitt (*rechts*) des Schneckenradsatzes; e) Projektionsebenen.

25.4 Zahnkräfte, Kraftverteilung, Lagerkräfte

Beziehungen zwischen Umfangskraft F_t, Drehmoment T und Leistung P s. Tafel 20/3.

25.4.1 Äußere Kräfte, Anwendungsfaktor K_A

Beim Tragfähigkeitsnachweis muß man auch die von außen in das Getriebe eingeleiteten Zusatzkräfte (Drehmomentschwankungen von An- und Abtrieb, Einschaltstöße usw.) berücksichtigen. Geeignete Methoden s. Abschn. 21.5.1. Wenn keine Messungen oder speziellen Erfahrungen vorliegen, die es gestatten, diese Einflüsse genauer zu erfassen, kann man hierfür den Faktor K_A nach Tafel 22.3/3 auch bei Schneckengetrieben als Anhalt benutzen. Auswirkung von Belastungs- und Drehzahlschwankungen auf die Temperatursicherheit s. Abschn. 25.6.2 b.

25.4.2 Innere Kräfte und Kraftverteilung

a) Dynamikfaktor K_v. Nach Messungen der Zahnfußspannungen bei verschiedenen Umfangsgeschwindigkeiten [25/49] kann man davon ausgehen, daß die inneren dynamischen Zusatzkräfte bei Schneckengetrieben üblicher Genauigkeit vernachlässigt werden können ($K_v = 1$). Im übrigen sind die Geschwindigkeiten meist gering. Der Einfluß der Gleitgeschwindigkeit auf Grübchenbildung und Verschleiß wird in der zulässigen Spannung berücksichtigt.

b) Bei genauer Schnecke und eingelaufener Verzahnung kann man gleichmäßige Kraftverteilung über die Zahnbreite (Berührlinie) und Kraftaufteilung auf mehrere im Eingriff befindliche Zahnpaare annehmen ($K_{H\beta} = K_{H\alpha} = 1$). Vgl. Voraussetzungen für die Berechnung der Flankenpressung (Abschn. 25.6.3).

Veränderliche Drehmomente, die unterschiedliche Schneckendurchbiegungen zur Folge haben, führen allerdings zu ungleichmäßiger Kraftverteilung über die Berührlinien. Man fordert deshalb eine Mindest-Durchbiegesicherheit (Abschn. 25.6.5).

25.4.3 Zahnkraftkomponenten für Achsenwinkel $\Sigma = 90°$ (s. Fußnote 5, S. 76)

Hier gelten die für Schraubräder in Abschn. 23.4.1 dargestellten Beziehungen. Bei Schneckengetrieben benutzt man statt des Schrägungswinkels β den Steigungswinkel γ. Hierfür und für den vorherrschenden Sonderfall $\Sigma = 90°$ ergeben sich aus (23/44) bis (23/48) folgende Beziehungen; dabei wird $\mu^* = \mu$, $\varrho^* = \varrho$ und $\cos\varrho^* = 1$ gesetzt, vgl. Bild 23/8.

a) Umfangskräfte aus Nenn-Drehmoment (d. h. für $K_A = 1$).

Schnecke treibt:

$$F_{tm1} = 2000 T_1/d_{m1} = 2000 T_2/(d_{m1}\eta_z u) \tag{25/35}⊛$$

$$= F_{tm2}\tan(\gamma_m + \varrho_z) = -F_{xm2}; \tag{25/36}$$

$$F_{tm2} = 2000 T_2/d_{m2} = 2000 T_1 \eta_z u/d_{m2} \tag{25/37}⊛$$

$$= -F_{xm1} \tag{25/38}$$

Rad treibt:

$$F_{tm1} = 2000 T_1/d_{m1} = 2\,000 T_2 \eta_z'/(u d_{m1}) \tag{25/39}⊛$$

$$= F_{tm2}\tan(\gamma_m - \varrho_z) = -F_{xm2}; \tag{25/40}$$

$$F_{tm2} = 2000 T_2/d_{m2} = 2000 T_1 u/(\eta_z' d_{m2}) = -F_{xm1}. \tag{25/41}⊛$$

b) Zahnnormalkraft.

Schnecke treibt:

$$F_n = F_{nm1} = F_{nm2} = F_{tm1}/[\cos\alpha_n(\sin\gamma_m + \mu_z\cos\gamma_m)]. \tag{25/42}$$

Rad treibt:

$$F_n = F_{nm1} = F_{nm2} = F_{tm1}/[\cos\alpha_n(\sin\gamma_m - \mu_z\cos\gamma_m)]. \tag{25/43}$$

c) Axialkräfte.

Schnecke treibt:

$$F_{xm1} = F_{tm1}/\tan(\gamma_m + \varrho) = -F_{tm2}. \tag{25/44}$$

$$F_{xm2} = F_{tm2} \tan(\gamma_m + \varrho) = -F_{tm1}. \tag{25/45}$$

Rad treibt:

$$F_{xm1} = -F_{tm1} \tan(\gamma_m - \varrho) = -F_{tm2}. \tag{25/46}$$

$$F_{xm2} = -F_{tm2} \tan(\gamma_m - \varrho) = -F_{tm1}. \tag{25/47}$$

d) Radialkräfte.

Schnecke treibt oder Rad treibt:

$$F_{rm1} = F_{rm2} = F_n \sin\alpha_n = F_{tm1} \tan\alpha_n/\sin(\gamma_m + \varrho) \tag{25/48}$$

$$= F_{tm2} \tan\alpha_n/\cos(\gamma_m - \varrho). \tag{25/49}$$

25.4.4 Lagerkräfte

Berechnung aus den Zahnkraftkomponenten nach (25/35) bis (25/49) und Lagerabständen nach Bild 25/14. Man beachte: Das Kippmoment aus der Axialkraft liefert einen Anteil der Radial-Lagerkräfte.

Für kompliziertere Fälle mit mehreren Kraftangriffsstellen (z. B. mit Querkräften am Wellenzapfen) Lagerkräfte nach Abschn. 20.5.6 bestimmen!

Bei diesen Berechnungen kann man im allgemeinen die Zahnreibung vernachlässigen, d. h. $\varrho^* \approx \varrho = 0$ setzen.

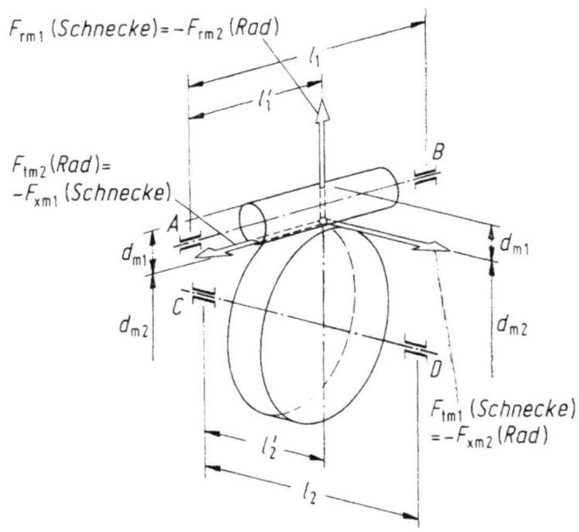

Bild 25/14. Zahnkraftkomponenten und Lagerabstände.

25.5 Verlustleistung und Wirkungsgrad

25.5.1 Gesamtverlustleistung und -wirkungsgrad

Erläuterung und Berechnung der Einflußgrößen s. Abschn. 20.1. Danach:

- Gesamtverlustleistung:

$$P_V = P_{Vz} + P_{VLP} + P_{V0}. \tag{25/50}$$

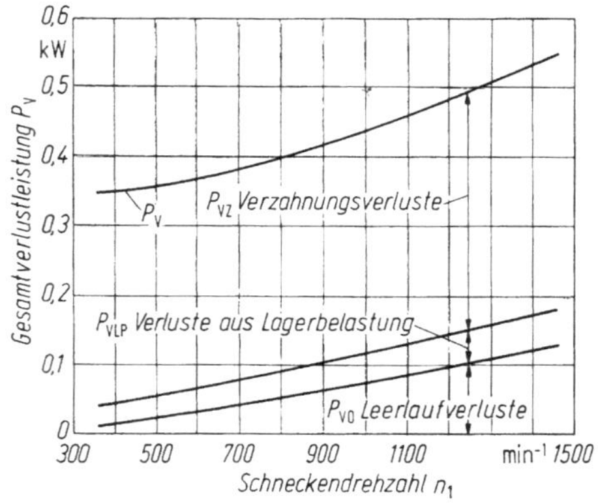

Bild 25/15. Anteile der Gesamtverlustleistung eines Schneckengetriebes. Getriebedaten: $a = 100$ mm, $i = 19$, $d_{m1} = 48$ mm, $m = 4$ mm, $\gamma_m = 9° 28'$; Mittleres Radmoment $T_2 = 300$ Nm, Gehäuseübertemperatur $\vartheta_u = 50$ K.

Beispiel für die Verlustanteile s. Bild 25/15.

• Gesamtwirkungsgrad:

Bei treibender Schnecke:

$$\eta_G = P_2/(P_2 + P_V) = (P_1 - P_V)/P_1. \quad (25/51)$$

Bei treibendem Rad:

$$\eta'_G = P_1/(P_1 + P_V) = (P_2 - P_V)/P_2. \quad (25/52)$$

Anhaltswerte für den Gesamtwirkungsgrad üblicher Schneckengetriebe s. Tafel 25/1:

Tafel 25/1. Gesamtwirkungsgrade bei treibender Schnecke in % von Zylinderschneckengetrieben η_G (Mittelwerte) (Wälzlagerung), übliches Mineralöl. In Doppelklammer: Selbsthemmung; in einfacher Klammer: indifferent

Schnecken-drehzahl min⁻¹	Übersetzung				
	5	10	20	40	70
15	79...90	69...81	59...71	(48...60)	((36...47))
150	85...93	79...89	72...82	60...70	(47...58)
1500	91...96	88...95	82...91	75...84	64...75

• Tendenzen (bezogen auf die Streubereiche in Tafel 25/1): Cu-Sn-Bronze als Radwerkstoff ist optimal gegenüber GG, Al-Bronze oder Sondermessing; vergütete Schnecke ergibt geringeres η als gehärtete. Der Einfluß der Belastung ist wesentlich geringer als der Geschwindigkeitseinfluß (Tafel 25/1). ZH-Schnecken erreichen höheres η als die übrigen Zahnformen, vgl. Abschn. 25.5.3. Der Schmierstoff kann zu Änderungen in der Verlustleistung bis zu 100% führen (untere bis obere Grenze). Schmierstoffparameter und deren Wirkung s. Abschn. 25.7.5; Viskosität s. auch Bild 25/7 und 25/29. Wirkung des Einlaufens der Verzahnung s. Bild 25/26.

25.5.2 Verzahnungsverlustleistung P_{Vz} und -wirkungsgrad η_z bei $\Sigma = 90°$

Allgemeines s. Abschn. 23.5.2 (Schraubräder) und Abschn. 10.5 (Gewinde).

a) Verzahnungsverlustleistung entsprechend (23/53):

$$P_{Vz} = F_n \mu_z v_{gm} 10^{-3}. \quad (25/53)⊛$$

Hierin bedeuten: F_n Zahnnormalkraft nach (25/42,43), μ_z nach Abschn. 25.5.3 und v_{gm} nach (25/27).

Oder entsprechend dem Ansatz für (25/51,52):

Bei treibender Schnecke:

$$P_{Vz} = P_1(1 - \eta_z) = P_2(1 - \eta_z)/\eta_z. \qquad (25/54)$$

Bei treibendem Rad:

$$P_{Vz} = P_2(1 - \eta_z') = P_1(1 - \eta_z')\,\eta_z'. \qquad (25/55)$$

b) Verzahnungswirkungsgrad. Führt man (gegenüber Schraubrädern) anstelle des Schrägungswinkels β den Steigungswinkel γ_m ein und setzt $\eta_z \approx \eta_s$ (nach Fußnote 5, S. 76), ergibt sich nach Abschn. 23.5.2:

Bei treibender Schnecke:

$$\eta_z = \tan\gamma_m/\tan(\gamma_m + \varrho_z), \qquad (25/56)$$

Bei treibendem Rad:

$$\eta_z' = \tan(\gamma_m - \varrho_z)/\tan\gamma_m. \qquad (25/57)$$

Zahnreibungszahl μ_z ($= \tan\varrho_z$) s. Abschn. 25.5.3. Einfluß von γ_m und μ_z auf η_z s. Bild 25/17.

Maximum des Verzahnungswirkungsgrades aus der Bedingung $d\eta_z/d\gamma_m = 0$:

$$\eta_{z\,max} = 1 + 2\mu_z\left(\mu_z - \sqrt{1 + \mu_z^2}\right) \quad \text{bei} \quad \gamma_m = 45° - \varrho_z/2; \qquad (25/58)$$

$\eta_{z\,max}$ ist nur bei mehrgängigen Schnecken (d. h. großen Steigungswinkeln) erreichbar, also evtl. bei $u < 10$, nicht aber bei größerem u (d. h. $z_1 = 1$ oder 2), da Schnecke dann zu dünn (s. auch Bild 25/17).

Selbsthemmung bedeutet $\eta_z' \leq 0$, d. h. nach (25/57): $\gamma_m \leq \varrho_z$ oder $\tan\gamma_m \leq \mu_z$, d. h. dann bei treibender Schnecke nach (25/56) nur $\eta_z < 50\%$ erreichbar; vgl. auch Abschn. 25.1.1.

25.5.3 Zahnreibungszahl $\mu_z = \tan\varrho_z$

Die Anlaufreibungszahl μ_{zA} bei $v_g = 0$ (wichtig für Anlaufmoment und Selbsthemmung im Stillstand) ist nahezu unabhängig von Zahnform und Verlauf der B-Linien. Sie ist für eine vollständig eingelaufene Werkstoffpaarung mit ca. (0,1) ... 0,14 [25/7] anzusetzen. Der weitere Verlauf von μ_z hängt ab von Werkstoffpaarung, Flankenrauheit, Schmierstoff, Belastung und Schneckenzahnform.

Schmierdruckbildung und Reibungszahl hängen bei Gleitwälzpaarungen von der Summengeschwindigkeit v_Σ ab. Bei gegebener Gleitgeschwindigkeit ist demnach das Gleit-Summen-Verhältnis v_{gm}/v_Σ ein geeignetes Beurteilungskriterium (vgl. auch [25/19]). Kleines v_{gm}/v_Σ ergibt niedrige Reibungszahlen und umgekehrt. Da andererseits v_{gm}/v_Σ von der Lage der Berührlinien abhängt, kann man es als Kennwert für den Einfluß der Zahnform auf die Reibungszahl benutzen (s. unten).

Die Rauheit der Radflanken ist nur in der Einlaufphase von Bedeutung. Für den Einfluß der Rauheit der Schneckenflanken (s. a. Abschn. 21.11.2b) gilt etwa:

$$\mu_z \approx \sqrt[4]{R_z}. \qquad (25/59)⊛$$

Man kann einen Grundwert μ_{z0} für jede Werkstoff/Schmierstoff-Paarung und Standardbedingungen R_{z0}, σ_H und v_{gm}/v_Σ in einem Scheibenprüfstand ermitteln und hieraus μ_z für das jeweilige Schneckengetriebe berechnen.

$$\mu_z = \mu_{z0} Y_W \sqrt{v_{gm}/v_\Sigma}\,\sqrt[4]{R_z/R_{z0}}, \qquad (25/60)$$

μ_{z0} nach Prüfstandsversuchen; Anhaltswert für zwei gebräuchliche Schmiermittel s. Bild 25/16, „Bezugs"-Rauhtiefe $R_{z0} = 3$ µm.

Y_W, Umrechnung auf andere Werkstoffpaarung s. Tafel 25/4.

v_{gm}/v_Σ Berechnung mit EDV-Programm s. [25/19]; näherungsweise gelten folgende Mittelwerte:

für ZI-, ZA-, ZN-, ZK-Schnecken mit $x \approx 0$: $v_{gm}/v_\Sigma = 2{,}7$;
für ZH-Schnecken mit $x \approx +0{,}5$: $v_{gm}/v_\Sigma = 2{,}2$.

Anhaltswerte für die gemittelte Rauhtiefe der Schneckenflanken:

Geschliffen $R_z \leq 3 \ldots 4$ µm für $m \leq 8$, $R_z \leq 8$ µm für $m > 8$.
Gefräst $R_z \leq 12{,}5$ µm für $m \leq 8$, $R_z \leq 25$ µm für $m > 8$.

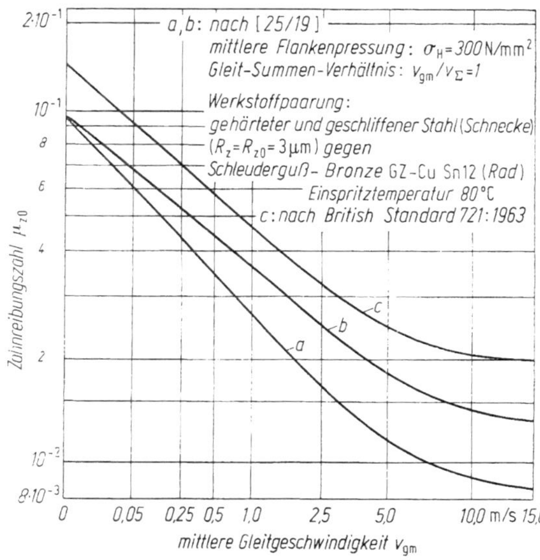

Bild 25/16. Zahnreibungszahlen μ_{z0} nach Versuchen im Zweischeiben-Prüfstand [25/19]. *a* Syntheseöl (Polyglycol) $\nu_{50} = 95$ mm²/s, *b* Mineralöl $\nu_{50} = 110$ mm²/s, *c* nach British Standard 721: 1963 (für übliche Mineralöle) zum Vergleich.

Durch Strahlläppen kann man die Oberflächenstruktur verfeinern (Maßnahme gegen Fressen), die Rauhtiefe wird kaum beeinflußt.

Durch den normalen Einlauf glättet sich die Oberfläche etwas, bei kleiner Ausgangsrauheit allerdings nur geringfügig; entsprechend vermindert sich μ_z.

25.5.4 Leerlaufverlustleistung P_{V0} (s. Hinweis in Abschn. 20.1)

Wenn keine Meßergebnisse vorliegen, Anhalt für Getriebe mit Wälzlagerung, untenliegender Schnecke und Öl-Tauchschmierung:

$$P_{V0} = 10^{-7} a (n_1/60)^{4/3} (\nu_{40}/1{,}83 + 90). \qquad (25/61) \circledast$$

(Ermittelt aus Versuchen von [25/21].)

25.5.5 Verlustleistung durch Lagerbelastung P_{VLP} (s. Hinweis in Abschn. 20.1)

Überschlägig:

$P_{VLP} = P_1(0{,}005 \ldots 0{,}01)$ für 4 Wälzlager,
$P_{VLP} = P_1(0{,}02 \ldots 0{,}03)$ für 4 Gleitlager.

Nach Messungen an einstufigen Schneckengetrieben mit Kegelrollenlagern [25/26] etwa:

$$P_{\mathrm{VLP}} = 0{,}23 P_2 (a/100)^{0{,}44}\, u/d_{\mathrm{m}2}. \qquad (25/62)⊛$$

Genauere Berechnung nach Angaben der Wälzlagerhersteller.

25.6 Auslegung und Nachrechnung der Tragfähigkeit

Zunächst müssen alle Anforderungen und Einflüsse auf Beanspruchung und Funktion des Getriebes zusammengestellt werden. Als Anhalt kann hierfür die Checkliste für Stirnradgetriebe, Tafel 22.1/1 dienen. Besonderheiten, die bei Schneckengetrieben zusätzlich zu beachten sind, s. Tafel 25/2.

Tafel 25/2. Checkliste für Besonderheiten der Schneckengetriebe. Allgemeines s. Tafel 22.1/1

Auswirkung auf: Schmierung S, Dichtung D, Wirkungsgrad η, Temperatur T Genauigkeit G, Flankenspiel F, Verschleiß V, Herstellung H, Radzähnezahl z_2
Schnecke oben/unten, Abtrieb waagerecht/senkrecht: S, D;
Drehrichtung (links/rechts — steigende Schnecke): H;
Drehrichtungsumkehr, Schnecke treibt/Rad treibt: η, T, F;
Geräuschanforderungen: G, z_2;
Wirkungsgrad (Selbsthemmung gefordert): η, T;
Profilform, Schneckenabmessungen: Vorhandene Verzahnwerkzeuge, Maschinen;
Umgebungstemperatur: Luftgeschwindigkeit, Zusatzkühlung, T

25.6.1 Überschlägige Auslegung

Man bestimmt die Abmessungen nach Abschn. a, b oder c und prüft dann, ob die Sicherheiten S_{T}, S_{H}, S_{W}, S_{F} und S_δ angemessen sind. Andernfalls muß man die Entwurfsdaten ändern und die Sicherheiten erneut überprüfen.

a) Achsabstand a, Übersetzung i und Leistung P_1 gegeben.

- Zähnezahl z_1 nach Erfahrung [25/7] wählen:

$$z_1 \approx \left(7 + 2{,}4\sqrt{a}\right)/u. \qquad (25/63)⊛$$

Zähnezahl z_1 auf nächste ganze Zahl auf- oder abrunden. Tendenz: Schnellaufgetriebe höhere z_1, Getriebe für hohes Drehmoment niedrige z_1, damit nach (25/2): $z_2 = u z_1$.

Beachten: Gesichtspunkte bei Herstellung des Rades mit Schlagzahn s. Abschn. 25.7.2 mit Fußnote 11 A. Mit der Radzähnezahl z_2 wächst die Laufruhe. Ferner $z_2 \geq 30$ bei $\alpha = 20°$ und normaler Zahnhöhe, damit stets mindestens zwei Zahnpaare im Eingriff sind. Mit steigendem z_2 sinkt die Zahnfußfestigkeit.

- Wahl des Durchmesser-Achsabstands-Verhältnisses $d_{\mathrm{m}1}/a$ nach Bild 25.17. Mit zunehmendem $d_{\mathrm{m}1}/a$ steigen die Sicherheiten gegen Grübchenbildung S_{H} und Durchbiegung S_δ, aber auch die Verlustleistung P_{Vz}, die Temperatursicherheit S_{T} fällt (vor allem bei großem u und μ_z). Im Hinblick auf hohen Wirkungsgrad strebt man also kleines $d_{\mathrm{m}1}/a$ an (Durchbiegung beachten, Gefahr von Zahneingriffsstörungen).
- Zahnreibungszahl μ_z nach (25/60) abschätzen.

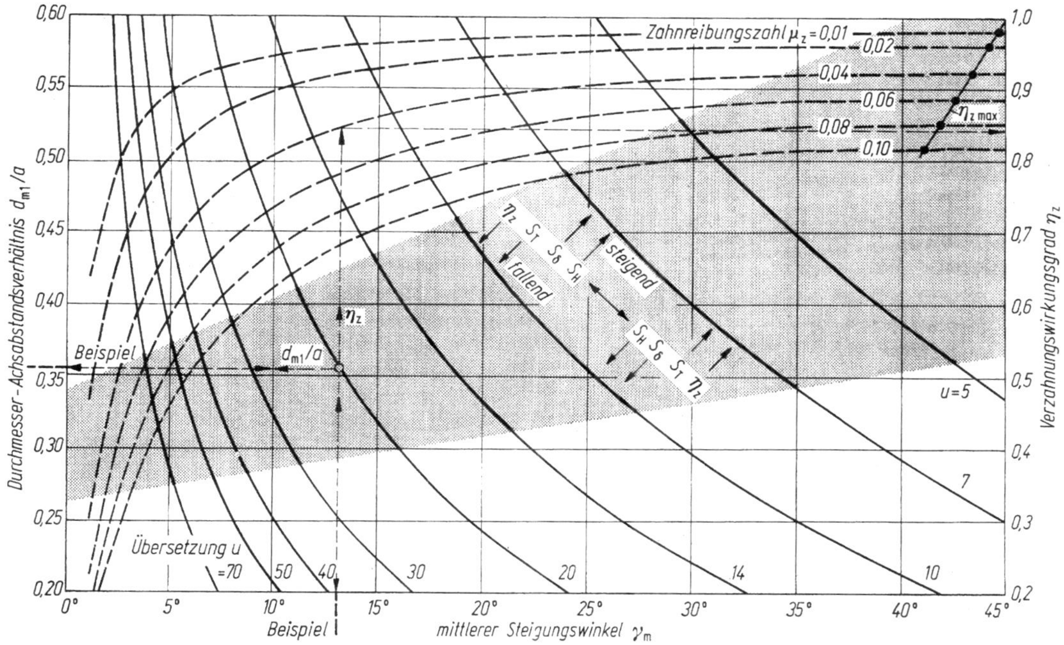

Bild 25/17. Durchmesser-Achsabstands-Verhältnis d_{m1}/a nach (25/24) mit $x = 0$ (*linke Ordinate*), Einfluß (Tendenzen) auf Sicherheiten S_δ, S_H, S_T und Wirkungsgrad η_z. Verzahnungswirkungsgrad bei treibender Schnecke η_z nach (25/56) (*rechte Ordinate*).

- Mit d_{m1}/a und μ_z Verzahnungswirkungsgrad η_z nach (25/56) oder (25/57) und (25/24) oder Bild 25/17 bestimmen.
- Damit $d_{m1} = a(d_{m1}/a)$ und $\tan\gamma_m$ nach (25/24). Schließlich ist zu prüfen, ob vorhandene Werkzeuge (insbesondere Wälzfräser) verwendet werden können. Damit liegt meist auch die Verzahnung fest.
- Empfehlung für Profilverschiebungsfaktor x:

ZI-Schnecken: $-0{,}5 \leq x \leq +0{,}5$, vorzugsweise $x = 0$ mit Tendenz zu positiven Werten (der Grundkreis darf nicht in den Bereich der aktiven Flanke fallen).

ZH-Schnecken: $0 \leq x \leq 1$, vorzugsweise im Mittel: $x = 0{,}5$; untere Werte bei hohen Belastungen (großes Eingriffsfeld $z_2 \geq 40$); obere Werte bei Schnellauf (günstig für Wirkungsgrad, hohe Genauigkeit erforderlich).

- Weitere Daten und Abmessungen nach (25/6) bis (25/15). Kopfspiel $0{,}167\,m < c_1 < 0{,}3\,m$; bevorzugt: $c_1 = 0{,}2$ m; meist $c_2 = c_1$.

b) Schnecke (d_{m1}, z_1, m) und Übersetzung i gegeben. Dieser Fall ist von Interesse, wenn Wälzfräser für das Verzahnen des Rades vorhanden sind. Weiter ist zu beachten, daß eine Schnecke (d. h. auch ein Wälzfräser) für verschiedene Übersetzungen verwendbar ist; es ergeben sich dann unterschiedliche Achsabstände.

Zunächst z_2 nach (25/2) bestimmen und x nach Abschn. a) wählen, d_{m2} nach (25/12) und a nach (25/3). Weitere Maße nach Abschn. a).

c) Radmoment T_2, Drehzahl n_1 und Übersetzung i gegeben. Für die Überschlagsrechnung wird das Kriterium der Grübchenfestigkeit zugrunde gelegt. Aus (25/76,79) folgt näherungsweise für eine rechnerische Lebensdauer von 25 000 h:

$$a = C_{HE}\sqrt[3]{Z_\rho^2 T_2 K_A S_{H\min}^2 [(n_2/8) + 1]^{1/4}}. \qquad (25/64)⊛$$

Hierin bedeuten:

C_{HE} Werkstoffkonstante; Anhaltswerte s. Tafel 25/4,

Z_{ρ} Kontaktfaktor nach Bild 25/19, mit d_{m1}/a nach Bild 25/17 und den Hinweisen in Abschn. a),

T_2 Radnennmoment,

K_{A} Anwendungsfaktor (vgl. Abschn. 25.4.1) nach Tafel 22.3/3,

$S_{\mathrm{H\,min}}$ Mindestsicherheit, für die Entwurfsrechnung $= 1{,}1 \dots 1{,}5$; höhere Werte bei großen Drehmomenten und unsicheren Annahmen für Belastung, Werkstoff, Fertigungsgenauigkeit.

Für n_2 Zahlenwert der Schneckenraddrehzahl n_2 einsetzen.

Bei Baureihen sollte der mit (25/64) berechnete Achsabstand auf den nächst höheren Wert der Reihe nach DIN 3976 aufgerundet werden.[7]

Bei einer von 25000 h abweichenden Lebensdauer L_{h} ist a zu multiplizieren mit $\sqrt[9]{L_{\mathrm{h}}/25000}$. Ansatz von L_{h} s. Abschn. 25.6.3a und (25/81).

Weiteres Vorgehen wie in Abschn. a).

25.6.2 Nachrechnung der Temperatursicherheit S_{T}

a) Bei **konstanter Belastung** und **Drehzahl** steigt nach Bild 25/18 die Übertemperatur der äußeren Gehäuseoberfläche gegenüber der Außenlufttemperatur ($\vartheta_{\mathrm{u}} = \vartheta_{\mathrm{ca}} - \vartheta_{\mathrm{ai}}$) mit der Zeit an, bis (nach mehreren Stunden) das Wärmestromgleichgewicht ($\dot{Q}_{\mathrm{zu}} = \dot{Q}_{\mathrm{ab}}$; $\mathrm{d}Q_{\mathrm{speicher}}/\mathrm{d}t = 0$) bei der Dauerübertemperatur an der Außenwand $\vartheta_{\mathrm{u}\infty}$ erreicht wird. Dabei stellt sich nach [25/26] eine Temperatur im Ölsumpf ein von etwa

$$\vartheta_{\mathrm{L}} = \vartheta_{\mathrm{ai}} + (\vartheta_{\mathrm{u}\infty} + 1{,}5)\left(1{,}03 + 0{,}1\sqrt{n_1/1000}\right) \approx \vartheta_{\mathrm{u}\infty} + (15 \dots 20\ \mathrm{K})\,. \qquad (25/65)⊛$$

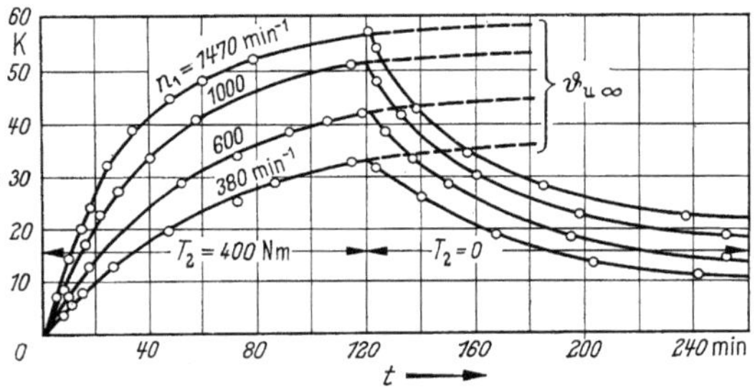

Bild 25/18. Gehäuseübertemperatur ϑ_{u} bei konstantem Abtriebsmoment T_2 [25/26]. $a = 100$ mm, $u = 20{,}5$.

Für ausreichende Lebensdauer der Ölfüllung muß $\vartheta_{\mathrm{L}} < \vartheta_{\mathrm{L\,grenz}}$ sein, wobei für $\vartheta_{\mathrm{L\,grenz}} = 70$ bis 80 °C anzustreben ist.

Möglich (und nach AGMA zugelassen) sind noch ca. 100 °C. Darüber sinkt die Lebensdauer der Schmierstoffe rapide, die Werkstoffe der Radialdichtringe werden angegriffen, die Additive beginnen auszufallen (verstärkt ab ca. 130 °C).

$\vartheta_{\mathrm{u}\infty}$ ist die Übertemperatur, bei der die entstehende Verlustleistung gleich der (durch Gehäusewand oder Ölkühler) abgeführten Wärmeleistung ist, d. h. $\dot{Q}_{\mathrm{ab}} = P_{\mathrm{V}}$. Daraus folgt:

Temperatursicherheit

$$S_{\mathrm{T}} = \dot{Q}_{\mathrm{ab}}/P_{\mathrm{V}} \geq 1\,. \qquad (25/66)$$

- Gesamtverlustleistung P_{V} s. (25/50). Wenn der Gesamtwirkungsgrad bekannt ist, kann man P_{V} auch aus (25/51) bzw. (25/52) bestimmen.
- Abgeführte Wärmeleistung bei Wärmestromgleichgewicht:

$$\dot{Q}_{\mathrm{ab}} = \vartheta_{\mathrm{u}\infty} A_{\mathrm{ca}} k_{\mathrm{ca}}\,. \qquad (25/67)$$

7 Achsabstandsreihe für Schneckengetriebe nach DIN 3976: 50, 63, 80, 100, 125, (140), 160, (180), 200, (225), 250, (280), 315, (360), 400, (450), 500, ...

• Zulässige Dauerübertemperatur in (25/65):

$$\vartheta_{\mathrm{u}\infty\mathrm{zul}} = \left[(\vartheta_{\mathrm{L\,grenz}} - \vartheta_{\mathrm{ai}}) / \left(1{,}03 + 0{,}1\sqrt{n_1/1000}\right)\right] - 1{,}5. \quad (25/68)⊛$$

• Wärmeabgebende Oberfläche des Gehäuses für stationäre Schneckengetriebe (z. B. Bild 25/22) mit ausreichender Gehäuseoberfläche (Kühlrippen):

$$\left.\begin{array}{ll} A_{\mathrm{ca}} \approx 9 \cdot 10^{-5} a^{1,88} & \text{für wärmetechnisch verripptes Gehäuse} \\ A_{\mathrm{ca}} \approx 9 \cdot 10^{-5} a^{1,80} & \text{für nicht verripptes Gehäuse} \end{array}\right\}. \quad (25/69)⊛$$

• Wärmedurchgangszahlen[8] für Getriebe mit Lüfter auf untenliegender Schnecke:

$$k_{\mathrm{ca}} \approx (15{,}2 + 8{,}28 \cdot 10^{-3} n_1)\, 10^{-3}; \quad (25/70)⊛$$

für untenliegende Schnecke ohne Lüfter[9]:

$$k_{\mathrm{ca}} \approx 0{,}013 \ldots 0{,}016 \text{ kW/m}^2\text{K}. \quad (25/71)⊛$$

Bei obenliegender Schnecke ist k_{ca} etwa 20% kleiner als bei untenliegender Schnecke. Eintauchtiefe ca. 30% des Schneckenraddurchmessers.

Bei eintauchender, obenliegender Schnecke sowie senkrechter Radwelle und seitlich angeordneter Schnecke, die halb im Schmierstoff eintaucht, liegen ähnliche Verhältnisse wie bei untenliegender Schnecke vor.

Für Fahrzeuge mit Schneckengetriebe im Fahrtwind:

$$k_{\mathrm{ca}} \approx 15 \cdot 10^{-3} \cdot (1 + 0{,}1 \cdot v_{\mathrm{ai}}), \quad (25/72)⊛$$

wobei $v_{\mathrm{ai}} \approx v_{\mathrm{Fahrzeug}}$ in m/s; praktisch gibt es hier kaum Kühlprobleme, wenn die Luft das Getriebe unbehindert umströmen kann.

Wenn die Verlustleistung im Dauerbetrieb größer als die abgeführte Wärmeleistung ist, sind zusätzliche Maßnahmen zur Kühlung erforderlich (stärkere Verrippung des Gehäuses, wobei die Rippen in Richtung der Luftströmung anzuordnen sind, eventuell größerer Achsabstand, Kühlung des Ölsumpfes mit Wasserschlange oder Ölkühler bei Einspritzschmierung).

Durch Verwendung von Schmiermitteln mit geringen Reibungszahlen (z. B. Syntheseölen) kann die Wärmegrenzleistung auch ohne Konstruktionsänderungen erhöht werden.

b) Bei **veränderlicher Belastung** und **Drehzahl** ist eine mittlere Leistung $P_{2\mathrm{m}}$ für S_{T} maßgebend. Anhaltswert:

$$P_{2\mathrm{m}} \approx \frac{P_{2(1)} t_{(1)} + P_{2(2)} t_{(2)} + \cdots}{t_{(1)} + t_{(2)} + \cdots}. \quad (25/73)$$

Hierbei ist $P_{2(1)}$ die Abtriebsleistung in der Zeit $t_{(1)}$ usw. Für die Berechnung von S_{T} nach (25/66) tritt $P_{2\mathrm{m}}$ an die Stelle von P_2.

c) Bei **Kurzzeit-Aussetzbetrieb** darf die Temperatursicherheit in der kurzen Einschaltzeit t_{E} bis auf den Wert S_{TK} nach Tafel 25/3 absinken, wenn die nachfolgende Pause länger als $4a/100$ h ist. $\dot{Q}_{\mathrm{ab}}$ wird nach (25/67) bestimmt, S_{TK} für die Bezugszeit t_{a} aus Tafel 25/3 entnommen.

$$t_{\mathrm{a}} = t_{\mathrm{E}}(100/a)\,(y_{\mathrm{K}}/y_{\mathrm{K0}}). \quad (25/74)⊛$$

Mit $y_{\mathrm{K0}} \approx 1 + y_{\mathrm{B}}$ und $y_{\mathrm{K}} = 1 + y_{\mathrm{B}}(n_1/1000)^{1,55}$⊛, wobei $y_{\mathrm{B}} = 0{,}35$ für Getriebe mit Lüfter und $y_{\mathrm{B}} = 0{,}14$ für Getriebe ohne Lüfter angenommen werden kann.

Tafel 25/3. Kurzzeit-Temperatursicherheit S_{TK} für Bezugszeit t_{a} nach (25/74)

t_{a}	0,1	0,14	0,2	0,3	0,4	0,7	1,0	1,4	2	3
S_{TK}	0,14	0,20	0,29	0,42	0,48	0,67	0,78	0,88	0,96	1,0

8 In Anlehnung an [25/61].

9 Größerer Wert für größere Achsabstände, wärmetechnische Verrippung, kleine Übertemperaturen; kleinerer Wert für kleinere Achsabstände, keine Verrippung, größere Übertemperaturen.

25.6.3 Nachrechnung der Grübchensicherheit S_H und der Verschleißsicherheit S_W

Die Zahnflanken können durch Grübchen oder/und Gleitverschleiß geschädigt und schließlich zerstört werden (Bild 25/9). Gefährdet sind in erster Linie die Flanken geringerer Härte, d. h. meist die Radflanken. Man muß davon ausgehen, daß Schneckenzahnflanken im Gebiet der Mischreibung laufen; die klassische Hydrodynamik ist deshalb zur Berechnung der Tragkraft nicht geeignet [25/11, 19]. Man benutzt die Hertzsche Pressung p_H als Kriterium für die Beanspruchung der Zahnflanken, und zwar sowohl gegen Grübchenbildung als auch gegen Verschleiß.

Für die Berechnung wird angenommen:

1. p_H ist längs einer B-Linie konstant.
2. p_H ist gleich für die gleichzeitig im Eingriff befindlichen B-Linien.

Diese Voraussetzungen treffen für den Neuzustand eines Getriebes nicht zu. Zum einen stellt man das Schneckenrad bei der Montage so ein, daß das Tragbild zur Auslaufseite hin liegt (s. Abschn. 25.7.3), zum anderen führen Fertigungsungenauigkeiten und Unterschiede zwischen den Krümmungen längs der Berührlinien zu Abweichungen. Man geht jedoch davon aus, daß diese sich bei genauer Schneckenverzahnung in der Einlaufphase durch Verschleiß ausgleichen.

Mit diesen Annahmen ergibt sich nach [25/11] die Hertzsche Pressung in einer Schneckenstellung bei m gleichzeitig im Eingriff befindlichen B-Linien aus

$$p_{H0}^2 = T_2 E \Bigg/ \left[\pi(1-\nu^2)\, d_{m2} \sum_{k=1}^{m} \int_{B\text{-Linie}} \varrho_n \cos\tau \, dl\right] \tag{25/75}$$

mit ϱ_n Ersatzkrümmungsradius senkrecht zur B-Linie, τ Winkel zwischen Tangentialebene im B-Punkt und Stirnschnittebene (in der T_2 wirkt), dl = Berührlinienelement; nach [25/19].

Man integriert über die B-Linien und summiert die Anteile aller gleichzeitig im Eingriff befindlichen B-Linien ($k = 1 \ldots m$). Das so ermittelte p_{H0} schwankt innerhalb einer Schneckenteilung, wegen der veränderlichen Gesamt-Berührlinienlänge und Krümmungsradien (Bild 25/5).

Wir rechnen mit dem Mittelwert der Flankenpressung:

$$\sigma_H = Z_E Z_\varrho \sqrt{1000 T_2 K_A / a^3}. \tag{25/76}⊛$$

Hierin sind:

Z_E Elastizitätsfaktor:

$$Z_E = \left(\pi[(1-\nu_1^2)/E_1 + (1-\nu_2^2)/E_2]\right)^{-1/2}, \tag{25/77}$$

mit $\nu = 0{,}3$ ist $Z_E = \{E_1 E_2/[2{,}86(E_1 + E_2)]\}^{1/2}$. Zahlenwerte s. Tafel 25/4.
Z_ϱ Kontaktfaktor, berücksichtigt Flankenkrümmung und Berührlinienlänge. Werte für den üblichen Anwendungsbereich s. Bild 25/19.

σ_H darf sowohl eine zulässige Pressung für Grübchenbildung σ_{HP} als auch eine zulässige Pressung für Verschleiß σ_{WP} nicht überschreiten.

a) Grübchensicherheit S_H aus der Bedingung:

$$\sigma_H \leq \sigma_{HP}. \tag{25/78}$$

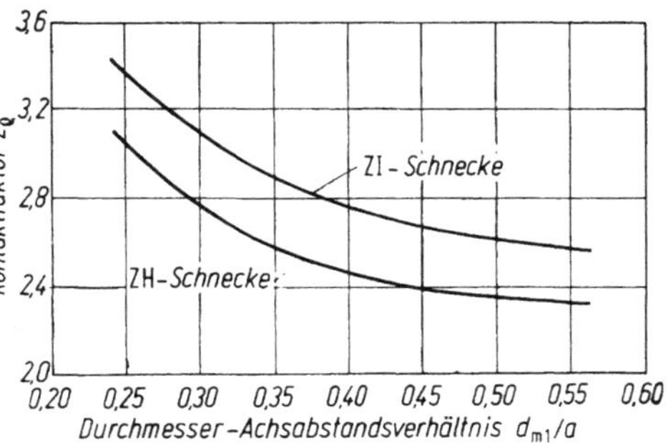

Bild 25/19. Kontaktfaktor Z_ϱ (aus dem Mittelwert der Hertzschen Pressung über den Eingriff berechnet auf der Grundlage von [25/19]); unter Berücksichtigung praktischer Erfahrungen $u = 5$ für große d_{m1}/a, $u = 20 \cdots 40$ für kleine d_{m1} zugrunde gelegt. ZI-Schnecke (näherungsweise auch für ZA-, ZN-, ZK-): $\alpha_0 = 20°$, $x \approx 0$; ZH-Schnecke: $\alpha_0 = 24°$, $x \approx 0{,}5$.

Näherungsgleichungen:
ZI-Schnecke: $Z_\varrho = 2{,}05\,(d_{m1}/a)^{-0{,}34}$;
ZH-Schnecke: $Z_\varrho = 1{,}86\,(d_{m1}/a)^{-0{,}34}$.

Tafel 25/4. Werkstoffkennwerte für Schneckengetriebe

DIN-Norm	Schneckenrad-Werkstoff	$R_{p0,2\,min}$ N/mm²	R_m N/mm²	HB —	δ_5 %	E-Modul N/mm²	Z_E [c] (N/mm²)$^{1/2}$	$\sigma_{H\,lim}$ [a] N/mm²	U_{lim} [b] N/mm²	C_{HE} [h] (mm²/N)$^{1/3}$	Y_W [a] —
1705	G-CuSn 12	140	260	80	12	88300	147	265	115	6,8	1,3
	GZ-CuSn 12	150	280	95	5	88300	147	425	190	4,9	1
	G-CuSn 12 Ni	160	280	90	14	98100	152,2	310	140	6,2	1,2
	GZ-CuSn 12 Ni	180	300	100	8	98100	152,2	520	225	4,4	0,95
	G-CuSn 10 Zn	130	260	75	15	98100	152,2	350	165	5,7	1,3
	GZ-CuSn 10 Zn	150	270	85	7	98100	152,2	430	190	5,0	1
—	GZ-CuSn 14	200	300	115	4	92700	150	370	180	5,5	1
1709	G-CuZn 25 Al 5	450	750	180	8	107900	157,4	500	565	4,6	1,4
	GZ-CuZn 25 Al 5	480	750	190	5	107900	157,4	550	605	4,3	1,1
1714	G-CuAl 11 Ni[d,e]	320	680	170	5	122600	163,9	250	402	7,5	1,4
	GZ-CuAl 11 Ni[d,e]	400	750	185	5	122600	163,9	265	502	7,3	1,1
	GZ-CuAl 10 Ni	300	700	160	13	122600	164	660	377	4,0	1,1[g]
1691	GG-25[e,f]	120	300	250		98100	152,3	350	150	5,7	1,4
1693	GGG-70[e,f]	500	790	260	5,5	175000	182	490	628	5,2	1,3

[a] Werte für $\sigma_{H\,lim}$ gelten für $u = 20{,}5$; Umrechnung auf andere u-Werte für GZ-CuSn 12 Ni nach [25/60]: $\sigma_{H\,lim}$ mal $0{,}223 \cdot u^{0,5}$.
Gilt bei Paarung mit einsatzgehärteter Schnecke (geschliffen) HRC 60 ± 2; bei Paarung mit vergüteter Schnecke (ungeschliffen): Werte für $\sigma_{H\,lim}$ mal 0,75; Werte für Y_W mal 1,2;
bei Paarung mit Graugußschnecke (ungeschliffen): Werte für $\sigma_{H\,lim}$ mal 0,5; Werte für Y_W mal 1,1

[b] Gilt für $\alpha_n = 20°$; für $\alpha_n = 25°$ Werte mal 1,2; bei Wechselbeanspruchung Werte mal 0,7; für gelegentlich auftretende Stoßbelastungen von kurzer Dauer (bis ca. 15 s entsprechend [25/7]) Werte mal 2,5

[c] Gilt bei Paarung mit Stahlschnecke; bei Paarung mit GG-Schnecke Z_E nach (25/77)

[d] Nur mit Mineralöl betreiben (begünstigt Einlaufen)

[e] Für kleine Gleitgeschwindigkeiten (Handbetrieb)

[f] Perlitisch

[g] Bei Überlastung höheres Y_W zu erwarten

[h] Nach (25/64, 76, 79): $C_{HE} = 10(Z_E/\sigma_{H\,lim})^{2/3}$ mit $Z_h = 1$

Die Grübchenfestigkeit $\sigma_{H\,lim}$ für ca. 50% Grübchenfläche wird nach Versuchen in einem Prüfgetriebe bei Standard-Betriebsbedingungen für eine Lebensdauer von 25000 h bestimmt. Abweichungen von diesen Bedingungen erfaßt man durch Umrechnungsfaktoren. Danach zulässige Flankenpressung (Grübchen):

$$\sigma_{HP} = \sigma_{H\,lim} Z_h / S_{H\,min}. \tag{25/79}$$

Hierin sind:

$\sigma_{H\,lim}$ Grübchenfestigkeit, Anhaltswerte s. Tafel 25/4.

$$Z_h \text{ Lebensdauerfaktor} = (25000/L_h)^{1/6} \leqq 1{,}6 \tag{25/80}$$ ⊛

Für gleichbleibende Belastung ist L_h die Lebensdauer in h. Bei Aussetz- und Kurzzeitbetrieb zählt nur die Betriebszeit. Zum Beispiel bei 40% Einschaltdauer (ED): $L_h = 0{,}4 L_{h\,gesamt}$.

Bei $Z_h > 1$ wird Nachrechnung der Temperatursicherheit zunehmend wichtiger. Bei entsprechenden Erfahrungen (Bewährung in der Praxis, Nachweis durch Erprobung) bei Kurzzeitbetrieb auch $Z_h > 1{,}6$ möglich. (Zum Beispiel bei Fahren gegen Anschlag: Armaturen, Klappen o. ä.)

Für wechselnde Belastung, wobei während der Zeit t am Rad die Nennumfangskraft F_{t2} (entspr. T_2 in (25/76)) auftritt, während der Zeit t_1 die Umfangskraft F_{t21} usw., ist L_h die äquivalente Lebensdauer, die nach den Gesetzmäßigkeiten der Wälzlager ermittelt wird:

$$L_h = (tF_{t2}^3 + t_1 F_{t21}^3 + t_2 F_{t22}^3 + \cdots)/F_{t2}^3. \tag{25/81}$$

Z_n Lastwechselfaktor für gleichbleibende Drehzahl:

$$Z_n = [1/(n_2/8 + 1)]^{1/8}; \qquad (25/82)⊛$$

für wechselnde Drehzahl, wobei während der Zeit t_0 die Drehzahl n_{10}, (Z_{n0}) auftritt, während der Zeit t_1 die Drehzahl n_{11}, (Z_{n1}) usw.:

$$Z_n = \left(\frac{Z_{n0}^2 t_0 + Z_{n1}^2 t_1 + Z_{n2}^2 t_2 + \cdots}{t_0 + t_1 + t_2 + \cdots}\right)^{1/2}. \qquad (25/83)$$

$S_{H\,min}$ Mindestsicherheitsfaktor für Grübchenbildung, je nach der Zuverlässigkeit der Angaben und Folgen eines Schadensfalles = 1 ... 1,3.

Damit Sicherheit gegen Grübchenbildung:[10]

$$S_H = \sigma_{H\,lim} Z_h Z_n/\sigma_H = \sigma_{H\,lim} Z_h Z_n / \left(Z_E Z_\rho \sqrt{1000 T_2 K_A/a^3}\right) \geq S_{H\,min}. \qquad (25/84)⊛$$

b) Verschleißsicherheit S_W aus der Bedingung:

$$\sigma_H \leq \sigma_{WP}. \qquad (25/85)$$

Vorbemerkung. Dieser Berechnungsansatz basiert auf umfangreichen, langwierigen Versuchen [25/21, 57]. Es ist jedoch bekannt, wie stark geringfügige Änderungen von Werkstoff, Schmierstoff, Bearbeitung, Verunreinigungen u. ä. das Verschleißverhalten verändern können.

Man sollte die hier angegebenen Kennwerte daher als Richtwerte ansehen, sie durch eigene Beobachtungen überprüfen und ggf. an die vorliegenden Bedingungen anpassen.

Der Zusammenhang zwischen Verschleißfestigkeit $\sigma_{W\,lim}$, Verschleißmasse Δm_{lim} und Lebensdauer ist in Bild 25/20 für eine Werkstoff/Schmierstoff-Paarung und die angegebenen Betriebsbedingungen dargestellt.[11]

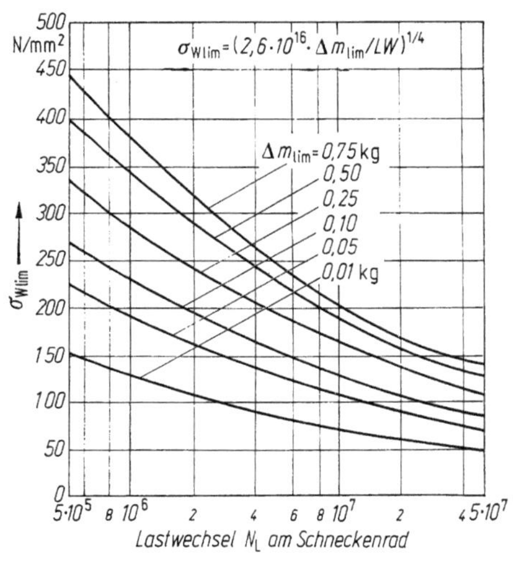

Bild 25/20. Verschleißfestigkeit $\sigma_{W\,lim}$ für Werkstoff/Schmierstoff-Paarung GZ-CuSn 12/16 MnCr 5 E, einsatzgehärtet und geschliffen mit EP-Mineralöl L4 (vgl. Fußnote e zu Tafel 25/5).

Andere Verhältnisse kann man mit Umrechnungsfaktoren erfassen. Danach zulässige Flankenpressung (Verschleiß):

$$\sigma_{WP} = \sigma_{W\,lim} W_P W_R W_v / S_{W\,min}. \qquad (25/86)$$

10 „Kraftsicherheit", d. h. Verhältnis der übertragbaren Grenz-Umfangskraft zur auftretenden Umfangskraft $S_{HL} = S_H^2$.

11 Nach Versuchen mit Schneckengetriebe $a = 100$ mm; $u = 20{,}5$; $\gamma_m = 12{,}533°$; $m = 4$ mm; Einspritzschmierung [25/21], vgl. auch [25/57].

Hierin bedeuten:

$\sigma_{\mathrm{W\,lim}}$ Verschleißfestigkeit s. Bild 25/20. Die zulässige Verschleißmasse Δm_{lim} kann durch folgende Bedingungen bestimmt sein:

1. (Vor allem für große Getriebe sinnvoll): Bei der geforderten Lebensdauer L_{h} darf Δm_{lim} keine Folgeschäden im Getriebe verursachen (Ablagerungen im Getriebegehäuse bei Tauchschmierung, Filterkapazität bei Einspritzschmierung). Hierbei kann man Δm_{lim} direkt — in kg — ansetzen und $\sigma_{\mathrm{W\,lim}}$ aus Bild 25/20 entnehmen. Die Bedingungen 2 und 3 müssen eingehalten sein.

2. (Vor allem bei kleinen Belastungen): Die Schneckenradzähne dürfen gerade noch spitz werden. Bei normalem Zahnprofil liegt man mit einem Zahndickenabtrag $\Delta s_{\mathrm{n}} \leq 0{,}3\, m_{\mathrm{n}}$ auf der sicheren Seite.

3. (Bei allen Leistungsgetrieben): Bei der geforderten Lebensdauer L_{h} muß die Zahnfußsicherheit S_{F} der durch Verschleiß geschwächten Radzähne nach (25/90) noch ausreichend sein. Die Zahnfußtragfähigkeit ist etwa $\sim s_{\mathrm{fn}}^2$ (mit s_{fn} = Zahnfußdicke); da $s_{\mathrm{fn}} \approx 2\, m_{\mathrm{n}}$, sinkt S_{F} bei einem Abtrag von Δs_{n} etwa mit dem Faktor $(1 - \Delta s_{\mathrm{n}}/2\, m_{\mathrm{n}})^2$.

4. (Bei Umkehrgetrieben): Durch Verschleiß darf ein maximales Flankenspiel nicht überschritten werden.

Berechnung der Verschleißmasse Δm aus Δs_{n} für Punkte 2...4:

$$\Delta m = \Delta s_{\mathrm{n}} z_2 A_{\mathrm{z2}} \varrho_{\mathrm{Rad}}/10^6;\circledast$$

A_{z2} Flankenfläche eines Radzahnes: $A_{\mathrm{P2}}/(\cos\gamma_{\mathrm{m}} \cos\alpha)$;
A_{P2} Projektionsfläche im Schneckenstirnschnitt (Bild 25/21) bei normaler Zahnhöhe $\approx 2\pi m d_{\mathrm{m1}} \vartheta/360°$ mit ϑ in °;
ϑ nach Konstruktionszeichnung, überschlägig $\vartheta \approx 90°$;
ϱ_{Rad} Dichte des Radwerkstoffes s. Tafel 25/5; damit etwa $\Delta m = 1{,}5 \Delta s_{\mathrm{n}} z_2 m d_{\mathrm{m1}} \varrho_{\mathrm{Rad}}/(10^6 \cos\gamma_{\mathrm{m}} \cos\alpha)$.⊛ Mit $\Delta m = \Delta m_{\mathrm{lim}}$ erhält man $\sigma_{\mathrm{W\,lim}}$ nach Bild 25/20.

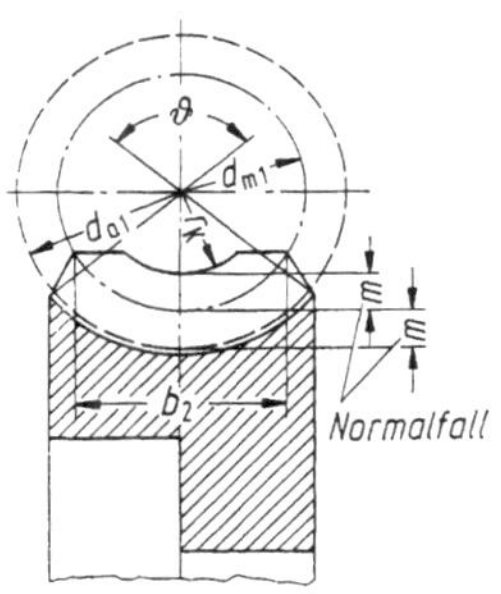

Bild 25/21. Maße zur Berechnung der Flankenfläche eines Radzahnes.

W_{P} Verschleiß-Paarungsfaktor. Er erfaßt den Einfluß von Werkstoff und Schmierstoff auf den Verschleiß. Anhaltswerte s. Tafel 25/5. Einfluß der Qualität von Werkstoff und Schmierstoff s. Abschn. 25.7.4 und 5.

W_{R} Verschleiß-Rauheitsfaktor. Über den Einfluß der Rauheit der Schneckenflanken liegen kaum Versuchsergebnisse vor. Hilfsweise kann man den Einfluß wie bei der Reibungszahl (25/59) ansetzen: $W_{\mathrm{R}} \approx \sqrt[4]{R_{\mathrm{z0}}/R_{\mathrm{z}}}$; R_{z0} und Anhaltswerte für R_{z} s. Abschn. 25.5.3.

W_{v} Verschleiß-Geschwindigkeitsfaktor nach [25/21]:

$$W_{\mathrm{v}} = \sqrt[4]{n_1 (v_{\mathrm{g0}} + v_{\mathrm{gm}}^{1,5})/(u v_{\mathrm{gm}})}. \qquad (25/87)\circledast$$

Anhaltswerte für v_{g0} s. Tafel 25/5.

$S_{\mathrm{W\,min}}$ Mindestsicherheit gegen Verschleiß. Je nach Zuverlässigkeit der Angaben und Folgen eines Schadensfalles $= 1 \ldots 1{,}3$.

Tafel 25/5. Verschleiß-Paarungsfaktor W_P, Kenngeschwindigkeit v_{g0}, Werkstoffdichte ϱ_{Rad} für einige Werkstoff-Schmierstoff-Paarungen nach [25/21] (ermittelt für $u = 20{,}5$); Übersetzungseinfluß nach [25/60].

Rad Schnecke[a]		Einh.	GZ-CuSn 12 16 MnCr 5[c], 42 CrMo 4[d]		GZ-CuSn 12 Ni 16 MnCr 5[c], 42 CrMo 4[d]		GZ-CuSn 14, GZ-CuZn 11 Ni[b], GZ-CuAl 10 Ni 16 MnCr 5[c]		
Öl L 4 [e]	W_P [j] (Bereich) [g]	—	1 (0,88 bis 1,37)	0,63 (0,56 bis 0,87)	0,57 $u^{0,18}$ (0,7 bis 1,42)	1,21 (1,06 bis 1,66)	0,74 (0,65...1,01)	1,30 (1,14...1,78)	0,63 (0,55...0,86)
	v_{g0}	m/s	0,11	0,65	0,13	0,06	0,34	0,04	0,86
Öl S 2 [f] Öl S 1 [h]	W_P [j]	—	1,71 (0,98)	1,56 (0,89)	1,15 $u^{0,18}$ (1,16)	—[k] —[k]	2,28 (1,31)	1,62 (0,93)	—[k] —[k]
	v_{g0}	m/s	0,10	0,85	0,10	—[k]	0,06	0,005	—[k]
ϱ_{Rad}		mg/mm³	8,8		8,8		8,9	8,3	7,4

[a] Geschliffen, $R_z \approx 3\,\mu m$
[b] Sondermessing
[c] Einsatzgehärtet ca. 60 HRC
[d] Vergütet
[e] L 4: Mineralöl mit EP-, Korrosionsschutz- und Alterungsschutz-Zusätzen; $\nu_{40} = 460\ mm^2/s$, VI = 95
[f] S 2: Syntheseöl (Polyether); $\nu_{40} = 220\ mm^2/s$, VI = 200
[g] Streubereich der untersuchten, unlegierten, legierten und pflanzlichen Öle — z. T. bei gleicher Markenbezeichnung
[h] S 1: Syntheseöl (Polyglycol), $\nu_{40} = 140\ mm^2/s$, VI = 140
[j] Für optimal feinkörniges Schleudergußgefüge; bei grobkörnigem Gefüge starke Abweichungen nach unten. Für Sandguß können die Werte auf 50% und darunter absinken
[k] Keine Versuchswerte

Damit Sicherheit gegen Verschleiß:[12]

$$S_W = \sigma_{W\,lim} W_P W_R W_v / \sigma_H = \sigma_{W\,lim} W_P W_R W_v \Big/ \left(Z_E Z_\varrho \sqrt{1\,000 T_2 K_A / a^3}\right) \geq S_{W\,min}. \quad (25/88)✻$$

Man beachte: Das Getriebe ist gegen Verunreinigung des Öls (Sand, Staub, o. ä.) sorgfältig abzudichten, s. z. B. Bild 25/23. Andernfalls kann sich der Verschleiß drastisch erhöhen.

25.6.4 Nachrechnung der Zahnbruchsicherheit S_F

Für die überschlägige Kontrolle der Zahnfußbeanspruchung des Rades benutzen wir den U-Faktor (vgl. Abschn. 22.1.3):

$$U = F_{tm2} K_A / (m b_2) \leq U_{lim}. \quad (25/89)$$

Zahnbruchsicherheit:[13]

$$S_F = U_{lim} m b_2 / (F_{tm2} K_A) \geq 1{,}4 \quad (25/90)$$

je nach der Zuverlässigkeit der Angaben und den Folgen eines Schadensfalles. U_{lim} s. Tafel 25/4, K_A Anwendungsfaktor s. Tafel 22.3/3, für b_2 ist die tatsächliche Zahnbreite einzusetzen, jedoch b_2 nicht größer als nach (25/29).

25.6.5 Nachrechnung der Durchbiegesicherheit S_δ

Die Schneckenwelle wird durch die Radialkraft F_{rm} senkrecht zur Radachse um δ_{rm} und durch die Umfangskraft F_{tm1} in Richtung der Radachse um δ_{tm1} durchgebogen. Knickung der Schneckenwelle durch $F_{xm1} = F_{tm2}$ ist meist zu vernachlässigen. Der Anteil δ_{rm} führt

12 „Kraftsicherheit", d. h. Verhältnis der übertragbaren Grenz-Umfangskraft zur auftretenden Umfangskraft $S_{WL} = S_W^2$.

13 Aufgrund neuerer Untersuchungen [25/60] ist für die überschlägige Kontrolle eine Mindestsicherheit von 1,4 vorzusehen.

zu Störungen der Eingriffsverhältnisse, weil das Verzahnungsgesetz verletzt wird. Der Anteil δ_{tm1}, der auch von der Reibungszahl abhängt, führt zu Tragbildverlagerungen und damit eventuell zu örtlichen Überlastungen der Radflanken.

Der Forderung nach möglichst kleiner Schneckendurchbiegung (großes d_{m1}) steht oftmals der Wunsch nach großem Verzahnungswirkungsgrad η_{z} (kleines d_{m1}) gegenüber.

Einzeldurchbiegungen eines zweiseitig frei aufliegenden, mittig belasteten Balkens:

$$\delta_{\mathrm{rm}} = F_{\mathrm{rm}} l^3/(48EI) \qquad (25/91)$$

$$\delta_{\mathrm{tm1}} = F_{\mathrm{tm1}} l^3/(48EI). \qquad (25/92)$$

Resultierende Durchbiegung:

$$\delta_{\mathrm{m}} = \sqrt{\delta_{\mathrm{rm}}^2 + \delta_{\mathrm{tm1}}^2} = \sqrt{F_{\mathrm{rm}}^2 + F_{\mathrm{tm1}}^2}\, l^3/(48EI). \qquad (25/93)$$

Kraftkomponenten s. Abschn. 25.4.3.

Flächenträgheitsmoment $I \approx \pi d_{\mathrm{m1}}^4/64$ (Mit d_{m1} berücksichtigt man die Versteifung der Schneckenwelle durch die Schneckenwindungen; der Einfluß der Gangzahl kann vernachlässigt werden),

E Elastizitätsmodul des Schneckenwerkstoffes (i. allg. Stahl),

l_1 Abstand der Schneckenlager (Bild 25/14).

Damit resultierende Durchbiegung bei treibender Schnecke aus Stahl und symmetrischer Lagerung

$$\delta_{\mathrm{m}} = 2 \cdot 10^{-6}\, l_1^3 F_{\mathrm{tm2}} \sqrt{\tan^2 \alpha_{\mathrm{x}} + \tan^2 (\gamma_{\mathrm{m}} + \varrho_{\mathrm{z}})} / d_{\mathrm{m1}}^4 \leq \delta_{\mathrm{lim}}. \qquad (25/94)⊛$$

Grenzwert für die Durchbiegung:

Gehärtete Schnecke $\delta_{\mathrm{lim}} \approx 0{,}004\, m$; vergütete Schnecke $\delta_{\mathrm{lim}} \approx 0{,}01\, m$ (25/95)⊛

Durchbiegesicherheit:

$$S_\delta = \delta_{\mathrm{lim}}/\delta_{\mathrm{m}} \geq 0{,}5 \ldots 1 \qquad (25/96)$$

je nach Einlauffähigkeit der Werkstoffpaarung und Anforderung an den Wirkungsgrad.

25.7 Gestaltung, Herstellung, Genauigkeit, Werkstoff, Schmierung, Montage

Beispiele s. Bilder 25/22, 23. Allgemeine Hinweise zur Gestaltung von Gehäusen, Wellen, Dichtungen s. Abschn. 22.2.3, zu Werkstoffen s. Abschn. 21.9, zu Schmierstoffen s. Abschn. 21.10.

25.7.1 Gestaltung von Bauelementen der Schneckengetriebe

Werkstattzeichnungen von Schnecke und Schneckenrad s. Bild 25/24.

a) Schnecke.[14] Bei treibender Schnecke kann man durch Wahl der Steigungsrichtung oder durch Anordnung der Schnecke (unten- oder obenliegend) die Drehrichtung des Schneckenrades bestimmen (Bild 25/22). Üblich sind rechtssteigende Schnecken.

Bei Einspritzschmierung kann die Schnecke beliebig oben, unten oder seitlich zum Schneckenrad angeordnet werden; bei Tauchschmierung legt man die Schnecke möglichst nach unten. Für $v_1 \leq 1$ m/s kann sie auch seitlich, für $v_1 \leq 5$ m/s auch oben liegen.

Bei geeigneter Konstruktion, z. B. Rippen oder Ölleitbleche, die das abgeschleuderte Öl in die Verzahnung zurückführen, können die angegebenen Grenzen auch überschritten werden.

---

14 Bei hochbeanspruchten Getrieben sollte man versuchen, Rad (mit Welle) und evtl. Schnecke (einschl. Wellenenden) voll symmetrisch zur Radialschnittebene durch Mitte Zahnbreite auszuführen. Dann kann man nach Flankenschäden den Radsatz wenden, d. h. die Rückflanken benutzen.

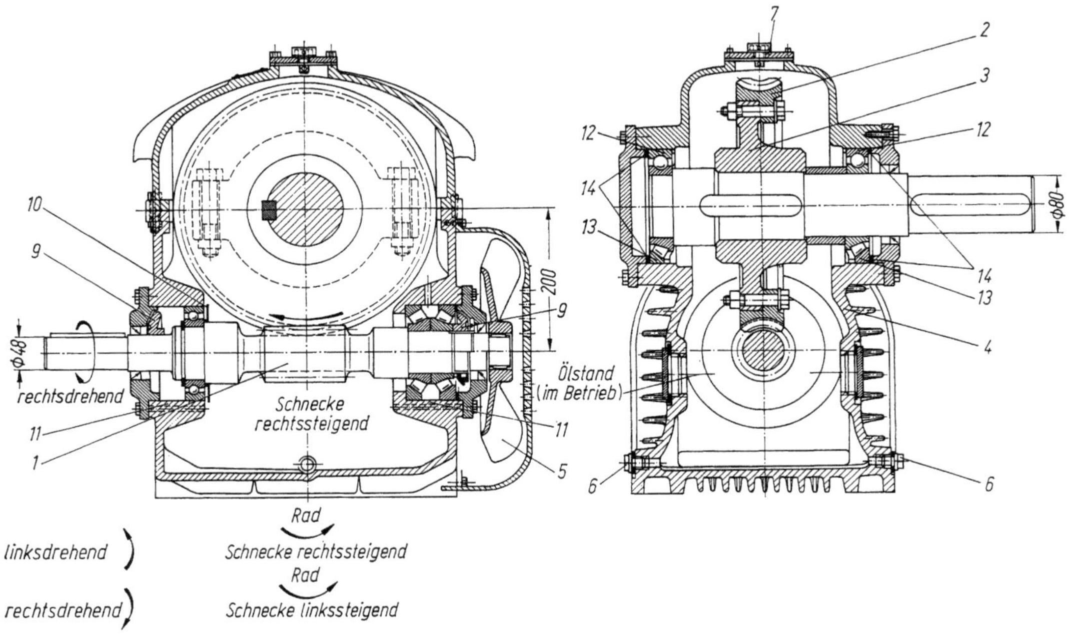

Bild 25/22. Schneckengetriebe (Flender, Bocholt). Nennleistung 24,5 kW, $n_1 = 1500\ \mathrm{min}^{-1}$, $u = 20{,}5$. *1* ZH-Schnecke: 16 MnCr 5 einsatzgehärtet, geschliffen; *2* Radkranz GZ-CuSn 12; *3* Nabe St 37; *4* Gehäuse GG 20 mit waagerechten Rippen; *5* Lüfter; *6* Ölablaß; *7* Schaulochdeckel mit Entlüftung; *8* Radialdichtringe (nach innen dichtend); unterschiedliche Abdichtung der Schneckenwelle möglich: *9* zusätzliche Dichtringe; *10* Schleuderscheibe (s. Text); *11* Ölrücklauf (versetzt gezeichnet, vgl. Bild 22.2/26); *12* Rillenkugellager (für leichten Betrieb); *13* Kegelrollenlager (für schweren Betrieb); *14* Paßscheiben für axiales Einstellen des Rades.

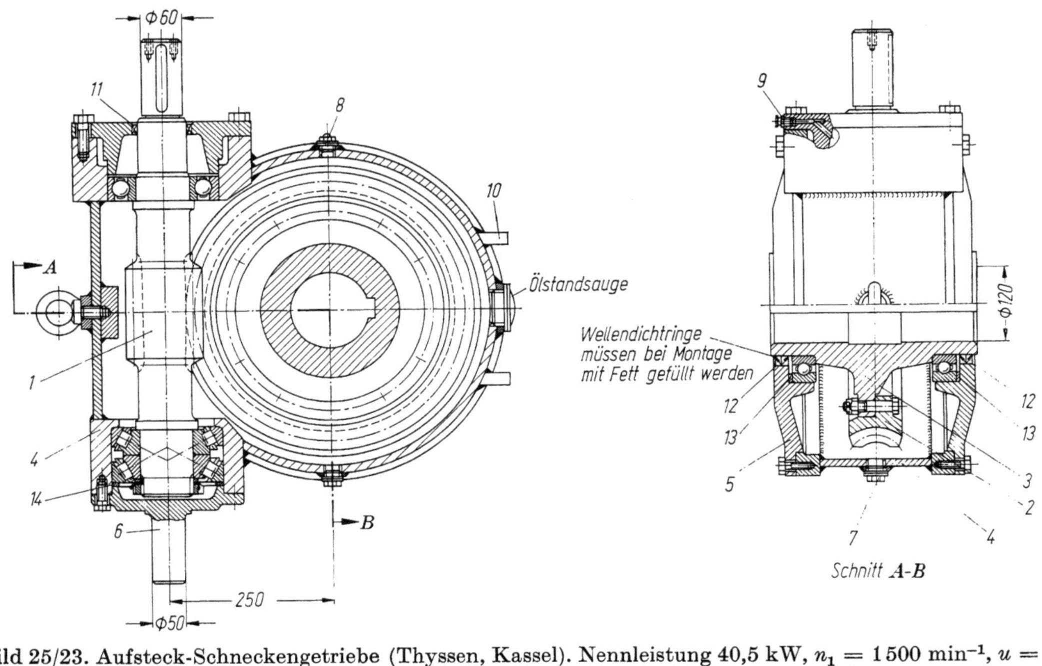

Bild 25/23. Aufsteck-Schneckengetriebe (Thyssen, Kassel). Nennleistung 40,5 kW, $n_1 = 1500\ \mathrm{min}^{-1}$, $u = 20$. *1* ZI-Schnecke, 16 MnCr 5 einsatzgehärtet, geschliffen; *2* Radkranz GZ-CuSn 12; *3* Hohlwelle St 37; *4* geschweißtes Gehäuse St 37-2; *5* Gehäusedeckel GG 25; *6* Aufnahme für Drehmomentstütze; *7* Ölablaß; *8* Öleinfüllöffnung; *9* Entlüftung; *10* Montagestütze; *11* ein Doppel-Radial-Dichtring; *12* zwei Radial-Dichtringe (nach innen und außen dichtend); *13* Paßscheiben für axiales Einstellen des Rades; *14* Paßscheibe für Lagerspieleinstellung.

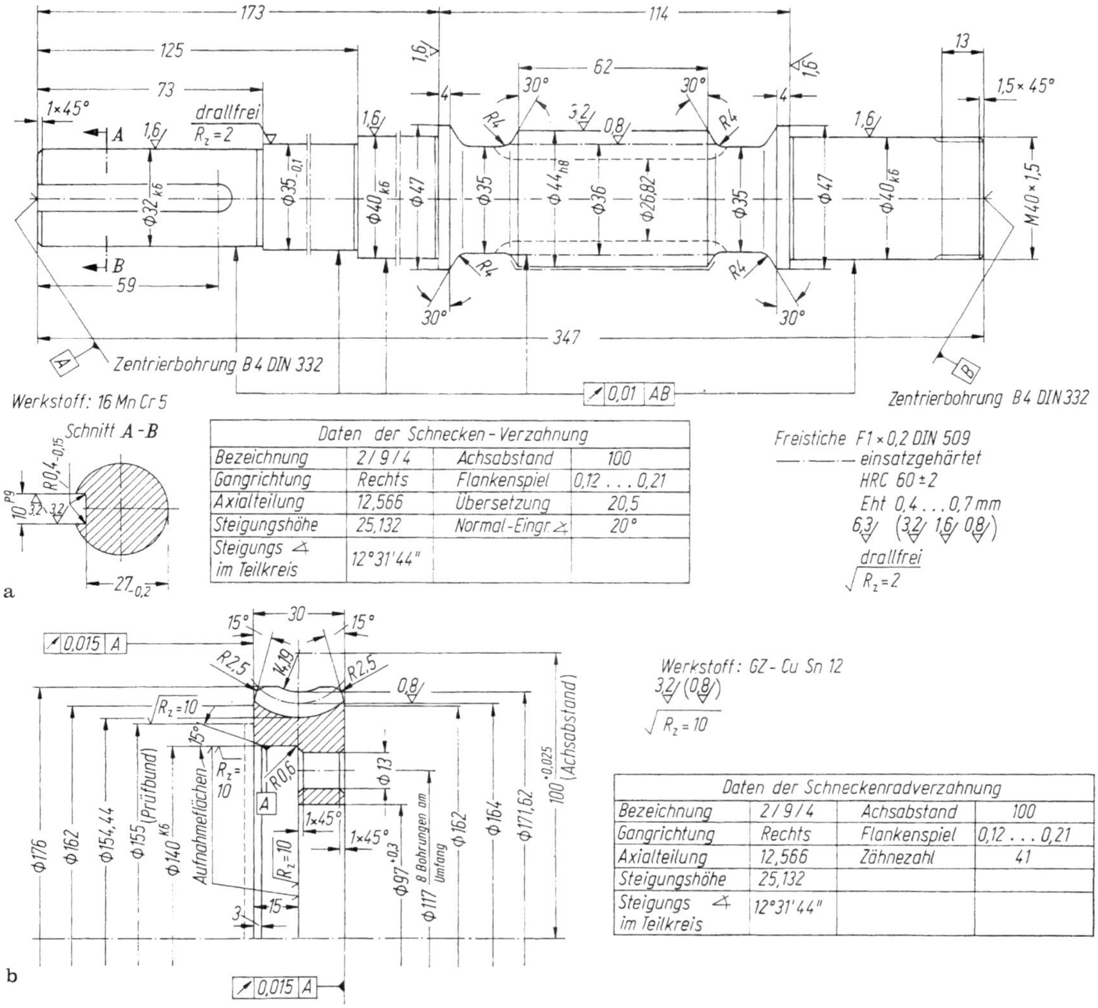

Daten der Schnecken-Verzahnung			
Bezeichnung	2/9/4	Achsabstand	100
Gangrichtung	Rechts	Flankenspiel	0,12 . . . 0,21
Axialteilung	12,566	Übersetzung	20,5
Steigungshöhe	25,132	Normal-Eingr.∢	20°
Steigungs ∢ im Teilkreis	12°31'44"		

Daten der Schneckenradverzahnung			
Bezeichnung	2/9/4	Achsabstand	100
Gangrichtung	Rechts	Flankenspiel	0,12 . . . 0,21
Axialteilung	12,566	Zähnezahl	41
Steigungshöhe	25,132		
Steigungs ∢ im Teilkreis	12°31'44"		

Bild 25/24. Beispiel für Werkstattzeichnungen (Thyssen, Kassel). a) Schnecke; b) Schneckenrad (Prüfbund nur bei Genauigkeitsgetrieben).

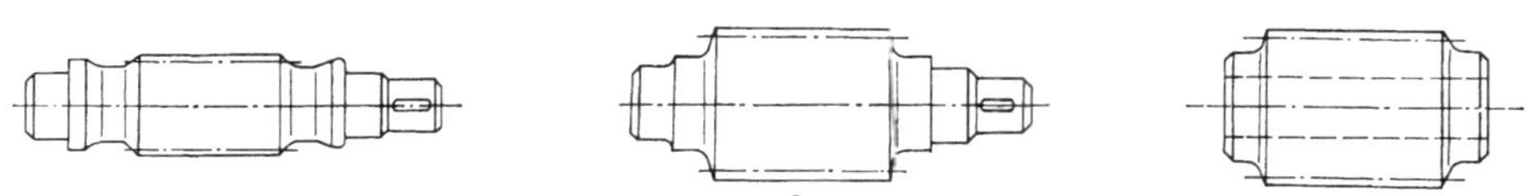

a b c

Bild 25/25. Schneckenformen. a) Eingeschnittene Vollschnecke; b) Vollschnecke; c) Bohrungsschnecke [25/44].

Übliche Schneckenformen s. Bild 25/25. Eingeschnittene Vollschnecken (Formzahl $q = 7 \dots 11$) werden für schnellaufende Leistungsgetriebe bevorzugt. Bei gegebenem Achsabstand und gegebener Übersetzung sind dabei großer Modul (Fußfestigkeit) und großer Steigungswinkel (guter Wirkungsgrad) möglich; andererseits muß man das Werkzeug radial zustellen (kein axialer Auslauf), ferner: Schneckendurchbiegung eventuell kritisch.

(Nicht eingeschnittene) Vollschnecke mit größerem Durchmesser ($q = 12 \dots 17$) wird nur für langsamlaufende Getriebe angewendet. Eigenschaften: Freier Auslauf für alle Verzahnwerkzeuge (z. B. gut geeignet zum Wirbeln), Durchbiegung gering, jedoch kleiner Modul (Fußfestigkeit) und kleiner Steigungswinkel (schlechter Wirkungsgrad).

Bohrungsschnecke zwar nicht geeignet für Leistungsgetriebe, Verzahnung jedoch wirtschaftlich herstellbar. Schnecken unterschiedlicher Zähnezahl (Übersetzung) lassen sich auf einheitliche Wellen aufstecken, aber Steifigkeit der Wellen geringer. Übrige Eigenschaften wie bei der nicht eingeschnittenen Vollschnecke.

b) Schneckenrad (vgl. Fußnote 11). Verbreitetste Verbindung zwischen GG- oder Baustahlnabe und Zahnkranz durch Paßschrauben (Bilder 25/22, 23). Um Ausschlagen der Bohrungen im weichen Zahnkranz zu vermeiden, Schrauben bis zum Fließen des Werkstoffes unter den Auflageflächen anziehen (Flächenpressung durch HV-Scheiben z. B. DIN 6916 verringern). Wegen der höheren Wärmedehnung der Bronze, Radkranz mit ca. 50 K höherer Temperatur aufziehen! Geschrumpfte Zahnkränze erfordern dicken Bronzering, Formschlußsicherung. Ferner muß man sehr sorgfältig fertigverzahnen, da Schrumpf mit Werkstoffabtrag nachgibt und die Zahnform verändert (gilt auch für aufgegossene Radkränze, weniger für mit Hartlot gelötete). Auch Schweißverbindung Bronze/GG oder St mit Spezialelektrode oder durch Elektronenstrahlschweißen möglich. Kleben problematisch: Fuge reißt bei Wärmedehnung des Bronzekranzes. Nur bei kleinen Schneckenrädern ist es wirtschaftlich, das ganze Schneckenrad aus Bronze herzustellen (engen Sitz wählen, Flächenpressung an Paßfeder prüfen).

c) Gehäuse (vgl. hierzu auch Bilder 25/22,23). Schaulochdeckel möglichst so anordnen, daß man das Tragbild auf den Radflanken kontrollieren kann. Kühlrippen in Richtung der Luftbewegung legen (bei Lüfter auf Schneckenwelle zu beachten). Gehäuse von Seriengetrieben werden im Bereich der Schnecken- und Radwellenlagerung symmetrisch ausgeführt, so daß An- und Abtrieb jeweils von oder nach beiden Seiten möglich sind (Bilder 25/22,23).

d) Lagerung. Nur wenn extreme Laufruhe erforderlich (z. B. bei Aufzuggetrieben), verwendet man zur Aufnahme der Radialkräfte Gleitlager (an der Schnecke zusätzliche Axialwälzlager). Sonst sind Wälzlager üblich.

Für die Schneckenwelle möglichst kleinen Lagerabstand l anstreben, um Durchbiegung unter Belastung (Verlagerung des Tragbildes) klein zu halten. ($l = (1{,}3 \ldots 1{,}5)\, a$ mit 1,3 für $a \approx 500$ und 1,5 für $a \approx 50$).

Schrägkugellager (Reihe 73) und Kegelrollenlager (Reihe 313 für überwiegende Axialkräfte) sind in weiten Bereichen gleichwertig. Tendenz zu Kegelrollenlagern wegen einteiliger Gehäuse und leichter Montage; meist auch kostengünstiger. Durch leichte Balligkeit der Kegelrollen wird Durchbiegung aufgefangen. Anstellen der Lager z. B. mit Paßscheiben. Bei großen Kräften ist Fest-Los-Lagerung zweckmäßig, wobei das Festlager meist ein kombiniertes Lager ist (z. B. Doppelkegelrollenlager oder zweireihiges Schrägkugellager). Getrennte Radial- und Axiallager nur bei Großgetrieben, da unabhängig voneinander einstellbar. — Als Loslager sind Rillenkugel-, Zylinderrollen-, oder Pendelrollenlager geeignet.

Für die Lagerung der Radwelle gelten dieselben Gesichtspunkte. Allerdings sind hier die Radialkräfte bestimmend, deshalb Rillenkugellager geeignet; bei größeren Kräften oder Abmessungen zieht man Kegelrollenlager vor. — Der Lagerabstand l soll nicht zu klein sein, um seitliches Kippen des Rades durch die Zahnkraft zu verhindern (l ca. $(0{,}5 \ldots 0{,}7)\, d_2$, mit 0,7 bei kleineren Getrieben). Anordnung der Lager meist symmetrisch zur Mitte von Schnecken- und Schneckenradverzahnung.

Bei hoher Verschleißbeanspruchung müssen die Lager u. U. auch zum Gehäuseinneren abgedichtet und gesondert geschmiert werden. — Auch umlaufende Blechscheiben vor den Lagern geben einen gewissen Schutz gegen Abrieb und entlasten die Dichtringe.

Rechnerische Lagerlebensdauer nicht größer als nötig wählen (Kosten, größere Lager insbesondere bei großen Drehzahlen lauter). Beispiele bezogen auf Nennleistung bei üblichen Industriegetrieben: 1000 h mitunter ausreichend; 2000 bis 3000 h meist zufriedenstellend; 10000 bis 20000 h durchweg sehr sichere Auslegung, größere Lager; 50000 h von manchen Betreibern gefordert (wesentlich größere Lager, meist größerer Achsabstand erforderlich).

25.7.2 Herstellung

Schneckenflankenformen ZA, ZN und näherungsweise auch ZK (Bild 25/3) können auf der Drehbank geschnitten werden (Einzelfertigung). Bei Kleinserien benutzt man Scheibenfräser und Schneidräder (Schälen). In weiten Bereichen hat sich (Gewinde-) Wirbeln durchgesetzt. Mehrgängige Evolventenschnecken (ZI-Form) können wie Schrägstirnräder auf Wälzfräsmaschinen verzahnt werden. Kleine Schnecken werden oft (spanlos) fertiggerollt. Genauigkeitsschnecken werden fertiggeschliffen (evtl. zusätzlich strahlgeläppt), wobei Profilschleifen wegen der höheren Wirtschaftlichkeit bevorzugt wird (auch bei ZI-Schnecken); bei ebener Schleifscheibe (Bild 25/3d) müßten Vor- und Rückflanke getrennt geschliffen werden. Erreichbare Flankenrauheit s. Abschn. 25.5.3.

Schneckenradverzahnung wird durch Wälzfräsen erzeugt. Die Wälzfräser sind — abgesehen von den Spannuten — mit der Schnecke weitgehend identisch; jedoch ist der Durchmesser etwas größer, um ein Nachschleifen zu ermöglichen. Bei Einzelfertigung verwendet man mitunter Schlagzähne, die einen einzelnen Zahn des Fräsers darstellen. Vor dem Scharfschliff wird dieser Zahn radial nachgestellt. Bei Verzahnen mit Schlagzahn und $z_1 > 1$ soll die Zähnezahl des Schneckenrades nicht ganzzahlig durch die Schnekkenzähnezahl teilbar sein[15]; Teilen von Hand führt zu Teilungsfehlern.

- Einlauf als Fertigungsprozeß (nur in Sonderfällen wirtschaftlich möglich): Wirkungsgrad und Flankentragfähigkeit können durch sorgfältiges Einlaufen beachtlich gesteigert werden, Bild 25/26. Dabei vergrößert sich das Tragbild, die Flanken werden geglättet. Meist genügt ein 1- bis 5stündiger Lauf bei Nennmoment und $n_1 = 50 \ldots 100 \text{ min}^{-1}$ mit zähem Öl. Dabei Entwicklung des Tragbildes beobachten.
- Prüflauf: Bei Nenndrehzahl im Leerlauf zur Kontrolle der Lagertemperatur, Dichtigkeit, Laufruhe usw. Auch bei normaler Inbetriebnahme sollte man nach Möglichkeit die Belastung stufenweise steigern und so den Einlauf erleichtern. Ölwechsel s. Abschn. 25.7.5.

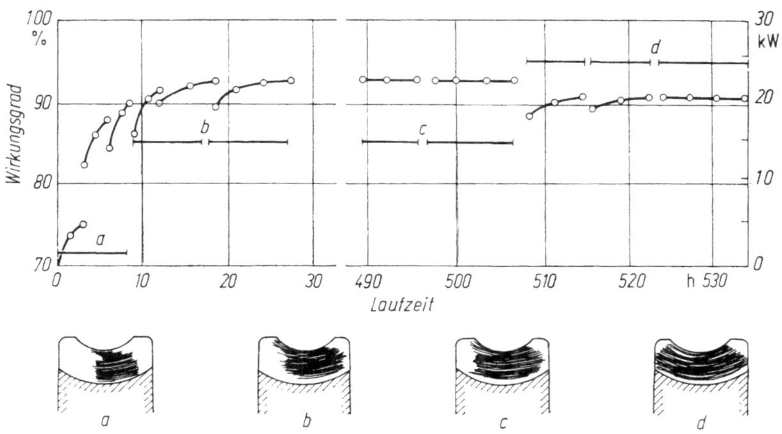

Bild 25/26. Entwicklung von Tragbild und Wirkungsgrad beim Einlaufen [25/56]. $n_1 = 1500 \text{ min}^{-1}$, $u = 5$
a) Teillast-Einlauf; b) Nennlast-Einlauf; c) mit Nennlast eingelaufen; d) Überlast.

25.7.3 Genauigkeit, Prüfung, Tragbild, Flankenspiel

Abweichungen der Bestimmungsgrößen s. DIN 3975 (Erläuterungen s. Abschn. 21.4); für Schneckengetriebe gibt es bisher keine Toleranznorm. Man kann jedoch die Toleranzen für Stirnradverzahnungen nach DIN 3961 als Anhalt benutzen. Die Richtwerte in Tafel 25/6 beziehen sich auf:

Profil-Gesamtabweichung F_{f1} und F_{f2},
Teilungs-Einzelabweichung f_{px1} und f_{p2},
Rundlaufabweichung f_{e1} und F_{r2} (Kugelmessung),
Steigungshöhenabweichung f_{pz1} oder (bei 1- und 2-gängigen Schnecken) Teilungs-

15 Wenn z_2/z_1 ganzzahlig sein muß, Schneckenrad mit genauem Wälzfräser verzahnen und (wichtig!) Schneckenverzahnung mit feinerer Qualität als normal schleifen.

Tafel 25/6. Hinweise zur Wahl der Genauigkeit (Qualität nach DIN 3961 bis 3964) von Schneckengetrieben

Qualität		Anwendungsgebiet
Schnecke[a], Rad[a] und Gehäuse[b]	Achsabstand[c]	
4...5	6[d]	Teilgetriebe für Werkzeugmaschinen, Regler, Richtgeräte (hierfür Taumelfehler besonders einschränken) Getriebe für extreme Laufruhe mit $v_{m1} > 5$ m/s
5...6	7[d]	Aufzüge, Drehwerke, laufruhige Leistungsgetriebe mit $v_{m1} > 5$ m/s
8...9	8[d]	Industriegetriebe ohne besondere Anforderungen an die Laufruhe, $v_m < 10$ m/s
Herstellung: Schnecken meist einsatzgehärtet oder randgehärtet (s. Abschn. 21.9), geschliffen, R_z s. Abschn. 25.5.3, evtl. poliert; Schneckenräder wälzgefräst und eingelaufen		
10...12	10[d]	Nebenantriebe, Handantriebe, Stellgetriebe $v_{m1} \leq 3$ m/s
Herstellung: Schnecken gedreht oder gefräst, R_z s. Abschn. 25.5.3; Schneckenräder wälzgefräst		

[a] Nach DIN 3961 bis 3963; Art der Verzahnungsabweichungen s. Text. Die Profilabweichungen am Rad sind weniger kritisch; die Flanken laufen sich ein. Teilungs-Einzel- und -Summenabweichungen sowie Rundlaufabweichungen sind leicht einzuhalten
[b] Parallelität der Achsen nach DIN 3964
[c] Nach DIN 3964
[d] Für 1- und 2-gängige Schnecken; für mehrgängige Schnecken eine Qualität feiner

spannenabweichung über 3 Zähne F_{pk2}. Als Toleranzgrenze kann man hierfür $F_{pz/8}$ nach DIN 3962 zugrunde legen.

Einflanken-Wälzabweichung F_i' und -Wälzsprung f_i' bei Paarung mit Lehrschnecke bzw. Lehrrad. Bei unmittelbarer Paarung (wenn Lehrschnecke oder -rad nicht zur Verfügung stehen) darf die Toleranz 1...2 Qualitäten gröber sein als nach Tafel 25/6.

Die Zweiflanken-Wälzprüfung ist insbesondere bei mehrgängigen Schnecken nur mit Vorbehalt anwendbar, da die Drehbewegung nur bei Sollachsabstand einwandfrei übertragen wird.

Einfachste und gebräuchlichste Prüfmethode und wesentlich für Tragfähigkeit und Betriebsverhalten ist das beim Paaren von Schnecke und Rad im Getriebe entstehende Kontakt auf der Radflanke, das durch Tuschieren und Durchdrehen bei leichter Belastung geprüft werden kann. Hinweise für die gewünschte Größe und Lage s. Bild 25/27; ferner ist zu beachten:

- Um Kopf-, Fuß- oder Kantenträger infolge von Verformungen zu vermeiden, soll das Tragbild nicht voll über Höhe und Breite reichen.
- Um den Aufbau eines Schmierfilms zu erleichtern, soll es zur Auflaufseite hin (bei Umkehrbetrieb, z. B. Aufzügen: mittig) liegen. Ein Tragbild auf der Einlaufseite führt zu erhöhter Verlustleistung und Freßgefahr.[16]
- Bei hohen Geräuschanforderungen soll das Tragbild großflächig und zum Radzahnfuß orientiert sein.
- Bei hohen Belastungen, insbesondere Stoßbelastungen, ist über Zahnhöhe und -breite ein verkleinertes, zum Radzahnkopf orientiertes Tragbild vorzuziehen.

Die gewünschte Größe und Lage des Tragbildes läßt sich bei Zylinderschnecken durch Werkzeugkorrekturen und durch axiales Verschieben des Rades z. B. durch Paßscheiben einstellen.

16 Für ein Tragbild auf der Eintrittsseite wurde in Versuchen [25/56] ein Wirkungsgrad von 84% ($\mu_z = 0{,}05$) gegenüber 90% ($\mu_z = 0{,}03$) bei Tragbild auf der Austrittsseite gemessen.

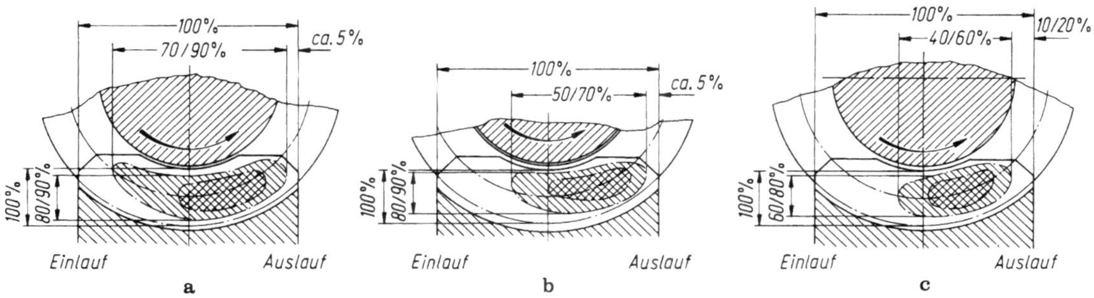

Bild 25/27. Abnahmetragbilder (bei leichter Belastung). a) Für laufruhige, niedrig belastete Getriebe; b) für normale Hochleistungsgetriebe; c) für stark schwankende, stoßartige Belastungen.

Flankenspiel. Anhaltswerte für den Normalfall (konstante Kraftflußrichtung) s. Bild 25/28 (Kontrolle der Gleichmäßigkeit über Messung des Drehwinkels möglich). Für genaue Steuer- und Teilgetriebe einstellbares Flankenspiel durch Duplex-Schnecke s. Fußnote 1, S. 68.

Thermisch hoch beanspruchte Radsätze müssen größeres Flankenspiel haben, um Klemmen der Verzahnung zu vermeiden.

25.7.4 Werkstoffe

Allgemeine Anforderungen an Werkstoffe und Wärmebehandlung s. Abschn. 21.9. Übliche Werkstoffe und Anwendungsbereiche für Schneckenräder s. Tafel 25/4.

Wegen hoher Gleitanteile bei der Bewegungsübertragung sind niedrige Reibungszahl und geringe Freßneigung wichtig. Insbesondere bei Leistungsgetrieben ist gute Einlauffähigkeit nötig, damit sich die gleitenden Flächen schnell und ohne Fressen anpassen und so Fertigungsabweichungen sowie insbesondere Verformungen der Schneckenwelle (d. h. Störungen der Eingriffsbedingungen) ausgleichen (vgl. Einfluß der Schmierstoffe, Abschn. 25.7.5).

Diesen Anforderungen wird die Paarung „Gehärtete, geschliffene Schnecke gegen Rad aus Schleuderbronze GZ-CuSn12 oder GZ-CuSn12 Ni" am besten gerecht. Härtere Werkstoffe wie Aluminium-Bronze oder Perlitguß haben zwar höhere Grübchenfestigkeit, weisen aber durchweg schlechteres Einlaufverhalten auf, sind also bei Belastungsschwankungen und höherer Gleitgeschwindigkeit infolge örtlicher Überlastungen eher freßgefährdet (Einfluß auf den Wirkungsgrad s. a. Abschn. 25.5.1).

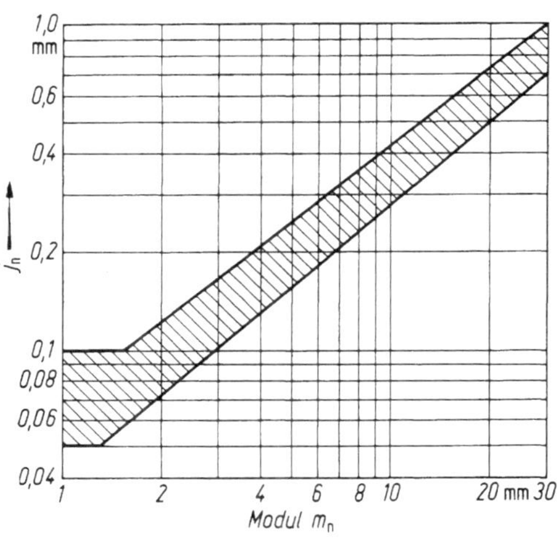

Bild 25/28. Übliche Flankenspiele im Normalschnitt j_n für Schneckengetriebe

a) Schnecken. Für Hochleistungsgetriebe wählt man im allgemeinen Einsatzstähle (z. B. 16 MnCr 5), einsatzgehärtet HRC = 56...62 (darüber Schleifrißgefahr) oder Vergütungsstähle (z. B. 34 CrMo 4, 42 CrMo 4), flamm- oder induktionsgehärtet (HRC < 56).

Bei arktischen Temperaturen bevorzugt man nickellegierte Einsatzstähle (höhere Kaltzähigkeit).

Bei hohen, kurzzeitig auftretenden, stoßartigen Belastungen ist Einsatzstahl wegen geringer Zähigkeit und Gefahr des Durchbrechens der Einsatzschicht weniger geeignet (Rißgefahr); Beispiele: Winden, Walzenanstellungen. Hierfür eignen sich Vergütungsstähle (z. B. 34 CrMo 4, 42 CrMo 4) ohne Oberflächenhärtung; bei $v_g > 3$ m/s ist jedoch stärkerer Verschleiß zu erwarten. Bei niedrig belasteten Getrieben für Bewegungsübertragung genügen Baustähle St 37 oder St 42.

b) Schneckenräder, Radkränze. Für Bronzen ist ein dichtes, feinkörniges Gefüge notwendig, um hohe Verschleißfestigkeit zu erreichen. Nickelzusatz (GZ-CuSn 12 Ni) wirkt sich hier günstig aus, vor allem aber Herstellung als Schleuderguß (GZ). Kokillenguß (GK) und (in stärkerem Maße) Sandguß (G) führt zu gröberem, weniger dichtem Gefüge und entsprechend niedriger Flankentragfähigkeit. Zinnoxide (durch überhitztes Vergießen) reduzieren die Flankentragfähigkeit beachtlich.

Bei Aluminium-Zink-Legierungen ist der starke Abfall der Grübchen- und Verschleißfestigkeit bei Temperaturen über 75 °C zu beachten [25/55], sowie erhöhte Freßgefahr bei hohen Umfangsgeschwindigkeiten [25/56].

Aluminium-Mehrstoffbronzen (Tafel 25/4) eignen sich für hohe Belastungen bei kleinen Gleitgeschwindigkeiten ($v_g < 2$ m/s, z. B. Teilräder von Verzahnmaschinen).

Bei Sondermessing (z. B. GZ-CuZn 25 Al 5) kann die hohe Grübchenfestigkeit wegen ungünstigen Verschleißverhaltens nur bei niedrigen Gleitgeschwindigkeiten ausgenützt werden.

Grauguß eignet sich wegen seiner hohen Härte (geringer Gleitverschleiß) ebenfalls nur für niedrige Drehzahlen (Handbetrieb). Die Freßgefahr ist am geringsten bei perlitischem Gußeisen geringer Härte und hohem Kohlenstoffgehalt.

Die Paarung Meehanite/Meehanite ist nach [25/56] die Gußeisenpaarung geringster Freßempfindlichkeit.

Perlitischer Kugelgraphitguß (z. B. GGG 60) gepaart mit gehärteter Schnecke eignet sich für kleine Gleitgeschwindigkeiten und hohe Belastungen, z. B. für selten betätigte Stellgetriebe an Armaturen.

25.7.5 Schmierung

Allgemeines über Schmierung und Schmierstoffe s. Abschn. 21.10. Besondere Anforderungen an Schmierstoffe für Schneckengetriebe:

- Niedrige Reibungszahl mindert Verlustleistung und Verschleiß und erhöht Wärmegrenzleistung sowie Grübchenfestigkeit.
- Hohe Viskosität vergrößert hydrodynamischen Traganteil; bei üblichen Werten ist der Einfluß jedoch gering (Bild 25/29 und Abschn. 25.1.3b).
- Schmierstoffzusätze dürfen Bronze nicht angreifen (Cu-Streifentest anwenden).

a) Geeignete Schmiermittel. Mineralöl mit milden EP-Zusätzen; diese erleichtern den Einlauf, mindern die Freßgefahr und brauchen den Verschleiß nicht zu begünstigen [25/21], die Reibungszahl beeinflussen sie offensichtlich kaum (evtl. bei hohen Belastungen). Ähnlich wirken Zusätze von organischen Ölen (z. B. Rizinusöl), deren Alterungsstabilität jedoch gering ist; sie sind deshalb in der Praxis ohne Bedeutung.

Spezielle (nicht alle) Syntheseöle (Polyglykole oder Polyäther) ergeben niedrigere Reibungszahlen (s. Bild 25/16), erhöhen somit den Wirkungsgrad, gestatten höhere Betriebstemperaturen, ermöglichen somit höhere Wärmeleistungen und mindern den Reibverschleiß. Sie führen im Prinzip auch zu höherer Grübchenfestigkeit; man läßt

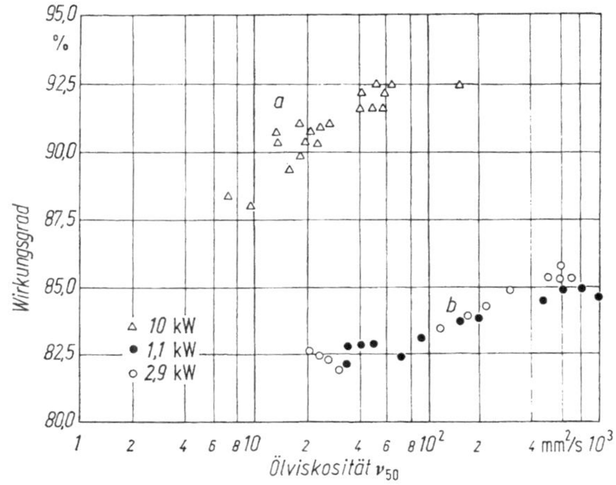

Bild 25/29. Einfluß der Schmierölviskosität auf den Wirkungsgrad [25/56]. Radwerkstoff: *a* Phosphorbronze, $v_m = 5{,}7$ m/s; *b* Grauguß, $v_m = 1{,}9$ m/s.

dies jedoch bei der Berechnung außer Ansatz, da das Einlaufverhalten weniger günstig ist.

Fettschmierung ist nur bei niedrigen Umfangsgeschwindigkeiten (< 8 m/s) und offenen Getrieben oder Aussetzbetrieb (z. B. bei Stellgetrieben) zu empfehlen, da Wirkungsgrad gering und Wärmeabfuhr schlecht sind, weil die Verzahnung sich bei niedrigen Temperaturen u. U. freigräbt, Verschleißteile im Fett haften und somit den Verschleiß verstärken (ein Fettwechsel unterbleibt meist, weil das Getriebe dafür vollständig zerlegt werden muß).

b) Ölviskosität und Schmierungsart. Anhaltswerte s. Bild 21.10/1. Bei Öltauchschmierung soll die Schnecke (im Lauf) bis Mitte, mindestens jedoch bis Fußkreis eintauchen oder — bei obenliegender Schnecke — das Rad mit einem Drittel des Durchmessers, bei kleinen Getrieben bis Mitte Schnecke.

Einspritzschmierung in den Zahneingriff, normalerweise in Drehrichtung der Schnecke, etwa durch ein Rohr parallel zur Schnecke mit radialen Bohrungen (Durchmesser 2 bis 3 mm).

Der Einlauf (vgl. Abschn. 25.7.2) ist nach 200 bis 600 h beendet. Das Öl enthält Bronzeabrieb, der die Schmierfähigkeit mindert; daher Ölwechsel notwendig. Ein zweiter Ölwechsel empfiehlt sich nach ca. 1500 bis 5000 Betriebsstunden, je nach mechanischer oder thermischer Beanspruchung, danach mindestens alle 18 Monate.

25.8 Beispiele und Rechenschema

1. Beispiel. Überschlägige Ermittlung der Baugröße.

Gegeben: Übersetzung $i = 20{,}5$; Drehzahl $n_2 = 73\ \text{min}^{-1}$, Drehmoment $T_2 = 430$ Nm, Anwendungsfaktor $K_A = 1$, Grübchensicherheit $S_H = 1$, ZI-Schnecke einsatzgehärtet und geschliffen, Radkranz aus GZ-CuSn 12.

Gesucht: erforderlicher Achsabstand für 25000 h Dauerbetrieb.

Gewählt: Durchmesser-Achsabstands-Verhältnis nach Bild 25/17: $d_{m1}/a = 0{,}35$ (mittl. Verhältnisse).

Berechnet: Achsabstand nach (25/64) $a \approx 94{,}2\ \text{mm} \pm 10\%$ (mit $C_{HE} = 4{,}9$ nach Tafel 25/4, Kontaktfaktor $Z_\rho = 2{,}9$ nach Bild 25/19, $S_{H\min} = 1{,}1$).

Gewählt: $a = 100$ mm (Achsabstand ausgeführter Seriengetriebe, vgl. Fußnote 7, S. 86).
Nachrechnung der Sicherheiten s. 3. Beispiel.

2. Beispiel. Ermittlung von Verzahnungsdaten und Wirkungsgrad.

Gegeben: Achsabstand $a = 80$ mm, Übersetzung (ins Langsame) $i = 10 \pm 4\%$ ($= u$), Nenn-Eingangsleistung $P_1 = 2{,}95$ kW, Eingangsdrehzahl $n_1 = 750\ \text{min}^{-1}$, ZI-Schnecke; Schmierung: Mineralöl; gemittelte Rauhtiefe der Schneckenflanke $R_z = 3\ \mu\text{m}$.

Gesucht: Weitere Abmessungen des Schneckengetriebes, möglichst hoher Wirkungsgrad gewünscht.

Berechnet: Schneckenzähnezahl nach (25/63): $z_1 = 3$. Schneckenradzähnezahl: $z_2 = uz_1 = 30$.

Gewählt: $z_2 = 29$ (unrundes Zähnezahlverhältnis verringert die schädliche Wirkung von Teilungsfehlern). Übersetzung $i(= u) = 31/3 = 9{,}66$; Abweichung: 3,3%, zulässig. — d_{m1}/a aus Bild 25/17 (für hohen Wirkungsgrad): $d_{m1}/a = 0{,}33$.

Berechnet: Mittlerer Schneckendurchmesser: $d_{m1} = (d_{m1}/a)\,a = 26{,}4$ mm; Steigungswinkel am mittl. Schneckendurchmesser nach (25/24) mit $x = 0$; $\tan\gamma_m = 0{,}52351$; $\gamma_m = 27{,}6325°$. — Weitere Größen: Zahnformzahl nach (25/22): $q = 5{,}7305$; Modul nach (25/6): $m = 4{,}6069$ mm;

Durchmesser: Nach (25/12): $d_2 = 133{,}6$ mm; nach (25/10): $d_{a1} = 35{,}61$ mm; nach (25/14) mit $c_1 \approx 0{,}2\,m$: $d_{f1} = 15{,}34$ mm; $d_{m2} = d_2 = 133{,}6$ mm (da $x = 0$); nach (25/11): $d_{a2} = 142{,}81$ mm; nach (25/15) mit $c_2 = c_1$: $d_{f2} = 122{,}54$ mm; nach (25/13): $d_{e2} \approx 147{,}4$ mm.

Weitere Maße: Nach (25/28): $b_1 = 63$ mm; nach (25/29): $b_2 = 28{,}5$ mm. Zahnreibungszahl nach (25/60) und Bild 25/16: $\mu_z = 0{,}089$ (mit $v_{gm} = 1{,}17$ m/s nach (25/27)). Verzahnungswirkungsgrad nach (25/56): $\eta_z = 81{,}5\%$. — Zum Vergleich: Für $d_{m1}/a = 0{,}33$: $\eta_z = 81{,}5\%$.

3. Beispiel. Nachweis von Wirkungsgrad und Sicherheiten.

Gegeben: Achsabstand $a = 250$ mm, Zähnezahlverhältnis $u = 40/1$, mittl. Steigungswinkel $\gamma_m = 7{,}1386°$, mittl. Schneckendurchmesser: $d_{m1} = 83{,}2$ mm, mittl. Schneckenraddurchmesser: $d_{m2} = 416{,}8$ mm, Schneckenradzahnbreite: $b_2 = 70$ mm, Schneckenlagerabstand: $l_1 = 450$ mm, Eingangsleistung: $P_1 = 22$ kW Eingangsdrehzahl: $n_1 = 1500\ \text{min}^{-1}$, geforderte Lebensdauer bei Dauerbetrieb: $L_h = 25000$ h, Werkstoffpaarung: Rad: GZ-CuSn12Ni, Schnecke: 16MnCr5E (geschliffen), Schmierung: Mineralöl: $v_{40} = 320\ \text{mm}^2/\text{s}$, $v_{80} = 50\ \text{mm}^2/\text{s}$, Außenlufttemperatur: $\vartheta_{a1} = 20°$C; max. Öltemperatur: $\vartheta_{Lgrenz} = 90°$C. Zusätzliche Kühlung durch Lüfter auf Schneckenwelle. Wälzlagerung. ZI-Schnecke treibt.

Gesucht Wirkungsgrad und Tragfähigkeit bei Anwendungsfaktor $K_A = 1$.

Berechnet Gleitgeschwindigkeit nach (25/27): $v_{gm} = 6{,}59$ m/s; Zahnreibungszahl nach (25/60) und Bild 25/16: $\mu_z = 0{,}025$; Verzahnungswirkungsgrad nach (25/56): $\eta_z = 0{,}83$; Verzahnungsverlustleistung nach (25/54): $P_{Vz} = 3{,}64$ kW; Leerlaufverlustleistung nach (25/61): $P_{V0} = 0{,}48$ kW; Verlustleistung durch Lagerbelastung nach (25/62): $P_{VLP} \approx 0{,}50$ kW; somit Gesamtverlustleistung: $P_V = 4{,}62$ kW;

Gesamtwirkungsgrad nach (25/51): $\eta_G = 0{,}79$ (79%).

Temperatursicherheit: zulässige Gehäuseübertemperatur nach (25/68): $\vartheta_{u\infty zul} = 59{,}24$ K; Gehäuseoberfläche (wärmetechnisch verripptes Gehäuse) nach (25/69): $A_{ca} = 2{,}9\ \text{m}^2$; Wärmedurchgangszahl nach (25/70): $k_{ca} = 2{,}76 \cdot 10^{-2}\ \text{kW/m}^2\,\text{K}$; abgeführte Wärmeleistung nach (25/67): $\dot{Q}_{ab} = 4{,}74$ kW; Temperatursicherheit nach (25/66): $S_T = 1{,}03$.

Grübchensicherheit: Grübchenfestigkeit nach Tafel 25/4 und Fußnote a: $\sigma_{H\,lim} = 733\ \text{N/mm}^2$; Lebensdauerfaktor nach (25/80): $Z_h = 1{,}0$; Lastwechselfaktor nach (25/82): $Z_n = 0{,}805$; Elastizitätsfaktor nach Tafel 25/4: $Z_E = 152{,}2\ (\text{N/mm}^2)^{1/2}$; Kontaktfaktor nach Bild 25/19: $Z_\rho = 2{,}98$; Abtriebsmoment (25/51) und nach Tafel 20/3: $T_2 = 4426$ Nm; Grübchensicherheit nach (25/84): $S_H = 2{,}4$; Kraftsicherheit = 6.

Verschleißsicherheit: Lastwechselzahl am Rad: $N_L = 60 L_h n_1/u = 5{,}62 \cdot 10^7$; Verschleißfestigkeit nach Bild 25/20: $\sigma_{W\,lim} = 82{,}5\ \text{N/mm}^2$ für $\Delta m_{lim} = 0{,}1$ kg (gewählt); Paarungsfaktor nach Tafel 25/5: $W_P = 1{,}1$; Rauheitsfaktor für $R_z = 3\,\mu$m: $W_R = 1$; Geschwindigkeitsfaktor nach (25/87): $W_v = 3{,}14$ mit $v_{g0} = 0{,}13$ nach Tafel 25/5; Verschleißsicherheit nach (25/88): $S_W = 1{,}19$; Kraftsicherheit = 1,4 (Verschleißgeschwindigkeit: $\Delta m_s < 4$ mg/h).

Zahnbruchsicherheit: Grenzwert der Zahnfußbeanspruchung nach Tafel 25/4: $U_{lim} = 225\ \text{N/mm}^2$; Modul nach (25/6): $m = 10{,}42$ mm; statische Umfangskraft nach (25/37): $F_{tm2} = 21237$ N; Zahnbruchsicherheit nach (25/90): $S_F = 7{,}7$.

Durchbiegesicherheit: Zulässige Durchbiegung nach (25/95): $\delta_{lim} = 104\,\mu$m; resultierende Durchbiegung nach (25/94): $\delta_m = 32\,\mu$m; Durchbiegesicherheit nach (25/96): $S_\delta = 1{,}3$ mit $\alpha_x = 20°$.

25.9 Literatur zu 25

Normen, Richtlinien

25/1 DIN 3975 Begriffe und Bestimmungsgrößen für Zylinderschneckengetriebe mit Achsenwinkel 90°
25/2 DIN 3976 Zylinderschnecken, Abmessungen, Zuordnung von Achsabständen und Übersetzungen in Schneckengetrieben
25/3 DIN 1705 Kupfer-Zinn- und Kupfer-Zinn-Zink-Gußlegierungen
25/4 DIN 1709 Kupfer-Zink-Gußlegierungen
25/5 DIN 1714 Kupfer-Aluminium-Gußlegierungen
25/6 DIN 51509 Auswahl von Schmierstoffen für Zahnradgetriebe, Teil I: Schmieröle
25/7 British Standard 721-1963 Specification for Worm Gearing
25/8 AGMA 440.04-1971 Practice for single and double-reduction cylindrical-worm and helical-worm-speed reducers

Bücher, Dissertationen

25/9 Buckingham, E.; Ryffel: Design of worm and spiral gears, New York: The Industrial Press 1960
25/10 Maushake, W.: Schneckentrieb mit Globoidschnecke und Stirnrad, theoretische Vergleichsuntersuchung. Diss. TH Braunschweig 1950
25/11 Weber, C.; Maushake, W.: Zylinderschneckengetriebe mit rechtwinklig sich kreuzenden Achsen. Braunschweig: Vieweg 1956
25/12 Lechleitner, K.: Beiträge zur Messung von zylindrischen Getriebeschnecken. Diss. TH Hannover 1957
25/13 Jarchow, F.: Versuche an Stirnrad-Globoid-Schneckengetrieben. Diss. TH München 1960
25/14 Lange, S.: Untersuchung von Helicon- und Spiroidgetrieben mit abwickelbaren Schneckenflanken (Evolventenschnecken) nach der Hertzschen und der hydrodynamischen Theorie. Diss. TH München 1967
25/15 Schwägerl, D.: Untersuchung von Helicon- und Spiroidgetrieben mit trapezförmigem Schneckenprofil nach der Hertzschen und nach der hydrodynamischen Theorie. Diss. TH München 1967
25/16 Michels, K.: Schneckengetriebe mit der Werkstoffpaarung Stahl/Grauguß. Diss. TH München 1968
25/17 Schulz, H. D.: Untersuchungen an Schneckengetrieben mit Kegelschnecke mit trapezförmigem Profil nach der Hertzschen und nach der hydrodynamischen Theorie. Diss. TH München 1970
25/18 Kovar, W.: Verschleiß- und Wirkungsgraduntersuchungen an einem Schneckengetriebe. Diss. TH Wien 1969
25/19 Wilkesmann, H.: Berechnung von Schneckengetrieben mit unterschiedlichen Zahnprofilen. Diss. TU München 1974
25/20 Holler, H.: Rechnersimulation der Kinematik und 3D-Messung der Flankengeometrie von Schneckengetrieben und Kegelrädern. Diss. TH Aachen 1976
25/21 Huber, G.: Untersuchungen über Flankentragfähigkeit und Wirkungsgrad von Zylinderschneckengetrieben (Evolventenschnecken). Diss. TU München 1978
25/60 Mathiak, D.: Untersuchungen über Flankentragfähigkeit, Zahnfußtragfähigkeit und Wirkungsgrad von Zylinderschneckengetrieben (Evolventenschnecken). Diss. TU München 1984
25/61 Funck, G.: Wärmeabführung bei Getrieben. Diss. TU München 1985

Zeitschriftenaufsätze

25/22 Altmann, F. G.: Parallelschaltung von Schneckengetrieben. VDI-Z. 72 (1928) 606
25/23 Merritt, H. E.: Worm gear performance. Proc. Inst. Mech. Eng., London 1953, VI. 129, 127...158
25/24 Niemann, G.; Weber, C.: Schneckengetriebe mit flüssiger Reibung. VDI-Forschungsh. 412, Berlin 1942
25/25 Evans, L. S.; Tourret, R.: The wear and pitting of bronze disks, operated under simulated worm gear conditions, J. Inst. Pet. 38, 344 (1952) 652...667
25/26 Heyer, E.; Niemann, G.: Versuche an Zylinderschneckengetrieben, Braunschweig: Vieweg (1953) H. 10
25/27 Heyer, E.: Anforderung bei der Auslegung von Hochleistungsschneckengetrieben. Industrieblatt 53 (1953)
25/28 Heyer, E.: Spielfreie Verzahnungen besonders bei Schneckengetrieben. Industrieblatt 54 (1954) 509...512
25/29 Wildhaber, E.: A new look on worm gear hobbing. Am. Mach. 98 (1954) 149...156
25/30 Niemann, G.: Grenzleistung für luftgekühlte Schneckengetriebe. VDI-Z. 97 (1955) 308
25/31 Thomas, W.: Bauformen und Anwendungsmöglichkeiten von Hochleistungsschneckengetrieben. Industriekurier 9 (1956) 489...492
25/32 Hartmann: Duplex-Schneckengetriebe. Maschinenbautech. 6 (1957) 277...280
25/33 Macabrey, C.: Globoid-Schneckengetriebe „Cone Drive". TZ prakt. Metallbearb. 58 (1964) 669...672 und 59 (1965) 711...714
25/34 Boecker, E.; Rachel, G.: Meßprobleme und Werkzeugfragen bei der Fertigung von Schneckengetrieben. Werkstatt Betr. 97 (1964) 153...156 u. 98 (1965) 11...13
25/35 Klein, R.: Aufbau und charakteristische Merkmale von Schneckengetrieben mit Hohlflankenverzahnung. Betriebstech. 6 (1965) 4...6
25/36 Wittig, H.: Zur Geometrie der Zylinderschnecken. Maschinenmarkt 72 (1966) 27...30 u. 73 (1967) 27...29
25/37 Jarchow, F.: Stirnrad-Globoid-Schneckengetriebe. TZ prakt. Metallbearb. 60 (1966) 717...722
25/38 Hecking, L.: Schneckengetriebe im Kranbau. dima 3 (1967) 39...41
25/39 Domonoske, D.: Laboratoriumsuntersuchungen von Schmierstoffen für Schneckengetriebe. Lubr.-Eng. 24 (1968) 572...585
25/40 Hirano; Ueno: Studies on the performance of worm gear materials in relation to scuffing. J. of JSME. Vol. 3 (1968)
25/41 Pohl, F.: Berechnung der Werkzeugprofile zur Herstellung von Schraubenflächen mit gegebenem Achsschnittprofil. Ind. Anz. 90 (1968) 2121...2123, 91 (1969) 2399...2402 u. 2614...2616
25/42 Bock, G.; u. a.: Flankenformkorrekturen an Getriebeschnecken. Z. Fertig. 60 (1970) 234...239
25/43 Stade, G.: Gut tragende Schneckengetriebe. Werkstatt Betr. 104 (1971) 73...79
25/44 Hofmann, E.: Schneckengetriebemotoren. Antriebstechn. 10 (1971) 44...49
25/45 Bosch, M.; Boecker, E.: Herstellung von Schneckengetrieben, Ant. 11 (1972) 35...39
25/46 Zanker, A.: Nomographs for calculation of worm gearing efficiency. Mach. Prod. Eng. (1972) 206...208

25/44 Hofmann, E.: Schneckengetriebemotoren. Antriebstechn. 10 (1971) 44...49
25/45 Bosch, M.; Boecker, E.: Herstellung von Schneckengetrieben, Ant. 11 (1972) 35...39
25/46 Zanker, A.: Nomographs for calculation of worm gearing efficiency. Mach. Prod. Eng. (1972) 206...208
25/47 Zak, P. S.; Troynin, V. A.: Optimizing the point of contact in cylindrical worm drives. Russ. Eng. J L III (1973)
25/48 Bock, G.; Noch, R.; Steiner, O.: Zahndickenmessung an Getriebeschnecken nach der Dreidrahtmethode. Meßtechnik 10 (1973) 319...326
25/49 Wellauer, J. E.; Borden, D. L.: Analysis of factors used for strength rating of worm wheel gear teeth. AGMA 229.18 (1974)
25/50 Wirtz, K.; Kara, H. W.: Erfahrung bei der Schmierung von Schneckengetrieben. Erdöl, Kohle, Erdgas, Petrochem. Brennst. Chem. 27 (1974) 327...331
25/51 Kornberger, Z.: Einfluß der Zylinderschnecken-Zahnform auf das Verhalten des Schneckengetriebes. III. Zahnradkonferenz, Budapest (1974) 85...87
25/52 Buckingham, E.: Taking guesswork out of worm gear design. Mach. Des. 47 (1975) 82...86
25/53 Lightowler, K.: Luftgekühlte Schneckengetriebe und ihre Einsatzmöglichkeiten. Optimaler Einsatz von Getrieben und Antriebselementen. Eurotrans und Deutsche Messe- und Ausstellungs-AG., Hannover 1975
25/54 Holler, R.: Rechnersimulation der Eingriffsverhältnisse von Zahnrädern, VDI-Z. 118 (1976) 257...261
25/55 Rinder, L.: Tragfähigkeitsuntersuchung an Schneckenrädern aus der Aluminium-Zink-Legierung Alzen 501. Konstr. 28 (1976) 291...300
25/56 Wakuri, A.; Ueno, T.: The lubrication of worm gears, ISME 1967, Semi-Internat. Symp., 4th Sept. 1967, Tokyo
25/57 Winter, H.; Hösel, Th.; Huber, G.: Weiter entwickelte Tragfähigkeitsberechnung für Zylinder-Schneckengetriebe. VDI-Ber. Nr. 332 (1979) 217...224
25/58 Ernst, D.: Schneckengetriebe (Jahresübersicht). VDI-Z. 122 (1980) 1131...1132
25/59 Zosel, F.; Jarchow, F.: Zylinderschneckentriebe mit Epizykloidenprofil im Schneckenstirnschnitt—Auslegung, Verlustleistung, Tragfähigkeit. Konstr. 29 (1977) 11, 443...450

25/60 siehe unter *Bücher, Dissertationen*
25/61 siehe unter *Bücher, Dissertationen*

26 Kettengetriebe

Die Kette — ein formschlüssiges Zugmittel — überträgt die Umfangskraft schlupffrei zwischen Ritzel und Rad (Bild 26/1). Sie legt sich als Polygon (Vieleck) auf das Kettenrad. Dadurch schwanken Hebelarm der Kettenkraft und Geschwindigkeit der ab- und auflaufenden Kette etwas (Polygoneffekt). Die Kettenglieder werden dabei jeweils um den Winkel τ abgeknickt (Bild 26/16); die Folgen sind: Reibung und Verschleiß in den Gelenken und Längung der Kette. Sonderfall der Kraftübertragung zwischen Kette und Rad durch Reibschluß, s. Abschn. 26.10. Die Drehrichtungen von An- und Abtrieb sind — im Gegensatz zu Zahnrad- und Reibradgetrieben — gleichsinnig.

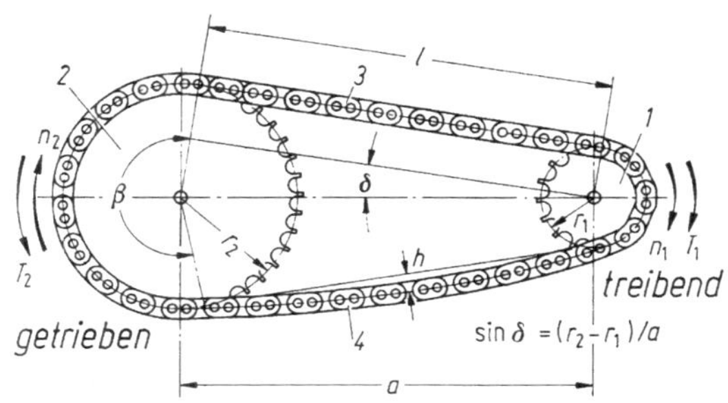

Bild 26/1. Einfaches Kettengetriebe (Zweiräder-getriebe). *1* Kleinrad (Ritzel), *2* Großrad, *3* Lasttrum (auf Zug beansprucht), *4* Leertrum.

26.1 Überblick, Eigenschaften

Gesamtübersicht und Vergleich mit anderen Getriebearten s. Abschn. 20.3 (für konstante Übersetzung), Abschn. 20.4 (für stufenlos verstellbare Übersetzung).

Neben den Antriebsketten (Funktion: Leistungsübertragung) gibt es Förderketten (durch Anbau von Sonderteilen für den Transport von Stück- und Schüttgut geeignet) und Lastketten (zum Heben von Lasten bei niedrigen Geschwindigkeiten).

a) Vorteile.

- Etwas stoßdämpfende Kraftübertragung (Ketten elastisch, Schmierstoff in den Gelenken) ohne Schlupf (vgl. Riemen).
- Mehrfachantrieb durch eine Kette, auch mit Drehrichtungsumkehr (Bild 26/2).
- Größere Achsabstände überbrückbar. Evtl. Stützräder oder Gleitschienen erforderlich (Bild 26/11).
- Geringe Belastung der Wellen und Lager, da nur wenig Vorspannung erforderlich (gegenüber Riemen und Reibrädern).

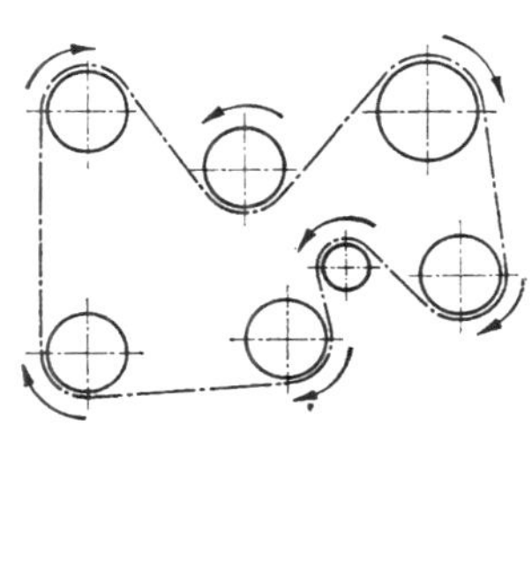

Bild 26/2. Antrieb mehrerer Wellen mit einer Kette.

- Einsatz bei hoher Umgebungstemperatur möglich, z. B. in Durchlauföfen, ebenso in staubiger Umgebung (Baumaschinen, Landmaschinen) allerdings bei verringerter Lebensdauer.
- Betrieb in Schmierölatmosphäre (z. B. gemeinsam mit Zahnrädern) möglich, bei Kunststoffketten oder Ketten mit Kunststoffbuchsen auch ohne Schmierung (Lebensmittelindustrie, Textilindustrie, Unterwasserbetrieb).
- Einfache Montage (Auflegen der Kette ohne Vorspannung, Verbinden der Enden mit Verschlußglied).
- Übersetzung bei gegebenem Achsabstand nachträglich leicht veränderbar (ein neues Kettenrad und neue oder verlängerte Kette).

b) Nachteile.

- Kettengeschwindigkeit und Kettenkraft durch Polygoneffekt nicht gleichmäßig.
- Verschleiß in den Gelenken führt zu größerer Kettenteilung (Kette steigt nach außen, Gefahr des Überspringens).
- Ausgleich der Kettenlängung erforderlich (z. B. Kette kürzen, nachstellbare Lager, Spannräder).
- Ungeeignet für periodische Drehrichtungsumkehr (Totgang zum Aufholen des Durchhanges).
- Nur für parallele, möglichst waagerechte Achsen geeignet.
- Bei übereinander liegenden Achsen Kettenspanner erforderlich, um die nötige Vorspannung im Leertrum zu sichern (Bild 26/8...10).
- Bei senkrechten Achsen Gleitschienen zur seitlichen Führung erforderlich (Bild 26/12).
- Kettenschwingungen, insbesondere bei stark periodischen Stößen und hohen Umfangsgeschwindigkeiten beachten.
- Genaue Achsparallelität erforderlich, insbesondere bei breiten Ketten (Bild 26/5).

26.2 Bauarten, Anwendung

Beurteilung verschiedener Getriebeanordnungen s. Bild 26/3. Kettenbauarten s. Bild 26/4, Merkmale und Eigenschaften Tafel 26/1.

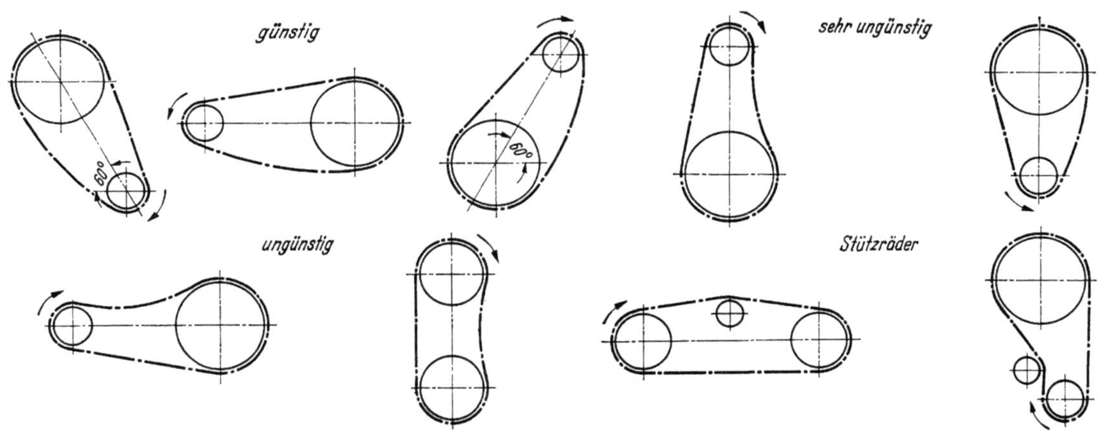

Bild 26/3. Günstige und ungünstige Anordnungen für Zweiräder-Kettengetriebe; sämtliche Radwellen horizontal.

a) Die **Rollenkette** ist die meist verwendete Antriebskette; Aufbau s. Bild 26/4c. Für größere Leistungen benutzt man auch Zweifach- und Dreifach-Rollenketten (extrem bis zu 24fach), s. Bild 26/5. Die drehbaren Rollen schützen die Radzähne gegen Verschleiß, die Gleitbewegung findet zwischen Hülse und Rolle statt.

b) Die **Zahnkette** (Bild 26/4e) ist nach der Rollenkette die wichtigste Antriebskette. Auf jedem Gelenkbolzen sind viele Laschen nebeneinander aufgereiht, wobei jede zweite Lasche zum nächsten Kettenglied gehört; so lassen sich sehr breite, tragfähige Ketten aufbauen. Außerdem bleibt auch bei Verschleiß die Teilung von Glied und Nachbarglied gleich, da zwischen beiden kein Unterschied besteht.[1]

Für die Gelenke werden vorwiegend Wiegegelenk-Zapfen verwendet (Bild 26/6b...d). Gelenkverschleiß und Verlustleistung sind gegenüber der Ausführung mit Lagerbüchsen oder Lagerschalen (Bild 26/6a) besonders gering.

Anstelle der bisher üblichen Gelenk- und Laschenformen (Bild 26/6a, b), die mit geradflankigen Kettenrädern kämmen, benutzt man heute vorwiegend Zahnketten mit verstärkten Laschen und Wiegegelenken mit größeren Wiegeradien, d. h. höherer Lebensdauer (Bild 26/6c, d) sowie Kettenräder mit Evolventenverzahnung.

Zur seitlichen Führung der Ketten dienen besondere Führungslaschen (Bild 26/4e). Bei schmalen Ketten wählt man Außenführung (einfache, nicht geschwächte Kettenräder), bei breiten Ketten und hohen Geschwindigkeiten Innenführung (da eine geringe Schiefstellung außenliegende Führungsglieder stärker beansprucht); die Kettenräder müssen dann eine entsprechende Ringnut erhalten (Bild 26/33). Da die Wiegegelenke nur einen Winkel von etwa 30° für die Abknickbewegung zulassen, muß das Kettenrad mindestens 12 Zähne haben; außerdem kann die Zahnkette mit Wiegegelenk gewöhnlich nicht weiter als bis zur Geraden aufgebogen werden; dies wirkt andererseits der Ausbildung von Kettenschwingungen entgegen.

Zahnketten zeichnen sich durch besondere Laufruhe aus (silent chain). Sie sind allerdings schwerer, empfindlicher und teurer als Rollenketten und erfordern sorgfältige Wartung.

c) Sonderketten ohne Schmierung, Kunststoffketten. Für den Betrieb in schmierstoffempfindlicher Umgebung (Lebensmittel-, Textilindustrie) hat man Ketten mit Buchsen aus Sinterwerkstoffen (ölgetränkt) sowie Gelenke mit Kunststoffeinlagen entwickelt (Bild 26/7). Anwendungsbereich s. Tafel 26/2.

- Die dünne Kunststoffschicht verringert die Reibungszahl und wirkt verschleißmindernd. Die Ketten können auch unter Wasser laufen, das dabei als Schmiermittel wirkt. Die Kunststoffschicht mindert die Rostentwicklung bei stillstehender Kette. Sie kann ferner harte Fremdstoffe einbetten. Ketten mit Kunststofflagern längen sich allerdings in den ersten Betriebsstunden stärker als Ganzstahlketten.
- Für geringe Belastungen sind auch Vollkunststoffketten auf dem Markt.
- Für besondere Anwendungsbereiche (z. B. Motorrad) gibt es Ketten, bei denen jedes Gelenk mit zwei *O*-Ringen (zwischen Hülse und Lasche) abgedichtet und mit einer Fettfüllung versehen ist.

d) Zusatzeinrichtungen für Kettengetriebe.

- Spannräder sind notwendig, wenn der Kettendurchhang begrenzt oder ein Mindestumschlingungswinkel eingehalten werden muß (Bilder 26/2,3). Sie werden im Leertrum angeordnet, durch Federkraft angepreßt (Bild 26/8) und sollen die Kette mit mindestens 3 Zähnen führen. Die Spannkraft wird aus der Vorspannkraft (Abschn. 26.5.3) des Kettentrums bestimmt. Bei Umkehrbetrieb, wobei Last- und Leertrum wechseln, müssen sie verstellbar sein. Sonderausführung mit zwei Spannrädern s. Bild 26/9. (Spannräder eignen sich in erster Linie für Rollenketten, die man in beide Richtungen umlenken kann.) Damit die Umlenkwinkel nicht zu groß werden (Gelenkverschleiß) auch beim Spannrad die Zähnezahl nicht zu klein wählen, keinesfalls kleiner als 13.
- Ähnliche Wirkung wie Spannräder erzielt man bei kurzen Ketten mit Spannbändern oder Spannschuhen (Bild 26/10).
- Gleitschienen s. Bilder 26/11,12. Mit ähnlichen Kunststoffschienen, die in etwa 0,5 mm Abstand vom Lasttrum angeordnet werden, kann man Schwingungsausschläge der Kette begrenzen (auch bei Zahnketten).

---

1 Bei den Rollen- und Hülsenketten wechseln Glieder mit Hülsen und mit Bolzen, so daß bei Verschleiß die Teilung von Glied und Nachbarglied ungleich wird (s. Bild 26/14).

Tafel 26/1. Eigenschaften und Anwendung der Kettenbauarten (Bild 26/4)

Kettenart	F_B kN	P_{max} kW	v_{max} m/s	Anwendungsgebiet
Buchsenkette: Nahtlose Buchsen sind in die Innenlaschen, Bolzen in die Außenlaschen eingepreßt und gegen Verdrehen gesichert. Robuste Kette	einfach: 12,5...500	—[a]	3...5	Antriebs-Last- und Förderkette für rauhen Betrieb in staubiger und feuchter Umgebung
Hülsenkette: Ähnlich wie Buchsenkette, aber Bolzen und Hülsen nicht gegen Verdrehen gesichert, sondern nur eingepreßt. Dünnwandige Hülsen aus Stahlband gebogen, geringes Gewicht, erfordert gute Schmierung	einfach: 3,5...7,9 dreifach: 10,5...23,7	9	30	Kfz-Bau
Rollenkette: Beschreibung s. Abschn. 26.2, Bild 26/4c und 5	einfach: 20...1400 dreifach: ...4000	4000	30	meistverwendete Antriebskette, Kfz-Bau, Nockenwelle, Motorrad
Rotarykette: Aufbau wie Rollenkette, aber Bolzen und Buchsen gegen Verdrehen gesichert, Laschen gekröpft (große Elastizität, gleiche Glieder, d. h. gleichmäßige Verschleißlängung)	150...1900	—[a]	17	schwere Getriebe mit stoßartiger Beanspruchung, Bagger, Erdölbohrmaschinen
Zahnkette: Beschreibung s. Abschn. 26.2, Bild 26/4e und 6	5,8...1300	4000	35	Hochleistungstriebe Kfz-Bau, Werkzeugmaschinen, Transportkette
Zerlegbare Gelenkkette (Ewarthkette): Gleichartige Tempergußglieder, die an einem Ende als Bolzen, am anderen als Gelenk ausgebildet sind, Gelenk nicht vollkommen geschlossen	1,7...14	—[a]	2	Landmaschinen, Transport und Verstellkette
Stahlbolzenkette: Tempergußglieder, zur Aufnahme der Stahlbolzen gebohrt, höhere Tragfähigkeit und besseres Verschleißverhalten als zerlegbare Gelenkkette	9...60	—[a]	2	Transport und Verstellkette, Baumaschinen
Rundstahlkette: Aus gleichartigen, verschweißten Rundstahlgliedern aufgebaut, starker Verschleiß bei höheren Geschwindigkeiten und Lasten, nicht für Präzisionsanfertigung geeignet, gute räumliche Beweglichkeit	10...1000	—[a]	1	Lastkette, Flaschenzüge, Hebezeuge
Gallkette: Laschen drehen sich auf Bolzenansatz, einfach und robust, höhere Verschleißfestigkeit als Rundstahlkette, verstärkte Ausführung mit mehr als 2 Innen- und Außenlaschen	0,75...1500	—[a]	0,3	Hubstapler, Schleusentore
Ziehbankkette: Weiterentwicklung der Gallkette, größere Gelenkflächen, Laschen z.T. ausgebuchst	30...6000	—[a]	0,5...1	Schleusenkette
Fleyerkette: Innen- und Außenlaschen mit Laufsitz über die ganze Bolzenbreite gesteckt, können nicht über Kettenräder (nur Umlenkräder) laufen	1,5...1300	—[a]	0,5	Kranbau, Gegengewichtskette, Transportkette, Lastkette
Blockkette: Innenblock dreht sich mit eingepreßter Buchse auf dem Bolzen (gegen Verdrehen gesichert). Antrieb über ausgenommene Kettenräder, Block kann auch Laschenpaket sein	315...710	—[a]	—	Transport und Förderkette
Buchsenförderkette: Buchsen und Bolzen wie Originalteile der Buchsenkette. An den Laschen sind Befestigungs- oder Mitnehmerelemente angebracht	20...2000	—[a]	3	gebräuchlichste Förderketten, Transport- und Fließbänder,
Rollenförderkette: Aus Standardteilen der Rollenkette aufgebaut; auch Laschen mit doppelter Teilung möglich; präzisere Ausführung als Buchsenförderkette	20...2000	—[a]	3	Becher- und Trogförderwerke
Scharnierbandkette: Scharnierartige Glieder, auch als kurvengängige Scharnierbandkette ausgeführt	7,1...16	—[a]	2,5	Transport- und Fließbänder

[a] Auslegung i. allg. nicht nach Leistung, sondern nach Bruchkraft

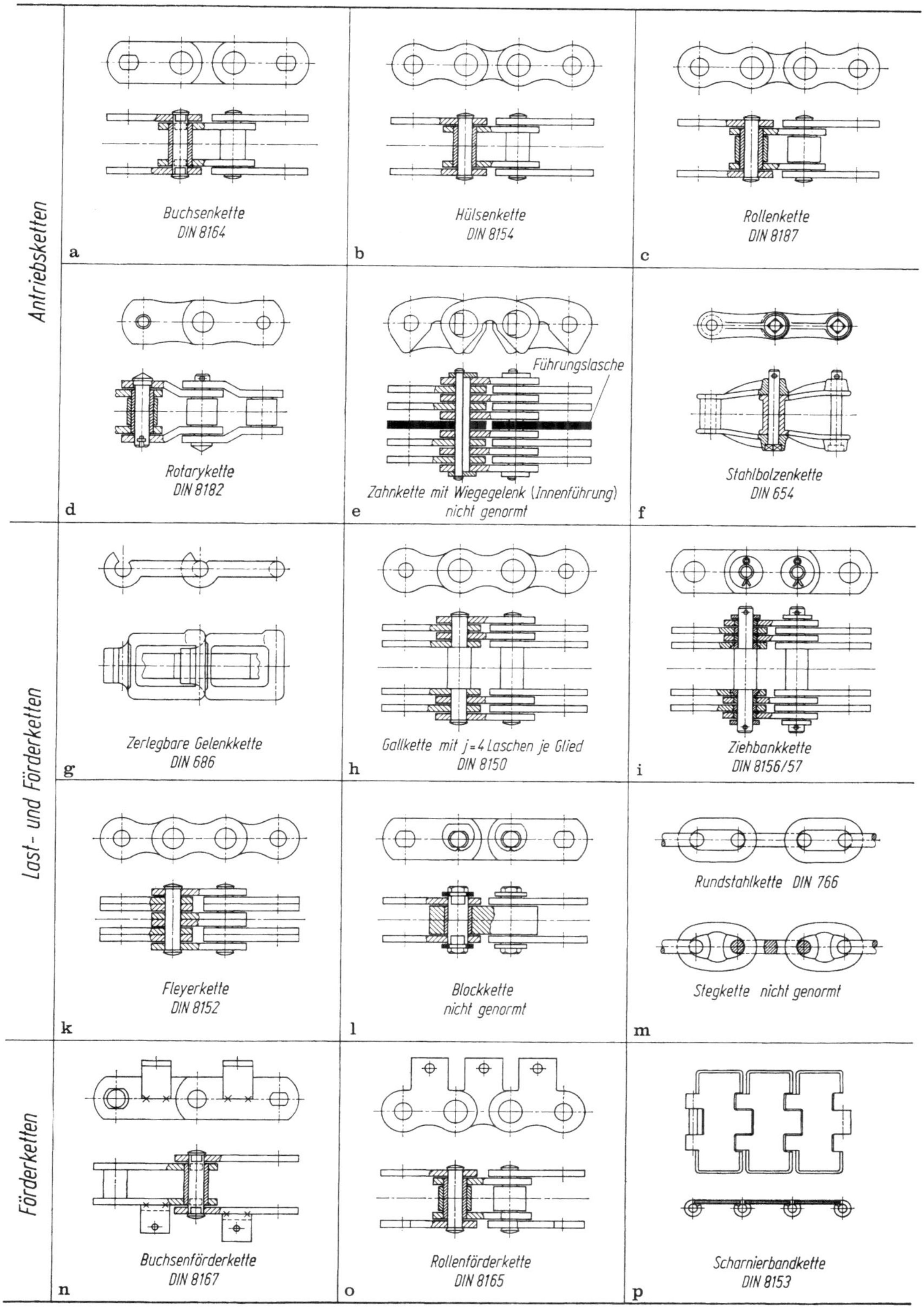

Bild 26/4. Kettenbauarten nach DIN-Normen.

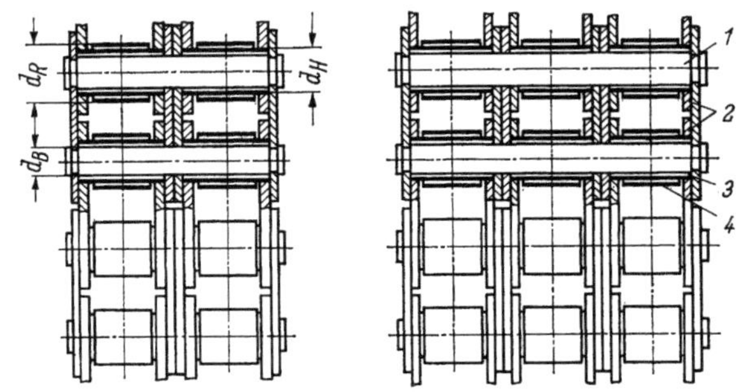

Bild 26/5. Zwei- und Dreifach-Rollenkette. *1* Bolzen, eingepreßt in die Außenlaschen; *2* Außen- und Innenlaschen; *3* Hülse, eingepreßt in die Innenlaschen *2*; *4* Rolle, drehbar auf Hülse *3*.

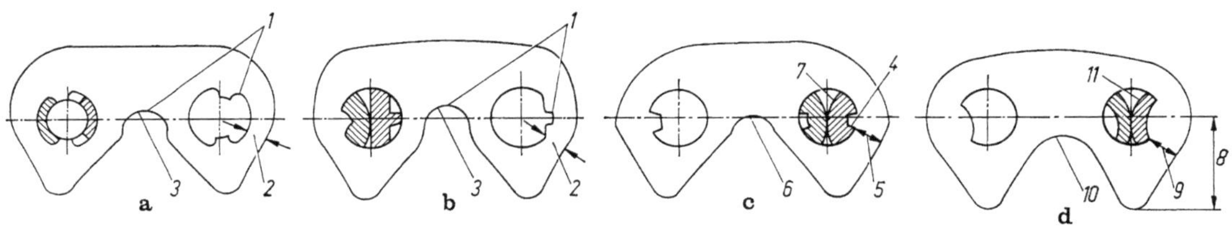

Bild 26/6. Gelenke und Laschenformen von Zahnketten. a) Mit Lagerschalen; *1* Spannungskonzentration, *2* geringer Querschnitt, *3* hoher Zahnfuß; b) mit ungleichen Wiege- und Lagerzapfen; c) mit querschnittsgleichen Wiege- und Lagerzapfen (sog. Hochleistungszahnkette); *4* Verdrehsicherung, *5* größerer Querschnitt, *6* niedrigerer Zahnfuß, *7* vergrößerte Wiegeradien; d) mit querschnittsgleichen Wiege- und Lagerzapfen und konzentrischen Radien (sog. HDL Zahnkette nach Westinghouse). *8* hohe Zahnform, *9* großer Querschnitt, *10* niedriger Zahnfuß, *11* vergrößerte Wiegeradien.

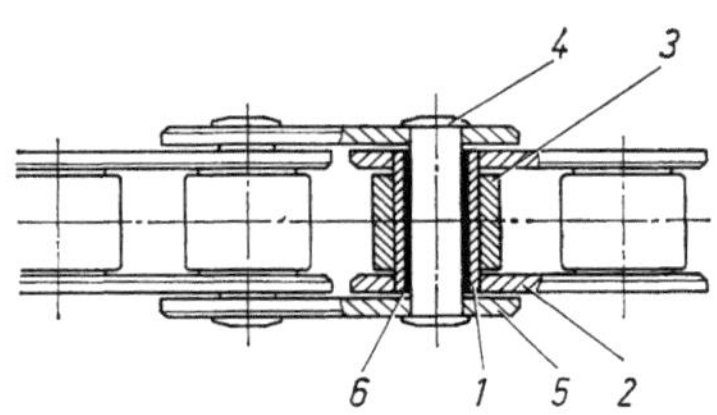

Bild 26/7. Rollenkette mit Kunststofflager (Arnold & Stolzenberg, Einbeck). *1* Hülse, *2* Innenlasche, *3* Rolle (drehbar auf Hülse *1*), *4* Bolzen, *5* Außenlasche, *6* Kunststoffschicht.

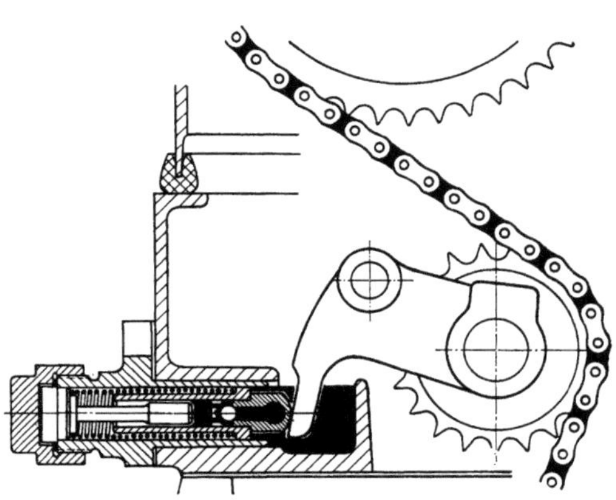

Bild 26/8. Kettenspanner mit hydraulischer Dämpfung; nach [26/40].

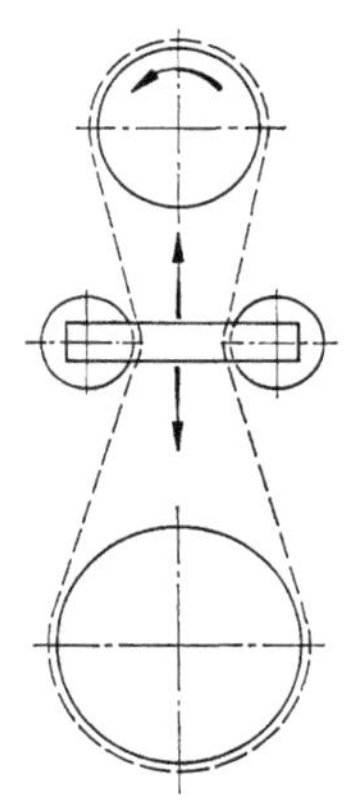

Bild 26/9. Kettengetriebe mit 2 Spannrädern. Geeignet für große Kettenlängen, zum Nachspannen und um Steuerfehler zu vermeiden (Synchronlauf der Wellen).

Tafel 26/2. Anwendungsgrenzen von Rollenketten mit Kunststoffeinlagen

Zul. Flächenpressung normal	$p_{r\,zul}$ 5...10 N/mm²
Zul. Flächenpressung bei Staub	$p_{r\,zul} < 3$ N/mm²
Zul. Temperatur	$t < 70...80\,°C$
Zul. Geschwindigkeit	$v < 8$ m/s

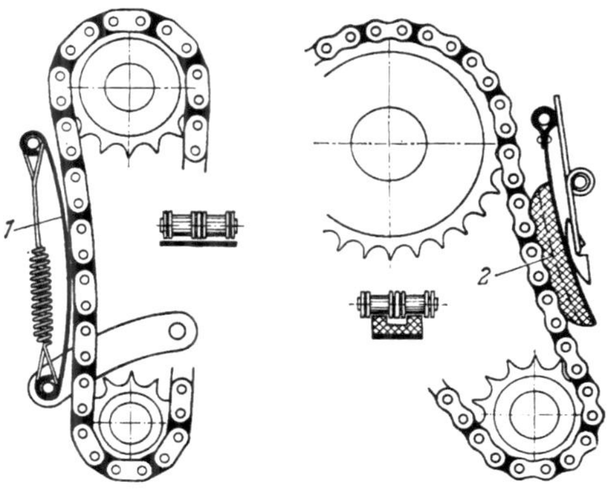

Bild 26/10. Federnde Kettenspanner für kurze Ketten; nach [26/40]. *1* Spannband, *2* Spannschuh.

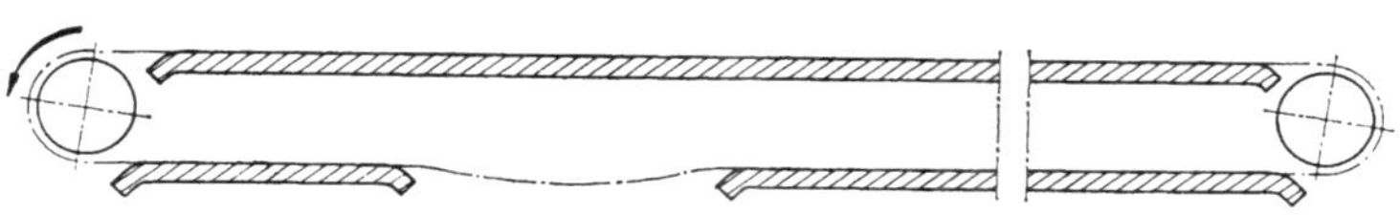

Bild 26/11. Gleitschienen zur Verminderung der Kettenvorspannung aus Eigengewicht bei großen Achsabständen (Unterbrechung zur Aufnahme der Längenänderung durch Temperaturunterschiede).

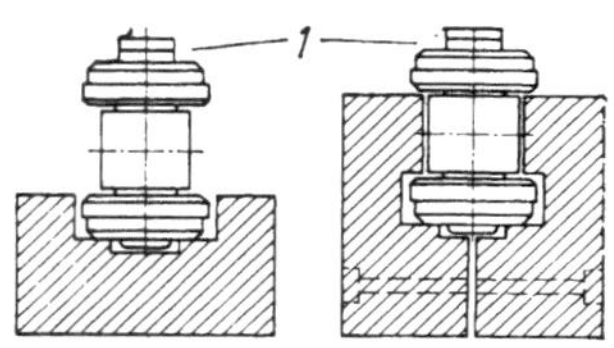

Bild 26/12. Gleitschienen aus Kunststoff (z. B. Acetalharz Delrin), zwei Bauformen für Kettengetriebe mit vertikalen Achsen. Kettenverschluß *1* muß oben liegen.

26.3 Zeichen und Einheiten

a	mm	Achsabstand
b	m/s²	Beschleunigung
b_a, b_i	mm	äußere, innere Breite der Kette
b_a, b_g, b_n	mm	Arbeits-, Gesamt-, Nennbreite der Zahnkette
b_H	mm	Länge der Hülse
b_z	mm	Zahnbreite
d	mm	Teilkreisdurchmesser
d_a, d_f	mm	Kopfkreis-, Fußkreisdurchmesser
d_B, d_H	mm	Bolzen-, Hülsendurchmesser
d_R	mm	Rollendurchmesser
f_B	—	Betriebsfaktor
f, f_v	s⁻¹	Erreger-, Eigenfrequenz
h	mm	Kettendurchhang
i	—	mittlere Übersetzung $= n_a/n_b = z_b/z_a$
j	—	Anzahl der Kettenstränge, der tragenden Laschen
l	m	Länge des freien Kettenstrangs
m	kg	Masse
q	kg/m	Masse der Kette pro Meter
n, n_k	min⁻¹	Drehzahl, kritische
p	mm	Teilung
p_H	N/mm²	Hertzsche Pressung
p_L	N/mm²	Flächenpressung im Leertrum $\approx F_f/A_G$
p_r	N/mm²	Flächenpressung im Lasttrum $\approx F_Y/A_G$
$p_{r\,zul}$	N/mm²	zulässige Flächenpressung
s	mm	Laschendicke, Weg
u	—	Zähnezahlverhältnis $u = z_2/z_1$
v	m/s	Umfangsgeschwindigkeit
v_A	m/s	Aufschlaggeschwindigkeit
z_1, z_2	—	Zähnezahl des Kleinrades, Großrades
A	mm²	Querschnittsfläche
A_G	mm²	Gelenkfläche (Projektion)

F_A	N	Aufschlagkraft	V	mm^3	verschleißbare Werkstoffmenge
F_B	N	Bruchkraft	V_s	mm^3/J	spez. Verschleiß
F_f	N	Umfangskraft aus Fliehkraft	W	J, Nm	Arbeit, kin. Energie
F_L, F_P	N	Längskraft, Polygonkraft	W_S	J, Nm	Stoßverlust, -arbeit
F_u, F_o	N	unterer, oberer Stützzug	X	—	Gliederzahl der Kette
F_R	N	Fliehkraft, radial	β	°	Umschlingungswinkel
F_t	N	Nenn-Umfangskraft	γ	°	Flankenwinkel
F_T	N	Tragfähigkeit $= F_{Grenz}/S_B$	η	—	Gesamtwirkungsgrad
F_V, F_z	N	Vorspannkraft, Zahnkraft	η_R	—	Wirkungsgrad aus Gelenkreibung
F_Y	N	Gesamtzugkraft im Lasttrum $\approx F_t f_B + F_f$	η_S	—	Wirkunsgrad aus Stoßverlust
J	kgm^2	Massenträgheitsmoment	λ	—	Reibwegfaktor
L_K, L_{KW}	m	Kettenlänge, wirkliche	μ	—	Reibungszahl
L_v	h	Lebensdauer bei Vollast	σ, σ_b, σ_z	N/mm^2	Normalspannungen
P, P_a	kW	Nenn-Leistung, Antriebs-	ϱ_f	mm	Rollenbettradius
P_D, P_Z	kW	Diagrammleistung	τ	N/mm^2	Scherspannung
P_v	kW	Verlustleistung	τ	°	Teilungswinkel $= 360°/z$
R	—	Stellbereich	φ	°	Drehwinkel
S_B	—	Bruchsicherheit	χ	°	Rollenbettwinkel
T	Nm	Nenn-Drehmoment	ω	s^{-1}	Winkelgeschwindigkeit

Indizes

1	Kleinrad, Grundschwingung	ā	treibend
2	Großrad, erste Oberschwingung	b̄	getrieben
a	Kopfkreis	V	Verlust, Vorspannung
b	im Bogen gemessen	s	spezifisch
		S	Stoß

26.4 Kinematik

Mittlere Übersetzung $i = n_{\bar{a}}/n_{\bar{b}} = z_{\bar{b}}/z_{\bar{a}}$ [2] (26/1)

Zähnezahlverhältnis $u = z_2/z_1 = n_1/n_2$ (26/2)

mit Index ā für treibend, b̄ für getrieben, 1 für Kleinrad, 2 für Großrad.

Kettengeschwindigkeit $v = nzp/(60 \cdot 10^3)$ (26/3)⊛

26.4.1 Polygoneffekt, momentane Übersetzung

Infolge der vieleckförmigen Auflage der Kette auf dem Rad schwankt der wirksame Durchmesser am Rad nach Bild 26/13 zwischen d und $d \cos(\tau/2)$ und damit — bei konstanter Winkelgeschwindigkeit — die Kettengeschwindigkeit zwischen $v_{max} = \omega d/2000$ und $v_{min} = \omega \cos(\tau/2)\, d/2000$.⊛

Mit der Einführung der geometrischen Beziehungen (Bild 26/13) $d = p/\sin(\tau/2)$, $\tau = 2\pi/z$ im Bogenmaß ($= 360/z$ in Grad) und dem Drehwinkel φ erhält man die allgemeinen Bewegungsgleichungen im Bereich $\varphi = -\tau/2$ bis $+\tau/2$:

Weg $s_\varphi = \dfrac{p \sin\varphi}{2 \sin(\tau/2)}$; $\Delta s_{max} \approx \dfrac{p}{3{,}2 z^2}$ bei $\cos\varphi = \dfrac{\sin(\tau/2)}{\tau/2}$.⊛

Geschwindigkeit $v_\varphi = \dfrac{\omega p \cos\varphi}{2000 \sin(\tau/2)}$; $\Delta v_{max} \approx \dfrac{\omega p}{3800 z}$ bei $\varphi = 0$;⊛

$$v = v_{mittel} = \frac{\omega p z}{2000\pi}, \quad v_{max} = \frac{\omega d}{2000} = \frac{\omega p}{2000 \sin(\tau/2)}, \quad v_{min} = \frac{\omega d}{2000} \cos\tau/2 = \frac{\omega p}{2000 \tan(\tau/2)}.$$ ⊛

Beschleunigung $b = -\dfrac{\omega^2 p \sin\varphi}{2000 \sin(\tau/2)}$; $b_{max} = \dfrac{\omega^2 p}{2000}$ bei $\varphi = \tau/2$;⊛

---

2 Momentane Übersetzung s. (26/5).

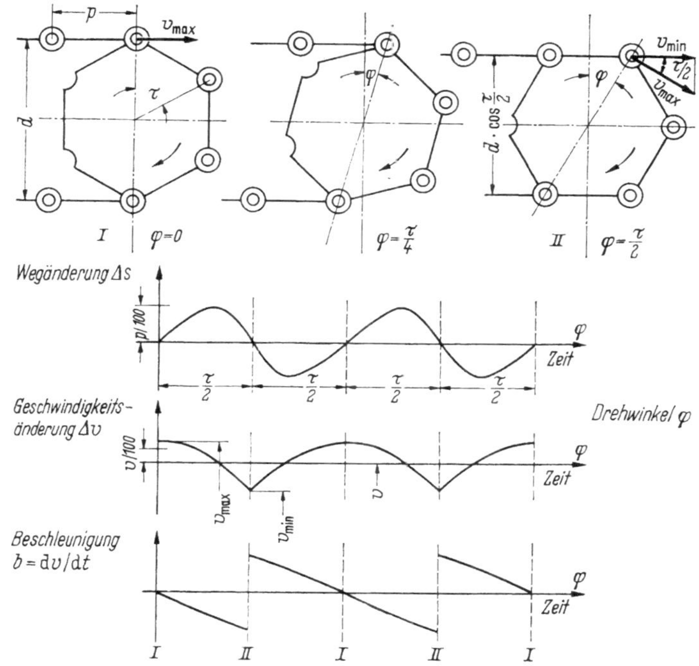

Bild 26/13. Auswirkungen des Polygoneffekts auf die Kettenbewegung bei konstanter Drehzahl des Kettenrades für ein symbolisches Kettenrad mit 6 Zähnen; $\Delta v_{max} = 4{,}5v/100$.

Berechnung der hierdurch bedingten Zusatzkräfte siehe Abschn. 26.5.5.

Winkelgeschwindigkeit des getriebenen Rades:[3]

$$\omega_{\bar{b}} = 2000 v_{\varphi} \sin(\tau_{\bar{b}}/2)/(p \cos \varphi_{\bar{b}}). \qquad (26/4)⊛$$

Bei konstanter Antriebsdrehzahl $n_{\bar{a}}$ schwankt also die (momentane) Abtriebsdrehzahl ($n_{\bar{b}t}$), ebenso die momentane Übersetzung:

$$i_t = n_{\bar{a}}/n_{\bar{b}t} = (\cos \varphi_{\bar{a}}/\cos \varphi_{\bar{b}})(d_{\bar{b}}/d_{\bar{a}}) = (\cos \varphi_{\bar{a}}/\cos \varphi_{\bar{b}})[\sin(\tau_{\bar{b}}/2)]/[\sin(\tau_{\bar{a}}/2)]. \qquad (26/5)$$

Beim Zweirädergetriebe hängt die Übersetzung demnach von der Zuordnung der Werte für $\varphi_{\bar{a}}$ und $\varphi_{\bar{b}}$ ab und damit von der Länge des belasteten Trums.

Für den praktischen Gebrauch wird vereinfachend mit einer mittleren Übersetzung i gerechnet, s. (26/1).

26.4.2 Bewegung der gelängten Kette, maximale Zähnezahl

Durch die Abknickbewegung der Kettenglieder unter Last beim Auf- und Ablauf an den Rädern entsteht Verschleiß in den Gelenken, so daß die wirksame Teilung im Mittel um Δp und die Länge der Kette mit X Gliedern um ΔpX zunimmt. Die Kette umschlingt dann das Rad nicht mehr im theoretischen Teilkreisdurchmesser d, sondern in einem größeren Durchmesser:

$$d_W = d(p + \Delta p)/p = d(1 + \Delta p/p). \qquad (26/6)$$

Diese Gleichung gilt genau genommen nicht für Ketten mit ungleichem Aufbau von Glied und Nachbarglied, denn hier ist die Zunahme der Teilung für Innen- und Außenglied ungleich groß, so daß eine ungleiche Auflage (Bild 26/14) zustande kommt.

3 Gilt nur unter der Annahme, daß das Kettentrum zu sich selbst parallel bleibt. Exakte Berechnung der Kettengeschwindigkeit und Übersetzungsschwankungen s. [26/23].

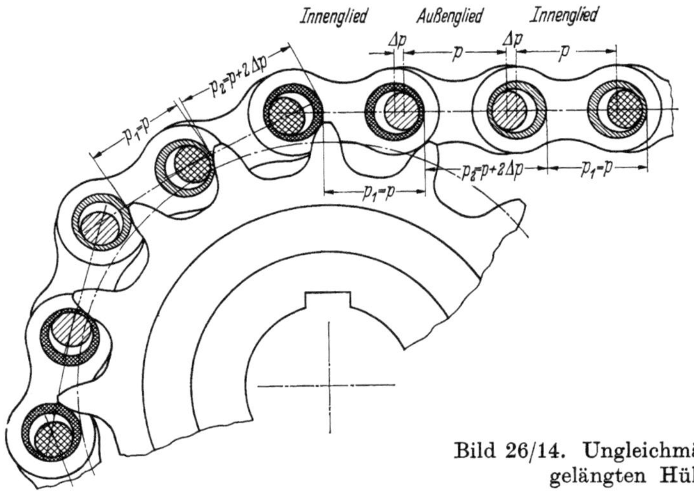

Bild 26/14. Ungleichmäßige Auflage einer durch Verschleiß gelängten Hülsenkette auf dem Kettenrad.

Bei derartigen Ketten (z. B. übliche Rollen- und Hülsenketten) bleibt die wirksame Teilung p_1 für das 1. Glied (Innenglied) fast unverändert, während die Teilung für das 2. Glied (Außenglied) um $2\Delta p$ zunimmt:

$$p_1 = p\,, \quad p_2 = p + 2\Delta p \quad \text{und} \quad (p_1 + p_2)/2p = 1 + \Delta p/p\,. \tag{26/7}$$

Bei Ketten mit gleichem Aufbau von Glied und Nachbarglied (z. B. Zahnketten) bleibt dagegen die Teilung von Glied und Nachbarglied auch bei Verschleiß gleich groß:

$$p_1 = p_2 = p + \Delta p \quad \text{und} \quad (p_1 + p_2)/2p = 1 + \Delta p/p\,. \tag{26/8}$$

Die Grenze für Δp wird erreicht, wenn die Auflage der Kettenglieder auf den Zahnflanken den Kopfkreisdurchmesser d_a überschreitet. Dieser Fall tritt ein, wenn der wirksame Teilkreisdurchmesser $d_W = d(1 + \Delta p/p) \geq d + d_R \sin\gamma$ wird. Für eine Längung um 2,5%, d. h. $\Delta p/p = 2{,}5/100$ (großer Betrag) bedeutet dies:

$$d_a \geq 1{,}025d - d_R \sin\gamma\,, \tag{26/9}$$

s. hierzu Bild 26/27.

● Die maximale Zähnezahl ist durch die zulässige Kettenlängung begrenzt. Wird die Kettenteilung um Δp größer, verlagert sich die Kette um $\Delta d = \Delta p/(\sin 180/z)$ nach außen, d. h. um so mehr, je größer die Zähnezahl ist. Läßt man eine Längung von 1,25% zu, so ergibt sich:

Für Rollen- und Buchsenketten: $z_{max} = 120$, für Zahnketten: $z_{max} = 140$.

26.4.3 Schwingungen der Kettengetriebe

Von An- oder Abtrieb können Schwingungen der Kettenstränge erregt (also von außen eingeleitet) werden; ferner können Polygoneffekt, Exzentrizität der Kettenräder, Teilungsfehler und Elastizität der Kette Schwingungen hervorrufen. Insbesondere bei Resonanz führt dies zu Laufunruhe und Geräusch, Überbeanspruchung und verstärktem Verschleiß der Gelenke. Man muß daher darauf achten, daß die Erreger- und die Eigenfrequenz der Kettenstränge nicht zusammenfallen.

a) Erregerfrequenzen. Abgesehen von der äußeren Erregung (durch ungleichförmigen Lauf von Antriebs- oder Arbeitsmaschine) kann ein Kettengetriebe durch folgende (innere) Erregerfrequenzen f zu Schwingungen angeregt werden:

$$f = Bn/60\,. \tag{26/10}$$ ⊛

Fall (a): Mit $B = 1$ bei Erregung durch die Kettenraddrehzahl (z. B. Rundlauffehler der Kettenräder),
Fall (b): Mit $B = z$ bei Erregung durch die Zahneingriffsfrequenz (Polygoneffekt),
Fall (c): Mit $B = zN/X$ bei Erregung durch Ketten-Umlauffrequenz (z. B. Teilungsfehler der Kette), $N = 1, 2, 3, \ldots$.

b) Eigenfrequenzen, kritische Drehzahlen. Obwohl die longitudinalen und transversalen Bewegungsmöglichkeiten untereinander und mit den Drehbeweglichkeiten der Wellen gekoppelt sind, kann man die Eigenfrequenzen f_ν ($\nu = 1, 2, 3, \ldots$) näherungsweise für einzelne, entkoppelte Schwingungen berechnen.

- Querschwingungen (Bild 26/15). Annahme für die Berechnung: Gleichmäßige Massenverteilung über der Kettenlänge, Reibung in den Gelenken vernachlässigt sowie großes Verhältnis Trumlänge zu Kettenteilung. Unter Berücksichtigung des Fliehkrafteinflusses ergibt sich damit die Eigenfrequenz nach [26/50]:

$$f_\nu = [\nu/(2l)]\,(F_t/q)/\sqrt{(F_t/q) + v^2}. \qquad (26/11)$$

Damit erhält man für die kritische Drehzahl:

$$n_k = (6 \cdot 10^4/zp)\,\left\{(F_t/2q)\left[\sqrt{1 + (zp/1000\,lB)^2} - 1\right]\right\}^{1/2} \qquad (26/12)\circledast$$

mit B nach (26/10) Fall (a), (b) oder (c), wobei vor allem der Erregung durch die Kettenumlauffrequenz Fall (c) mit $N = 1, 2, 4$ besondere Bedeutung zukommt. Querschwingungen können sowohl im Last- als auch im Leertrum auftreten.

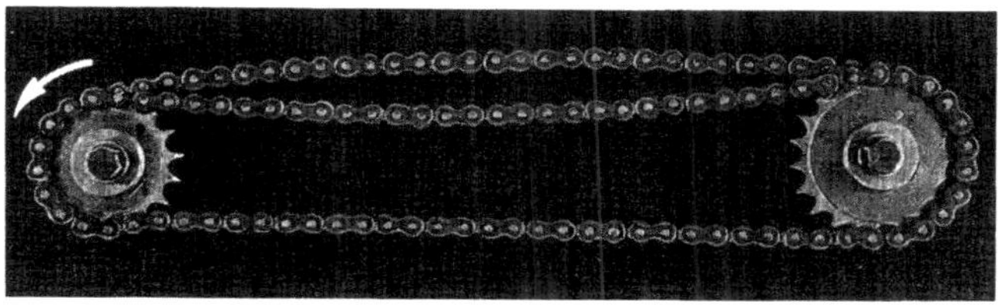

Bild 26/15. Quer-Grundschwingung des obenliegenden Lasttrums [26/50].

- Längsschwingungen. Annahmen für die Berechnung: Kettenlasche als masselose Feder aufgefaßt, Masse eines Kettengliedes punktförmig im Gelenk angenommen; ferner sei die Bewegungsmöglichkeit der Massenpunkte auf die Längsrichtung des Trums beschränkt.

Hieraus und mit F_E nach Abschn. 26.5.5 ergibt sich für die Grundschwingung:

$$f_1 = \sqrt{F_E/q}/(2l), \qquad (26/13)$$

für die 1. Oberschwingung $f_2 = 2f_1$.

Die Eigenfrequenz der Längsschwingungen ist unabhängig von der Zugkraft und meistens mehr als 20mal so groß wie die Eigenfrequenz der Querschwingungen. Sie sind deshalb nur selten — bei schnelllaufenden Trieben — zu berücksichtigen.

Kritische Drehzahl bei Erregung durch den Polygoneffekt, (26/10) Fall (b) für Rollenketten mit $(F_E/q)^{1/2} \approx 1000$:

$$n_{k1} = f_1(60z_1) \approx 8{,}33/(z_1 l); \qquad n_{k2} = 2n_{k1}. \qquad (26/14)\circledast$$

Demnach kann man n_k durch Ändern der Zähnezahl z_1 oder der Länge l des freien Kettenstranges beeinflussen. Bisher sind Resonanzen eines längsschwingenden Kettentrums noch nicht gemessen worden.

- Drehschwingungen. Der Drehbewegung von An- und Abtriebswelle können periodische Drehschwingungen überlagert sein, wodurch die Kette eine schwingende Belastung erfährt. Annahmen für die Berechnung: Kette als masselose Feder mit der Steifigkeit c, Kettenräder und Wellen als starr angenommen, Trägheitsmomente von An- und Abtrieb zu je einem auf die Wellen der Kettenräder reduzierten Massenträgheitsmoment zusammengefaßt (s. Abschn. 20.5., Grundlagen).

Kritische Drehzahl bei Resonanz damit nach [26/24]:

$$n_k = 15 \cdot z_1 p/(1000\,B\pi^2)\,\sqrt{F_B c_{rel}/(lJ_1)\,[1 + i^2\,(J_1/J_2)]} \qquad (26/15)\circledast$$

mit J_1, auf Ritzelwelle reduziertes Massenträgheitsmoment, J_2 auf Radwelle reduziert; relative Kettensteifigkeit $c_{rel} \approx 55$ für $F_t/F_B \approx 0{,}05$ (s. [26/25, S. 67]).

Je nach Erregung sind für B die Größen nach (26/10) Fall (a), (b) oder (c) einzusetzen. Nach bisherigen Erfahrungen ist besonders die Erregung durch die Teilungsfehler der Kette (26/10) Fall (c) (sowie deren Harmonische) von Bedeutung.

26.5 Kräfte an Kette und Kettenrad, Lagerkräfte

Nach Bild 26/16 wird die Umfangskraft F_t von der Kette auf das Rad abschnittweise übertragen, wobei die Kettenlängskraft F_L von Zahn zu Zahn abnimmt. Die im Bild 26/16 eingezeichnete Kraftverteilung ergibt sich aus der Bedingung, daß in jedem Gelenkpunkt die Summe der Kräfte (Längskräfte F_L und Normalkraft F_z am Zahn) Null sein muß. Der Kräfteplan zeigt, daß die verbleibende Restkraft im Leertrum (z. B. F_{L4} im Bild 26/16) um so größer wird, je kleiner der Umschlingungswinkel am Kettenrad und je größer der Flankenwinkel γ ist.

Mit der Abnahme von F_L am Umfang des Rades ändert sich auch die Gliedlänge geringfügig. Entsprechend verschieben sich die bereits aufgelaufenen Kettenglieder auf den Radzähnen. Hierdurch entsteht ein gewisser Verschleiß an den Zahnflanken.

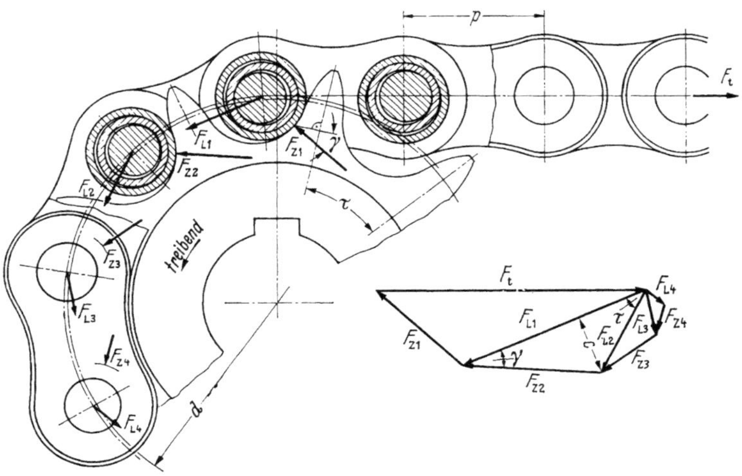

Bild 26/16. Kraftübertragung zwischen Kettenrad und Rollenkette mit Cremona-Plan.

26.5.1 Umfangskraft aus der übertragenen Leistung (Nenn-Umfangskraft)

Bei konstanter Leistung und Drehzahl am Antriebsrad schwankt infolge des Polygoneffektes (Abschn. 26.4.1) die Kettengeschwindigkeit um den Mittelwert v und damit die Umfangskraft um den Mittelwert F_t. Nach den Grundbeziehungen in Abschn. 20.5 ergibt sich aus der zu übertragenden Leistung P bzw. dem Drehmoment T die Nenn-Umfangskraft:

$$F_t \approx 60 \cdot 10^6 P/(zpn) \approx 2\pi\, 10^3 T/(zp) \qquad (26/16)^{\circledast}$$

mit

$$v \approx pzn/(60 \cdot 10^3)^{\circledast} \quad \text{und} \quad d = p_b z/\pi \approx pz/\pi .$$

Die $\approx$ Zeichen bedeuten, daß der Unterschied zwischen Kettenteilung p und Teilkreisteilung p_b vernachlässigt wurde.

26.5.2 Äußere Zusatzkräfte, Betriebsfaktor f_B

Beim Tragfähigkeitsnachweis muß man auch die von außen in das Getriebe eingeleiteten Drehmomentschwankungen, Einschaltstöße usw. berücksichtigen. Geeignete Methoden s. Abschn. 21.5.1. Wenn keine Messungen oder speziellen Erfahrungen vorliegen, die es gestatten, diese Einflüsse genauer zu erfassen, kann man bei Kettengetrieben hierfür den Betriebsfaktor f_B nach Tafel 26/10 als Anhalt benutzen.

$$\text{Äußere Umfangskraft} = F_t f_B . \qquad (26/17)$$

26.5.3 Vorspannkraft F_V

Die erforderliche Vorspannkraft im Leertrum ist gleich der Restkraft, z. B. F_{L4} im Bild 26/16. Nach dem hier eingetragenen Kräfteplan ist $c = F_{L2} \sin \tau = F_{z2} \sin \gamma$ und $F_{L1} = F_{L2} \cos \tau + F_{z2} \cos \gamma$. Hieraus folgt:

$$F_{L1} = F_{L2}[\cos \tau + (\sin \tau \cos \gamma)/\sin \gamma] = F_{L2} \sin (\tau + \gamma)/\sin \gamma$$

und

$$F_{L2} = F_{L1} \sin \gamma/\sin (\tau + \gamma) = F_{L1} \sin \gamma/\sin (360°/z + \gamma). \quad (26/18)$$

Bei z_b Zähnen im Umschlingungsbogen der Kette damit Restkraft = erforderliche Vorspannkraft:

$$F_V = F_t[\sin \gamma/\sin (360°/z + \gamma)]^{z_b}. \quad (26/19)⊛$$

Mit Umschlingungswinkel β in Grad ist $z_b = \beta z/360°$. Die Restkraft wird praktisch sehr klein. Sie beträgt z. B. bei $\beta = 120°$ für $z_1 = 19$: $F_V = 2{,}1\%$ von F_t und für $z_1 = 11$: $F_V = 4\%$ von F_t.

Die vorhandene Vorspannkraft im Leertrum kann nach Bild 26/17 aus dem Durchhang h/S bestimmt werden. Sie ist oft größer als erforderlich.[4] Dieser Überschuß an Vorspannkraft bewirkt ein ständiges Wandern der Kette auf den Radzähnen. Dabei nehmen die Relativbewegungen zwischen Kette und Rad mit wachsender Kettenlänge zu. Diese Erscheinung dürfte wesentlich zum Verschleiß der Kettenräder beitragen.

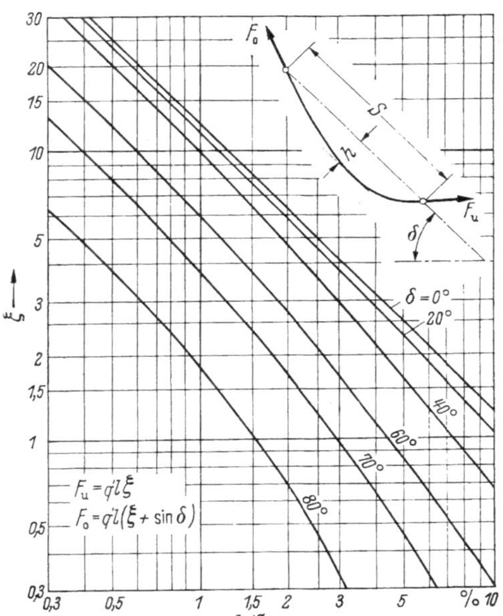

Bild 26/17. Zur Berechnung der Kettenkräfte F_o und F_u aus dem Durchhang h gegenüber der Sehne S (auch für Lasttrum gültig.) $q' = q \cdot g$ in N/m = Kettengewichtskraft pro m Länge, $S \approx l$ = Länge des Kettentrums in m, Erdbeschleunigung $g = 9{,}81$ m/s².

26.5.4 Fliehkraftanteil F_f

Im Gelenkpunkt der Kette auftretende radiale Fliehkraft F_R nach Bild 26/18:

$$F_R = mr\omega^2 = 2 \cdot 10^3 mv^2/d = qv^2 2 \sin (\tau/2), \quad \text{mit} \quad m = qp/10^3 \quad (26/20)⊛$$

$$\text{und} \quad d = p/\sin (\tau/2).$$

Zerlegt man F_R in die beiden Komponenten F_f in Richtung der beiden Kettenglieder,

4 Bisher berücksichtigt man den Durchhang mit einem Zuschlag zur Kettenlänge nach (26/48).

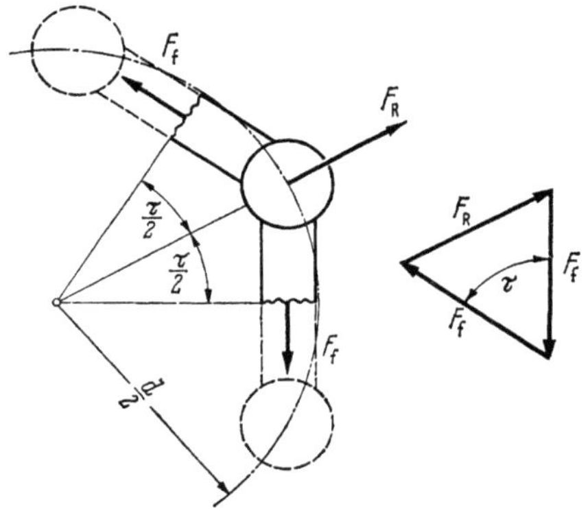

Bild 26/18. Zerlegung der Fliehkraft F_R in die Umfangskomponenten F_f.

so ergibt sich $\sin(\tau/2) = 0{,}5F_R/F_f$ und somit:

$$F_f = F_R/[2\sin(\tau/2)] = qv^2. \tag{26/21}$$

Demnach ist F_f unabhängig von τ und der Zähnezahl des Kettenrades. Mit zunehmender Umfangsgeschwindigkeit v wird F_f sehr groß.

Beispiel: $F_f = 87{,}6$ N für Einfach-Rollenkette $p = 12{,}7$ mm (Nr. 08A nach Tafel 26/17) bei $v = 12$ m/s gegenüber einer zulässigen Umfangskraft von 166,7 N nach Bild 26/37b ($z_1 = 19$; $n_1 = 3000\ \text{min}^{-1}$).

26.5.5 Kräfte aus Kettenschwingungen, Polygonkraft

- Kräfte aus Dreh-, Quer- und Längsschwingungen braucht man nicht zu berücksichtigen, wenn Resonanzgebiete mit Sicherheit vermieden werden (vgl. Abschn. 26.4.3).
- Polygonkraft F_P (s. Abschn. 26.4.1): Aus der periodischen Schwankung der Geschwindigkeit v ergeben sich Schwingungen und Zusatzkräfte F_P in Längsrichtung der Kette. Außerhalb der Resonanz — d. h. bei genügendem Unterschied zwischen Eigenfrequenz der Kette und Zahnfrequenz — bleibt die Polygonkraft F_P relativ klein, da Durchhang und elastische Dehnung des freien Kettenstranges als Feder wirken. Im Gebiet der Resonanz — d. h. wenn die Gliederzahl l/p des freien Kettenstranges (Länge l) die Größe $l/p = 500/v$® erreicht — kann jedoch F_P bis zur Größe der Zugkraft $F_t + F_F$ ansteigen. Da die Kette aber keine Druckkraft aufnimmt, wird bei dieser Größe der Schwingungsvorgang abbrechen, von neuem beginnen und wieder abbrechen. Das Getriebe läuft dann sehr unruhig.

Ansatz für F_P: Unter Berücksichtigung der elastischen Dehnung des Kettenstranges kann man in erster Annäherung setzen[5]:

$$F_P = F_E\varepsilon_{\max}; \qquad \varepsilon_{\max} = (ds/dx)_{\max} \approx 2v\sqrt{q/F_E}/z^2\,|1/\sin\psi|; \qquad \psi = 2\pi vl\sqrt{q/F_E}/p;$$

mit F_E als ideelle Kraft, um den freien Kettenstrang auf die doppelte Länge elastisch zu dehnen. Für Rollenketten ist $F_E \approx 40F_B$ und $\sqrt{q/F_E} \approx 0{,}001$ s/m, so daß

$$F_P = F_Bv/(12{,}5z^2\sin\psi) = F_t + F_f \quad \text{und} \quad \psi = 2\pi lv/(p\,10^3).\text{®}$$

Hiernach wurde F_P für ein Beispiel berechnet und im Bild 26/19 aufgetragen. Im Vergleich zu der nach Bild 26/37 zulässigen Kettenkraft von ca. 1735 N für $v = 1$ und 765 N für $v = 10$ m/s ist demnach F_P relativ klein, solange nicht $1/\sin\psi$ gegen ∞ geht, d. h. $v \approx 500\,p/l$® oder ein ganzes Vielfaches davon wird.

26.5.6 Aufschlagkraft F_A

Es gelten die Einheiten nach Abschn. 26.3. Beim Auflaufen schlagen die Kettenglieder mit einem Stoß auf die Radzähne auf. Dabei muß die kinetische Energie W_m der aufschlagenden Masse als Verformungsarbeit (Stoßarbeit) W_S an der Stoßstelle aufgenommen werden. Ansatz für F_A:

Kinetische Energie der aufschlagenden Masse m: $W_m = mv_A^2/2$.

---

5 Nach einer Untersuchung von W. Richter, FZG/TU München. — Der Ansatz von Worobjew [26/20] berücksichtigt nicht die elastische Dehnung der Kette und setzt daher die Masse der ganzen Kette und des Abtriebs als zu beschleunigende Masse ein, so daß er zu viel größeren Werten für F_P kommt.

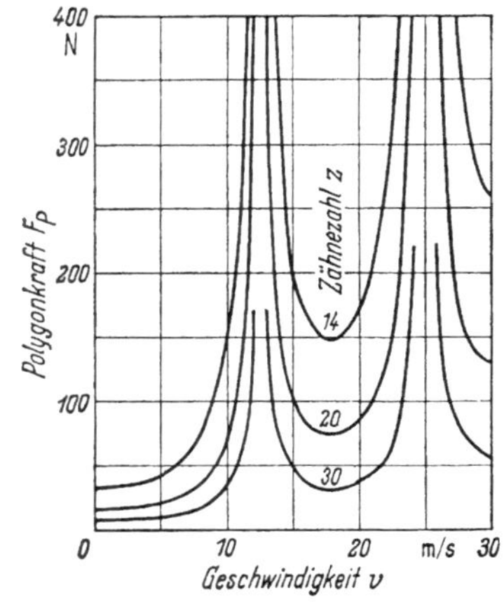

Bild 26/19. Polygonkraft F_P für eine Rollenkette mit $p = 12{,}7$ mm, $l/p = 40$ und $F_B = 18000$ N.

Aufschlaggeschwindigkeit normal zur Zahnflanke aus der Geometrie der Kettenradverzahnung:

$$v_A = \omega p \xi / 10^3 \qquad (26/22)\circledast$$

mit $\xi = \sin(\tau + \gamma)$ für Rollenketten, $\xi = \sin(60°/2) = 0{,}5$ für Zahnkette mit 60° Flankenwinkel, $\xi = 0{,}35$ für Kettenrad mit Evolventenverzahnung (30° Eingriffswinkel).

Am Stoßvorgang beteiligte Kettenmasse m eines Kettengliedes s. (26/20), Winkelgeschwindigkeit $\omega = 2000 v\pi/(pz_1)$.⊛

Für Rollenketten mit $\xi = \sin(\tau + \gamma)$ gilt dann:

$$W_m = [2v\pi \sin(\tau + \gamma)/z_1]^2 \, pq/2000. \qquad (26/23)\circledast$$

Anderseits beträgt die Verformungsarbeit $W_S \approx F_A f_A/2000 = F_A^2/(2 \cdot 10^3 c) = 3F_A^2/(2 \cdot 10^3 b_z E)$⊛, da Verformungsweg $f_A = F_A/c$ in mm ist und Federsteifigkeit $c \approx b_z E/3$ in N/mm, mit Zahnbreite b_z in mm und Elastizitätsmodul E in N/mm². Aus der Bedingung $W_m = W_s$:

$$F_A = \sqrt{qpb_z E/3}\; 2\pi v \sin(\tau + \gamma)/z_1 .$$

Mit $E = 2{,}1 \cdot 10^5$ N/mm² für Stahl erhält man:

$$F_A = 1662 \sqrt{pb_z q}\; v \sin(\tau + \gamma)/z_1 . \qquad (26/24)\circledast$$

Größenordnung von F_A s. Tafel 26/3.

Tafel 26/3. Aufschlagkraft F_A — Beispiel

	v in m/s		5	10	20	30
Rollenkette $p = 12{,}7$ mm,	$z_1 = 10$	F_A	5094	10189	20378	30567
$q = 0{,}7$ kg/m, $b_z = 7$ mm;	20	in N	1785	3570	7141	10711
$\gamma = 15°$, $\tau = 360°/z$	30		992	1984	3968	5952

Die Aufschlagkraft F_A ist also erheblich und muß von Rolle und Zahnflanke als Flankenpressung aufgenommen werden. Danach ist gerade bei größerer Geschwindigkeit und besonders bei kleinem z_1 eine hohe Flankenfestigkeit (hohe Oberflächenhärte) erforderlich.

Mit (26/24) kann man aus $F_A \leq k_{zul} d_R b_z$ mit $k_{zul} = (p_{H\,zul}/271)^2$⊛ die Grenzdrehzahl berechnen, bei der die Flankenfestigkeit allein durch die Aufschlagkraft voll ausgenützt wird (s. Abschn. 26.7.2d). Für übliche Rollenketten ergibt sich:

$$n_{grenz} \approx 3{,}4 \cdot 10^{-3} p_{H\,zul}^2/[p \sin(\tau + \gamma)]. \qquad (26/25)\circledast$$

Für eine Rollenkette mit $z = 19$, $\tau = 360°/z$, $\gamma = 15°$, $p_{H\,zul} = 2247$ N/mm² (für HV = 700 nach Tafel 26/4) ergibt sich: $n_{grenz} \approx 3{,}4 \cdot 10^{-3}\, 2247^2/[12{,}7 \sin(360°/19 + 15°)] = 2400$ min⁻¹.⊛

26.5.7 Für die Berechnung maßgebende Kräfte

Die oben erläuterten Kettenkräfte gehen in unterschiedlicher Weise in die Beanspruchung der Kette, des Kettenrades bzw. in die Lagerbelastung ein.

- Die für die Leistungsübertragung maßgebende Umfangskraft $F_t f_B$ muß bei der Ermittlung aller Beanspruchungen und der Lagerkraft berücksichtigt werden.
- Die Vorspannkraft F_V (Restkraft) tritt nur im Leertrum auf, entfällt also für die Beanspruchungsrechnung und kann bei der Ermittlung der Lagerkraft vernachlässigt werden.
- Der Fliehkraftanteil F_f nach (26/21) wirkt als Zugkraft, muß also bei der Berechnung der Zugspannung in den Laschen, der Biegespannung und der Scherspannung in den Bolzen berücksichtigt werden. — Sie wirkt jedoch nicht zwischen Rolle (Hülse) und Kettenradverzahnung, ist also bei der Berechnung der Wälzpressung an der Zahnflanke und der Lagerkraft nicht anzusetzen.
- Kräfte aus Dreh-, Quer- und Längsschwingungen (Polygonkraft) kann man im allgemeinen unberücksichtigt lassen. (Jedoch Gefahr der Resonanz prüfen, s. Abschn. 26.4.3.)
- Die Aufschlagkraft F_A (s. Abschn. 26.5.6) wirkt nur als Massenkraft zwischen Rolle (Hülse) und Radzahn, nicht jedoch als Anteil der Zugkraft und der Lagerkraft. — Sie ist nur bei der Berechnung der Pressung an der Zahnflanke zu berücksichtigen.

26.5.8 Lagerkräfte

Nach Abschn. 26.5.7 errechnet man die Lagerkräfte aus $F_t f_B$ und den Lagerabständen. Bei großen Achsabständen und ohne Kettenunterstützung muß auch der Stützzug berücksichtigt werden (s. Bild 26/17). Für kompliziertere Fälle mit mehreren Kraftangriffsstellen (z. B. mit Querkräften am Wellenzapfen) Berechnung nach Abschn. 20.5.6.

26.6 Verlustleistung und Wirkungsgrad

Grundlagen s. Abschn. 20.1. Danach für Kettengetriebe:
Gesamtverlustleistung:

$$P_V = P_R + P_{VS} + P_{VLP} + P_{V0}, \tag{26/26}$$

Gesamtwirkungsgrad:

$$\eta_G = (P_{\bar{a}} - P_V)/P_{\bar{a}}. \tag{26/27}$$

Die Reibverlustleistung P_R enthält die Reibverluste in den Gelenken P_{RG} und sonstige Reibungsverluste an Kettenelementen sowie zwischen Kette und Rad P_{RX}. P_{VS} Stoßverlustleistung, P_{VLP} Verlustleistung durch Lagerbelastung, P_{V0} Leerlaufverluste.

26.6.1 Gelenkreibung und Gelenkwirkungsgrad

Reibarbeit beim Abknicken des Kettengliedes um den Winkel τ — wenn die Kette auf das Rad aufläuft bzw. vom Rad abläuft — unter Längskraft F_L (Bild 26/20):

$$W_1 = \mu F_L \tau d_B/2000 = \mu F_L \pi d_B/(1000 z) \quad \text{in J} \tag{26/28}$$ ⊛

mit $\tau = 2\pi/z$, Bolzendurchmesser d_B, Reibweg $s = d_B\tau/2$ und Reibungszahl μ. — Die für den Verschleiß maßgebende Längskraft ist im Lasttrum etwa $F_t f_B + F_f$, im Leertrum etwa F_f, da die Vorspannkraft F_V und die Polygonkraft F_P (außerhalb des Resonanzgebietes) relativ klein sind (vgl. Abschn. 26.5). Die Aufschlagkraft F_A ist während des Abknickens nicht wirksam.

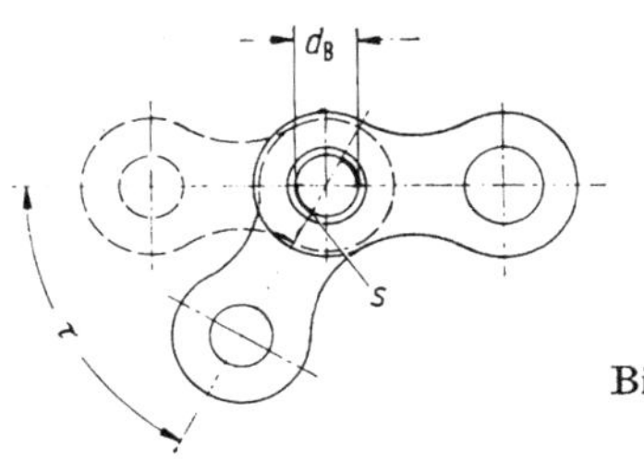

Bild 26/20. Reibweg s im Kettengelenk durch Abknicken des Kettengliedes.

Die Kette wird gleichzeitig 4mal abgeknickt (Auf- und Ablauf Rad 1, ebenso Rad 2), d. h. Reibarbeit:

$$W_4 = \mu\pi d_B/(1000 z_1)\,[(F_t f_B + F_f) + F_f] + \mu\pi d_B/(1000 z_2)\,[(F_t f_B + F_f) + F_f]$$

$$= \mu\pi d_B/(1000 z_1)\,[(u + 1)/u]\,(F_t f_B + 2F_f)$$

$$= \mu\pi d_B/(1000 z_1)\,[(u + 1)/u]\,p_R A_G,^{\circledast}$$

mit $p_R = (F_t f_B + 2F_f)/A_G.^{\circledast}$

Damit Verlustleistung durch Gelenkreibung:

$$P_{RG} = W_4 v/p = (\pi\mu p_R A_G/1000)\,v d_B/(z_1 p)\,(u + 1)/u \quad \text{in kW}. \qquad (26/29)^{\circledast}$$

Wirkungsgrad des Gelenks:

$$\eta_{RG} = (P_{\bar{a}} - P_{RG})/P_{\bar{a}} = 1 - [\pi\mu(p_R A_G/F_t)\,d_B/(z_1 p)\,(u + 1)/u] \qquad (26/30)^{\circledast}$$

mit Antriebsleistung $P_{\bar{a}} = F_t v/1000^{\circledast}$ in kW und $p_R A_G/F_t = (F_t + 2F_f)/F_t = 1 + 2qv^2/F_t.^{\circledast}$

Beispiel: Kette mit $p = 12{,}7$ mm; $d_B/p = 0{,}35$; $A_G = 50\ \text{mm}^2$; $u = 3$; für $v = 10$ m/s; $F_t = 580$ N, $F_f = 71$ N und $\mu = 0{,}15$; für $z_1 = 17$: $\eta_{RG} = 0{,}984$ und für $z_1 = 10$: $\eta_{RG} = 0{,}973$.

Um einen hohen Wirkungsgrad zu erreichen sind demnach große Zähnezahl z_1 und kleine Reibungszahl in den Gelenken anzustreben.

26.6.2 Sonstige Reibungsverluste an Kettenelementen

Die Reibung zwischen den Seitenflächen der Laschen sowie zwischen Kette und Radzähnen ist im Vergleich zur Gelenkreibung unbedeutend. Die zusätzliche Gelenkreibung bei Schwingungen der Kettenstränge ist nur nahe der Resonanz von Bedeutung; ggf. sind Reibverluste durch Führungsschienen, Spannschuhe u. ä. zu beachten.

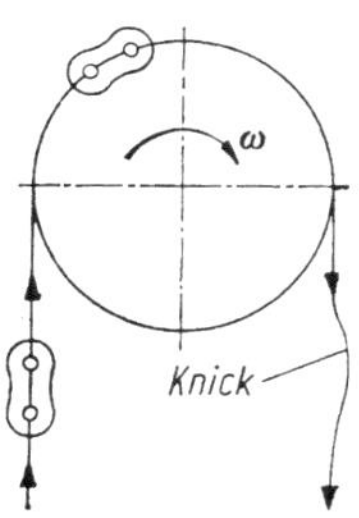

Bild 26/21. Weg eines Kettengliedes um das Kettenrad (Knick beim Auslauf des Kettengliedes infolge des Drehstoßes).

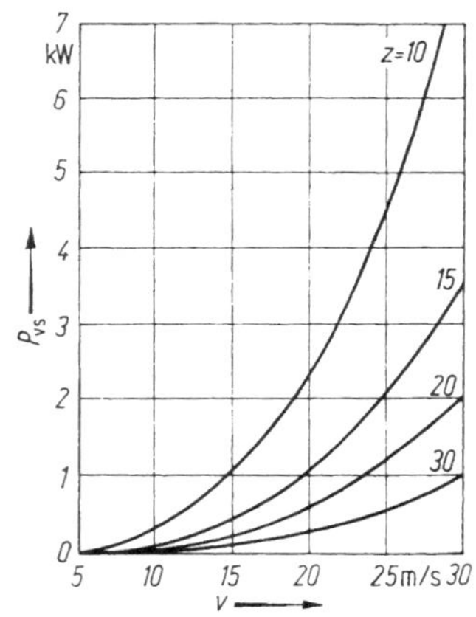

Bild 26/22. Stoßverlust je Kettenrad mit z Zähnen für Rollenkette Nr. 16 A ($p = 25{,}4$ mm) nach DIN 8188.

26.6.3 Stoßverlust, Stoßverlustwirkungsgrad

Bild 26/21 zeigt die Bewegung eines Kettengliedes. Beim Eintritt in die Kettenradverzahnung schwenkt es mit einem Drehstoß (vgl. Abschn. 26.5.6) in den Drehweg des Rades ein. Dabei entsteht nach [26/49] ein Stoßverlust $W_S = 0{,}5 J\omega^2$ (in J). (Hierin ist J das polare Trägheitsmoment des Kettengliedes um seine Schwerachse, ω die Winkelgeschwindigkeit des Kettenrades). Dasselbe wiederholt sich, wenn das Kettenglied das Rad verläßt.

Stoßverlustleistung für ein Kettenrad (Ein- und Auslauf der Kette) nach der Gleichung für W_S:

$$P_{VS} = 39{,}5 \cdot 10^6 (J/p^3)\,(v^3/z^2) \quad \text{in kW} \qquad (26/31)^{\circledast}$$

Stoßverlustwirkungsgrad für ein Zweirädergetriebe:

$$\eta_S = (P_{\bar{a}} - (P_{VS1} + P_{VS2})]\,P_{\bar{a}} = 1 - 39{,}5 \cdot 10^9 J v^2/(F_t p^3 z_1^2)\,(u + 1)/u. \qquad (26/32)^{\circledast}$$

Beispiel von Absch. 26.6.1 mit $z_1 = 10$, $J = 3{,}59 \cdot 10^{-7}$ kg m²; für $v = 10$ m/s: $\eta_S = 0{,}984$ und für $v = 20$ m/s: $\eta_S = 0{,}936$.

Man sieht, bei höherer Kettengeschwindigkeit und kleinen Zähnezahlen kann die Verlustleistung durch Drehstoß größer sein als der Anteil aus der Gelenkreibung; vgl. auch Bild 26/22. Bei üblichen Kettengetrieben mit geringen Kettengeschwindigkeiten kann der Verlust durch Drehstoß jedoch vernachlässigt werden.

26.6.4 Verlustleistung durch Lagerbelastung P_{VLP}

Hinweis s. Abschn. 20.1; Anhaltswerte für Schneckengetriebe s. Abschn. 25.5.5.

26.6.5 Leerlaufverluste P_{V0}

Allgemeines s. Abschn. 20.1; Anhaltswerte s. Abschn. 25.5.4.

26.7 Tragfähigkeit, Festigkeitsnachweis

Praktische Auslegungsrechnung s. Abschn. 26.8. Mit den nachstehend beschriebenen Methoden kann man die Sicherheit gegen die verschiedenen Beanspruchungsgrenzen nachweisen. Jeweils maßgebende Kräfte s. Abschn. 26.5.7.

26.7.1 Kettenräder

Da die Kette das Kettenrad umschlingt, verteilt sich die Umfangskraft auf eine größere Zähnezahl. Es ist daher nicht erforderlich, die Kettenradzähne auf Bruchfestigkeit nachzurechnen.

26.7.2 Tragfähigkeit der Rollen-, Buchsen-, Hülsenkette

a) Große Zugspannung an der Innenlasche im Querschnitt: $I - I$ (Bild 26/23a):

$$\sigma_z = F_Y/(2A_L) \leq \sigma_{z\,zul} \tag{26/33}$$

mit $F_Y = F_t f_B + F_f$ und $A_L = (g_L - d_H)$; $\sigma_{z\,zul}$ s. Tafel 26/4.

b) Biegespannung des Bolzens (Bild 26/23b):

$$\sigma_b = F_Y s/(2W_b) \leq \sigma_{b\,zul} \tag{26/34}$$

mit F_Y nach (26/33) und $W_b = \pi d_B^3/32$; $\sigma_{b\,zul}$ s. Tafel 26/4.

Tafel 26/4. Werkstoffe, zulässige Spannungen und Pressungen für Rollenketten

Laschen aus Vergütungsstahl mit Zugfestigkeit $\sigma_B \approx 600 \ldots 700$ N/mm² (C 45) Bolzen, Hülsen, Rollen: z. T. aus Vergütungsstahl nach DIN 17200 (C 45) mit Brinellhärte HV $\approx$ 450 (randgehärtet) oder aus Einsatzstahl nach DIN 17210 (z. B. C 15) mit HRC $\approx$ 60, HV $\approx$ 720
Lochleibung $p_{L\,zul} \approx 150$ N/mm² (C 45) (Lasche/Bolzen)
Flächenpressung im Gelenk: $p_{r\,zul} = p_{r0} f_R f_S f_K f_W$ p_{r0} zulässige Flächenpressung für Normbedingungen s. Tafel 26/11 f_R Reibwegfaktor für stoßfreien Betrieb nach [26/25]: $f_R = \sqrt{\frac{226 i}{L_V}\left(\frac{a}{p}\frac{1}{i+1} + 4{,}75\right)}$ f_S Schmierungsfaktor nach Tafel 26/15 f_K Kettenartfaktor und f_W Wellenfaktor nach Abschn. 26.9.2c Richtwerte für $p_{r\,zul}$ bei Rollenketten mit Kunststoffbuchsen s. Tafel 26/2
Zugfestigkeit: $\sigma_{z\,zul} = \sigma_B/S \leq 100$ N/mm², Sicherheit $S = 6 \ldots 8$, Biegefestigkeit: $\sigma_{b\,zul} \approx 0{,}9\sigma_{z\,zul}$
Hertzsche Pressung: $p_{H\,zul} \approx 3{,}21 \cdot$ HV (z. B. $p_{H\,zul} = 1444$ N/mm² für 450 HV)

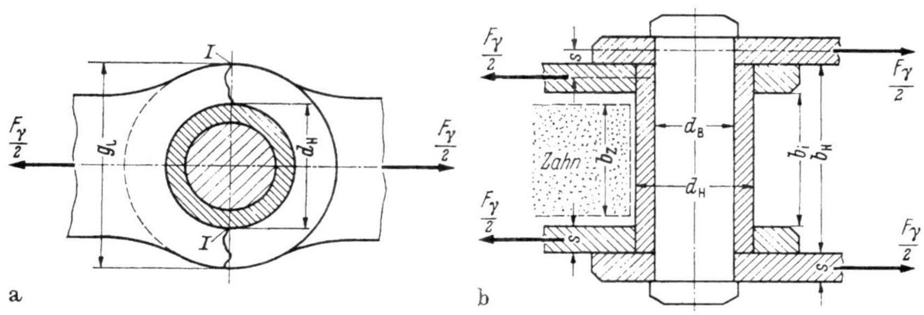

Bild 26/23. Maße für die Berechnung a) der Zugspannung an der Innenlasche; b) der Beanspruchung des Bolzens.

c) Scherspannung des Bolzens (Bild 26/23b):

$$\tau = F_Y/(2A_B) \leq \tau_{zul} \tag{26/35}$$

mit F_Y nach (26/33) und $A_B = \pi d_B^2/4$; $\sigma_{b\,zul}$ s. Tafel 26/4.

d) Flankenpressung (Hertzsche Pressung) zwischen Rolle (bzw. Hülse) und Radzahn:

$$p_H \approx \sqrt{F_A E/(2{,}86 d_R b_z)} \leq p_{H\,zul},^6 \tag{26/36}$$

für Räder und Ketten aus Stahl:

$$p_H \approx 271 \sqrt{F_A/(d_R b_z)} \leq p_{H\,zul} \tag{26/37}$$

mit Aufschlagkraft F_A nach Abschn. 26.5.6, Rollendurchmesser d_R (ggf. Hülsendurchmesser d_H), Zahnbreite $b_z \approx 0{,}9 b_i$; $p_{H\,zul}$ s. Tafel 26/4.

e) Flächenpressung im Gelenk nach Bild 26/23:

$$p_r = F_Y/A_G \leq p_{r\,zul} \tag{26/38}$$

mit F_Y nach (26/33) und $A_G = b_H d_B$; $p_{r\,zul}$ s. Tafel 26/4. Beachte Einfluß der Herstellung nach Bild 26/24.[7]

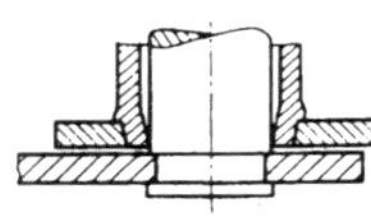

Bild 26/24. Geringerer Hülsenenddurchmesser durch Einpressen der Hülse in die Lasche. Dadurch erhöhte Flächenpressung am Hülsenende und Einlauflängung der Kette.

f) Gelenkverschleiß ist häufig die maßgebende Schadensgrenze für die übertragbare Leistung bzw. die Lebens. dauer (Längung der Kette durch Verschleiß s. Abschn. 26.4.2). Deshalb darf die tatsächlich auftretende Gelenkpressung p_r nicht größer sein als die, die für die jeweiligen Betriebsverhältnisse (und die geforderte Lebensdauer) zulässig ist. Darauf basiert die Auswahl der Kette nach DIN 8195 (Abschn. 26.9.2a) mit Hilfe der Leistungsdiagramme in Bild 26/37.

In erster Annäherung ist die während der Lebensdauer L_v (bei Vollast in h) in den Gelenken verschleißende Werkstoffmenge V_{ges} proportional der in den Gelenken übertragenen Gesamtreibarbeit W_{ges}. $W_{ges} = P_{RG}\, 3600 L_v$ mit W_{ges} in Nm und P_{RG} in kW nach (26/29).

$$W_{ges} = 1{,}13 \cdot 10^4 \mu p_R A_G L_v (v/z_1)\,(d_B/p)\,(u+1)/u. ⊛$$

Setzt man $W_{ges} V_s = V_{ges} = \Delta p A_G X$ in mm³, mit $A_G = d_B b_H$, wobei V_s der Verschleiß in mm³ je Nm Reibarbeit ist und führt $v = z_1 p n_1/(60\ 10^3)$ ⊛ ein, ergibt sich die Vollast-Lebensdauer L_v:

$$L_v = 5{,}3(\Delta p/p)\ X/(n_1 \Sigma \mu V_s p)\ (p/d_B)\ u/(u+1). \tag{26/39}$$ ⊛

6 Alle übrigen Kraftkomponenten teilen sich auf mehrere Zähne auf; man kann sie deshalb hier gegenüber F_A vernachlässigen.

7 Die Flächenpressung ist im Bereich der Zuglaschen (Bild 26/23a) zunächst viel größer als p_r, bis der Verschleiß einen gewissen Ausgleich herbeiführt. Durch vorheriges Einlaufen der Ketten kann man den Einlaufverschleiß und somit die Einlauflängung der Ketten vorwegnehmen.

Die zulässige spezifische Kettenlängung kann man mit $\Delta p/p = 2/100 \ldots 3/100$ ansetzen. Der Verschleißkennwert μV_s dürfte mit zunehmender Gelenkpressung exponentiell zunehmen bis die Gelenkflächen anfangen zu fressen, vgl. Bild 26/25; Höhenlage von μV_s und Freßgrenzwert hängen von Werkstoffpaarung, Oberfläche und Schmierzustand der Gelenkflächen ab.

Entsprechend den Gelenkpressungen $p_r = (F_t f_B + F_f)/A_G$ im Lasttrum und $p_L = (F_f + F_V)/A_G$ im Leertrum entnimmt man die Teilbeträge $\mu V_s p_r$ und $\mu V_s p_L$ zu den entsprechenden Gelenkpressungen p_r und p_L aus Bild 26/25 und erhält für (26/39): $\Sigma \mu V_s p = (\mu V_s)\, p_r + (\mu V_s)\, p_L$.

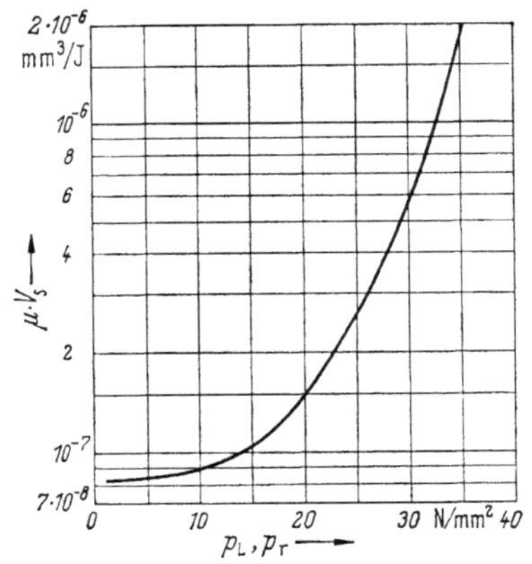

Bild 26/25. Verschleißkennwert μV_s in Abhängigkeit von der Gelenkpressung für Rollenketten nach DIN 8187, berechnet mit (26/39) aus Belastungswerten von ASA B. 29.1, die auf Lebensdauerversuchen basieren. Auszug aus der ASA-Norm.

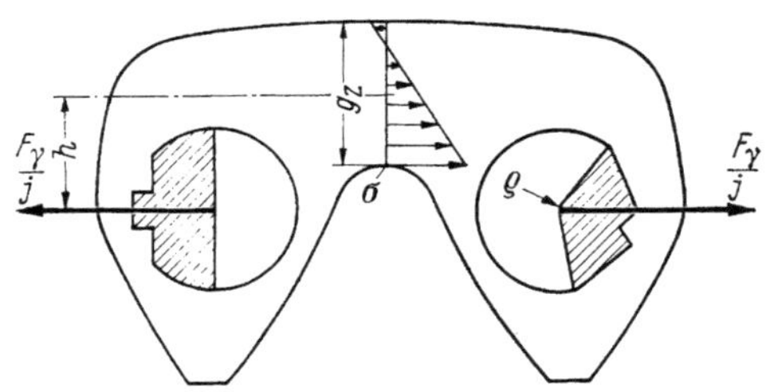

Bild 26/26. Spannungsverteilung in der Lasche einer Zahnkette.

26.7.3 Beanspruchung der Zahnkette

Abmessungen s. Bilder 26/4e und 26/26; zulässige Werte nach Angaben der Hersteller oder erprobten Konstruktionen, zugehörige Angaben für Werkstoff und Wärmebehandlung s. Abschn. 26.8.

a) Beanspruchung einer Lasche auf Zug und Biegung:

$$\sigma = \sigma_z + \sigma_b \leq \sigma_{zul}; \qquad \sigma_z = F_Y/(j g_z s); \qquad \sigma_b = F_Y h/(j W_b) \tag{26/40}$$

mit F_Y nach (26/33), j Anzahl der tragenden Laschen, s Laschendicke, g_z Laschenhöhe, $W_b = s g_z^2/6$, $\sigma_{zul} \approx 220\ \text{N/mm}^2$.

b) Pressung im Wiegegelenk:

$$p_H = 191{,}6 F_Y/(\varrho j s) \leq p_{H\,zul} \tag{26/41}$$ ®

mit F_Y nach (26/33), ϱ Radius des Wiegezapfens, $p_{H\,zul} \approx 2300\ \text{N/mm}^2$.

c) Flankenpressung geringer als bei Rollenketten wegen enger Schmiegung; ferner Stoßenergie geringer, vgl. (26/22). Nachrechnung nicht erforderlich, da andere Beanspruchungsgrenzen eher erreicht werden.

d) Bruchkraft F_B s. Tafel 26/19.

26.8 Abmessungen, Auslegung, Konstruktion

Beziehungen und Empfehlungen, die bei der Wahl der Hauptabmessungen, Abschn. 26.9, zu beachten sind:

Die Ketten werden in genormten Abmessungen von Spezialfirmen hergestellt und sind z. T. ab Lager lieferbar. DIN-Normen und Firmenschriften s. Literaturverzeichnis Abschn. 26.11, Sonderketten und Kunststoffketten s. Abschn. 26.2c.

26.8.1 Allgemeine Beziehungen für Kettengetriebe

Abmessungen nach DIN 8196.

a) Übersetzung i, Zähnezahlverhältnis u. Definitionen s. (26/1, 2). Richtwerte:

$u = 1...5$: Günstig, ausreichender Umschlingungswinkel auch bei kleinem Achsabstand; extrem kleine und große Zähnezahlen vermeiden!
u bis 7: Normal erreichbar
u bis 10: Möglich bei Grenzwerten der Umschlingungswinkel und Zähnezahlen.

b) Achsabstand. Allgemein:

$$a = Cp(2X - (z_1 + z_2)] \qquad (26/42)$$

mit C nach Tafel 26/5, X Gliederzahl; bei $z_1 = z_2 = z$:

$$a = 0{,}5p(X - z). \qquad (26/43)$$

Der kleinstzulässige Achsabstand ergibt sich aus den Grenzwerten für den Umschlingungswinkel des Ritzels (Abschn. e). Mit einem Sicherheitsabstand zwischen den Kopfkreisen folgt hieraus (für $i < 4$):

$$a_{\min} = 0{,}5(d_{a1} + d_{a2}) + (30...50 \text{ mm}). \qquad (26/44)$$

Tafel 26/5. Korrekturbeiwert C: $C = 1/[4 \sin\delta(\widehat{\delta} + \cot\delta)]$, Winkel δ s. Bild 26/1, δ ermittelt aus: $\widehat{\delta} + \cot\delta = \pi[(X - z_1)/(z_2 - z_1) - 0{,}5]$

$\frac{X - z_1}{z_2 - z_1}$	C	$\frac{X - z_1}{z_2 - z_1}$	C	$\frac{X - z_1}{z_2 - z_1}$	C
13	0,24991	1,95	0,24380	1,30	0,22793
12	0,24990	1,90	0,24333	1,29	0,22729
11	0,24988	1,85	0,24281	1,28	0,22662
10	0,24986	1,80	0,24222	1,27	0,22593
9	0,24983	1,75	0,24156	1,26	0,22520
8	0,24978	1,70	0,24081	1,25	0,22443
7	0,24970	1,68	0,24048	1,24	0,22361
6	0,24958	1,66	0,24013	1,23	0,22275
5	0,24937	1,64	0,23977	1,22	0,22185
4,8	0,24931	1,62	0,23938	1,21	0,22090
4,6	0,24925	1,60	0,23897	1,20	0,21990
4,4	0,24917	1,58	0,23854	1,19	0,21884
4,2	0,24907	1,56	0,23807	1,18	0,21771
4,0	0,24896	1,54	0,23758	1,17	0,21652
3,8	0,24883	1,52	0,23705	1,16	0,21526
3,6	0,24868	1,50	0,23648	1,15	0,21390
3,4	0,24849	1,48	0,23588	1,14	0,21245
3,2	0,24825	1,46	0,23524	1,13	0,21090
3,0	0,24795	1,44	0,23455	1,12	0,20923
2,9	0,24778	1,42	0,23381	1,11	0,20744
2,8	0,24758	1,40	0,23301	1,10	0,20549
2,7	0,24735	1,39	0,23259	1,09	0,20306
2,6	0,24708	1,38	0,23215	1,08	0,20104
2,5	0,24678	1,37	0,23170	1,07	0,19848
2,4	0,24643	1,36	0,23123	1,06	0,19564
2,3	0,24602	1,35	0,23073	1,05	0,19250
2,2	0,24552	1,34	0,23022	1,04	0,18884
2,1	0,24493	1,33	0,22968	1,03	0,18455
2,0	0,24421	1,32	0,22912	1,02	0,17944
		1,31	0,22854	1,01	0,17276

Üblicher Bereich für Zweiräder-Kettengetriebe bei normalen Betriebsbedingungen:

$$p(30\ldots50) \leq a < p(80\ldots100), \qquad \text{Zahnketten: } a < 70p. \tag{26/45}$$

Größere Achsabstände erfordern sehr lange Ketten, die sich bereits in kurzer Betriebszeit stark längen (starker Durchhang, ruckartiger Lauf). Man benötigt dann Stützräder, Führungsschienen o. ä.; vgl. Abschn. 26.2d. Normachsabstand $= 40p$, s. Abschn. 26.9.2b.

c) Der **Teilkreis** der Kettenräder — Durchmesser d, Bild 26/27 — ist der Kreis durch die Gelenkmittelpunkte der aufgelegten Kette, also der Kreis durch die Gelenkmittelpunkte, d. h. der Eckpunkte des Polygons, das die aufgelegte Kette bildet. Die Teilkreisteilung p_b (als Bogen aus dem Teilkreis gemessen) ist also etwas größer als die Kettenteilung p (linearer Abstand der Gelenkmittelpunkte).

Teilkreisdurchmesser:

$$d = p/\sin(\tau/2) = p/\sin(180°/z) \approx pz/\pi. \tag{26/46}$$

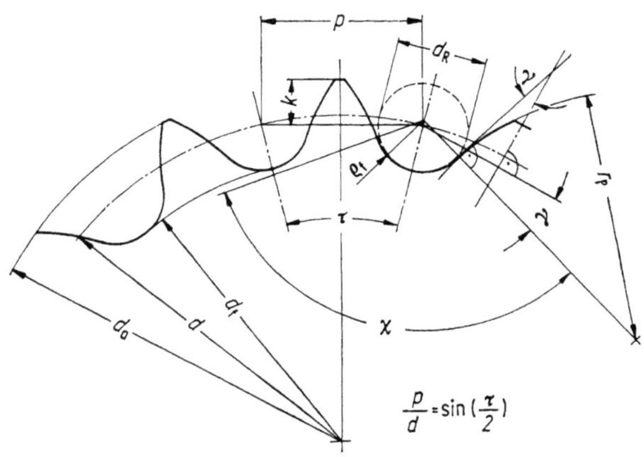

Bild 26/27. Kettenradverzahnung für Rollen- und Hülsenketten nach DIN 8196. p Kettenteilung, d Teilkreisdurchmesser, d_R max. Rollendurchmesser, d_a Kopfkreisdurchmesser, d_f Fußkreisdurchmesser, ϱ_f Rollenbettradius, τ Teilungswinkel, χ Rollenbettwinkel, r_p Zahnflankenradius, k Zahnkopfhöhe, γ Flankenwinkel (am Übergang von ϱ_f in r_p).

d) **Zähnezahlen** der Kettenräder: Je kleiner die Zähnezahl, desto ungleichmäßiger wird die Bewegungsübertragung (Polygoneffekt, Abschn. 26.4.1) und desto stärker das Laufgeräusch; ebenso nehmen Gelenkverschleiß (stärkeres Abwinkeln) und Zahnflankenverschleiß zu. Hieraus folgt die Empfehlung zur Wahl der Ritzelzähnezahl (Tafel 26/6).

Für Getriebe mit sehr niedriger Kettengeschwindigkeit (Handbetrieb) und geringer Belastung werden mitunter auch Räder mit $z_1 = 5\ldots7$ verwendet.

Maximale Zähnezahl nach Abschn. 26.4.2; damit ist auch die Übersetzung begrenzt, s. Abschn. a). Spannräder-Zähnezahl s. Abschn. 26.2d.

Tafel 26/6. Ritzelzähnezahl — Anhaltswerte

Kettenart	Übersetzung i						Handbetrieb oder niedrige Drehzahl
	1	2	3	4	5	6	
Rollen- oder Buchsenkette	31	27	25	23	21	17	$\geq 7\ldots9$
Zahnkette	35	31	27	23	21	17	≥ 13

e) Der **Umschlingungswinkel** β sollte am Ritzel möglichst $> 120°$ sein (mindestens aber 90°), am Rad nicht viel größer als 180° und nicht mehr als 40 Zähne umspannen (Änderung von β durch Achsabstandänderung oder Spannräder möglich).

f) Umfangsgeschwindigkeit v: Berechnung nach (26/3). Im Normalfall, d. h. bei Zähnezahlen etwa nach Tafel 26/6, sollte v bei Rollenketten 12 m/s und bei Zahnketten 16 m/s nicht überschreiten (Verschleiß, Fliehkraftanteil). Bei hoher Fertigungsgenauigkeit und sorgfältiger Wartung (Schmierung) läßt man bis 30 m/s (Hochgeschwindigkeits-Zahnketten bis 40 m/s) zu; dabei sollte die Teilung $< 12{,}7$ mm und die Ritzelzähnezahl > 35 sein.

g) Gliederzahl der Kette:

$$X = 2a/p + (z_1 + z_2)/2 + (p/a)\,[(z_2 - z_1)/(2\pi)]^2. \qquad (26/47)$$

Empfehlung für Rollenketten s. Abschn. 26.8.2, für Zahnketten s. Abschn. 26.8.3.

h) Kettenlänge (L_K ohne, L_{KW} mit Berücksichtigung des Durchhanges):

$$L_K = Xp/1000; \qquad L_{KW} \approx 1{,}001\,L_K. \qquad (26/48)⊛$$

i) Der **Kettendurchhang** (des Leertrums) soll im allgemeinen nicht mehr als 2% des Achsabstandes betragen. Durchhang und Vorspannkraft s. Abschn. 26.5.3.

26.8.2 Besonderheiten der Rollen-, Buchsen- und Hülsenketten-Getriebe

Es gelten die allgemeinen Beziehungen von Abschn. 26.8.1.

a) Maße der Kettenräder

- Kopfkreisdurchmesser:

$$d_{a\,max} = d + 1{,}25p - d_R, \qquad (26/49)$$

$$d_{a\,min} = d + p(1 - 1{,}6/z) - d_R. \qquad (26/50)$$

(Je nach Größe der Teilung auf $\pm 0{,}1$ oder $\pm 0{,}5$ oder ± 1 mm abrunden); beachte Grenzwert nach (26/9).

- Der Fußkreisdurchmesser d_f ist das wichtigste Maß für einen ruhigen Lauf; er muß daher eng toleriert werden:

$$d_f = d - d_R. \qquad (26/51)$$

- Die Zahnform der Kettenräder muß vor allem gewährleisten, daß die Kettenglieder ungehindert einschwenken können (Bild 26/28). Grenzwerte der Zahnabmessungen s. Tafel 26/7, vgl. auch Bild 26/27. Der Rollenbettradius ϱ_f ist danach nur wenig größer als der Rollenradius $d_R/2$. Dadurch ist die Zahnfußfestigkeit hoch und die Kette schmiegt sich dem Zahngrund gut an.

Flankenwinkel γ am Übergang von ϱ_f auf r_p:

$$\gamma = 90° - \chi/2 - \tau/2; \qquad (26/52)$$

γ kann in einem gewissen Bereich gewählt werden.

Für die kleinste und größte Zahnlücke nach Tafel 26/7:

$$(20° \ldots 135°/z) \leq \gamma < (30° \ldots 135°/z). \qquad (26/53)$$

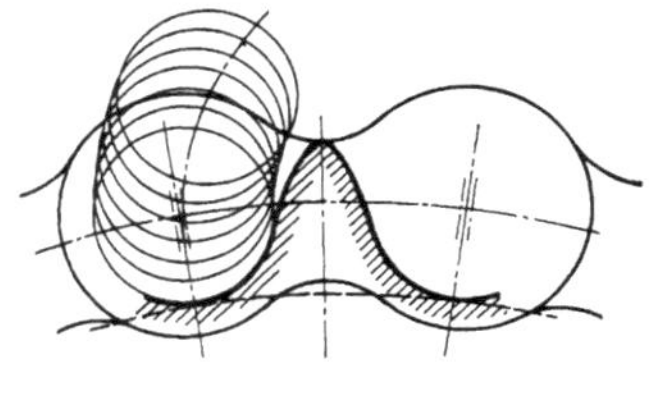

Bild 26/28. Bahn der Rolle beim Einschwenken des Kettengliedes (nach Arnold & Stolzenberg, Einbeck).

Tafel 26/7. Verzahnung der Kettenräder für Rollen-, Buchsen- und Hülsenketten

Kleinste Zahnlücke	Größte Zahnlücke
$\varrho_{f\,min} = 0{,}505 d_R$	$\varrho_{f\,max} = 0{,}505 d_R + 0{,}069 \sqrt[3]{d_R}$
$\chi_{max} = 140° - 90°/z$	$\chi_{min} = 120° - 90°/z$
$r_{P\,min} = 0{,}12 d_R (z + 2)$	$r_{P\,max} = 0{,}008 d_R (z^2 + 180)$

Mit zunehmendem γ werden die Störeinflüsse durch ungleiche Längung der Kettenglieder geringer, es wächst aber die erforderliche Vorspannung im Leertrum und das Geräusch des aufschlagenden Kettengliedes.

Verzahnen der Kettenräder meist durch Wälzfräsen; Bezugsprofile der Wälzfräser s. DIN 8196.

- Bestellangabe für eine Kettenradverzahnung mit 23 Zähnen bei einer Zweifachrollenkette 10 B-2 DIN 8187 (Tafel 26/17): Kettenradverzahnung 23z 10 B-2 DIN 8196.
- Sonstige Maße und Ausführung der Kettenräder s. Bilder 26/29,30. Scheibenräder können weitgehend ab Lager bezogen werden.
- Toleranzen der Kettenradmaße: Rundlaufabweichung des Fußkreisdurchmessers maximal $0{,}0008 d_f + 0{,}08$ mm, jedoch für $d_f \leq 86$ mm maximal 0,15 mm, für $d_f > 86$ mm maximal 0,76 mm. Stirnlaufabweichung (unter der Verzahnung gemessen) maximal $0{,}0009 d_f + 0{,}08$ mm $\leq 1{,}14$ mm.

b) Maße der Ketten. Rollenketten nach DIN 8187 und 8188 s. Tafel 26/17. Beide Normreihen ergänzen sich und werden gleichwertig verwendet.

- Die Anzahl der Kettenglieder sollte möglichst geradzahlig sein. Bei ungerader Gliederzahl ist zum Verschließen ein gekröpftes Glied erforderlich (Bild 26/31). Die Festigkeit der

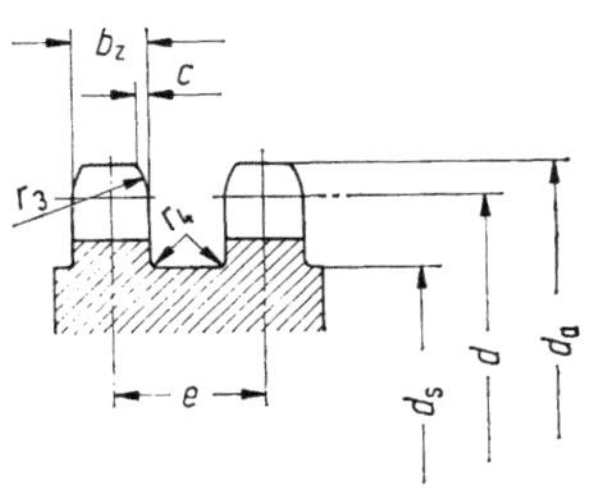

Bild 26/29. Kettenradzähne für Rollen- und Hülsenketten nach DIN 8196. $b_z = 0{,}93 b_i$ für $p > 12{,}7$, c Abfasung $= (0{,}1 \cdots 0{,}15)\,p$, $r_3 \geqq p$, r_4 Radfasenradius, e Querteilung, d_s Durchmesser der Freidrehung unter dem Fußkreis.

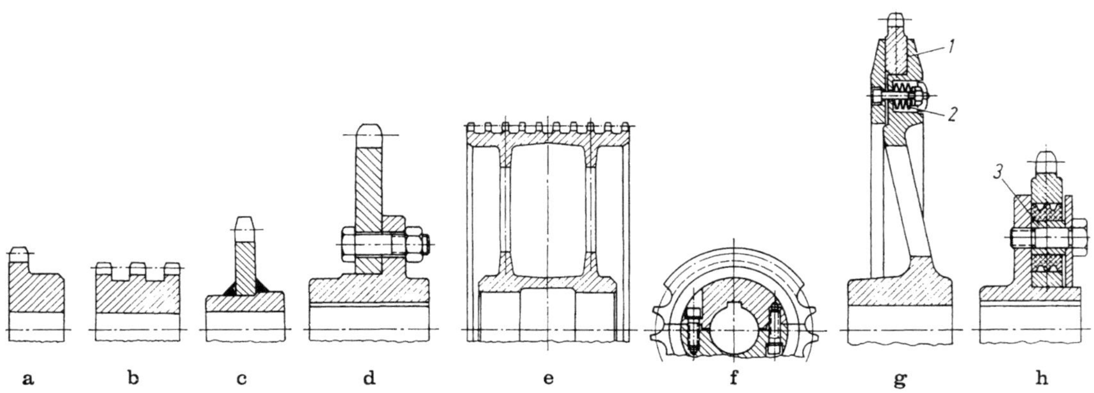

Bild 26/30. Kettenräder für Einfach- und Mehrfach-Rollenketten. *1* Reibschluß (Überlastschutz), *2* Tellerfedern, *3* Distanzbuchse mit aufvulkanisiertem Gummiring.

Kette vermindert sich durch die zusätzliche Biegebeanspruchung auf ca. 80% einer Kette aus normalen Gliedern.

• Getriebeketten sollten möglichst endlos vernietet werden, man vermeidet damit Ungleichförmigkeiten und Schwachstellen. Allerdings läßt sich eine im Betrieb gelängte Kette einfacher kürzen, wenn die Kettenenden durch Verschlußglieder verbunden sind; Ausführungen s. Bild 26/31.

• Bestellangaben für Rollenketten nach Tafel 26/17. Einfachrollenkette 12,7 m lang Nr. 10B: 12,7 m Rollenkette 10B-1 DIN 8187. Zweifachrollenkette Nr. 12A mit 100 Gliedern: Rollenkette 12A-2 × 100 DIN 8188.

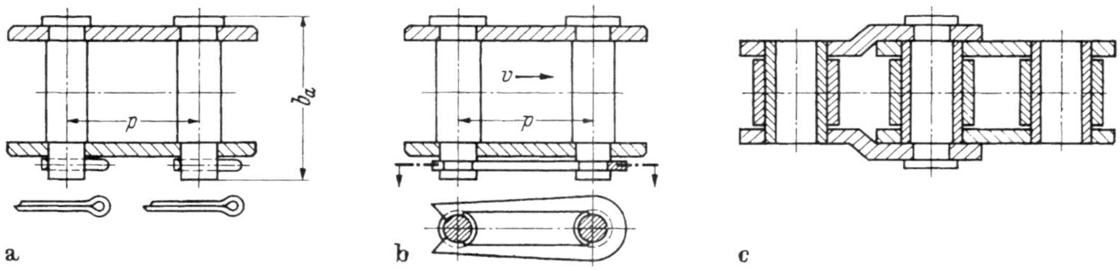

Bild 26/31. Verschlußglieder für Rollenkette. a) Außenglied mit Splinten; b) Außenglied mit Federbügel; c) gekröpftes Glied.

26.8.3 Besonderheiten der Zahnkettengetriebe

Es gelten die allgemeinen Beziehungen von Abschn. 26.8.1.

a) Maße der Kettenräder.

• Teil-, Kopf- und Fußkreisdurchmesser spielen hier keine Rolle, denn die Zahnkette wird in den Zahnflanken geführt; jedoch ist der Grenzwert nach (26/9) zu beachten. Wichtig ist der Durchmesser d_d des Drehkreises, der sich in das Kettenpolygon einbeschreiben läßt (Bild 26/32). Dies ist auch der Durchmesser des Radkörpers vor dem Verzahnen, der dabei u. U. überschnitten wird, d. h. $d_a \leq d_d$:

• Drehkreisdurchmesser

$$d_d = p \cot (180°/z). \qquad (26/54)$$

• Zahnform. Die Zähne der Kettenlaschen sind geradflankig, der Flankenwinkel beträgt meist 60°. Daraus folgt, daß der Winkel zwischen der Rechts- und Linksflanke eines Kettenradzahnes mit abnehmender Zähnezahl kleiner wird. Die Zähne der Kettenräder sind bei Ketten mit der herkömmlichen Laschenform nach Bild 26/6a, b geradflankig, mit geringer Höhenballigkeit, um Kantentragen zu vermeiden (formgefräst); für die heute vorherrschenden „Hochleistungs"- oder „Hochgeschwindigkeits"-Zahnketten nach Bild 26/6c,d benutzt man Kettenräder mit Evolventenverzahnung (30°-Kettenein-

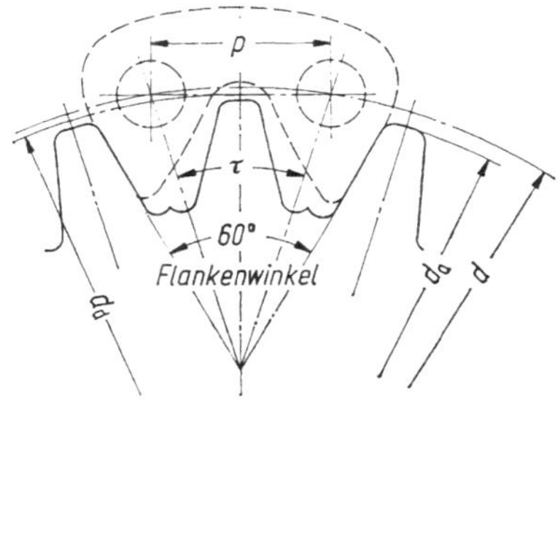

Bild 26/32. Zahnkettenrad mit geraden Flanken.

griffswinkel, Verzahnen mit geradflankigen Wälzfräsern). Man erzielt damit einen besonders weichen Eingriff und mindert den Polygoneffekt (Schwingungen).

- Form der Zahnkettenräder s. Bilder 26/32,33.

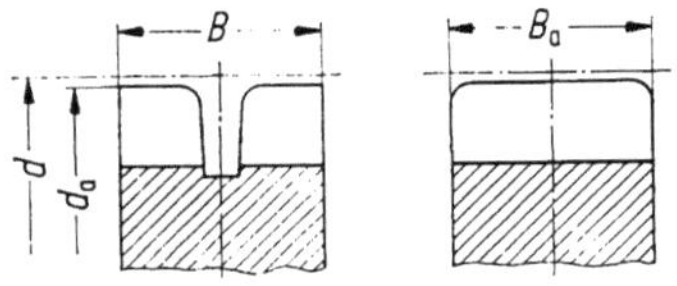

Bild 26/33. Zahnform der Zahnkettenräder. Bei Außenführung Radbreite $B_a \approx b_a - 0{,}5$ mm, bei Innenführung $B \approx b_n + 5$ mm für $p \leqq 1''$, $B \approx b_n + 10$ mm für $p \geqq 1''$; weitere Maße s. Firmennorm.

b) Maße der Ketten. Hochleistungszahnketten nach Firmennorm s. Tafel 26/19.

- Die Anzahl der Kettenglieder muß geradzahlig sein; dies folgt aus dem Aufbau der Kette. Man kann daher allenfalls nur um zwei Glieder kürzen. Nach Möglichkeit vermeidet man dies durch verschleißarmen Betrieb (Gehäuse, Schmierung). Mindestgliederzahl für Hochleistungszahnketten (nach Westinghouse):

$$X > 1{,}5(z_1 + z_2)\,. \qquad (26/55)$$

Eine kleinere Gliederzahl vermeidet man wegen der größeren Häufigkeit des Abwinkelns.

- Bestellangaben für Zahnketten nach Tafel 26/19: Zum Beispiel Teilung $p = 9{,}525$ mm; Nennbreite $b_n = 15$ mm, Außenführung, Gliederzahl $X = 60$: Hochleistungszahnkette $9{,}525 \times 15A \times 60$, bei Innenführung: $9{,}525 \times 15 \times 60$.

26.8.4 Werkstoffe, Schmierung, Kettengetriebe — Bauweisen

a) Werkstoffe der Ketten. Um hohe Zug- und Verschleißfestigkeit zu erreichen, werden die Bauelemente aus Qualitäts- oder legiertem Stahl hergestellt und auf HRC 35...60 vergütet bzw. gehärtet. Sonderketten und Kunststoffketten s. Abschn. 26.2c. Werkstoffe für Kettenräder s. Tafel 26/8.

b) Schmierung. Verschleißlebensdauer, Wirkungsgrad und Geräuschverhalten werden entscheidend von der Schmierung beeinflußt (Bild 26/34). Auswahl des Schmierverfahrens s. Bilder 26/35, 36 und Tafel 26/9.

Tafel 26/8. Werkstoffe für Kettenräder

Rad	Einsatzbereich	Werkstoff
Kleinräder bis $z = 30$ Durchmesser 250...300 mm	geringe Beanspruchung und kleine Geschwindigkeiten höhere Beanspruchung und $n > 500$ min^{-1} oder $v > 7$ m/s	unlegierter Stahl mit $\sigma_B = 600$ bis 700 N/mm² (C45, St 50-60-70) Einsatzstahl (C 15, 15 Cr 3, 16 MnCr 5) oder höher gekohlte Stähle, brenn- oder induktionsgehärtet (52 ± 4 HRC)
Großräder $z > 30$ Durchmesser > 250 mm	geringe Beanspruchung höhere Beanspruchung	Grauguß (GG 25) Stahlguß (z. T. oberflächengehärtet, z. B. GS-42 CrMo 4), Sphäroguß, Meehanite
Sonderkettenräder	Lebensmittel-, chem. Industrie oder für besondere Laufruhe oder Betrieb ohne Schmierung	rostfreie Werkstoffe, Sintermetalle, Kunststoffe:[a] Phenolharze und glasfaserverstärkte Polyamide

[a] Stärkere Vorspannung der Kette, um ein Überspringen zu vermeiden („Abradieren“ der Verzahnung)

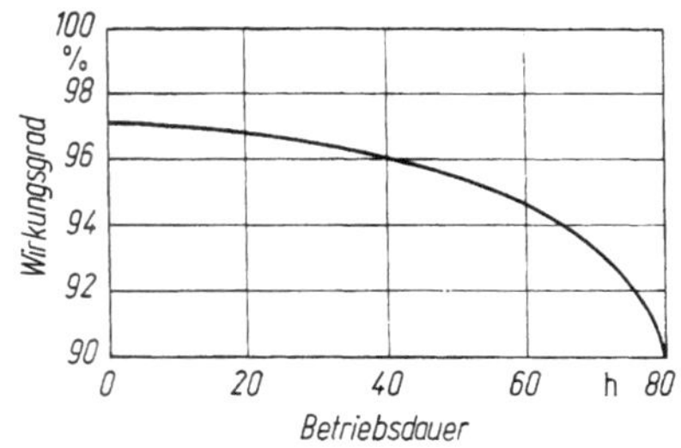

Bild 26/34. Wirkungsgrad eines Kettengetriebes bei einmaliger Schmierung [26/20].

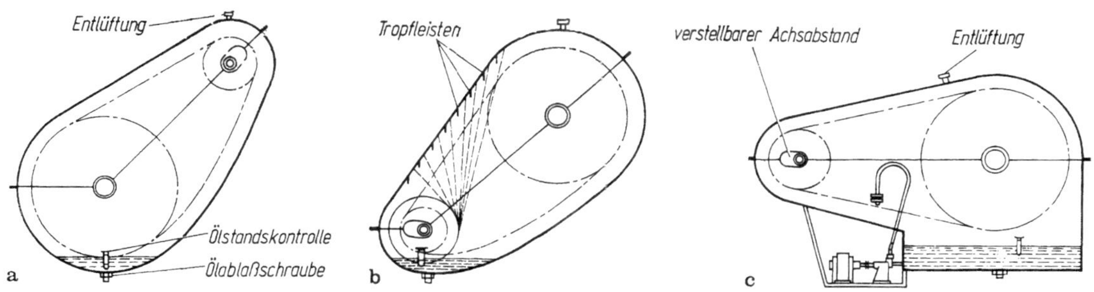

Bild 26/35. Schmierungsarten nach DIN 8195. a) Tauchschmierung, Eintauchtiefe bis etwa Mitte Gelenk; b) Schleuderscheibenschmierung; c) Druckumlaufschmierung.

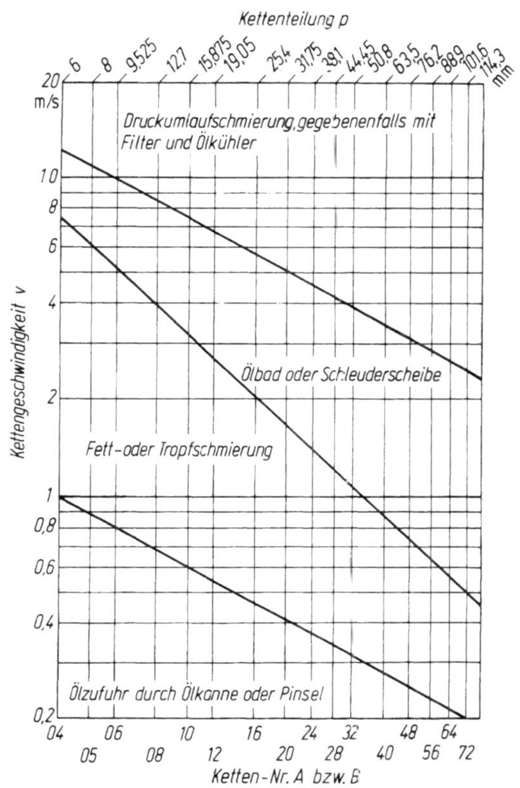

Bild 26/36. Wahl der Schmierungsart für Rollenketten (nach DIN 8195), sinngemäß auch für Zahnketten anwendbar.

Tafel 26/9. Anhaltswerte für Ölviskositäten in mm^2/s bei 50 °C

Gelenkflächenpressung p_r in N/mm^2	Hand- oder Tropfschmierung			Tauchschmierung	
	Kettengeschwindigkeit v in m/s				
	< 1	1...5	> 5	< 5	≥ 5
< 10	20	32	45	20	32
10...20	32	45	60	32	45
20...30	45	60	80	45	60

Als Schmiermittel eignen sich Getriebeöle; Wahl der Zähigkeit s. Tafel 26/9. Bei Handschmierung wird auch kalkverseiftes Fett (Tropfpunkt ca. 70°) verwendet. Bei hohen Betriebstemperaturen (z. B. für Ofenketten) sind hitzebeständige Schmierstoffe erforderlich, z. T. setzt man dem Öl Graphit oder Molybdändisulfid zu.

Sonderketten ohne Schmierung und abgedichtete Ketten s. Abschn. 26.2c.

c) Kettengetriebe mit nachstellbarem Achsabstand. Die unvermeidliche Längung der Kette wird hierbei durch Vergrößern des Achsabstandes kompensiert. Der Verstellweg sollte so groß gewählt werden, daß die Gliederzahl wieder geradzahlig ist, wenn nach Erreichen des maximalen Achsabstandes gekürzt wird. Es muß also ein Innen- und ein Außenglied entfernt werden. Um die gekürzte Kette leicht wieder auflegen zu können, ist ein Verstellweg von ca. 1,2 $\times$Teilung erforderlich. Bei sehr kleinen Achsabständen kann man die Kette vielfach nur um ein Glied kürzen; dann reicht ein Verstellweg von 0,6 $\times$Teilung. (Nachteile des dann notwendigen gekröpften Verschlußgliedes s. Abschn. 26.8.2b.)

Die Kettenlängung darf bei verstellbarem Achsabstand höchstens 3%, bei Geschwindigkeiten über 16 m/s nur 1,5 bis 2% betragen. Bei größerer Kettenradzähnezahl wandert die gelängte Kette stärker nach außen (s. Abschn. 26.4.2). Deshalb darf die Verschleißlängung bei mehr als 67 Zähnen nur $200/z$ in % betragen. Bei Erreichen dieser Grenzwerte muß die Kette — möglichst auch die Kettenräder — ersetzt werden.

d) Für **Kettengetriebe mit festem Achsabstand** sollten nur Ketten höchster Verschleißfestigkeit verwendet werden. Ferner sind Staubschutz und Tauch- oder Sprühschmierung wichtig, um die Verschleißlängung klein zu halten. Die Kettenlängung darf 0,8% der Kettenlänge (bei Geschwindigkeiten unter 4 m/s ca. 1,5%) nicht überschreiten. Vorgehen beim Kürzen der Kette wie in Abschn. c) beschrieben.

e) Ein **Gehäuse** schützt die Kette gegen Staub, dient zur Aufnahme des Schmiermittels und verhindert gleichzeitig, daß es abgespritzt wird. Das Gehäuse wirkt ferner als Berühr- und Schallschutz. Es soll so klein wie möglich sein. Der Abstand der Innenwand vom Kettenstrang muß jedoch etwa $p + 30$ mm betragen, um ein Anschlagen der Kette zu vermeiden. Verschließbare Öffnungen erleichtern die Inspektion. Bei Tauchschmierung sollten Vorrichtungen zur Ölstandskontrolle, bei Hochleistungsgetrieben eine Entlüftung vorhanden sein. Zur sicheren Führung der Kettenräder sind die Lager möglichst dicht neben den Kettenrädern anzuordnen.

26.9 Auswahl und Bemessung, Beispiele

- Zunächst sind Anforderungen und Einsatzbedingungen zu klären und in einem Pflichtenheft festzuhalten.
- Danach wählt man die Kettenart, durchweg nach DIN- oder Firmennormen, vgl. Tafel 26/1.
- Überschlägige Auswahl: Für die zu übertragende Leistung oder Zugkraft wählt man eine für Normbedingungen geeignete Kette aus Tafeln oder Diagrammen.
- Berechnung der Hauptabmessungen.
- Nachprüfung der übertragbaren Leistung, wobei die von den Normbedingungen abweichenden Verhältnisse durch Faktoren berücksichtigt werden.
- Ein Festigkeitsnachweis nach Abschn. 26.7 ist nur in Sonderfällen erforderlich.

26.9.1 Pflichtenheft (Checkliste) für Kettengetriebe

Allgemeines s. Abschn. 20.2, Pflichtenheft für Verstellgetriebe s. Abschn. 20.4.2. Allgemeine Getriebefunktionen:

- Nennleistung, Ritzeldrehzahl, Raddrehzahl.
- Übersetzung (Anhaltswerte in Abschn. 26.8.1 beachten).
- Antriebsmotor/Arbeitsmaschine (Betriebsfaktor s. Tafel 26/10). Besonderheiten für Kettengetriebe:
- Lage der Achsen (horizontal, vertikal, Zweirädergetriebe, Mehrrädergetriebe).
- Fester oder veränderlicher (nachstellbarer) Achsabstand oder vorgegebener Achsabstand.
- Lebensdauer.
- Umgebung (Temperatur, Feuchtigkeit, Staub, Schmutz).
- Anforderungen zur Schmierung, evtl. Trockenlauf.
- Anforderungen an Berührungsschutz, Geräuschdämmung.

Tafel 26/10. Betriebsfaktor f_B (DIN 8195) für verschiedene Arbeitsmaschinen bei gleichförmigem Antrieb (bei Antrieb durch Verbrennungsmotoren mit weniger als 4 Zylindern $f_B = 1,5$ statt 1,0 und $f_B = 2,0$ statt 1,5)

Gleichförmig $f_B = 1,0$	Ungleichförmig $f_B = 1,5$	Stoßweise $f_B = 2,0$
Abfüllmaschinen mit gleichmäßiger Beschickung	Betonmischer	Bagger u. a. Baumaschinen
Druckereimaschinen	Förderer mit ungleichmäßiger Beschickung	Gummiverarbeitungsmaschinen
Förderer mit gleichmäßiger Beschickung	Holländer	Holzschleifer
Holzbearbeitungsmaschinen	Kugelmühlen	Hammermühlen
Kreiselpumpen	Kolbenpumpen mit 3 Zylindern	Kolbenpumpen mit 1 bis 2 Zylindern
Kreiselverdichter	Kolbenverdichter mit 3 Zylindern	Kolbenverdichter mit 1 bis 2 Zylindern
Papierkalander	Pressen und Scheren	Ölbohranlagen
Rolltreppen	Rollgänge, Krane und Aufzüge	Schweißgeneratoren
Rührwerke für Flüssigkeiten	Rührwerke für feste Stoffe	Walzenbrecher
Trockentrommeln	Winden, Rüttelsiebe, Verseilmaschinen	Ziegeleimaschinen
Werkzeugmaschinen-Hauptantriebe	Ziehbänke für Draht	

26.9.2 Auslegung von Rollen- und Hülsenkettengetrieben [8]

Grundgedanke: Aus (26/16,38) ergibt sich die für die Auslegung maßgebende Leistung

$$P_{\ddot{a}} f_B = F_t f_B v / 1\,000 = p_{r\,zul} A_G v / 1\,000 \text{ in kW.} \qquad (26/56)\circledast$$

Die zulässige Flächenpressung $p_{r\,zul}$ wurde für Normbedingungen ermittelt und die hiermit übertragbare Leistung in Diagrammen dargestellt (Bild 26/37, Tafel 26/11). Hiermit kann man also eine für Normbedingungen geeignete Kettengröße auswählen.

a) Ermittlung der Diagrammleistung P_D (erster Schritt) für die gewählte Ritzelzähnezahl z_1. Richtlinien für die Wahl von z_1 s. Abschn. 26.8.1d.

$$P_D = P_{\ddot{a}} f_B f_z \qquad (26/57)$$

8 Nach DIN 8195, d. h. gültig für Rollenketten nach DIN 8187 und 8188, näherungsweise auch für langgliedrige Rollenketten und Hülsenketten brauchbar.

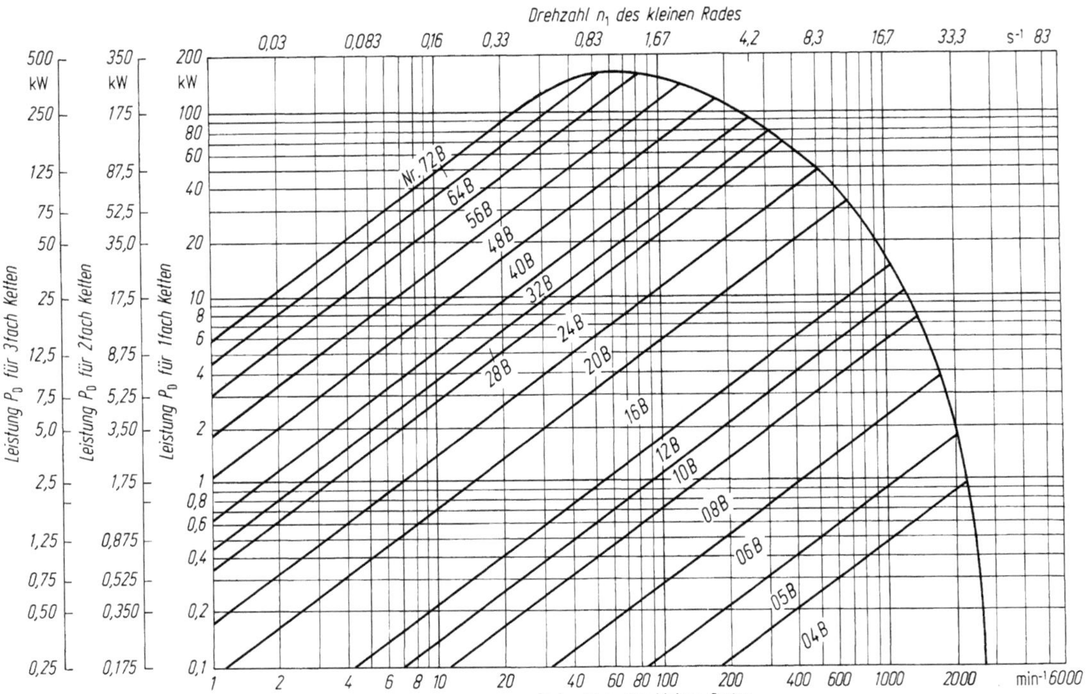

a

Ketten-Nr.	04B	05B	06B	08A 08B	10A 10B	12A 12B	16A 16B	20A 20B	24A 24B	28A 28B	32A 32B	40A 40B	48A 48B	56B	64B	72B
Teilung	6	8	9,525	12,7	15,875	19,05	25,4	31,75	38,1	44,45	50,8	63,5	76,2	88,9	101,6	114,3

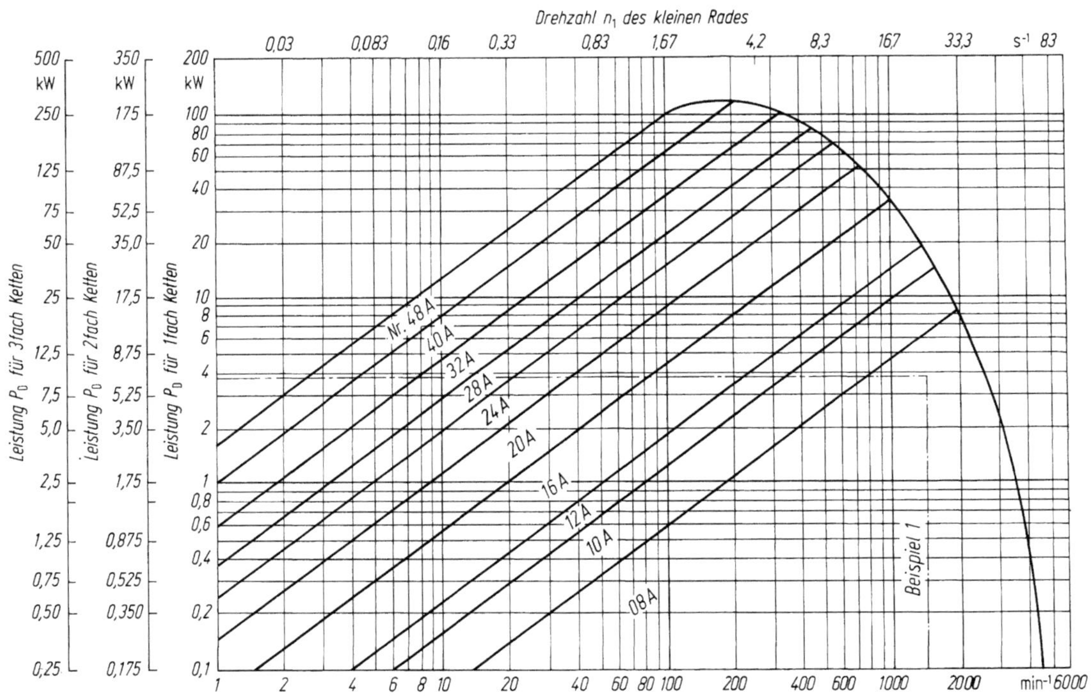

b

Bild 26/37. Leistungsdiagramm für Rollenketten (nach DIN 8195, Aug. 1977) für *Normbedingungen*: $z_1 = 19$, $X = 100$ Glieder, Zähnezahlverhältnis $u = 3$ und $L_v = 15000$ Vollast-Betriebsstunden; Achsabstand $a = 40p$: Schmierung nach Bild 26/36; maximal 3% Verschleißlängung. a) Ketten nach DIN 8187; b) Ketten nach DIN 8188 (amerik. Bauart).

Tafel 26/11. Richtwerte der Gelenkflächenpressung bei Rollenketten p_{r0} in N/mm² für Normbedingungen (vgl. Bild 26/37)

Kettengeschwindigkeit v in m/s	Zähnezahl des Kleinrades														
	11	12	13	14	15	16	17	18	19	20	21	22	23	24	$\geqq 25$
0,1	30,8	31,2	31,7	32,2	32,7	33,0	33,2	33,5	34,0	34,3	34,5	34,8	35,0	35,3	35,5
0,2	28,1	28,5	28,8	29,3	29,8	30,0	30,3	30,6	31,0	31,2	31,4	31,7	31,9	32,2	32,4
0,4	27,0	27,4	27,8	28,3	28,7	28,9	29,1	29,5	29,8	30,0	30,2	30,7	30,7	31,0	31,2
0,6	25,8	26,2	26,5	27,0	27,4	27,6	27,8	28,2	28,5	28,7	28,9	29,1	29,3	29,6	29,8
0,8	24,9	25,3	25,6	26,1	26,5	26,7	26,8	27,2	27,5	27,7	27,9	28,1	28,3	28,6	28,8
1,0	23,8	24,2	24,5	24,9	25,2	25,4	25,6	25,9	26,2	26,4	26,6	26,8	270,	27,2	27,4
1,5	22,9	23,3	23,6	24,0	24,3	24,5	24,7	25,0	25,3	25,5	25,7	25,9	26,1	26,3	26,5
2,0	22,1	22,4	22,7	23,1	23,5	23,7	23,8	24,1	24,4	24,6	24,7	24,9	25,1	25,3	25,5
2,5	21,3	21,6	21,9	22,3	22,6	22,8	22,9	23,2	23,5	23,7	23,8	24,0	24,4	24,7	25,0
3	20,5	20,8	21,1	21,4	21,7	21,9	22,1	22,4	22,6	22,9	23,2	23,5	23,8	24,2	24,6
4	17,4	18,3	19,2	20,0	20,7	21,0	21,3	21,6	21,8	22,2	22,6	23,0	23,4	23,8	24,2
5	14,0	15,5	16,9	17,7	18,4	19,1	19,7	20,1	20,5	21,0	21,5	21,8	22,1	22,4	22,8
6	10,5	12,3	14,1	15,4	16,4	17,3	18,1	18,8	19,5	19,9	20,4	20,7	21,1	21,4	21,8
7	8,5	10,0	11,5	12,8	14,0	15,1	16,2	17,4	18,5	18,7	19,0	19,4	19,8	20,2	20,6
8	—	8,0	10,2	11,1	12,0	13,1	14,2	15,6	17,0	17,4	17,8	18,2	18,7	19,1	19,6
10	—	—	8,1	9,0	10,2	11,1	12,0	13,2	14,3	14,6	15,0	15,7	16,4	17,0	17,7
12	—	—	—	—	8,2	9,1	10,7	11,7	12,6	13,0	13,5	14,1	14,8	15,4	16,0
15	—	—	—	—	—	—	8,9	9,7	10,5	11,0	11,5	12,1	12,7	13,3	14,0
18	—	—	—	—	—	—	—	—	8,8	9,6	10,5	11,1	11,8	12,4	13,0

Richtwerte unter den gestrichelten Linien möglichst vermeiden

mit $P_{\bar{a}}$ Nenn-Leistung (z. B. auf dem Motorschild angegebener Wert), f_B Betriebsfaktor s. Abschn. 26.5.2 (Anhaltswerte Tafel 26/10), f_z Zähnezahlfaktor nach Tafel 26/12.

Hiermit Wahl der geeigneten Kette aus Bild 26/37. Alle Abmessungen der Kettenglieder liegen damit vorläufig fest (Tafeln 26/17, 18).

b) Vorläufige Berechnung der Hauptabmessungen (zweiter Schritt).

- Teilkreisdurchmesser d_1 nach (26/46), $d_2 = ud_1$.
- Vorwahl des Achsabstandes: Meist durch Konstruktion vorgegeben (Grenzwerte nach Abschn. 26.8.1b beachten); sonst Normachsabstand $a = 40p$ wählen (hierfür gelten Leistung und Drehzahl von Bild 26/37).
- Gliederzahl nach (26/47) für vorgewählten Achsabstand bestimmen, auf gerade Gliederzahl auf- oder abrunden (s. Abschn. 26.8.2b).
- Exakter Achsabstand nach (26/42). Anhand einer Konstruktionsskizze prüft man, ob diese Maße mit dem Gesamtkonzept, Anschlußmaßen usw. in Einklang stehen oder ob Korrekturen nötig sind, vgl. auch Grenzwerte in Abschn. 26.8.1b.

Tafel 26/12. Zähnezahlfaktor f_z zur Bestimmung der Diagrammleistung nach DIN 8185: $f_z = (19/z_1)^{1,085}$

Zähnezahl	11	13	15	17	19	21	23	25	27	31	38
f_z	1,81	1,51	1,29	1,13	1	0,9	0,81	0,74	0,68	0,59	0,47

c) Nachprüfung der übertragbaren Leistung, Einfluß der im 2. Schritt gewählten Konstruktionsdaten:

$$P_D = P_{\ddot{a}} f_B f_z / (f_A f_F f_K f_W f_L f_S) . \tag{26/58}$$

Faktoren f_B und f_z s. Abschn. a); übrige Faktoren:

f_A Achsabstandsfaktor s. Tafel 26/13; f_A berücksichtigt, daß ein Gelenk bei kürzeren Ketten öfter abgewinkelt wird und daher stärker verschleißt als bei längeren.

f_F Kettenformfaktor. f_F berücksichtigt den Abfall der Tragfähigkeit durch gekröpfte Kettenglieder (Bild 26/31). $f_F = 1$ bei Kette ohne gekröpfte Glieder, $f_F = 0{,}8$ bei Kette mit gekröpften Gliedern.

f_K Kettenartfaktor s. Tafel 26/14. Die Kennlinien der Leistungsdiagramme gelten nur für Rollenketten nach DIN 8187 und 8188. Die abweichende Tragfähigkeit von Ketten nach DIN 8181 und DIN 73232 wird durch f_K berücksichtigt. Diese Ketten kann man dann ebenfalls nach Bild 26/37 auswählen.

Tafel 26/13. Achsabstandsfaktor

Achsabstand a	$20p$	$30p$	$40p$	$60p$	$80p$
f_A	0,85	0,94	1	1,08	1,15

Tafel 26/14. Kettenartfaktor f_K

Kettenart	DIN	f_K
Rollenketten	8187	1
Rollenketten, amerik. Bauart	8188	1
Hülsenketten	8154	2
Langgliedrige Rollenketten	8181	0,2

f_W Wellenfaktor. Beim Lauf über mehr als zwei Kettenräder entsteht größerer Verschleiß, der durch den Wellenfaktor berücksichtigt wird. $f_W = 0{,}9^{W-2}$, mit Anzahl der Wellen W.

f_L Lebensdauerfaktor. Für eine von $L_v = 15\,000$ h abweichende Lebensdauer ändert sich die übertragbare Leistung nach [26/29] mit

$$f_L = \sqrt[3]{15\,000/L_v} . \tag{26/59}$$ ⊛

f_S Schmierungsfaktor. Entspricht die Schmierung nicht der nach Bild 26/36, bzw. ist eine Verschmutzung des Triebes nicht zu vermeiden, so sinkt die übertragbare Leistung mit f_S nach Tafel 26/15.

Mit der Diagrammleistung nach (26/58) und Bild 26/37 prüft man, ob die im 1. Schritt gewählte Kette beibehalten werden kann. Andernfalls ist eine andere Kettengröße zu wählen und die Nachrechnung zu wiederholen.

Tafel 26/15. Schmierungsfaktor f_S

Schmier- und Betriebsbedingungen	Schmierungsfaktor f_S (bei v in m/s)
Staubfreie und beste Schmierung für Bereiche nach Bild 26/36	1
Staubfrei und ausreichende Schmierung	0,9
Nicht staubfrei und ausreichende Schmierung	0,7
Nicht staubfrei und Mangelschmierung	0,5 ($v \leq 4$), 0,3 ($v = 4 \ldots 7$)
Schmutzig und Mangelschmierung	0,3 ($v \leq 4$), 0,15 ($v = 4 \ldots 7$)
Schmutzig und Trockenlauf	0,15 ($v \leq 4$)

Nur in besonderen Fällen (z. B. bei gleichzeitiger Verwendung als Lastkette) muß man die Kette zusätzlich auf Bruchkraft nachrechnen, vgl. Abschn. 26.9.4.

d) Nachrechnung der Beanspruchungsgrenzen nach Abschn. 26.7 ist nur in Sonderfällen, z. B. zur Übertragung von Erfahrungswerten an Kettengetrieben unter extremen Einsatzverhältnissen auf eine Neukonstruktion oder bei nicht genormten Ketten, notwendig.

e) Beispiel 1:[9] Antrieb eines Schnellhoblers mit Rollenkette.

Gegeben: Elektromotor $P_{\bar{a}} = 5{,}5$ kW; $n_{\bar{a}} = n_1 = 1450$ min^{-1}; $i = u = 2{,}5$; $n_{\bar{b}} = n_2 = 580$ min^{-1}; geforderte Lebensdauer $L_v = 15000$ h; Achsabstand $a \approx 450$ mm; gleichförmiger Betrieb.

Gewählt: $z_1 = 17$, $z_2 = 43$; (Kontrolle: $i = 2{,}52$, $n_2 = 575$ min^{-1}; Abweichung vom Sollwert zulässig).

Ermittelt: Normachsabstand nach Bildunterschrift 26/37: $a \approx 510$ mm bzw. 635 mm für $p = 12{,}7$ mm bzw. 15,875 mm. Betriebsfaktor $f_B = 1{,}0$ nach Tafel 26/10, Zähnezahlfaktor $f_z = 1{,}13$ nach Tafel 26/12.

Berechnet: Nach (26/57) $P_D = 6{,}22$ kW; damit nach Bild 26/37b geeignet: Rollenkette 08A-2 DIN 8188.

Gewählt wurde eine Zweifach-Rollenkette. Ebenfalls geeignet wäre eine Einfach-Rollenkette, wenn eine größere Ritzelzähnezahl z. B. $z_1 = 25$ gewählt wird. Damit: $f_z = 0{,}74$, $P_D = 4{,}07$ kW. Dies ergibt jedoch größere Kettenradabmessungen, was die Hauptabmessungen der Konstruktion hier nicht zulassen.

Teilkreisdurchmesser (26/46): $d_1 = 69{,}115$ mm, $d_2 = 173{,}984$ mm.

Gliederzahl (26/47): $X = 101{,}3$; gewählt nach Abschn. 26.8.2b: gerade Gliederzahl $X = 102$.

Exakter Achsabstand (26/42) mit $X = 102$; $a = 454{,}1$ mm mit $C = 0{,}24832$ für $(X - z_1)/(z_2 - z_1) = 3{,}27$ nach Tafel 26/5.

Wirkungsgrad: Wegen der geringen Kettengeschwindigkeit ($v = 5{,}2$ m/s nach (26/3)) wird nur der Anteil aus der Gelenkreibung berücksichtigt (vgl. Abschn. 26.6.1: Nach (26/16): $F_t = 1054/2$ N pro Kette $d_B/p = 0{,}312$; nach (26/21): $F_f = 16{,}5$ N mit $q = 0{,}609$ kg/m pro Kette $(F_t + 2F_f)/F_t = 1{,}063$.

Nach (26/30) mit $\mu = 0{,}15$: $\eta_{RG} = 0{,}987$ für 2fach-Kette $= 0{,}974$. Zu den Verlusten aus Gelenkreibung kommen noch Verluste durch Lagerbelastung und Leerlaufverluste, vgl. Abschn. 26.6.4, 5.

Schmierung: Mit $v = 5{,}2$ m/s folgt aus Bild 26/36: Schmierbereich III, Tauchschmierung im Ölbad

26.9.3 Auslegung von Zahnkettengetrieben mit Wiegegelenken

Die Berechnung der Zahnketten ist nicht genormt. Man legt sie nach den Richtlinien der Zahnkettenhersteller aus. Buchsenzahnketten können ähnlich wie Rollenketten berechnet werden.

a) Vorgehensweise. Bei der Auslegung einer sog. Hochleistungszahnkette wird eine Gliederzahl nach (26/55) vorausgesetzt. Diagrammleistung für ca. 10000 Betriebsstunden:[10]

$$P_Z = P_{\bar{a}} f_B \tag{26/60}$$

mit Betriebsfaktor f_B nach Tafel 26/10.

Mit P_Z und Drehzahl n_1 der schneller laufenden Welle wählt man nach Bild 26/38 die geeignete Teilung p. Damit als Erfahrungswert die erforderliche Arbeitsbreite:

$$b_a = 7{,}69 P_Z f_v/(pv). \tag{26/61}$$

Geschwindigkeitsfaktor:

$$f_v = 5v + 7 \quad \text{für} \quad v \leq 1 \text{ m/s}, \qquad f_v = 2v + 10 \text{ für } v > 1 \text{ m/s} \tag{26/62}$$ ⊛

mit v nach (26/3).

Aus Tafel 26/19 kann man damit die geeignete Zahnkette entnehmen.

b) Beispiel 2: Antrieb nach Beispiel 1, Abschn. 26.9.2e, jedoch mit Zahnkette.

Diagrammleistung (26/60): $P_Z = 5{,}5$ kW. Teilung mit P_Z und n_1 aus Bild 26/38: $p = 5/16''$ $= 7{,}9375$ mm. Arbeitsbreite: Nach (26/3): $v = 3{,}26$ m/s; nach (26/62): $f_v = 16{,}52$; nach (26/61): $b_a = 27$ mm gewählt nach Tafel 26/19: $b_a = 30{,}9$ mm, $b_n = 30$ mm.

Kette: Hochleistungszahnkette $5/16'' \times 30$ mit $F_B = 26600$ N.

Schmierung für $v = 3{,}26$ m/s nach Bild 26/36: Fett oder Öltropfschmierung.

---

9 Weitere Berechnungsbeispiele für Rollenketten siehe DIN 8195.

10 Für andere Lebensdauer Korrekturfaktor nach Angaben der Kettenhersteller.

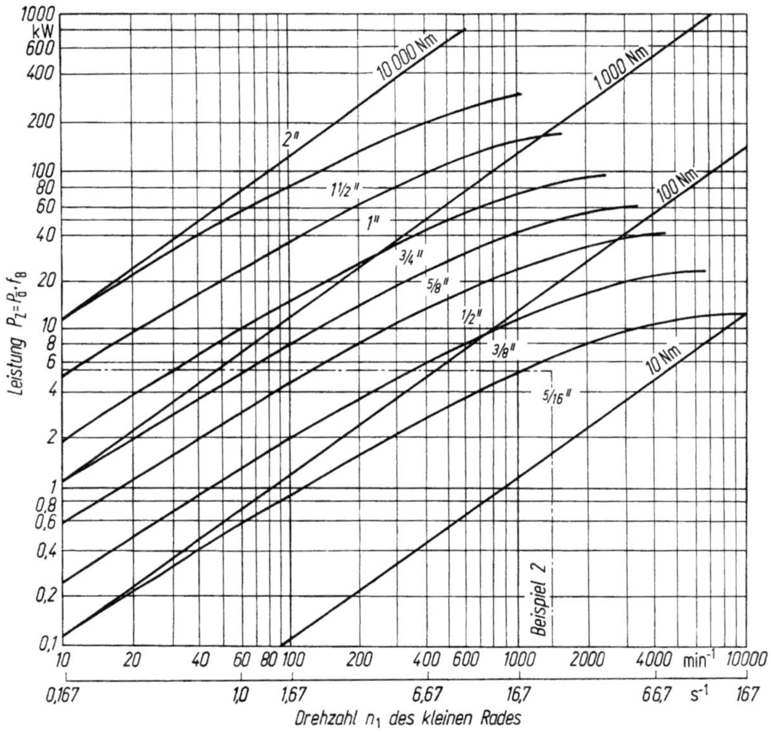

Bild 26/38. Leistungsdiagramm für Zahnketten (nach Westinghouse).

26.9.4 Tragfähigkeit der Förder- und Lastketten

Als Maß für die Tragfähigkeit F_T der Förder- und Lastketten dient die — im Zugversuch ermittelte — Grenzbelastung F_{Grenz} (meist Bruchkraft F_B) und ein ausreichender Sicherheitsfaktor S_B.

$$F_t f_B \leq F_T = F_{Grenz}/S_B \qquad (26/63)$$

Grenzbelastung und Sicherheitsfaktoren für verschiedene Förder- und Lastketten s. Tafel 26/16, Abmessungen Tafeln 26/19 ... 22, Betriebsfaktor Abschn. 26.5.2, Anhaltswerte Tafel 26/10.

Tafel 26/16. Grenzbelastung und Sicherheitsfaktoren für Förder- und Lastketten

Kettenart		F_{Grenz}	S_B	Bild	Tafel
Rollenkette	1fach	F_B	6	26/4c	26/17
DIN 8187 u. 8188	2fach		7,1		
	3fach		7,5		
Gallkette DIN 8150		F_B	5	26/4h	26/20
Fleyerkette DIN 8152		F_B	7,5 ... 12,5	26/4k	—
Stahlbolzenkette DIN 654		$F_{Prüf}$	5	26/4f	26/21
Rundstahlkette[a]	Güteklasse 2	F_B	4	26/4m	26/22
DIN 766	Güteklasse 3		5		

[a] Bei Rundstahlketten überprüft man die Zugspannung im Querschnitt A des Rundstahls. Die zusätzlich auftretende Biegespannung wird durch Ansatz einer entsprechend verringerten zulässigen Spannung berücksichtigt. — $F_T \approx 2A\sigma_{zul}$ mit $\sigma_{zul} = 63$ N/mm² für Ketten aus R-St 35-2

Tafel 26/17. Rollenketten nach DIN 8187 und 8188, Bild 26/4c (Bestellangaben s. Abschn. 26.8.2b)

	Ketten-Nr. Reihe 1	Ketten-Nr. Reihe 2	Teilung p mm	Breite b_1 mm min.	d_R mm max.	d_B mm h 9	Gelenkfläche[a] A_G cm²	Bruchkraft F_B N einfach min.	Bruchkraft F_B N zweifach min.	Bruchkraft F_B N dreifach min.	Masse[a] (Gewicht) kg/m
DIN 8187		03	5	2,5	3,2	1,49	0,06	2000	—	—	0,08
		04	6	2,8	4	1,85	0,07	3000	—	—	0,12
	05 B		8	3	5	2,31	0,11	4600	8000	11400	0,18
	06 B		9,525	5,72	6,35	3,28	0,28	9100	17300	25400	0,41
	081		12,7	3,3	7,75	3,66	0,21	8200	—	—	0,28
	082		12,7	2,38	7,75	3,66	0,16	10000	—	—	0,26
	083		12,7	4,88	7,75	4,09	0,32	12000	—	—	0,42
	084		12,7	4,88	7,75	4,09	0,35	16000	—	—	0,59
	085		12,7	6,38	7,77	3,58	0,32	6800	—	—	0,38
	08 B		12,7	7,75	8,51	4,45	0,50	18200	31800	45400	0,70
	10 B		15,875	9,65	10,16	5,08	0,67	22700	45400	68100	0,95
	12 B		19,05	11,68	12,07	5,72	0,89	29500	59000	88500	1,25
		16 B	25,4	17,02	15,88	8,28	2,10	58000	110000	165000	2,7
		20 B	31,75	19,56	19,05	10,19	2,95	95000	180000	270000	3,6
		24 B	38,1	25,4	25,4	14,63	5,54	170000	324000	485000	6,7
		28 B	44,45	30,99	27,94	15,9	7,40	200000	381000	571000	8,3
		32 B	50,8	30,99	29,21	17,81	8,11	260000	495000	743000	10,5
		40 B	63,5	38,1	39,37	22,89	12,76	360000	680000	1000000	16
		48 B	76,2	45,72	48,26	29,24	20,63	560000	1000000	1600000	25
		56 B	88,9	53,34	53,98	34,32	27,91	850000	1600000	2350000	35
		64 B	101,6	60,96	63,5	39,4	36,25	1100000	2100000	3100000	60
		72 B	114,3	68,58	72,39	44,48	46,17	1400000	2700000	4000000	80
DIN 8188 (Amerik. Bauart)		08 A	12,7	7,95	7,92	3,96	0,44	14100	28200	42300	0,609
		10 A	15,875	9,53	10,16	5,08	0,70	22200	44400	66600	1,01
		12 A	19,05	12,7	11,91	5,94	1,06	31800	63600	95400	1,47
		16 A	25,4	15,88	15,88	7,92	1,79	56700	113400	170100	2,57
		20 A	31,75	19,05	19,05	9,53	2,62	88500	177000	265500	3,73
		24 A	38,1	25,4	22,23	11,1	3,94	127000	254000	381000	5,5
		28 A	44,45	25,4	25,4	12,7	4,72	172400	344800	517200	7,5
		32 A	50,8	31,75	28,58	14,27	6,5	226800	453600	680400	9,7
		40 A	63,5	38,1	39,68	19,84	10,9	353800	707600	1061400	15,8
		48 A	76,2	47,63	47,63	23,8	16,1	510300	1020600	1530900	22,6

[a] Werte für Einfachrollenkette; für Zweifachrollenkette mal 2, für Dreifachrollenkette mal 3

Tafel 26/18. Mittelwerte der Trägheitsmomente für Einfachrollenketten nach DIN 8188 (amerikanische Bauart)

Kettennummer ASA	Kettennummer DIN 8188	Teilung p mm	Trägheitsmoment[a] J kg m²
40	08 A-1	12,7	$3{,}59 \cdot 10^{-7}$
50	10 A-1	15,875	$1{,}11 \cdot 10^{-6}$
60	12 A-1	19,05	$3{,}18 \cdot 10^{-6}$
80	16 A-1	25,4	$1{,}19 \cdot 10^{-5}$
100	20 A-1	31,75	$3{,}59 \cdot 10^{-5}$
120	24 A-1	38,1	$8{,}96 \cdot 10^{-5}$
140	28 A-1	44,45	$1{,}75 \cdot 10^{-4}$
160	32 A-1	50,80	$3{,}62 \cdot 10^{-4}$

[a] Für Zweifach- bzw. Dreifachketten sind die Trägheitsmomente mit 2 bzw. 3 zu multiplizieren

Der Verschleiß führt zu Querschnittsminderungen an Bolzen und Laschen. Deswegen ist auch bei Lastketten die maximal zulässige Verschleißlängung auf 3% begrenzt. Abhängigkeit der Tragfähigkeit verschiedener Rundstahlketten von der Kettentemperatur s. [26/56].

Tafel 26/19. Hochleistungszahnketten (nach Westinghouse), Bild 26/4e

Teilung p	Breiten in mm			Bruchkraft F_B N	Masse (Gewicht) kg/m
	b_n Nenn-	b_a Arbeits-	b_g Gesamt-		
[a]	12 A	10,5	16,5	9500	0,4
	15 A	12,5	18,5	11400	0,5
5/16″	20 A	17,0	23,0	15200	0,7
7,9375 mm	25	26,7	30,2	22800	1,1
	30	30,9	34,4	26600	1,2
	35	35,2	38,7	30400	1,5
	15 A	12,5	19,0	15000	0,7
3/8″	20 A	18,5	25,0	23000	0,9
	25	26,2	29,7	31000	1,2
9,525 mm	30	32,3	35,8	39000	1,3
	35	38,5	42,0	47000	1,6
	15 A	12,5	20,0	21000	0,9
	20 A	18,5	26,0	31000	1,2
1/2″	25	26,2	30,7	41500	1,5
	30	32,3	36,8	52000	1,8
12,7 mm	35	38,5	43,0	62000	2,1
	50	50,8	55,3	83000	2,7
	65	63,1	67,6	104000	3,3
	25	26,7	32,2	55000	1,9
5/8″	35	34,9	40,4	73000	2,5
	40	43,1	48,6	92000	3,0
15,875 mm	50	51,3	56,6	110000	3,5
	65	67,7	73,2	146000	4,6
	35	34,9	41,4	88000	3,0
3/4″	40	43,1	49,6	110000	3,7
	50	51,3	57,8	132000	4,3
19,05 mm	65	67,8	74,2	176000	5,5
	75	75,9	82,4	198000	6,3
	50	52,0	59,5	168000	5,9
1″	65	64,3	71,8	210000	7,3
	75	76,5	84,0	252000	8,4
25,4 mm	100	101,0	108,5	336000	11,0
	125	125,5	133,0	420000	13,7
	65	64,5	75,5	315000	10,3
1 1/2″	75	76,8	87,8	378000	12,9
	100	101,3	111,3	504000	16,8
38,1 mm	125	125,9	136,9	630000	20,1
	150	150,4	161,4	756000	24,5
	100	102,0	115,0	672000	22,9
2″	115	118,3	131,3	784000	25,8
	135	134,6	147,6	896000	29,8
50,8 mm	150	151,0	164,0	1008000	32,6
	180	183,6	196,6	1232000	40,6

[a] Zahnketten dieser Teilung sind für Kraftübertragung nur bedingt einsetzbar

Tafel 26/20. Gallketten nach DIN 8150, Bild 26/4h

Teilung p mm	Innere Breite b_i mm min.	Äußere Breite b_a mm max.	Laschen-anzahl je Glied	Gelenk-fläche A_G cm²	Bruchkraft F_B N min.	Tragfähig-keit F_T N	Masse (Gewicht) kg/m ≈
15	12	27	2	0,16	5000	1000	0,7
20	15	33	2	0,24	12500	2500	1,1
25	18	42	2	0,48	25000	5000	1,8
30	20	58	4	1,08	40000	8000	3,4
35	22	61	4	1,2	60000	12000	4,5
40	25	66	4	1,44	80000	16000	4,7
45	30	70	4	1,68	100000	20000	7,0
50	35	97	4	3,24	150000	30000	11,0
55	40	115	4	5,04	200000	40000	16,0
60	45	120	4	5,52	250000	50000	18,0
70	50	157	6	10,08	375000	75000	34,0
80	60	171	6	11,52	500000	100000	39,0
90	70	200	6	15,12	750000	150000	53,0
100	80	234	8	22,95	1000000	200000	77,0
110	90	251	8	25,28	1250000	250000	90,0
120	100	277	8	32	1500000	300000	112,0

Tafel 26/21. Stahlbolzenkette nach DIN 654, Bild 26/4f

Ketten Nr.	Teilung p mm	Innere Breite b_i mm	Äußere Breite b_a mm	Gelenkfläche A_G mm²	Tragfähigkeit F_T N	Masse (Gewicht) kg/m	Prüfkraft N
40	38,7	18	48	168	1800	2,1	9000
42	42	24,5	67	297	3600	4,5	18000
63	63	29	75	385	4800	4,2	24000
65	65,5	33	90	528	7600	6,8	38000
100 A	100	28	89	533	6400	5,5	32000
100 B	100	40	110	810	9000	9,0	45000
135	134,5	33,5	90	516	6400	4,1	32000
136	136,5	30,5	108	799	12000	9,5	60000

Tafel 26/22. Rundstahlketten nach DIN 766 (Entwurf April 1975), Bild 26/4m

Nenndicke d	Teilung p	Tragfähigkeit F_T	Bruchkraft F_B bei Güteklasse		Masse (Gewicht)
			2	3	
mm	mm	kN	kN	kN	kg/m
5	15	2,5	10	12,5	0,56
6	18	3,5	14	18	0,8
7	21	5	19	25	1,1
8	24	6,3	25	32	1,4
9	27	8	32	40	1,8
10	30	10	40	50	2,2
13	39	16	63	85	3,8
14	42	20	75	100	4,4
16	48	25	100	125	5,7
18	54	32	125	160	7,3
20	60	40	160	200	9,0
22	66	45	190	236	10,9
26	78	63	265	335	15,2
28	84	75	300	400	17,6
30	90	90	355	450	20,0
32	96	100	400	500	23,0
36	108	125	500	630	29,0
40	120	160	630	800	36,0
42	126	170	670	900	39,6
45	135	200	800	1000	45,5

26.10 Verstell-Kettengetriebe

Allgemeine Grundlagen über Verstellgetriebe, Pflichtenheft und Vergleich der Bauarten s. Abschn. 20.4.

Arbeitsprinzip der Verstell-Kettengetriebe: Zwischen zwei kegeligen Scheibenpaaren läuft eine Kette (z. B. Bild 26/39). Die Scheiben lassen sich auf ihren Wellen so axial verschieben, daß sich auf der Antriebswelle die Keilrille öffnet und gleichzeitig auf der Abtriebswelle entsprechend verengt und umgekehrt. Laufbahnradien und Übersetzung ändern sich damit stufenlos.

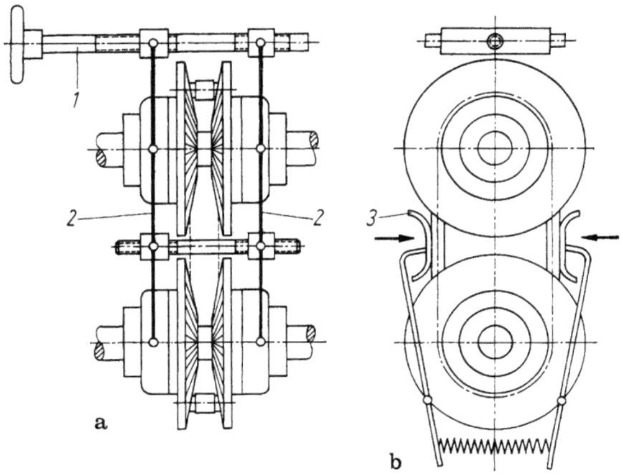

Bild 26/39. Lamellenkettengetriebe (PIV, Bad Homburg). a) Verstellen der Übersetzung durch Gewindespindel *1* und Hebel *2*; b) konstante Anpressung durch Spannschuhe *3*.

26.10.1 Anwendung, Eigenschaften

Der Anwendungsbereich (Tafel 26/23) überschneidet sich bei höheren Leistungen mit dem der Verstell-Reibrad und -Riemengetriebe. Verstell-Kettengetriebe eignen sich als Drehmomentwandler und für genaues Verstellen der Drehzahl. Alle Verstell-Kettengetriebe — auch die mit trapezförmig genuteten Kegelscheiben — arbeiten reibschlüssig, d. h. mit

Tafel 26/23. Anwendungsbereich ausgeführter Verstell-Kettengetriebe

Kettenbauart	Leistungsbereich kW	Kettengeschwindigkeit v m/s	Stellbereich R maximal	Verstellung im Stillstand möglich	Anwendungsbeispiele
Lamellenkette	0,9...11	10	6	nein	Werkzeugmaschinen
Zylinderrollenkette	0,16...22	20	10	ja	Druckmaschinen
Ringrollenkette	30...130 [a]	25	6	nein	Textilmaschinen
Wiegedruckstückkette	5,5...110 [a]	30	6	ja[c]	Förderanlagen Chem. Industrie Verpackungsmaschinen Holzbearbeitungsmaschinen
Schubgliederband[b]	5...90	30	4	nein	Pkw, Lkw, stationäre Antriebe

[a] Für Doppelzweistranggetriebe mit Servohydraulik

[b] Bei dem Getriebe nach [Van Doorne's Transmissie] wirkt der Übertragungsstrang schiebend. Ein Führungsband verhindert, daß die Glieder des Stranges ausknicken. Vorzüge lt. Hersteller: Kleine Laufbahnradien (kompaktes Getriebe), gleichförmige Winkelgeschwindigkeit, laufruhig, geringes Gewicht, hohe zulässige Drehzahl

[c] Durch Servohydraulik Vorwahl im Stillstand möglich. Soll-Drehzahl stellt sich beim Anlauf ein

Schlupf (ca. 1 bis 1,5%); (metal belt). Frequenzgang: Bis zu einer Kreisfrequenz von $\omega \approx 5\ s^{-1}$ folgt die Getriebeübersetzung dem Verstellkommando ausreichend genau.

Vor- und Nachteile gegenüber Verstell-Reibrad- und -Riemengetriebe:

- Leistungsgewichte s. Bild 20/19.
- Wirkungsgrade s. Bild 20/20.
- Drehzahlabfall durch Belastung s. Bild 20/21.
- Hohe Tragfähigkeit (Paarung gehärteter Stahl/gehärteter Stahl, geschmiert), hohe Wälzfestigkeit, hohe Zugfestigkeit.
- Hohe Anpreßkräfte erforderlich (niedrige Reibungszahl).
- Größerer Achsabstand als bei Reibradgetrieben.
- Unempfindlicher gegen hohe Temperaturen, weniger Verschleiß als Riemengetriebe.
- Gewisse Stoßdämpfung durch die etwas elastische Kette gegenüber Reibradgetrieben.
- Totgang bei Drehrichtungsumkehr des Antriebs bei Getrieben mit drehmomentabhängiger Anpressung.
- Langzeitbetrieb bei konstanter Übersetzung eher möglich.
- Teurer als Riemengetriebe.

26.10.2 Bauarten, Bauelemente

a) Ketten und Kegelscheiben. Erläuterung und Vergleich der ausgeführten Bauarten s. Bild 26/40.

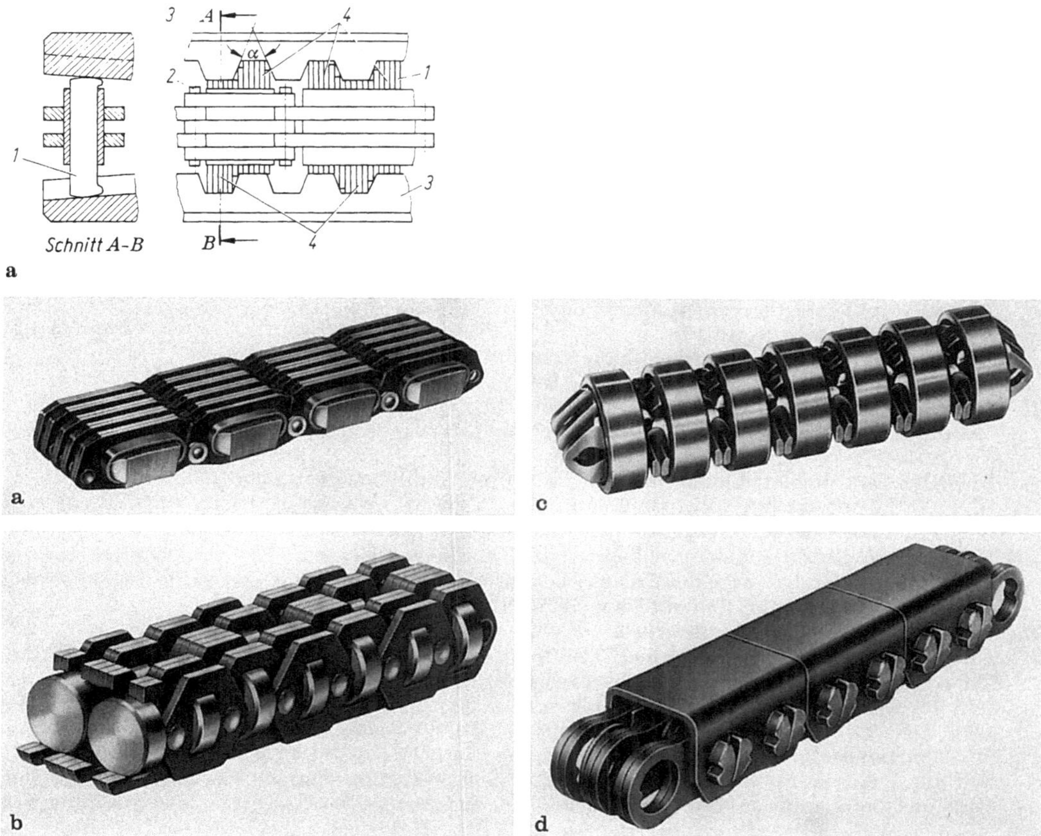

Bild 26/40. Kettenarten für Verstell-Kettengetriebe. a) Lamellenkette. Die axial verschiebbaren Lamellen *1* bilden beim Einlauf in die verzahnten Kegelscheiben *3* die Zähne *4*; *2* Bolzengelenke. Anpreßkräfte nur $^1/_3$ bis $^1/_4$ gegenüber glatten Kegelscheiben. Wegen der Querbeschleunigung der Lamellen beim Einlaufen in die Kegelscheiben Kettengeschwindigkeit und damit Leistung begrenzt. b) Zylinderrollenkette mit zwei drehbaren Rollen je Glied, die sich gegeneinander abstützen und beim Ein- und Auslauf drehen. Dadurch gleichmäßige Abnutzung. c) Ringrollenkette aus massiven Stahlgliedern, auf denen die Ringrollen sitzen und die durch Wiegegelenke verbunden sind. Gelenkverschleiß und Kettenlängung deshalb gering. d) Wiegedruckstückkette. Die Wiegegelenke übertragen auch die Kraft auf die Kegelscheiben. Feingliedrige, leichte Kette, dadurch hohe Kettengeschwindigkeiten möglich.

b) Anpreßvorrichtungen. Ausführungsarten und deren Eigenschaften s. Abschn. 28.6 (Reibradgetriebe).

- Konstante Anpressung durch Spannschuhe (Bild 26/39) oder Spannrollen oder durch — hinter den Kegelscheiben angeordnete — Tellerfedern (kostengünstig). Anwendung nur begrenzt bei Lamellenketten, bei Ring- und Zylinder-Rollenketten bis 5 kW.
- Drehmomentabhängige Anpressung wie bei Reibradgetrieben meist durch Stirnnocken auf An-und Abtriebswelle.
- Zugkraftabhängige Anpressung durch Stirnnocken mit veränderlicher Steigung und hydraulische Steuerung möglich. Verdrehspielfreie Anpressvorrichtungen s. [26/60].

c) Verstellvorrichtungen. Die Laufbahnradien von An- und Abtrieb müssen im Verhältnis r_b/r_a eingestellt werden. Die entsprechende axiale Stellung der Kegelscheiben, die die Kette auf diese Radien zwingt, erreicht man durch Hebel (Bild 26/39) oder mit mehr Aufwand, dafür aber sehr feinfühlig und mit kleinsten Stellkräften durch hydraulische Steuerung (die mit einer hydraulischen Anpressung kombiniert werden kann).

26.11 Literatur zu 26

Normen, Richtlinien

26/1 DIN 8181 Rollenketten, langgliedrig; März 1972;
DIN 8187 Rollenketten, Europ. Bauart; Okt. 1972;
DIN 8188 Rollenketten, Amerik. Bauart; Okt. 1972

26/2 DIN 8189 Rollenketten für Landmaschinen; Teil 1: Mit Befestigungslaschen; Teil 2: Ohne Befestigungslaschen; Dez. 1977

26/3 DIN 8182 Rotaryketten; Entwurf Okt. 1977

26/4 DIN 8164 Buchsenketten; April 1976

26/5 DIN 8165 bzw. DIN 8167 Förderketten mit Vollbolzen; Teil 1: Einstrangkette, Zweistrangkette; Teil 2: Befestigungslaschen, Abschlußmaße; Teil 3: Tragkette mit erhöhten Laschen; Entwürfe August 1977 bzw. Juli 1976

26/6 DIN 8166 Rollen für Förderketten mit Vollbolzen; Entwurf Aug. 1977

26/7 DIN 8150 Gallketten; April 1976

26/8 DIN 686 Zerlegbare Gelenkketten, Maße; März 1972

26/9 DIN 654 Stahlbolzenketten; Teil 1: Maße; Teil 2: Befestigungsglieder; März 1972

26/10 DIN 8152 Fleyerketten; Teil 1: Leichte Reihe LL; Teil 2: Anschlußmaße für Anschlußstücke und Umlenkrollen für leichte Reihe LL; Teil 3: Schwere Reihe; Teil 4: Anschlußmaße für ...; Entwürfe Nov. 1978

26/11 DIN 8156 Ziehbankketten ohne Buchsen; DIN 8157 ... mit Buchsen; April 1976

26/12 DIN 8175 Förderketten; Buchsenförderketten, schwere Ausführung; DIN 8175 Förderketten; Buchsenförderketten mit Kettenbahnen; Entwürfe Mai 1978

26/13 DIN 8168 Förderketten mit Hohlbolzen; Teil 1: Einstrangketten; Teil 2: Befestigungslaschen; Teil 3: Trageketten mit erhöhten Lasten; Entwürfe Juli 1976; DIN 8169 Rollen für Förderketten mit Voll- und Hohlbolzen für Stetigförderer; März 1971

26/14 DIN 8153 Scharnierketten; Dez. 1977

26/15 DIN 685 Geprüfte Rundstahlketten; Teil 1: Begriffe; Teil 2: Anforderungen; Teil 3: Prüfung; Teil 4: Stempelung, Kennzeichnung, Prüfzeugnis; Entwürfe Nov. 1978
DIN 762 Rundstahlketten für Stetigförderer; ...; Jan. 1971; DIN 763 Rundstahlketten, ...; Sept. 1976; DIN 764 Rundstahlketten, ...; Jan. 1971; DIN 765 Rundstahlketten, ...; Entwurf April 1976; DIN 766 Rundstahlketten, ...; Teil 1 und 2; Entwürfe Dez. 1976; DIN 5687 Rundstahlketten, ...; Teil 1, ...; Entwürfe Juli 1972; DIN 22252 Hochfeste Rundstahlketten für den Bergbau; Teil 1: Maße und Anforderungen; Teil 2: Prüfung; Teil 3: Sicherungskette; Dez. 1973 bzw. Juli 1975 (Teil 3)

26/16 DIN 8154 Hülsenketten, kurzgliedrig; Sept. 1977

26/17 DIN 8196 Verzahnung der Kettenräder für Rollenketten nach DIN 8187 und 8188, Profilabmessungen (Teil 1); Oktober 1976; langgliedrig nach DIN 8181, Profilabmessungen (Teil 2), Sept. 1977

26/18 DIN 8195 Rollenketten, Kettenräder, Auswahl von Kettentrieben; Aug. 1977

26/19 ASA B 29.1 (USA-Norm) Belastbarkeit von Rollenketten

Bücher, Dissertationen

26/20 Worobjew, N. W.: Kettengetriebe, Berlin: VEB Verlag Technik 1953

26/21 Dittrich, O.: Theorie des Umschlingungsgetriebes mit keilförmigen Reibscheibenflanken. Diss. TH Karlsruhe 1953

26/22 Fichtner, F. W.: Untersuchungen über den Verschleiß von Stahllaschenketten (Buchsenketten) Diss. TH Stuttgart 1954
26/23 Lubrich, W.: Beitrag zur Kinematik der Kettentriebe. Diss. TH Aachen 1956
26/24 Rachner, H. G.: Die Drehschwingungen des Zweirad-Kettentriebes bei innerer Erregung. Diss. TH Aachen 1961
26/25 Rachner, H. G.: Stahlgelenkketten und Kettengetriebe. Berlin, Göttingen, Heidelberg: Springer 1962
26/26 Ettl, E.: Ursachen und Wirkungen dynamischer Kräfte bei Stahlgliederbändern und Vorschläge zu deren Milderung. Diss. TH München 1964
26/27 v. d. Linde, J.: Die Schallabstrahlung von Rollenketten-Getrieben. Diss. TH Aachen 1964
26/28 Härtlein, G.: Die Größe und der Verlauf der Stoßkraft beim Eingriff der Laschenkette von Stahlgliederbändern in das Kettenrad. Diss. TH München 1966
26/29 Zollner, H.: Kettentriebe. München: Hanser 1966
26/30 Schönfeld, A.: Verschleißprobleme am Rollenkettentrieb. Diss. TH Karl-Marx-Stadt 1967
26/31 Bauer; Schneider: Hülltriebe und Reibradtriebe. Leipzig 1970
26/32 Hofmann, P.: Beitrag zur Kraftübertragung zwischen Kettenrad und Kette bei exzentrisch liegender Kette. Diss. TH Stuttgart 1973
26/33 Zech, I.: Beitrag zur Berechnung von Kettengetrieben unter besonderer Berücksichtigung dynamischer Belastungen. Diss. TH Karl-Marx-Stadt 1974

Zeitschriftenaufsätze

26/34 Zindel, E.: Getriebe für stufenlose Drehzahlregelung, PIV-Getriebe Bad Homburg
26/35 Ernst, H.: Stufenlos einstellbare Umschlingungsgetriebe. Ind. Anz. Nr. 90 Jahrg. 94
26/36 Rattunde, M.: 50 Jahre PIV-Getriebe nach dem System Abbot. Antriebstech. 13 (1974) 12
26/37 Pietsch, P.: Theorie der Kettentriebe und ihre Betriebsverhältnisse. Schriftenreihe „Antriebstechnik", Heft 12. Braunschweig: Vieweg 1954
26/38 Eisenach, A.: Ausführungsbeispiele von Antrieben mit Stahlgelenkketten. Schriftenreihe „Antriebstechnik", Heft 12. Braunschweig: Vieweg 1954
26/39 Meitzner, H.: Zahnketten und Zahnkettentriebe. Schriftenreihe „Antriebstechnik", Heft 12. Braunschweig: Vieweg 1954
26/40 Bensinger, W. B.: Kettenspanner und Schwingungsdämpfer bei raschlaufenden Kettentrieben. Aus Riementriebe, Kettentriebe, Kupplungen. Schriftenreihe „Antriebstechnik", Heft 12. Braunschweig: Vieweg 1954
26/41 Finck, M.; Janßen, M.: Laufverbesserungen großgliedriger Kettentriebe durch Verminderung der Polygon- und Umlenkeffekte. Forschungsber. d. Landes Nordrh.-Westf. Nr. 1848, 1967
26/42 Monsberger, S.: Auch bei Kettenförderanlagen beginnt die Wartung schon bei der Anlagenplanung. Maschinenmarkt (Würzburg) 79 (1973), 1292...1296
26/43 Gleitsmann, K.: Konstruktionselement Stahlgelenkkette. Antriebstech. 8 (1969) 281...285
26/44 Sonnenberg, H.: Zahnketten lösen Probleme in Werkzeugmaschinen. Antriebstech. 6 (1969)
26/45 Peeken, H.: Zugmittelgetriebe. VDI-Ber. (1971) Nr. 167
26/46 Dressler, K.: Ausführungsformen und Vorteile von Ketten für Antriebsaufgaben. Maschinenmarkt (Würzburg) 80 (1974) 1115...1116
26/47 Basedow, G.: Ketten in der Antriebstechnik. Antriebstech. 14 (1975) 73...76
26/48 Heinke, W.: Stufenlos verstellbare Ketten-Getriebe mit Leistungsverzweigung. Maschinenbautech. 19 (1970) 417...422
26/49 Archibald, F. R.: Horsepower losses in roller chain drives. Mach. Des. 22 (1966) 127/128
26/50 Heil, M.; Savci, M.: Transversale Schwingungen in Kettentrieben. Antriebstech. 14 (1975) 79...81
26/51 Zech, J.: Verschleiß dynamisch beanspruchter Rollenkettengetriebe. Maschinenbautech. 23 (1974) 499...502
26/52 Antonescu, A.; Dix, R.: Stresses in roller chain link plates. Rev. Roum. Sci. Tech. Méc. Appl., 2 (1975) Nr. 2, 311...322
26/53 Dittrich, O.: Grundsätzliches über Funktion, Bauarten und Eigenschaften stufenloser Getriebe. Fachtagung Antriebstech. 1974, Kongreßbd. anläßlich d. Hannover-Messe 1974
26/54 Blanc, P.: Optimale Lösung von Antriebsproblemen mit Hilfe stufenloser Getriebe. Fachtagung Antriebstech. 1974, Kongreßbd. anläßlich d. Hannover-Messe 1974, 59...67
26/55 Turnbull, S.; Fawcett, J.: An approximate kinematic analysis of the roller chain drive. World Congress Newcastle 1975, pp 907...911
26/56 Niederberger, K.: Anschlagketten hoher Güte aus Baukastenteilen selber zusammengesetzt. Maschinenmarkt (Würzburg) 81 (1975) 1447...1448
26/57 Shimizu, H.; Sueoka, A.: Nonlinear free vibration of rollert chain streched vertically. Bull. JSME 19 (1976) 22 ... 28
26/58 Warnecke, H.: Zahnkettentrieb — ein geräuscharmer Antrieb. VDI-Ber. 239 (1975) 225...227
26/59 van der Veen, S. C.: Stufenloser Drehmoment/Drehzahlwandler Transmatic. Antriebstech. 16 (1977) 217...222

26/60 Berens, H.: Neues stufenloses Hochleistungsgetriebe mit verdrehspielfreiem Anpreßsystem. Antriebstech. 16 (1977) 211...214

26/61 Miloiu, G.: Die Druckkraft in stufenlosen Getrieben. II. Riemen-, Ketten- und harmonische Getriebe. Antriebstech. 8 (1969) 450...459

26/62 Dittrich, O.: Elektrofahrzeug mit stufenlosem Getriebe. Antriebstech. 15 (1976) 188...190

26/63 Morhard, H. J.: Stufenlos verstellbare Getriebe zur Drehzahl-Feineinstellung. Maschine 24 (1970) 11, 12

26/64 Edgerton, R.: Chain drives. Power Transm. Des. Handbook (1977/1978) 133...140.

26/65 Harman, W.; Overton, J.: Chain-type mechanical adjustable-speed drives. Power Transm. Des Handbook (1977/1978) 36...39

26/66 Nicol, S.; Fawzett, J.: Vibrational characteristics of roller chain drives. Engineering 217 (1977)

26/67 Oechsle, D.: Ein Beitrag zur Spannungsermittlung in Rundstahlkettengliedern. Konstr. 28 (1976) 483...488

26/68 Müller, J.: Schadensanalyse von Rollenkettengetrieben. Maschinenbautech. 26 (1977) 559...563

26/69 Müller, J.: Kettengetriebe. Maschinenbautech. 27 (1978) 445...448

26/70 Sueoka, A.; Shimizu, H.: Subharmonic oscillation of order 1/3 in roller chain, 1st Rep., Bull. JSME, 19 (1976) 1448...1457

26/71 Mc Carty, A.; Stevenson, R.: Higher load and speed limits for silent chain. Mach. Des. 12 (1978) 121...125

26/72 Woerlee, C. L.: Steigern der Leistungsfähigkeit von Zahnkettenantrieben. Maschinenmarkt (Würzburg) 82 (1976) 642...645

Firmenschriften

Arnold Stolzenberg GmbH, Einbeck (Pietsch, P.: Kettengetriebe, Taschenbuch); ASK Amsted-Siemag, Betzdorf (Diamond Chain, USA) (Siemag: Handbuch für Stahlgelenkketten); Fenner, Nettetal-Breyell; Flender, Bocholt; IWIS (Joh. Winklhofer Söhne), München; PIV, Werner Reimers, Bad Homburg; Renold, Manchester/GB; Ruberg und Renner, Hagen; (Rex Chainbelt, USA) Tabard, Wickede; Westinghouse, Gronau; Wippermann, Hagen; Van Doorne's Transmissie B. V., Tilburg/Niederlande.

27 Riemengetriebe

Der biegeweiche, elastische Riemen umschlingt die Riemenscheiben und überträgt die Umfangskraft als Zugkraft von der Antriebs- zur Abtriebswelle (Zugmittelgetriebe). Beim Flach-, Keil- und Rundriemen wird die Kraft zwischen Riemen und Scheibe durch Reibung übertragen, wobei ein gewisser Dehnschlupf auftritt. Die erforderliche Anpreßkraft muß durch ausreichende Vorspannung des Riemens (Wellenbelastung) erzeugt werden. — Zahnriemen[1] (Bild 27/2c) übertragen die Umfangkraft formschlüssig, d. h. ohne Schlupf, die Riemenscheiben sind entsprechend gezahnt.

An- und Abtrieb drehen — im Gegensatz zu Zahnrad- und Reibradgetrieben — gleichsinnig.

27.1 Überblick, Eigenschaften

Gesamtübersicht und Vergleich mit anderen Getriebarten s. Abschn. 20.3 (für konstante Übersetzung), Abschn. 20.4 (für stufenlos verstellbare Übersetzung).

Außer zur Leistungsübertragung benutzt man die Riemen mitunter zum Transport von Stück- und Schüttgütern, als Träger von Reinigungsbürsten, Kontaktgebern u. ä. Hierfür muß die Außenseite des Riemens (der Riemenscheibe abgekehrt) entsprechend ausgebildet sein.

a) Vorteile:

- Geräuscharmer Lauf (gezahnte Riemen — z. B. Bild 27/17j; insbesondere Zahnriemen — Bild 27/2c — sind etwas ungünstiger); elastische Stoßaufnahme und Stoßdämpfung.
- Einfacher Aufbau, vielseitige Anordnung (Bilder 27/1, 2), Ausführung ohne Gehäuse möglich, relativ geringe Genauigkeit erforderlich.
- Keine Schmierung und kaum Wartung nötig.
- Kostengünstig, insbesondere bei größerem Achsabstand und Mehrfachantrieben; einfache Anordnung der Riemenscheiben, einfache Ersatzbeschaffung und Lagerhaltung.
- Unempfindlich gegen kurzzeitiges Überlasten (Gleitschlupf).[2]
- Geringes Leistungsgewicht (s. Tafel 20/1).
- Hohe Gleichlaufgenauigkeit bei konstanten Betriebsbedingungen (Belastung, Reibungszahl).

b) Nachteile:

- Größeres Bauvolumen (wenn kleinstmöglicher Achsabstand gefordert).
- Größere Wellenbelastung: im Betrieb ca. (1,2 ... 1,7 ... 2,5)mal Umfangskraft (in der Reihenfolge Zahn-, Keil-, Flachriemen).
- Ständiger Schlupf bis zu etwa 2% (Dehnschlupf), je nach Umfangskraft, Vorspannung und Reibungszahl.[2]
- Nur für begrenzten Temperaturbereich geeignet; (je nach Riemen −50 °C, (−20 °C) ... 60 °C, (80 °C), kurzzeitig höher, Zerstörung ab 140 °C). Zum Teil empfindlich gegen Säuren, Laugen, Benzin, Öl, Wasserdampf.
- Reibungszahl und Riemendehnung (damit Schlupf und Tragfähigkeit) abhängig von Staub, Schmutz, Öl, Temperatur, Feuchtigkeit.

---

1 Bezeichnung nach ISO/DIN 5296: Synchronriemen.

2 Gilt nicht für Zahnriemen.

- Bleibende Riemendehnung (abhängig von Werkstoff, Belastung und Belastungsdauer) erfordert Kontrolle und Nachspannmöglichkeit oder Selbstspannvorrichtung.
- Elektrostatische Aufladung durch Reibung möglich (ggf. elektrisch leitende Ausführung vorschreiben).

c) Etwa gleichwertig mit Zahnrad- und Kettengetrieben (vgl. Tafel 20/1): Bereich der Übersetzung, Gesamtwirkungsgrad. Beim Zahnriemen schlupffreie, winkeltreue Bewegungsübertragung.

27.2 Bauarten, Anwendung

Man unterscheidet Riemengetriebe mit konstanter Übersetzung, Schalt-Riemengetriebe (Kraftübertragung ein- und ausschaltbar) sowie stufenweise und stufenlos verstellbare Riemengetriebe (verstellbare Übersetzung).

a) Bauarten nach der Art der Kraftübertragung. Anwendungsbereich und technische Daten s. Tafel 20/1 (Überblick).

- Flachriemengetriebe. Einfachste Bauart, einfache Riemenscheiben. Auch für große Achsabstände geeignet, hohe Übersetzungskonstanz, aber sehr hohe Vorspannkräfte. Von größten bis zu sehr kleinen Umfangskräften (Pressen, Walzen, Werkzeugmaschinen, Bergbau, Textilindustrie, Ventilatoren, Tonbandgeräte).
- Keilriemengetriebe. Die Anpreßkraft wird durch Keilwirkung zwischen Keilrillen und Riemen erhöht; daher kleinere Vorspannkräfte und kleinere Achsabstände bei großen Übersetzungen möglich; sichere Führung der Riemen in allen Lagen. — Jedoch größere Mindestscheibendurchmesser erforderlich (Riemenkrümmung). Überwiegend für mittlere Leistungen im allgemeinen Maschinenbau angewendet.
- Rundriemen, Dreikant- und Vierkantriemen wirken ähnlich wie Keilriemen. (Für kleine Kräfte, Feinwerktechnik, spielfreie Steuerungen.) Beliebig räumlich umlenkbar.
- Zahnriemengetriebe. Durch Formschluß nahezu winkeltreue Bewegungsübertragung (z. B. für Nockenwellenantriebe, elektrische Schreibmaschinen). Weniger geeignet für sehr große Leistungen und stoßhafte Momente.
- Keilflach- und Zahnflachriemengetriebe für Übersetzungen $i > 3$. An der kleinen Scheibe Kraftübertragung wie beim Keilriemen bzw. Zahnriemen, jedoch an der großen zylindrischen Scheibe wie beim Flachriemen (wegen großen Umschlingungswinkels Kraftübersetzung durch Keilrillen hier unnötig; ferner als Überlastsicherung verwendbar, da der Flachriemen eher durchrutscht).

b) Riemenführung, Konstruktionshinweise (Bild 27/1,2).

- Offene Riemengetriebe (Bild 27/1a,b); meist verwendete Bauart mit dem einfachsten Aufbau, auch für wechselnde Drehrichtung und hohe Umfangsgeschwindigkeiten besonders geeignet.
- Gekreuzte Riemengetriebe (Bild 27/1c) nur für Sonderfälle bei großen Wellenabständen (wegen Schränkspannung $e/b > 20$). Bei der Konstruktion beachten, daß sich die Riemen nicht berühren.
- Halbgekreuzte (geschränkte) Riemengetriebe (Bild 27/1d). Konstruktionsmaße e_1 und e_2 beachten, damit der Riemen in der richtigen Scheibenebene aufläuft! Das ablaufende Trum darf im Winkel (bis 25°) zur Scheibenebene liegen. Laufrichtung daher nicht umkehrbar. Um die zusätzlichen Schränkspannungen zu begrenzen $e > 2d_2$ und $e^2 > 200bd_2$ wählen.
- Winkelgetriebe (Bild 27/1e). Um die o. a. Konstruktionsregeln zu erfüllen, sind Leitrollen erforderlich.

Mit Winkel- und geschränkten Riemengetrieben kann man beliebig angeordnete Wellen verbinden, sofern der Bauraum ausreicht. Dies gilt im Prinzip für sämtliche Riemenarten; in schwierigen Fällen jedoch mit dem Riemenhersteller abstimmen! Problemlos für räumliche Antriebe ist der Rundriemen, da er beim Umlenken nicht tordiert wird.

• Mehrfachantriebe mit meist einer Antriebs- und mehreren Abtriebswellen (Bild 27/2 a ... c). Im allgemeinen benötigt man mehrere Umlenkrollen, um ausreichende Umschlingungswinkel zu sichern oder den Drehsinn umzukehren. Hierfür eignen sich insbesondere Riemen mit zwei Laufseiten. Normale Keilriemen sollen möglichst nicht über den Riemenrücken gebogen werden (in dessen Nähe die neutrale Faser liegt), um hohe Biegezugspannungen zu vermeiden.

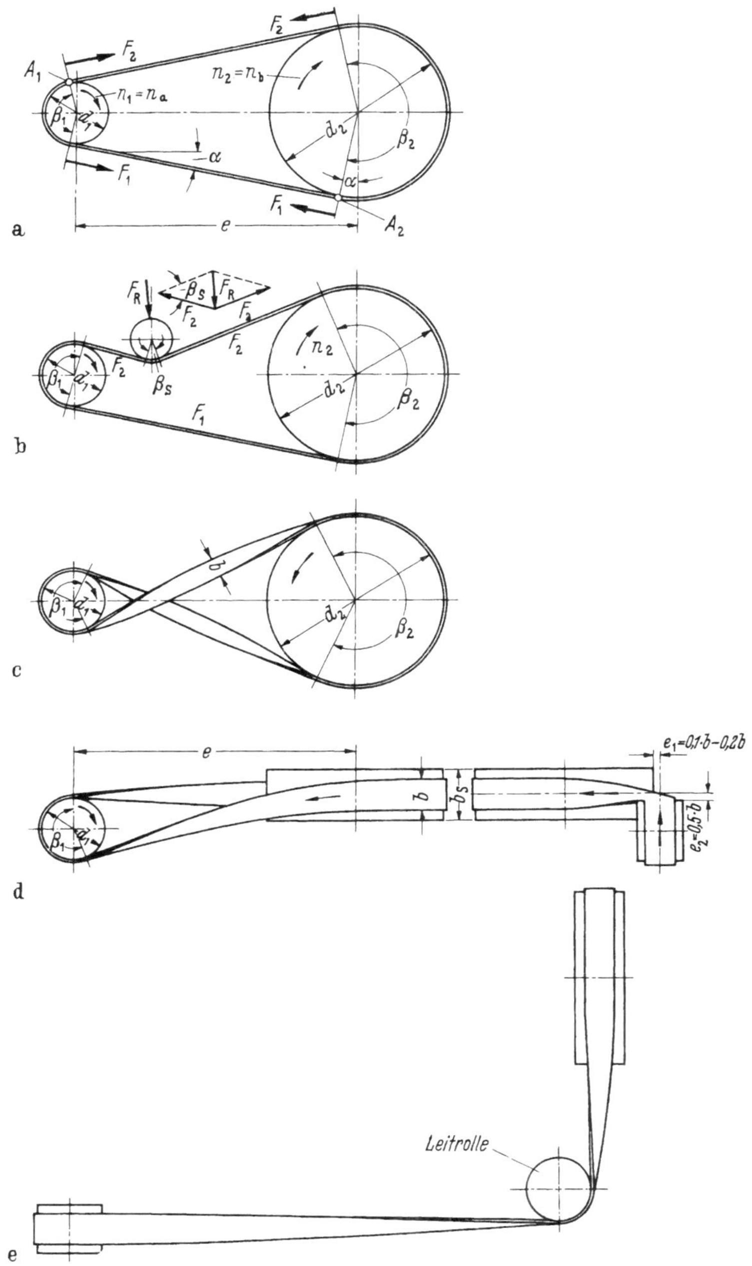

Bild 27/1. Anordnung von Riemengetrieben. a) Offenes Getriebe für parallele Wellen mit gleicher Drehrichtung für An- und Abtrieb; b) offenes Riemengetriebe mit Spannrolle; c) gekreuztes Getriebe für parallele Wellen mit entgegengesetzter Drehrichtung; d) halbgekreuztes Getriebe mit Achsabstand e; e) Winkelgetriebe für sich schneidende Wellen von An- und Abtrieb.

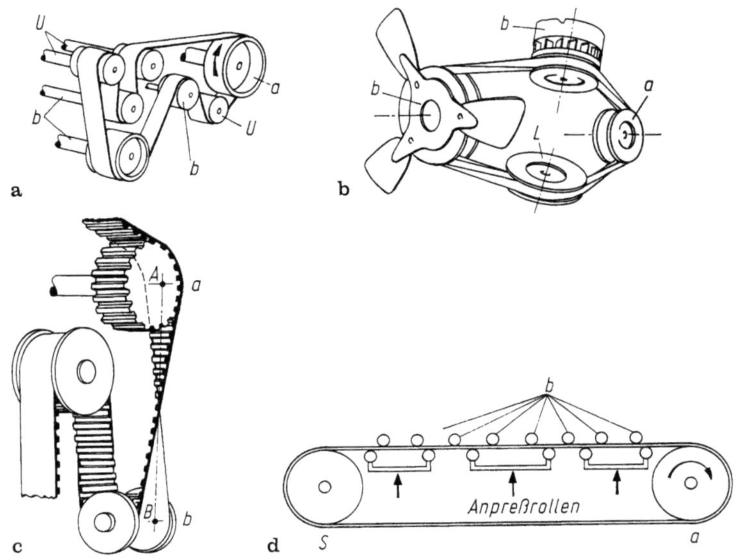

Bild 27/2. Mehrfachantriebe [27/11]. *a* Antrieb, *b* Abtrieb, *U* Umlenkrolle, *L* Leitrolle, *S* Spannrolle. a) Vierwellenantrieb, Flachriemen; b) Keilriemen-Winkelantrieb; c) Zahnriemengetriebe (Riemenmitte auf Tangente *AB*); d) Tangentialantrieb.

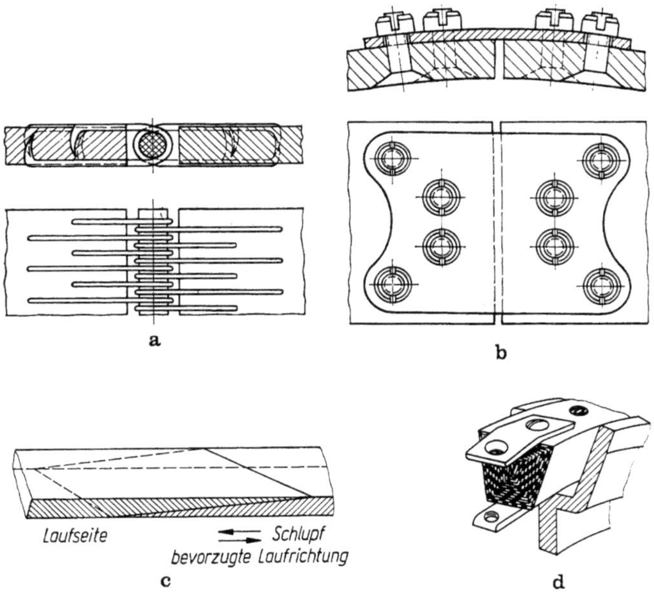

Bild 27/3

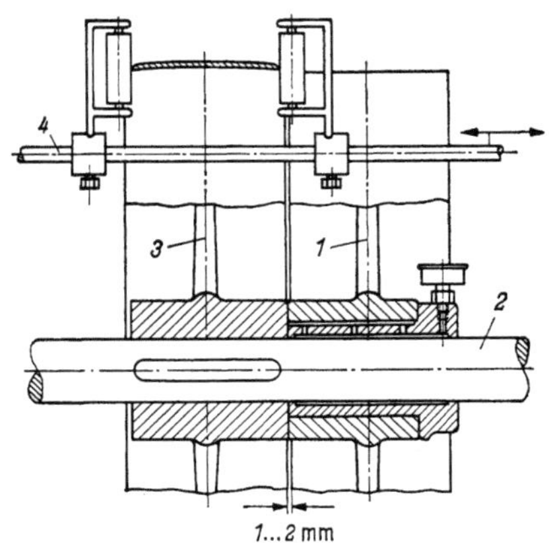

Bild 27/4

Bild 27/3. Beispiele für Riemen-Endverbindung. a) Hakenverbinder (für niedrige Kräfte und $v = 10$ bis 20 m/s; b) Plattenverbinder (für höhere Kräfte und $v < 10$ m/s); c) schräg über die Breite abgeschnitten (in Schichten aufgeteilt) und verklebt (möglichst bei erhöhter Temperatur) oder vulkanisiert; d) Keilriemen-Laschenverbinder.

Bild 27/4. Schaltbares Riemengetriebe. *1* auf Welle *2* drehbar gelagerte Losscheibe, *3* Festscheibe, *4* Ausrückgabel.

• Tangentialantriebe (Bild 27/2d). Ein Flachriemen mit besonders hoher Reibungszahl wird tangential an bis zu 500 Abtriebswellen herangeführt. Zwischen je zwei Abtriebswellen ist mindestens eine Anpreßrolle angeordnet, um so Anpreßkraft und einen minimalen Umschlingungswinkel zu sichern. (Vorteil: geringe Biegebeanspruchung.)

c) Endverbindung der Riemen.

• Endlose Riemen werden einzeln oder als Schlauch (von dem man die gewünschte Breite absticht) hergestellt; sie sind nur in bestimmten, meist jedoch sehr fein gestuften Längen lieferbar. Man sollte sie nach Möglichkeit vorziehen; sie sind besonders laufruhig und gestatten, den Riemenquerschnitt voll auszunutzen.

• Endliche Riemen werden auf die erforderliche Länge abgeschnitten (Vorteil: einfache Lagerhaltung), um die Scheiben gelegt, gespannt und am Stoß durch Verkleben, Vulkanisieren oder durch Riemenverbinder zusammengefügt, Bild 27/3. Verlust an Zugfestigkeit bei sachgemäß verklebten oder vulkanisierten Riemen gering. Bei konstantem Drehsinn bevorzugte Laufrichtung (Bild 27/3c) beachten! Mechanische Riemenverbinder nur dann verwenden, wenn Verkleben oder Vulkanisieren wegen des Riemenwerkstoffes ausscheidet. Sie sind nur für kleinere Umfangsgeschwindigkeiten brauchbar, bilden Schwachstelle und Geräuscherreger.

d) Schaltbare Riemengetriebe. Prinzip eines schaltbaren Flachriemengetriebes s. Bild 27/4. Zum Auskuppeln wird der Riemen mit Hilfe einer Ausrückrolle auf die Losscheibe geschoben. (Festscheibe ballig, Losscheibe und doppelt breite Gegenscheibe zylindrisch). Der Riemen muß relativ dick und schmal und besonders kantenfest sein. Ein Keilriemengetriebe kann man durch Spannen oder Entspannen des Keilriemens bei laufender Antriebsscheibe ein- und ausschalten, indem man eine Welle (mit Scheibe) oder Spannrolle abrückt oder zustellt.

e) Verstellbare Riemengetriebe s. Abschn. 27.7.

27.3 Zeichen und Einheiten

Zeichen	Einheit	Bedeutung
b	mm	Riemenbreite
d	mm	Scheibendurchmesser (bei Flachriemen)
d_w	mm	wirksamer Durchmesser (Wirkdurchmesser) s. (27/1)
e	mm	Achsabstand = Wellenmittenabstand
e	—	Basis des nat. Log.: 2,718
f_b	s^{-1}	Biegefrequenz
h	mm	Wölbhöhe, Riemenhöhe bei Keilriemen
i	—	Übersetzung $= n_1/n_2$
k	—	Ausbeute
m	—	Trumkraftverhältnis $= \mathrm{e}^{\mu\hat{\beta}}$
n	min^{-1}	Drehzahl
p	mm	Teilung (bei Zahnriemen)
q	kg/m	Masse (Gewicht) je m Riemenlänge
s	mm	Riemendicke
v_t, v	m/s	Umfangs-, Riemen-, Trumgeschwindigkeit $v \approx v_t \approx v_1 \approx v_2$
x	mm	Verstellweg
z	—	Anzahl der Riemen, Zähnezahl
z_S	—	Anzahl der Scheiben
z_B	—	Zähnezahl des Zahnriemens
A	mm^2	Riemenquerschnitt
E	N/mm^2	Elastizitätsmodul für Zug
E_b	N/mm^2	Elastizitätsmodul für Biegung
F	N	Kraft
F_1, F_2	N	Gesamttrumkräfte im Last-, Leertrum
F_1', F_2'	N	Kräfte an der Scheibe = Trumkräfte ohne Fliehkraftanteil ($F' = F - F_f$)
F_A, F_f	N	Anpreßkraft, Zugkraft aus Fliehkraft
F_n, F_t	N	Normal-, (Nenn-)Umfangskraft
F_{tN}^*	N	zulässige Nennumfangskraft je mm Riemenbreite
F_V	N	Vorspannkraft im Riemen
F_W, F_{W0}	N	radiale Wellenkraft, — im Stillstand
L_w, L_{w0}	mm	Wirklänge des Riemens, — ungespannt
P	kW	(Nenn-)Leistung
P_N	kW/mm	„spezifische" Nenn-Leistung pro Strang oder mm Breite
T	Nm	(Nenn-)Drehmoment
α	°	Winkel (s. Bild 27/1a)
β, $\hat{\beta}$	°, rad	Umschlingungswinkel
β_w, $\hat{\beta}_w$	°, rad	Wirkwinkel
γ_S	°	Keilwinkel der Scheibe
γ_R	°	Keilwinkel des Riemens
ε, ε_b, ε_0	—	Zug-, Biege-, Ruhe- (= Auflege-) dehnung
η	—	Wirkungsgrad
μ	—	Reibungszahl
Φ	—	Durchzugsgrad
ϱ	kg/dm^3	mittlere Dichte eines Riemens
ψ	—	Schlupf
σ	N/mm^2	Zugspannung

Indizes

1	kleine Scheibe, Lasttrum	min	Kleinstwert
2	große Scheibe, Leertrum	S	Schränkung, Scheibe
a	treibend, Kopfkreis (Zahnriemen)	t	tangential, Nutzkraft
b	getrieben, Biegung	V	Verlust, Vorspannung
f	Fliehkraft	w	wirksam
n	normal (senkrecht)	W	Welle
max	Größtwert		

27.4 Allgemeine Gleichungen, Kennwerte

Die hier erläuterten Beziehungen gelten für alle Riemengetriebe mit Kraftübertragung durch Reibschluß.

Definition: Man gibt Geschwindigkeiten und Kräfte für einen wirksamen Laufdurchmesser d_W (Wirkdurchmesser der Riemenscheibe) an, der durch die Lage der neutralen Faser im Umschlingungsbogen gegeben ist:

$$d_W = d + 2a. \tag{27/1}$$

Der Abstand a zur Riemenlauffläche ist bei homogenem Riemen $s/2$, bei Schichtriemen etwa gleich dem Abstand zur Mitte der Zugschicht a_Z. Für Überschlagsrechnungen kann man $a = 0$ setzen.

27.4.1 Kinematik

a) Allgemeines. Die Geschwindigkeit des Riemens ist infolge der um $\Delta\varepsilon$ größeren Dehnung im Lasttrum (Index 1) größer als im Leertrum (Index 2):

$$v_1 = v_{ta} = d_{wa}\pi n_a/(6 \cdot 10^4); \qquad v_2 = v_{tb} = d_{wb}\pi n_b/(6 \cdot 10^4) = v_1(1 - \psi). \tag{27/2}⊛$$

v_1 geht auf dem Umschlingungsbogen durch Dehnschlupf (evtl. Gleitschlupf) ψ in v_2 über (vgl. Abschn. 27.4.3d); ψ beeinflußt somit auch die Übersetzung i.

$$\psi = (v_1 - v_2)/v_1 = 1 - (d_{wb}n_b)/(d_{wa}n_a). \tag{27/3}$$

Solange kein Gleitschlupf auftritt, ist $\psi = \varepsilon_1 - \varepsilon_2 = \Delta\varepsilon$; s. a. Abschn. 27.4.5a

$$i = n_a/n_b = d_{wb}v_1/(d_{wa}v_2) = d_{wb}/[d_{wa}(1 - \psi)] \approx d_b/d_a. \tag{27/4}$$

Bei Übersetzung ins Langsame: $d_a = d_1$, $n_a = n_1$; $d_b = d_2$, $n_b = n_2$. Bei Übersetzung ins Schnelle: $d_a = d_2$, $n_a = n_2$; $d_b = d_1$, $n_b = n_1$.

Biegefrequenz des Riemens (Anzahl der Biegewechsel je s):

$$f_b = z_S v 10^3/L_w. \tag{27/5}⊛$$

b) Schwingungen und Drehwinkelfehler der Riemengetriebe. Von An- oder Abtrieb können Störkräfte in das Getriebe eingeleitet werden. Ferner führen Form- und Strukturfehler von Riemen und Riemenscheiben zu periodischen Änderungen der Riemenspannung und der Lagerkräfte und wirken damit ebenfalls als Schwingungserreger.

- Erregerfrequenzen. Neben der äußeren Erregung (z. B. durch periodische Drehzahl- oder Drehmomentschwankungen) sind folgende „inneren" Erregerfrequenzen zu beachten:

$$f = Bn/60. \tag{27/6}⊛$$

Fall (a): Mit $B = 1$ und $n = n_a$ oder n_b bei Erregung durch eine Exzentrizität der treibenden Scheibe a oder der getriebenen Scheibe b. (Evtl. $B = 2, 3$, usw.)

Fall (b): Mit $B = 2\pi d_{wa}/L_w$ und $n = n_a$ bei Erregung durch eine Änderung des Riemenquerschnitts oder eine Inhomogenität (z. B. Verlagerung der neutralen Faser) über die Länge des Riemens. Bei mehreren Ungleichmäßigkeiten $B = (4, 6, \ldots) \cdot (\pi d_{wa}/L_w)$.

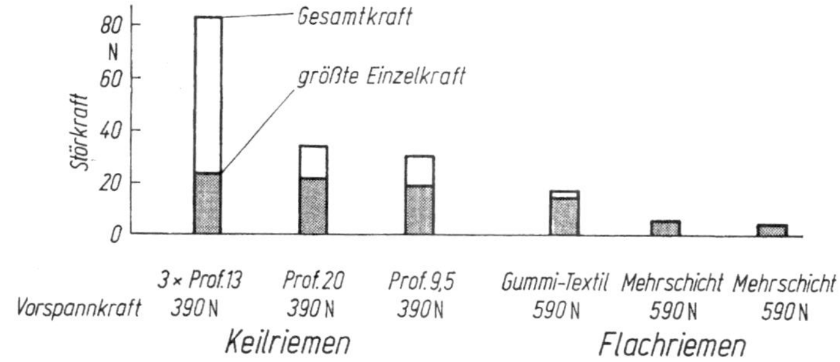

Bild 27/5. Schwingungsverhalten von Riemengetrieben. Mittelwerte einer größeren Anzahl untersuchter Riemen; Leerlauf, Vorspannung für Nutzkraft von 225 N; nach [27/19].

• Eigenfrequenzen, kritische Drehzahlen. Ausgehend vom Stabilitätsproblem des durchströmten Rohres erhält man nach [27/19] die kritische Riemengeschwindigkeit:

$$v_k = \sqrt{F/q}. \tag{27/7}$$

Hierin ist F die Zugkraft im Last- oder Leertrum, q Masse je m Riemenlänge. In (27/7) ist die Biegesteifigkeit des Riemens vernachlässigt; in Wirklichkeit liegt v_k etwas höher. — Oberhalb v_k läuft der Riemen instabil.

• Riemenschwingungen — Meßergebnisse. Bild 27/5 zeigt einen Vergleich verschiedener Riemenarten. Diese und parallele Versuche haben gezeigt, daß die Gesamtstörkräfte von Mehrstrang-Keilriemengetrieben praktisch gleich der Summe der Störkräfte der Einzelriemen ist. Man sieht ferner, daß der leichtere Schmalkeilriemen etwa gleich große Störkräfte erzeugt wie der entsprechende Normalkeilriemen. Mehrschichtflachriemen sind hiernach besonders günstig bei hohen Vorspannungen, Gummigeweberiemen bei niedrigen Vorspannungen. Die größten Störkräfte wurden bei der Riemengrundfrequenz $f_r = 2n_a\pi d_{wa}/(60L_w)$® beobachtet.

• Gleichförmigkeit der Bewegungsübertragung. Hier wurden ähnliche Tendenzen wie bei den Schwingungsmessungen beobachtet [27/27]. Die bei gleichen Prüfbedingungen (ohne Nutzleistung) gemessenen Drehwinkelfehler verhielten sich wie folgt: 1,0 (Präzisions-Mehrschichtflachriemen); 3,0 (Normal-Mehrschichtflachriemen); 4,5 (einzelner Schmalkeilriemen); 5,6 (Keilriemensatz).

Bei Verwendung von toleranzmäßig zusammengestellten Keilriemen als 5-Strang-Getriebe lagen die Drehwinkelfehler in der gleichen Größenordnung wie bei den Einzelriemen. Die Fehler gleichen sich also nicht aus, die Riemen eilen zueinander vor oder nach, es treten Schwebungen auf.

27.4.2 Abmessungen

a) Offenes Riemengetriebe (Bild 27/1 a). Umschlingungswinkel:

$$\beta_1 = 180° - 2\alpha; \qquad \beta_2 = 360° - \beta_1 = 180° + 2\alpha \tag{27/8}$$

mit α aus

$$\sin\alpha = 0{,}5(d_{w2} - d_{w1})/e. \tag{27/9}$$

Gespannte Riemenlänge L_w (Länge der neutralen Biegefaser):

$$L_w = 2e\cos\alpha + 0{,}5\pi(d_{w2} + d_{w1}) + (d_{w2} - d_{w1})\,\pi\alpha/180°. \tag{27/10}$$

Mit genügender Genauigkeit kann man setzen:

$$L_w \approx 2e + 0{,}5\pi(d_{w2} + d_{w1}) + (d_{w2} - d_{w1})^2/(4e). \tag{27/11}$$

Hieraus Achsabstand:

$$e = \left(r + \sqrt{r^2 - y}\right)/8 \tag{27/12}$$

mit $r = 2L_w - \pi(d_{w2} + d_{w1})$ und $y = 8(d_{w2} - d_{w1})^2$.

Aus der Berechnung des Achsabstandes nach (27/12) mit L_{w0} ohne und mit Vorspannung L_w ergibt sich der u. U. erforderliche Verstellweg des Achsabstandes (vgl. Abschn. 27.5.1).

b) Gekreuztes Riemengetriebe (Bild 27/1c). Umschlingungswinkel:

$$\beta = \beta_1 = \beta_2 = 180° + 2\alpha \tag{27/13}$$

mit α nach (27/9). Riemenlänge (mittlere Faser):

$$L_M = 2e \cos \alpha + (d_{w2} + d_{w1})\, \beta\pi/360°. \tag{27/14}$$

c) Halbgekreuztes Riemengetriebe (Bild 27/1d). Riemenlänge (mittlere Faser) für Achsenwinkel $\Sigma = 90°$:

$$L_M = 2e + d_{w1}(\pi + \gamma_1)/2 + d_{w2}(\pi + \gamma_2)/2 \tag{27/15}$$

mit $\tan(\gamma_1/2) = d_{w1}/(2e)$ und $\tan(\gamma_2/2) = d_{w2}/(2e)$.

27.4.3 Kräfte, Dehnungen, Schlupf

Grundgleichungen für Leistung, Drehmoment, Umfangskraft, Geschwindigkeiten s. Abschn. 20.5.1.

a) Äußere Zusatzkräfte, Betriebsfaktor C_B. Beim Tragfähigkeitsnachweis muß man auch die von außen in das Getriebe eingeleiteten Drehmomentschwankungen, Einschaltstöße usw. und die Betriebsdauer berücksichtigen. Geeignete Methoden s. Abschn. 21.5.1. Wenn keine Meßdaten oder speziellen Erfahrungen vorliegen, die es gestatten, diese Einflüsse genauer zu erfassen, kann man bei Riemengetrieben hierfür den Betriebsfaktor C_B nach Tafel 27/2 als Anhalt benutzen.

$$\text{Äußere Umfangskraft} = F_t C_B. \tag{27/16}$$

b) Kräfte an Riemen und Scheibe (Eytelweinsche Gleichung). Bild 27/6 zeigt die Kräfte an einem Riemenelement und den zugehörigen Kräfteplan.

- Voraussetzungen für die Ableitung: Konstante Reibungszahl μ zwischen Riemen und Scheibe; Riemen aus Lauf- und Zugschicht (und evtl. Deckschicht), die Laufschicht überträgt nur Schub- und Druckkräfte; der Werkstoff der Zugschicht gehorcht dem Hookeschen Gesetz; die evtl. Deckschicht überträgt keine Zugkräfte; der Einfluß der Breitenballigkeit wird vernachlässigt.
- Kräftegleichgewicht in x-Richtung:

$$dF_R = dF \cos(d\varphi/2). \tag{27/17a}$$

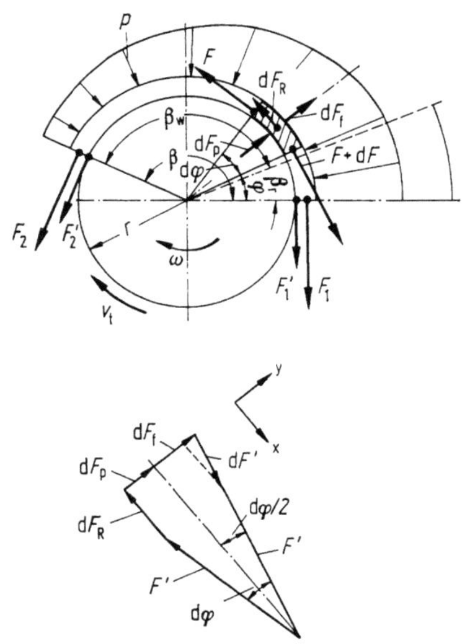

Bild 27/6. Kräfte an Riemenelement und Scheibe.

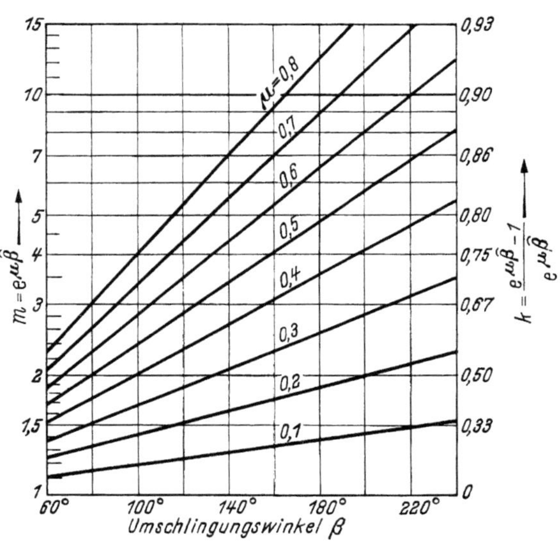

Bild 27/7. Trumkraftverhältnisse m und Ausbeute k.

y-Richtung:

$$dF_p + dF_f = 2F \sin(d\varphi/2) + dF \sin(d\varphi/2). \tag{27/17 b}$$

Für kleine Winkel ist

$$\cos(d\varphi/2) \approx 1, \quad \sin(d\varphi/2) \approx d(\varphi/2). \tag{27/17 c}$$

$dF \sin(d\varphi/2)$ ist vernachlässigbar klein (Glied zweiter Ordnung). Reibkraft

$$dF_R = \mu\, dF_p = dF; \tag{27/17 d}$$

Fliehkraft $dF_f = r\omega^2\, dm$, für homogene Riemen: $= r\omega^2 \varrho A r\, d\varphi = F_f\, d\varphi$;

$$(A \text{ Riemenquerschnitt}, F_f = \varrho v^2 A). \tag{27/17 e}$$

Damit

$$dF/(F - F_f) = \mu\, d\varphi \tag{27/17 f}$$

mit den Randbedingungen bei $\varphi = 0$: $F = F_1$ und bei $\varphi = \beta$: $F = F_2$. Daraus folgt:

$$(F_1 - F_f)/(F_2 - F_f) = e^{\mu\hat{\beta}}. \tag{27/17 g}$$

- Eytelweinsche Gleichung (Umfangskraft an der Scheibe):

$$\text{Trumkraftverhältnis } F_1'/F_2' = e^{\mu\hat{\beta}} = m. \tag{27/18}$$

Zahlenwerte s. Bild 27/7, Winkel β s. a. Abschn. d).

- Die Fliehkräfte verringern die Nutzumfangskraft und die Wellenbelastung (solange der Riemen nicht abhebt, bleibt die Trumkraft konstant). Zugkraftanteil aus Fliehkraft nach (27/17 e) (insgesamt: F_f, je mm Riemenbreite: F_f^*):

$$F_f = A\varrho v^2\, 10^{-3} = q v^2; \qquad F_f^* = v^2 q/b. \tag{27/19}$$ ⊛

- Nutzumfangskraft aus der Gleichgewichtsbedingung an der treibenden Scheibe, maximal:

$$F_{ta} = F_1' - F_2' = F_1 - F_2 = F_1'(m-1)/m = F_2'(m-1). \tag{27/20}$$

- Maximale Trumkraft:

$$F_{max} = F_1 = F_2' + F_t + F_f. \tag{27/21}$$

- Ausbeute k: Anteil der Trumkraft F_1', der für die Kraftübertragung genutzt wird (Zahlenwerte s. Bild 27/7):

$$k = F_t/F_1' = (m-1)/m. \tag{27/22}$$

Flächenpressung (wichtig für Bandbremsen). $p = dF_p/(r\, d\varphi b)$, mit (27/17 a) ohne Fliehkraft: $p = F/(rb) = F_1\, e^{-\mu\varphi}/(rb)$. Maximales p bei $\varphi = 0$: $p_{max} = F_1/(rb) = F_t/(rb) \cdot m/(m-1)$. — Mittleres p durch Integration von p über Umschlingungswinkel β: $p_m = (1/\beta)\int_0^\beta p\, d\varphi = (1/\beta)\int_0^\beta F_1/(rb)\, e^{-\mu\varphi}\, d\varphi = p_{max}(m-1)/(m\beta\mu) = (F_t/\mu)/A_B$ mit Belagfläche auf dem Umschlingungsbogen $A_B = rb\beta$.

c) Vorspannkraft, Lagerkräfte. Um die Reibkraft zu übertragen, benötigt man in jedem Betriebszustand eine ausreichend hohe Anpreßkraft und damit Vorspannung des Riemens.

- Erforderliche Vorspannkraft im Riemen (Trumkraft), vgl. Bild 27/13 (vgl. auch Abschnitt 27.5.1):

$$F_V = (F_1 + F_2)/2 = F_1 - F_t/2 = F_2 + F_t/2 = F_f + 0{,}5 F_t(m+1)/(m-1) = AE\varepsilon. \tag{27/23}$$

Die im Stillstand aufzubringende Vorspannkraft ist also um so größer, je größer die Nutzumfangskraft und die im Betriebszustand zu erwartende Fliehkraft sind.

- Wellenbelastung bei Nenn-Umfangskraft F_t nach Bild 27/8:

$$F_W = \sqrt{F_1'^2 + F_2'^2 - 2F_1'F_2' \cos\beta_1} = F_t m^*/(m-1) = F_t/\Phi \tag{27/24}$$

mit F_t aus dem zu übertragenden Nenn-Drehmoment.

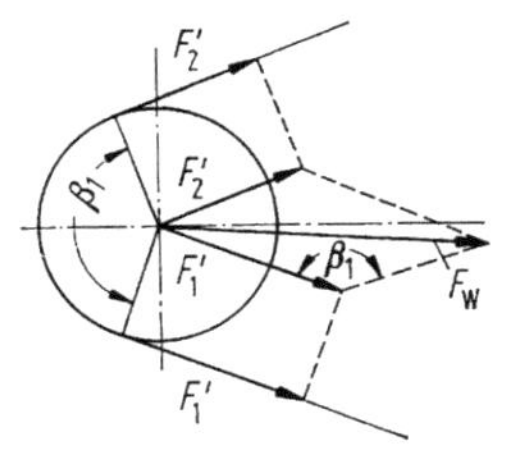

Bild 27/8. Kräfte an der Riemenscheibe, Wellenbelastung.

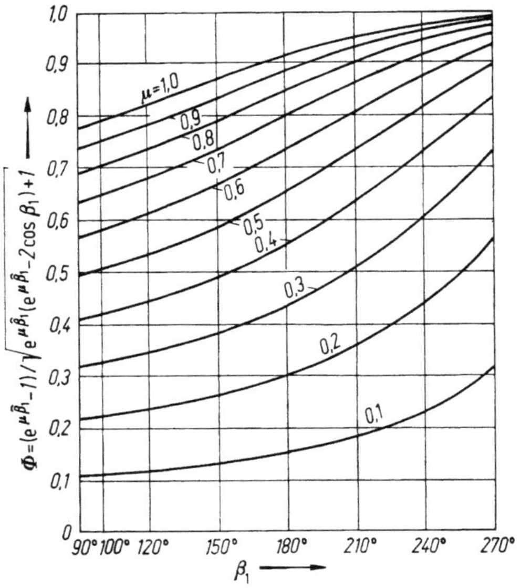

Bild 27/9. Durchzugsgrad $\Phi = F_t/F_W$.

• Durchzugsgrad Φ:

$$\Phi = F_t/F_W = (m - 1)/m^*; \qquad m^* = \sqrt{m(m - 2\cos\beta_1) + 1} \tag{27/25}$$

Zahlenwerte s. Bild 27/9. Näherung: Für $\beta_1 = 180°$ ist $\Phi = (m - 1)/(m + 1)$.

Maximale Wellenbelastung beim Auflegen des Riemens mit Winkel α nach Bild 27/1a (s. a. Abschn. 27.5.1):

$$F_{W\max} = F_V \cos\alpha = 2\varepsilon EA \cos\alpha. \tag{27/26}$$

Im Betrieb verkleinert die Fliehkraft die Wellenbelastung ($F' = F - F_f$); beim Anfahren ist daher ein „Losbrechmoment" erforderlich, um die erhöhte Lagerreibung zu überwinden [27/18]. Genauere Untersuchungen [27/43] haben gezeigt, daß die Spannung im Leertrum mit zunehmender Umfangskraft (im Gegensatz zu der Darstellung in Bild 27/13) langsamer abnimmt als sie im Lasttrum ansteigt. Entsprechend erhöht sich die Wellenbelastung um ΔF_w, vgl. Bild 27/8.

• Die Lagerkräfte errechnet man unter Berücksichtigung des Betriebsfaktors C_B aus F_W nach (27/24) und den Lagerabständen.

Für kompliziertere Fälle mit mehreren Kraftangriffsstellen (z. B. mit Querkräften am Wellenzapfen) Berechnung nach Abschn. 20.5.6.

d) Dehnschlupf, Gleitschlupf, Reibungszahl. Beim Durchlaufen des Umschlingungswinkels β (Bild 27/10) ändert sich entsprechend der Riemenkraft nach (27/20) die Riemenspannung um die Nutzspannung $\sigma_t = \sigma_1 - \sigma_2$. Die entsprechende elastische Dehnungsänderung $\Delta\varepsilon = \sigma_t/E$ bewirkt als örtliche Längenänderung ein Kriechen des Riemens auf der Scheibe. Dieser sog. Dehnschlupf ψ ist gleich $\Delta\varepsilon$ — vgl. (27/3), wächst also mit F_t.

Nach Grashof erstreckt sich die Spannungs- und Dehnungsänderung nur auf den Bereich des Wirkwinkels β_w, der nach der Eytelweinschen Gleichung (27/18) zur Kraftübertragung erforderlich ist (Bild 27/6):

$$m = F_1'/F_2' = e^{\mu\hat{\beta}_w} \leq e^{\mu\hat{\beta}}. \tag{27/27}$$

Die Differenz aus dem Umschlingungswinkel und dem Wirkwinkel ($\beta - \beta_w$) ist der Ruhewinkel, in dessen Bereich die Riemenspannung unverändert bleibt. Wird $\beta_w > \beta$, so geht der Dehnschlupf in Gleitschlupf über, der Riemen rutscht durch. Für die Berechnung setzt man meist $\beta_w = \beta$.

Diese Betrachtung gilt für konstante Reibungszahl μ. Tatsächlich steigt μ mit zunehmendem Schlupf geringfügig an; der Dehnschlupf geht daher allmählich in Gleitschlupf über. Ein längere Zeit wirkender Gleitschlupf führt zu starker Erwärmung, schließlich zur Versprödung und Zerstörung des Riemens.

Bei Zahnriemen bewirkt die Dehnungsänderung im Umschlingungsbogen eine ungleichmäßige Lastaufteilung auf die im Eingriff befindlichen Zähne.

27.4.4 Riemenspannungen, Beurteilung der Tragfähigkeit

a) Maximale Spannung in einem Riemen aus homogenem Werkstoff und unter der Annahme, daß die Eytelweinsche Gleichung voll gültig ist:

$$\sigma_{max} = \sigma_1 + \sigma_f + \sigma_b + \sigma_S. \tag{27/28}$$

Darstellung der Spannungskomponenten s. Bild 27/10, 11. Darin bedeuten:

Zugspannung im Lasttrum: $\sigma_1 = F_1/A = m\sigma_2$. (27/29)

(Zugspannung im Leertrum: $\sigma_2 = F_2/A = \sigma_1/m$). (27/30)

Zugspannung aus der Nutzumfangskraft (Nutzspannung):

$$\sigma_t = F_t/A = \sigma_1(m-1)/m. \tag{27/31}$$

Zugspannung aus der Fliehkraftkomponente:

$$\sigma_f = F_f/A = v^2\varrho \cdot 10^{-3}. \qquad (27/32)^{\circledast}$$

Biegespannung im Riemen an der kleinen Scheibe, wenn die biegeneutrale Faser in Mitte Riemendicke liegt:

$$\sigma_b = E_b\varepsilon_b = E_b s/d_{w1}. \tag{27/33}$$

Schränkspannung (Bild 27/11), berechnet aus der zusätzlichen Dehnung der Randfaser (nach W. Richter):

$$\left.\begin{array}{ll} \text{für offene Riemengetriebe} & \sigma_S = 0 \\ \text{für gekreuzte Riemen} & \sigma_S = E(b/e)^2 \\ \text{für halbgekreuzte Riemen} & \sigma_S = Ebd_2/(2e^2) \end{array}\right\}. \tag{27/34}$$

Maße zur Begrenzung der Schränkspannungen s. Abschn. 27.2b.

b) Schlußfolgerungen. Um hohe Tragfähigkeit zu erzielen, sollte der Riemen hohe Zugfestigkeit, geringe Dicke, geringe spezifische Dichte und hohe Reibungszahl aufweisen. Dieses Optimum kann man jedoch nur mit Riemen erreichen, die aus mehreren Schichten (mit unterschiedlichen Funktionen) zusammengesetzt sind. — Die den o. a. Gleichungen zugrunde liegenden Annahmen treffen dann aber nicht mehr zu. Man muß vielmehr für jede Schicht (Zugschicht Z, Reibschicht R, Deckschicht D) die zugehörigen Spannungen berechnen. Bei Zugbeanspruchung sind die Dehnungen im gesamten Riemenquerschnitt gleich. Der Zugkraftanteil einer Schicht ist daher:

$$F_Z/F = E_Z A_Z/(E_Z A_Z + E_R A_R + E_D A_D).$$

Für Biegung liegt das Spannungsmaximum jeder Schicht in der Faser, die am weitesten von der biegeneutralen Faser des Gesamtquerschnitts entfernt ist. Die Lage dieser Faser hängt ab vom Verhältnis der Elastizitätsmoduln der einzelnen Schichten und deren Querschnitt.

Da der Elastizitätsmodul der Zugschicht durchweg wesentlich größer ist als der der übrigen Schichten, kann der Zugkraftanteil der übrigen Schichten meist vernachlässigt werden. Die biegeneutrale Faser liegt daher meist in oder sehr nahe der Zugschicht.

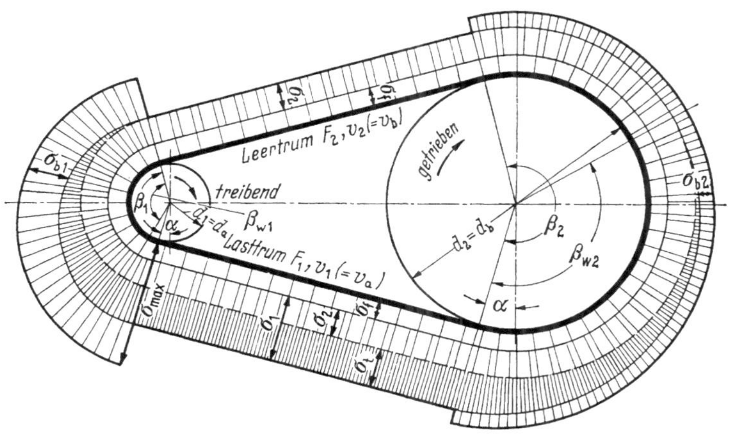

Bild 27/10. Riemenspannungen beim offenen Riemengetriebe.
Beispiel: Kleines Rad treibend, großes Rad getrieben.

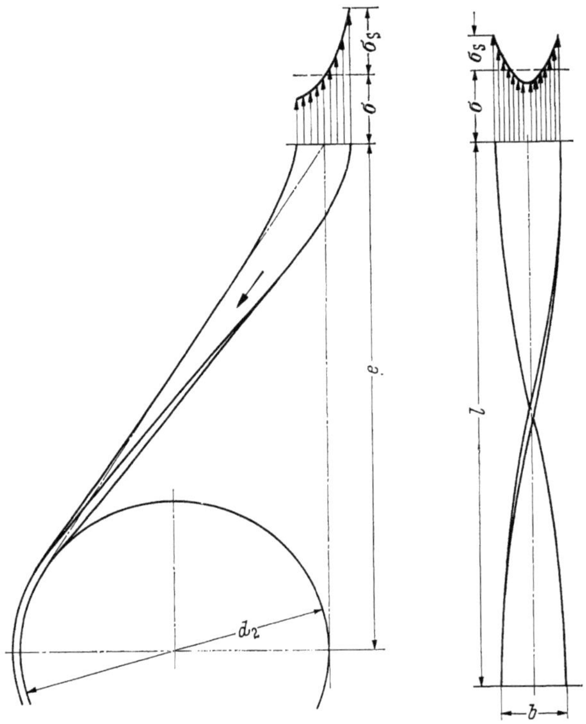

Bild 27/11. Schränkspannung σ_S beim halbgekreuzten (*links*) und gekreuzten Riemengetriebe (*rechts*).

Für die praktische Berechnung ist der Vergleich der auftretenden Zugspannung mit einer zulässigen Spannung nicht zweckmäßig und nur als Notlösung brauchbar. Die Tragfähigkeit der Riemen ist nicht durch deren Zugfestigkeit, sondern durch die Gefahr der Zermürbung begrenzt; Temperatur, Walkarbeit, Biegefrequenz sind wichtige Einflußgrößen. Abschnitt 27.6 zeigt, wie man dies bei der Berechnung berücksichtigt.

c) Optimale Riemengeschwindigkeit. Auf den Querschnitt A bezogene übertragbare Leistung:

$$P/A = F_t v \cdot 10^{-3}/A = \sigma_t v \cdot 10^{-3}. \qquad (27/35)^{\circledast}$$

Nutzspannung σ_t s. (27/31). Die übertragbare Leistung wächst also mit zunehmender Geschwindigkeit, gleichzeitig nimmt jedoch auch die Zugspannung aus der Fliehkraft mit v^2 zu; vgl. (27/32).

Bei voller Ausnutzung der maximal zulässigen Spannung nach (27/28) muß die verbleibende Spannung σ_1 und bei konstantem m damit auch die Nutzspannung σ_t von einer bestimmten Geschwindigkeit an abnehmen. Schließlich zehrt die Fliehkraft die gesamte zulässige Trumkraft auf; der Riemen kann keine Nutzleistung mehr übertragen. — Bild 20/10 zeigt diese Zusammenhänge für verschiedene Zugmittelgetriebe.

Die optimale Geschwindigkeit (bei der die größte Nutzleistung übertragen wird) ergibt sich durch partielle Differentiation von (27/35):

$$v_{opt} = \sqrt{10^3 \sigma_{zul}/(3\varrho)}. \qquad (27/36)^{\circledast}$$

Bei gegebenen Drehzahlen bzw. unter Berücksichtigung der maximal zulässigen Biegefrequenz kann man die Geschwindigkeit nur durch Vergrößern des Riemenscheibendurchmessers steigern; damit nimmt auch die Biegespannung an der Scheibe ab. In der Praxis wählt man die Geschwindigkeit jedoch etwas niedriger als v_{opt}, da Bauvolumen und Kosten mit etwas kleineren Scheiben eher gesenkt werden können als durch optimale Riemenausnutzung.

27.4.5 Verlustleistung und Wirkungsgrad

Grundlagen s. Abschn. 20.1. Danach für Riemengetriebe:

Gesamtverlustleistung $P_V = P_{Rs} + P_{Rb} + P_{Rh} + P_{V0} + P_{VLP}$, (27/37)

Gesamtwirkungsgrad $\eta_G = (P_a - P_V)/P_a$. (27/38)

a) Verlustleistungsanteile.

- Dehnschlupfverlust (vgl. hierzu Abschn. 27.4.1a, 27.4.3b und d):

$$P_{Rs} = P_a(v_a - v_b)/v_a = v_a(F_a - F_b)\,\psi; \quad \text{mit} \quad \psi = \Delta\varepsilon: \quad P_{Rs} = vF_t^2/(AE) = vA(k\sigma_1')^2/E. \tag{27/39}$$

P_{Rs} steigt also mit der Ausbeute und der Riemenspannung, er sinkt mit dem E-Modul. — Dehnschlupfverlustgrad $= 1 - \eta_{Rs} = \psi = \Delta\varepsilon = (\sigma_1 - \sigma_2)/E = F_t/(AE) = k\sigma_1'/E$.

Bei Normalbetrieb (d. h. ohne Gleitschlupf) und üblichen Werkstoffen beträgt $\psi = 1 \dots 2\%$, bei Stahlband (großer E-Modul) $0{,}1 \dots 0{,}5\%$.

- P_{Rb}, der Biegeverlust (innere Reibung), tritt beim Auf- und Ablaufen des Riemens auf und steigt mit der Vorspannung und dem Verhältnis Riemendicke s/Scheibendurchmesser d. Bei Flachriemen mit $s/d \approx 1/50$ kann P_{Rb} ca. 1% erreichen, bei $s/d \approx 1/100$ bereits weniger als 0,3%. Bei Keilriemen $P_{Rb} = 1 \dots 3\%$.
- P_{Rh}-Verluste durch haftende, klebende Laufflächen (weitgehend vermeidbar durch Werkstoffwahl, Oberflächenbearbeitung und Wartung, sowie Klemmen und Flankenreibung (insbesondere bei Keilriemen).

- P_{V0} Leerlaufverluste (s. a. Abschn. 20.1) sind hier neben den Lagerleerlaufverlusten die Luftreibungsverluste, die jedoch bei langen Riemen (> 10 m) nur bei $v > 40$ m/s und bei kurzen Riemen erst bei noch höheren Umfangsgeschwindigkeiten in die Größenordnung von 1% P kommen. Ungünstig gestaltete Riemenscheiben können erheblich höhere Luftreibungsverluste verursachen.
- P_{VLP} Verlustleistung durch Lagerbelastung. Hinweis s. Abschn. 20.1; Anhaltswerte, gemessen bei Schnekkengetrieben s. Abschn. 25.5.5.

b) Erreichbare Gesamtwirkungsgrade. Bei Flachriemen $\eta_G = 96 \dots 98\%$, Stahlband bis 99%. — Bei Keilriemen als Einzelriemen $\eta_G = 93 \dots 95\%$, als Mehrstranggetriebe (Satz mit abgestimmten Riemenlängen) $\eta_G = 90 \dots 93\%$, bei Toleranzen nach Norm oder ungenauen Riemenscheiben wesentlich geringer (vgl. Abschn. 27.6.3c). — Bei Zahnriemen $\eta_G = 96 \dots 98\%$.

27.5 Erzeugung und Kontrolle der Vorspannung

Bild 27/12 zeigt, wie man die erforderliche Vorspannkraft erzeugen kann. Aus Bild 27/13 erkennt man den Zusammenhang mit den übrigen Kräften.

27.5.1 Auflegedehnung, Riemenkürzung bei festem Achsabstand

Einfachstes und überwiegend angewendetes Spannverfahren. Der ungespannte Riemen muß hierbei um ΔL kürzer sein als der gespannte; er wird beim Auflegen durch elastische Dehnung vorgespannt.

$$L_{w0} = L_w - \Delta L. \tag{27/40}$$

Demnach Riemenvorspannung:

$$\sigma_V = E\,\Delta L/L_{w0} = E\varepsilon_0 = F_V/A. \tag{27/41}$$

Mindesterforderliche Dehnung für das einfache offene Riemengetriebe mit F_V nach (27/23):

$$\varepsilon_{0\,\min} = F_f/(AE) + 0{,}5F_t/(AE)\cdot(m+1)/(m-1). \tag{27/42}$$

Mit F_f nach (27/19) und F_t nach dem zu übertragenden Drehmoment, Dichte ϱ und E-Modul nach Tafel 27/3:[3]

$$\varepsilon_{0\,\min} = [\varrho v^2\,10^{-3} + 0{,}5\sigma_t(m+1)/(m-1)]/E. \tag{27/43}⊛$$

Mindesterforderliche Riemenkürzung:

$$\Delta L = L_{w0}\varepsilon_{0\,\min} = L_w\varepsilon_{0\,\min}/(1+\varepsilon_{0\,\min}). \tag{27/44}$$

---

3 Für das vielwellige Riemengetriebe: $\varepsilon_{0\,\min} \approx (F_1'l_1 + F_2'l_2 + F_3'l_3 + \cdots + F_fl)/(EAL)$ mit $l_1, l_2, l_3, \dots$ Trumlängen zwischen den Mitten der Umschlingungswinkel benachbarter Scheiben, $F_1', F_2', F_3', \dots$ zugehörige Trumkräfte.

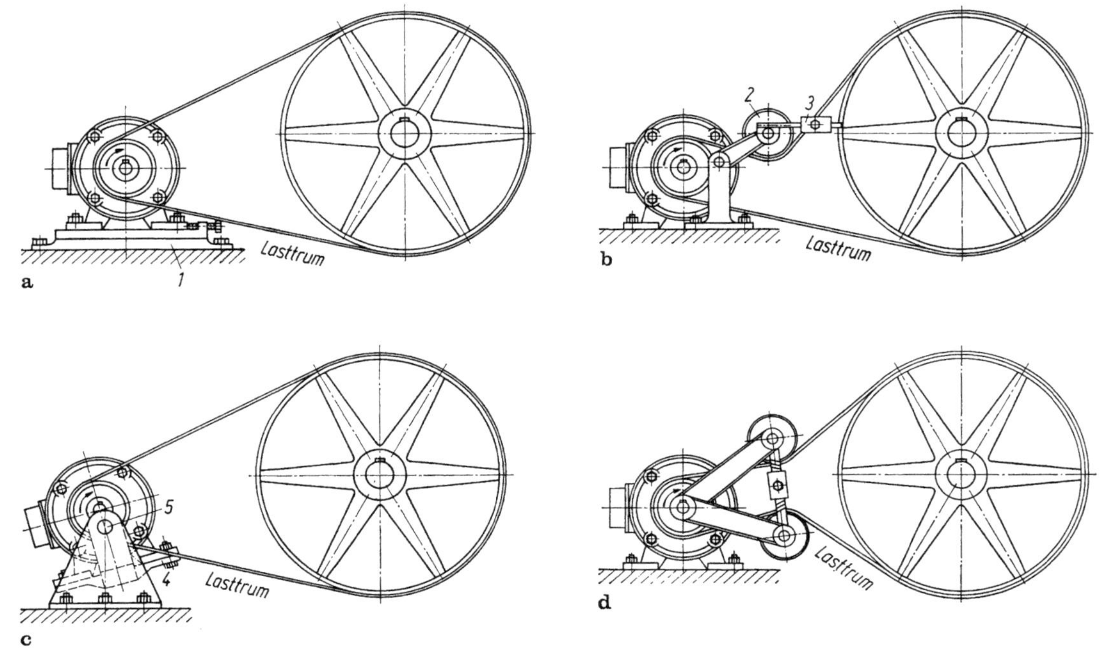

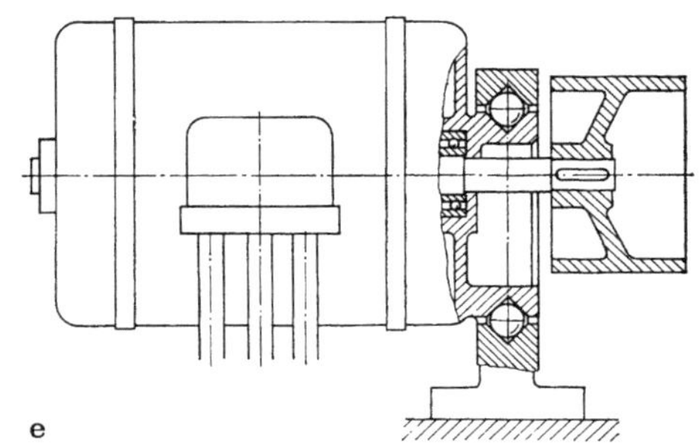

Bild 27/12. Erzeugung der Riemenvorspannung. a) Spannschiene *1*; b) Spannrolle *2*, belastet durch Gewicht *3*; c) selbstspannend mit Wippe *4*, drehbar um *5* durch Rückdrehmoment des Motorgehäuses (Poeschl, Wagner); d) Doppelspannrolle mit Spannschloß; e) selbstspannender, schwenkbarer Motor (SESPA, Leyer).

Hierbei läuft der Riemen gerade an der Rutschgrenze, wenn Belastung und Reibungszahl den Annahmen entsprechen. Die Riemen längen sich jedoch, und zwar überwiegend in der ersten Betriebszeit. Deswegen und weil Durchrutschen mit Sicherheit vermieden werden sollte, erhöht man die Auflagedehnung bzw. ΔL um 20 bis 100%; die kleineren Beträge gelten für Riemen geringer Zusatzdehnung (z. B. vorgereckte Mehrschichtriemen), höhere Beträge für Riemen mit fortschreitender bleibender Dehnung (z. B. Leder) sowie hohe Luftfeuchtigkeit und Raumtemperatur. — Übliche Werte für ε_0 s. Tafel 27/1.

Wellenbelastung beim Auflegen s. Abschn. 27.4.3c. Maximale Spannung im Zugtrum s. Abschn. 27.4.4a.

Tafel 27/1. Anhaltswerte für die Auflegedehnung von Flachriemen. (Maßgebend sind die Herstellerangaben)

Werkstoff der Zugschicht	Gewebe			Kord		Band		
	Baumwolle	Polyester	Polyamid	Polyester	Polyamid	Polyamid	Leder	Stahlband
ε_0 in %	6,0	3,0	4,0	1,5	3,0	3,0	1,3	0,03

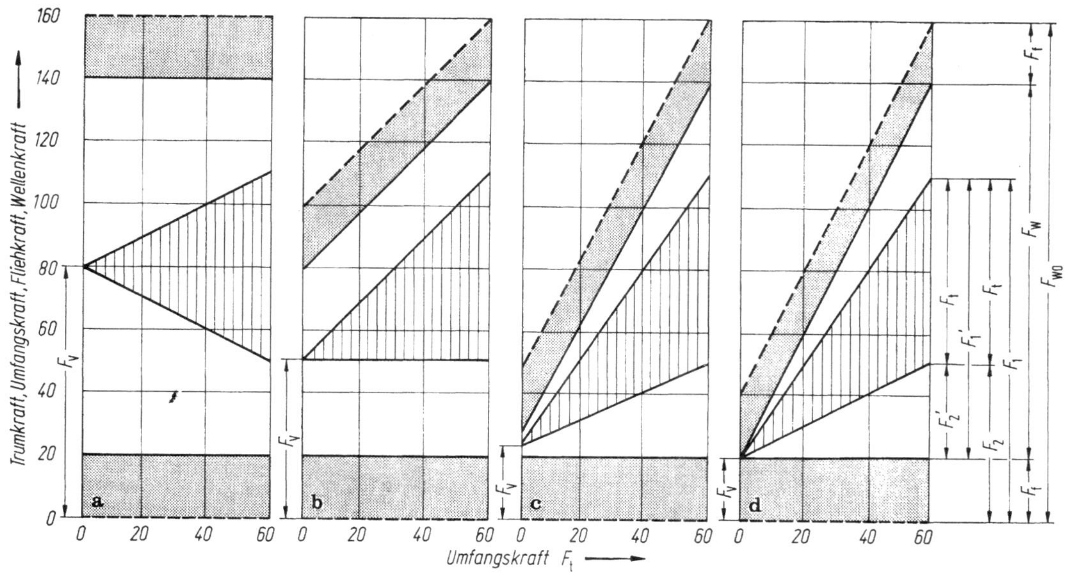

Bild 27/13. Trumkräfte F_1, F_2, Tangentialkräfte an der Scheibe F_1', F_2', Wellenbelastung F_{W0}, F_W (für $\beta_1 = \beta_2 = 180°$, d. h. $i = 1$). a) Konstante Vorspannung; b) Spannrolle; c) Selbstspannung; d) theoretisch erforderliche Mindestkräfte.

27.5.2 Starre Vergrößerung der Wirklänge

Die erforderlichen Verstellwege ergeben sich aus Abschn. 27.5.1; Erfahrungswerte für Keilriemen s. Abschn. 27.6.3c, für Zahnriemen Abschn. 27.6.4c. — Ausgeführte Konstruktionen:

a) Man stellt den Antriebsmotor auf Spannschienen und verschiebt ihn nach Auflegen des Riemens mit Spannschrauben um den Spannweg (Bild 27/12a).

b) Eine Scheibe mit Antriebs- oder Abtriebswelle wird um einen Drehpunkt außerhalb der Wellenmitte geschwenkt und der Schwenkarm festgesetzt.

c) Verstellbare Spannrollen werden nach dem Zustellen festgesetzt. Ihr Durchmesser darf nicht kleiner als d_{min} sein, Lauffläche stets zylindrisch. Bei Flach- (notfalls auch Zahnriemen) ordnet man sie außen im Leertrum nahe der kleinen Riemenscheibe an. Dadurch werden Umschlingungswinkel β_1 und Ausbeute k größer, wegen der Wechselbiegung die Nutzspannung sowie Lebensdauer und Wirkungsgrad allerdings kleiner. Bei Keilriemen (auch bei Zahnriemen) sollte man die Spannrolle möglichst weit entfernt von der treibenden Scheibe innen anbringen, da seine Lebensdauer bei Wechselbiegung stark abnimmt und die Ausbeute k wegen der Keilwirkung ohnehin groß ist. Man beachte: Die zusätzliche Riemenscheibe kostet etwa so viel wie der Riemen.

d) Bei Keilriemengetrieben kann man eine Scheibe senkrecht zur Achse teilen, den Abstand beider Hälften und damit den Wirkdurchmesser durch Zwischenscheiben verändern und damit die Riemenvorspannung einstellen.

27.5.3 Spannwelle und Spannrolle mit konstanter Kraft

Man setzt hierbei die Lagerböcke einer Welle oder den Schwenkarm der Spannrolle nicht fest, sondern belastet Welle oder Spannrolle durch Gewichte (Bild 27/12b) oder Federn und hält die Wellenbelastung F_W so konstant (Bild 27/13d). Fliehkräfte und bleibende Dehnung werden ausgeglichen. Im Grenzfall ist $F_W \approx \sigma_1 A(1 + 1/m)$; man kann also die zulässige Spannung besser ausnutzen. Neben dem höheren Aufwand ist jedoch die Gefahr von Schwingungen zu beachten.

27.5.4 Selbstspannung

Wellen- und Trumkräfte werden hierbei proportional der Nutz-Umfangskraft gehalten und sind damit für jeden Betriebszustand kaum größer als theoretisch erforderlich (s. Bild 27/13c gegenüber 27/13d).

Ausführungen:

- Schwenkbare exzentrische Lagerung des gesamten Antriebsmotors mit Scheibe; Reaktionsmoment und Gewicht des Motors (und evtl. Feder) spannen den Riemen (Bild 27/12c, e). Man beachte: Längere und verstärkte Motorwelle erforderlich.
- Doppelspannrollen; die Rolle im Lasttrum steuert — abhängig von der hier übertragenen Zugkraft — die Spannrolle im Leertrum. Bewährte Ausführung s. Bild 27/12d.

Bei allen Ausführungen werden Wellenbelastung F_W und nutzbare Trumkräfte F_1', F_2' nicht von der Fliehkraftkomponente F_f beeinflußt, F_f geht jedoch in die Riemenbeanspruchung ein.

Vorteile: Bei Teillast sind Lager und Riemen entsprechend entlastet, d. h. Lebensdauer und Wirkungsgrad höher. Kleine Umschlingungswinkel β_1 ohne Rutschgefahr, d. h. große Übersetzungen bei kleinem Achsabstand möglich. Leichtes Auflegen des ungespannten Riemens, kein Nachspannen, größere Betriebssicherheit.

Nachteile: Mehraufwand (daher so wenig angewendet), Schwingungsgefahr.

27.5.5. Kontrolle der Vorspannung

Die Mindestvorspannung muß ständig aufrecht erhalten werden, um Durchrutschen und damit Gefahr der Schädigung des Riemens zu vermeiden. Bei allen Bauarten mit festen Wellenabständen muß man daher die Vorspannung nach dem Einstellen und später in regelmäßigen Zeitabständen kontrollieren. Bei Flachriemen mit relativ hoher Dehnung markiert man eine bestimmte Strecke auf dem ungespannten Riemen, mißt diese in gespanntem Zustand und errechnet daraus Dehnung und Vorspannkraft.

Bei Keilriemen und Zahnriemen übliches Verfahren (auch für Flachriemen geeignet): Man bringt eine definierte Prüfkraft Q_0 senkrecht zum Riemen genau in der Mitte der freien Länge des Lasttrums l_1 auf und mißt die Durchdrucktiefe f. Vorspannkraft nach [27/29]:

$$F_V = Q_0 l_1/(4f) - 2f^2 AE/(l_1 L_w). \tag{27/45}$$

Den Zug-Elastizitätsmodul des Riemens kann der Riemenhersteller angeben, vgl. Tafel 27/3. (Nach einer Faustregel beträgt die Vorspannkraft etwa das 17fache (Keilriemen) bzw. 14fache (Poly-V-Riemen) der Prüfkraft, die eine Durchdrücktiefe von $f = 0{,}015 l_1$ erzeugt). — Für Normalriemen sind Meßgeräte im Handel.

Durch Messen des Schlupfes kann man die Vorspannung indirekt kontrollieren. Man bestimmt die Drehzahlen beider Scheiben und berechnet ψ mit (27/3). Die Hersteller geben Richtwerte für alle Riementypen an (s. Abschn. 27.4.5a), die der erforderlichen Vorspannung entsprechen.

27.6 Auswahl und Bemessung, Beispiele

Die hier genannten Eigenschaften und Zahlenwerte der Riemen sind mittlere Orientierungsdaten. Wegen der beachtlichen Schwankungen in Werkstoffqualität und Herstellprozeß muß man für die endgültige Auslegung die Angaben des Riemenherstellers berücksichtigen. Damit erfaßt man auch das Verhalten der gewählten Riemensorte bei den vorliegenden Betriebs- und Umgebungsbedingungen.

- Zunächst sind Anforderungen und Einsatzbedingungen zu klären und in einem Pflichtenheft festzuhalten.
- Auf dieser Grundlage wählt man die Riemenart.
- Wahl des Scheibendurchmessers. Wenn nicht vorgegeben, sollte man d_2 (große Scheibe) so groß wählen, wie es der Bauraum zuläßt (dadurch kleine Umfangskräfte, kleine Biegebeanspruchung). d_1 muß größer als d_{min} des Riementyps sein. Weitere Hinweise im Abschn. 27.6.2 (Flachriemen), 27.6.3 (Keilriemen), 27.6.4 (Zahnriemen).
- Damit vorläufige Berechnung aller Abmessungen, der Geschwindigkeit v, Biegefrequenz f_b und Umfangskraft (Zugkraft im Lasttrum) möglich.

- Grundgedanke für die Auslegung: Die zulässige „spezifische" Nennumfangskraft pro mm Riemenbreite (Flachriemen) oder die „spezifische" Nennleistung (je Keilriemen) wurde für verschiedene Riementypen in Versuchen bei Nennbedingungen (Umschlingungswinkel, Scheibendurchmesser, Umfangsgeschwindigkeit, Wirklänge bzw. Biegefrequenz) ermittelt. Der zulässige Wert berücksichtigt damit auch die Biegebeanspruchung.
- Berechnung der Riemenbreite (Flachriemen) oder Riemenzahl (Keilriemen) aus auftretender und zulässiger „spezifischer" Umfangskraft bzw. Leistung. Die gegenüber den Nennbedingungen abweichenden Verhältnisse (Umschlingungswinkel, Scheibendurchmesser usw.) werden durch Faktoren berücksichtigt.
- Kontrolle, ob $v < v_{zul}$ und $f_b < f_{b\,zul}$ (wesentlich für Walkbeanspruchung und Erwärmung).
- Überprüfung der Grenzbedingungen (Bauraum, kleinstmöglicher Scheibendurchmesser, ...), evtl. Korrektur der gewählten Abmessungen und Nachrechnung.
- Nur wenn keine Angaben über die „spezifische" Nennumfangskraft bekannt sind, rechnet man hilfsweise mit der Zugspannung im Lasttrum. Diese muß allerdings mit einem hohen Sicherheitsabstand unter der Zugfestigkeit liegen, da man wichtige Einflüsse auf die Tragfähigkeit nicht berücksichtigt (vgl. Abschn. 27.4.4b).

27.6.1 Pflichtenheft (Checkliste)

Allgemeines s. Abschn. 20.2. Pflichtenheft für Verstellgetriebe s. Abschn. 20.4.2. Zur Beurteilung der Besonderheiten für Riemengetriebe kann man das Pflichtenheft für Kettengetriebe (Abschn. 26.9.1) zugrunde legen.

27.6.2 Flachriemengetriebe

Überblick und Anwendung s. Abschn. 27.2a.

a) Riemenwerkstoffe, -aufbau, -eigenschaften. Entsprechend den Schlußfolgerungen in Abschn. 27.4.4b benutzt man überwiegend Mehrschichtflachriemen. Sie bestehen aus einer hochfesten, dehnungsarmen Zugschicht sowie einer Reibschicht mit sehr niedrigem E-Modul und hoher Reibungszahl. Die Zugschicht wird durch eine Deckschicht geschützt (bei wechselseitigem Antrieb ordnet man hier eine zweite Reibschicht an). Bei der einfachsten Ausführung sind die Riemenflanken offen (Abstechen aus breiten Bändern, evtl. mit nachträglicher Härtung), bei Kantenbeanspruchung schützt man sie durch Gewebeumhüllung oder speziellen Kantenschutz (z. B. Gummi). — Die wichtigsten Bauarten (vgl. Tafel 27/3):

- Geweberiemen: Zugschicht aus Baumwolle, Polyamid- oder Polyestergewebe einlagig, endlos als Schlauchgewebe oder 3- bis 6lagig in Bahnen vulkanisiert. Lauffläche aus Gummi oder Polyurethan (kostengünstig), einlagig für hohe Drehzahlen (z. B. Schleifspindeln), mehrlagig für viele Industrieantriebe, mittlere Umfangsgeschwindigkeiten.
- Mehrschicht-Bandriemen (Bild 27/14a): Zugschicht aus einem oder mehreren verstreckbaren Polyamidbändern, Laufschicht aus Elstomer oder Chromleder, Deckschicht entbehrlich. Für sehr hohe Umfangskräfte und große Breiten, Zwei- und Mehrwellengetriebe. Man schneidet die erforderliche Länge von der Rolle, Endverbindung durch Kleben am Einsatzort.
- Mehrschicht-Kordriemen (Bild 27/14b): Zugschicht aus endlos spiralig gewickelten und verstreckten Polyamid- oder Polyester-Kordfäden, die in Gummi oder Polyurethan eingebettet sind. Laufschicht aus Elastomer (Gummi, Polyurethan), Chromleder oder Gewebelagen (evtl. mit gebuckten Kanten), einer Deckschicht aus gummiertem oder kunststoffbeschichtetem Gewebe. Neuerdings auch Kord aus Kevlar-Aramidfasern mit Neopren-

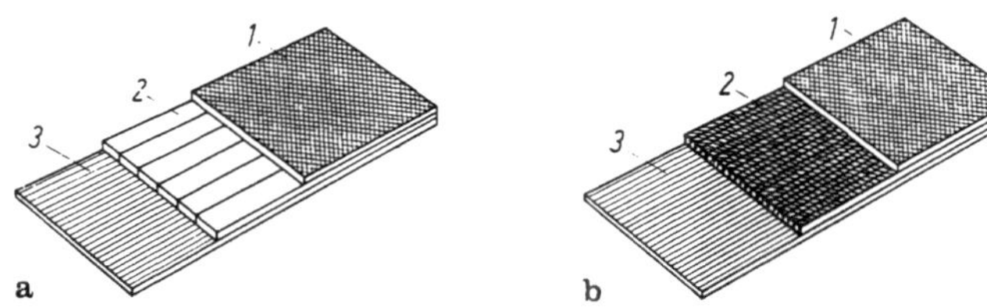

Bild 27/14. Mehrschichtflachriemen. a) Bandriemen mit fünf Polyamidzugbändern; b) Kordriemen. *1* Deckschicht, *2* Zugschicht, *3* Laufschicht.

Synthesekautschuk: Besonders biegeweich, für mittlere bis große Kräfte, sehr hohe Geschwindigkeiten (hierbei Laufschicht aus Elastomer vorzuziehen) und kleine Scheibendurchmesser.

• Homogene Riemen aus Kautschukmischungen auf Chloroprenbasis sowie Polyesterfilm (0,01...0,25 mm Dicke) für extrem kleine Scheiben ($\geq$ 1 mm Durchmesser), Scheibe mit Gummiüberzug ($\mu = 0{,}4$).

• Textilriemen (ohne Laufschicht) endlos gewebt aus Seide, Baumwolle, Leinen u. ä. sowie Polyamid- oder Polyesterfasern wurden früher für kleine Scheibendurchmesser und hohe Geschwindigkeiten bevorzugt; heute stattdessen meist Gewebe- oder Mehrschicht-Kord-Riemen mit Elastomerlaufschicht (hohe Reibungszahl!).

• Die früher vorherrschenden Riemen aus Leder sind heute wegen ihrer geringen Tragfähigkeit und fortschreitenden Dehnung weitgehend verdrängt worden.

• Stahlbänder nur noch selten angewendet, früher bei Achsabständen von 7...100 m. Riemenscheiben mit Auflage aus Leder, Papier oder Kork, um Reibungszahl zu erhöhen.

Anwendung endloser und endlicher Riemen, Riemenverbinder s. Abschn. 27.2c.

b) Berechnung der Flachriemengetriebe. Grundgedanken s. Abschn. 27.6. Danach geht man wie folgt vor:

• Wahl des Durchmessers der kleinen Scheibe d_1. Anhaltswerte nach DIN 111 aus dem Wellendurchmesser elektrischer Maschinen d_M:

$$d_1 \approx 6{,}6(d_M - 4\ \text{mm}) \quad \text{für} \quad 40\ \text{mm} \leq d_1 \leq 560\ \text{mm}. \tag{27/46}$$

Für beidseitig gelagerte Scheiben Wahl der Durchmesser nach Drehmoment (s. DIN 111). Hiernach etwa 1/4...1/2 der Werte nach (27/46) zulässig. — Allgemeine Gesichtspunkte hierzu s. Abschn. 27.6.

• Berechnung der Geometriedaten. Scheibendurchmesser d_{w2}: (27/4), Umschlingungswinkel: (27/8, 13), Riemengeschwindigkeit: (27/2), Wirklänge: (27/11), Biegefrequenz: (27/5), Nenn-Umfangskraft $F_t = 2000 T_1/d_1$⊛. Da bei Flachriemen meist die Innenlängen angegeben werden, ist $d_w = d$ zu setzen.

• Zulässige „spezifische" Nenn-Umfangskraft F^*_{tN} in N pro mm Riemenbreite nach Angaben des Riemenherstellers. Beispiel für Mehrschichtriemen s. Tafel 27/4.

• Wahl der Riementype entsprechend dem Nenndurchmesser nach Tafel 27/4: $d_{1N} \leq C_v d_1$ mit dem oben vorläufig gewählten d_1; C_v nach Tafel 27/5 berücksichtigt, daß mit zunehmender Umfangsgeschwindigkeit Riemen mit höherer zulässiger Biegefrequenz erforderlich sind.

• Berechnung der für die vorläufigen Abmessungen und die Betriebsbedingungen erforderliche Riemenbreite:

$$b = F_t C_B C_\beta C_\mu / F^*_{tN} = P\, 10^3\, C_B C_\beta C_\mu / (F^*_{tN} v_1). \tag{27/47}⊛$$

Hierin bedeuten:

P Nenn-Leistung (z. B. auf dem Motorschild angegebener Wert); mit den Faktoren C_B, C_β, C_μ erfaßt man die Auswirkung der gegenüber dem Nenngetriebe abweichenden Betriebsbedingungen.

C_B Betriebsfaktor s. Abschn. 27.4.3a (Anhaltswerte Tafel 27/2); sind die auftretenden Spitzenmomente bereits in der Leistung enthalten, so ist $C_B = 1$ zu setzen.

C_β Winkelfaktor zur Umrechung der Ausbeute k nach (27/22) des Nenngetriebes (meist $\beta_N = 180°$ bzw. π) auf den vorhandenen Umschlingungswinkel:

$$C_\beta = (k_\pi / k_\beta)_{\mu = \text{const}}. \tag{27/48}$$

Einige Zahlenwerte s. Tafel 27/6.

C_μ Reibungsfaktor: C_μ erfaßt näherungsweise die Änderung der zulässigen spezifischen Nenn-Umfangskraft F^*_{tN} und der Ausbeute k infolge veränderter Reibungszahl; Auswirkung der gegenüber Nennbedingungen geänderter Umwelteinflüsse s. Tafel 27/7.

Man wählt die nächst größere Normbreite der Typenreihe.

• Kontrolle von Umfangsgeschwindigkeit, Biegefrequenz und Scheibendurchmesser: Empirischer Zusammenhang zwischen zulässiger Biegefrequenz und Scheibendurchmesser beim einfachen, offenen Riemengetriebe nach [27/11]:

$$f_{\mathrm{b\,zul}}/f_{\mathrm{bN}} \approx (d_1/d_{1\mathrm{N}})^3. \tag{27/49}$$

Ist die auftretende Biegefrequenz nach (27/5) $f_\mathrm{b} > f_{\mathrm{b\,zul}}$ nach (27/49), so muß man entweder einen dünneren Riementyp (mit größerem f_{bN}) oder einen größeren Scheibendurchmesser d_1 wählen. Ist $f_\mathrm{b} < f_{\mathrm{b\,zul}}$, so wäre ein kleinerer Scheibendurchmesser zulässig:

$$d_{1\,\mathrm{zul}} = d_{1\mathrm{N}} \sqrt[3]{f_\mathrm{b}/f_{\mathrm{bN}}}. \tag{27/50}$$

c) **Behelfsberechnung.** Der Konstrukteur sollte vom Hersteller die für Nennbedingungen gültigen Daten ähnlich Tafel 27/4 anfordern, um das Riemengetriebe nach Abschn. b) auslegen und berechnen zu können.

Falls diese Daten fehlen, kann man sich wie folgt behelfen: Ermittlung der Scheibendurchmesser und Geometriedaten wie in Abschn. 27.6.2b. Abschätzen der erforderlichen Breite entsprechend dem Ansatz für (27/47):

$$b = F_\mathrm{t} C_\mathrm{B} C_\mu / F^*_{\mathrm{t\,zul}} \tag{27/51}$$

Tafel 27/2. Betriebsfaktor C_B für Riemengetriebe bei täglicher Betriebsdauer bis 10 h. Bei 10...16 h ist C_B um 0,1 zu erhöhen, über 16 h pro Tag um 0,2 (in Anlehnung an DIN 2218 und Firmennormen. (In Sonderfällen, z. B. bei erhöhten Anlaufmomenten, und bei Antrieben mit größerer Schalthäufigkeit C_B erhöhen)

	Antriebsmaschine			
	Wechsel- und Drehstrommotoren mit Anlaufmoment bis 2fachem Nennmoment[a], Mehrzylinder-Kolbenmotor, Turbine		Wechsel- und Drehstrommotoren mit Anlaufmoment über 2fachem Nennmoment[b], Einzylinder-Kolbenmotor	
Arbeitsmaschine	Flach- und Keilriemen	Zahnriemen	Flach- und Keilriemen	Zahnriemen
Büromaschinen, Haushaltmaschinen, Filmkameras, Zählgeräte, leichte Laborgeräte	1,0	1,0	1,0	1,2
Kreiselpumpen und -kompressoren, Bandförderer, (leichtes Gut), Ventilatoren und Pumpen bis 7,5 kW	1	1,4	1,1	1,6
Blechscheren, Pressen, Ketten- und Bandförderer (schweres Gut), Schwingsiebe, Generatoren und Erregermaschinen, Knetmaschinen, Werkzeugmaschinen (Dreh- und Schleifmaschinen), Waschmaschinen, Druckereimaschinen, Ventilatoren und Pumpen über 7,5 kW	1,1	1,5	1,2	1,7
Mahlwerke, Kolbenkompressoren, Hochlast-, Wurf- und Stoßförderer (Schneckenförderer, Plattenbänder, Becherwerke, Schaufelwerke), Aufzüge, Brikettpressen, Textilmaschinen, Papiermaschinen, Kolbenpumpen, Baggerpumpen, Sägegatter, Hammermühlen	1,2	1,6	1,4	1,8
Hochbelastete Mahlwerke, Steinbrecher, Kalander, Mischer, Winden, Krane, Bagger	1,3	1,7	1,5	1,9

[a] z. B. Synchron- und Einphasenmotoren mit Anlaßhilfsphase, Drehstrommotoren mit Direkteinschaltung, Stern-Dreieck-Schalter oder Schleifringanlasser, Gleichstromnebenschlußmotoren

[b] z. B. Einphasenmotoren mit hohem Anlaufmoment, Gleichstromhauptschlußmotoren in Serienschaltung und Compound

Tafel 27/3. Eigenschaften und Kennwerte für Flachriemen (Anhaltswerte; maßgebend sind die Hersteller- Bei mehreren Schichten auf den Gesamtquerschnitt bezogen

Riemen	Zugschicht	Laufschicht	E N/mm²	σ_b N/mm²	s mm	b mm
Gewebe-	einlagig aus PA- oder PE-Fasern	Gummi oder PU	350...1200	50...60	0,5...1,5	10...50
	mehrlagig aus PA-, PE- oder B-Fasern	Gummi oder Balata	900...1500	45...60	(3...7)[a] × (0,5...1,3)[b]	10...500
Mehr-schicht-[c] Verbund-	Kordfäden aus PA- oder PE-Fasern in Gummi oder PU gebettet	Gummi oder PU	600...700	220...260	1,5...3,3	...500
		CH	500...600	180...200	1,7...8,2	...500
	ein oder mehrere PA-Bänder geschichtet und vorgereckt	Gummi oder PU	500...600	180...220	1,5...3,3	...500
		CH	400...500	140...180	1,7...8,2	...1200
Textil-	z. B. Baumwolle	—	500...1400	36...52	4...12	20...270
	PA oder Perlon	—	500...1400	180...220	0,4...1,2	10...200
Leder-	Standard	—	200...300	25	3...20	20...180
	hoch-geschmeidig	—	250...400	30	3...20	20...1800
Stahl-	Stahlband	Korkauflage auf Riemenscheibe	$2{,}1 \cdot 10^5$	1500	0,6...1,1	20...250

[a] Anzahl der Lagen
[b] Dicke je Lage
[c] Ausführlicher in Tafel 27/4

mit C_B nach Tafel 27/2, C_μ nach Tafel 27/7. Die zulässige Umfangskraft je mm Riemenbreite berechnet man nach Abschn. 27.4.3:

$$F^*_{t\,zul} = (\sigma_{zul} - \sigma_b - \sigma_f)\, sk. \tag{27/52}$$

Hierin bedeuten: σ_{zul} Zulässige Spannung, Anhaltswerte s. Tafel 27/3. (Man sieht, daß die Sicherheit gegenüber der Bruchsicherheit σ_B mit 6...15 sehr hoch angesetzt wurde, um die wirklich maßgebenden Walkbeanspruchungen zu berücksichtigen; s. Abschn. 27.4.4b.) σ_b Biegespannung nach (27/33): Mit $d_{w1} \approx d_1$, $\sigma_b = E_b s/d_1$, (E-Modul E_b s. Tafel 27/3); σ_f Fliehkraftspannung nach (27/32) (Dichte ϱ s. Tafel 27/3); k Ausbeute s. Bild 27/7 (μ s. Tafel 27/3); C_B s. Abschn. 27.4.3a, Anhaltswerte Tafel 27/2. C_μ s. Tafel 27/7. — Die in (27/47) enthaltenen Faktoren C_v und C_β entfallen hier, da die Fliehkraft direkt erfaßt wird und der Einfluß des Umschlingungswinkels in der Ausbeute k enthalten ist; die Riemendicke s kann man für den Entwurf abschätzen aus $(s/d_1)_{max}$ nach Tafel 27/3.

d) Konstruktionshinweise, Riemenscheiben.

• Form der Riemenscheiben s. Bild 27/15. Werkstoff meist GG 20 (DIN 111, s. a. Tafel 27/8), kleinere Scheiben auch aus Holz, größere auch aus Blechkranz geschweißt (Arme aus Rundstäben, Nabe aus Stahlguß). Glatte Lauffläche erhöht die Reibungszahl und mindert den Verschleiß.

angaben). Abkürzungen: PA Polyamid, PE Polyester, PU Polyurethan, B Baumwolle, CH Chromleder.

ϱ kg/dm³	$F^*_{t/max}$ N/mm	σ_{zul} N/mm²	μ —	E_b N/mm²	$(s/d_1)_{max}$ —	$F_{b\,max}$ s⁻¹	v_{max} m/s	T_{zul} °C
1,1...1,4	100	3,3...5,4	0,5	50	0,035	10...50	80	−20...100
1,1...1,4	300	3,3...5,4	0,5	50	0,035	10...20	20...50	−20...100
1,1...1,4	200	5...12	0,75	60	0,008...0,025	100	60...120	−20...100
1,1...1,4	400	4...10	wie Leder	50	0,01...0,03	100	60...120	−20...100
1,1...1,4	800	4...10	0,75	50	0,008...0,025	100	80	−20...100
1,1...1,4	800	3...8	wie Leder	40	0,01...0,03	100	80	−20...100
1,3	—	2,3...5	0,3	40	0,05	40	50	—
1,1	—	9	0,3	40	0,07	80	60	70
1,0	—	3,9	0,3[d]	50...90[e]	0,033	5	25	35
0,9	—	4,4	$+v/100$	30...70[e]	0,05	25	40	70
7,8	—	300...330	0,25	$2,1 \cdot 10^5$	0,001	45	50	—

[d] Für Lauf auf Haarseite; Fleischseite $\mu \approx 0,2 + v/100$
[e] Obere Werte für $s \approx 20$ mm, untere Werte für $s \approx 3$ mm

Tafel 27/4. Auswahl von Riementypen (Fa. Siegling, Hannover) Extremultus 80/81/85 G (Laufschicht Elastomer) oder L (Laufschicht Leder)

Riementyp			6	10	14	20	28	40	54	80
Scheibendurchmesser d_{1N}		mm	60	100	140	200	280	400	540	800
Biegefrequenz f_{bN}		s⁻¹	97	58	41	29	21	14,5	11	7
zul. Nennumfangskraft je mm Riemenbreite F^*_{tN}		N/mm	6	10	14	20	28	40	54	80
Riemendicke s	G	mm	1,5	1,7	1,9	2,3	2,8	3,3	—	—
	L		1,7	2,1	2,5	3,3	4,1	4,8	6,4	8,2
Masse je mm Breite und m Länge q/b	G	10^{-3} kg/(m mm)	1,6	1,9	2,1	2,5	3,1	3,6	—	—
	L		1,8	2,2	2,6	3,3	4,0	4,7	6,1	7,9

Tafel 27/5. Geschwindigkeitsfaktor C_v

v in m/s	3	6	9	15	25	40	60
C_v	1,4	1,2	1,1	1,0	0,9	0,8	0,75

Tafel 27/6. Winkelfaktor C_β für Einfluß des Umschlingungswinkels β_1 auf die Ausbeute k für mittlere Reibungszahlen

	Umschlingungswinkel β_1	70	80	90	100	110	120	130	140	150	160	170	180	190	200	210	220
C_β	Flachriemen			1,45	1,36	1,28	1,22	1,17	1,12	1,08	1,05	1,02	1,00	0,98	0,96	0,94	0,93
	Keilriemen	1,73	1,59	1,47	1,37	1,28	1,16	1,12	1,08	1,05	1,02	1,00					

Tafel 27/7. Reibungsfaktor C_μ, Einfluß der durch Umweltbedingungen veränderten Reibungszahl μ

Trockene Luft, normale Temperatur	Feuchte und staubige Luft, große Temperaturunterschiede	Ölspritzer	Nässe oder sehr große Feuchtigkeitsunterschiede
1,0	1,1	1,25	1,3

Tafel 27/8. Maximale Umfangsgeschwindigkeit in m/s für Riemenscheiben

Werkstoff	GG 20	GGG 70	GS 52	St Sonderkonstruktion
Bodenscheiben	35	50	80	200
Armscheiben ungeteilt	26	35	55	—
Armscheiben geteilt	15	—	—	—

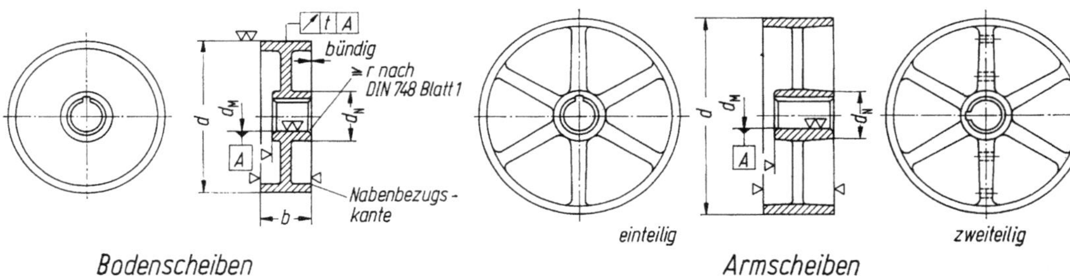

Bild 27/15. Riemenscheiben aus GG 20 nach DIN 111. Naben bei einteiligen Scheiben einseitig bündig, bei zweiteiligen Scheiben symmetrisch zum Kranz; Bohrungstoleranzen: H 7 (einteilige Scheiben), U 7 (zweiteilig); Auswuchtgüte nach VDI 2060: Normal Q 16 (in einer Ebene); bei $v > 30$ m/s oder bei $d/b < 4$ und $v > 20$ m/s: Q 6,3 (in zwei Ebenen). — Rundlauftoleranz, Durchmesser- und Breitentoleranz s. DIN 111. — ▽, ▽▽ Reihe 2 DIN 3141.

• Kranzdicke außen bei GG ca. ($d/300 + 2$ mm) für ballige Scheiben bis ($d/200 + 3$ mm) für zylindrische Scheiben, Nabendurchmesser $d_N \approx (1{,}6 \ldots 1{,}8)\, d_M$, Anzahl der Arme $z \approx 0{,}15 \sqrt{d} \geq 4$,⊛ bei geteilten Scheiben (an Sollbruchstellen gesprengt) stets gerade Armzahl (Bild 27/15). Querschnitt der Arme elliptisch mit Achsenverhältnis ca. 1 : 2, kleine Achse in Richtung der Welle, Verjüngung der Armquerschnitte von Nabe zum Kranz etwa mit 5:4. Große Achse des Ellipsenquerschnitts nach [27/20] etwa $a = \sqrt[3]{6700 P/nz\sigma_{zul}}$ ⊛; für GG 20 $\sigma_{zul} \approx 36$ N/mm². Bei hochbeanspruchten Scheiben sind große Übergangsradien vom Arm zum Kranz und zur Nabe wichtig; hier Kerben unbedingt vermeiden! Ferner spannungsarmen Guß vorschreiben. Gestaltung und Berechnung hochbeanspruchter Scheiben s. [27/16].

• Scheibenwölbung. Durch die Wölbung (Tafel 27/9) wird die Riemenspannung in Scheibenmitte erhöht und der Riemen zur Mitte gezogen. Bei Übersetzungen bis $i = 3$ führt man im allgemeinen beide Scheiben, bei $i > 3$ nur die große Scheibe gewölbt aus, da die Wölbung die Riemenspannung, die an der kleinen Scheibe am höchsten ist, weiter erhöht. Ohne Wölbung bleiben Scheiben, auf denen Riemen verschoben werden, Scheiben mit mehreren Riemen, Scheiben für halbgekreuzte Riemen und die getriebene Scheibe bei gekreuzten Riemen, ferner Spannscheiben sowie alle Umlenkscheiben, die eine Gegenbiegung bewirken. Bei Mehrfachantrieben führt man nur einzelne Scheiben mit Wölbung aus.

Tafel 27/9. Wölbhöhen nach DIN 111

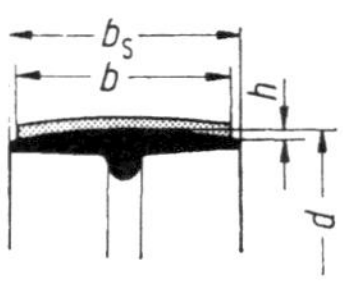

Scheibenbreite b_S in mm	≤ 125	250	≥ 400
Scheibendurchmesser d in mm	Wölbhöhe h in mm		
40...112	0,3	—	—
125...355	0,4...(1)	0,4...1	(0,4)...1
400	1	1,2	1,2
1000	1	2,5	3
2000	2	3,5	5

Tafel 27/10 Riemenscheibendurchmesser in mm. Für Normalkeilriemen d_w (DIN 2217): sämtliche Werte bis $d_w = 5600$; für Flachriemen d (DIN 111): unterstrichene Werte bis $d = 2000$; für Schmalkeilriemen d_w (DIN 7753): Werte mit S bis $d_w = 2000$

				S		S		S	
16[a]	18[a]	20	22,4	**25**	28	**31,5**	36	**40**	45
S		S	S	S	S	S	S	S	S
50	56	**63**	**71**	**80**	90	**100**	**112**	**125**	**140**
S									
160	(usw. in gleicher Stufung mit — und S für sämtliche Zahlen)[b]								

[a] Nicht in DIN 2218; nach Herstellernorm
[b] Fettgedruckte Wirkdurchmesser bevorzugen (genaue Angaben siehe DIN-Blätter)

• Kranzbreite beim offenen Riemengetriebe etwa $b_S > 1{,}1b + 3$ mm, Stufung nach Zahlenreihe Tafel 27/10, beim halbgekreuzten Riemengetriebe $b_S > 2b$; gekreuzt: $b_S > 1{,}34b$. — Genormte Durchmesser s. Tafel 27/10.

• Voraussetzungen für ruhigen Lauf des Riemens. Achsparallele Wellen, Rundlauftoleranzen und Auswuchtgenauigkeit nach DIN 111 (s. Bild 27/15); günstig sind an den Armen angegossene Auswuchtaugen. Die Größtdurchmesser eines Paares gewölbter Scheiben müssen fluchtend in einer Ebene liegen.

• Die Oberfläche der Scheibe muß glatt und formgenau sein. Poröse oder wellige Oberflächen oder klebende Haftmittel behindern den natürlichen Dehnschlupf im Wirkbogen, erhöhen den Verschleiß und können durch stick-slip-Effekte Längsschwingungen des Riemens anregen.
• Spannweg bei verstellbarem Wellenabstand $x = \Delta L/2$, vgl. Abschn. 27.5.1. — Vorspannkraft s. (27/23). — Spannrollen ($d > d_{\min}$) s. Abschn. 27.5.2.

e) Berechnungsbeispiele für Flachriemengetriebe.

1. Beispiel: Antrieb einer Fräsmaschine.

Gegeben: Asynchronmotor Baugröße 180L, $P_a = 22$ kW; $n_a = n_1 = 1450 \text{ min}^{-1}$, $n_b = n_2 = 570 \text{ min}^{-1}$ ($i = n_a/n_b = 2{,}54$); Achsabstand $e = 870$ mm; Scheiben beidseitig gelagert, Wellendurchmesser $d_{M1} = 55$ mm; Betriebsdauer: 12 h/d; Umgebung: Trockene Luft, normale Temperatur, mäßige Öleinwirkung.

Berechnet: Durchmesser der kleinen Scheibe nach (27/46) und Anmerkung hierzu: $d_1 \approx 150$ mm, nach (27/4) mit $\psi \approx 1{,}5\%$: $d_2 \approx i d_1 = 380$ mm.

Gewählt: Normdurchmesser nach DIN 111 (Tafel 27/10) $d_1 = 160$ mm, $d_2 = 400$ mm; (Kontrolle: $i = d_2/d_1 = 2{,}5 \approx i_{\text{Soll}} = 2{,}54$).

Berechnet: Umschlingungswinkel nach (27/8) $\beta_1 = 164°$; mit $\alpha = 8°$ nach (27/9); gespannte Riemenlänge nach (27/10) $L_w = 2636{,}2$ mm; Riemengeschwindigkeit nach (27/2) $v_{ta} = v_1 = 12{,}1$ m/s; Biegefrequenz nach (27/5) $f_b = 9{,}18 \text{ s}^{-1}$; Betriebsfaktor nach Tafel 27/2 (Werkzeugmaschinen, 12 h/d): $C_B = 1{,}2$; aus Tafel 27/6 Winkelfaktor $C_\beta = 1{,}04$; aus Tafel 27/7 Reibungsfaktor für Umgebungseinflüsse $C_\mu = 1{,}0$; aus Tafel 27/5 Geschwindigkeitsfaktor $C_v = 1{,}05$; nach Tafel 20/3 Nr. 4 $T_a = T_1 = 144{,}9$ Nm.

Gewählt: Riementyp 14 aus Tafel 27/4; Mehrschichtverbundriemen: Zugschicht Polyamidband, Laufschicht Leder (Öleinwirkung), (Kontrolle: $d_{1N} = 140 \text{ mm} < C_v d_1 = 160$ mm); ebenfalls aus Tafel 27/4: $F^*_{tN} = 14N$/mm; Trumkraftverhältnis nach (27/18) $m = 3{,}34$, mit $\mu = 0{,}42$ aus Tafel 27/3; Fliehkraft nach (27/19) $F^*_f = F_f/b = 0{,}38$ N/mm, mit $q/b = 2{,}6 \cdot 10^{-3}$ kg/(m mm) aus Tafel 27/4; Nenn-Umfangskraft $F_t = 2000 T_1/d_1$® $= 1811$ N mit $T_1 = 144{,}9$ Nm.

Berechnet: Erforderliche Riemenbreite nach (27/47): $b = 162{,}1$ mm.

Gewählt: $b = 180$ mm.

Kontrolle: Biegefrequenz und Scheibendurchmesser nach (27/49) $f_{b\,\text{zul}} = 61{,}2 \text{ s}^{-1}$ mit $f_{bN} = 41 \text{ s}^{-1}$ (nach Tafel 27/4); also $f_{b\,\text{zul}} > f_b$; nach (27/50) $d_{1\,\text{zul}} = 85$ mm noch möglich; Riemengeschwindigkeit nach (27/2) $v_1 = 12{,}1 \text{ m/s} < v_{\max} = 60$ m/s (nach Tafel 27/3), nach Tafel 27/8 Riemenscheibe aus GG ausreichend; nach (27/23) erforderliche Vorspannkraft $F_V = 1748$ N; nach (27/24) Wellenbelastung $F_w = 3336$ N, mit $m^* = 4{,}31$; $F_t = 1811 \text{ N} < F^*_{tN} b = 2520$ N.

2. Beispiel: Antrieb einer Knetmaschine

Gegeben: Asynchronmotor, $P_a = 13{,}2$ kW, $n_a = n_1 = 1500 \text{ min}^{-1}$, $n_b = n_2 = 850 \text{ mm}^{-1}$ ($i = n_a/n_b = 1{,}76$), $e = 600$ mm, Betriebsdauer 12 h/d, treibende Scheibe auf Motorzapfen (fliegend), $d_M = 35$ mm, Umgebung: Feuchte, staubige Luft; vorgeschrieben: Lederriemen (hochgeschmeidig), da keine Daten ähnlich Tafel 27/4 verfügbar, Behelfsberechnung nach Abschn. 27.6.2c.

Berechnet: Nach (27/46): $d_1 \approx 205$ mm; gewählt nach Tafel 27/10: $d_1 = 200$ mm; nach (27/4) mit $\psi = 1{,}5\%$: $d_2 = 346{,}7$ mm; gewählt nach Tafel 27/10: $d_2 = 355$ (Abweichung von i_{soll} zulässig).

Geschätzt: Riemendicke $s \leq d_1(s/d_1)_{\max}$; nach Tafel 27/3: $(s/d_1)_{\max} = 0{,}05$; $s \leq 10$ mm; gewählt: $s = 5$ mm.

Berechnet: Umschlingungswinkel nach (27/8): $\beta_1 = 165°$; gespannte Riemenlänge nach (27/10): $L_w = 2082$ mm; Riemengeschwindigkeit nach (27/2): $v_1 = 15{,}7$ m/s; Biegefrequenz nach (27/5): $f_b = 15{,}1 \text{ s}^{-1}$.

Kontrolle: Riemengeschwindigkeit $v_1 = 15{,}7 \text{ m/s} < v_{\max} = 40$ m/s; Biegefrequenz $f_b = 15{,}1 \text{ s}^{-1} < f_{b\max} = 25 \text{ s}^{-1}$, jeweils nach Tafel 27/3.

Berechnet: Mit Kennwerten aus Tafel 27/3: $\sigma_{\text{zul}} = 4{,}4 \text{ N/mm}^2$, nach (27/33) $\sigma_b = 0{,}75 \text{ N/mm}^2$ mit $E_b \approx 30 \text{ N/mm}^2$; nach (27/32) $\sigma_f = 0{,}22 \text{ N/mm}^2$ mit $\varrho = 0{,}9 \text{ kg/dm}^3$; nach Tafel 27/3 $\mu = 0{,}46$; nach Bild 27/7 $k = 0{,}74$; nach (25/52) $F^*_{t\,\text{zul}} = 12{,}7$ N/mm; nach (27/51): $b = 87{,}2$ mm (mit $F_t = 10^3 P_1/v_1$® $= 841$ N, $C_B = 1{,}2$ nach Tafel 27/2, $C_\mu = 1{,}1$ nach Tafel 27/7); Riemenscheibenbreite nach Abschn. 27.6.2d: $b_S > 99$ mm; $m = e^{\mu\hat{\beta}} = 3{,}76$.

Gewählt: Riemenbreite $b = 90$ mm; Riemenscheibe mit $b_S = 112$ mm aus GG (Tafel 27/8).

27.6.3 Keilriemen- und Rundriemengetriebe

Bei gegebener Vorspannkraft (bzw. Wellenbelastung) erhöht sich die Normalkraft und damit bei gleicher Reibungszahl μ die Reibkraft zwischen Riemen und Scheibe abhängig vom Keilwinkel γ_S an der Scheibe (Bild 27/16):

$$\mathrm{d}F_n = \mathrm{d}F_W/[2 \sin(\gamma_S/2)] \tag{27/53}$$

$$\mathrm{d}F_t = 2\mu\, \mathrm{d}F_n = \mu_{th}\, \mathrm{d}F_W; \quad \text{mit} \quad \mu_{th} = \mu/\sin(\gamma_S/2). \tag{27/54}$$

Für einen üblichen Scheibenwinkel von etwa 32° ... 38° ist die übertragbare Umfangskraft bei gleicher Wellenbelastung demnach μ_{th}/μ und damit etwa dreimal so groß wie beim Flachriemen. Man beachte: Noch kleinere Keilwinkel könnten Selbsthemmung zur Folge haben; der Ablauf des Riemens wäre erheblich behindert.

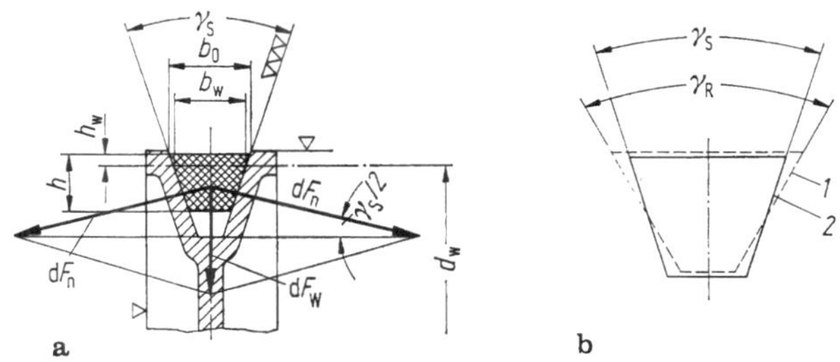

Bild 27/16. Keilwirkung und Keilwinkel. a) Kräfte zwischen Riemen und Keilrille, Abmessungen des eingelegten (gebogenen) Riemens; b) Keilwinkel γ_R des gestreckten (*1*) und γ_S (= Scheibenwinkel) des gebogenen Riemens (*2*).

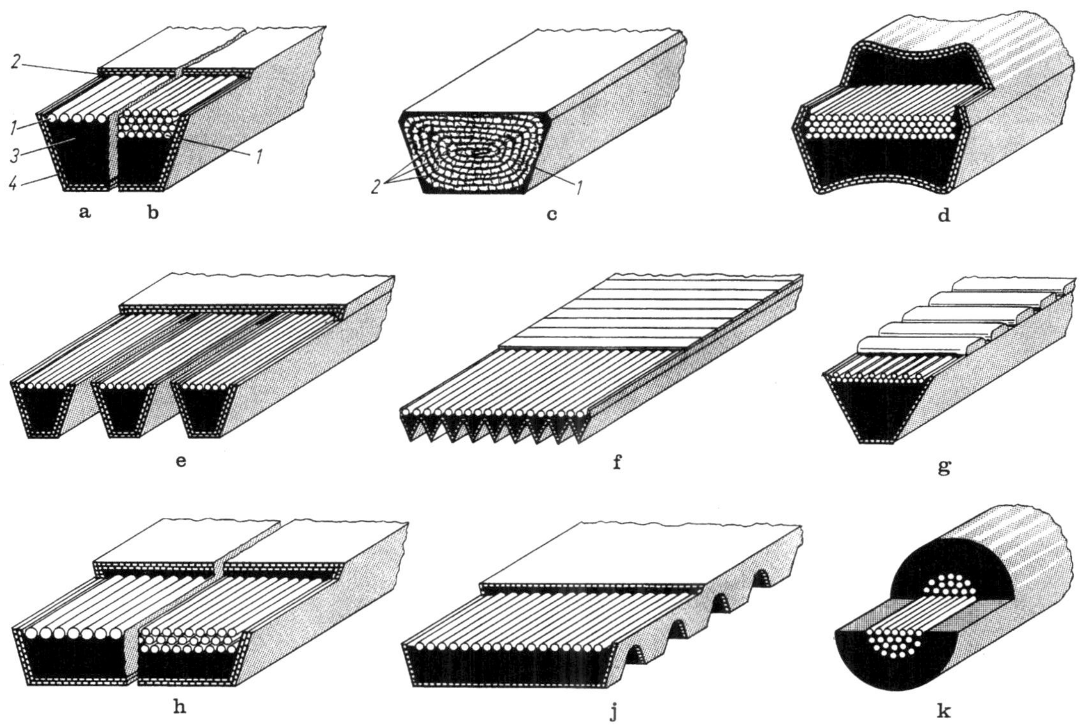

Bild 27/17. Keilriemen-Bauarten. *1* Zugschicht, *2* Einbettung, *3* Kern, *4* Umhüllung. a) Normal-Kabelkordriemen; b) Normal-Paketkordriemen; c) endlicher Keilriemen mit gewickeltem Gewebe als Zugschicht; d) Doppelkeilriemen; e) Verbundkeilriemen; f) gerippter Riemen (Poly-V); g) Weitwinkelriemen; h) Breitkeilriemen (vgl. a)); j) Breitkeilriemen gezahnt; k) Rundriemen mit Zugstrang.

a) Bauarten, Eigenschaften. Überblick s. a. Abschn. 27.2a. Im Profilschnitt (Bild 27/17) erkennt man fast überall folgende Bauelemente:

- Zugschicht mit einer oder mehreren Lagen von endlos gewickelten Kordfäden, meist aus Polyesterfasern, hochfestem Reyon, in Sonderfällen aus Stahldraht, die in einer Einbettung liegen.
- Kern unterhalb und evtl. Auflage oberhalb der Zugschicht, meist aus hochwertigen Kautschukmischungen (so entsteht die Keilform).
- Umhüllung aus gummiertem Baumwoll- oder synthetischem Gewebe. Sie muß die Reibkräfte übertragen und daher möglichst verschleißfest und unempfindlich gegen Öl und Schmutz sein. — Ferner unterscheiden wir:
- Endlose und endliche Riemen (Riemenverbinder s. Abschn. 27.2c), Einstrang und Mehrstrangantriebe.
- Mehrstrangantriebe: Parallel nebeneinander laufende Normal- oder Schmalkeilriemen sind im Maschinenbau bei höheren Leistungen üblich: Normal bis $z = 5$; Keilriemenscheiben sind bis zu 12 Rillen genormt. Im Schwermaschinenbau verwendet man 25 bis 35 Stränge, ausgeführt wurden Antriebe mit $z > 50$. Die Wahrscheinlichkeit, daß mehrere Riemen gleichzeitig ausfallen, ist gering. Ein Schaden führt daher nicht zur Betriebsunterbrechung; man kann zu einem geeigneten Zeitpunkt einen neuen Riemensatz einbauen.
- Gebräuchlichste Bauarten (Zusammenfassung der Daten in Tafel 27/11):

(1) **Normalkeilriemen** oder „klassische" Keilriemen sind endlose Keilriemen mit $b_0/h \approx 1{,}6$ (Bild 27/16) nach DIN 2215. Die in Tafel 27/12 angeführten Profile, die auch der ISO-Norm entsprechen, sind bevorzugt zu verwenden.

Zugehörige Keilriemenscheiben s. DIN 2217 (die Riemen passen z. T. auch auf Schmalkeilriemenscheiben nach DIN 2211). Sie eignen sich für Antriebe in der Feinwerktechnik bis zum Schwermaschinenbau, sind robust und weniger stoßempfindlich als der Schmalkeilriemen.

Tafel 27/11. Eigenschaften und Anwendungsbereich der Keilriemen-Bauarten

Kennwerte → Keilriemen-Art ↓	Profil, Bild 27/17	Eigenschaften, Anwendung: Abschn. 27.6.3a	Leistung[a] in kW	Maximale Geschwindigkeit in m/s	Maximale Biegefrequenz[b] in s^{-1}	Maximale Übersetzung
Endlose Normalriemen DIN 2215	a, b	(1)	...65	30	40	10
Endliche Normalriemen DIN 2216	c	(2)	...18	30		10
Schmalriemen DIN 7753	wie a, b	(3)	...70	40	80	10
Doppelriemen (hexagonal)	d	(4)	...20	30	40	5
Verbundriemen	e	(5)	...70	40	80	10
Geripptriemen (Poly-V)	f	(6)	...11	50	90	10
Weitwinkelriemen	g	(7)	0,1...20	50		
Breitriemen	h	(8)	...70	30	40	3[c]
Rundriemen	k	(9)	...12[d]	20	40	5
Ohne Zugstrang		(10)	...1,5	20		10

[a] Je Riemen bzw. Rippe
[b] Nach (27/5)
[c] Siehe Abschn. 27.7.4
[d] 20 mm Durchmesser

Normal als Kabelkordriemen ausgeführt, bei $L_w > 4500$ mm (für rauhen Betrieb) als Paketkordriemen. — Besonders einfach herstellbar (bei geringeren Anforderungen an Verschleißfestigkeit): Flankenoffene Ausführung, d. h. ohne Umhüllung. Eine spezielle Chloroprenfasermischung mit Faserlage quer zum Riemen gibt dem Kern eine hohe Biegewilligkeit in radialer Richtung bei sehr hoher Quersteifigkeit und hohen Reibungszahlen. — Für geringe Belastung, hohe Geschwindigkeiten, kleine Profile und ruhigen Lauf: Kunststoffriemen aus Polyurethan, im Gießverfahren hergestellt, ohne Ummantelung. — Normalkeilriemen eignen sich auch für Keilflachriemengetriebe (Abschn. 27.2a).

(2) Endliche Keilriemen nach DIN 2216. Meterware, daher jede gewünschte Länge herstellbar; Verbindung mit Riemenschloß; Anwendung bei Antrieben, bei denen ein Riemen sonst nicht montierbar wäre. Bis 15% niedrigere Leistung, bis 15% größeres $d_{1\,\mathrm{min}}$ erforderlich, sonst Normangaben wie unter (1). Da größere bleibende Dehnung an der Verbindungsstelle, öfteres Nachstellen oder Kürzen der Riemen erforderlich.

(3) Endlose Schmalkeilriemen nach DIN 7753 Bl. 5 mit $b_0/h \approx 1{,}2$; daneben gibt es 2 Sonderbauformen nach Bl. 3 mit gleichen Abmessungen, jedoch für die Erfordernisse im Kraftfahrzeug (besondere Prüfmethoden für Lebensdauer und Leistung). Bei gleicher Baubreite, etwa doppelt so hohe Leistung wie bei (1) übertragbar, allerdings wegen der größeren Profilhöhe etwas größere Scheibendurchmesser erforderlich. Dennoch insgesamt raumsparender als (1). Auch in endlicher Ausführung lieferbar, Besonderheiten hierfür s. (2). Zugehörige Riemenscheiben s. DIN 2211.

(4) Doppelkeilriemen (Hexagonalkeilriemen), (Bild 27/17d) sind praktisch Rücken an Rücken gelegte Riemen nach (1), jedoch mit $b_0/h \approx 1{,}25$, in Sonderfällen $b_0/h = 1$. Vorwiegend verwendet, wenn mehrere in einer Ebene angeordnete Scheiben in entgegengesetzter Drehrichtung anzutreiben sind. (Beispiele: Mähdrescher, Gartengeräte, Kehrmaschinen.) Längenberechnung nach der Riemenmittellänge, Leistung gegenüber (1) um ca. 10% niedriger ansetzen.

(5) Verbundkeilriemen bestehen aus bis zu 5 nebeneinander angeordneten, in den Längen exakt aufeinander abgestimmten Keil- oder Schmalkeilriemen mit einem gemeinsamen Geweberücken (Bild 27/17e). Querschnitt im übrigen wie bei (1) oder (3), jedoch etwas höher, damit der Rücken nicht auf der Scheibe aufliegt. Bei mehrrilligen Riemenantrieben werden hiermit die Anzahl der Freiheitsgrade und damit Schwingungen und Verdrillen einzelner Riemen erheblich reduziert. Alle Stränge weisen den gleichen Schlupf auf, die Gesamtumfangskraft verteilt sich gleichmäßiger auf die einzelnen Riemen. Anwendung für stark stoßbehaftete, schwingende und Reversierantriebe sowie für große Trumlängen und Schaltgetriebe (vgl. Abschn. 27.2d).

(6) Gerippte Riemen (Poly-V) sind ein Mittelding zwischen Flachriemen und Verbundkeilriemen (Bild 27/17f). Die Rippen (bis zu 75 über die Breite) haben einen Keilwinkel von 40° und füllen die Rillen der Spezialscheiben voll aus. In 3 Größen lieferbar, Herstellung im Gießverfahren aus Polyurethan. Besonderheiten-: Hohe Reibungszahl, kleine Biegeradien und damit für große Übersetzungen geeignet. Leistungsberechnung wie bei Keilriemen, Riemenbreite praktisch frei wählbar.

(7) Weitwinkelriemen. Gegossener Polyurethanriemen mit Kabelkordzugstrang mit Keilwinkel 60° (Bild 27/17g). Die geringe Übersetzung am Keil (27/54) wird durch die hohe Reibungszahl (Polyurethan/Stahl) ausgeglichen. Geringere Reibungsverluste durch Keilwirkung, kleinere Baugröße, biegeweich (d. h. für kleine Scheibendurchmesser $d_{1\mathrm{min}}$ und hohe Übersetzungen geeignet). Lieferbar in 4 Größen. Anwendung: Kleinstgetriebe in Büromaschinen, Haushaltsmaschinen bis zu Antrieben von Motorhilfsaggregaten.

(8) Breitkeilriemen (Bild 27/17h). Speziell für stufenlos verstellbare Getriebe entwickelt (s. auch Abschn. 27.7) mit großem Verhältnis $b_0/h = 2 \ldots 5$, da Keilwinkel ($\geq 26°$, um Selbsthemmung zu vermeiden) und Riemenbreite den Verstellbereich begrenzen. Größeres b_0/h wegen Gefahr der Querbiegung problematisch. Ausführungen mit Kabelkord- und Paketkord-Zugstrang und Gewebeumhüllung, sowie Kabelkordflanken offen. — Sonderausführungen mit Keilwinkel auf einer Seite nahe 0° ermöglichen zwar größeren Verstellbereich, neigen aber zum Kippen. Ausgeführte Riemenhöhe 5 bis 30 mm; Leistung und Mindestscheibendurchmesser entsprechen etwa den Werten der Keilriemen nach DIN 2215 mit gleicher Höhe, bei gezahnter Ausführung der Riemen (Bild 27/17j) sind 40 bis 50% kleinere Scheibendurchmesser möglich.

(9) Rundriemen mit Zugstrang (Bild 27/17k). Vorwiegend für Antriebe mit räumlichen Umlenkungen. Zugstrang aus Kordfaden, verschleißfeste Gewebeumhüllung, Keilscheibenwinkel $\gamma_S = 60°$.

(10) Riemen ohne Zugstrang (aus speziellen, sehr homogenen Gummimischungen, z. B. Polychloropren-Kautschuk, hochelastisch, abriebfest und alterungsbeständig) können in engen Toleranzen gefertigt werden. — Keilwinkel für Rund- und Vierkantriemen $\gamma_S = 90°$. Anwendung in Präzisionsgeräten mit hoher Gleichlaufgenauigkeit, z. B. Plattenspieler, Tonbandgeräte.

Einige Bauarten können in Sonderausführungen hergestellt werden:

- Elektrisch leitfähig: Für explosionsgefährdete Räume.
- Gezahnt: Quernuten an der Innenseite des Riemens (Bauart (1), (2), (3) und (8)) machen ihn biegsamer (z. B. Bild 27/17j). Dadurch sind kleinere Riemenscheiben und höhere Biegefrequenzen möglich. Nachteile: Ungleichförmigere Drehübertragung und ungünstigeres Geräuschverhalten.

- Ohne Rückengewebe: Dadurch ebenfalls sehr biegsam und raumsparend bei geringerer Festigkeit; für Kleinantriebe.
- Satzkonstant: Durch besondere Maßnahmen bei der Herstellung erreicht man sehr enge Längentoleranzen. Riemen gleicher Nennlänge können dann beliebig (d. h. ohne Sortieren) zu einem Satz zusammengestellt werden. Vgl. Abschn. c), Mehrstrangantriebe.
- Laufruhige Riemen: In besonders engen Fertigungstoleranzen hergestellte Riemen, die nach einem Ausleseverfahren auf Laufruhe und Gleichlauf überprüft werden (vgl. Abschn. 27.4.1b).
- Besonders ölbeständig: Normale Keilriemen quellen oder zersetzen sich bei dauernder Einwirkung von Ölen und Fetten.

b) Berechnung der Keilriemengetriebe. Die Tragfähigkeitsberechnung ist international genormt, für Normkeilriemen in DIN 2218, für Schmalkeilriemen in DIN 7753. — Grundgedanken s. Anfang von Abschn. 27.6. — Statt der DIN-Berechnung (mit einer Vielzahl von Tabellen) benutzen wir Entwurfsdiagramme, die die Tendenzen besser erkennen lassen.

- Wahl des Riemenprofils für Normalkeilriemen nach Bild 27/18a, für Schmalkeilriemen nach Bild 27/19a mit P = Antriebsleistung, C_B = Betriebsfaktor (s. Abschn. 27.4.3a und Tafel 27/2). Abmessungen der Normgrößen s. Tafel 27/12.
- Scheibendurchmesser. Wenn der Bauraum nicht beschränkt ist, bevorzugt man etwa $d_{w1} = (1{,}5 \ldots 2)\, d_{w\,min}$ (großes d_w bedeutet hohe Lebensdauer!); $d_{w\,min}$ s. Tafel 27/12. Eventuell geht man also auf ein kleineres Profil über, als zunächst gewählt. — Bei gegebenem d_{w1} wählt man ein Profil mit kleinerem $d_{w\,min}$. Genormte Scheibendurchmesser s. Tafel 27/10.
- Nenn-Leistung P_N je Riemen des gewählten Profils und den gewählten (oder vorgegebenen) Scheibendurchmesser d_{w1} für Normalkeilriemen aus Bild 27/18b entnehmen, für Schmalkeilriemen aus Bild 27/19b. Bei sehr hoher Riemengeschwindigkeit (der Fliehkraftanteil wird hier wesentlich) geht man evtl. auf ein kleineres Profil, d. h. einen kleineren Scheibendurchmesser d_{w1} und eine größere Riemenzahl über. — Für $1 < i < 3$ ist P_N bis 10% größer, da Biegebeanspruchung an der großen Scheibe geringer.
- Geometriedaten. Scheibendurchmesser d_{w2}: (27/4), Umschlingungswinkel: (27/8, 13), Riemengeschwindigkeit: (27/2), Wirklänge: (27/11), Biegefrequenz: (27/5), Umfangskraft $F_t = 2000 T_1/d_{w1}$⊛.
- Kontrolle des Achsabstandes. Günstiger Bereich $e = (0{,}7 \ldots 2)\,(d_{w1} + d_{w2})$.
- Anzahl der Riemen z. Die Abweichungen der Daten des vorliegenden Getriebes von denen des Normgetriebes werden durch Faktoren berücksichtigt:

$$z = P C_B C_\beta / (P_N C_L) \qquad (27/55)$$

mit C_β (Umschlingungs-) Winkelfaktor für $\beta_1 \neq 180°$ nach Tafel 27/6, C_L Längenfaktor für Riemenlängen $L_w \neq L_{wN}$ (erfaßt die vom Normgetriebe abweichende Biegefrequenz):

$$C_L \approx (1 - \log L_w)/(1 - \log L_{wN}) \qquad (27/56)⊛$$

mit L_{wN} nach Tafel 27/12, L_w und L_{wN} in mm; übliche Riemenzahl s. Abschn. a) (Mehrstrangantriebe).

Falls Grenzwerte der Geschwindigkeit, der Biegefrequenz (Tafel 27/11), des Achsabstandes (s. o.) oder des Bauraumes überschritten werden, wiederholt man die Berechnung mit geänderten Annahmen.

Maßgebend für die Berechnung der Normal- und Schmalkeilriemen ist DIN 2218 und 7753. Bei Neuentwicklungen und anderen Riemenarten sollte der Konstrukteur vom Riemenhersteller entsprechende Kennwerte anfordern.

c) Hinweise für Konstruktion und Betrieb, Riemenscheiben.

- Form der Riemenscheiben für Normal- und Schmalkeilriemen s. DIN 2217 und 2211, vgl. Bild 27/16a; Scheiben für andere Riemenarten nach Herstellernorm. Für höhere Leistungen wählt man Graugußscheiben, für Nebenantriebe in Kraftfahrzeugen und

Tafel 27/12. Daten von Normalkeilriemen (DIN 2215) und Schmalkeilriemen (DIN 7753)

Profilbezeichnung nach		Empfohlene Scheibendurchmesser[a]		Gebräuchliche Riemenlängen		Nennlänge L_{wN}	Riemenschulterbreite b_0[b]	Riemenhöhe h[b]	Riemenscheibenbreite für z Rillen b_S	Masse je m Länge q
DIN 2215	ISO	$d_{w\,min}$ mm	$d_{w\,max}$ mm	L_{min} mm	L_{max} mm	mm	mm	mm	mm	kg/m
5		20	80	160	600	312	5	3	$(z-1)\,6+10$	0,018
6	Y	28	125	250	850	319	6	4	$(z-1)\,8+12$	0,027
8		40	200	315	1600	580	8	5	$(z-1)\,10+14$	0,042
10	Z	50	710	290	2500	824	10	6	wie SPZ	0,065
13	A	80	1000	400	5000	1732	13	8	wie SPA	0,112
17	B	125	1600	570	7100	2282	17	11	wie SPB	0,198
20		160	2000	900	8000	3200	20	12,5	$(z-1)\,23+30$	0,268
22	C	200	2000	950	8500	3811	22	14	wie SPC	0,330
25		250	2000	1250	10000	4564	25	16	$(z-1)\,29+38$	0,422
32	D	355	2000	2000	12500	6380	32	20	$(z-1)\,37+48$	0,675
40	E	500	2000	3000	12500	7184	40	25	$(z-1)\,44{,}5+58$	1,030
DIN 7753	ISO									
	SPZ	63	710	490	3550	1600	9,7	8	$(z-1)\,12+16$	0,068
	SPA	90	1000	730	4500	2500	12,7	10	$(z-1)\,15+20$	0,119
	SPB	140	1600	1250	8000	3550	16,3	13	$(z-1)\,19+25$	0,194
	SPC	224	2000	2000	9500	4500	22	18	$(z-1)\,25{,}5+48$	0,360
19		180	2000	1175	5000	5600	18,6	15	$(z-1)\,22+29$	0,250

[a] Nach DIN 2217 (Normalkeilriemen), DIN 2211 (Schmalkeilriemen) [b] Maße nach Bild 27/16

Landmaschinen im allgemeinen Stahlblechscheiben (vgl. Tafel 27/8). Die Riemen dürfen nicht im Rillengrund aufliegen; die übertragbare Umfangskraft würde dadurch erheblich reduziert, bereits bei normaler Belastung wäre mit Gleitschlupf und Überhitzung zu rechnen. — Genormte Durchmesser s. Tafel 27/10.

• Scheibenwinkel γ_S je nach Riemenart 32° (für kleine d_w) bis 38° (für große d_w). Der Keilwinkel des gestreckten Riemens γ_R ist 6 bis 12° größer; beim Biegen (innen Druck, außen Zug) paßt er sich dem Scheibenwinkel an. γ_R hängt außer von d_w vom Aufbau des Riemens ab und muß daher vom Hersteller entsprechend den genormten γ_S-Werten festgelegt werden (Bild 27/16b).

• Verstellbarkeit des Achsabstandes e. Um den endlosen Keilriemen über den Rillenrand hinweg auflegen zu können, muß e um den Betrag $y \geq 0{,}03 L_w$ verstellt (verkleinert) werden können. Spannweg zum Erzeugen der Vorspannung: $x \geq 0{,}015 L_w$.

• Wellenspannkraft nach (27/24, 26).

• Sichere Kraftübertragung und ruhiger Lauf sind nur gewährleistet, wenn die richtige Vorspannung aufrecht erhalten wird. Der überwiegende Teil der bleibenden Dehnung ist nach 15 bis 30 min Vollastbetrieb erreicht; dann kontrollieren und nachspannen![4] Danach genügt eine Kontrolle in größeren Zeitabständen.

• Rundlauf-, Planlauf- und Auswuchtgenauigkeit s. DIN 2217 und 2211 (etwa wie bei Flachriemenscheiben, Abschn. 27.6.2d). — Keilriemen sind gegen Ausrichtfehler nicht so empfindlich.

• Spannrollen — insbesondere Rückenspannrollen (Gegenbiegung!) — möglichst vermeiden; wenn nötig, $d > 1{,}33 d_{w1}$, sonst als Keilscheiben (d. h. von innen) mit $d_w > d_{w\,min}$.

• Zulässige Umgebungstemperatur bei den meisten Riemen: -50 bis $+70\,°C$.

4 Berechnung der Vorspannung s. Abschn. 27.4.3c mit μ_{th} nach (27/54). Richtwert: $F_V = (1{,}5...2)\,F_t \approx F_{W\max}$ (bei Rundriemen oberer Wert), Dehnung $\varepsilon_0 = 0{,}5...1\%$.

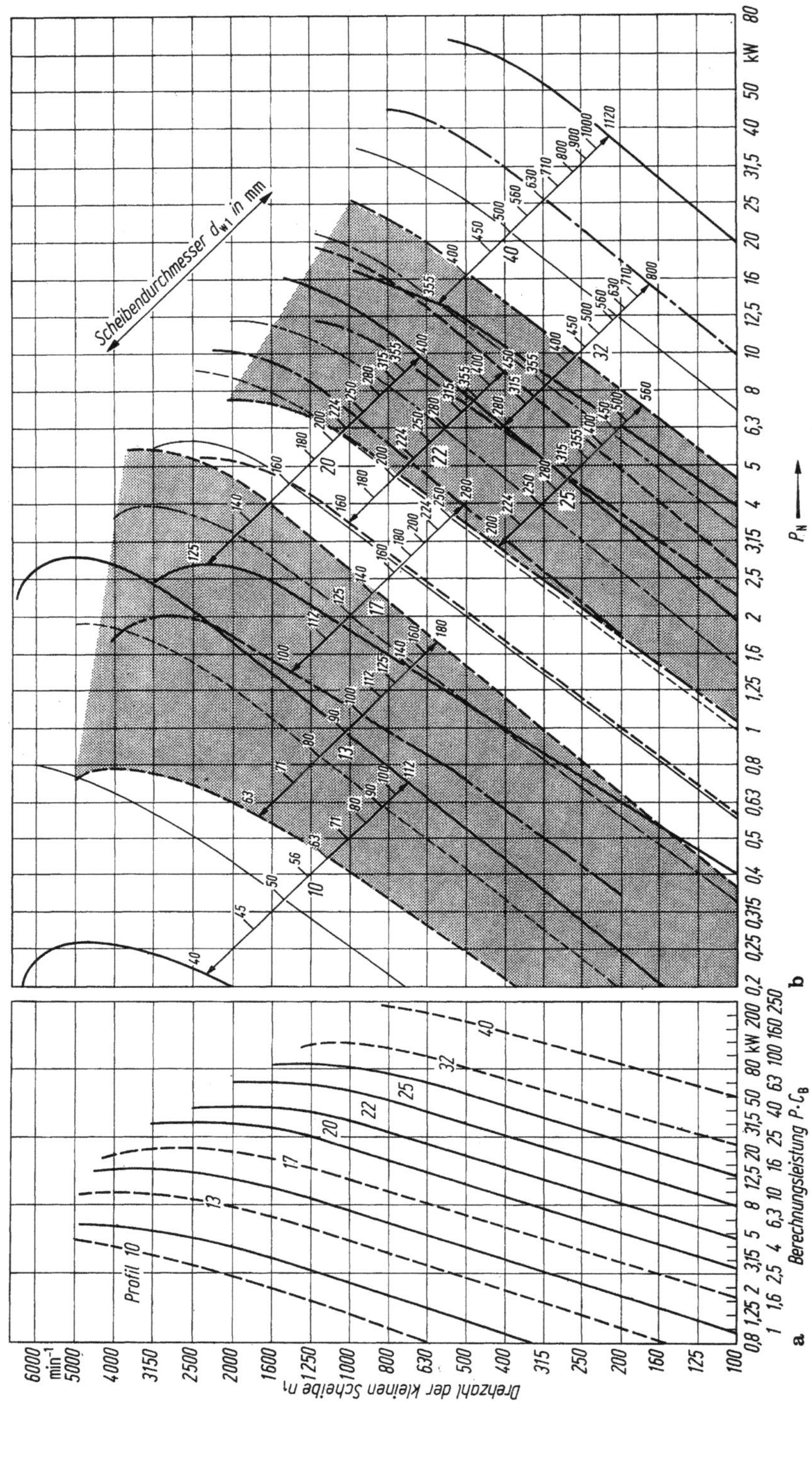

Bild 27/18. Auslegung von Normalkeilriemen DIN 2215. a) Wahl des Riemenprofils; b) Nennleistung je Riemen für $i = 1$, $i > 1$ s. Text.

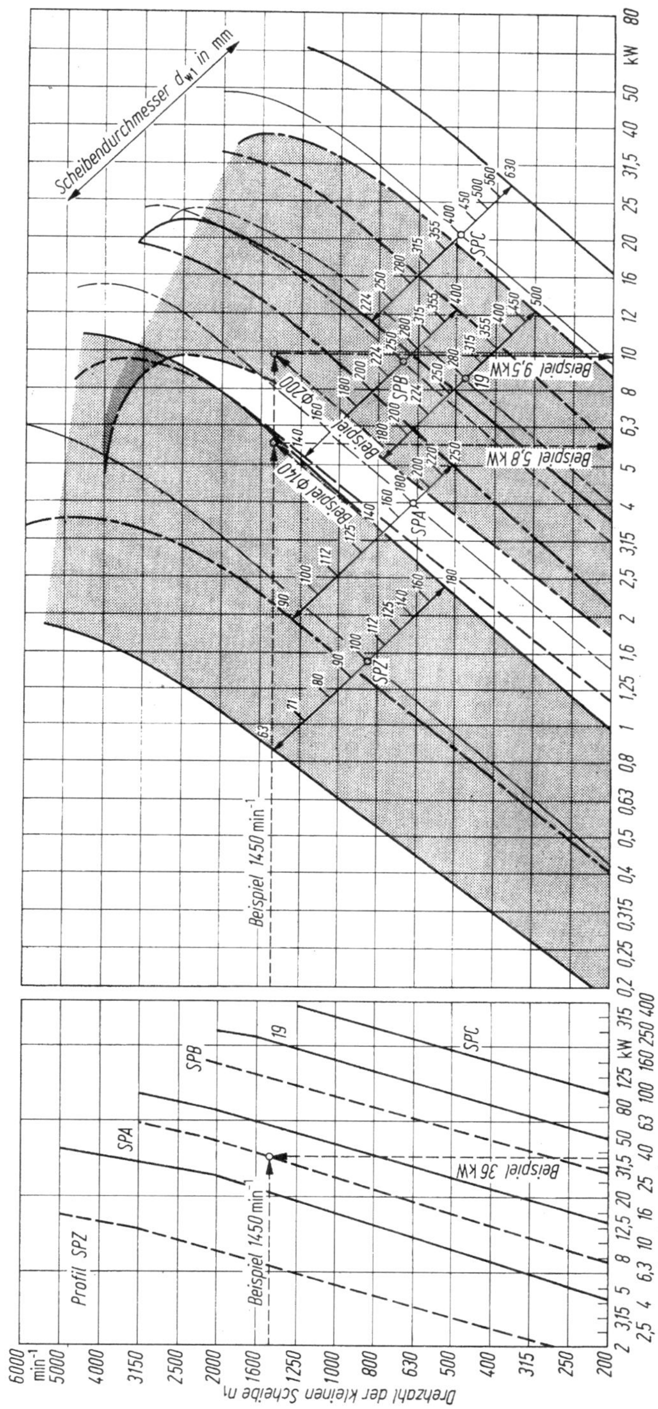

Bild 27/19. Auslegung von Schmalkeilriemen DIN 7753. a) Wahl des Riemenprofils; b) Nennleistung je Riemen für $i = 1$, $i > 1$ s. Text.

- Für Mehrstrangantriebe dürfen die nach DIN 2215 und 7753 zugelassenen Längen- und Querschnittstoleranzen der Keilriemen nicht ausgenutzt werden, da sich die Gesamtumfangskraft zu ungleichmäßig auf die Einzelriemen verteilt (Folge: unterschiedlicher Schlupf, hohe Verlustleistung). Versuche mit Zwei- und Dreistrangantrieben ergaben Minderungen der Leistung bis 15% und des Wirkungsgrades bis 1,5% gegenüber Einstrangantrieben [27/24]; vgl. auch Abschn. 27.4.1b. Für Mehrstrangantriebe muß man daher Riemen mit sehr kleinen Längendifferenzen ($\Delta L_{max} \approx 0{,}001 L_w$) auswählen und zu einem Satz zusammenstellen, oder der Hersteller muß entsprechend enge Fertigungstoleranzen einhalten. Bei Ausfall eines Riemens muß man den ganzen Satz erneuern. Ganz wesentlich ist auch der Einfluß der Maß- und Formabweichungen der Scheibenrillen untereinander.

d) Berechnungsbeispiel für Keilriemengetriebe: Antrieb einer Pumpe.

Gegeben: E-Motor $P = 37$ kW; Drehzahl $n_a = n_1 = 1450$ min^{-1}; Leistungsbedarf $P_b = 30$ kW (hierfür Riemen auslegen); $n_b = n_2 = 1000$ min^{-1}; Betriebsdauer 16 h/d; Umgebung: kompakte Bauweise gefordert (→ Schmalkeilriemen).

Gewählt: Betriebsfaktor nach Tafel 27/2 (Pumpe 16 h/d) $C_B = 1{,}2$; Riemenprofil nach Bild 27/19a mit $P_b C_B = 36$ kW; Profil SPA.

Nennlänge und Mindestscheibendurchmesser für Profil SPA nach Tafel 27/12: $L_{wN} = 2500$ mm, $d_{w\,min} = 90$ mm. — Nach Abschn. 27.6.3b: $d_{w1} = (1{,}5 \ldots 2)\, d_{w\,min}$; gewählt: $d_{w1} = 140$ mm; Nennleistung je Riemen nach Bild 27/19b: $P_N \approx 5{,}8$ kW.

Berechnet: Durchmesser der großen Scheibe nach (27/4) $d_{w2} \approx 203$ mm; gewählt Normdurchmesser nach DIN 2217 (Tafel 27/10) $d_{w2} = 200$ mm; Übersetzung nach (27/4) $i = 1{,}45$ mit $\psi = 1{,}5\%$ (s. Abschn. 27.4.5a).

Vorläufig gewählt: Achsabstand im günstigen Bereich (nach Abschn. 27.6.3b): $e = 0{,}8(d_{w1} + d_{w2}) = 272$ mm

Berechnet: Nach (27/11) $L_w = 1081$ mm; gewählt: Nach Lagerliste des Herstellers $L_w = 1082$ mm; Achsabstand nach (27/12) $e = 272{,}3$ mm; nach (27/8) und (27/9) $\beta_1 \approx 167°$; Winkelfaktor nach Tafel 27/6 interpoliert: $C_\beta = 1{,}01$; Längenfaktor nach (27/56): $C_L \approx 0{,}85$; erforderliche Riemenzahl nach (27/55) $z = 7{,}38$.

Gewählt: $z = 8$. Nach DIN 2217 (Tafel 27/12) hierfür Scheibe 125 mm breit. Da Bauraum beschränkt, soll übliche Riemenzahl (nach Abschn. 27.6.3a: $z = 1 \ldots 5$) nicht überschritten werden.

Geschätzt: Bei $z = 5$ muß 1 Riemen ca. 7...8 kW übertragen. Durchmesser für Profil SPA und $P_N > 5$ kW nach Bild 27/19b: $d_{w1} = 180 \ldots 250$ mm. — Angenommen: $d_{w1} = 200$ mm, $d_{w2} = 280$ mm (vgl. Tafel 27/10).

Berechnet: Übersetzung $i = d_{w2}/d_{w1} = 1{,}4$; gewählt: $e = 0{,}8(d_{w1} + d_{w2}) = 384$ mm; berechnet mit (27/11): $L_w = 1526$ mm; gewählt: $L_w = 1532$ mm (lieferbare Länge des Herstellers); nach (27/12) $e = 387$ mm; nach Bild 27/19b $P_N \approx 9{,}5$ kW; nach (27/56) $C_L \approx 0{,}91$; nach (27/8) und (27/9) $\beta_1 \approx 168°$; nach Tafel 27/6: $C_\beta = 1{,}0$; nach (27/55): $z = 4{,}16$.

Gewählt: $z = 5$ (→ Riemenscheibenbreite $b_S = 80$ mm).

Kontrollen: Mit $d_{w1} = 200$ mm nach (27/2) $v_1 = 15{,}8/s < v_{max}$ (vgl. Tafel 27/11); nach (27/5) $f_b = 19{,}8$ s^{-1} $< f_{b\,max}$ (vgl. Tafel 27/11).

27.6.4 Zahnriemengetriebe [5]

Überblick und Anwendung s. Abschn. 27.2a. Normalausführung s. Bild 27/20.

a) Aufbau, Kraftübertragung, Eigenschaften. Der Zahnriemen besteht aus folgenden Elementen (Bild 27/21):

- Zugstrang aus spiralig gewickelten Stahl- oder Glasfaserlitzen (Endlosriemen) hoher Zugfestigkeit und geringer Dehnung (erforderlich, um die Teilung bei unterschiedlichen Belastungen möglichst konstant zu halten).
- Biegsamer Riemenkörper, der den Zugstrang umschließt und die Kräfte vom Zugstrang auf die Zahnscheibe oder umgekehrt überträgt und daher hohe Scherfestigkeit aufweisen

5 Bezeichnung nach ISO/DIN 5296: Synchronriemen.

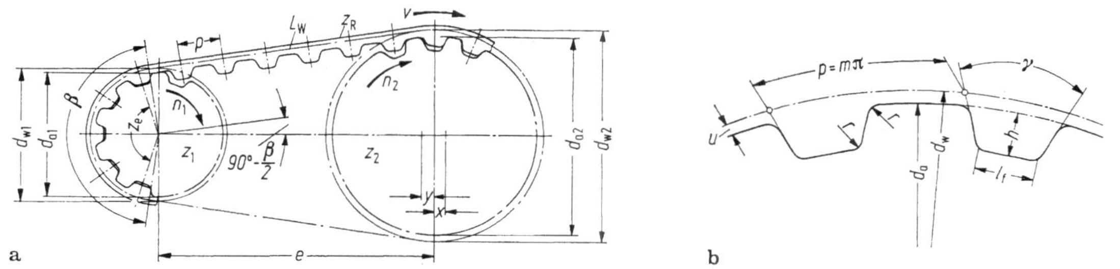

Bild 27/20. Zahnriemengetriebe. a) Hauptabmessungen; b) Verzahnung der Zahnscheiben. Richtwerte für die Abmessungen: $h = 0{,}85$ m; $l_f = 1{,}08$ m; $r = 0{,}3$ m; $u = 0{,}2$ m; $\gamma = 42°$, $d_a = mz - 2u$.

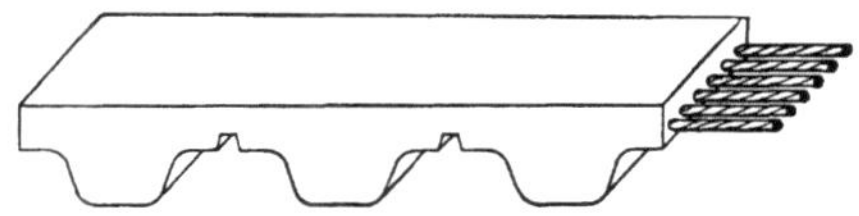

Bild 27/21. Aufbau eines Zahnriemens.

muß. Als Werkstoff haben sich Neoprenmischungen[6] (vulkanisiert) und Polyurethan (gegossen) durchgesetzt.

• Laufschicht. Um bei Neoprene die Verschleißfestigkeit zu verbessern und die Reibungszahl zu verringern, wird die gezahnte Seite des Riemens mit einem Nylongewebe armiert. — Man bevorzugt durchweg endlose, in Normlängen hergestellte Riemen wegen hoher Tragfähigkeit und besonders gleichförmiger Bewegungsübertragung. Polyurethanriemen werden auch als langes endliches Band mit parallelen Zugfasern gefertigt. Man kann beliebige Längen abschneiden (Teilung beachten), die Enden verschweißen und erhält so Riemen für jeden vorgegebenen Achsabstand.

Wegen der verschieden großen Kraft (und Dehnung) im Last- und Leertrum ist der Riemen (ähnlich wie die Kette) über den Umschlingungsbogen — von Zahn zu Zahn — unterschiedlich beansprucht; damit ändert sich auch die Teilung des Riemens. Meist wählt man die Teilung der Zahnscheiben so, daß sie bei Vollast mit der Riementeilung übereinstimmt (und zwar mit dem Mittelwert der Teilung im Last- und Leertrum). Mit abnehmender Belastung tragen immer weniger Zähne. Deshalb müssen die Zahnlücken der Scheiben etwas größer sein als die Zahndicke am Riemen (Flankenspiel). Auch Überlastung oder zu hohe Vorspannung führt zu Teilungsdifferenzen und damit zu Eingriffsstörungen (Klettern) und Verschleiß der Zahnflanken. — Der Zahnriemen bildet ferner auf der Zahnscheibe einen angenäherten Polygonzug; bei kleinen Zähnezahlen läßt man deshalb oft den Zahn in der Lücke aufliegen, damit der Zugstrang eher dem Kreisbogen folgt.

Der Zahnriemen verbindet Eigenschaften der Riemen- und der Kettengetriebe:

- Konstante, von Belastung und Umgebungsverhältnissen unabhängige Übersetzung, kleine Vorspannung.
- Niedriges Gewicht, großer Geschwindigkeitsbereich, kleine Scheibendurchmesser möglich, hoher Wirkungsgrad (ähnlich wie Flachriemen).
- Wartungsfrei, keine Schmierung erforderlich (wie Flach- und Keilriemen), jedoch (durch geeigneten Werkstoff) unempfindlich gegen Öl und Benzin (im Gegensatz zu reibschlüssigen Riemen).
- Temperaturgrenzen und Umwelteinflüsse die den Kunststoff schädigen, Säuren, Laugen, Wasserdampf usw. (wie Riemen); ggf. Spezialmischungen fordern.
- Geräuschverhalten, Stoßdämpfung günstiger als Kette, ungünstiger als Keil- und Flachriemen. Zahneingriffsfrequenz $n_1 z_1$ tritt insbesondere bei hohen Geschwindigkeiten und Überlastung hervor.
- Stark reduzierte Tragfähigkeit bei Überlast.

b) Bauarten. Hauptsächlich verwendete Profile s. Bild 27/22. Die Moduln bzw. Teilungen werden nach einer metrischen und einer Zoll-Normreihe ausgeführt. Riemen mit Ver-

---

6 Synthesekautschuk (Du Pont); sehr unempfindlich gegen Umgebungseinflüsse.

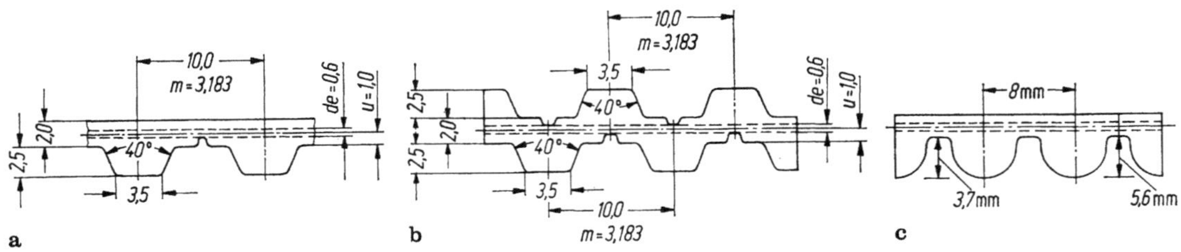

Bild 27/22. Zahnriemen-Bauarten. a), b) Profile nach DIN 7721, Beispiel für $p = 10$ mm; a) Normalausführung; b) für Drehrichtungsumkehr bei Mehrfachantrieb (Mulco, Hannover); c) Halbrundprofil für große Kräfte und niedrige Umfangsgeschwindigkeiten (Uniroyal, Aachen).

zahnung auf Innen- und Außenseite eignen sich für Mehrfachantriebe mit Drehrichtungsumkehr.

c) Berechnung der Zahnriemengetriebe. Grundgedanken s. Anfang von Abschn. 27.6. Danach geht man wie folgt vor:

- Auswahl des Riementyps mit der Berechnungsleistung aus Bild 27/23. Wegen der geringen Überlastbarkeit der Riemen muß man hier die maximal auftretende Leistung zugrunde legen. Wenn nur die Nennleistung P bekannt ist, geht man von PC_B aus. Man sieht in Tafel 27/2, daß C_B hier wesentlich größer als bei reibschlüssigen Riemengetrieben angesetzt wird.

Man beachte: Mit zunehmender Teilung wächst zwar die übertragbare Umfangskraft, aber auch der Mindestscheibendurchmesser und das Laufgeräusch; die Anzahl der in Eingriff befindlichen Zähne z_e nimmt ab.

- Wahl der Zähnezahl $z_1 \geq (1{,}0 \ldots 1{,}3)\, z_{\min}$; 1,0 für $n_1 < 1000$ min^{-1} und 1,3 für $n_1 > 3000$ min^{-1}; $z_{\min}$ nach Tafel 27/13; bei Übersetzung ins Langsame: $z_2 = iz_1$, bei Übersetzung ins Schnelle: $z_2 = z_1/i$; Norm-Zähnezahlen des Herstellers beachten.
- Berechnung der Durchmesser:

$$d_{w1} = z_1 p/\pi; \qquad d_{w2} = z_2 p/\pi = i d_{w1}. \tag{27/57}$$

- Nach den Gleichungen für Kettengetriebe: Riemenlänge: (26/48), Achsabstand: (26/42). — Richtwerte: $e = (0{,}5 \ldots 2)\,(d_{w1} + d_{w2})$, Riemengeschwindigkeit: (26/3), Umschlingungswinkel β_1 nach (27/8). Genormte Riemenlängen des Herstellers beachten. Geschränkte Achsen s. Abschn. d).
- Maße mit dem zur Verfügung stehenden Bauraum vergleichen; oder (möglichst großen) Durchmesser d_{w2} wählen und hieraus mit (27/57) d_{w1}, z_2, z_1 bestimmen.
- Eingreifende Zähnezahl:

$$z_{e1} = z_1 \beta_1/360^\circ, \tag{27/58}$$

mit β_1 in Grad, auf ganze Zahl nach unten gerundet.

- Mindestriemenbreite aus

$$bC_m \geq PC_B/P_N^* \tag{27/59}$$

mit zulässiger Nenn-Leistung je mm Riemenbreite

$$P_N^* = (F_{tN}^* - F_f^*)\, z_1 p n_1 C_e/(60 \cdot 10^6). \tag{27/60}⊛$$

Betriebsfaktor C_B nach Tafel 27/2; Breitenfaktor C_m nach Tafel 27/15 (berücksichtigt die Anzahl der Zugstränge); F_{tN}^* und p nach Tafel 27/13; F_f^* nach (27/19) mit q/b nach Tafel 27/13 (bei $v < 10$ m/s kann F_f^* unberücksichtigt bleiben); Zahneingriffsfaktor C_e nach Tafel 27/14 (berücksichtigt die Anzahl der eingreifenden Zähne z_e).

Tafel 27/13. Daten von Zahnriemen

Riemen-typ	Teilung p mm	Länge (von ... bis) L_W mm	Breite (von ... bis) b[a] mm	Scheiben-zähnezahl z_{min}	z_{max}	Max. Geschwindigkeit v_{max} m/s	Zul. Nenn-Umfangskraft je mm Riemenbreite F^*_{tN} N/mm	Masse je mm Breite und m Länge q/b 10^{-3} kg/(m mm)
T 2,5	2,5	120 ... 480	3 ... 10	12	71	80	4[b]	1,2
T 5	5	150 ... 1215	6 ... 50	10	114	80	12[b]	2,0
T 10	10	260 ... 1960	10 ... 100	12	114	60	20[b]	4,1
T 20	20	2000 ... 4000	25 ... 140	15	119	40	43[b]	6,7
Mini-	2,032	91 ... 1011	3 ... 25	10	150	} nur für Bewegungsübertragung,		
pitch	2,073	93 ... 704				} z. B. Steuergeräte		
XL	5,080	152 ... 660	6 ... 10	10	120	80	7,2	2,7
L	9,525	314 ... 1524	12 ... 25	10	150	60	9,6	3,8
H	12,7	609 ... 4318	20 ... 76	14	156	50	24,5	5,3
XH	22,225	1289 ... 4545	50 ... 100	18	150	40	33,5	13,9
XXH	31,750	1778 ... 4572	50 ... 127	18	120	40	41,0	17,9
8 M	8	480 ... 2800	20 ... 85	22	192	40 ... 45	28[b]	6,4
14 M	14	966 ... 4578	40 ... 170	28	192	20 ... 30	35[b]	9,9

[a] Üblicher Bereich
[b] Nach Firmenunterlagen geschätzt

Tafel 27/14. Zahneingriffsfaktor C_e (Zahnriemen)

Riementyp	XL ... XXH, 8 M, 14 M					T 2,5 ... T 20	
z_e	6	5	4	3	2	15	14 ... 2
C_e	1	0,8	0,6	0,4	0,2	1	$z_e/15$

Tafel 27/15. Zahnriemen-Breitenfaktor C_m

Riementyp	T 2,5 ... T 20 : $C_m = 1$										
Riementyp	XL	XL	XL	L	L H	L H	H	H XH XXH	H XH XXH	XH XXH	XXH
Riemenbreite b[a] mm	6,5	8	9,5	13	19	25	38	51	76	102	127
c_m	0,58	0,66	0,74	0,81	0,94	1	1,03	1,05	1,11	1,17	1,21
$b \cdot c_m$	3,75	5,25	7	10,5	17,75	25	39	5,35	84	119	153,75
Riementyp	8 M						14 M				
Riemenbreite b mm	20	30	50	85			40	55	85	115	170
c_m	1	1,05	1,08	1,1			1	1,03	1,11	1,17	1,22
$b \cdot c_m$	20	31,4	54,0	93,7			40	56,7	94,4	134,6	207,2

[a] Zollmaße, in mm umgerechnet und gerundet. Auf Anfrage auch beliebige Zwischengrößen lieferbar

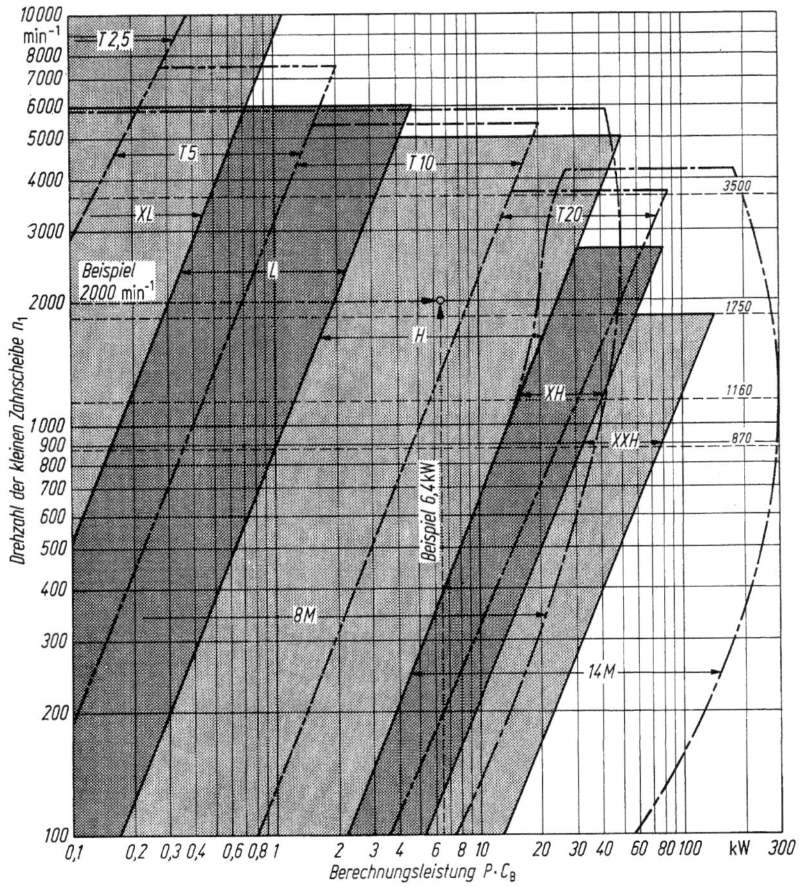

Bild 27/23. Zahnriemen. Wahl des Riementyps (vgl. Tafel 27/13; ––·–·–·– nach Herstellerangaben geschätzt).

Bei Spannrollen oder Übersetzung ins Schnelle sollte man die Breite um 10 bis 20% größer als berechnet wählen, bei nur gelegentlichem Betrieb um bis zu 20% kleiner; Standardbreiten beachten.

Grenzwerte s. Tafel 27/13; über b_{max} ist ein gleichmäßiges Tragen über die Breite nicht gesichert, unter b_{min} neigt der Riemen zum Kippen. — Ferner möglichst $b/d_1 \leq 1$. — b/e bei geschränkten Achsen s. Abschn. d).

d) Hinweise für Konstruktion und Betrieb, Zahnscheiben. Die nachstehenden Daten sind übliche Mittelwerte; maßgebend sind stets die Herstellerangaben.

- Für die Zahnscheiben eignen sich alle für Riemenscheiben verwendeten Werkstoffe (Abschn. 27.6.2d). Für die Serienfertigung setzt man oft Spritz- und Druckgußverfahren und dafür geeignete Werkstoffe ein.
- Um ein seitliches Ablaufen der Riemen zu vermeiden, muß eine Zahnscheibe mit seitlichen Bordscheiben versehen werden, die 1 bis 2 mm über den Riemenrücken hinausragen und ca. 5° geneigt sein sollen. Bei $e > 8d_{w1}$ oder senkrechter Anordnung der Wellen ist auch an der zweiten Zahnscheibe mindestens eine Bordscheibe vorzusehen.
- Bei geschränkten Achsen sind die Scheiben so anzuordnen, daß die Gerade durch Auf- und Ablaufpunkt A und B (Bild 27/2c) auch die Schnittgerade der mittleren Radebenen ist. Der Riemen wird nur dann verdrillt und damit seitlich geführt; Bordscheiben können entfallen. Bei 90° Achsschränkung Achsabstand $e \geq 12b$.

• Zahnscheibenbreite $\approx$ 1,01 Riemenbreite. Bei senkrechter Anordnung ist mit verstärkter Reibung und Abrieb an der unteren Bordscheibe zu rechnen.
• Verstellbarkeit des Achsabstandes e: Zum Auflegen des Riemens muß eine Welle oder Spannrolle um $y \geq 0{,}015 L_w$ verstellbar sein (Bordscheiben!). Bei festem Achsabstand muß man die Zahnscheiben gemeinsam mit dem Riemen montieren können. — Spannweg zum Erzeugen der Vorspannung $x \geq 0{,}01 L_w$; s. Bild 27/20.
• Wellenspannkraft $F_{W0} \approx (0{,}5 \ldots 0{,}8)\, F_{t\,max}$.
• Spannrollen möglichst als Zahnscheiben mit $d_w \geq d_{w1}$, feststellbar innen anordnen; Wellenspannkraft ebenfalls $(0{,}5 \ldots 0{,}8)\, F_{t\,max}$; notfalls glatte Spannrolle von außen mit $d_w \geq 1{,}2 d_{w1}$; s. a. Abschn. 27.5.2.
• Flankenspiel ca. $0{,}02p$; Fußspiel (am Fuß der Scheibenlücke) ca. $0{,}06p$, d. h. relativ groß, damit die verdrängte Luft keine lästigen Geräusche hervorruft (Ausnahme kleine Zähnezahlen, Abschn. 27.6.4a).
• Die Fertigungstoleranzen der Scheiben sind relativ eng zu halten. Die (erwünschte) geringe Dehnbarkeit des Riemens führt andernfalls zu erheblichen Belastungen. Richtwerte für Welle/Bohrung: $h5/H6$. — Außendurchmesser (der Riemen liegt hier auf): 0 bis $+\sqrt{d}/100$ mit d in mm, sowie 0,025 mm von Teilung zu Teilung. — Stirnlaufabweichung: max. 0,01 mm je 10 mm Radius. — Achsparallelität: Achsneigung $< 1°$, max. 0,45 mm, bezogen auf die Riemenbreite. — Achsschränkung $< 1°$.
Riemen: Bei hohen Anforderungen an Geräusch- und Schwingungsverhalten muß die Riemendicke eng toleriert werden (Schleifen des Riemenrückens), wenn Außenspannrollen verwendet werden.
• Lebensdauer, Wirkungsgrad und Laufruhe werden durch Benetzung der Verzahnung mit Öl (ohne chemische Additive) begünstigt (nur bei ölbeständigen Riemen).

e) Berechnungsbeispiel für Zahnriemengetriebe. Antrieb einer Fräsmaschine.

Gegeben: Drehstrommotor $P = 4{,}0$ kW, normales Anlaufmoment, $n_a = n_2 = 1500\ \text{min}^{-1}$, $n_b = n_1 = 2000\ \text{min}^{-1}$; $i = n_2/n_1 = 0{,}75$, auf 1% einzuhalten; Betriebsdauer 10...16 h/d; beschränkter Bauraum: Achsabstand $e = 400 \pm 20$ mm.

Gewählt: Betriebsfaktor nach Tafel 27/2: $C_B = 1{,}5 + 0{,}1 = 1{,}6$; Berechnungsleistung $PC_B = 6{,}4$ kW; nach Bild 27/23 Riementype H, Zähnezahl der kleinen Scheibe $z_1 = z_b = 18$ (nach Tafel 27/13 $z_{min} = 14$).

Berechnet: Zähnezahl der großen Scheibe $z_2 = z_a = z_1/i = 24$ (Schlupf $\psi = 0$, $i = i_{soll}$); nach (27/57) Durchmesser $d_{w1} = 72{,}77$ mm, $d_{w2} = 97{,}02$ mm mit $p = 12{,}7$ mm nach Tafel 27/13; nach (26/42) Achsabstand $e = 399{,}9$ mm; nach (26/48) Wirklänge $L_w = 1066{,}8$, hiernach Riemenlänge des Herstellers wählen! — Nach (27/2) Riemengeschwindigkeit $v = 7{,}6$ m/s; nach (27/8, 9) Umschlingungswinkel $\beta_1 = 176{,}5°$. Da der Bauraum knapp bemessen ist, werden die gewählten Scheiben beibehalten, obwohl d_{w1} etwas unter $d_{w\,min}$. Nach (27/58) eingreifende Zähnezahl $z_{e1} = 8{,}8$; zulässige Nennleistung je mm Riemenbreite nach (27/60) $P_N^* = 0{,}186$ kW/mm; hierbei nach Tafel 27/13 $F_{tN}^* = 24{,}5$ N/mm; $p = 12{,}7$ mm, $F_f^* \approx 0$, da $v < 10$ m/s; nach Tafel 27/14 $C_e = 1$ (da $z_{e1} > 6$); nach (27/59): $bC_m \geq 34{,}4$; nach Tafel 27/15 $C_m \approx 1{,}02$; $b > 34$ mm.

Gewählt: Nächstgrößere Standardbreite des Herstellers $b = 38$ mm. (Breite $b = 35$ mm wäre ausreichend, aber nur auf Anfrage lieferbar)

27.7 Verstellriemengetriebe

Allgemeine Grundlagen über Verstellgetriebe, Pflichtenheft und Vergleich der Bauarten s. Abschn. 20.4.

27.7.1 Stufenweise verstellbares Riemengetriebe

Stufenscheiben nach Bild 27/24 waren lange Zeit vorherrschend in Transmissionen und auch in Einzelantrieben für Werkzeugmaschinen. (Sie sind weitgehend durch stufenlos verstellbare Antriebe verdrängt worden.) Die Durchmesser sind so zu wählen, daß sich für jede Stufe die gleiche Riemenlänge ergibt. Man verschiebt den Riemen im Stillstand, indem man eine Stufenscheibe langsam von Hand dreht. Bei Keilriemen muß zusätzlich der Achsabstand verstellbar sein. Der Kraftfluß ist beim Schalten unterbrochen.

27.7.2 Stufenlos verstellbare Riemengetriebe — allgemein

Da die Riemenlänge L_w unverändert bleibt, müssen entweder der Wirkdurchmesser einer Riemenscheibe und der Achsabstand oder die Wirkdurchmesser beider Riemenscheiben (bei konstantem Achsabstand) so verändert werden, daß die Gleichungen in Abschn. 27.4.2 für konstantes L_w erfüllt sind.

Vor- und Nachteile gegenüber Verstell-Reibrad und -Kettengetrieben:

- Leistungsgewichte s. Bild 20/19,
- Wirkungsgrade s. Bild 20/20,
- Drehzahlabfall durch Belastung s. Bild 20/21.

Vergleich sonstiger Eigenschaften s. Abschn. 26.10.1.

27.7.3 Flachriemen-Verstellgetriebe

Einfaches Verstellgetriebe z. B. für Gruppenantriebe von Papier- und Textilmaschinen (Bild 27/25). Mit Hilfe seitlicher Rollen wird der Riemen entsprechend der gewünschten Übersetzung auf den breiten, konischen Riemenscheiben eingestellt und geführt. Der Riemen verformt sich auf dem Umschlingungsbogen zu einem Kegelstumpfmantel und erfährt damit eine Biegebeanspruchung um die Breitenachse des Riemens. Diese Beanspruchung ist um so größer, je breiter der Riemen, je größer Kegelwinkel und E-Modul des Riemenwerkstoffes und je kleiner die Scheibendurchmesser sind.[7] Man wählt daher meist Kegel maximal 1:10 bis 1:20 (die Übersetzung ist deshalb zwar sehr fein, aber nur in einem kleinen Bereich verstellbar). Die Riemen sollten möglichst dick und schmal sein. (So läßt sich auch eine hohe Kantenfestigkeit erreichen; wegen der seitlichen Beanspruchung durch die Führungsrollen ist dies erforderlich; auch das Maß V kann kleiner sein, s. u.).

Man beachte: Da der Riemen nicht rechtwinklig zu den Achsen der beiden Scheiben läuft, müssen diese axial um V gegeneinander versetzt sein.

27.7.4 Keilriemen-Verstellgetriebe — allgemein

Der Wirkdurchmesser d_w einer Keilriemenscheibe wird größer oder kleiner, wenn man den Abstand der beiden Scheibenhälften ändert. d_w ist am größten ($d_{w\,max}$), wenn beide Scheibenhälften vollständig zusammengeschoben sind und am kleinsten ($d_{w\,min}$), wenn die Scheiben am Innendurchmesser der Kegelflächen um die Riemenbreite auseinandergezogen sind; dabei darf der für den Riemen kleinstzulässige Krümmungsradius nicht unterschritten werden.

Das Verhältnis $d_{w\,max}/d_{w\,min}$, das maßgebend ist für den Stellbereich, hängt demnach ab von Riemenbreite b, Riemenhöhe h und dem Keilwinkel der Scheiben γ_S. Nach Bild 27/26:

$$b_{erford} = 2t \tan \gamma_S \,. \tag{27/61}$$

Je größer $d_{w\,max}/d_{w\,min}$ sein soll, desto größer muß demnach b werden (Breitkeilriemen), da man γ_S wegen der Gefahr der Selbsthemmung und der Verschlechterung des Wirkungsgrades nicht beliebig klein machen kann; (i. allg. wählt man $\gamma_s = 26°$). Die Breite ist andererseits durch die Quersteifigkeit des Riemens begrenzt. So ist mit Breitkeilriemen in der Regel $d_{w\,max}/d_{w\,min} = 3$ erreichbar, mit Normalkeilriemen nur etwa 1,6.

---

7 $\sigma_{bh} = Eb \sin \varphi / d_w$.

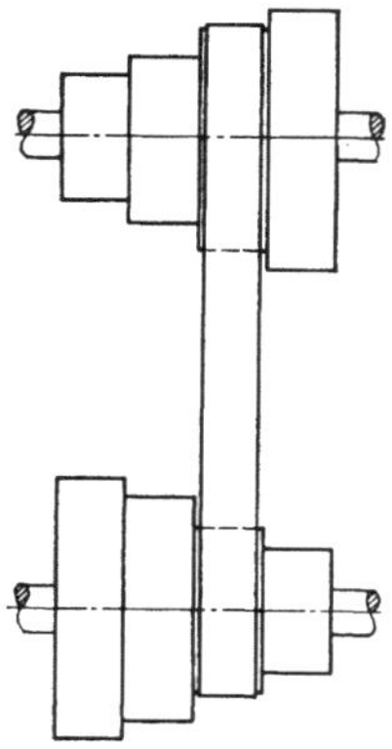

Bild 27/24

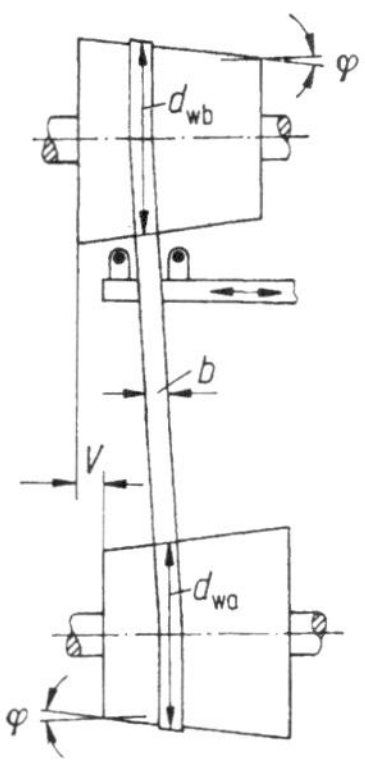

Bild 27/25

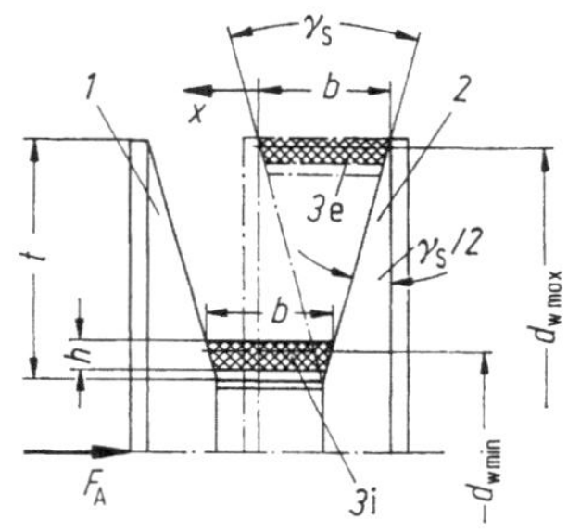

Bild 27/26

Bild 27/24. Riemengetriebe mit Stufenscheiben für vier Übersetzungen.

Bild 27/25. Kegelscheiben-Verstellgetriebe.

Bild 27/26. Geometrie der Verstellscheibe. *1* axial verschiebbare, *2* feste Scheibenhälfte, *3* Breitkeilriemen (*3i* innere Stellung, *3e* äußere Stellung).

Bei Kombination einer Verstellscheibe mit einer Festscheibe (s. Bild 27/27a,b) ergibt sich somit ein Stellbereich $R = i_{max}/i_{min} = d_{w\,max}/d_{w\,min} \leq 3$. Bei zwei gleichgroßen Verstellscheiben auf festem Achsabstand (s. Bild 27/27c, d) erhält man:

$$R = (d_{wb\,max}/d_{wa\,min}) : (d_{wb\,min}/d_{wa\,max}) = (d_{w\,max}/d_{w\,min})^2 \leq 9\,. \qquad (27/62)$$

Ausgeführte Getriebe erreichen $R = 10$. Bei festem Achsabstand und linearer Verstellung ($\Delta d_{w1} = -\Delta d_{w2}$) bleibt die erforderliche Riemenlänge nicht ganz konstant, wie (27/10), letztes Glied, zeigt. Die Differenz wird durch die federnde Anpressung oder durch die Verstelleinrichtung ausgeglichen.

27.7.5 Keilriemen-Verstellgetriebe, Bauelemente und Bauarten

Die Verstellscheiben bestehen meist aus einer festen und einer verschiebbaren Hälfte (Bild 27/27c, d), die entweder durch eine Feder gegen den Keilriemen gedrückt oder über einen Stellmechanismus fest in einer Lage gehalten wird. Die Feder erzeugt dabei Anpreßkraft und Vorspannung, sie gleicht Riemenverschleiß und Schwankungen der Riemenbreite (Fertigungstoleranzen) aus. Damit die dabei auftretenden Mikrobewegungen nicht zu Passungsrost führen (bei manchen Konstruktionen kritisch), muß man die verschieblichen Teile mit Gleitwerkstoffen beschichten, Wälzpaarungen vorsehen bzw. für sorgfältige Schmierung sorgen. Gewünschte Federkennlinien lassen sich durch Schrauben-, Teller- oder Gummifedern realisieren. Durch drehmomentabhängige Anpreßsysteme, ähnlich wie bei Verstell-, Reibrad- oder Kettengetrieben, d. h. mit größerem Aufwand, kann man eine bessere Anpassung der Riemenbelastung an den Drehmomentbedarf erzielen (vgl. Abschn. 20.4).

a) Antrieb über beidseitig federbelastete Scheibe, Abtrieb über feste Scheibe. Verstellen durch Ändern des Achsabstandes (Motor auf Schlitten oder Wippe) (Bild 27/27a,b). — Stellbereich $R \leq 3$, Übersetzung $i \leq 8$.

b) Antrieb über einseitig federbelastete Scheibe, Abtrieb über feste Gegenscheibe. Beim Verstellen wird der Riemen längs der festen Scheibenhälfte axial verschoben. Zum Ausgleich muß der Antrieb ebenfalls axial verschoben werden, d. h., der Motorschlitten muß um den Winkel $\gamma_S/4$ gegenüber der Riemenlaufrichtung geneigt sein.

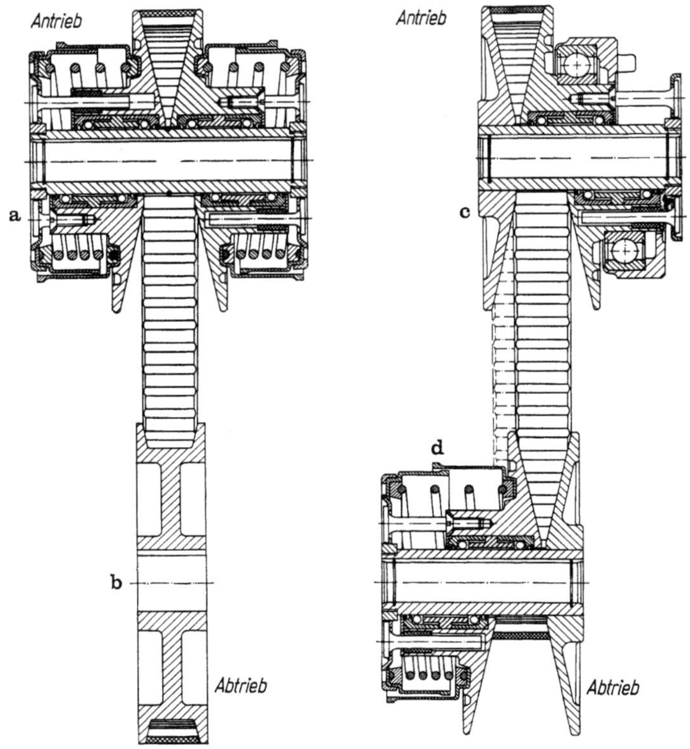

Bild 27/27. Verstellriemengetriebe — Bauarten. a) Verstellscheibe; b) feste Gegenriemenscheibe; c), d) Verstellscheiben mit je einer festen Scheibenhälfte (Flender, Bocholt).

c) Antrieb über einseitig verstellbare Scheibe, Abtrieb über einseitig federbelastete Scheibe. Achsabstand konstant, die festen Scheibenhälften liegen gegenüber, Riemen wandert beim Verstellen axial (Bild 27/27c, d). Stellbereich $R \leq 10$. Meist verwendete Bauart.

d) An- und Abtrieb mit Stellscheiben, die über Hebelmechanismus miteinander verbunden sind; wie bei Verstell-Kettengetrieben (Abschn. 26.10). Hierbei kann man Änderungen der Riemenlänge durch exzentrische Hebelanordnung ausgleichen. Die Vorspannung wird über ein Stellglied im Hebelmechanismus ein- und nachgestellt. Stellbereich $R \leq 10$.

Alle Bauarten werden mit offen laufendem Riemen ausgeführt, die Bauarten mit festem Achsabstand häufig auch in geschlossener Bauweise mit Gehäuse. Hier lassen sich dann Motor, evtl. vorgeschaltetes Zahnradgetriebe sowie Hand- oder Fernverstellung, Drehzahlanzeige, Tachogenerator usw., anbauen (Baukastenprinzip). Einige Bauarten werden auch mit zwei und mehr parallel geschalteten Keilriemen und damit für höhere Leistungen ausgeführt.

27.8 Literatur zu 27

Normen, Richtlinien

27/1 DIN 109 Antriebselemente; Bl. 1: Umfangsgeschwindigkeiten, Dez. 1973; Bl. 2: Achsabstände für Riemengetriebe mit Keilriemen, Dez. 1973

27/2 DIN 111 Flachriemenscheiben; Bl. 1: Nenndrehmomente, Sept. 1972; Bl. 2: Zuordnung für elektrische Maschinen, März 1974

27/3 DIN 2211 Schmalkeilriemen; Bl. 1: Maße, Werkstoff, Febr. 1974; Bl. 2: Prüfung der Rillen, Juli 1973; Bl. 3: Zuordnung für elektrische Maschinen, März 1974

27/4 DIN 2215 Endlose Keilriemen, Maße; März 1975

27/5 DIN 2216 Endliche Keilriemen, Maße; März 1974
27/6 DIN 2217 Keilriemenscheiben; Bl. 1: Maße, Werkstoff, Febr. 1973; Bl. 2: Prüfung der Rillen, Febr. 1973
27/7 DIN 2218 Endlose Keilriemen für den Maschinenbau, Berechnung der Antriebe, Leistungswerte; April 1976
27/8 DIN 7753, Bl. 1: Endlose Schmalkeilriemen für den Maschinenbau, Maße; Okt. 1977; Bl. 2: Endlose Schmalkeilriemen für den Maschinenbau, Berechnung der Antriebe, Leistungswerte, April 1976; Bl. 3: Endlose Schmalkeilriemen für den Kraftfahrzeugbau, Maße; Juli 1976
27/9 DIN/ISO 5296 Synchronriemengetriebe-Riemen, Entwurf 1977

Bücher, Dissertationen

27/10 Arntz-Optibelt-Gruppe Höxter: Keilriemen, eine Monographie. Essen: Heyer, 1972
27/11 Dubbel, Taschenbuch für den Maschinenbau, 14. Aufl. (Beitz, W.; Küttner, K.-H. Hrsg.) Kap. Zugmittelgetriebe von H. W. Müller. Berlin, Heidelberg, New York: Springer 1981
27/12 Uhlig, K.: Beitrag zur Theorie kraftschlüssiger Hülltriebe unter besonderer Berücksichtigung der Eigenschaften von Leder-Polyamid Flachriemen, Diss. TH Karl-Marx-Stadt 1966
27/13 Schrimmer, P.: Profilverformung und Betriebsverhalten von Keilriemen. Diss. TU Braunschweig 1971
27/14 Raths, W.: Beitrag zur Konstruktion und Berechnung von Flachriemengetrieben. Diss. TH Karl-Marx-Stadt 1972
27/15 Pomp, D.: Beitrag zur Bestimmung der Zeitfestigkeit von Schmalkeilriemen. Diss. TH Karl-Marx-Stadt 1973. Auszug in Maschinenbautech. 23 (1974) 493...498
27/16 Brand, S.; Rösner, H.; Siegemund, W.: Übertragungsverhalten von Zahnrad- und Zahnriemengetrieben kleiner Moduln. Diss. TU Dresden 1974
27/17 Gerbert, G. B.: On V-belt drives with special reference to force conditions, slip, and power loss. Doctor's thesis, Mach. Elem. Div. Lund TU Lund, Schweden 1973
27/18 Boretzki, W.: Theoretische und experimentelle Ermittlung der Bruchdrehzahlen von umlaufenden Scheiben und Rädern. Diss. TH Aachen 1965

Zeitschriftenaufsätze

27/19 Lysen, H. W.; Schwaighofer, E.: Einzeluntersuchung von Störquellen. Maschinenmarkt (1956) Nr. 67
27/20 Linneken, H.: Berechnung schnellaufender Flachriementriebe, insbesondere solcher mit Kunststoffriemen. Konstr. 14 (1962) 218...223
27/21 Roth, W.: Schwingungen von Treibriemen und Ketten. Antriebstech. 3 (1964) 48...53
27/22 Erickson, W.: Straight talk about belt drives. Mach. Des. 21 (1977) 199...205
27/23 Havenstein, G.: Vergleichende Betrachtungen über Berechnungsverfahren von gegossenen Scheiben und Schwungrädern. Maschine 20 (1966) 43...46
27/24 Horowitz, B.; Gheorghiu, N.: Der Einfluß der Fertigungstoleranzen auf den Betrieb der Mehrstrang-Keilriemen. Konstr. 18 (1966) 427...430
27/25 Hagedorn, H.: Berechnungsprobleme bei Flachriemen. Maschinenbautech. 17 (1968) 59...61
27/26 Kemerink, G. A. J.: Der Zahnflachriemen. Antriebstech. 7 (1968) 418...421 u. 462...464
27/27 Tope, H.-G.: Die Übertragungsgenauigkeit der Drehbewegung von Keil- und Flachriemen und deren Prüfung mit seismischen Drehschwingungsaufnehmern. Konstr. 20 (1968) 59...62
27/28 Buntebardt, K.: Kompaktes Hochleistungs-Keilriemensystem eröffnet neue Konstruktionsmöglichkeiten für Industrie und Haushaltmaschinen. Antriebstech. 8 (1969) 27...29
27/29 Horowitz, B.; Gheorghiu, N.: Messung der Vorspannung bei Riementrieben. Maschinenmarkt 75 (1969) 177...182
27/30 Tope, H.-G.: Laufgeräusche von Flachriemen. Maschine 24 (1970) 75...76
27/31 Lehnen, H.: Zahnriemenantriebe, Erfahrungen aus der Praxis. Antriebstech. 11 (1972) 23...24
27/32 Neu, K.: Koaxiale Riemenantriebe, Antriebstech. 11 (1972) 1...8
27/33 Schrimmer, P.; Lösche, H.: Formschlüssig trotz großer Abstände. Maschinenmarkt 78 (1972) 1342 bis 1345
27/34 Neu, K.: Die zweite Spannrolle — Betrachtungen über einen selbstspannenden Bandantrieb. Antriebstech. 212 (1973) 57...63
27/35 Gerbert, B. G.: Zugkraftverteilung in Mehrstrang-Keilriemengetrieben. Konstr. 26 (1974) 403...406
27/36 Keilriemen. Antriebstechn. 13 (1974) 22...26
27/37 Gerbert, B. G.: Power loss and optimum tensioning of V-belt drives. Trans. ASME, Ser. B, J. Eng. Ind. 96 (1974) 877...885. Dazu: Kurzreferat von W. Kochem in Konstr. — 28 (1976) 52
27/38 Marzorati, G.: Verstellbare Riementriebe und ihr optimaler Einsatz, Fachtagung Antriebstechn. Kongreßband anl. d. Hannover-Messe 1974, 79...101
27/39 Raths, W.: Berechnung der Tragfähigkeit von Flachriemengetrieben unter Benutzung von mittleren Reibungszahlen. Maschinenbautech. 23 (1974) 483...485
27/40 Simon, L.: Dynamisches Verhalten eines stufenlos verstellbaren Riemengetriebes mit hyperboloidischen Riemenscheiben, Maschinenbautech. 23 (1974) 505...507

27/41 Gerbert, B. G.: Tensile stress distribution in the cord of V-belts. Trans. ASME, Ser. B, J. Eng. Ind. 97 (1975) 14...22. Dazu: Kurzreferat von W. Kochem in Konstr. 28 (1976) 66
27/42 Morhard, A. J.: Breitkeilriemen-Verstellgetriebe. Ind. Anz. 97 (1975) 1485...1489
27/43 Neu, K.: Die Wellenbelastung. Antriebstech.14 (1975) 67...73
27/44 Szonn, R.: Zahnriemen und Profilbänder auch für große Längen. Maschinenmarkt 81 (1975) 451...452
27/45 Vollsynthetische Flachriemen für gekreuzte Riementriebe. Maschinenmarkt 81 (1975) 968
27/46 Kohse, R.: Verstellgetriebemotore für stufenloses Einstellen von Betriebsdrehzahlen. Antriebstech. 15 (1976) 192...197 u. 261...265
27/47 Langbein, R.: Keilriemenentwicklung — neue Rohstoffe, verbesserte Fertigungsverfahren. Ind. Anz. 99 (1977) 277...278
27/48 Raths, W.: Vorspann- und Wellenkräfte an Keilriemengetrieben. Maschinenbautech. 26 (1977) 208...211
27/49 Belt-type adjustable — speed drives. Power Transm. Des. Handbook 1977/78 32...35
27/50 Zaiss, J. J.: Synchronous-belt drives. Power Transm. Des. Handbook, 1977/78 126...128
27/51 Hagemeister, K.; Zacherl, A.: Hochtourige Flachriemengetriebe mit Laufgeschwindigkeiten bis 200 m/s. Antriebstech. 18 (1979) 247...252 u. 315...319
27/52 Köster, L.: Form- und kraftschlüssige Riemenantriebe. Rechnererstelltes Diagramm zur Bestimmung der geometrischen Auslegungsgrößen bei vorgegebenem Übersetzungsverhältnis. Antriebstech. 18 (1979) 240...245
27/53 Lössl, G.: Den Riementrieb zur Kühlung nutzen. Industrieanz. 102 (1980) Nr. 72, 29...30
27/54 Schumann, R.: Wann welcher Antriebsriemen. Antriebstech. 20 (1981) 141...152

Firmenschriften

Becker-Antriebe, Sinn/Dillkreis; Continental, Hannover; Heinrich Desch, Neheim-Hüsten; Flender, Bocholt; Goodyear, Köln; Hilger u. Kern, Mannheim; Höxtersche Gummifädenfabrik, Höxter; Mulco-Maschinentechnische Arbeitsgemeinschaft c/o Roth u. Co., München; Siegling, Hannover; Uniroyal, Aachen.

28 Reibradgetriebe

Die Umfangskraft wird durch Reibung unmittelbar (d. h. ohne Zwischenglied, z. B. Riemen) von einem Wälzkörper auf einen anderen übertragen. Man kann so auch eine Dreh- in eine Geradbewegung umsetzen (z. B. Rad—Schiene). Zum Erzeugen der Umfangskraft ist eine Anpreßkraft und eine möglichst hohe Reibungszahl erforderlich. Die Drehrichtungen von An- und Abtrieb sind — wie bei Zahnradgetrieben — gegensinnig.

28.1 Überblick, Eigenschaften

Gesamtübersicht und Vergleich mit anderen Getriebearten s. Abschn. 20.3 (für konstante Übersetzung), Abschn. 20.4 (für Verstellgetriebe, d. h. veränderliche Übersetzung). Schalt-Reibradgetriebe zum An- und Abkuppeln des Antriebs s. Abschn. 28.2.2.

Um die Wälzkörper nicht unnötig zu beanspruchen, werden häufig Anpreßvorrichtungen verwendet, die die Normalkraft proportional zur Belastung steuern (Bilder 28/6,14).

a) Vorteile:

- Einfache, genaue Herstellung der Wälzkörper (Zylinder, Kegel oder Kreistorus).
- Gleichförmige Bewegungsübertragung (vgl. Zahnräder Abschn. 20.3).
- Spielfreie Richtungsumkehr der Momentübertragung (vgl. Zahnräder: Flankenspiel).
- Geräuscharm (bei Weichstoffpaarung).
- Ausführung mit oder ohne Schmierung möglich (je nach Werkstoffpaarung).
- Stufenlose Übersetzungsänderung ohne Unterbrechung des Kraftflusses (vgl. Zahnradschaltgetriebe, Abschn. 20.4).
- Wälzkörper können auch Lagerungsfunktionen übernehmen, so daß Lager z. T. entfallen können (Bilder 28/2,3).

b) Nachteile:

- Normalkraft je nach Werkstoffpaarung 1,5...50 × Umfangskraft ($F_n = F_t/\mu_u$); dadurch:
- Hohe Wälzbeanspruchung in den Berührzonen.
- Hohe Belastung der Wellen und Lager.
- Nur eine kleine Stelle (Linien- oder Punktberührung) ist durch die Normalkraft belastet (d. h. örtliche Beanspruchung viel höher als beim Riemengetriebe).
- Schlupf (0,2...10%), abhängig von Werkstoffpaarung, Umfangskraft und evtl. Reibungszahländerung (z. B. durch Feuchtigkeit oder Öl bei trockener Paarung).
- Stoßdämpfung geringer, Geräusch ähnlich wie beim Riemengetriebe (starke Geräusche bei Paarung Stahl/Stahl ungeschmiert).
- Vorrichtung zum Aufrechterhalten bzw. Anpassen der Anpreßkraft (bei Verschleiß oder Änderung des Achsabstandes bzw. der Umfangskraft erforderlich).
- Paarungen Stahl/Stahl empfindlich gegen großen Schlupf (Freßgefahr).

28.2 Bauarten und Verwendung

28.2.1 Reibradgetriebe mit konstanter Übersetzung

Bild 28/1 zeigt das Prinzip einiger Bauformen. Die Reibräder sind ständig in Kontakt. Das Verhältnis der Wälzradien ist konstant. Sie wälzen längs der Berührlinie (ohne Bohrbewegung) ab.

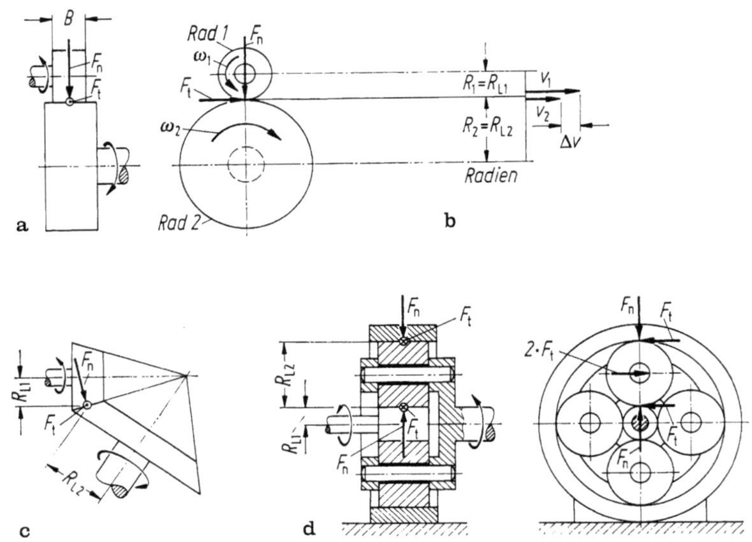

Bild 28/1. Reibradgetriebe mit konstanter Übersetzung. a) Zylindrische Reibräder mit Außenkontakt, Maße und Kräfte; b) Geschwindigkeiten zu a); c) kegelige Reibräder mit Außenkontakt; d) Reibrad-Planetengetriebe.

Bei Anordnung als Planetengetriebe heben sich die Lagerkräfte aus den hohen Normalkräften auf (Bilder 28/3, 10).

Geringere Lagerkräfte könnte man zwar auch mit Keilscheiben erreichen; wegen der dabei auftretenden Bohrbewegung und dem großen Nachstellweg führt man diese Bauform jedoch nicht aus.

Bei Straßenfahrzeugen bilden Reifen und Straße, bei Schienenfahrzeugen Rad und Schiene das Reibradgetriebe. Man verwendet Reibradgetriebe z. B. im Antrieb von Meßinstrumenten, Phonogeräten, Haushaltsgeräten, kleinen Förderanlagen und Werkzeugmaschinen.

Beispiele:

• **Antrieb einer Waschtrommel** (Bild 28/2).

Die Reibräder dienen zum Lagern und Antreiben der Trommel. Die Anpreßkraft wird durch das Gewicht der Trommel erzeugt. Damit hängt die Umfangskraft vom Füllgewicht ab, das somit die Funktion einer Anpreßvorrichtung erfüllt.

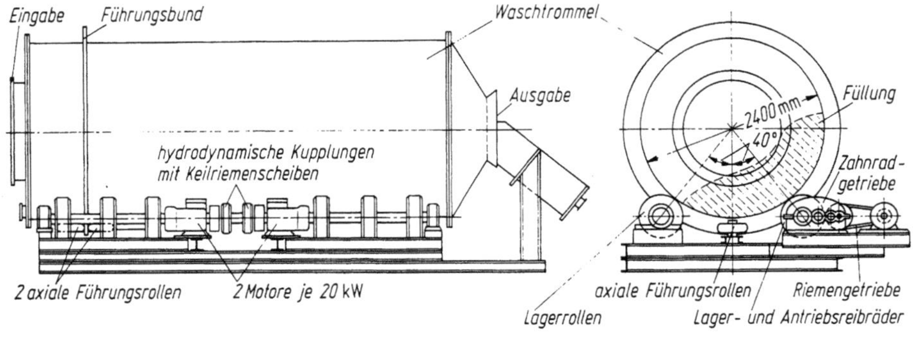

Bild 28/2. Antrieb einer Waschtrommel (Ratzinger, München). 12 zylindrische Gummireibräder, davon 6 angetrieben — je 3 durch 1 Elektromotor. Hydrodynamische Kupplungen gleichen Unterschiede in den Laufbahnradien aus und sichern sanfteren Anlauf. (Berechnung s. 1. Beispiel, Abschn. 28.9.)

Man könnte die Waschtrommel auch durch Kranlaufräder (DIN 15070) und kreisförmig gebogene Schienen oder Automobilreifen (DIN 7803, 7804, 7805, 7810) lagern und antreiben; jedoch Geräuschverhalten beachten!

• **Reibrad-Planetengetriebe** (Bild 28/3).

Man ordnet hierbei möglichst viele Planeten um das Sonnenrad an, damit sich die Gesamtumfangskraft auf viele Berührstellen verteilt (hohe Leistungsdichte).

Die Normalkräfte werden über elastische Verformung des Außenringes (mit Untermaß gefertigt) oder wie in Bild 28/3 über Stirnnocken an dem geteilten Sonnenrad angebracht. Aus den Normalkräften entstehen keine Lagerkräfte; die Wälzkörper aus gehärtetem Stahl übernehmen Lagerung und Führung. Die Laufruhe ist befriedigend.

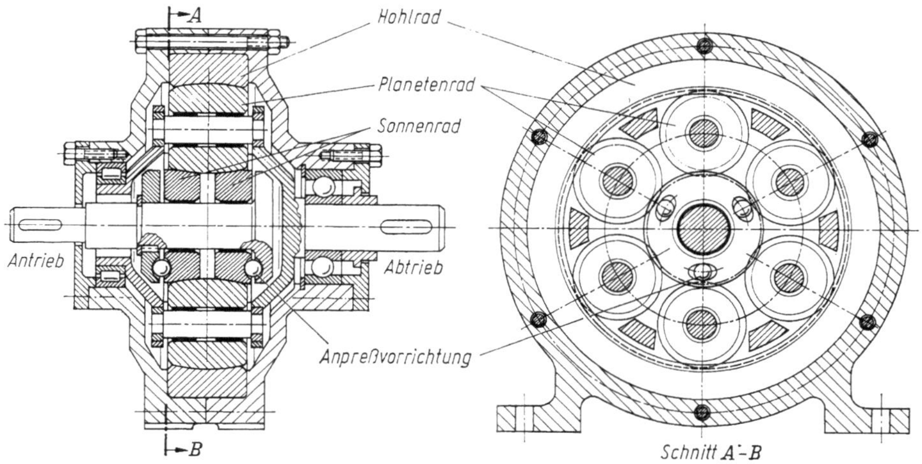

Bild 28/3. Reibrad-Planetengetriebe; nach [28/30]. P bis 100 kW, v bis 50 m/s, i bis 10:1.

28.2.2 Schalt-Reibradgetriebe

Wird die Normalkraft allmählich aufgebracht oder vermindert (bis zum Abheben), so dienen die Reibräder zusätzlich als Schalt-Reibkupplung. Dabei tritt zeitweise starker Schlupf auf. Man verwendet Schalt-Reibgetriebe (bei durchlaufendem Motor) für den Antrieb von Fallwinden, Friktionsspindelpressen, Phonogeräten und Aufspulvorrichtungen. Dabei wirken die Reibräder auch als Sicherheitsrutschkupplung. Um starken örtlichen Verschleiß beim Durchrutschen zu vermeiden, sollte das stärker verschleißende Element (z. B. Gummi bei der Paarung Gummi/Stahl) konstanten Reibradius haben und somit gleichmäßig beansprucht werden (vgl. Bild 28/4).

Beispiel: Schalt-Reibradgetriebe für eine Friktionsspindelpresse (Bild 28/4): Die beiden auf einer Hohlwelle sitzenden Reibscheiben drehen sich kontinuierlich (Antrieb links über Flachriemen). Werden die Reibscheiben nach rechts verschoben, d. h. die linke Reibscheibe gegen des Reibrad gepreßt, so wird die Spindel so gedreht, daß sie sich im Muttergewinde nach oben schraubt. Umgekehrt senkt sich die Spindel, wenn die Reibscheiben nach links verschoben werden, also die rechte Scheibe treibt.

Reibscheiben und Reibrad dienen als Schwungmasse. Beim Auf- und Abwärtsfahren der Spindel verändert sich auch die Übersetzung zwischen Reibscheiben und Reibrad. Als Reibbelag bevorzugt man noch immer Büffellederschnur, die verschleißfest, elastisch und unempfindlich gegen Stöße ist. Bei Überlastung sollen die Rutschkupplungen ansprechen (und nicht das Reibrad durchrutschen).

28.2.3 Verstell-Reibradgetriebe

Arbeitsweise und Anwendung der Verstellgetriebe s. Abschn. 20.4.

• Mögliche Bauformen:

1. Prinzip: An- und Abtriebswelle werden gegeneinander verschoben (vgl. Bild 28/7). Dies führt zu einem einfachen Getriebe mit einer einzigen Reibstelle. Meist muß jedoch der gesamte Motor mit verschoben werden.

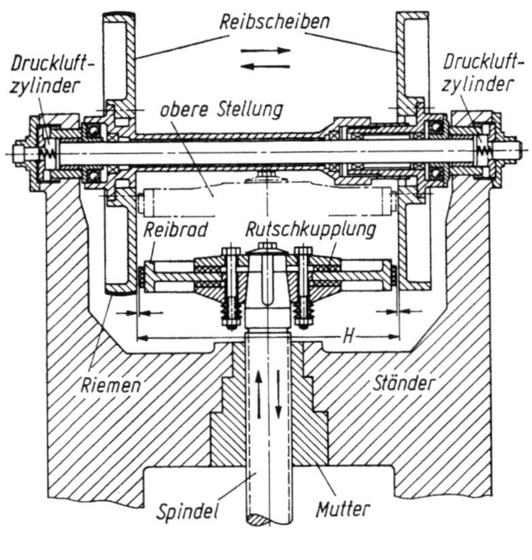

Bild 28/4. Schalt-Reibradgetriebe für eine Friktionsspindelpresse. $P = 12...230$ kW, (Maß H: 750 bis 3400 mm), Stellbereich ca. $R = 2:1/1:1$.

2. Prinzip: Eine oder mehrere Zwischenscheiben werden geschwenkt oder verschoben (Bilder 28/6, 8 ... 11). Vorteile: Der Verstellbereich ist größer; die Lage der An- und Abtriebswellen bleibt unverändert (z. B. koaxial). Nachteil: Die beiden hintereinandergeschalteten Reibstellen ergeben doppelte Verluste.

Bei Verstell-Reibradgetrieben kann reines Abwälzen nicht über den ganzen Verstellbereich eingehalten werden (s. Bild 28/5). Der Wälzbewegung überlagert sich eine Bohrbewegung. Um diese, in der Berührfläche zwangsweise hervorgerufenen Gleitgeschwindigkeiten und den dadurch bedingten Verschleiß klein zu halten, darf die Berührfläche nicht zu groß sein. Deshalb werden meist einer der Wälzkörper oder beide ballig ausgeführt (Kugel oder Kreistorus). Wegen der kleinen Berührfläche sind andererseits nur geringe Normalkräfte zulässig, deshalb beschränkt sich die Anwendung auf relativ kleine Leistungen.

Wegen der entsprechend höheren Übertragungsverluste ist es unwirtschaftlich, mehr als zwei Reibstellen hintereinanderzuschalten.

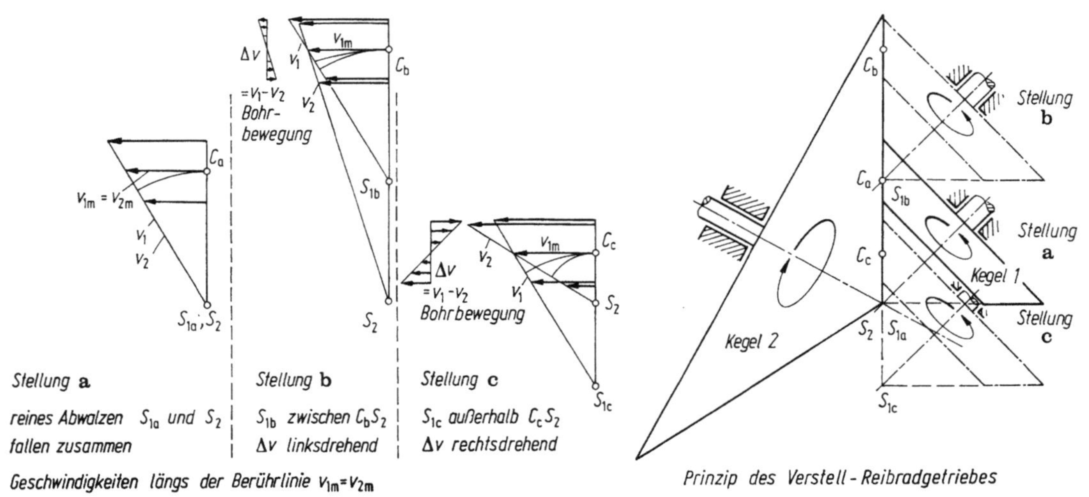

Bild 28/5. Wälz- und Bohrbewegung bei Verstell-Reibradgetrieben. Stellung a) zusammenfallende Kegelspitzen; Stellungen b) und c) nicht zusammenfallende Kegelspitzen (d. h. Bohrbewegung überlagert).

• Vielfachpaarung: Die übertragbare Leistung kann bei kompakter Bauweise dadurch gesteigert werden, daß man mehrere Reibstellen parallel schaltet (Bilder 28/6, 9). Allerdings sind hohe Fertigungsgenauigkeit und Steifigkeit notwendig, damit sich die Leistung gleichmäßig auf alle Reibstellen verteilt.

• Stellbereich R: Gesichtspunkte für die Wahl von R sind auch für andere Verstellgetriebearten gültig (Abschn. 20.4.2).

• Durch Nachschalten eines Planetengetriebes kann man den Stellbereich des Gesamtgetriebes einengen (und damit die Einstellgenauigkeit verbessern) oder erweitern. Jedes Verstellgetriebe läßt sich so vom Vorwärtslauf über Stillstand der Abtriebswelle auf Rückwärtslauf regeln. Ferner kann man damit in einem bestimmten Drehzahlbereich eine höhere Leistung übertragen.

Das Planetengetriebe wirkt als Überlagerungsgetriebe, von dem zwei Glieder mit dem Verstellgetriebe gekoppelt sind, ein Glied mit dessen Antrieb. Besonders günstig lassen sich Verstell-Reibradgetriebe mit koaxialen An- und Abtriebswellen mit Planetengetrieben kombinieren; s. z. B. Bild 28/6.

Schwierigkeiten treten allerdings bei Abtriebsgeschwindigkeit Null auf, sofern an der Abtriebswelle ein Drehmoment wirkt. Verstellgetriebe und Überlagerungsgetriebe werden dann zu einem Leistungskreislauf verspannt, in dem beide Getriebe durch eine größere umlaufende Leistung beansprucht werden, ohne daß an der Abtriebswelle Leistung abgegeben wird.

Verstell-Reibradgetriebe sollten nicht länger bei konstanter Übersetzung betrieben werden; die dann entstehende Rille würde die Verstellung erschweren oder zu frühzeitigem Ausfall der Wälzkörper führen.

• Einige ausgeführte Bauarten: Wichtige Unterscheidungsmerkmale sind: Form der Wälzkörper, Einrichtung für das Verstellen der Übersetzung, Anpreßvorrichtung (zum Erzeugen der für die Reibkraftübertragung notwendigen Normalkraft). Übersichten s. [28/8,24,26]. Gesichtspunkte für die Auswahl s. Abschn. 28.8.1.

a) Torus-Getriebe (Bild 28/6). Kraftausgleich zwischen beiden Zwischenscheiben, d. h. keine Querkräfte auf die Lager, Wälzkörper aus gehärtetem Stahl, Getriebe mit „präzisem Lauf", sehr geringe Bohrbewegung, koaxiale Wellen; Verstellung im Stillstand, hohe axiale Lagerkräfte.

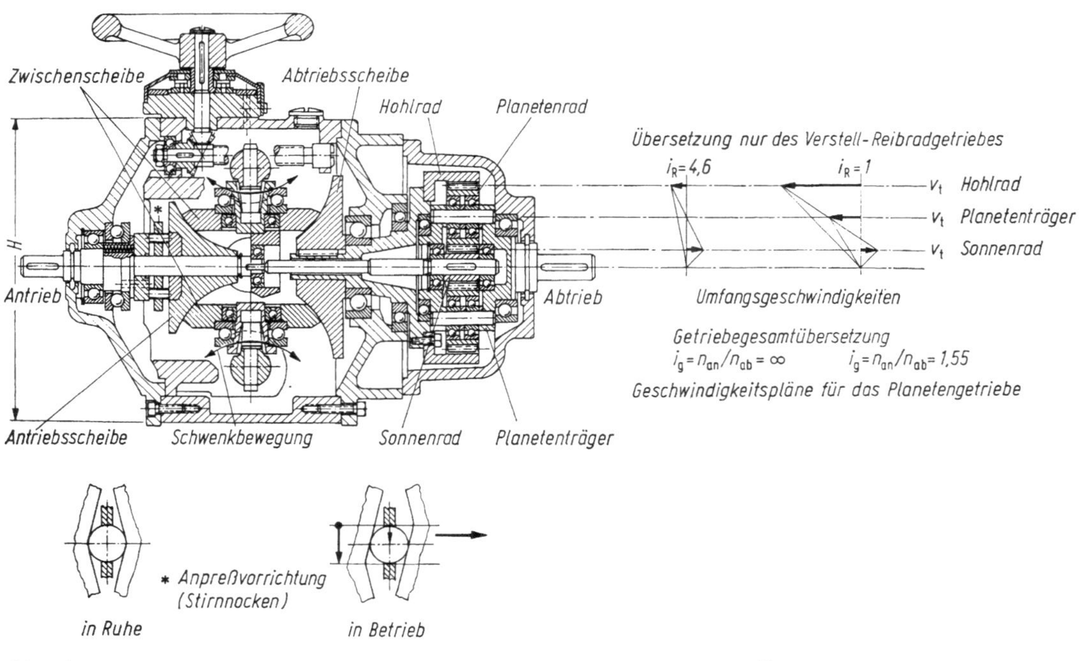

Bild 28/6. Verstell-Reibradgetriebe (Torus-Getriebe) mit nachgeschaltetem Überlagerungs-Planetengetriebe (Arter u. Co., Zürich). $P = 0{,}15 \ldots 5{,}5$ kW (Maß H: 130 ... 345 mm), Stellbereich $R = 1:1{,}2/\infty:1$. Ohne Planetengetriebe: $0{,}15 \ldots 7{,}5$ kW, $R = 1:2{,}2/4{,}5:1$.

b) Kegel-Reibring-Getriebe (Bild 28/7). Reibring aus Kunstharz mit Gewebeeinlage, Kegelscheibe aus Gußeisen, Anpreßvorrichtung am Abtrieb (konstanter Reibradius, s. Abschn. 28.6c), einfaches Getriebe, geringe Bohrbewegung.

c) Doppelkegel-Getriebe mit Zwischenring (Bild 28/8). Verschiebt man Kegelscheibe *1* axial, so wird *2* durch einen Bügel gegenläufig mitgenommen und Zwischenring *3* zwischen den Kegelscheiben quer zu den Wellen verschoben.

Wälzkörper aus gehärtetem Stahl, Steuerung der Normalkraft durch die Nachgiebigkeit der Kegelscheiben, Zwischenring kann so weit in Richtung der Reibkräfte F_{t1} und F_{t2} auswandern, bis sich diese und die Rückstellkräfte F_{z1} und F_{z2} das Gleichgewicht halten (Bild 28/8, rechts). Getriebe mit „präzisem Lauf", geringe Bohrbewegung, kompakte Bauform, Kombination mit vielen vor- oder nachgeschalteten Getrieben und Kupplungen möglich.

d) Zwischendoppelkegel-Getriebe (Bild 28/9). Wälzkörper aus gehärtetem Stahl, Anpreßvorrichtung an An- und Abtrieb, Getriebe mit „präzisem Lauf", mittlere Bohrbewegung, koaxiale Wellen, geringe Lagerkräfte durch Kraftausgleich, kleines Bauvolumen.

e) Kegel-Ringscheiben-Getriebe (Bild 28/10). Ändern der Übersetzung durch Verstellen des Achsabstandes zwischen Kegelscheiben *K* und Ringscheiben *R*. Kraftfluß: Antriebswelle, Zahnrad *1*, Zahnräder *2*, Zahnräder *3*, Wellen der Kegelscheiben (Bild 28/10, rechts).

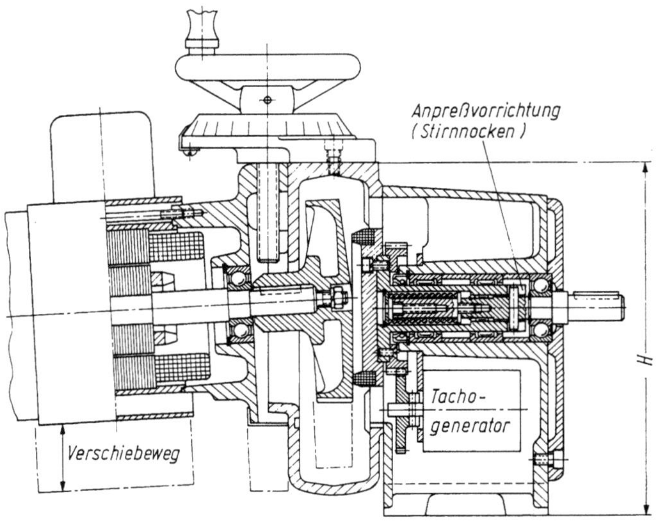

Bild 28/7. Verstell-Reibring-Getriebe (William Prym-Werke, Stolberg). $P = 0{,}1 \ldots 6$ kW (Maß H: 200 bis 420 mm), Stellbereich $R = 1:1/10:1$.

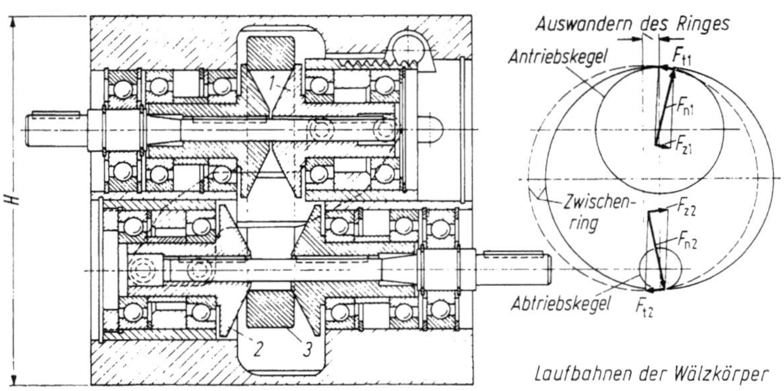

Bild 28/8. Doppelkegel-Getriebe mit Zwischenring (Heynau, München). $P = 0{,}1 \ldots 3$ kW (Maß H: 110 bis 310 mm), Stellbereich $R = 1:3/3:1$; Bez. *1*, *2*, *3* s. Text.

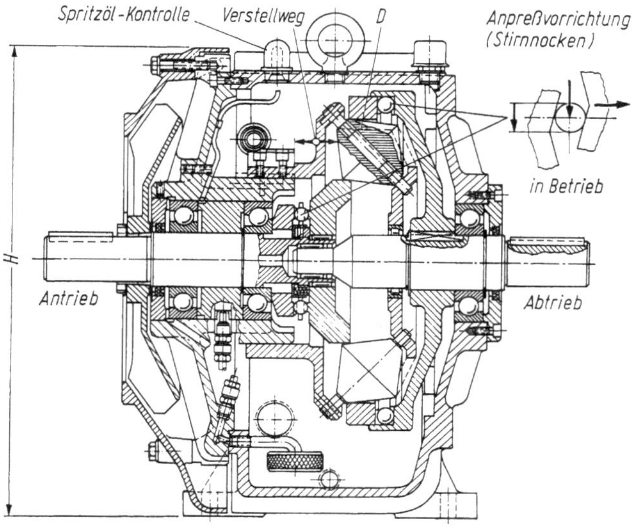

Bild 28/9. Zwischendoppelkegel-Getriebe (Kopp Variator *K*, Jean E. Kopp, Meyriez/Schweiz). *D* Doppelkegel (bis zu 7 auf dem Umfang). $P = 1{,}5 \ldots 136$ kW (Maß H: 200...780 mm), Stellbereich $R = 1:1{,}6/6:1$.

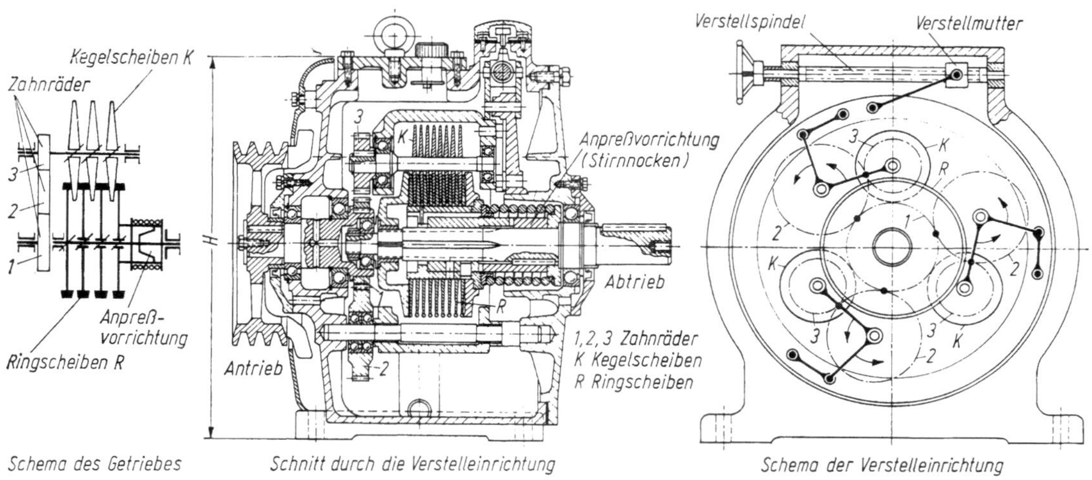

Bild 28/10. Kegel-Ringscheiben-Getriebe mit 3 Kegelscheibensätzen (bis zu 7 ausgeführt), (System Beier, Sumitomo, Japan). $P = 0{,}4 \ldots 150$ kW (Maß H: 200...990 mm), Stellbereich $R = 1:1{,}25/5:1$; Bez. s. Text.

Wälzkörper aus gehärtetem Stahl; Anpreßvorrichtung an der Abtriebswelle (Stirnnocken) muß gleichzeitig die axiale Verschiebung der Ringscheiben bei Übersetzungsänderungen aufnehmen, koaxiale Bauform; geringe Lagerbelastung durch flache Kegel (halber Kegelwinkel 87 bis 88°) und durch Kraftausgleich der Planeten, kleines Bauvolumen, sehr starke Bohrbewegung, hohe Fertigungsgenauigkeit wegen der vielen parallel geschalteten Übertragungselemente erforderlich.

f) Kugel-Scheiben-Getriebe (Bild 28/11). Die Geschwindigkeitspläne in Bild 28/11 rechts zeigen, daß die Kugeln bei unbelastetem Abtrieb in jeder Stellung des Käfigs exakt und schlupffrei abwälzen. Die Abtriebsdrehzahl ist Null, wenn die Achsen von Antriebswelle und Kugelkäfig zusammenfallen.

Wirkt am Abtrieb ein Drehmoment, so tritt Schlupf zwischen Scheiben und Kugeln auf. Die Reibkräfte, die daraus entstehen, müssen so gerichtet sein, daß auf den Käfig kein Drehmoment ausgeübt wird. Die Normalkraft wird durch die Tellerfeder, auf die sich die Antriebsscheibe abstützt, aufgebracht. Bei Überschreitung eines bestimmten Grenzdrehmomentes wächst der Schlupf bis zum Stillstand der Abtriebswelle; dies wird durch einen speziellen Schmierstoff ermöglicht, dessen Reibungszahl bei größerem Schlupf sehr stark abfällt (vgl. Bild 28/13). Das Getriebe kann als Überlast- oder Anfahrkupplung wirken.

Einfache Wälzkörper aus gehärtetem Stahl, mittlere Bohrbewegung, viele parallel geschaltete Übertragungsstellen, jedoch große Lagerkräfte.

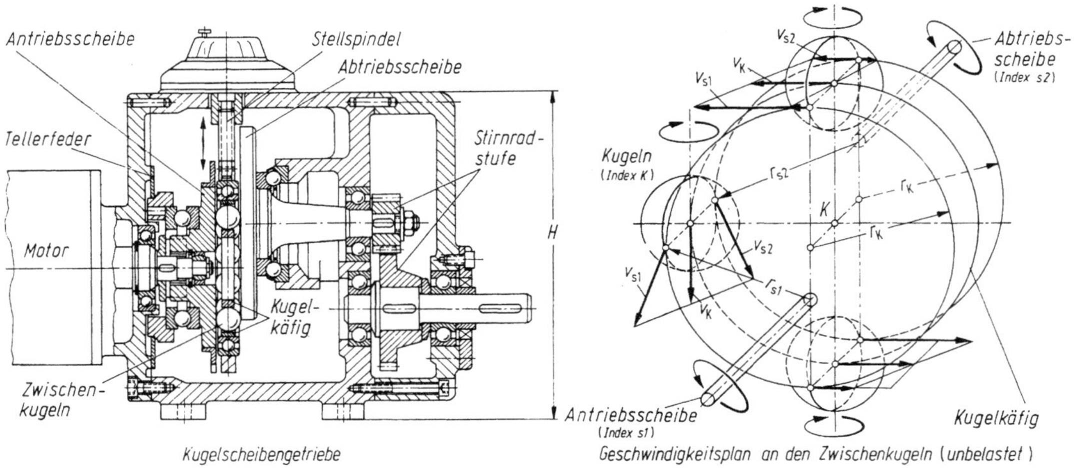

Bild 28/11. Kugel-Scheiben-Getriebe (PIV Werner Reimers, Bad Homburg, Posiva). $P = 0{,}25...3$ kW (Maß H: 210...300 mm), Stellbereich $R = 1:1{,}2/\infty:1$.

28.3 Zeichen und Einheiten

f	mm	Hebelarm der Rollreibung
h	mm	verschleißbare Belagdicke
i, i_0	—	Übersetzung, Standübersetzung[1]
k, k_{zul}	N/mm²	Stribecksche Wälzpressung, zulässige
n_1, n_2	min⁻¹	Drehzahl des Wälzkörpers 1 (treibend), 2 (getrieben)
p_H, $p_{H\,zul}$	N/mm²	Hertzsche Pressung, zulässige
s	%	Schlupf
v_1, v_2	m/s	Umfangsgeschwindigkeit am Wälzkörper 1, 2
z	—	Anzahl der Reibstellen
A_L	mm²	Laufbahnfläche
B	mm	Berührbreite
D_I, D_{II}	mm	Ersatzkrümmungsdurchmesser in Hauptebene I, II
E, E_1, E_2	N/mm²	Elastizitätsmodul (E-Modul), für Werkstoff 1, 2
F_n, $F_{n\,zul}$	N	Berührnormalkraft, zulässige
F_{r1}, F_{r2}	N	Radialkraft am Wälzkörper 1, 2
F_{x1}, F_{x2}	N	Axialkraft am Wälzkörper 1, 2
F_R	N	Reibkraft
F_t	N	(Nenn-)Umfangskraft am Reibkörper
L_h	h	Lebensdauer
P_1, P_2	W	(Nenn-)Antriebsleistung, (Nenn-)Abtriebsleistung
P_R	W	Reibverlustleistung
P_V	W	Getriebe-Gesamtverlustleistung
P_{VR}	W	Verlustleistung aus Reibkraftaufbau
P_{Vw}	W	Verlustleistung aus Wälzreibung
P_{VLP}	W	Verlustleistung aus Lagerbelastung
P_{V0}	W	Leerlaufverlustleistung
R	—	Stellbereich $= i_{max}/i_{min}$
R_1, R_2, R_3, R_4	mm	Krümmungsradien der Wälzkörper in den 2 Hauptebenen
R_{L1}, R_{L2}	mm	Laufbahnradien Wälzkörper 1, 2
S_R, $S_{R\,min}$	—	vorhandene Rutschsicherheit, Mindestrutschsicherheit
T_1, T_2	Nm	Antriebsmoment, Abtriebsmoment
V_v	mm³	verschleißbares Volumen
α_1, α_2	—	Halber Kegelwinkel des Wälzkörpers 1, 2
η_G	—	Getriebe-Gesamtwirkungsgrad
η_R	—	Reibstellenwirkungsgrad
μ; μ_u, $\mu_{u\,zul}$	—	Reibungszahl; genutzte, nutzbare (= Nutzreibungszahl)
μ_{max}	—	maximaler Wert der Reibungszahlkurve
μ_R, μ_w	—	Rollreibungszahl; Wälzreibungszahl
ω_1, ω_2	rad/s	Winkelgeschwindigkeit Wälzkörper 1, 2
ω_{n1}, ω_{n2}	rad/s	Winkelgeschwindigkeit um Berührnormale, Wälzkörper 1, 2
ω_{w1}, ω_{w2}	rad/s	Wälzwinkelgeschwindigkeit Wälzkörper 1, 2
ω_b, ω_w	rad/s	Bohrgeschwindigkeit, Wälzgeschwindigkeit

1 i und i_0 werden hier stets als positiv betrachtet, da der Vektor der Abtriebsdrehgeschwindigkeit eine beliebige Richtung annehmen kann, $i_0 = R_{L2}/R_{L1}$ (Laufbahnradius des getriebenen Wälzkörpers/Laufbahnradius des treibenden Wälzkörpers).

Indizes (nach VDI-Richtlinie 2155)

b Bohrbewegung
n Normalrichtung
u Nutzwert, nutzbar
w Wälzbewegung
1 treibender Wälzkörper (nach VDI 2155)
2 getriebener Wälzkörper (nach VDI 2155)

Im Gegensatz zu Zahnrädern kann demnach Wälzkörper 1 der größere oder der kleinere sein, ebenso Wälzkörper 2. Bei Verstellgetrieben kann sich das Verhältnis der Laufbahnradien je nach Stellbereich von < 1 bis > 1 verändern.

28.4 Werkstoffpaarung der Reibräder, Schmierstoffe

Im Vordergrund stehen folgende Anforderungen:

- Hohe Wälz- und Verschleißfestigkeit, um hohe Anpreßkräfte bei entsprechender Lebensdauer zu ertragen (günstig: gehärteter Stahl).
- Hohe Reibungszahl, um bei gegebener Anpreßkraft große Reibkräfte zu erhalten (günstig: z. B. Gummi).
- Hoher E-Modul, um Wälzverluste und Verformungen klein zu halten (günstig: Stahl).

Man benutzt hauptsächlich vier Werkstoffpaarungen:

a) Paarung — gehärteter Stahl/gehärteter Stahl — mit Reibradschmierstoff. Mit Hilfe des Schmierstoffes erreicht der gehärtete Stahl bei geringem Verschleiß sehr hohe Wälzfestigkeiten (bei Punktberührung bis $p_H = 3000$ N/mm²). Trotz der geringen genutzten Reibungszahl (im Mittel 0,03...0,05) ergeben sich hiermit die größten übertragbaren Leistungen. Unter günstigen Bedingungen bildet sich in der Berührzone ein elastohydrodynamischer Schmierfilm.

Wegen des großen E-Moduls sind Wälzverluste und Verformungen sehr gering. Die Laufflächen der Reibräder oder Wälzkörper müssen geschliffen, möglichst poliert sein. Die Fertigungsgenauigkeit kommt der von Wälzlagern nahe (z. B. zulässiger Rundlauffehler = 0,005...0,01 mm). Trotzdem ist bei Linienberührung wegen der geringen Verformungen eine gleichmäßige Lastverteilung kaum zu erreichen. Man macht deshalb die Wälzkörper meist leicht breitenballig (wie bei Rollenlagern) oder geht direkt auf Punktberührung über.

Die großen Lagerkräfte und Wellendurchbiegungen lassen sich durch Vielfachpaarung (Abschn. 28.2.3) oder Ausführung als Planetengetriebe (z. B. Bild 28/3) ausgleichen.

b) Paarung — Stahl oder Grauguß/Stahl — trocken. Reibungszahl (μ_u ca. 0,1) und Wälzfestigkeit liegen zwischen den Werten von a) und d). Der hohe E-Modul erfordert ebenso wie bei a) eine hohe Fertigungsgenauigkeit, die Rollgeräusche können sehr ausgeprägt sein. Verunreinigungen und Schmiermittel müssen unbedingt von den Reibflächen ferngehalten werden (Reibungszahl), um die Funktion des Getriebes aufrechtzuerhalten.

c) Paarung — Hartgewebe[2]/Stahl oder Grauguß — trocken. Genutzte Reibungszahl ca. 0,2, d. h. geringer als bei den Elastomeren; jedoch ist die Wälzfestigkeit höher, so daß sich ein ähnlicher Leistungsbereich wie bei d) (Elastomeren) ergibt. Der E-Modul ist größer, Verformungen und Wälzverluste sind daher geringer als bei d). Das Geräuschverhalten ist ähnlich günstig. Anwendungsgebiet daher etwa gleich dem der Paarung Neopren/Metall.

d) Paarung — Elastomere[3] (Gummi, Weichstoff)/Metall (meist Stahl, Grauguß oder Aluminium), Beton, Holz usw. — trocken. Reibungszahl μ_u etwa 0,5...0,7 gegenüber 0,03...0,05 bei Paarung a) (gehärteter Stahl geschmiert). Wegen der geringen Wälzfestigkeit jedoch

---

2 Hartgewebe oder Schichtpreßstoffe sind mit Phenolharz gebundene Gewebe (meist Baumwollgewebe); vgl. DIN 7735, (Type 2081 bis 2083) und Abschn. 5.6.

3 Elastomere sind Stoffe mit elastisch-plastischem Verhalten, ähnlich dem Kautschuk. (Produktnamen: z. B. Chloropren, Vulkanol).

Tafel 28/1. Beanspruchungswerte für verschiedene Werkstoffpaarungen

Werkstoffpaarung	Schmierung	Reibung: Nutzreibungszahl $\mu_{u\,zul}$	Reibung: Zugehöriger Schlupf s in %	Wälzreibung: Wälzhebelarm f in mm / Rollreibungszahl μ_R	Zulässige Normalbeanspruchung: Hertzsche Pressung $p_{H\,zul}$ in N/mm² / Stribecksche Pressung k_{zul} in N/mm² / Normalkraft $F_{n\,zul}$ in N	Verschleißbeiwert f_v mm³/kWh	Ersatz E-Modul E in N/mm² (s. bei (28/35))
Gehärteter Stahl/gehärteter Stahl (s. Bild 28/19) für Bohr-Wälz-Verhältnis					Punktberührung:[c] (s. Bild 28/19)		
$\frac{\omega_b}{\omega_w} = 0$	paraffin-basisches Reibradöl	0,02 ...0,04[a]	1...3[a]	$f = 0{,}005...$[b] 0,01...0,1	$p_{H\,zul} = 2500...3000$	—	$2{,}1 \cdot 10^{-5}$
$= 1$		0,015...0,035	2...4		$p_{H\,zul} = 2000...2500$		
$= 10$		0,01 ...0,025	5...10		$p_{H\,zul} = 300...800$		
$\frac{\omega_b}{\omega_w} = 0$	naphten-basisches Reibradöl	0,03 ...0,05[a]	0,5...2[a]		$p_{H\,zul} = 2500...3000$		
$= 1$		0,025...0,045	1...2		$p_{H\,zul} = 2000...2500$		
$= 10$		0,015...0,03	4...7		$p_{H\,zul} = 300...800$		
$\frac{\omega_b}{\omega_w} = 0$	synth. Reibrad-schmiermittel (höchster Reibwert)	0,05 ...0,08[a]	0...1[a]		$p_{H\,zul} = 2500...3000$		
$= 1$		0,04 ...0,07	1...3		$p_{H\,zul} = 2000...2500$		
$= 10$		0,02 ...0,04	3...5		$p_{H\,zul} = 300...800$		
Stahl St 70/gehärteter Stahl[d]	paraffin-basisches Reibradöl	0,02...0,04[a]	1...3[a]	$f = 0{,}01...0{,}1$	Linienberührung $p_{H\,zul} = 650$	—	$2{,}1 \cdot 10^5$
Grauguß/Stahle[e] GG 26/St 70		0,02...0,04[a]	1...3[a]	$f = 0{,}01...0{,}1$	Linienberührung $p_{H\,zul} = 450$	—	$1{,}53 \cdot 10^5$
Stahl/Stahl GS-45/St 50[f] GS-52/St 50 C 35[f] GS-60/St 60 C 45[f] GS-70/St 70 C 60[f] St 60/St 70[j]	—	trockene Oberflächen 0,1...0,15[g]	0,5...1,5[g]	$f = 0{,}5$[h] $f = 0{,}5$[h]	Linienberührung: $p_{H\,zul} = 500$[f] $p_{H\,zul} = 540$[f] $p_{H\,zul} = 570$[f] $p_{H\,zul} = 620$[f] $p_{H\,zul} = 530...700$[j]	—	$2{,}1 \cdot 10^5$
St 52/St 70[j] St 80/St 70[k]	—	feuchte Oberflächen 0,05...0,07	1...3	$f \approx 0{,}0184\sqrt{R_{L1}}$[k] für Eisenbahnrad u. -schiene	$p_{H\,zul} = 530...650$[j] $p_{H\,zul} = 420$[k]	—	

Grauguß/Stahl GG 18/St 50[f] (Kranräder) GG 21/St 70[j]	—	0,1...0,15	0,5...1,5	$f = 0{,}05 \dots 0{,}5$	Linienberührung GG 18/St 50 $\sigma_{H\,zul} = 384$[f] GG 21/St 70 $p_{H\,zul} = 320 \dots 390$[j]		$1{,}5 \cdot 10^5$
Hartgewebe/Grauguß[l] Schichtpreßstoff/Grauguß[m]	— —	0,15...0,35 0,2...0,3	2...5 2...5	$f = 0{,}15$ $f = 0{,}15$	Linienberührung $k_{zul} = 0{,}8 \dots 1{,}4$[l] $k_{zul} = 1{,}0$[m]	400 400	$1{,}39 \cdot 10^4$ $7 \cdot 10^3$
Elastomere/Metall Gummireibräder/Stahl[n]	—	trock. Umgebung 0,7 intermittierender Betrieb: 0,5 feuchte Umgebung: 0,3	4...10[a]	$\mu_R = 0{,}2$	Linienberührung $k_{zul} = 0{,}2$[e] $F_{n\,zul} = R_{L1} \cdot B \cdot C_{zul}$[n] $F_{n\,zul} = R_{L1} \cdot B \cdot 0{,}235$ für $V_1 \cdot < 0{,}6\ m/s$	20[e]	—
Autoreifen (Typ 165 SR 14)/Beton[r] Autoreifen (Typ 165 SR 14)/Stahl	— —	0,3 ...0,4 0,35...0,5	5 3...4	$\mu_R = 0{,}01 \dots 0{,}02$[s]	$F_{n\,zul\,Ebene} = 4250$ N[q,r]	—	—
Leder/Grauguß[r]	—	0,1 ...0,3	2...5	—	Linienberührung $k_{zul} = 0{,}1 \dots 0{,}2$[t]	—	—
Schichtholz/Grauguß[r]	—	0,1 ...0,35	2...5	$f = 0{,}15$	Linienberührung $k_{zul} = 0{,}7 \dots 1{,}1$[u]	—	$1{,}52 \cdot 10^2$

[a] Nutzreibungszahl und Schlupf nach Versuchen und Berechnungen der FZG, TU München und [28/17, 19, 57]
[b] Nach Bd. I Abschn. 13.5 [28/6, 39, 40]
[c] Nach Angaben von Verstell-Reibradgetriebeherstellern bei Punktberührung (s. Bild 28/19)
[d] Nach [28/43]
[e] Nach [28/20]
[f] Für Kranräder nach DIN 15070 Radius der Räder: 100...625 mm s. (28/40)
[g] Nach [28/51]
[h] Nach [20/27]
[j] Nach Bd. I, Abschn. 13.4.2
[k] Für Räder/Schiene bei Eisenbahnen; Breite $B = 40$ mm nach Bd. I, Abschn. 13.4.2
[l] Nach [28/10]
[m] Schichtpreßstoff nach DIN 7735, Typ 2081 bis 2083 nach [20/34]
[n] Für Gummi-Reibräder nach DIN 8220 Typ A mit aufvulkanisiertem Belag und Typ B mit aufgepreßtem Belag (Stahldrahteinlage); c_{zul} s. Bild 28/21. Bedingung: Radius der Gegenscheibe $R_{L2} > R_{L1}/7$, was meistens zutrifft. (Kleinere Werte für R_{L2} s. [28/43]; vgl. [28/41])
[o] Nach [28/20]
[p] Weitere Einflüsse auf die Reibungszahlkurven s. [28/41]
[q] Pkw-Reifen in Gürtelbauart (Radialreifen) nach DIN 7803/3
[r] Zulässige Normalkraft bei Lauf gegen Ebene nach der Grundlage für die wirtschaftliche Reifenwahl DIN 7803/3, maximale Umfangsgeschwindigkeit 50 m/s, Luftdruck 0,2 N/mm²
[s] Gilt bis zu einer Geschwindigkeit von 20 m/s, darüber starker Anstieg
[t] Nach [28/9]
[u] Nach [28/6, 9, 10]

nur ca. 10% der Leistung gegenüber Paarung a) übertragbar (Stribecksche Wälzpressung bei Linienberührung für Gummireibräder $k_{zul} = 0{,}5\ \mathrm{N/mm^2}$ (zum Vergleich: Reibräder aus gehärtetem Stahl $k_{zul} = 50\ \mathrm{N/mm^2}$).

Wegen des geringen E-Moduls sind Verformungen und Wälzverluste größer. Günstig ist der geräuscharme Lauf und das Vermögen, Drehmomentstöße abzubauen, was auf die elastischen und schwingungsdämpfenden Eigenschaften der Elastomere zurückzuführen ist.

Schmierstoffe müssen unbedingt von den Laufflächen ferngehalten werden, um einen drastischen Abfall der Reibungszahl und eine eventuelle Zerstörung des Gummis zu verhindern. Die Lager werden deshalb meist mit Fett geschmiert und müssen sorgfältig abgedichtet werden.

Da Gummireibräder stark verschleißen, muß deren Breite stets kleiner als die der Metallgegenräder sein, um Verschleißstufen zu vermeiden. Wegen der begrenzten Lebensdauer müssen die Gummireibringe leicht auswechselbar sein.

Trotz größerer Abmessungen sind Getriebe mit Reibrädern aus Elastomeren durchweg billiger als bei Paarung Stahl/Stahl (Kräfte auf Wellen und Lager). Daher bevorzugt man Elastomere für Reibradgetriebe mit konstanter Übersetzung.

Sehr einfache und preiswerte Reibradgetriebe erhält man durch Verwendung von Automobil-Luftreifen. Man kann dann auch Antriebsaggregate aus dem Automobilbau, wie Radnaben, Bremsen, Gelenkwellen und Zahnradgetriebe zum Bau von Reibradgetrieben benutzen.

e) Weitere Werkstoffpaarungen, die weniger häufig eingesetzt werden s. Tafel 28/1.

f) **Reibradschmierstoffe.** Bei geschmierten Reibradpaarungen ist der Schmierstoff ein wichtiges Konstruktionselement. Übertragbares Moment, Verschleiß, Wirkungsgrad und Verlauf der Reibungszahlkurve hängen entscheidend vom Schmierstoff ab.

Wesentlich ist, daß nur Reibradschmierstoffe verwendet werden (die ja auf hohe Reibungszahlen entwickelt werden). Man verwendet (vgl. Angaben in Tafel 28/1):

- Paraffinbasische Mineralöle (P).
- Naphtenbasische Mineralöle mit durchweg höheren Reibungszahlen als (P).
- Synthetische Schmierstoffe, speziell entwickelt für hohe Reibungszahl oder besondere Reibungszahlkurve (s. Bild 28/13). Entwicklungstendenz s. Abschn. 28.5.3.

Schmierstoffe für Zahnradgetriebe großer Zähigkeit haben eine niedrige Gleitreibungszahl. Sie sind deshalb für Reibradgetriebe ungeeignet. Wichtig sind vielmehr:

- Hohe Reibungszahl, wobei hohe Viskosität u. U. in Kauf genommen wird.
- Niedrige Viskosität wegen geringer Planschverluste. Bei vielen Reibradölen ist überdies niedrigere Viskosität mit höherer Reibungszahl verbunden. Man beachte jedoch:

Die Viskosität bei Umgebungsbedingungen ist allein kein Kriterium für das Reibverhalten des Schmierstoffes. Ferner: Schmierstoffe niedriger Viskosität führen meist zu verstärktem Verschleiß. Sie sind auch meist weniger stabil bei hohen Temperaturen.

Einfluß des Schlupfes auf die Reibungszahl bei verschiedenen Schmierstoffen s. Abschn. 28.5.2.

28.5 Reibkraft, Reibungszahl, Schlupf, Schmierstoffeinfluß

Anhaltswerte für die Berechnung s. Tafel 28/1.

28.5.1 Entstehung der Reibkraft

Mit Bild 28/1 gilt für die Reibkraft in Umfangsrichtung:

$$F_R = \mu F_n . \tag{28/1}$$

Die Reibungszahl ist hier — im Gegensatz zum klassischen Reibungsgesetz für Festkörper — nicht konstant. Reibkräfte können zwischen zwei Flächen nur dann wirken, wenn beide um einen kleinen Wegbetrag gegeneinander verschoben werden. So werden Reibkräfte in einer Richtung aktiviert.

Man nimmt an, daß sich die Reibkraft hauptsächlich aus 4 Anteilen zusammensetzt, die wie folgt wirken:

- Haftkräfte der sich berührenden Flächen überwinden.
- Bleibende Oberflächenverformungen erzeugen (Abscheren, Riefen).
- Hysterese infolge nicht vollelastischen Verhaltens der Reibkörper (wesentlich bei Elastomeren).
- Bei Elastomeren und insbesondere aber bei geschmierten Flächen kommt ein Anteil aus dem viskosen Verhalten hinzu: Es wirkt hier nur dann eine Scherkraft, wenn eine Differenzgeschwindigkeit Δv zwischen den Reibflächen vorhanden ist (Bild 28/1).

Außer dieser Gleitreibung tritt bei Wälzpaarungen eine Wälzreibung (aus der Hysterese und den Mikrogleitbewegungen beim Verdrängen des Schmiermittels) auf (vgl. Abschn. 28.7.8b).

28.5.2 Schlupf

Die für die Reibkraftübertragung erforderliche Geschwindigkeitsdifferenz kann durch den Schlupf s ausgedrückt werden:

$$s = (v_1 - v_2)/v_1 \cdot 100 = \Delta v/v_1 \cdot 100. \qquad (28/2)⊛$$

Der Schlupf hängt stark von der Bohrgeschwindigkeit ab; s. (28/13,14), Bilder 28/17,19. — Einfluß des Schlupfes auf die Reibungszahl s. Bilder 28/12,13,17.

28.5.3 Reibungszahlkurven (Wälz-Gleit-Reibungszahlen)

Bild 28/12 zeigt einen Überblick für 3 Werkstoffpaarungen. Man erkennt:

- Die Paarung Gummi/Stahl, trocken, erreicht nach einem flachen Anstieg die höchste Reibungszahl bei dem größten Schlupfbetrag.
- Die Paarung Stahl/Stahl, trocken, ergibt den steilsten Anstieg, wobei die maximale Reibungszahl nur etwa halb so hoch ist wie bei Gummi/Stahl.
- Bei der Paarung gehärteter Stahl/gehärteter Stahl, geschmiert, liegt der Anstieg zwischen dem der beiden o. a. Paarungen; die Reibungszahl erreicht nur etwa 10% der Werte von Gummi/Stahl.

Besonderheiten der Paarung Stahl/Stahl, geschmiert, zeigt Bild 28/13. Für beide Mineralöle ergibt sich im untersuchten Bereich eine ansteigende Tendenz der Reibungs-

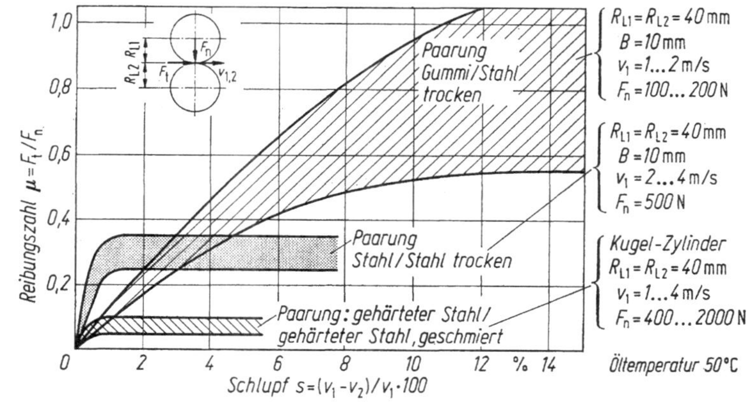

Bild 28/12. Reibungszahlen, ermittelt an einem 2-Scheiben-Reibungsprüfstand (FZG, TU München); nach [28/17].

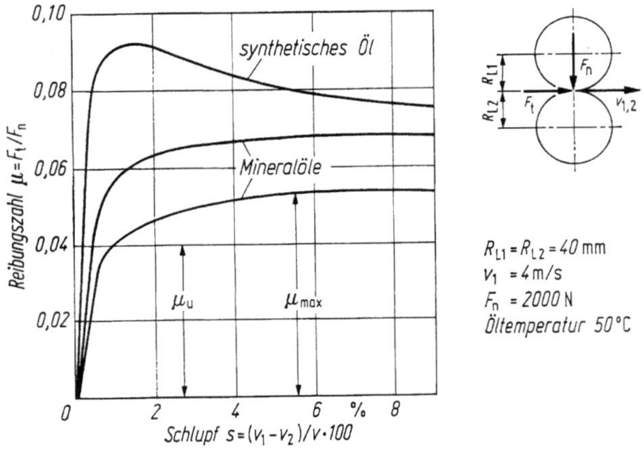

Bild 28/13. Reibungszahlen der Paarung gehärteter Stahl/gehärteter Stahl (Kugel gegen Zylinder) ermittelt an einem 2-Scheiben-Reibungsprüfstand bei verschiedenen Reibradschmierstoffen (FZG, TU München); nach [28/19].

zahlen, die des synthetischen Öls weist dagegen ein ausgeprägtes Maximum auf. Wird einer derartigen Wälzpaarung eine so große Umfangskraft abverlangt, daß das Maximum der Reibungszahlkurve überschritten wird, so rutscht die Paarung durch. Dadurch tritt in der Berührfläche eine große Reibleistung auf; die Oberflächen werden durch Fressen zerstört.

Die in Bild 28/13 dargestellten Reibungszahlkurven sind charakteristisch für den elasto-hydrodynamischen Schmierzustand. Bekanntlich kann hierbei die Scherspannung im Schmierfilm die Größenordnung der Scherfestigkeit von Kunststoffen erreichen ($\tau \approx 100$ N/mm^2) und damit beachtliche Reibkräfte übertragen. Für Paarungen in diesem Schmierzustand hat man folgende Zusammenhänge festgestellt:

- Die maximalen Reibungszahlen sinken im Bereich kleiner Pressungen, steigen im Bereich größerer Pressungen ($p_H \approx 600 \ldots 1500$ N/mm^2) und sinken wiederum bei sehr großen Pressungen ($p_H \gtrsim 2000$ N/mm^2) jeweils mit zunehmender Pressung.
- Durch eine dem Wälzen überlagerte Bohrbewegung (Bilder 28/16,17) wird die Reibungszahlkurve flacher. Dasselbe gilt für eine überlagerte Schräglaufbewegung (d. h. unterschiedliche Richtung der Umfangsgeschwindigkeiten v_1 und v_2, Bild 28/15).
- Von den Mineralölen ergeben die naphtenbasischen die höchsten Reibungszahlen [28/22].
- Mit gezielt entwickelten synthetischen Schmierstoffen lassen sich etwa doppelt so hohe Reibungszahlen wie mit Mineralölen erreichen.[4]
- Mit zunehmender Schmiermitteltemperatur können Anstieg und Höhe der Reibungszahlkurven größer oder kleiner werden (abhängig vom Schmierzustand); bei vollausgebildetem Schmierfilm führt eine Temperaturerhöhung allgemein zu kleineren Gleitreibungszahlen.

28.6 Erzeugen der Anpreßkräfte

Die benötigte Normalkraft F_n ist bestimmt durch die zu übertragende Umfangskraft F je Reibpaarung und die genutzte Reibungszahl μ_u:

$$F_n = F_t/\mu_u\,. \tag{28/3}$$

Man muß mit der Nutzreibungszahl unter der maximalen Reibungszahl bleiben (Bild 28/13), möglichst im linearen Bereich des Anstieges der Reibungszahlkurve, um hohen Schlupf und damit hohe Verlustleistung (Erwärmung) und starken Verschleiß (evtl. Fressen) zu vermeiden. Die Anpreßkraft läßt sich wie folgt aufbringen:

4 Man strebt eine mit dem Druck stark ansteigende Reibungszahl an. Von diesen Entwicklungen ist noch eine Steigerung der Tragfähigkeit von Verstell-Reibradgetrieben zu erwarten.

a) Vorspannen durch Feder oder Gewicht mit der maximal benötigten Kraft F_n. Nachteil: Die Berührfläche steht auch bei Teillast unter der maximalen (d. h. dann unnötig hohen) Pressung.

b) F_n wird etwa durch eine Hebelvorrichtung nach Bild 28/14 proportional der geforderten Umfangskraft F_t gehalten, so daß sich immer eine konstante genutzte Reibungszahl ergibt. Im Leerlauf ist eine gewisse Voranpressung durch Federn notwendig. Allerdings kann hierbei die Lastrichtung nicht umgekehrt werden; ferner ist das Schwingungsverhalten wegen der großen Motormasse ungünstig.

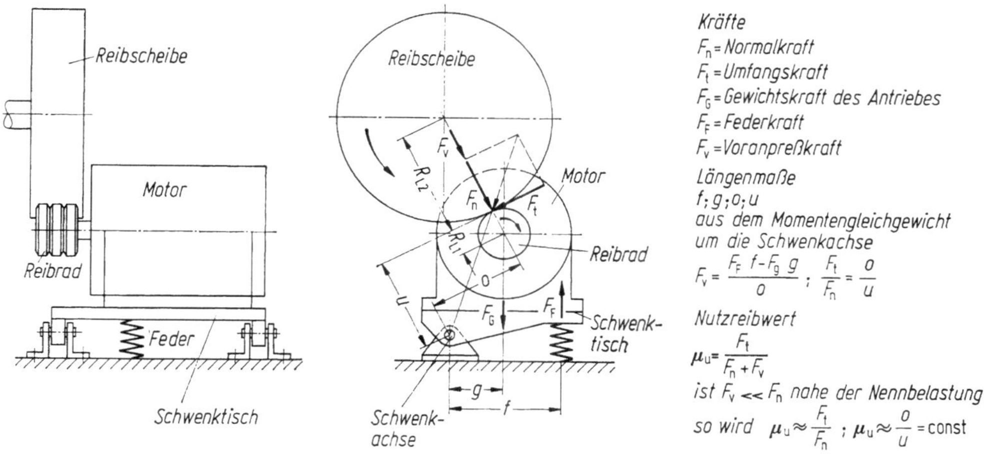

Bild 28/14. Reibradgetriebe mit konstanter Übersetzung und Anpreßvorrichtung für konstante genutzte Reibungszahl gesteuert über die Umfangskraft.

c) F_n wird abhängig von dem zu- oder abgeführten Drehmoment gesteuert. Meist verwendet man Stirnnocken, die die Reibscheiben auf der An- oder Abtriebswelle axial an die Gegenscheiben pressen (Bilder 28/6, 9). F_n ist also abhängig vom An- bzw. Abtriebsmoment und nicht wie unter b von der Umfangskraft Ändert man den Laufbahnradius, so bewirkt dies bei gleichem Moment (d. h. geänderter Umfangskraft) keine Änderung der Normalkraft. Man muß die Anpreßvorrichtung deshalb für die Stellung mit der kleinsten Rutschsicherheit auslegen. Sie sollte möglichst dort angeordnet werden, wo der Laufbahnradius R_L beim Verstellen konstant bleibt (Bild 28/7). Ändert sich R_L beim Verstellen auf An- und Abtriebsseite, so ordnet man sie dort an, wo sich die genutzte Reibungszahl beim Verstellen am wenigsten ändert (vgl. Abschn. 28.5.3). Bei der Auslegung der Anpreßvorrichtung sind die äußeren Zusatzkräfte (z. B. Einschaltstöße) zu berücksichtigen (Klemmgefahr). Unter Umständen schaltet man eine Sicherheitsrutschkupplung vor.

d) Kann F_n nicht der geforderten Umfangskraft angepaßt werden, so muß man versuchen, die maximale Reibungszahl zu erhöhen (z. B. durch Sandstreuen auf der Straße oder Schiene); oder umgekehrt die geforderte Umfangskraft durch Verringern der Antriebsleistung mindern (Beispiel: „Schleuderschutz“ bei Schienenfahrzeugen, durch Verringern der Antriebsleistung oder Antiblockierschutz bei Straßenfahrzeugen, wobei die Bremskraft und damit die Leistung verringert wird).

Berechnung der Anpreßkräfte bei den verschiedenen Anordnungen s. Abschn. 28.7.6.

28.7 Grundlagen der Berechnung

Ermittlung der Kennwerte, die für die Berechnung von Verlustleistung und Wirkungsgrad sowie für Bemessung und Tragfähigkeitsrechnung benötigt werden.

28.7.1 Grundelemente einer Reibradpaarung

Für Getriebe mit konstanter Übersetzung und Schaltgetriebe werden meist zylindrische Reibräder mit angenäherter Linienberührung verwendet. Für die Berechnung benötigte Maße, Kräfte und Geschwindigkeiten s. Bild 28/1.

Bei Verstell-Reibradgetrieben bevorzugt man Punktberührung (s. Abschn. 28.2.3). Die Bewegungen in der elliptischen Berührfläche kann man von der Bewegung zweier gedachter Wälzkegel ableiten (Bild 28/15). Dies sind die Kegel, die von denjenigen Tangenten an die Laufspur gebildet werden, die die Drehachsen der Wälzkörper schneiden. S_1 und S_2 sind die Spitzen dieser Wälzkegel mit den Kegelwinkeln α_1 und α_2. Für die Berechnung wird angenommen, daß der Berührpunkt C mit S_1 und S_2 auf einer Geraden liegt. Andernfalls stimmen die Richtungen der Umfangsgeschwindigkeiten beider Wälzkörper in der Mitte der Berührflächen nicht überein (Bild 28/15 rechts), es liegt Schräglauf vor. Dies bedeutet eine zusätzliche Gleitbewegung senkrecht zur Umfangsrichtung, sie kann zu erheblichen Verlusten in der Reibkraftübertragung führen. Weitere Hinweise s. [28/19].

28.7.2 Geometriebeziehungen

Formeln zur Berechnung der Hertzschen Pressung und der Stribeckschen Pressung s. Abschn. 28.8.3.

Standübersetzung (= Übersetzung aus den Abmessungen der Laufbahnen, d. h. ohne Berücksichtigung des Schlupfes) für eine einzelne Wälzpaarung:

$$i_0 = R_{L2}/R_{L1}\ ^{(5)} \tag{28/4}$$

R_{L1}, R_{L2} für Linienberührung Bild 28/1, für Punktberührung Bild 28/15.

a) Linienberührung (Bild 28/1). Die Krümmungsradien sind gleich den Zylinderradien R_1 und R_2. Berührungsbreite ist die Laufbahnbreite B des schmalsten Reibrades. Ersatzdurchmesser:

$$D_I = 2R_1R_2/(R_1 + R_2). \tag{28/5}$$

b) Punktberührung (Bild 28/15). Krümmungsradien in der Ebene der Wälzrichtung (Hauptebene I) senkrecht zur Berührkegelmantellinie $\overline{S_1CS_2}$:

$$R_1 = R_{L1}/\cos\alpha_1 \tag{28/6}$$

$$R_2 = R_{L2}/\cos\alpha_2. \tag{28/7}$$

Krümmungsradien in der Ebene der Wälzkörperachsen (Balligkeit der Wälzkörper, Hauptebene II) sind R_3 und R_4.

Bei Hohlkrümmung, d. h. wenn beide Krümmungsmittelpunkte auf einer Seite des Berührpunktes liegen, Krümmungsradius für die Hohlkrümmung negativ setzen.

Ersatzdurchmesser D_I in der Hauptebene I (kleinerer der beiden Ersatzdurchmesser D_I und D_{II} — sonst Hauptebenen vertauschen) nach (28/5), Ersatzdurchmesser D_{II} in der Hauptebene II:

$$D_{II} = 2R_3R_4/(R_3 + R_4). \tag{28/8}$$

Bei Hohlkrümmung wieder Krümmungsradius negativ einsetzen!

28.7.3 Übersetzung i bei Kraftübertragung

Infolge des Schlupfes und der elastischen Verformungen weicht i von der Standübersetzung i_0 ab. Meist genügt es, ausschließlich den Schlupf zu berücksichtigen:

$$i = i_0/(1 - s/100) = n_1/n_2.\ ^5 \tag{28/9}$$ ⊛

Man entnimmt den Schlupf für die jeweiligen Bewegungsverhältnisse (z. B. aus Bild 28/17) und entsprechend der Rutschsicherheit bzw. der genutzten Reibungszahl aus den Reibungszahlkurven (z. B. Bilder 28/13,17,19).

Anhaltswerte s. Tafel 28/1.

---

5 Siehe Fußnote 1, S. 196.

28.7.4 Wälzbewegung, Bohrbewegung

Umfangsgeschwindigkeiten im Berührpunkt nach den Bildern 28/1,15:

Wälzkörper 1: $v_1 = \omega_1 R_{L1} = 2\pi R_{L1} n_1/(6 \cdot 10^4)$, (28/10)⊛

Wälzkörper 2: $v_2 = \omega_2 R_{L2} = 2\pi R_{L2} n_2/(6 \cdot 10^4)$. (28/11)⊛

Verstell-Reibräder, deren Wälzbewegung durch abwälzende Kegel dargestellt werden kann (Bilder 28/15,16), führen nur in einer Stellung reine Wälzbewegungen aus (vgl. Bild 28/5). In jeder anderen Stellung verdrehen sich die Wälzkörper zusätzlich gegeneinander um die Berührnormale (Bohrbewegung). Außerhalb der Mitte der Berührfläche weichen die Richtungen der Umfangsgeschwindigkeiten beider Reibscheiben voneinander ab. Diese zwangsweise auftretende Abweichung (Bild 28/16) mindert die in Umfangsrichtung übertragbare Umfangskraft und führt zu zusätzlichen Verlusten. Der Betrag dieses Zwangsschlupfes hängt von der Geometrie der Wälzkörper ab und läßt sich (mit den Winkelgeschwindigkeiten nach Bild 28/16) beschreiben durch das Verhältnis der Bohrgeschwindigkeit ω_b zur Wälzgeschwindigkeit ω_w.

Bohrgeschwindigkeitsverhältnis:

$$\omega_b/\omega_w = (\omega_{n2} - \omega_{n1})/(\omega_{w2} - \omega_{w1}). \quad (28/12)$$

Zur Vereinfachung geht man von schlupffreier Übertragung aus. Hierfür betragen die Winkelgeschwindigkeiten der Wälzkörper 1 und 2 um die Berührnormale (Bohrbewegung):

$$\omega_{n1} = \omega_1 \sin \alpha_1, \quad (28/13)$$

$$\omega_{n2} = \omega_2 \sin \alpha_2. \quad (28/14)$$

Winkelgeschwindigkeiten für das Abwälzen der Wälzkörper 1 und 2:

$$\omega_{w1} = \omega_1 \cos \alpha_1, \quad (28/15)$$

$$\omega_{w2} = \omega_2 \cos \alpha_2. \quad (28/16)$$

Berücksichtigt man die Richtung der Winkelgeschwindigkeitsvektoren, so ergibt sich:

Bohrgeschwindigkeit nach (28/12) bis (28/14):

$$\omega_b = \omega_2 \sin \alpha_2 \pm \omega_1 \sin \alpha_1. \quad (28/17)$$

Mit + Zeichen, wenn C zwischen den Wälzkegelspitzen S_1 und S_2 liegt (s. Bild 28/16), − Zeichen, wenn S_1 und S_2 auf einer Seite von C liegen (Bild 28/5).

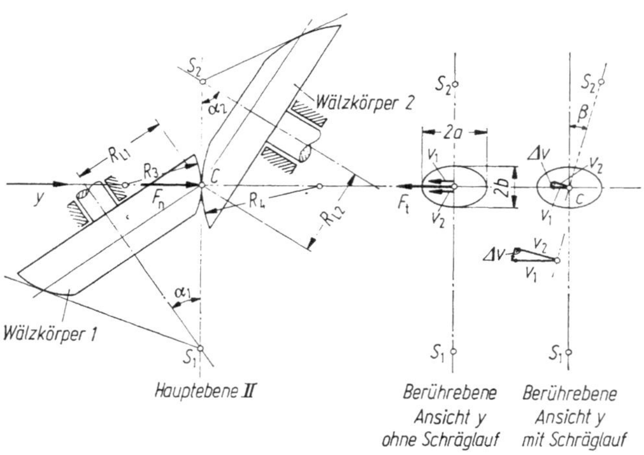

Bild 28/15. Reibradgetriebe mit balligen Wälzkörpern — Maße, Kräfte, Geschwindigkeiten — Schräglauf.

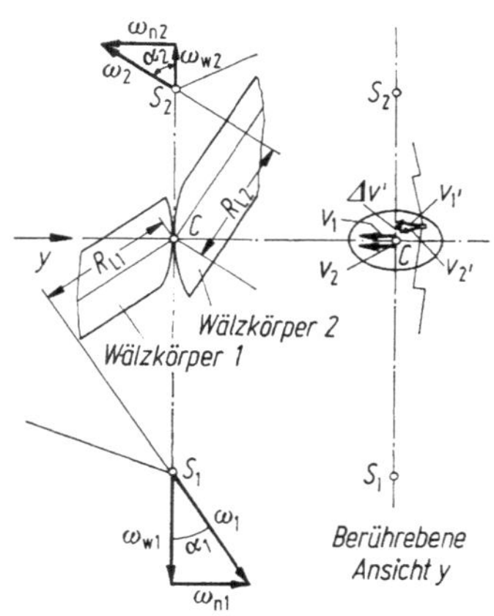

Bild 28/16. Reibradgetriebe mit balligen Wälzkörpern — Bohrbewegung $\omega_b = \omega_{n2} - \omega_{n1}$; $\omega_w = \omega_{w2} - \omega_{w1}$

Wälzgeschwindigkeit nach (28/12,15,16):

$$\omega_w = \omega_2 \cos \alpha_2 \pm \omega_1 \cos \alpha_1 . \qquad (28/18)$$

Mit + Zeichen, wenn beide Wälzkegel Außenkegel sind, mit − Zeichen, wenn ein Wälzkegel ein Hohlkegel ist.

Damit folgt aus (28/12) mit Standübersetzung i_0 nach (28/4):

$$\omega_b/\omega_w = (\sin \alpha_2 \pm i_0 \sin \alpha_1)/(\cos \alpha_2 \pm i_0 \cos \alpha_1) . \qquad (28/19)$$

Zähler: + Zeichen, wenn C zwischen S_1 und S_2 liegt, sonst − Zeichen.
Nenner: + Zeichen, wenn beide Wälzkegel Außenkegel sind;
− Zeichen, wenn ein Wälzkegel ein Hohlkegel ist.

An einer schlupffreien Übertragungsstelle ist $i_0 = i = \omega_1/\omega_2$.

Mit diesem Kennwert kann man die Reibkraftminderung und die Verlustleistung aus der Bohrreibung beurteilen. Seine Größe hängt von der Bauart des Verstell-Reibgetriebes ab. Er beträgt z. B. für das Torusgetriebe (Bild 28/6): $\omega_b/\omega_w = 0 \dots 0{,}5$ und für das Kegel-Ringscheibengetriebe (Bild 28/10): $\omega_b/\omega_w = 10 \dots 30$.

Reibungszahlkurven für Wälzkörper mit unterschiedlichen Bohrreibungsanteilen werden überwiegend experimentell ermittelt. Berechnungsverfahren s. [28/19, 48]. Wir benutzen die am 2-Scheiben-Prüfstand (FZG, TU München) ermittelten Reibungszahlkurven (Bild 28/17). Je größer das Bohrgeschwindigkeitsverhältnis, um so flacher steigt die Reibungszahlkurve an. Die genutzte Reibungszahl muß also u. U. gesenkt werden, damit der Schlupf nicht zu groß wird.

28.7.5 Verstellcharakteristik

Erläuterung s. Abschn. 20.4.2.

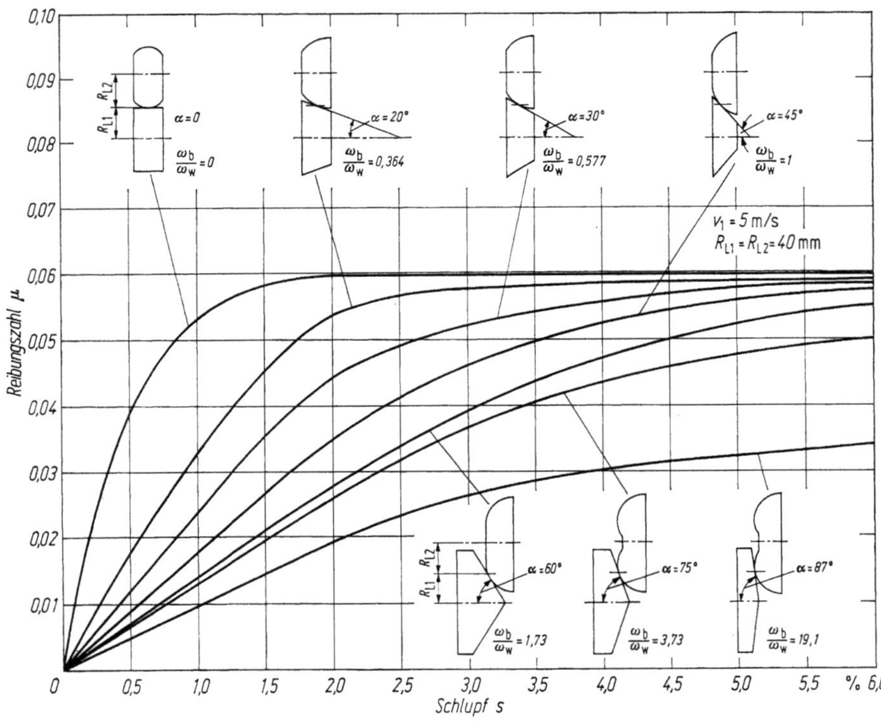

Bild 28/17. Reibungszahl bei den verschiedenen Bohr-Wälz-Verhältnissen, berechnet von Gaggermeier (FZG, TU München). Paarung: Gehärteter Stahl/gehärteter Stahl, geschmiert mit naphtenbasischem Reibradöl. Mittlere Werte der Hertzschen Pressung nach Bild 28/19.

28.7.6 Kräfte, Momente, Leistungen

Beziehungen zwischen Umfangskraft F_t, Drehmoment T und Leistung P s. Tafel 20/3.

a) Äußere Kräfte, Anwendungsfaktor K_A:

Beim Tragfähigkeitsnachweis muß man auch die von außen in das Getriebe eingeleiteten Zusatzkräfte (Drehmomentschwankungen, Einschaltstöße, usw.) berücksichtigen. Geeignete Methoden s. Abschn. 21.5.1. Wenn keine Messungen oder speziellen Erfahrungen vorliegen, kann man hierfür den Faktor K_A (Tafel 22.3/3) auch bei Reibradgetrieben als Anhalt benutzen.

b) Nenn-Umfangskraft (Bilder 28/1,15):

$$F_t = T_1\, 1000/(zR_{L1}) \qquad (28/20)⊛$$

mit z = Anzahl der Reibstellen.

c) Normalkraft (Bilder 28/1,15):

Konstante Normalkraft; s. Abschn. 28.6.a: F_n = const = eingestellte Normalkraft.

Durch Anpreßvorrichtung gesteuert (s. Abschn. 28.6.b,c): F_n nach (28/3).

Mindesterforderliche Normalkraft:

$$F_{n\,min} = F_t S_R/\mu_{max} \qquad (28/21)$$

mit Rutschsicherheit $S_R = \mu_{max}/\mu_u$ nach 28/33), s. a. Bild 28/13.

Genutzte Reibungszahl μ_u und maximale Reibungszahl μ_{max} erhält man aus den Reibungszahlkurven (z. B. Bilder 28/13,17). Anhaltswerte s. Tafel 28/1.

d) Nenn-Antriebsleistung P_1, -Abtriebsleistung P_2:

$$P_1 = \omega_1 R_{L1}\, 10^{-3} F_t z = v_1 F_t z = P_2/\eta_G\,. \qquad (28/22)⊛$$

28.7.7 Lagerkräfte

Die Lagerkräfte ergeben sich aus den Komponenten der Normalkraft (Winkel s. Bild 28/15) und den Lagerabständen.

a) Radialkraft:

$$F_{r1} = F_n \cos\alpha_1; \qquad F_{r2} = F_n \cos\alpha_2\,. \qquad (28/23)$$

b) Axialkraft:

$$F_{x1} = F_n \sin\alpha_1; \qquad F_{x2} = F_n \sin\alpha_2\,. \qquad (28/24)$$

c) Umfangskraft F_t aus den übertragenen Drehmomenten T_1, T_2.

Bei der Berechnung der Lagerkräfte ist zu beachten, daß das Kippmoment der Axialkraft einen Anteil der Radiallagerkräfte liefert.

Für kompliziertere Fälle mit mehreren Kraftangriffsstellen (z. B. mit Querkräften am Wellenzapfen) Lagerkräfte nach Abschn. 20.5.6 bestimmen!

28.7.8 Verlustleistung und Wirkungsgrad

Grundlagen s. Abschn. 20.1. Danach für Reibradgetriebe:

Gesamtverlustleistung:

$$P_V = P_R + P_{VLP} + P_{V0}\,. \qquad (28/25)$$

Gesamtwirkungsgrad:

$$\eta_G = (P_1 - P_V)/P_1\,. \qquad (28/26)$$

Die Reibverlustleistung P_R enthält die Gleitreibungsverluste (Schlupf einschließlich Bohr- und Schräglaufschlupf) P_{VR} und die Verluste aus der Wälzreibung P_{Vw}. Daraus ergibt sich der Wirkungsgrad der Reibstelle η_R.

$$P_R = P_{VR} + P_{Vw} \tag{28/27}$$

$$\eta_R = (P_1 - P_R)/P_1. \tag{28/28}$$

Die Verlustkomponenten lassen sich wie folgt ermitteln:

a) Verlustleistung P_{VR}. Der Anteil aus dem Schlupf ist immer vorhanden, wenn eine Reibkraft übertragen wird, Anteile aus dem Schräglauf (Abschn. 28.7.1) und aus Bohrbewegung (Abschn. 28.7.4) nur in manchen Stellbereichen und Getriebekonstruktionen.

- Für Wälzpaarungen ohne Bohrbewegung oder Schräglauf gilt:

$$P_{VR} = v_1 \mu_u F_n s/100. \qquad (28/29)⊛$$

Zusammengehörige Werte von Schlupf s und genutzter Reibungszahl μ_u sind aus Reibungszahlkurven (z. B. Bilder 28/12, 13) zu entnehmen, Anhaltswerte für $\omega_b/\omega_w = 0$, s. Tafel 28/1.

- Bei Wälzpaarungen mit Bohrbewegung kann man P_{VR} überschlägig wie folgt bestimmen: Man setzt in (28/29) den Schlupf für eine Reibstelle mit Bohrbewegung ein (z. B. aus Tafel 28/1); für diesen Schlupf wählt man μ_u aus der Reibungszahlkurve ohne Bohrbewegung, d. h. für $\omega_b/\omega_w = 0$, (z. B. ebenfalls aus Tafel 28/1 oder nach Abschn. 28.5.3). Von diesem hohen Reibwert kann natürlich bei Bohrbewegung nur ein Teil für die Übertragung der Umfangskraft ausgenutzt werden, der andere Teil ist den Bohrreibungsverlusten zuzuordnen.

Genauere Rechenverfahren s. [28/11,19,21,48].

b) Die Verlustleistung aus der Wälzreibung P_{Vw} muß vom Wälzkörper 1 aufgebracht werden, um beide Wälzkörper ohne Leistungsabgabe am Wälzkörper 2 in Bewegung zu halten:

$$P_{Vw} = v_1 \mu_w F_n. \tag{28/30}$$

Die Wälzreibungszahl μ_w wird aus der Rollreibungszahl μ_R [28/39, 44] unter Berücksichtigung der Wälzbewegung mit ω_{w1} nach (28/15) und Bild 28/16 bestimmt:

$$\mu_w = \mu_R(\omega_{w1}/\omega_1). \tag{28/31}$$

Häufig wird zur Kennzeichnung des Wälzwiderstandes auch der „Hebelarm der Rollreibung" f angegeben (s. Abschn. 13.5 und [28/40]). Mit den Bezeichnungen in Bild 28/16 erhält man:

$$\mu_w = f \cos \alpha_1/R_{L1}. \tag{28/32}$$

Die Rollreibung hängt ab von: Werkstoffpaarung, Schmierung, Berührgeometrie, Wälzradien der Wälzkörper 1 und 2, Oberflächenbeschaffenheit und Wälzgeschwindigkeit. Tafel 28/1 gibt Anhaltswerte für μ_R und f. Für die Paarung gehärteter Stahl/gehärteter Stahl, geschmiert, kann man nach [28/39] grob eine Rollreibungszahl von etwa 0,05 bis 0,1 μ_{max} (Maximalwert der Reibungszahlkurve, Bild 28/13) annehmen.

c) Verlustleistung durch Lagerbelastung P_{VLP}. Hinweis s. Abschn. 20.1. Anhaltswerte für Schneckengetriebe s. Abschn. 25.5.5. Der Einfluß des Reibradschmierstoffes mit den hohen Wälz-Gleitreibungszahlen ist zu beachten [28/19].

d) Leerlaufverluste P_{V0} (Abschn. 20.1). Anhaltswerte s. Abschn. 25.5.4. Bild 28/18 zeigt Meßergebnisse. Die hier wiedergegebenen relativ hohen Wirkungsgrade werden nicht von allen Bauarten erreicht. Die ebenfalls dargestellte Ölsumpfübertemperatur ist ein Anhalt für die Verlustleistung im Getriebe.

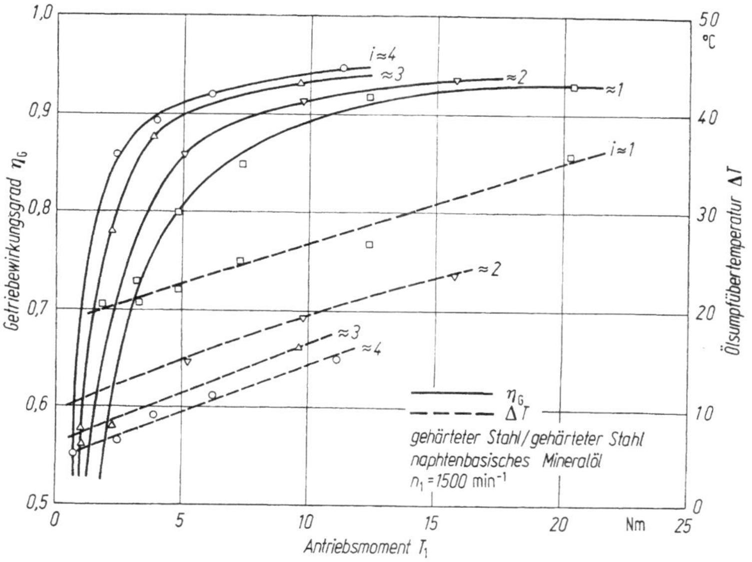

Bild 28/18. Gesamtwirkungsgrad η_G und Ölsumpfübertemperatur ΔT für ein Verstell-Reibradgetriebe (Bild 28/6 ohne Planetengetriebe) nach [28/19].

28.8 Auswahl, Bemessung und Tragfähigkeit

a) Anforderungen und Einsatzbedingungen sind vorab zu klären und in einem Pflichtenheft festzuhalten. Danach wählt man die Bauform: Geometrie der Wälzkörper, Verstellung, Werkstoffpaarung.

b) Überschlägige Bestimmung der Baugröße. Liegen Erfahrungen mit einem bewährten Getriebe vor, so läßt sich die Baugröße für den vorliegenden Fall mit dem Faktor X, Abschn. 28.8c abschätzen. Für Reibradgetriebe mit konstanter Übersetzung kann man die erforderlichen Hauptabmessungen nach (28/35) bis (28/42) vorläufig bestimmen. Bei Verstell-Reibradgetrieben schätzt man zweckmäßigerweise die Baugröße anhand ausgeführter Beispiele (s. Größenangabe in den Bildern 28/6 ... 11, Firmenkataloge).

c) Nachrechnung. Die übertragbare Leistung wird durch folgende Schadensgrenzen bestimmt:

- Rutschgrenze (Rutschsicherheit und Nutzreibungszahl),
- Verformungs- und Grübchengrenze (zulässige Hertzsche bzw. Stribecksche Pressung, zulässige Normalkraft),
- Verschleißgrenze (Lebensdauer),
- Erwärmungs- und Freßgrenze (Wärmeabführung).

Gegen jede Schadensgrenze muß eine ausreichende Sicherheit vorhanden sein. Bei Verstellgetrieben ist dies für den gesamten Stellbereich nachzuweisen. Die zunächst angenommenen Maße sind — wenn nötig — zu korrigieren.

Danach wird die Konstruktion vervollständigt, die Wellen, Lager, Anpreßvorrichtung, Verstelleinrichtung ausgelegt und auf Festigkeit überprüft.

Bei X-facher Vergrößerung aller Abmessungen und bei Änderung der Drehzahl n wächst die übertragbare Leistung und ebenso die Verlustleistung proportional X^3n, wenn man gleiche Wälzpressung und gleiche Reibungszahl voraussetzt. Die Wärmeabführung nimmt jedoch weniger stark zu, so daß mit zunehmendem X und n die Wärmegrenze immer mehr in den Vordergrund tritt und somit die Verringerung der Verlustleistung und die Verbesserung der Wärmeabführung von besonderem Interesse ist.

28.8.1 Pflichtenheft (Checkliste) für Reibradgetriebe

Allgemeines s. Abschn. 20.2; Pflichtenheft für Verstellgetriebe s. Abschn. 20.4.2. Allgemeine Getriebefunktionen:

- Nennleistung,
- Antriebs- und Abtriebsdrehzahlen (Bereich),
- Stellbereich, Übersetzung,
- Antriebsmotor/Arbeitsmaschine (Stoßbeanspruchungen, Anwendungsfaktor).

Besonderheiten für Reibradgetriebe:

- Sicherheit gegen Durchrutschen, s. (28/33);
- Bauvolumen (günstig: geh. St/geh. St. geschmiert, Ausgleich der Anpreßkräfte, Querkräfte oder Axialkräfte auf Lager);
- Wirkungsgrad (Bohrreibung, Schräglauf, Schlupf, Wälzverluste, Abschn. 28.7.8).
- Funktion als Sicherheits- oder Anfahr-Rutschkupplung? (evtl. zusätzliche Kupplung, vgl. Abschn. 28.2).
- Geräuschverhalten (s. Werkstoffe, Abschn. 28.4d);
- Umgebung (Staub, Feuchtigkeit, Öl, Temperatur);
- Wärmeabführung (Kühlluft des Motors, Lüfterrad, Luftführung);
- Kombination mit vor- oder nachgeschaltetem Getriebe.

28.8.2 Rutschsicherheit S_R, $S_{R\,min}$, Nutzreibungszahl $\mu_{u\,zul}$ und genützte Reibungszahl μ_u

Die für die Kraftübertragung benützte Reibungszahl μ_u sollte möglichst gleich der nutzbaren Reibungszahl $\mu_{u\,zul}$ sein, um die Tragfähigkeit des Getriebes auszunützen und einen hohen Wirkungsgrad zu erzielen.

a) Rutschsicherheit bei bekannter Reibungszahlkurve:

$$S_R = \mu_{max}/\mu_u \leq S_{R\,min} = (1{,}2)\ldots 1{,}4\ldots 2{,}0\,. \qquad (28/33)$$

Hierin ist μ_u die zur Übertragung der Betriebsumfangskraft erforderliche, d. h. die dafür genutzte Reibungszahl. μ_{max} ist der Größtwert der Reibungszahlkurve (Bild 28/13 oder [28/57]).

S_R sollte im Normalfall über den gesamten Einsatzbereich des Reibradgetriebes mindestens 1,4 betragen (vgl. Abschn. 28.5.3). Man berücksichtigt damit auch eine eventuelle Minderung der Reibungszahl mit der Betriebszeit. Im Einzelfall ist für die Wahl von $S_{R\,min}$ maßgebend, welche Folgen ein Durchrutschen hat. Ist ein Reibradgetriebe gleichzeitig als Überlastsicherung ausgelegt, so ist $S_{R\,min}$ klein zu wählen. Hat das Durchrutschen ernste Konsequenzen für das Funktionieren des Getriebes (Freßschäden) oder der angetriebenen Arbeitsmaschine, z. B. Absturz einer Last, so muß $S_{R\,min}$ größer sein.

Nur wenn die Reibungszahlkurve zur Verfügung steht, kann man die Rutschsicherheit zuverlässig abschätzen. Nur dann ist auch der bei μ_u und $\mu_{u\,zul}$ auftretende Schlupf bekannt.

b) Vergleich von genutzter Reibungszahl μ_u und nutzbarer Reibungszahl (Nutzreibungszahl) $\mu_{u\,zul}$. Falls keine Reibungszahlkurven zur Verfügung stehen, können Erfahrungswerte als Anhalt dienen (Bild 28/19, Tafel 28/1). Diese Angaben zu $\mu_{u\,zul}$ beinhalten eine mittlere, übliche Rutschsicherheit $S_{R\,min}$; deshalb ist normalerweise zu fordern:

$$\mu_u \leq \mu_{u\,zul}\,. \qquad (28/34)$$

Man beachte hierzu die Hinweise über die Rutschsicherheit unter (28/33).

28.8.3 Oberflächenbeanspruchung

Bei Überbeanspruchung werden die Oberflächen der Wälzkörper durch plastische Verformung und nach einiger Laufzeit durch Verschleiß und Grübchenbildung zerstört. Als Kennwert der Beanspruchung wird die Hertzsche Pressung, bei weicheren Werkstoffen (wegen des unsicheren E-Moduls) die Stribecksche Wälzpressung und bei genormten

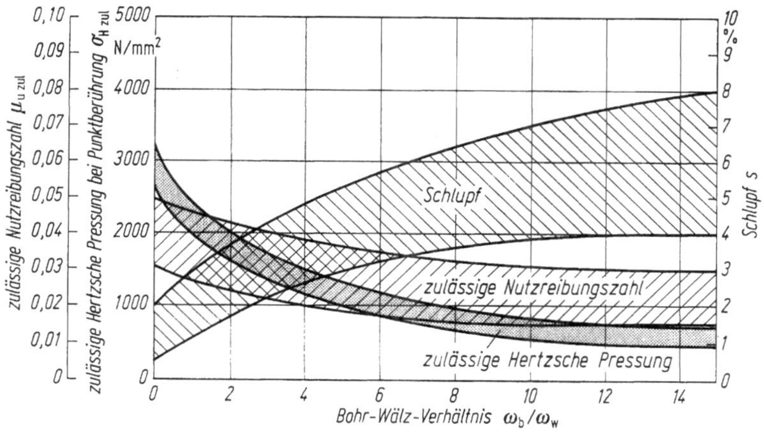

Bild 28/19. Werte für zulässige Hertzsche Pressung und Nutzreibungszahl, zugehöriger Schlupf für die Paarung gehärteter Stahl/gehärteter Stahl, geschmiert mit naphtenbasischem Reibradöl (Punktberührung nach ausgeführten Getrieben und Versuchen an der FZG, TU München, zusammengestellt von Gaggermeier).

Gummi-Reibrädern sowie Automobilreifen die Normalkraft gewählt. Maßgebend ist die Übertragungsstelle des Reibradgetriebes mit den ungünstigsten Bedingungen (Krümmung, Bohrbewegung).

Grundgleichungen für Hertzsche Pressung, Stribecksche Pressung s. Kap. 13.

a) Hertzsche Pressung bei Linienberührung:

$$p_H = \sqrt{K_A F_n E/(2{,}86 D_I B)} \leq p_{H\,zul}\,. \tag{28/35}$$

Hierin bedeuten:

E Ersatz-Elastizitätsmodul $= 2E_1E_2/(E_1 + E_2)$,
Zahlenwerte s. Tafel 28/1,
D_I Ersatzkrümmungsdurchmesser s. (28/5),
B Berührbreite s. Abschn. 28.7.2a und Bild 28/1,
K_A Anwendungsfaktor s. Abschn. 28.7.6 und Tafel 22.3/3.

Zulässige Normalkraft aus der Hertzschen Pressung:

$$F_{n\,zul} = 2{,}86 D_I B p_{H\,zul}^2/(K_A E)\,. \tag{28/36}$$

b) Hertzsche Pressung bei Punktberührung:

$$p_H = \sqrt[3]{K_A F_n E^2/[4{,}28(D_I/y)^2]} \leq p_{H\,zul}\,. \tag{28/37}$$

Zulässige Normalkraft aus der Hertzschen Pressung:

$$F_{n\,zul} = 4{,}28(D_I/y)^2\, p_{H\,zul}^3/(K_A E^2)\,. \tag{28/38}$$

Hinweise zu E s. (28/35), D_I s. (28/5), y Krümmungsbeiwert $= f(D_I/D_{II})$ (s. Bd. I, Tafel 13/1).

Mit a) und b) kann man die übertragbare Umfangskraft nach (28/21) und die übertragbare Leistung (nach (28/22)) bestimmen.

c) Stribecksche Pressung k bei Linienberührung. Wir ziehen die Berechnung mit k vor, wenn der E-Modul unsicher ist.

$$k = K_A F_n/(D_I B) \leq k_{zul}\,. \tag{28/39}$$

Hieraus kann man auch eine zulässige Normalkraft bestimmen. Da die Verformungen bei der Paarung Weichstoff (Neopren, Hartgewebe) gegen Stahl groß sind, rechnet man hierbei auch im Falle balliger Reibräder mit Linienberührung über der Laufspurbreite.

d) Zulässige Hertzsche Pressung und Stribecksche Pressung. Anhaltswerte s. Tafel 28/1. Weitere Angaben s. Bild 28/19. Die in Tafel 28/1 (s. a. Fußnote f) angegebenen zulässigen Hertzschen Pressungen für Kranräder gelten für Dauerbetrieb und eine Drehzahl von 31,5 min^{-1}. Für andere Drehzahlen gilt:

$$p_{\text{H zul n}} = c_{2\text{H}} p_{\text{H zul}} \tag{28/40}$$

mit dem Drehzahlbeiwert $c_{2\text{H}}$ nach Bild 28/20.

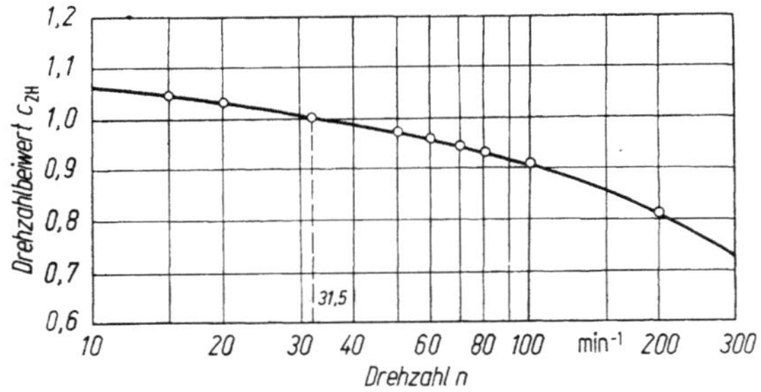

Bild 28/20. Drehzahlbeiwert $c_{2\text{H}}$ für Kranlaufräder nach DIN 15070 (100...625 mm Durchmesser); nach [20/27].

e) Zulässige Normalkraft bei Gummi-Reibrädern nach DIN 8220:

$$F_{\text{n zul}} = R_{\text{L1}} B c_{\text{zul}} \tag{28/41}$$

mit c_{zul} nach Bild 28/21.

f) Zulässige Normalkraft bei Automobilreifen:

$$F_{\text{n zul}} = y_{\text{D}} F_{\text{n zul E}}. \tag{28/42}$$

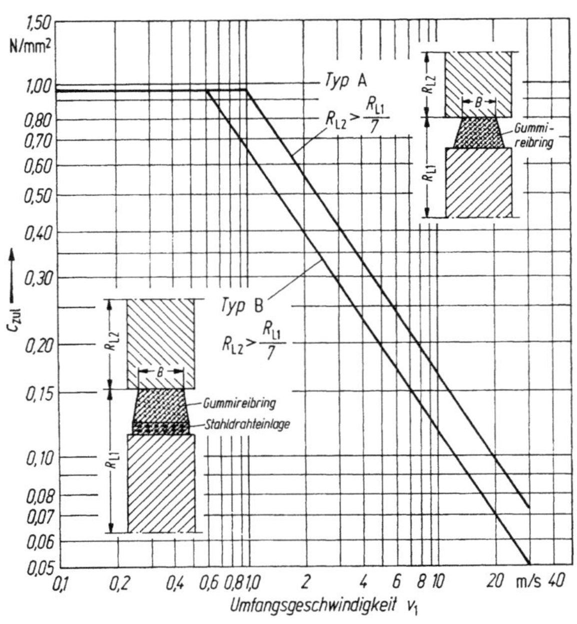

Bild 28/21. Zulässige spezifische Belastung c_{zul} für Gummireibräder nach DIN 8220 (Herstellerangaben) für (28/41).

Zulässige Normalkräfte $F_{\mathrm{N\,zul\,E}}$ nach DIN 7803 (s. Tafel 28/1). Sie gelten für Lauf gegen Ebene. Läuft der Reifen gegen eine Trommel, so kann man die höhere Beanspruchung durch den Krümmungsbeiwert y_{D} berücksichtigen. Beispiel für einen Reifentyp s. Bild 28/22. Für andere Reifen muß man y_{D} experimentell ermitteln.

Die in Tafel 28/1 angegebenen Richtwerte für die Normalbeanspruchung beinhalten eine mittlere Sicherheit gegen Grübchenbildung, Verschleiß oder plastische Verformung. Je nach der Zuverlässigkeit der Belastungsannahmen, den Folgen eines Schadensfalles, der Ersatzbeschaffung usw. sind höhere oder niedrigere Sicherheiten, d. h. kleinere oder größere zulässige Pressungen oder Normalkräfte als nach Tafel 28/1 und Bilder 28/19,21 einzusetzen.

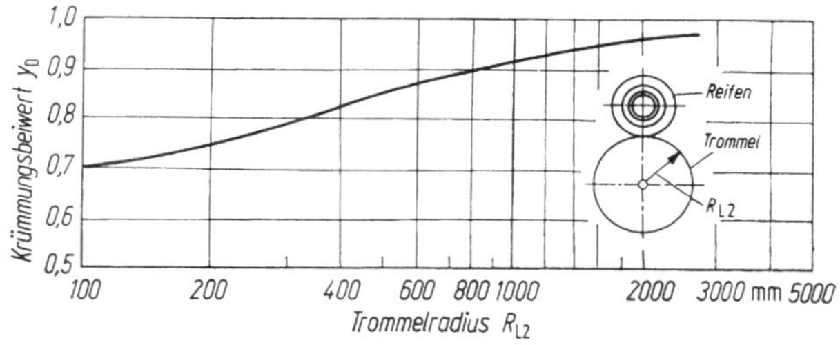

Bild 28/22. Krümmungsbeiwert y_{D} für Reifen 165 SR 14 (Reifen gegen Ebene: $y_{\mathrm{D}} = 1$); Kriterium: Gleiche Reifeneindrückung (Herstellerangaben).

28.8.4 Verschleiß, Lebensdauer

Aus der Reibverlustleistung P_{R} kann man die Lebensdauer L_{h} der Wälzkörper in Vollast-Betriebsstunden abschätzen, wenn die verschleißbare Belagdicke h und somit das verschleißbare Volumen V_{v} und ferner der Verschleißbeiwert f_{v} durch Versuche oder Erfahrungen bei ähnlichen Betriebsbedingungen bekannt sind.

$$L_{\mathrm{h}} = V_{\mathrm{v}}/(P_{\mathrm{R}} f_{\mathrm{v}}) . \tag{28/43}$$

Hierin sind:

$$V_{\mathrm{v}} \text{ (Verschleißbares Volumen)} = A_{\mathrm{L}} h , \tag{28/44}$$

$$A_{\mathrm{L}} \text{ (Laufbahnfläche)} = 2\pi R_{\mathrm{L}} B . \tag{28/45}$$

Für R_{L} ist der mittlere Radius der gefährdeten Reibfläche und für B die kleinste Breite der zylindrischen Wälzkörper (Bild 28/1), bei Punktberührung die Laufspurbreite (Berechnung nach den Hertzschen Gleichungen Abschn. 13.3.2) einzusetzen.

Einige Erfahrungsangaben über den Verschleißwert f_{v} s. Tafel 28/1.

28.8.5 Erwärmung

Die Verlustleistung, insbesondere der Verlust bei der Reibkraftübertragung, führt zur Erwärmung der Wälzkörper. Die dadurch bedingten Temperatursteigerungen können Beschädigungen des Wälzkörpers und Veränderungen der Reibungszahl bewirken. Besonders gefährdet sind Gummi-Reibringe. Die Walkbeanspruchung führt hier zu beachtlicher Wärmeentwicklung im Innern. Zudem ist die Wärmeleitfähigkeit schlecht, so daß es zu Zerstörung von innen her, zu „innerer Verbrennung“, kommen kann. Die Wälzgeschwindigkeit spielt dabei eine große Rolle.

Bei den übrigen Werkstoffpaarungen kann es bei hohem Schlupf zu einer starken örtlichen Erwärmung in der Berührzone kommen, die Riefenbildung oder Fressen zur Folge hat. Bei ölgeschmierten Getrieben bewirken hohe Temperaturen einen starken Abfall der Ölviskosität und eine Änderung der Reibungszahl; ferner altert das Öl sehr viel schneller. Notfalls ist Luft- oder Wasserkühlung vorzusehen.

Hinweise zur Temperatursicherheit vgl. Abschn. 25.6.2 (Schneckengetriebe).

Als Verlustleistung ist dabei die Getriebe-Gesamtverlustleistung P_V nach (28/25) einzusetzen. Für mittlere Verhältnisse ist der Einfluß der Erwärmung im Ansatz der zulässigen Pressungen (Tafel 28/1), teilweise über den Einfluß der Geschwindigkeit, bereits berücksichtigt.

28.9 Berechnungsbeispiele

1. Beispiel: Reibradgetriebe mit konstanter Übersetzung für den Antrieb einer Waschtrommel nach Bild 28/2.

Gegeben: 12 Gummireibräder mit Stahldrahteinlage nach DIN 8220. Die 6 Reibräder auf der aufwärtslaufenden Seite (infolge der Füllung hier größere Gewichtskraft) der Waschtrommel werden angetrieben. Feuchte Umgebung, 8 h Betrieb/Tag. Motorleistung $2 \times P = 2 \times 18{,}2$ kW, Gewichtskraft der Waschtrommel $F_G = 3 \cdot 10^5$ N, Radius der Reibräder $R_{L1} = 300$ mm, Breite $B = 200$ mm, Radius der Waschtrommel $R_{L2} = 1200$ mm, Drehzahl $n_2 = 6\ \text{min}^{-1}$.

Geschätzt: Anwendungsfaktor $K_A = 1{,}1$.

Gesucht:

a) Rutschsicherheit: Je Reibrad übertragene Leistung $K_A P/3 = F_t v_1$. Je Reibrad übertragene Umfangskraft $F_t = 10^3 K_A P/(3 v_1)$ ⊛ $= 8{,}85 \cdot 10^3$ N mit v_1 nach (28/10): $v_1 \approx v_2 = 2\pi R_{L2} n_2/(6 \cdot 10^4)$ ⊛ $= 0{,}754$ m/s.

Normalkraft für eine Rolle nach Bild 28/2: $F_n = F_G/(12 \cos 40°) = 3{,}26 \cdot 10^4$ N.

Genutzte Reibungszahl aus (28/3): $\mu_u \Rightarrow F_t/F_n = 0{,}27$. Da eine Reibungszahlkurve nicht zur Verfügung steht, vergleicht man nach (28/34) μ_u mit einem Erfahrungswert in Tafel 28/1: $\mu_{u\,zul}$ für feuchte Umgebung $= 0{,}3$. Danach ist die Bedingung $\mu_u \leq \mu_{u\,zul}$ erfüllt.

b) Beanspruchung: Nach Bild 28/21, Reibrad Typ B: $c_{zul} = 0{,}8\ \text{N/mm}^2$; nach (28/41): $F_{n\,zul} = R_{L1} B c_{zul} = 4{,}8 \cdot 10^4$ N. $F_n = 3{,}26 \cdot 10^4\ \text{N} < F_{n\,zul} = 4{,}8 \cdot 10^4$. Die Reibräder können also die maximale Normalkraft sicher übertragen.

2. Beispiel: Verstell-Reibradgetriebe, Bauart „Arter" (Bild 28/6) ohne Planetengetriebe.

Gegeben: Das Getriebe ist für die ungünstigste Stellung: $i = 4$ zwischen Antriebs- und Zwischenscheibe auszulegen. (Hierbei ist die Pressung am höchsten.) Gehärteter Stahl/gehärteter Stahl, geschmiert mit einem naphtenbasischen Reibradgetriebeöl. Abmessungen nach Bild 28/23.

$R_{L1} = 22$ mm, $R_{L2} = 54{,}4$ mm, $R_3 = -68$ mm, $R_4 = 38$ mm; $\alpha_1 = 15{,}7°$, $\alpha_2 = 36{,}9°$; Antriebsdrehzahl $n_1 = 1500\ \text{min}^{-1}$, $\omega_1 = 157\ \text{s}^{-1}$; $E = 2{,}06 \cdot 10^5\ \text{N/mm}^2$.

Gesucht: Zulässige Werte für Anpreßkraft, Antriebsleistung, Antriebsmoment; ferner Anpreßvorrichtung.

a) Zulässige Normalkraft. Standübersetzung nach (28/4) $i_0 = 2{,}47$ (nur Außenkegel).

Bohr-Wälz-Verhältnis nach (28/19): $\omega_b/\omega_w = 0{,}0214$ (S_1 und S_2 auf einer Seite von C; beide Wälzkegel Außenkegel).

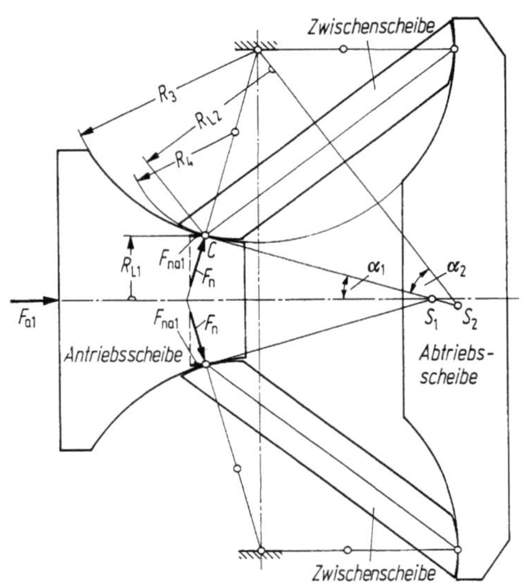

Bild 28/23. Zu Beispiel 2: Abmessungen eines Verstell-Reibradgetriebes nach Bild 28/6.

Da C außerhalb $\overline{S_1S_2}$ liegt, ist die Bohrbewegung für diese Stellung sehr gering. Aus Bild 28/19 oder Tafel 28/1 erhält man für $\omega_b/\omega_w = 0{,}0214$ ein $p_{H\,zul} = 2700...3250\ N/mm^2$, $\mu_{u\,zul} = 0{,}03...0{,}05$ und einen zugehörigen Schlupf von $s = 0{,}5...2\%$. Mit $v_1 = 2\pi R_{L1} n_1/(6 \cdot 10^4)$® $= 3{,}45$ m/s sind vermutlich bereits elasto-hydrodynamische Schmierverhältnisse zu erwarten, deshalb $\mu_{u\,zul} = 0{,}03...0{,}05$.

Für die Berechnung gewählt: $p_{H\,zul} = 2700\ N/mm^2$, $\mu_{u\,zul} = 0{,}04$, $s = 1\%$.
Berechnung der Krümmung nach (28/6, 7): $R_1 = 22{,}85$ mm, $R_2 = 68$ mm,
nach (28/5, 8): $D_I = 34{,}2$ mm, $D_{II} = 172{,}3$ mm,
nach (28/38) für Punktberührung $F_{n\,zul} = 9671$ N,
mit $y = 0{,}49$ für $D_I/D_{II} = 0{,}198$ aus Tafel 13/1.

b) Übertragbares Antriebsmoment an der Antriebsscheibe. Aus (28/3) Reibkraft an einer Berührstelle $F_t = \mu_{u\,zul} F_{n\,zul} = 386{,}8$ N.
Aus (28/20) mit $z = 2$, Antriebsmoment $T_1 = 2R_{L1}\, 10^{-3} F_t = 17{,}0$ Nm.

c) Übertragbare Antriebsleistung. Nach (28/22): $P_1 = \omega_1 T_1 = 2670$ W.

d) Auslegen der Anpreßvorrichtung. Die axiale Andrückkraft an der Antriebsscheibe soll durch das Antriebsmoment gesteuert werden; aus (28/24): $F_{x1} = F_{n\,zul} \sin \alpha_1 = 2617$ N an einer Berührstelle.
Proportionalitätsfaktor der Steuerung = Axiale Andrückkraft/Antriebsmoment $T_1 = 2F_{x1}/T_1 = 308$ N/Nm. Daraus kann beispielsweise die Steigung der Stirnnocken der Anpreßvorrichtung bestimmt werden (z. B. Bilder 28/6, 9).

e) Verlustleistung. Durch Reibkraftübertragung an einer Übertragungsstelle (Antriebsscheibe-Zwischenscheibe) nach (28/29) für sehr geringe Bohrbewegung $P_{VR} = 13{,}3$ W.

28.10 Literatur zu 28

Normen, Richtlinien

28/1 DIN 7735 Schichtpreßstoffe; Entwurf Juni 1976
28/2 DIN 8820 Gummi-Reibräder
28/3 DIN 7803 Automobilreifen; Entwurf Juni 1975;
DIN 7804 Automobilreifen; Entwurf Juli 1977;
DIN 7805 Automobilreifen; Entwurf Okt. 1979;
DIN 7810 Automobilreifen; Dez. 1976
28/4 DIN 15070 Kranlauf; Dez. 1977
28/5 VDI-Richtlinie 2155: Gleichförmig übersetzende Reibschlußgetriebe, 1977

Bücher, Dissertationen

28/6 Röber, H.: Ausgewählte Kapitel über neuzeitliche Maschinenelemente. Berlin: VEB Verlag Technik 1955
28/7 Wernitz, W.: Wälz-Bohrreibung. Braunschweig: Vieweg 1958
28/8 Simonis, F.: Stufenlos verstellbare mechanische Getriebe, 2. Aufl. Berlin, Göttingen, Heidelberg: Springer 1959
28/9 Bauer, R., Schneider, G.: Maschinenteile, Bd. III: Hülltriebe und Reibradtriebe, 5. Aufl. Leipzig: VEB Fachbuchverlag 1970
28/10 Vieregge, G.: Energieübertragung, Berechnung und Anwendbarkeit von Reibradgetrieben. Diss. TU Aachen 1950
28/11 Wernitz, W.: Bestimmung der Bohrmomente und Umfangskräfte bei Hertzscher Pressung mit Punktberührung. Diss. TU Braunschweig 1958
28/12 Maaß, H.: Untersuchungen über die in Hertzschen Flächen übertragbaren Umfangskräfte. Diss. TU Braunschweig 1959
28/13 Severin, D.: Untersuchungen an Wälzpaarungen. Diss. TU Berlin 1965
28/14 Buschhorn, H.-R.: Zur Wälzfestigkeit gehärteter Stahl Stahl-Paarungen bei Punktberührung und Umfangskraftübertragung. Diss. TU Braunschweig 1966
28/15 Plint, M.: Traction in elasto-hydrodynamic contacts. Thes. Univ. of London 1967
28/16 Seitz, N.: Experimentelle und theoretische Untersuchungen der in Aufstandsflächen frei rollender Reifen wirkenden Kräfte und Bewegung. Diss. TU München 1969
28/17 Stößel, K.: Reibungszahlen unter elastohydrodynamischen Bedingungen, Versuchsergebnisse an hochbelasteten Gleit/Wälz-Paarungen. Diss. TU München 1971
28/18 Rösch, H.: Untersuchungen zur Wälzfestigkeit von Rollen. Diss. TU München 1976
28/19 Gaggermeier, H.: Untersuchungen zur Reibkraftübertragung in Regel-Reibradgetrieben im Bereich elasto-hydrodynamischer Schmierung. Diss. TU München 1977

Zeitschriftenaufsätze

Aufbau und Konstruktion von Reibradgetrieben, allgemein

28/20 Niemann, G.: Reibradgetriebe. Konstr. 5 (1953) 33...38
28/21 Lutz, O.: Grundsätzliches über stufenlos verstellbare Wälzgetriebe. Konstr. 7 (1955) 330...335; 9 (1957) 169...171; 10 (1958) 425...427
28/22 Kraus, C.: Traction drives. Pt. 1, Mach. Des. (1964) 106...112; Pt. 2, Mach. Des. (1964) 147...151
28/23 Schoch, W.: Steuerungen mit Reguliergetrieben. Antriebstech. 10 (1971) 327...330
28/24 Müller, H. W.: Stufenlos einstellbare Getriebe. VDI-Ber. 195 (1973) 19...32. (Darstellung vieler Wälzkörpergeometrien und ihrer Eigenschaften)
28/25 Tippmann, H.: Drehzahlgenauigkeit von stufenlos einstellbaren Reibschlußgetrieben. Maschinenmarkt 80 (1974) 943...946
28/26 Carson, R.: Today's traction drives. Power Transm. Des. 11 (1975) 41...49. (Gute Übersicht über Bauformen und Leistungsdaten)

Spezielle Reibradgetriebe-Konstruktionen

28/27 Kalpers, H.: Das Zellstoff-Reibrad als neues Antriebselement. Technik 5 (1950) 56.
28/28 Kröner, R.: Entwicklung des Reibradantriebs zur Überlast-Kupplung. VDI Z. 93 (1951) 229...231
28/29 Beier, J.: Moderne stufenlos regelbare Getriebe. VDI-Tagungsheft 2, Antriebselem. (1953) 161 bis 168
28/30 Chironis, N.: Planetary friction drive quietly outperforms gears. Prod. Eng. Oct. 23 (1967) 39...41
28/31 Miloiu, G.: Stufenlose Kleinstgetriebe. Antriebstech. 7 (1968) 83...88
28/32 Horstmann, P.: Kopp-Regelgetriebe. Antriebstech. 10 (1971) 265...268
28/33 Steuer, H.: Das stufenlose Kugelscheibengetriebe. Ind. Anz. 94 (1972) 1007...1010
28/34 Arter, F.: Leise und verschleißarmlaufende stufenlos verstellbare Getriebe. Maschinenmarkt 79 (1973) 546...549
28/35 Arter, F.: Sales manual-Beier variator. Sumitomo Heavy Ind. (1970) B 101...B 107
28/36 Hewko, L.: Contact traction and creep of lubricated cylindrical rolling elements of very high surface speeds. ASLE Trans. 12 (1969) 151...161

Reibung in Reibradgetrieben

28/37 Gössel, N.: Die Hertzsche Fläche zwischen Rad und Schiene bei Zugkraftbeaufschlagung und ihre Auswirkung auf die ausnutzbare Haftung. Eisenbahntech. Rundsch. (1955) 161...178
28/38 Lane, T. B.: The lubrication of friction drives. J. Am. Soc. Lubr. Eng. (1957) 86
28/39 Crook, A. W.: The lubrication of rollers. — Pt. IV. Measurement of friction and effective viscosity. Philos. Trans. R. Soc. Ser. A (1963) 255...281
28/40 Kraskovskii, E., et al.: Experimental study of rolling resistance. Russ. Eng. J. 45 (1965) 29...33
28/41 Bauerfeind, E.: Zur Kraftübertragung mit Gummirädern. Antriebstech. 5 (1966) 383...391
28/42 Gackstetter, G.: Leistungsverzweigung bei der stufenlosen Drehzahlregelung mit vierwelligen Planetengetrieben. VDI-Z. 108 (1966) 210...214
28/43 Wernitz, W.: Auswertung von Rollverschleißuntersuchungen. Teil I. Wear 9 (1966) 429...450. Teil II. Wear 10 (1966) 3...16
28/44 Johnson, K.; Tabor, D.: Rolling friction. Proc. Inst. Mech. Eng. 1967/68, Session 3, p. 109
28/45 Miloiu, G.: Die Druckkraft in stufenlosen Getrieben. 1. Reibradgetriebe. Antriebstech. 8 (1969) 407 bis 414
28/46 Mezhnikov, A.: The contact friction coefficient of friction elements and the efficiency of a toroidal friction drive running in oil. Russ. Eng. J. 49 (1969) 29...33
28/47 Hammann, R.; Schisla, R.; Groenweghe, L.; Gash, V.: Synthetic fluids for high capacity traction drives. ASLE Trans. 13 (1969) 105...116
28/48 McGrew, J. M.; Gu, A.; Cheng, H. S.; Murray, S. F.: Elastohydrodynamic lubrication-preliminary design manual. Tech. Rep. AFAPL TR-70-27, WP AFB, Ohio, Nov. 1970
28/49 Poon, S. J.: Some calculations to assess the effect of spin on the tractive capacity of rolling contact drives. Proc. Inst. Mech. Eng. 1970/71, pp 185, 1015
28/50 Schlösser, W.: Anwendung der Forschungsresultate von EHD-Schmierung beim Entwurf von Reibradgetrieben. Vortr. z. Jahrestagung 1972 Forschungsverein. Antriebstechnik e. V. Frankfurt/Main
28/51 Soda, N.; Kimura, J.; Sekizawa, M.: Wear of steels under rolling-sliding contact. Bull. JSME 15 (1972) 866...876
28/52 Cecil, R.; Pike, W.; Raje, N.: Development of methods for evaluation tractions fluids. Wear 26 (1973) 335...353
28/53 Mägi, M.: On efficiency of mechanical coplanar shaft power transmissions. The Division of Machine Elements, Chalmers, Univ. of Technology, Gothenburg, 1974
28/54 Lingard, S.: Tractions at the spinning point contacts of a variable ratio friction drive. Tribol. Int. (1974) 228...234

28/55 Holland, J.: Beanspruchung und elasto-hydrodynamische Schmierung an stufenlos einstellbaren Wälzgetrieben. Konstr. 27 (1975) 413 ... 418

28/56 Tucker, D. E. G.: Anwendung von synthetischen Traktionsflüssigkeiten in Reibgetrieben und Lagern. Antriebstech. 17 (1978) 267...271

28/57 Winter, H.; Gaggermeier, H.: Versuche zur Kraftübertragung in Verstell-Reibradgetrieben im Bereich elasto-hydrodynamischer Schmierung. Konstr. 31 (1979) 2...6 u. 55...62

28/58 Winter, H.; Vojacek, H.: International Symposium on Gearing & Power Transmissions, 1981 Tokyo Influence of the molecular structure on the traction characteristics of lubrication fluids.

Firmenschriften

Arter, Zürich; William Prym-Werke, Stolberg; Heynau, München; Jean E Kopp, Meyriez/Murten, Schweiz; Sumitomo-Heavy Industries, Japan; PIV-Werner Reimers, Bad Homburg

29 Reibkupplungen und Reibbremsen

Im Gegensatz zu formschlüssigen Schaltkupplungen — wie Zahn- oder Klauenkupplungen — kann man Reibkupplungen — ebenso wie Reibbremsen — auch bei Drehzahlunterschieden einschalten. So lassen sich zwei Wellen — von denen bei Reibbremsen eine still steht — je nach Bedarf schnell oder langsam, stoßfrei kuppeln oder entkuppeln. Dies ist nur möglich durch einen allmählich wirkenden Kraftschluß.

Reibkupplungen und -bremsen verwendet man bei Kraftfahrzeugen, Kranen, Winden, Werkzeugmaschinen, Aufzügen, Baumaschinen usw. Ihre Funktionssicherheit ist entscheidend für den Betrieb dieser Maschinen.

29.1 Überblick — Kupplungen und Bremsen

Wir unterscheiden:

a) Nach der **Bauform** der Reibflächen (s. Tafel 29/2): Backen-, Kegel-, Scheiben- (Einscheiben-, Mehrscheiben- und Lamellen-), Schlingband-Kupplungen und -Bremsen.

b) Nach **Art der Reibpaarung** und **Schmierung:** Trockenlaufende und geschmierte Reibflächen mit und ohne besonderen Reibbelag, mit losem graphitiertem Stahlsand oder mit Stahlkugeln als Reibwerkstoff; ferner mit elektromagnetischen Flüssigkeiten oder Pulver zwischen den Reibflächen, wobei die mechanischen Eigenschaften der Flüssigkeiten oder des Pulvers durch Magnetfluß verändert werden.

c) Nach der **Art der Bedienung** und **Schaltkraft:** Hand- und Fußbedienung, Magnetkraft, hydraulische oder pneumatische Schaltkraft oder selbstgesteuerte Kupplungen (Drehrichtungssteuerung bei Überholkupplungen, Drehzahlsteuerung bei Fiehkraftkupplungen, Momentensteuerung bei Sicherheitsrutschkupplungen).

29.1.1 Reibkupplungen

Nach dem Verwendungszweck unterscheidet man:

a) Schaltkupplungen (Bilder 29/15...18, 20, 21) zum Ein- und Abschalten der Drehbewegung einer Arbeitsmaschine bei durchlaufendem Motor.

b) Anlaufkupplungen (meist Fliehkraftkupplungen, Bilder 29/33...35), die erst bei Betriebsdrehzahl das volle Drehmoment auf die Arbeitsmaschine übertragen, jedoch beim Anlauf den Motor fast unbelastet lassen, wie Bild 29/32 zeigt; auch Bauart nach Bild 29/36 für Anlauf mit begrenztem Moment geeignet.

c) Sicherheitskupplungen (Bild 29/36), die bei Überschreiten des eingestellten Drehmomentes durchrutschen. (Man beachte auch formschlüssige — mit einer Sollbruchstelle — z. B. Brechbolzen- und Brechringkupplungen [29/59].)

d) Freilaufkupplungen, die beim Wechsel der Drehrichtung oder des Drehmomentes oder beim Voreilen der einen Welle gegenüber der anderen fassen bzw. lösen (s. Kap. 30).

e) Vergleich mit anderen kraftschlüssigen Kupplungen. Reibkupplungen bauen meist einfacher, kleiner und billiger als Flüssigkeits- oder elektrodynamische Kupplungen. Man bevorzugt sie daher, sofern ihr Betriebsverhalten ausreicht. Aus der Gegenüberstellung

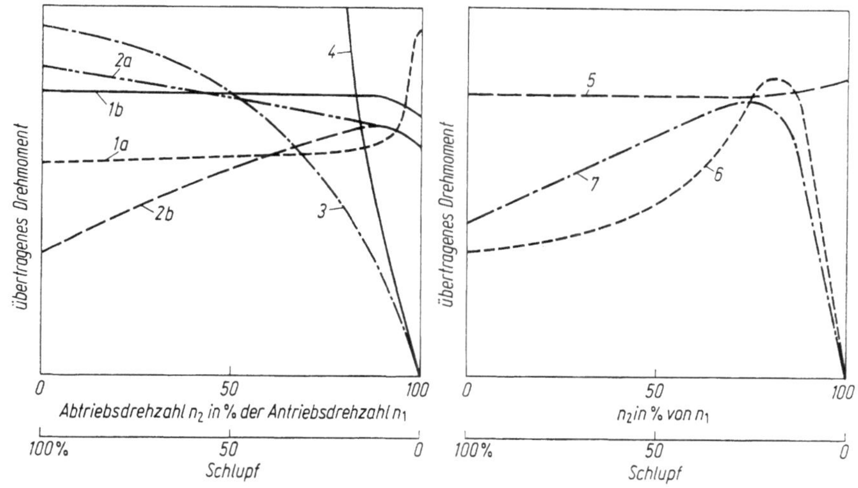

Bild 29/1. Drehmomentkennlinien verschiedener Kupplungen bei konstanter Antriebsdrehzahl n_1; *1* Reibkupplung, *1a* geschmiert, *1b* trocken, *2* Stahlsandkupplung, *2a* Flügelstern angetrieben, *2b* Gehäuse angetrieben, *3* hydrodynamische Flüssigkeitskupplung, *4* hydrostatische Flüssigkeitskupplung, *5* Magnetpulverkupplung, *6* Induktionskupplung (Käfigläufer), *7* Wirbelstromkupplung.

in Bild 29/1 ist zu ersehen, daß Reibkupplungen bei Nenndrehmoment ohne Schlupf (ohne Dauerverluste) arbeiten und hierin nur noch von der Magnetpulverkupplung und von der Induktionskupplung erreicht werden. Ferner zeigt Bild 29/1, daß man auch mit Reibkupplungen verschiedenartige Drehmomentkennlinien erzielen kann.

Die Drehmomentkennlinien der Reibkupplungen hängen von der Art des Reibwerkstoffes und der Form der Reibflächen ab. Die Kurven *1a* und *1b* können infolgedessen in ihrer Gestalt und Lage stark variieren und sind u. U. zu vertauschen.

Die Stahlsandkupplung überträgt bei großem Schlupf (nahezu stillstehende Abtriebswelle) bei angetriebenem Flügelstern (Kurve *2a*) ein wesentlich größeres Drehmoment als bei angetriebenem Gehäuse (Kurve *2b*), da die Anpreßkraft von der Fliehkraft erzeugt wird und diese in erster Linie von der Drehzahl des Flügelsterns abhängt.

Bei der hydrodynamischen Flüssigkeitskupplung (Kurve *3*, vgl. Bild 29/2) fördert die Pumpe einen Flüssigkeitsstrom, der direkt die Turbine treibt. Ein Drehmoment wird nur übertragen, wenn eine Drehzahldifferenz zwischen Pumpe und Turbine vorhanden ist. Diese Kupplung arbeitet deshalb bei Nennmoment mit einem Dauerverlust. Andererseits überträgt sie beim Anfahren (100% Schlupf) ein hohes, begrenztes Drehmoment.

Bei der hydrostatischen Flüssigkeitskupplung (Kurve *4*, vgl. Bild 29/3) kann die Momentenkennlinie durch das Drosselventil (d. h. Ändern des Volumenstromes) eingestellt werden. Infolge von Spaltverlusten kann die Kupplung — bei geschlossenem Drosselventil — zwar mit sehr steiler Momentenkennlinie, jedoch nicht völlig schlupffrei betrieben werden.

Magnetpulverkupplung (Kurve *5*, vgl. Bild 29/37). Hierbei wirkt das Pulver zwischen den Reibflächen im magnetischen Zustand als Festkörper und überträgt somit auch bei Gleichlauf ein Moment.

Induktionskupplungen (Kurve *6*, vgl. Bild 29/4) können nach dem Prinzip eines Käfigläuferasynchronmotors arbeiten. Die Drehmomentenkennlinie ist identisch mit der des Drehstromasynchronmotors gleicher elektrischer Auslegung.

Die Wirbelstromkupplung (Kurve *7*, vgl. Bild 29/5) ist eine Sonderausführung der Induktionskupplung. Der Läufer besteht hierbei aus homogenem Weicheisen, in dem die induzierten Ströme undefiniert fließen. Die Magnetpole können mit Gleichstrom oder Wechselstrom erregt werden. Für kleine Drehmomente genügt ein Permanentmagnet.

Verlustleistung bei Schlupf und somit Wärmeerzeugung sind bei allen Kupplungsarten gleich, sofern Drehzahlunterschied $n_1 - n_2$ und hierbei übertragenes Moment gleich sind. Die Verlustleistung bewirkt aber bei Reibungskupplungen Verschleiß, während Induktionskupplungen verschleißfrei arbeiten. Bei den hydrostatischen und hydrodynamischen Kupplungen verursacht die Verlustleistung ein Altern (Verschleiß!) der Übertragungsflüssigkeit.

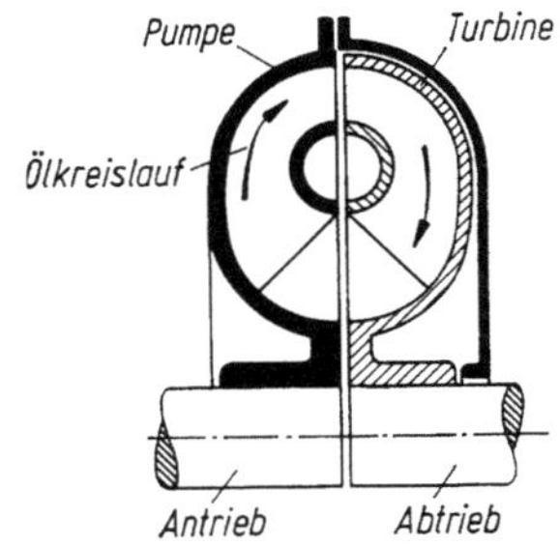

Bild 29/2

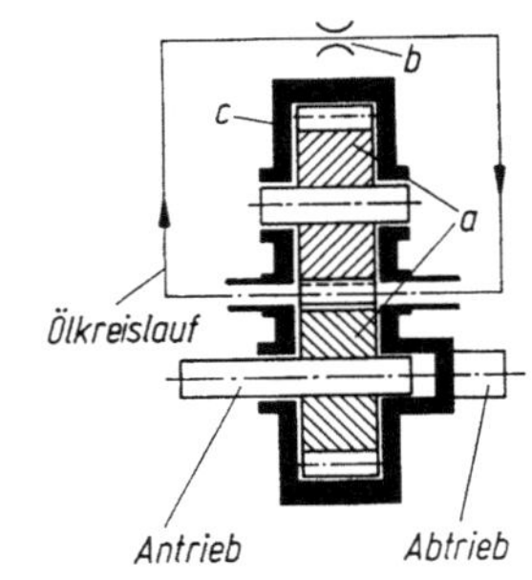

Bild 29/3

Bild 29/2. Hydrodynamische Kupplung.

Bild 29/3. Hydrostatische Kupplung. *a* Zahnradpumpe, *b* Drosselventil, *c* planetenartig umlaufendes, mit der Abtriebswelle verbundenes Gehäuse.

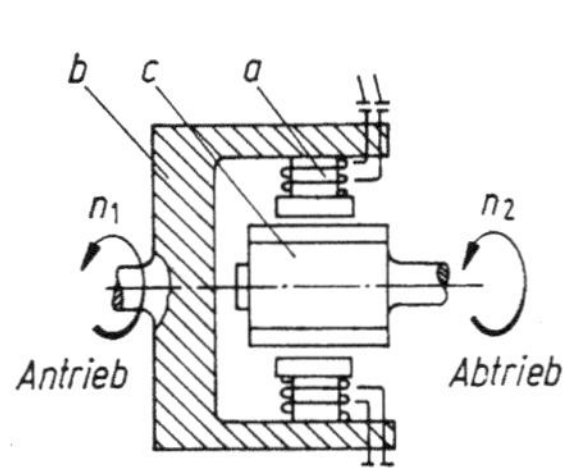

Bild 29/4

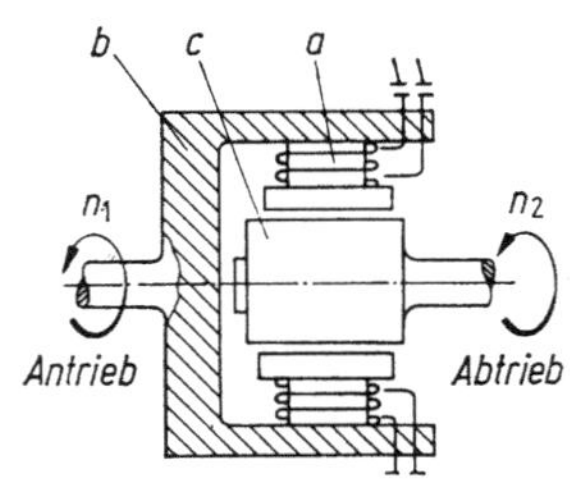

Bild 29/5

Bild 29/4. Induktionskupplung (Käfigläuferasynchronkupplung). *a* Pole (Gleichstrom-erregt), *b* Polrad, *c* Käfigläufer mit stromführenden Stäben und lamelliertem Läufer (zur Verhinderung von Wirbelströmen).

Bild 29/5. Wirbelstromkupplung. *a* Magnetpole, *b* Polrad, *c* Läufer.

29.1.2 Reibbremsen

Da hier eine Reibfläche feststeht, fällt die Überleitung der Schaltbewegung zum drehenden Teil fort, so daß sie einfacher ausgeführt werden können. Man unterscheidet nach dem Verwendungszweck:

1. **Haltebremsen** zum Festhalten einer Welle, einer Maschine oder eines Fahrzeuges. Da sie erst bei Stillstand eingelegt werden, arbeiten sie ohne Verschleiß und Erwärmung;

2. **Stopp-** und **Regelbremsen** zum Abstoppen bzw. Regeln einer Bewegung; sie dienen meist gleichzeitig als Haltebremsen;

3. **Leistungsbremsen** zum Prüfen von Maschinen unter Drehmoment im Laufzustand; die Leistung wird hierbei voll in Reibungswärme und Verschleiß umgesetzt. Man verwendet hierfür auch Wasserbremsen und (elektrische) Bremsgeneratoren.

Bremsen können nach den gleichen Bauprinzipien ausgeführt werden wie die entsprechenden kraftschlüssigen Kupplungen (Ausnahme: hydrostatische Bremse, nicht ausgeführt). Deshalb gilt für einen Vergleich der Reibbremsen mit anderen kraftschlüssigen Bremsen dasselbe wie für Kupplungen.

29.2 Zeichen und Einheiten

Zeichen	Einheit	Bedeutung
b	cm	Belagbreite
c	kJ/(kg K)	spezifische Wärme der Kupplungs-(Brems-)scheibe
$c_{\text{öl}}$	kJ/(kg K)	spezifische Wärme des Kühlöls
d, d_i, d_a	cm	mittlerer, innerer, äußerer Reibscheibendurchmesser
f_v	cm³/kWh	spezifischer Verschleiß
g	m/s²	Erdbeschleunigung
h	cm	Bedienweg
i	—	Übersetzung des Schaltzeuges; Anzahl der Klotzpaare (Scheibenbremse)
j	—	Anzahl der Reibpaarungen
l_s	mm	Luftspalt senkrecht zur Reibfläche
l_R, l_K	m	charakt. Länge für Rutsch- bzw. Abkühlvorgang
m	—	$e^{\mu\hat{\beta}}$
m_{AM}	kg	bewegte Massen der Arbeitsmaschine
n, n_1, n_2	min⁻¹	Drehzahl, Antriebs-, Abtriebsdrehzahl
n_0	min⁻¹	Leerlaufdrehzahl
n_H	min⁻¹	Drehzahl bei stat. Beharrungsmoment
n_R	min⁻¹	Drehzahl bei T_R entsprechend Motorkennlinie
$\dot{n}$	min⁻²	dn/dt Drehzahlzunahme
p_m, p_{max}, p_{zul}	N/cm²	mittlere, maximale, zulässige Flächenpressung
q, q_{zul}	W/cm²	mittlere Wärmestromdichte während der Rutschphase, zulässiger Wert
$q_m, q_{m\,zul}$	W/cm²	langzeitig mittlere Wärmestromdichte, zulässiger Wert
r	cm	Schwerpunktsabstand vom Drehpunkt
r_i, r_a	cm	innerer, äußerer Reibscheibenradius
r_W, r_G	cm	halber Keilwellen-, halber Gehäusedurchmesser
s	cm	Schaltweg in Richtung von F_s
s_v	cm	verschleißbare Belagdicke
t, t_a, t_s	s	Zeit, Schaltintervall, Rutschzeit
v_g	m/s	Gleitgeschwindigkeit am Durchmesser d
v_m	m/s	Geschwindigkeit der bewegten Massen bei n_s
v_K	m/s	Kühlluftgeschwindigkeit
z	1/h	Schaltzahl pro Stunde
A_B	m²	Nettobelagfläche
A_K	m²	Kühlfläche (von Kühlluft umströmt)
Bi	—	Biot-Zahl
F, F_1, F_2	N	Anpreßkraft senkrecht zur Reibfläche
F_e, F_G, F_l	N	Federkraft, Gewichtskraft, Fliehkraft
y_1	—	Nutfaktor
y_2	—	Bedeckungsfaktor
F_R, F_s	N	örtliche Reibkraft, Schaltkraft
F_t	N	Reibkraft am Durchmesser d (Gesamtumfangskraft)
Fo_R, Fo_K	—	Fourier-Zahl während der Aufheizzeit (t_s), während der Abkühlzeit
G	kg	Gewicht, Masse
H	N	Bedienkraft
J_{AM}, J_{MOT}	kg m²	Massenträgheitsmoment der Arbeitsmaschine, des Motors
J'_{AM}	kg m²	einzelnes Massenträgheitsmoment eines rotierenden Teils der Arbeitsmaschine
J_{red}	kg m²	auf Kupplungs-(Brems-)welle reduziertes Massenträgheitsmoment aller bewegten Teile
K_1, K_2	—	Isolationsfaktor, Reibscheibenfaktor
L_B	h	Belaglebensdauer
P_H	W	Beharrungs-Antriebsleistung der Arbeitsmaschine
P_R, P_{Rm}	W	Reibleistung während der Rutschphase, mittlere Reibleistung
S_1, S_2	N	Bandkräfte an den Bandenden
T_H, T_B	Nm	stat. Beharrungs-, Beschleunigungsmoment
T_{MOT}	Nm	Motormoment
T_R, T_L	Nm	Rutschmoment (Reibmoment), Leerlaufmoment
$\dot{V}_{\text{öl}}$	cm³/s	Kühlölmenge
V_v	cm³	Verschleißvolumen
W_R, W_B	J	Reibarbeit, Beschleunigungsarbeit
W_{KIN}	J	kinetische Energie
α_K	W/(m² K)	Wärmeübergangszahl
$\hat{\beta}$	rad	Umschlingungswinkel
δ	rad	Kegelwinkel, Anfangssteigung der Erwärmungskurve
$\Delta\vartheta_{\text{hü}}$	K	maximale Übertemperatur der Reibfläche bei konstanter Wärmezufuhr
$\Delta\vartheta_m$	K	mittlere Übertemperatur
$\Delta\vartheta_{max}$	K	maximale Übertemperatur der Reibfläche bei einzelnem Schaltvorgang
$\Delta\vartheta_{\text{nü}}$	K	Beharrungsübertemperatur der Reibfläche bei z Schaltungen pro h
$\Delta\vartheta_{\text{öl}\,1,2}$	K	Ölübertemperatur am Eintritt, Austritt
Δn	min⁻¹	Drehzahldifferenz $\Delta n = n_1 - n_2$
$\Delta\omega$	rad/s	Differenz der Winkelgeschwindigkeit
η_G	—	Schaltzeug-Wirkungsgrad

$\vartheta_\infty, \vartheta_h$	°C	Umgebungs-, Beharrungstemperatur	λ	W/(m K)	Wärmeleitfähigkeit der Brems-(Kupplungs-)scheibe
ϑ_m	°C	mittlere Temperatur	μ_0, μ	—	Haftreibungszahl, Reibungszahl (Mittelwert)
ϑ_{max}	°C	maximale Temperatur nach einem Schaltvorgang	ϱ, $\varrho_{Öl}$	kg/m³	Dichte der Kupplungs-(Brems-)scheibe des Öls,
ϑ_{zul}	°C	zulässige Reibflächentemperatur	ω	rad/s	Winkelgeschwindigkeit

Indizes

I Rutschphase
II Gleichlaufphase
1 Antriebswelle Kupplung
2 Abtriebswelle Kupplung

R Aufheizvorgang (Rutschvorgang)
K Abkühlvorgang
s Synchronlauf, Schaltvorgang

29.3 Vorgänge beim Kuppeln und Bremsen

Berechnung der Bewegungsvorgänge (Grundlagen) s. Abschn. 20.5. Erläuterung der Arbeitsphasen beim Kuppeln und Bremsen s. Tafel 29/1 und Bilder 29/9,11.

29.3.1 Betrieb mit einer Schaltkupplung (vgl. Tafel 29/1)

Für die Berechnung der Vorgänge beim Anfahren benötigt man außer den Daten der Kupplung auch die Kennwerte der Kraft- und der Arbeitsmaschine, da sich diese wechselseitig beeinflussen, s. Bild 29/6.

- Drehmomentenkennlinien verschiedener Kraftmaschinen zeigt Bild 29/7.
- Die Beharrungsmomente der Arbeitsmaschinen setzen sich zusammen aus einem reibungsabhängigen und einem Nutzlast-Anteil. Da beide Anteile für die verschiedenen Arbeitsmaschinen sehr unterschiedlich verlaufen können, gibt Bild 29/8 nur allgemeine Tendenzen an.
- Für die Berechnung nimmt man das Beharrungsmoment T_H meist als konstant an.

Häufig wird die Drehzahl des Antriebsmotors während des Schaltvorganges durch entsprechende Regelung des Motors der Drehzahl der Arbeitsmaschine angepaßt. Die Rutschphase kann dadurch erheblich verkürzt werden, was den Verschleiß der Reibwerkstoffe entsprechend mindert. Die Beschleunigung der Arbeitsmaschine auf die Nenndrehzahl erfolgt dann weitgehend während der Gleichlaufphase (Beispiel: Schaltvorgang bei Kraftfahrzeugen).

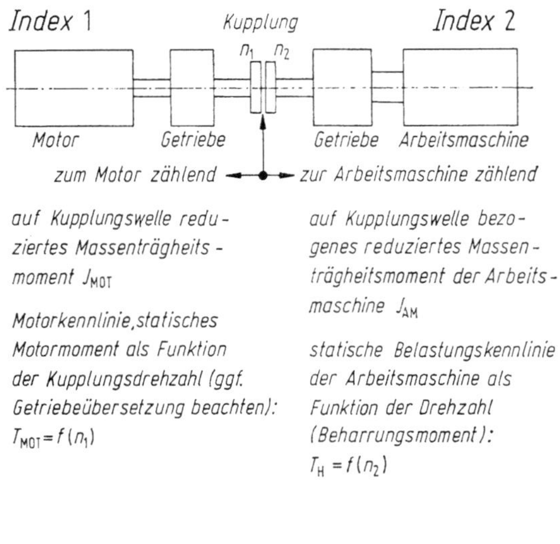

Bild 29/6. Maschinenanlage mit Schaltkupplung, Kenngrößen für die Berechnung.

Tafel 29/1. Betriebsphasen der Kupplung beim Anfahren aus dem Stillstand bzw. der Bremse beim Abbremsen auf Stillstand, vgl. Bild 29/9, 11

<table>
<tr><th>Betriebsphase</th><th>Kupplung</th><th>Bremse</th></tr>
<tr><td rowspan="2">Phase 0: Geöffnet, Beharrung</td><td colspan="2">Ausgeschaltet, Reibflächen getrennt</td></tr>
<tr><td>Motor läuft mit Leerlauf Drehzahl $n_1 = n_0$. Arbeitsmaschine steht still, $n_2 = 0$.</td><td>Rotierende Teile, (Arbeitsmaschine und Motor) laufen mit Betriebsdrehzahl. Bremsgestell steht still, $n_2 = 0$.</td></tr>
<tr><td rowspan="6">Phase A: Kupplung: Einschalten, Bremse: Schließen</td><td colspan="2">Reibflächen berühren sich, Anpreßkraft nimmt von Null auf vollen Wert zu, Reibmoment steigt auf T_H.</td></tr>
<tr><td></td><td>Motor abgeschaltet</td></tr>
<tr><td>Nach Erreichen von T_H (stat. Drehwiderstand der getriebenen Welle) Beginn der Beschleunigung.</td><td>Sofortiger Beginn der Verzögerung durch T_H (z. B. bei Lastheben) oder Beginn der Verzögerung nach Erreichen von T_H (z. B. Lastsenken).</td></tr>
<tr><td colspan="2">Weiterer Anstieg des übertragenen Momentes auf T_R</td></tr>
<tr><td>T_R: Drehwiderstand der getriebenen Welle in der Beschleunigungsphase I</td><td>T_R: Widerstand der bewegten Teile in der Verzögerungsphase I</td></tr>
<tr><td colspan="2">Im Regelfall ist Einschaltvorgang (= Aufbringen der Anpreßkraft) so kurz, d. h. das Rutschmoment steigt so schnell auf T_R, daß Schaltphase A bei Berechnung vernachlässigt werden kann.</td></tr>
<tr><td rowspan="2">Phase I: Rutschen. Kupplung/(Bremse): Geschlossen, Beschleunigung, (Verzögerung)</td><td colspan="2">Reibflächen sind mit voller Anpreßkraft zusammengepreßt und rutschen.</td></tr>
<tr><td>Welle der Arbeitsmaschine wird bis n_s beschleunigt (Lastdrehzahl des Motors nach Beendigung des Rutschens).</td><td>Bewegte Teile (Motor und Arbeitsmaschine einschl. Last) werden auf die Drehzahl Null (Stillstand) verzögert.</td></tr>
<tr><td rowspan="2">Phase II: Kupplung: Gleichlauf, Bremse: Geschlossen</td><td colspan="2">Eingeschaltet, kein Rutschen</td></tr>
<tr><td>Motor und Arbeitsmaschine laufen mit gleicher Drehzahl auf Betriebsdrehzahl hoch $n_1 = n_2$ (Beschleunigung).</td><td>Bewegte Teile (Motor und Arbeitsmaschine einschl. Last) stehen still (Beharrung).</td></tr>
<tr><td>Phase B: Gleichlauf, Beharrung</td><td>Motor und Arbeitsmaschine laufen mit Drehzahl $n_1 = n_2 = n_H$ (Beharrungsdrehzahl n_H wird theoretisch erst nach sehr langer Zeit erreicht).</td><td>Motor und Arbeitsmaschine einschl. Last stehen still.</td></tr>
<tr><td rowspan="3">Phase C: Ausschalten, Lüften</td><td colspan="2">Mit abnehmender Anpreßkraft sinkt übertragbares Moment auf T_H.</td></tr>
<tr><td>Nach Unterschreiten von T_H Beginn der Rutschphase und Verzögerung der Arbeitsmaschine. Nach weiterem Abfall des Rutschmomentes auf Null Abfall der Drehzahl n_2 der Arbeitsmaschine auf Null, Anstieg der Motordrehzahl n_1 auf Leerlaufdrehzahl n_0.</td><td>Beschleunigung der rotierenden Teile durch das Beharrungsmoment T_H (statisches Lastmoment).</td></tr>
<tr><td colspan="2">Entsprechend Phase A vollzieht sich Abfall des Reibmomentes T_R auf Null im Regelfall so schnell, daß auch Phase C bei Berechnung vernachlässigt werden kann.</td></tr>
</table>

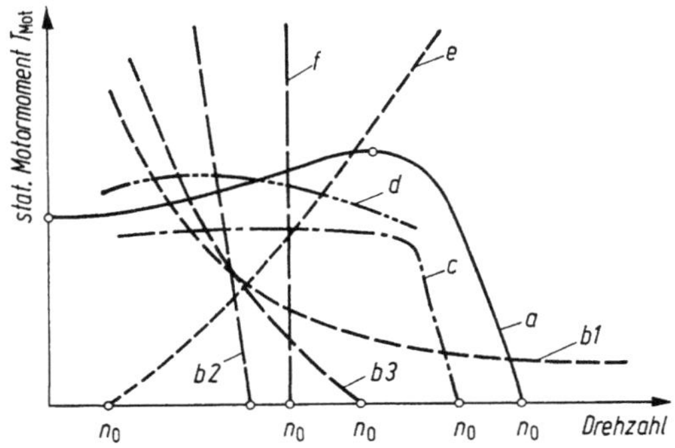

Bild 29/7

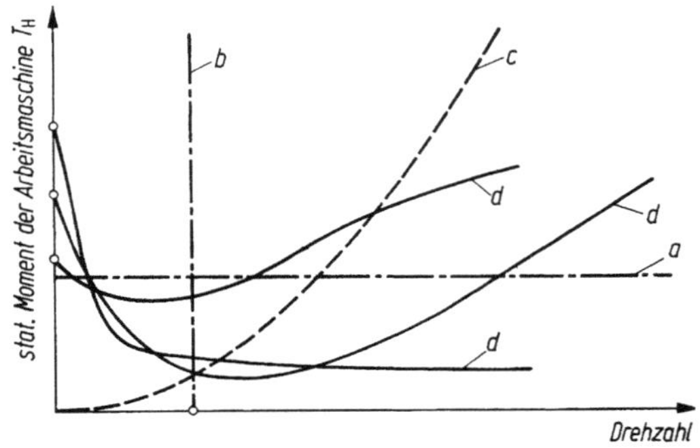

Bild 29/8

Bild 29/7. Drehmomentkennlinien von Kraftmaschinen. *a* Elektromotor, Käfigläufer, *b* Gleichstrommotor, *b1* Reihenschluß, *b2* Nebenschluß, *b3* Doppelschluß, *c* Dieselmotor, *d* Otto-Motor; *e* Einwellen-Gasturbine, *f* Synchronmotor.

Bild 29/8. Drehmomentkennlinien von Arbeitsmaschinen (Prinzip). *a* Nutzlastanteil bei Hebezeugen, Förder geräten, *b* Nutzlastanteil bei Synchrongenerator, *c* Reibungsanteil durch Strömungsverluste (Pumpe — Rohrnetz, Kfz-Windwiderstand usw.), *d* Reibungsanteil bei Arbeitsmaschinen mit plastischer Verformungsarbeit (Rührwerke in zähen Massen, Erdbearbeitungsmaschinen, Zugmaschinen, Walzen, Misch- und Zerkleinerungsmaschinen).

Von der Kupplung übertragenes Reibmoment:

$$T_R = F_t d/2 \tag{29/1}$$

mit F_t Umfangskraft = Summe aller Reibkräfte nach Tafel 29/2 und $d = 0{,}5(d_i + d_a)$[1] mittlerer Reibdurchmesser, Tafel 29/2.

Für die Berechnung der übertragenen Reibkräfte in der Rutschphase ist die Gleitreibungszahl und für das Durchrutschen einer eingeschalteten Kupplung die Haftreibungszahl maßgebend.

Bei den meisten Reibwerkstoffen hängt die Reibungszahl μ allerdings nur wenig von der Drehzahldifferenz bzw. Gleitgeschwindigkeit ab, meist kann man deshalb μ und damit T_R bei gegebener Anpreßkraft als konstant annehmen. — Bestimmung von T_R s. Abschn. 29.7.2. Empfehlungen zur Wahl des Reibmomentes s. Tafel 29/2.

Phase 0, Kupplung geöffnet: Die Reibung in der Kupplung soll hierbei möglichst gering sein. Dies bereitet insbesondere bei Lamellenkupplungen Schwierigkeiten. — Mögliche Ursachen sind:

a) Verformung der Scheiben durch Fertigungsfehler oder Erwärmung,
b) „Kleben" der Scheiben infolge haftenden Fettes oder Öls.

Man muß daher für den ausgeschalteten Zustand ausreichend Spiel vorsehen und die Reibscheiben evtl. durch Fremdkraft (z. B. Federn) trennen oder Öl zwischen die Scheiben drücken. Man kühlt damit außerdem die Reibflächen. Anhaltswerte für das Leerlaufmoment T_L bei ölgeschmierten Lamellenkupplungen s. Abschn. 29.4.3d.

Phase A, Einschalten, kann man bei der Berechnung vernachlässigen, s. Tafel 29.1.

Phase I, Rutschen, Beschleunigen: Nach dem Einschalten (Zeit $t = 0$) überträgt die rutschende Kupplung das Reibmoment T_R. Dadurch sinkt die Motordrehzahl während der Rutschphase (Index I), d. h. in der Reibzeit (Rutschzeit) t_S bis auf n_S ab. Gleichzeitig nimmt die Drehzahl n_2 der Arbeitsmaschine von Null bis n_S zu, sofern T_R größer als das statische Drehmoment der Arbeitsmaschine (Beharrungsdrehmoment) T_H ist.

---

1 Siehe Fußnote a Tafel 29/2.

Wenn die Momentenkennlinie der Arbeitsmaschine nicht bekannt ist, kann man vereinfachend ein mittleres T_H aus deren Nennleistung P_H errechnen:

$$T_H = 9{,}55\, P_H/n. \qquad (29/2)\circledast$$

Nur die Differenz

$$T_{BI} = T_R - T_H \qquad (29/3)$$

wirkt während der Rutschphase I als Beschleunigungsmoment für die Arbeitsmaschine und gleichzeitig als Verzögerungsmoment für den Motor.

• Drehzahl n_2 der Arbeitsmaschine und n_1 des Motors — während t_s. Die Gesetzmäßigkeit, nach der die Drehzahl n_2 während der Rutschzeit t_s zunimmt, hängt sowohl vom Verlauf des Reibmomentes T_R über der Drehzahldifferenz $\Delta n = n_1 - n_2$ (Bild 29/9) als auch von der Momentenkennlinie der Arbeitsmaschine ab (Bild 29/8).

$$T_R - T_H = T_{BI} = J_{AM}\dot{\omega}_2 = J_{AM}\dot{n}_2(2\pi/60).^2 \qquad (29/4)\circledast$$

Die Motordrehzahl n_1 ist ebenfalls vom Verlauf des Reibmomentes abhängig, außerdem von der Motorkennlinie, d. h. T_{MOT} als Funktion der Motordrehzahl n_1, Bild 29/7

$$T_R - T_{MOT} = -J_{MOT}\dot{\omega}_1 = -J_{MOT}\dot{n}_1(2\pi/60). \qquad (29/5)\circledast$$

(29/4) und (29/5) sind miteinander gekoppelte Differentialgleichungen. Sie können für gegebene Kennlinien von Arbeitsmaschine und Motor und den Reibungszahlverlauf über dem Schlupf simultan gelöst werden. Bild 29/9 zeigt einige Beispiele.

• Zeitdauer t_s der Rutschphase I, Gleichlaufdrehzahl n_s ergeben sich nach Lösung der Differentialgleichungen (29/4) und (29/5) aus den Drehzahlverläufen von n_1 und n_2 (Bild 29/9), indem man $n_1 = n_2 = n_s$ setzt.

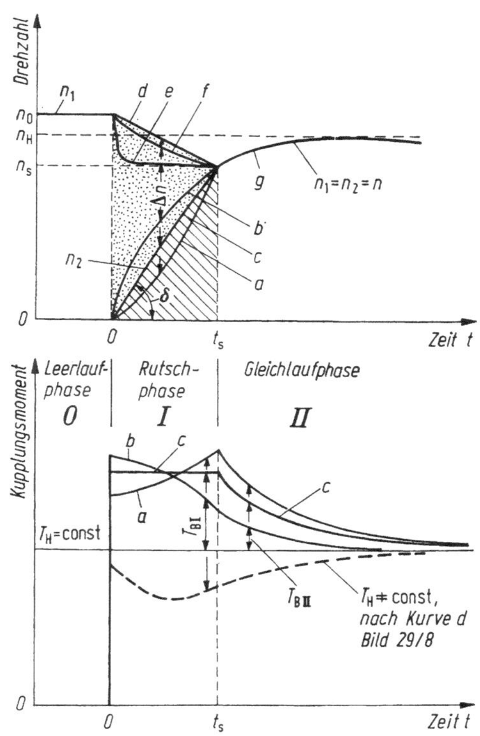

Bild 29/9. Verlauf von Drehzahl (oben) und Kupplungsmoment (unten) beim Anfahren mit einer Schaltkupplung. (*a*) T_{BI} progressiv zunehmend mit abnehmendem $\Delta n = n_1 - n_2$ (Beispiel: T_H = const, T_R degressiv abnehmend mit Δn); (*b*) T_{BI} progressiv abnehmend mit abnehmendem $\Delta n = n_1 - n_2$ (Beispiel: T_H = const, T_R degressiv zunehmend mit Δn); (*c*) T_{BI} = const; (*d*) n_1 bei T_R = const, T_{MOT} = const; (*e*) n_1 bei T_R = const, T_{MOT} abnehmend mit zunehmendem n_1 (z. B. Käfigläufermotor nach Kurve (*a*) Bild 29/7), zugleich J_{MOT} vernachlässigbar; (*f*) wie (*e*), jedoch J_{MOT} nicht vernachlässigbar.

---

2 Bei Arbeitsmaschinen mit geradlinig bewegten Massen, z. B. Hebegewichten, ist $J_{AM\,red} = J_{AM\,rot} + J_{AM\,lin}$. Berechnung des reduzierten Massenträgheitsmoments s. Abschn. 20.5.2.

Sonderfall: n_s und t_s bei konstantem Reibmoment T_R, Beharrungsmoment T_H und Motormoment T_{MOT}.

$$n_2 = \frac{60}{2\pi}\frac{1}{J_{AM}}(T_R - T_H)\,t\,, \qquad (29/6)⊛$$

$$n_1 = n_0 - \frac{60}{2\pi}\frac{1}{J_{MOT}}(T_R - T_{MOT})\,t\,. \qquad (29/7)⊛$$

Daraus Gleichlaufdrehzahl n_s und Rutschzeit t_s:

$$n_s = n_0 \Big/ \left(1 + \frac{J_{AM}}{J_{MOT}}\frac{T_R - T_{MOT}}{T_{BI}}\right), \qquad (29/8)$$

$$t_s = \frac{2\pi}{60}\frac{J_{AM}}{T_{BI}}n_s = \frac{J_{AM}}{T_{BI}}(n_0 2\pi/60) \Big/ \left(1 + \frac{J_{AM}}{J_{MOT}}\frac{T_R - T_{MOT}}{T_{BI}}\right). \qquad (29/9)⊛$$

• Die Reibarbeit während der Rutschphase t_s hängt sowohl vom Verlauf des Rutschmomentes T_R als auch vom Verlauf der Drehzahldifferenz $\Delta n = n_1 - n_2$ während der Rutschphase t_s ab:

$$W_R = \int_0^{\varphi_s} T_R\,d\varphi = \int_0^{\varphi_s} T_R \frac{d\varphi}{dt}\,dt = \int_0^{t_s} T_R\,\Delta\omega\,dt = \frac{2\pi}{60}\int_0^{t_s} T_R \cdot \Delta n\,dt\,. \qquad (29/10)⊛$$

Hierbei ist $\int_0^{t_s} \Delta n\,dt$ die gepunktete Fläche in Bild 29/9 zwischen den Drehzahlkurven n_1 und n_2 im Bereich von t_s (dargestellt für den u. a. Sonderfall) und $\frac{2\pi}{60}\int_0^{t_s} \Delta n\,dt = \int_0^{\varphi_s} d\varphi$ der in der Zeit t_s zurückgelegte Rutschwinkel der Kupplung.

Sonderfall: Für eine lineare Zunahme von n_2 und lineare Abnahme von n_1 in Bild 29/9 (Kurven c und d) ist $\int_0^{t_s} \Delta n\,dt = n_0 t_s/2$ und somit nach (29/10) und (29/9)

$$W_R = T_R t_s n_0 \pi/60 = (T_R/T_{BI})\,(n_0/n_s)\,0{,}5 J_{AM}(n_s 2\pi/60)^2\,. \qquad (29/11)⊛$$

Die Reibarbeit W_R und der davon abhängige Verschleiß werden um so kleiner, je größer $T_{BI}/T_R = (T_R - T_H)/T_R$ gewählt wird (hohe Anpreßkraft) und je geringer der Drehzahlabfall $n_0 - n_s$ des Motors ist (reichlich dimensionierter Motor) und um so kleiner das Massenträgheitsmoment J_{AM} ist. Andererseits wächst jedoch die mechanische Beanspruchung aller Elemente des Wellenstranges je größer $T_{BI} = T_R - T_H$ ist.

• Reibleistung während der Rutschphase (maßgebend für die Wärmebelastung der Reibwerkstoffe):

$$P_R = W_R/t_s\,. \qquad (29/12)$$

• Mittlere Reibleistung bei z Schaltungen in der Stunde (maßgebend für die Dauertemperatur):

$$P_{Rm} = W_R z/3600 = W_R/t_a = P_R t_s/t_a\,. \qquad (29/13)⊛$$

Anhaltswerte für die Schaltzahl z s. Tafeln 29/7,8.

• Beschleunigungsarbeit W_B der Arbeitsmaschine in der Rutschphase (von $n_2 = 0$ bis $n_2 = n_s$):

$$W_B = \int_0^{\varphi_s} T_{BI}\,d\varphi = \int_0^{t_s} T_{BI}\frac{d\varphi}{dt}\,dt = \int_0^{t_s} T_{BI}\omega_2\,dt = \frac{2\pi}{60}\int_0^{t_s} T_{BI} n_2\,dt\,. \qquad (29/14)⊛$$

Hierbei ist $\int_0^{t_s} n_2\,dt$ die schraffierte Fläche unter der Kurve n_2 im Bereich von t_s und $\frac{2\pi}{60}\int_0^{t} n_2\,dt$ der in der Zeit t_s zurückgelegte Drehwinkel der Antriebswelle im Bogenmaß (Bild 29/9).

Sonderfall: Für lineare Drehzahlzunahme von n_2 — bei konstantem T_{BI} — in Bild 29/9 (Kurve c) ist $\int_0^{t_s} n_2\,dt = n_2 t_s/2$

$$W_B = T_{BI} t_s n_s \pi/60 = W_{KIN}.^3 \tag{29/15}⊛$$

Hierin ist W_{KIN} die kinetische Energie aller rotierenden ($J_{AM\,rot}$) und mit der Geschwindigkeit v_m geradlinig bewegten Massen (m_{AM}), die über die Kupplung angetrieben werden,

$$W_{KIN} = \frac{1}{2} J_{AM}(n_s 2\pi/60)^2 = \frac{1}{2} \sum J_{AM\,rot}(n_s 2\pi/60)^2 + \frac{1}{2} \sum m_{AM} v_m^2, \tag{29/16}⊛$$

denn die Beschleunigungsarbeit muß gleich der Zunahme der kinetischen Energie in der Rutschzeit t_s sein.

Phase II (nach Tafel 29/1) Gleichlauf, Kupplung geschlossen: Nach Erreichen des Gleichlaufes werden die Massen von Motor und Arbeitsmaschine ohne Rutschen der Kupplung gemeinsam beschleunigt. Der Drehzahlanstieg während dieser Phase verläuft meist nach einer Exponentialfunktion (Bild 29/9, Kurve g). Im allgemeinen Fall (T_{MOT} und T_H sind dabei eine Funktion der Drehzahl n) erhält man n durch Integration der Differentialgleichung:

$$T_{BII} = T_{MOT} - T_H = J_{red}\dot{n} 2\pi/60; \tag{29/17}⊛$$

J_{red} ist das auf die Kupplungswelle bezogene Massenträgheitsmoment aller bewegten Teile:

$$J_{red} = J_{MOT} + J_{AM} \tag{29/17 a}$$

Berechnung s. Abschn. 20.5.

Phase B (nach Tafel 29/1), Kupplung geschlossen: Bei normalem Betrieb soll die Kupplung das Drehmoment ohne Schlupf übertragen. Sie beginnt durchzurutschen, wenn das Moment der Arbeitsmaschine (Beharrungsmoment T_H) größer als das (Haft-) Reibmoment wird:

$$T_R < T_H. \tag{29/18}$$

T_H kann beispielsweise durch Blockierungen über den Normalwert ansteigen. Ebenso beginnt die Kupplung zu rutschen, wenn T_R sinkt, d. h. die Anpreßkraft F absinkt (Verlust der Federvorspannung infolge Ermüdung oder Verschleiß) oder wenn die Haftreibungszahl μ_0 abnimmt (z. B. durch Ölspritzer bei trockenlaufenden Kupplungen), durch Temperaturerhöhung infolge Sonneneinstrahlung oder durch ungleichmäßiges Tragen der Reibpaarung infolge Verzug bei thermischer Überlastung der Kupplung.

Phase C kann bei der Berechnung vernachlässigt werden, s. Tafel 29/1.

29.3.2 **Betrieb mit einer Stoppbremse** (vgl. Tafel 29/1)

Für die Berechnung erforderliche Daten s. Bild 29/10. Außer der Phase I — Verzögern bei geschlossener, rutschender Bremse — ähneln die Betriebsphasen denen der Reibkupplung, s. Abschn. 29.3.1.

Phase I (nach Tafel 29/1): Die eingeschaltete Bremse verzögert die Drehzahl der Bremswelle von n_2 bis Null mit Bremsmoment T_R. Das außerdem vorhandene äußere Belastungsdrehmoment T_H am Abtrieb verstärkt oder vermindert die Bremswirkung; d. h. Verzögerungsmoment:

$$T_B = T_R \pm T_H \tag{29/19}$$

einer Last-Hubbewegung: ($+T_H$) und beim Stoppen einer Last-Senkbewegung: ($-T_H$).

3 Auch hieraus läßt sich die Rutschzeit t_s bestimmen. Vergleiche Ergebnis mit (29/9).

Der Drehzahlverlauf hängt außer von den zu verzögernden Massen vom Verlauf des Verzögerungsmomentes T_B während der Rutschzeit t_s ab und ergibt sich für den allgemeinen Fall aus der Bedingung:

$$T_B = -J_{red}\dot{n}2\pi/60, \qquad (29/20)^{\circledast}$$

J_{red} s. Bild 29/10 und Abschn. 20.5.

Für einige Beispiele zeigt Bild 29/11 den zu erwartenden Drehzahlabfall. Hier ist auch der Unterschied zwischen Gewichts- und Federbelastung zu erkennen. Durch zusätzliche Dämpfer kann man Schwingungen abbauen, die Bremszeit wird allerdings gleichzeitig verlängert.

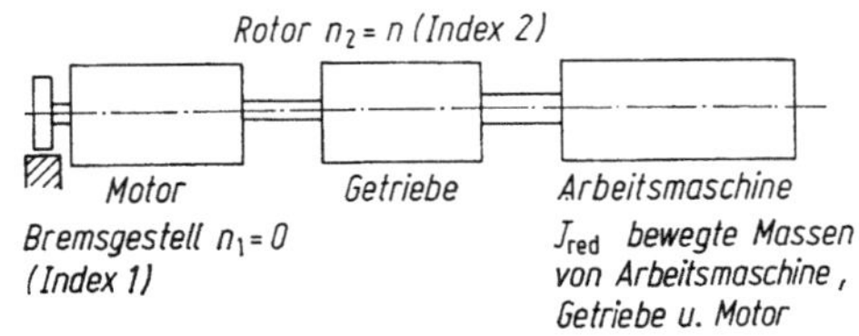

Bild 29/10. Maschinenanlage mit Stoppbremse, Kenngrößen für die Berechnung.

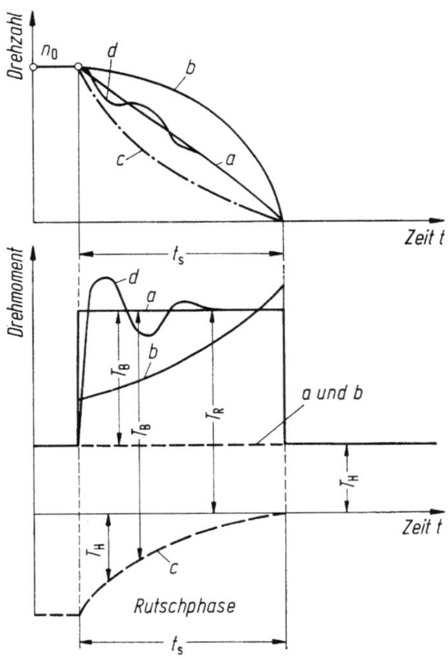

Bild 29/11. Verlauf von Drehzahl (*oben*) und Bremsmoment (*unten*) beim Abbremsen. (*a*) $T_B = \text{const}$; (*b*) T_R degressiv mit n abnehmend, bei (*a*) und (*b*): $T_H = \text{const}$; (*c*) $T_R = \text{const}$, T_H mit n progressiv zunehmend, die Bremswirkung verstärkend; (*d*) Bremse mit Gewichtsbelastung, Schwingen des Gewichtes beim Belasten (dadurch Pendeln von T_R).

Sonderfall: Konstantes Verzögerungsmoment T_B: Hierfür ist die Drehzahl n für die Zeit t nach Bremsbeginn:

$$n = n_0 - T_B t/J_{red} \cdot 2\pi/60. \qquad (29/21)^{\circledast}$$

Daraus Rutschzeit t_s (für $n = 0$):

$$t_s = (1/2\pi)\,(n_0/60)\,J_{red}/T_B = 60/(n_0\pi) \cdot W_{KIN}/T_B \qquad (29/22)^{\circledast}$$

mit W_{KIN} nach (29/16) (hier der gesamten abgebremsten Masse).

Hieraus und mit (29/10) folgt die Rutscharbeit:

$$W_R = T_R t_s \pi n_0/60 = 0{,}5(T_R/T_B)\,J_{red}(n_0 2\pi/60)^2 = (T_R/T_B)\,W_{KIN}. \qquad (29/23)^{\circledast}$$

29.4 Bauarten, Eigenschaften

Schema der Bauformen, typische Anwendungsgebiete sowie Berechnung der Reibkräfte, Schaltkräfte und Schaltwege s. Tafel 29/2.

29.4.1 Bauart 1 (nach Tafel 29/2): Trommel-Kupplung/-Bremse

Durchwegs ungeschmiert. Trommel meist aus Grauguß, Reibbelag meist kunstharzgebundener Asbest mit oder ohne Metalleinlage. Gute Wärmeabfuhr, Kompaktbauweise. Bei häufiger Betätigung Nachlassen der Bremswirkung durch Aufheizen möglich („fading"). Breite des Reibbelages begrenzt durch Steifigkeit der Trommel und ungleichmäßiges Tragen des Reibbelages.

a) Trommel-Außenbackenbremse (Bilder 29/12,13).

• Bei einfacher Backe (Bild 29/12a linker Bremshebel allein) ist Bremswirkung in beiden Richtungen verschieden, wenn Reibkraft $F_{R1} = \mu F_1$ im Abstand c_3 vom Drehpunkt angreift. Aus Gleichgewichtsbedingung $F_{s1}c_1 = F_1c_2 \pm F_{R1}c_3 = F_1(c_2 \pm \mu c_3)$ folgt (Minuszeichen für die umgekehrte Drehrichtung gegenüber Bild 29/12a):

$$F_t = F_{R1} = \mu F_1 = F_{s1}\mu(c_1/c_2) \cdot 1/(1 \pm \mu c_3/c_2) = 2T_R/d. \qquad (29/24)$$

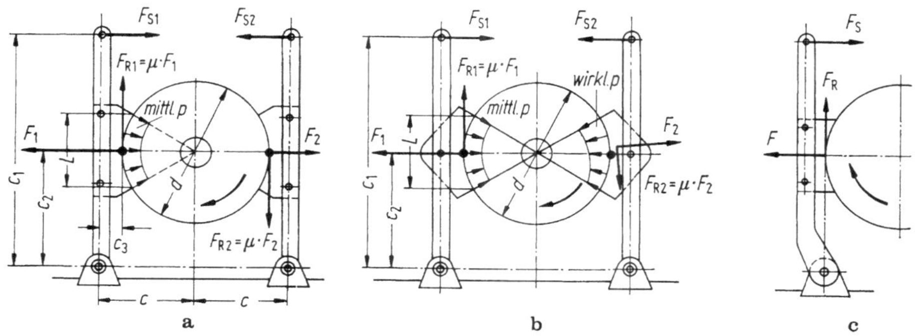

Bild 29/12. a) Doppelbackenbremse mit festen Backen; b) mit Drehbacken; c) einfache Backenbremse mit gleicher Bremswirkung in beiden Drehrichtungen (ohne Servowirkung).

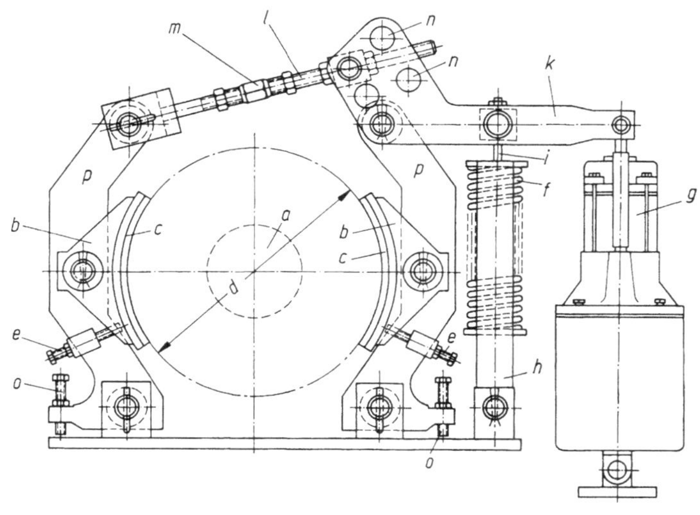

Bild 29/13. Doppelbackenbremse als Stoppbremse für Krane (MAN). *a* Motorwelle, *b* Bremsbacken mit Bremsbelag *c* (aus Blech geschweißte Drehbacken) sind mit Bolzen in Bremshebeln *p* gelagert und durch Stellschrauben *e* gegen Kippen durch Eigengewicht bei gelüfteter Bremse gesichert. Druckfeder *f* drückt Bremshebel mit Backen über Gestänge *h, i, k, l* gegen Bremstrommel; *g* Zugmagnet zum Lüften der Bremse über Gestänge *k* und *l*; *m* Mutter zum Einstellen der Federkraft; Löcher *n* zum Verstellen der Hebelübersetzung; *o* Stellschrauben als Anschläge für Bremshebel zum gleichmäßigen Lüften der Backen (Magnethub darf durch Stellschrauben nicht behindert werden).

Tafel 29/2. Bauarten und Beziehungen für Reibkupplungen und Reibbremsen. $m = e^{\mu\hat{\beta}}$ (s. Bild 27/7)

Bauart	1	2	3
Kupplungen	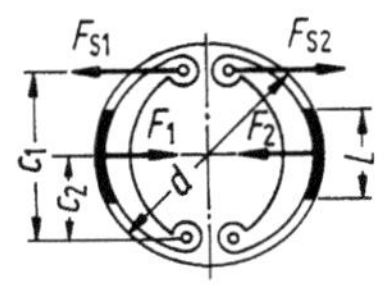 *b* Belagbreite	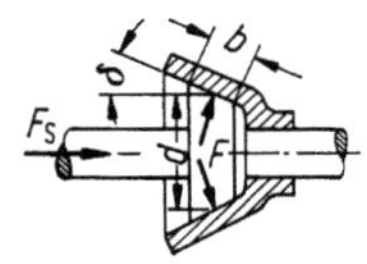	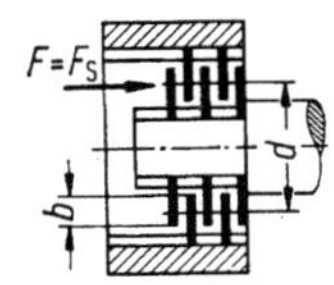
	mit Backen	Kegel	Scheiben oder Lamellen
Bremsen	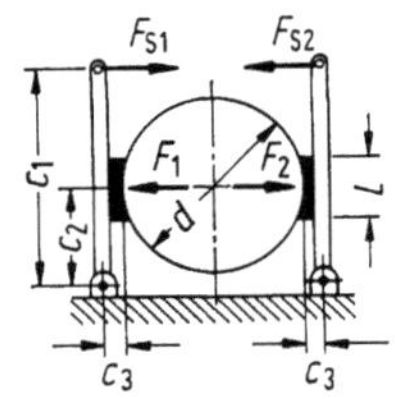 *b* Belagbreite	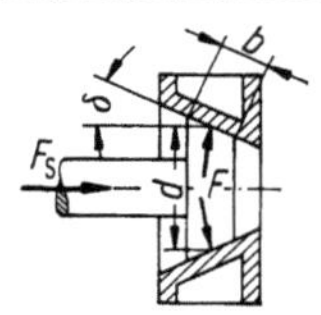	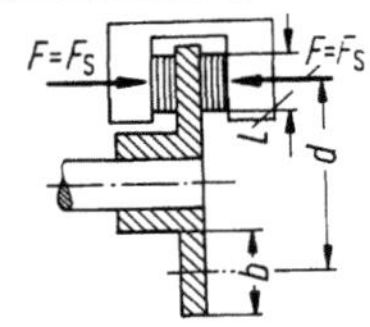
Reibkraft F_R am Durchmesser d [a]	$\mu(F_1 + F_2)$	$\dfrac{\mu F_s}{\sin\delta}$	$\mu \cdot F_s \cdot j = \mu \cdot Fj$ [d]
Notwendige Schaltkraft F_s [b]	$F_{s1} + F_{s2} = \dfrac{F_R c_2}{\mu c_1}$	$\dfrac{F_R \sin\delta}{\mu}$	$\dfrac{F_R}{\mu j}$ [d]
Schaltweg s in Richtung F_s [c]	$l_s \dfrac{c_1}{c_2}$	$\dfrac{l_s}{\sin\delta}$	$l_s \cdot j$
Flächenpressung p_m	$(F_1 + F_2)/(2bL)$		$F/(ibL)$
	$F_R/(\mu b d \pi y_1 y_2)$ (Spalten 1–3)		
Flächenpressung p_{max}	$F/(bL)$ [e,f]	$\approx p_m$	$\approx p_m$
Anwendungsbeispiele	Fliehkraftkupplung Kfz-Bremse Kranbremse	Schaltgetriebe-synchronisation Verschiebeanker-motor	geschmierte Schaltkupplung für Motorrad, Werkzeugmaschine Scheibenbremse für Kfz

[a] Reibmoment $T_R = F_R d/2$. Für Bauarten 2 und 3 setzt man meist $d = 0{,}5(d_a + d_i)$. Allgemein ist d der Durchmesser auf dem man sich F_R wirkend vorstellt. Dadurch ist d von der Verteilung von p und μ über der Reibfläche abhängig. Wenn Pressung p und damit die in der Reibfläche übertragene Tangentialspannung nur vom Radius (nicht von der Winkellage am Umfang) abhängt, wird $d = 4\pi/(F\mu) \cdot \int_{r_a}^{r_i} \tau r^2 \, dr$. Für μ und τ konstant über der Ringfläche: $d = (4/3)\,(r_a^3 - r_i^3)/(r_a^2 - r_i^2)$

4a	4b	4c	4d
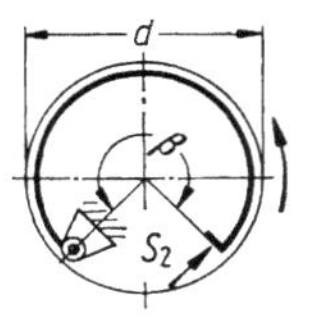	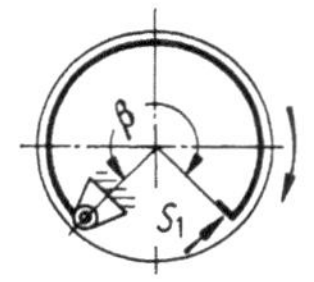		
		b Belagbreite	
Band in Drehrichtung angezogen	Band gegen Drehrichtung angezogen	Summenband	Differenzband
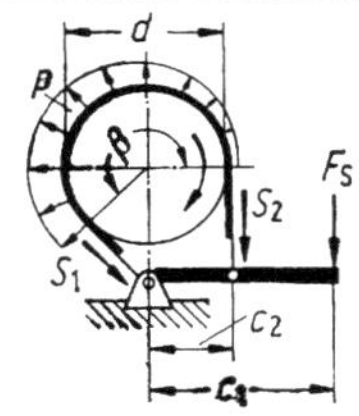	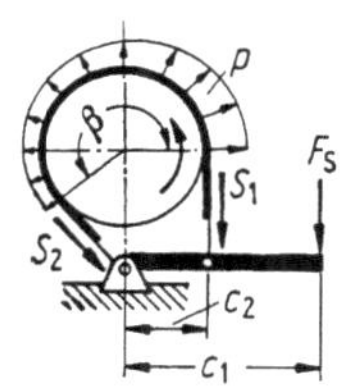	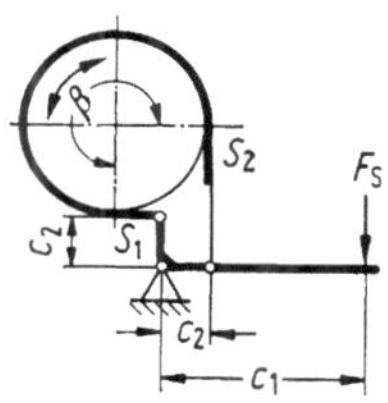	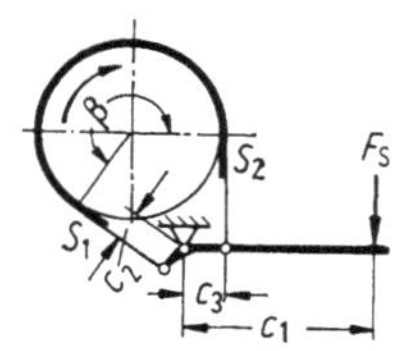
		b Belagbreite	
$(m-1)\,S_2$	$\frac{m-1}{m}\,S_1$	$\frac{m-1}{m+1}\,(S_1+S_2)$	
$S_2 = \frac{F_R}{m-1}$ $F_s = S_2 \cdot c_2/c_1$	$S_1 = \frac{F_R m}{m-1}$ $F_s = S_1 \cdot c_2/c_1$	$S_1 + S_2 = F_R\,\frac{m+1}{m-1}$ $F_s = (S_1+S_2)c_2/c_1$	$F_R = \frac{1-mc_2/c_3}{m-1} \cdot \frac{c_3}{c_1}$ $F_s = \left(S_2 - \frac{c_2}{c_3} \cdot S_1\right) \cdot \frac{c_3}{c_1}$
$l_s \cdot \hat{\beta} \cdot \frac{c_1}{c_2}$	$l_s \cdot \hat{\beta} \cdot \frac{c_1}{c_2}$	$l_s\,\frac{\hat{\beta}}{2} \cdot \frac{c_1}{c_2}$	$\frac{c_1}{c_2} \cdot \frac{l_s \cdot \hat{\beta}}{1 - c_2/c_3}$
$F_R/(\mu b d \pi y_1 y_2)$			
$p_m \hat{\beta} \mu m/(m-1) = 2F_t/(db) \cdot m/(m-1) = 2S_1/(dby_1)$			
automat. Getriebe Pkw, Spreizbandkupplung für Winden, Bandbremse für Hebezeuge			

[b] Gilt bei Bauart 1 für $F_1 = F_2$, vgl. Abschn. 29.4.1
[c] Luftspalt l_s s. Abschn. 29.6.1
[d] Einschränkung für j s. Abschn. 29.4.3a
[e] Je nach Drehrichtung für F das größere von F_1 oder F_2, s. Abschn. 29.4.1
[f] Oder: $F/(bd\pi y_1 y_2)$

Den Faktor $1/(1 - \mu c_3/c_2)$ nennt man Selbstverstärkungsfaktor (Servowirkungsfaktor). Für $c_2/c_3 \leq \mu$ tritt Selbsthemmung ein (Reibgesperre). — Für $c_3 = 0$ (Bild 29/12c) ist Bremswirkung in beiden Drehrichtungen gleich.

• Bei Doppelbackenbremsen nach Bild 29/12a mit symmetrischer Anordnung beider Bremshebel ist die Gesamtbremswirkung in beiden Drehrichtungen gleich. Querbelastung der Wellenlager durch die Resultierenden aus F_1 und F_{R1} und aus F_2 und F_{R2} hebt sich jedoch nur ganz auf, wenn $c_3 = 0$ ist.

• Bei Doppelbackenbremsen mit Drehbacken nach Bild 29/12b ist T_R in beiden Drehrichtungen gleich und Querbelastung der Wellenlager Null. Weiterer Vorteil: Durch Selbsteinstellen der Drehbacken kein einseitiges Tragen (bei ungenauer Herstellung) und leichtes Auswechseln der Backen, ohne Ausbau der Bremshebel. Jedoch führt das Drehmoment aus der Reibkraft F_{R1} bzw. F_{R2} um den Backendrehpunkt zu ungleichmäßiger Flächenpressung und ungleichem Verschleiß des Reibbelages.

b) Trommel-Innenbackenbremse (Bild 29/14).

• Symmetrische Backenanordnung (Bild 29/14a). An der rechten Backe erzeugt Reibkraft μF_2 ein zusätzliches Anpreßdrehmoment $\mu F_2 c_3$, während an linker Backe das entsprechende Moment $\mu F_1 c_3$ der Anpressung entgegenwirkt. Vereinfachte Berechnung:

Gesamtreibmoment

$$T_R = \mu(F_1 + F_2)\, d/2. \tag{29/25}$$

Bei gleicher Schaltkraft $F_{s1} = F_{s2}$ (Bedienung mit Drucköl) sind Bremswirkung und Verschleiß an beiden Backen ungleich.

Berechnung von F_1, F_2 und F_2/F_1 aus

$$F_{s1} \cdot c_1 = F_1 c_2 + \mu F_1 c_3; \quad F_{s2} c_1 = F_2 c_2 - \mu F_2 c_3; \quad F_2/F_1 = \frac{(c_2 + \mu c_3)}{(c_2 - \mu c_3)}. \tag{29/26}$$

Bei gleichem Bedienungsweg für beide Backen (Bedienung mit Bremsgestänge):

$$F_1 = F_2 = T_R/(\mu d), \tag{29/27}$$

$$F_{s1} + F_{s2} = 2T_R/(\mu d) \cdot (c_1/c_2), \tag{29/28}$$

$$F_{s1}/F_{s2} = (c_2 + \mu c_3)/(c_2 - \mu c_3). \tag{29/29}$$

• Gleichsinnige[4] Backen (Bild 29/14b). Jede Backe hat eigenen Bremsnocken und Drehpunkt. Für $F_{s1} = F_{s2}$ ergibt sich hierbei gleiche Bremswirkung beider Backen und keine

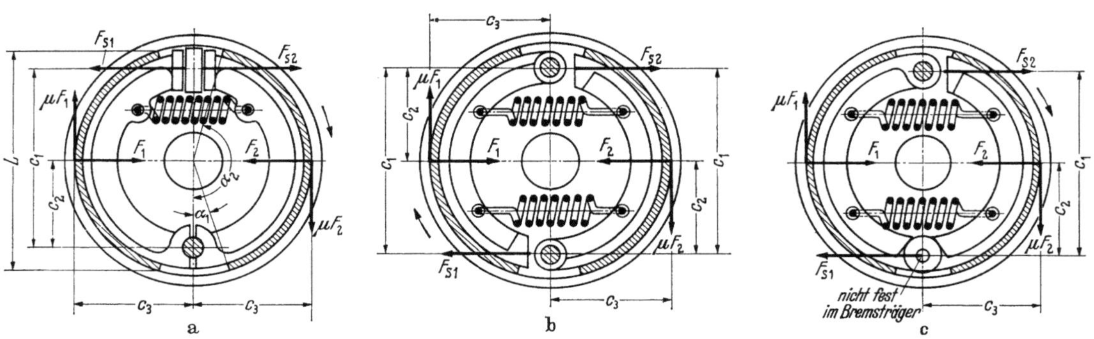

Bild 29/14. Innenbackenbremsen. a) Symmetrische Backen; b) gleichsinnige Backen; c) mit Anlenkung der zweiten Backe an die erste.

4 Bei Drehrichtung nach Bild 29/14b, c ist erforderliche Bedienungskraft — bei gleichem T_R — kleiner als bei *a* (Vorteil), aber T_R ändert sich bei schwankendem μ stärker als proportional μ (Nachteil!). Bei umgekehrter Drehrichtung entgegengesetzte Tendenzen (Servowirkung).

Belastung der Radlager.

$$F_1 = F_2 = T_R/(\mu d); \quad F_{s1} + F_{s2} = 2T_R/(\mu d) \cdot (c_2 \mp \mu c_3)/c_1. \tag{29/30}$$

Unteres Pluszeichen für umgekehrte Drehrichtung.

• Gleichsinnig[4] angelenkte 2. Backe (Bild 29/14c). Anpreßkraft F_{s1} für die linke Backe ist die Gelenkkraft der angelenkten rechten Backe. Im übrigen Kraftwirkung wie bei Anordnung Bild 29/14b. Verstärkung der Anpressung durch die Reibkraftmomente $\mu F_2 c_3$ und $\mu F_1 c_3$ (Servowirkung) nur in einer Drehrichtung der Bremsscheibe, dagegen in der anderen entsprechende Schwächung der Bremswirkung.

c) Pneumatische Trommel-Schlauch-Kupplung/-Bremse (Bild 29/15). Die radiale Anpreßkraft wird hierbei durch Aufblasen eines Schlauches erzeugt, der gewisse Fluchtungsfehler zwischen beiden Wellenenden ausgleicht; Nachstellen wegen Verschleißes nicht erforderlich. Allerdings wirkt die Fliehkraft auf den Reibbelag — wie bei allen Radialkupplungen. Wegen der großen Elastizität des Schlauches muß dies hier jedoch besonders beachtet werden.

29.4.2 Bauart 2 (nach Tafel 29/2): Kegel-Kupplung/-Bremse (Bild 29/16)

Man verwendet Ausführungen mit und ohne Ölschmierung (in Öl: z. B. Synchronringkupplung in Kfz-Schaltgetrieben, trocken z. B. Bild 29/16). Kegelkupplungen wirken in beiden Drehrichtungen gleich (keine Servowirkung) und sind querkraftfrei. Durch Anordnung von Doppelkegeln erreicht man, daß sich die Axialkräfte aufheben (Bild 29/16).

Ein Vorteil ist die kleine Baugröße bei großer Belagfläche; dadurch großes Verschleißvolumen, hohe Lebensdauer bei gegebenem Bauraum; ferner günstige Wärmeabfuhr. Durch Kegelwirkung erzielt man mit kleiner Schaltkraft F_s große Anpreßkräfte. Allerdings werden Schaltwege größer und Nachstellintervalle kürzer. Man vermeidet Selbsthemmung am Reibkegel bei:

$$\tan\delta > \mu_0 \quad - \quad \text{meist } \delta = 6^\circ \ldots 15^\circ. \tag{29/31}$$

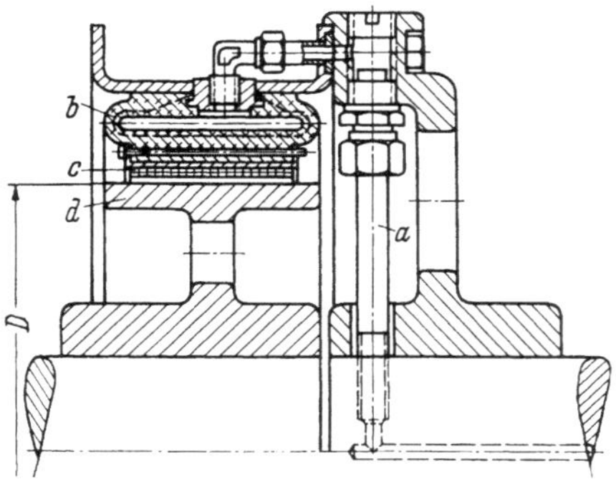

Bild 29/15

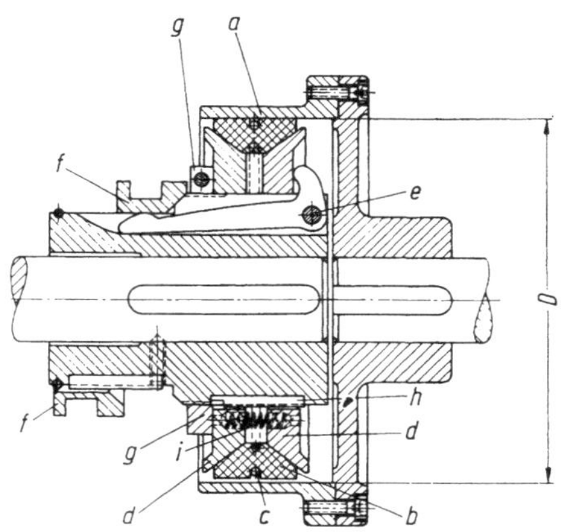

Bild 29/16

Bild 29/15. Trommel-Schlauch-Kupplung Fawick-Airflex (Lohmann & Stolterfoht, Witten) $D = 280$ bis 1395 mm, $T_H = 210 \ldots 42000$ Nm. — *a* Zuführung der Druckluft, *b* Schlauch, *c* Reibbelag, *d* Reibtrommel.

Bild 29/16. Doppelkegelkupplung (Conax, Desch, Neheim, Hüsten), (oben: eingeschaltet, unten: ausgeschaltet. $D = 90 \ldots 594$ mm, $T_R = 100 \ldots 14320$ Nm. *a* zylindrische Trommel, *b* Reibbelag aus Ringsegmenten, durch Schnurfeder *c* zusammengehalten (bei ausgeschalteter Kupplung liegen die Segmente auf den Kegelscheiben *d* auf), *e* drei federnde Winkelhebel, *f* Schaltmuffe, *g* Nachstellmutter, *h* Paßfeder, *i* Rückholfedern.

Bei Kegelwinkeln unter 10° kann sich der Innenkonus auf den Kegel aufschrauben, wenn in Bewegung geschaltet wird. Die Anpreßkraft wird dann größer als beim Schalten im Stillstand. Diese Schraubwirkung kann durch Drainagerillen abgeschwächt oder auch begünstigt werden (Erprobung erforderlich).

Maßnahmen für konstante Reibungszahlen s. Abschn. 29.5.2.

29.4.3 Bauart 3 (nach Tafel 29/2): Scheiben- und Lamellen-Kupplung/-Bremse (Bilder 29/17...23)

Meist wählt man eine gerade Anzahl von Reibpaarungen, damit sich die Axialkräfte aufheben. Das Reibmoment ist in beiden Drehrichtungen gleich (keine Servowirkung). Es gibt Ausführungen, bei denen sich die Reibfläche über den ganzen Scheibenring erstreckt (z. B. Lamellenkupplung) oder aber nur die Größe eines Anpreßklotzes aufweist (s. Abschn. e).

Man spricht von Scheibenkupplungen oder -bremsen, wenn nicht mehr als zwei — meist trocken laufende — Reibscheiben verwendet werden. Lamellenkupplungen haben mehr als 2 Reibscheiben, die relativ dünn sind und zwecks Wärmeabfuhr meist geschmiert werden. Die Lamellenbauart mit Ölschmierung baut besonders klein. Man bevorzugt sie als Schaltkupplung in Getrieben.

Eine Sonderform der Lamellenkupplung ist die Viskosekupplung. Hierbei stehen die Lamellen in einem festen Abstand zueinander. Der Zwischenraum ist mit einer hochviskosen Übertragungsflüssigkeit (meist Silikonöl) gefüllt, welche das Moment und die Drehbewegung — bei Dauerschlupf — durch Scherreibung überträgt [29/58]. Sie wird mitunter für Kranfahrzeuge verwendet. Bei der regelbaren Viskosekupplung ist der Abstand der Lamellen stufenlos verstellbar, dadurch lassen sich verschiedene Momentenkennlinien — bis zum Dauerbetrieb ohne Schlupf — verwirklichen.

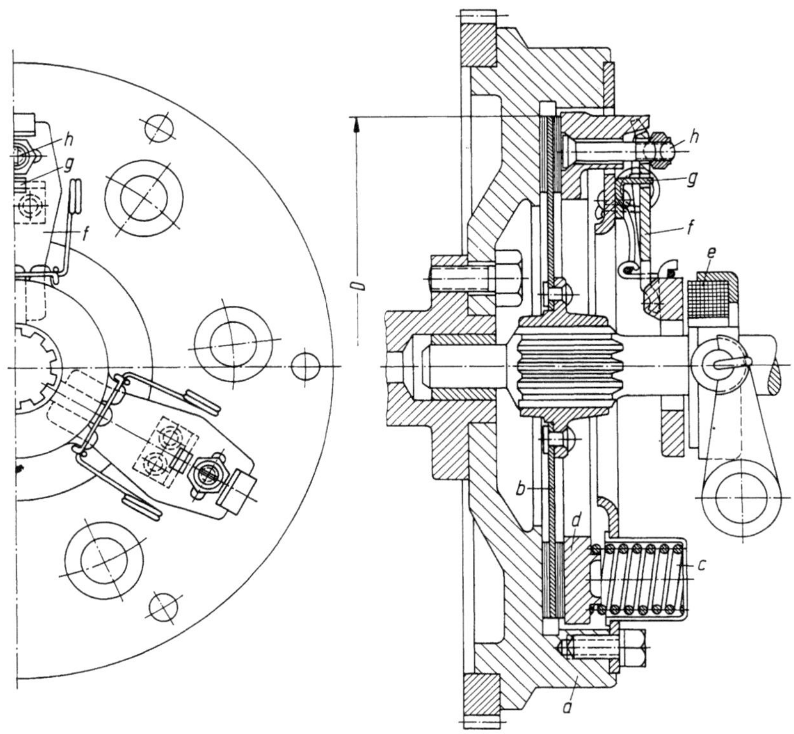

Bild 29/17. Einscheibenkupplung mit Schraubenfeder für Pkw (Fichtel & Sachs, Schweinfurt), $D = 140$ bis 228 mm, $T_H = 35...200$ Nm, $T_R \approx 1{,}8\, T_H$. *b* Reibscheibe, die über Druckplatte *d* durch Federn *c* axial gegen Schwungrad *a* gepreßt wird. Durch Verschieben des Graphitringes *e* nach links wird Kupplung gelüftet. Hebel *f* stützt sich dabei am Winkel *g* ab und zieht die Druckplatte über Bolzen *h* zurück.

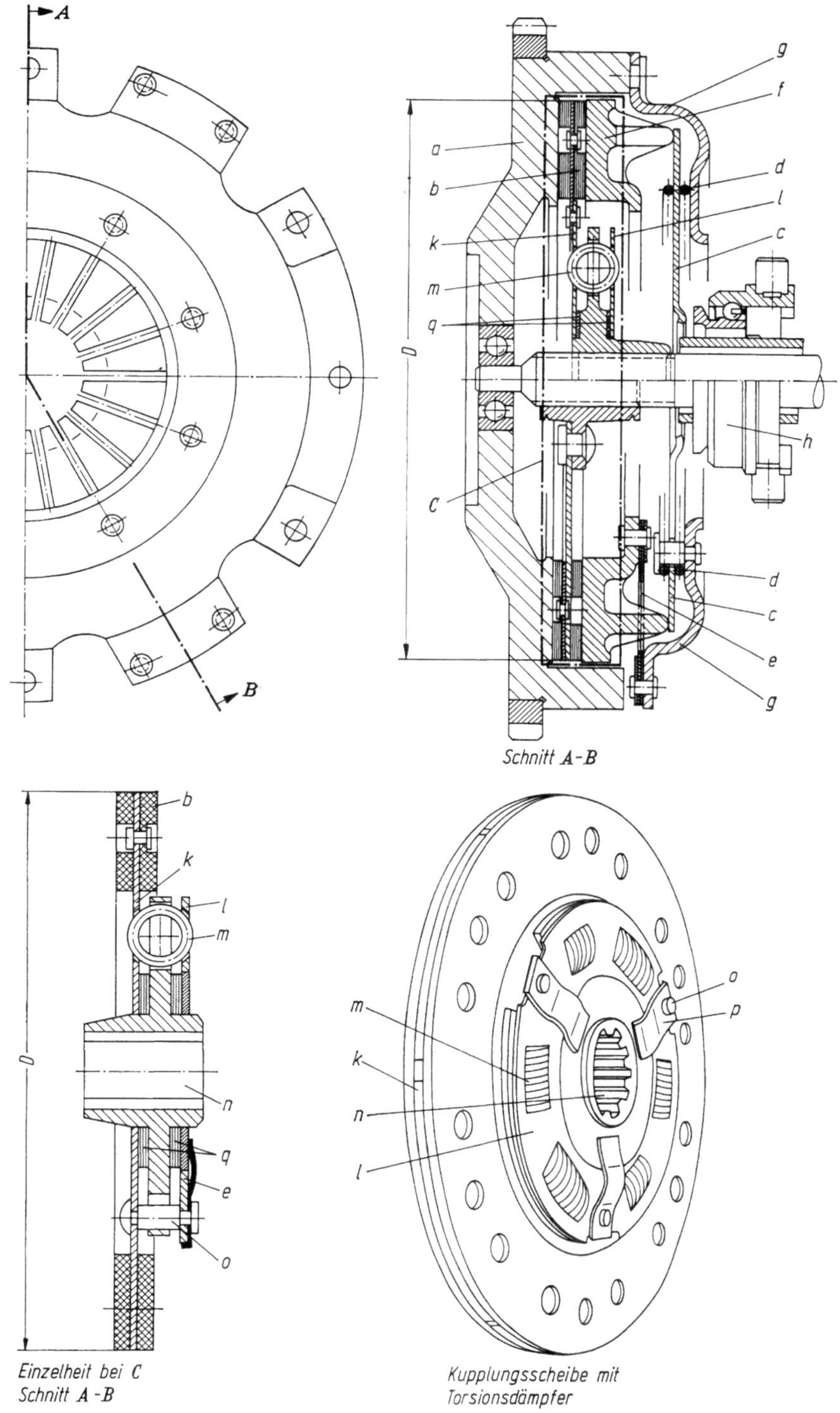

Bild 29/18. Scheibenkupplung mit Membranfeder für Pkw (Fichtel & Sachs, Schweinfurt). $D = 165$ bis 240 mm, $T_{\mathrm{H}} = 75 \ldots 280$ Nm, $T_{\mathrm{R}} \approx 1{,}8\, T_{\mathrm{H}}$. *a* Schwungrad, *b* Reibbelag — obere Hälfte mit Torsionsdämpfer, untere Hälfte starr — *c* geschlitzte Membranfeder (die um Drahtringe *d* kippen kann), *e* Blattfedern übertragen Drehmoment von Druckplatte *f* auf Blechgehäuse *g*, das am Schwungrad befestigt ist. Beim Lüften drückt Ausrücklager *h* direkt gegen Membranfeder; Druckplatte wird durch Blattfedern *e* gelüftet. — ***k***, ***l*** Trägerbleche durch Stifte *o* miteinander verbunden; *m* Tangentialfedern zwischen Trägerblechen ***k***, ***l*** und Nabe *n*; *q* Reibbeläge auf Nabe und Anpreßfedern *p* verbinden Trägerbleche durch Reibschluß mit Nabe (Schwingungsdämpfung durch Reibverluste).

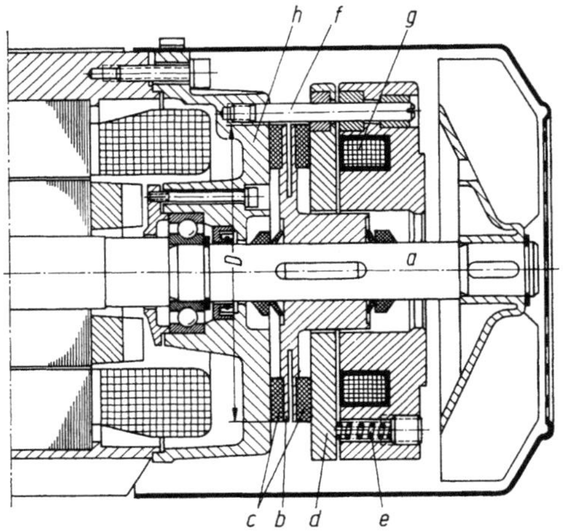

Bild 29/19

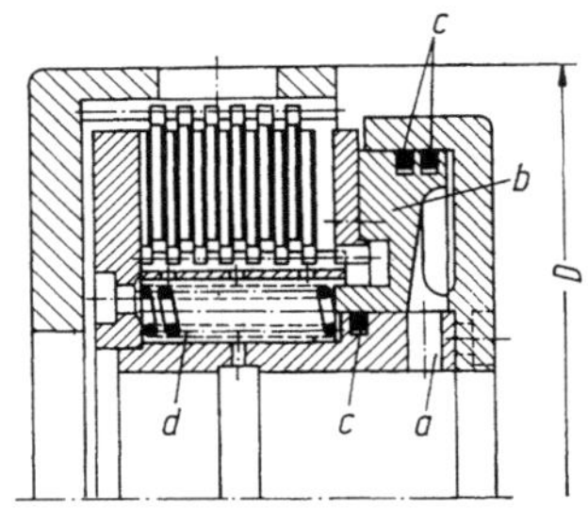

Bild 29/20

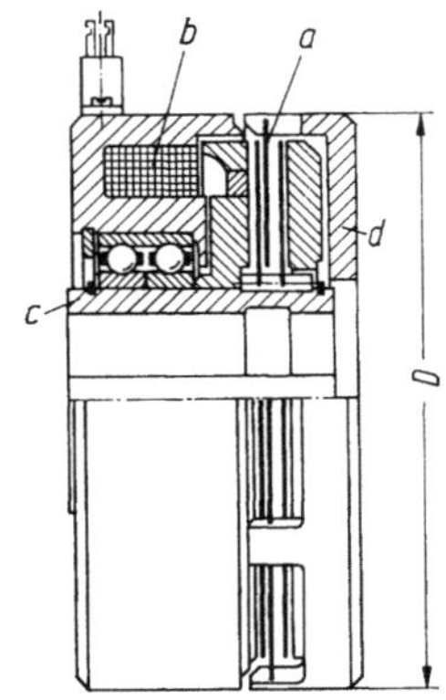

Bild 29/21

Bild 29/19. Drehstrommotor mit Magnetscheibenbremse, $D = 66 \ldots 185$ mm, $T_R = 3{,}4 \ldots 135$ Nm (Baumüller, Marktredtwitz). *a* Welle, *b* Bremsscheibe mit Reibbelägen *c* (axial verschiebbar), *d* Druckplatte, *e* Anpreßfedern, *f* Führungsstifte, *g* Gleichstrommagnetringspule (lüftet Bremse im Betriebszustand), *h* Grundplatte.

Bild 29/20. Drucköl-Lamellenkupplung (Ortlinghaus, Wermelskirchen). Öldruck 24 bar, St/Sinterbronze, spritzölgeschmiert, $D = 90 \ldots 260$ mm, $T_R = 100 \ldots 3500$ Nm. *a* Drucköleintritt, *b* Ringkolben, *c* Ringdichtungen, *d* Schraubenfedern zum Lüften; Nachstellen der Kupplung nicht erforderlich.

Bild 29/21. Schleifringlose magnetische Lamellenkupllung für Ölschmierung (Zahnradfabrik Friedrichshafen). $D = 70 \ldots 310$ mm, $T_H = 5 \ldots 2500$ Nm. *a* Lamellenpaket, 5 bis 17 Stahllamellen ($j = 10 \ldots 34$) magnetisch durchflutet; *b* Magnet, 24 V Gleichspannung mit Anschlußstecker, auf Nabe *c* drehbar gelagert; *d* Antriebsnabe.

a) Schaltkraft, Reibmoment und Lamellenzahl. Wie aus den in Tafel 29/2 angegebenen Beziehungen hervorgeht, sinkt bei gegebenem Reibmoment die Schaltkraft mit der Anzahl der Lamellen — gleichzeitig wächst der Schaltweg. Jedoch wirkt die Reibung der Lamellen im Gehäuse und in der Keilwellenverzahnung einer Längsverschiebung durch die Schaltkraft entgegen. Die Anpreßkraft zwischen den Lamellen wird dadurch vermindert. — Das übertragbare Drehmoment wächst also weniger als proportional mit der Anzahl der Reibflächen j[5]. Da zudem die Wärme von den mittleren Lamellen schlecht abfließt, verwendet man bei Schaltkupplungen meist nicht mehr als 15 Lamellen. Dies gilt nicht für Überlastkupplungen, deren Lamellen nicht verschoben werden.

b) Werkstoff und Ausführung der ölgeschmierten Lamellen. Für Kupplungen, die selten geschaltet werden und niedrig belastet sind und für Überlast-Rutschkupplungen mit hoher Belastung genügen ebene, gehärtete Stahlscheiben.

Bei Lamellenkupplungen, die häufig geschaltet werden oder dauernd rutschen, sind folgende Besonderheiten zu beachten:

- Sie neigen zu Ratterschwingungen, s. Abschn. 29.5.2.
- Das Öl wird stark erhitzt. Die Reibungszahl schwankt stark mit der Temperatur. Das Öl altert schnell.

---

5 Für die praktische Berechnung kann man etwa setzen: Bei geschmierter, konzentrisch laufender An- und Abtriebswelle: $j \approx 90\%$ der vorhandenen Reibflächen; ungeschmiert: $j \approx 80\%$; bei Schwingungen oder schwellendem oder wechselndem Drehmoment: $j = 100\%$. Dies gilt nur dann, wenn sich die Lamellen nicht in die Gehäuse- oder Keilwellenverzahnung eingegraben haben (z. B. infolge ungenügender Härtung).

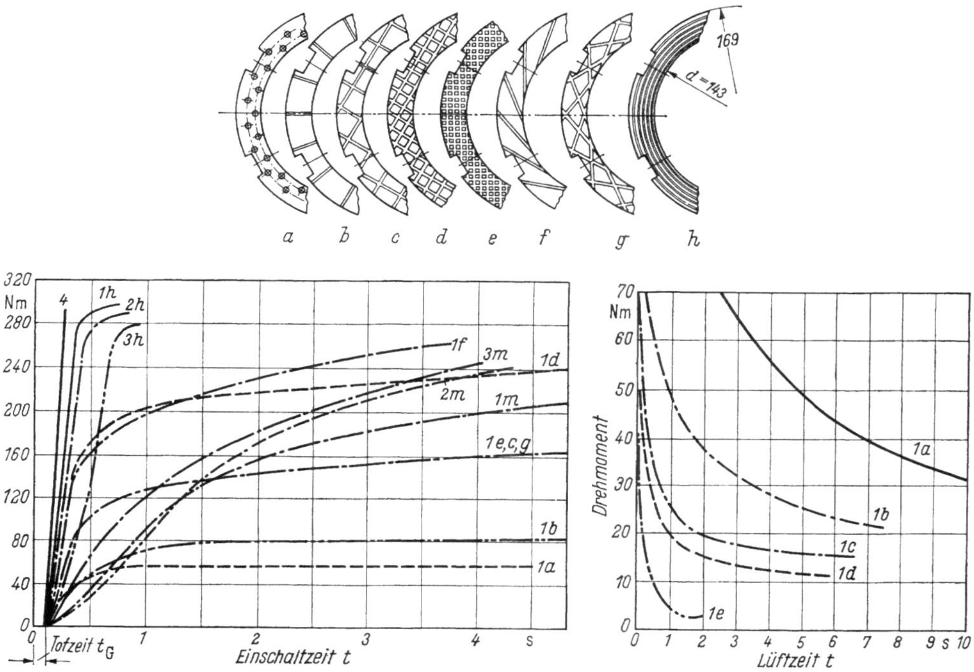

Bild 29/22. Reibverhalten einer magnetischen Lamellenkupplung (zusammengestellt nach Versuchen von Nitsche [29/17]). *Links:* Reibmoment über Einschaltzeit. *Rechts:* Zeitbedarf für das Lösen der klebenden Lamellen. Ausführung: Innenlamellen aus gehärtetem Stahl. Außenlamellen nach Bild: *a* gelocht, *b* mit 18 Radialnuten, *c*, *d* und *e* mit Kreuznuten, *f* und *g* mit Tangentialnuten; *h* mit enger Spiralnut; *m* glatt ausgeführt. — *1* für Außenlamellen aus Sintereisen (ölgeschmiert), *2* aus Sinterbronze, *3* aus Phosphorbronze, *4* mit Asbestbelag trockenlaufend.

Gegenmaßnahmen:

- Werkstoff: Sintermetallbeläge weisen besonders günstiges Reibverhalten auf, s. Bild 29/22.
- Ausführung der Lamellen: Durch Löcher, Schlitze und Nuten in den Lamellen läßt sich der Anfahrvorgang beeinflussen (Bild 29/22, links). Radiale Nuten verbessern die Ölkühlung und verringern den Wärmeverzug. Die Lösezeit kann man durch Kreuznuten stark herabsetzen. Das unerwünschte Nachlaufen der abgekuppelten Welle wird dadurch verkürzt (Bild 29/22, rechts).

Mit Ringrillen verhindert man den Aufbau eines tragfähigen hydrodynamischen Schmierfilms und erreicht dadurch höhere Reibungszahlen, außerdem kühlt man dabei die geöffnete Kupplung schneller ab. — Ähnlich wirken enge Spiralnuten; gleichzeitig vermindern sie die Ratterneigung (s. Abschn. 29.5.2).

c) Ölkühlung von Lamellenkupplungen. Bei Einbau in Getriebekästen ist darauf zu achten, daß das Getriebeöl die Kupplung gut umspülen kann (Kupplung nicht in toten Ecken anordnen). Noch besser läßt sich die Reibungswärme durch reichliche Ölzufuhr von der Welle her abführen.

Vernachlässigt man die im Lamellenpaket beim Rutschvorgang gespeicherte Wärmemenge, so ergibt sich die erforderliche Kühlölmenge bei z Schaltungen pro Stunde:

$$\dot{V}_{\text{öl}} = P_{\text{Rm}}/[\varrho_{\text{öl}} c_{\text{öl}} (\vartheta_{\text{öl2}} - \vartheta_{\text{öl1}})] \,. \qquad (29/32)$$

Mit P_{Rm} mittlere Reibleistung nach (29/13), $\varrho_{\text{öl}}$ Dichte und $c_{\text{öl}}$ spezifische Wärme des Öls. Für übliche Mineralöle ist $c_{\text{öl}} \cdot \varrho_{\text{öl}}$ etwa $1670 \cdot 10^3$ Nm/(m^3 K).

Erfahrungswerte nach [29/31]: Eintrittstemperatur $\vartheta_{\text{öl}1} \leq 75\,°\text{C}$ (darüber schnelles Altern des Öls). Temperaturdifferenz zwischen Öleintritt und -austritt: $\vartheta_{\text{öl}2} - \vartheta_{\text{öl}1} = 2 \ldots 4\,°\text{C}$ bei Kühlung im Ölsumpf; 8 ... 10 °C bei Rückkühlung mit Wasser, Maximaltemperatur des Lamellenpaketes s. Tafel 29/9.

Um schnelles Altern des Öls zu vermeiden, sollte die Ölsumpfmenge in Liter etwa das 10fache der Kühlmenge $\dot{V}_{\text{öl}}$ in l/min betragen.

d) Leerlaufmoment, Totzeit, Lösezeit von Lamellenkupplungen. Durch das Schmieröl zwischen den Lamellen überträgt die Kupplung auch im ausgeschalteten Zustand ein Moment T_{L}, dessen Größe u. a. von Oberfläche der Lamellen (Rillen, Nuten), Luftspalt l_{s} und Differenzdrehzahl abhängt. Anhaltswerte nach [29/7]:

$T_{\text{L}} = (0{,}04 \ldots 0{,}065)\, T_{\text{R}}$ bei ölgekühlten Sinterbronzelamellen gegen glatte Stahloberfläche,

$T_{\text{L}} = (0{,}02 \ldots 0{,}04)\, T_{\text{R}}$ bei ölberieselten Sinterbronzelamellen/Stahl,

$T_{\text{L}} = 0{,}015 T_{\text{R}}$ bei ölberieselten Sinterbronzelamellen mit Spiralnut/Stahl.

Bei magnetischen Lamellenkupplungen wird ein Drehmoment erst nach Aufbau des Magnetfeldes (Totzeit t_{G}) — s. Bild 29/22 — übertragen. Andererseits laufen die Lamellen nach Abschalten des Erregerstromes nicht sofort frei, da die ölbenetzten Flächen aufeinanderkleben. Erst nach Lösezeit t_{L} tritt infolge Saugströmung zwischen den Lamellen eine Relativbewegung ein, das übertragene Moment sinkt allmählich auf das Leerlaufmoment ab.

e) Trockenlaufende Scheibenklotzbremse (Bild 29/23). Die Bremsscheibe deckt nur zum kleinen Teil die Reibfläche der Bremsklötze ab. Infolgedessen kann die Kühlluft direkt an die Bremsscheibe heran, die man häufig doppelwandig ausführt. Dadurch kann sie auch von innen belüftet werden. Die Scheibenbremse erträgt dadurch die höchste Wärmestromdichte aller Bauarten. Auch der Einfluß der Reibflächentemperatur auf das Reibmoment ist geringer. — Wärmeübergangszahlen s. Tafel 29/9.

Andererseits ist die Flächenpressung wegen der kleinen Reibfläche etwa 4- bis 6fach höher als bei Backenbremsen; entsprechend hoch sind Bremsklotztemperaturen und Verschleiß. Um die Verschleißpartikel abzuführen, versieht man die Bremsklötze oft mit einer Radialnut.

Die Scheibenbremse eignet sich besonders für lange Bremszeiten, wie sie z. B. bei bergabfahrenden Fahrzeugen und Fördermaschinen vorkommen (s. a. Leistungsbremsen, Abschn. 29.8.5).

29.4.4 Bauart 4 (nach Tafel 29/2): Band-Kupplung/-Bremse

Besonders einfache Konstruktion, aber die aus den Bandkräften am auflaufenden Bandende S_1 und am ablaufenden Ende S_2 resultierende Kraft belastet als Querkraft die Wellenlager. Die Reibwirkung ist nur bei Bauart 4c in beiden Drehrichtungen gleich groß, bei den übrigen unterschiedlich. — Zwischen S_1 und S_2 gilt die Beziehung:

$$S_1/S_2 = e^{\mu\hat{\beta}} = m.^{6} \tag{29/33}$$

Damit ergibt sich die Umfangsreibkraft nach Tafel 29/2.

Meist bevorzugt man Außenbänder; Innenbänder erfordern große Drucksteifigkeit des Bandes (s. Bild 29/24). Sowohl ungeschmierte (Kranbremse) als auch geschmierte Reibpaarungen sind in Gebrauch (Kupplung bei Kfz-Automatikgetrieben).

• Bauarten 4a und 4b (Ausführung s. Bild 29/25). Beide Bauarten unterscheiden sich nur in der Drehrichtung. Wird Band (4a) in Drehrichtung angezogen, so zieht die Reibkraft dieses mit an (Servowirkung): Bedienungsarbeit klein, allerdings Bremsmoment gegenüber Rei-

6 Ableitung der Eytelweinschen Gleichung s. Kap. 27 (Riemengetriebe).

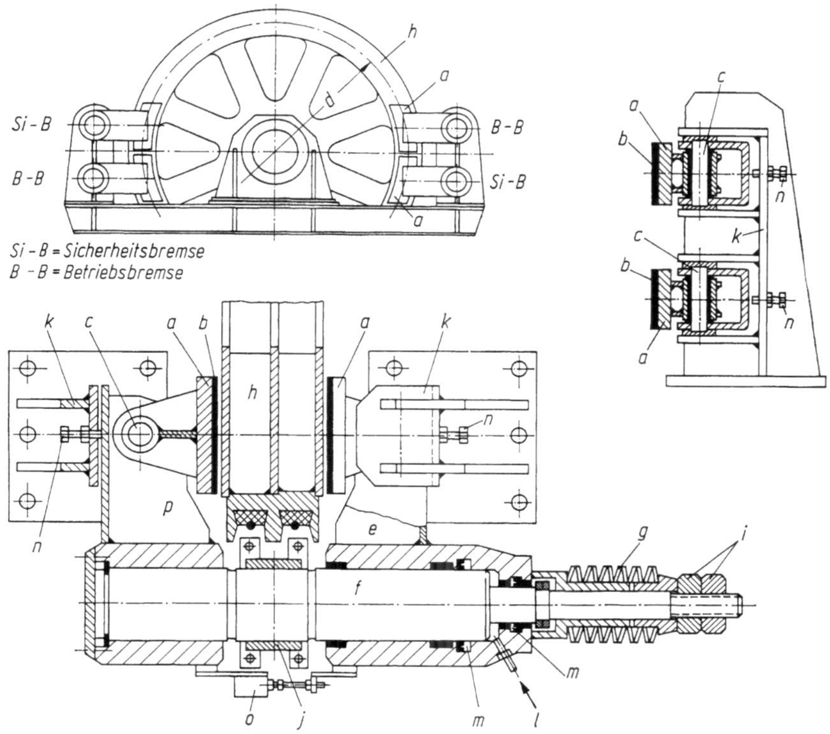

Bild 29/23. Scheibenbremse für Bergbahn (Garaventa, Schweiz), $d = 2340$ mm, Anpreßkraft $F = 83$ kN. Bremsbacken a mit Belägen b um Bolzen c drehbar in Bremszangenhebel p und e gelagert; Bremszangenhebel p mit Kolbenstange f fest verbunden, e auf Kolbenstange f axial verschiebbar, wird mit Tellerfederpaket g gegen Antriebsrad h gepreßt, Einstellung der Anpreßkraft mit Muttern i. Freie Längs- und Drehbeweglichkeit der Kolbenstange im Lager j, Böcke k nehmen die Umfangskraft auf, Bremszange d und e in Böcken k verschiebbar. Lüften der Bremse mit Hydraulik, Hydraulikanschluß l, Stulpendichtungen m, Lüftwegbegrenzung durch Einstellschrauben n und Grenzschalter o.

bungszahlschwankungen sehr empfindlich. Bei Bauart 4b wird Band gegen Drehrichtung angezogen, d. h., auf Bremshebel wirkt die um $m = e^{\mu\hat{\beta}}$ größere Kraft S_1. Die Schaltkraft zur Erzeugung desselben Reibmomentes muß aber entsprechend größer sein: Reibmoment dadurch gegenüber Reibwertschwankungen unempfindlicher.

- Bauart 4c: Summenbandbremse. Beide Bandkräfte wirken entgegengesetzt zur Schaltkraft F_s. Bei Drehrichtungsumkehr werden S_1 und S_2 zwar vertauscht, greifen aber am gleichen Hebelarm an; daher gleiches Reibmoment in beiden Drehrichtungen.
- Bauart 4d: Differenzbandbremse. Bandkraft S_1 unterstützt hierbei die Schaltkraft F_s. Für Hebelverhältnis $c_3/c_2 \leq m$ wird F_s Null, es tritt Selbsthemmung auf, die Bremse wirkt als Gesperre.

29.5 Reibpaarungen, Reibbeläge bei Kupplungen und Bremsen

Hier sind folgende Eigenschaften wichtig:

- Hohe Reibungszahl, möglichst konstant über einen weiten Bereich von Gleitgeschwindigkeit (Schlupf), Flächenpressung und Temperatur.
- Hohe mechanische Festigkeit und Wärmebeständigkeit.
- Hohe Verschleißfestigkeit und keine Freßneigung.
- Gute Wärmeleitfähigkeit (damit die Reibungswärme schnell von den Reibflächen abfließt).

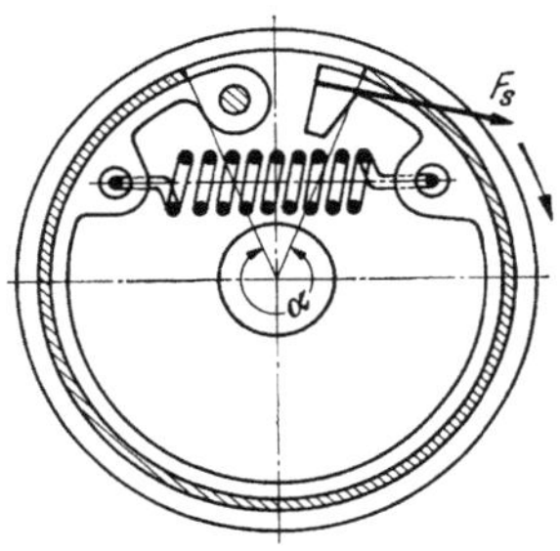

Bild 29/24. Innenbackenbandbremse mit drucksteifem, biegeelastischem Bremsband, Bauart 4a nach Tafel 29/2.

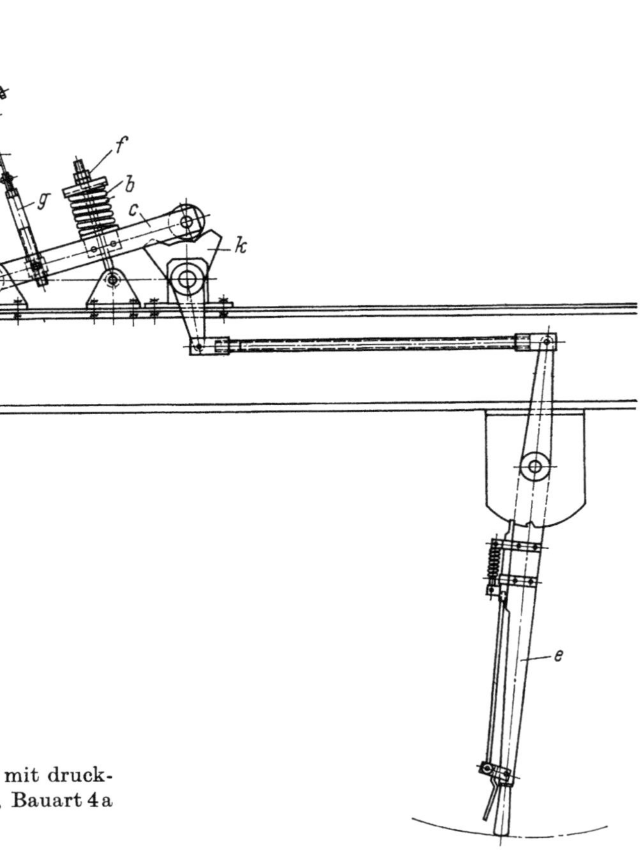

Bild 29/25. Übliche Bandbremse für Hebezeuge, $d = 160 \ldots 800$ mm. Bremsband *a* wird durch Druckfeder *b* am Hebel *c* belastet und durch Drehen der Nockenscheibe *k* mittels Handhebel *e* gelüftet; *f* Mutter zum Einstellen der Federkraft; *g* Stellschraube zum Anpassen der Länge des Bremsbandes; *h* Stellschrauben zum gleichmäßigen Lüften des Bandes; *i* Flacheisenbügel.

Übliche Reibpaarungen mit typischen Anwendungsfällen s. Tafel 29/9. Reibungszahlen einiger wichtiger Reibpaarungen — Einfluß von Gleitgeschwindigkeit, Flächenpressung und Temperatur s. Bilder 29/26,27.

Alle nichtmetallischen Reibwerkstoffe haben eine sehr schlechte Wärmeleitfähigkeit, als Gegenwerkstoff kommen daher nur Metalle in Frage.

29.5.1 Trockene und geschmierte Reibpaarungen

Bei Trockenlauf ist die Reibungszahl μ erheblich höher; man kommt also mit geringeren Anpreß- und Schaltkräften aus. Außerdem ändert sich hierbei μ meist weniger mit Gleitgeschwindigkeit, Flächenpressung und Temperatur; ferner ist die Neigung zum „Rattern“ beim Übergang in die Gleitbewegung geringer, da bei Trocken-Reibpaarungen die Haftreibungszahl kaum größer — z. T. sogar kleiner — als die Gleitreibungszahl ist (Ausnahmen z. B. GG/St trocken, Sinterbronze/St und Papier/St geschmiert). Trotzdem verwendet man auch geschmierte Reibflächen: Wenn der Verschleiß verringert werden soll, wenn die Reibflächen nicht mit Sicherheit ölfrei gehalten werden können (z. B. bei Schaltkupplungen in Getrieben) und dort, wo die Wärmeabführung gesteigert werden soll (z. B. bei Leistungsbremsen und Lamellenkupplungen). Insbesondere bei Reibpaarungen Stahl/Stahl wählt man Ölschmierung und kann damit trotz hoher Flächenpressungen den

Verschleiß klein halten sowie Fressen verhindern. Infolge der niedrigen Reibungszahl sind große Reibflächen erforderlich; durch Parallelschalten von Reibpaarungen (Lamellenkupplungen) erreicht man trotzdem eine kompakte Bauweise.

29.5.2 Reibungszahl μ, Ratterneigung

Die in Tafel 29/9 angegebenen Reibungszahlen sind Mittelwerte. Um das Reibungsverhalten genauer zu beurteilen, muß man folgende Einflußgrößen berücksichtigen:

Reibwerkstoff — Gegenwerkstoff, Flächenpressung,
Form der Reibfläche, Schmiermittel,
Gleitgeschwindigkeit (Schlupf), Temperatur.

Diese Einflußgrößen sind zum Teil voneinander abhängig; ihre Auswirkung auf die Reibungszahl μ kann für jede Kombination nur experimentell untersucht werden. — Allgemeine Tendenzen: Starker Abfall der Reibungszahl mit der Gleitgeschwindigkeit v_g hat Ratterneigung zur Folge (reibungserregte Schwingungen, stick-slip). Ratterschwingungen können im Wellenstrang Drehmomente hervorrufen, die ein Vielfaches des Rutschmomentes betragen [29/14,15,36].

Abhilfemaßnahmen: Einerseits Haftreibungszahl herabdrücken (z. B. durch Anwendung von ölhaltender, gesinterter Gegenoberfläche) und andererseits Abfall von μ mit zunehmendem v_g verringern und hierzu die Schmierdruckbildung durch enge Spiralnute oder enge konzentrische Rillen in der Gegenfläche verhindern (vgl. Abschn. 29.4.3b).

Weitere Maßnahmen: Wellensteifigkeit und Massenträgheitsmomente und damit Eigenfrequenz der schwingenden Teile verändern sowie Dämpfungsglieder in Kupplung oder Schaltübertragung einfügen [29/28,36].

Auch bei trockener Reibpaarung sind durch Nuten unterbrochene Reibflächen zu empfehlen, um den Abrieb abzuführen, der sonst die Reibwirkung stört.

Für ölgeschmierte Lamellenkupplungen sind Einfluß von Flächenpressung und Temperatur auf μ nach Bild 29/27a und d...g zu beachten.

Die bei höherer Öltemperatur auftretende Ölkohle setzt Reibungszahl und Wärmeleitung herab. Durch geeignete Additive kann man dem entgegenwirken; besonders günstig sind manche synthetische Öle.

29.5.3 Auswahl der Reibpaarungen

• Für trockenlaufende Kupplungen und Bremsen verwendet man überwiegend Reibbeläge auf organischer Basis: Asbest und/oder Mineralien als Grundwerkstoff, die durch Kunstharz und/oder Kunstkautschuk gebunden sind. Teilweise werden Metalle beigemischt. Geeigneter Gegenwerkstoff: Grauguß; bei Stahl besteht Gefahr, daß sich Reibmartensit bildet und starker, dem Fressen ähnlicher Verschleiß auftritt.

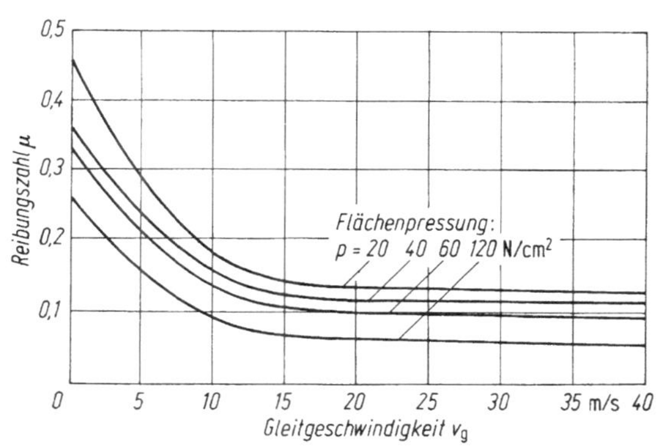

Bild 29/26. Reibungszahlen für gußeiserne Bremsklötze gegen Stahl bei Schienenfahrzeugen, nach [29/38].

Bild 29/27. Reibungszahlen verschiedener Reibpaarungen bei unterschiedlichen Betriebsbedingungen.

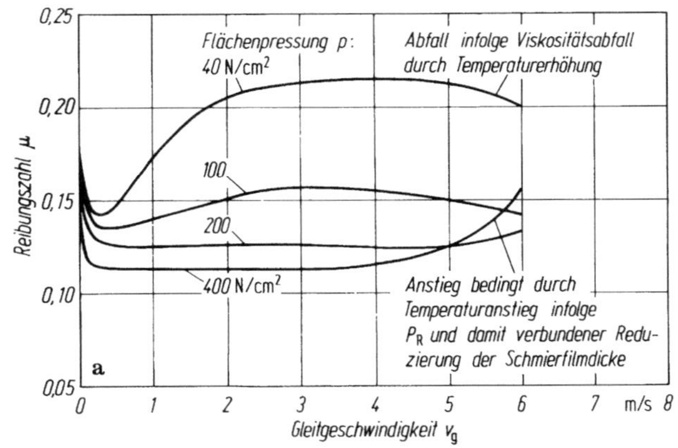

a) Synchronringe auf Reibkegel, Versuche von Vojacek, FZG, TU München. Werkstoff: Sondermessing CUZn40Al2/Stahl 34 Cr4 gehärtet, Schmierstoff: Hypoidöl SAE 90, Einspritztemperatur: $\vartheta_E = 50\,°C$, 14 umlaufende Drainagenuten im Ring, 9 Quernuten, Nutfaktor $y_1 = 0{,}33$.

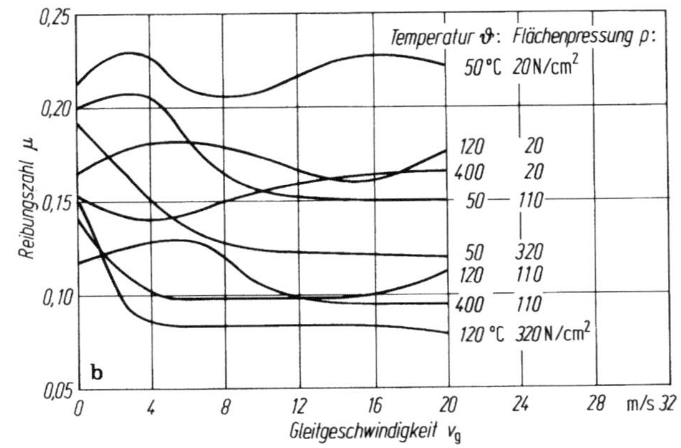

b) Sinterkupfer-Graphit/GG25 (perlitisch), Versuche von Wagenführer [29/42] an Scheibenbremse mit Prüfling von 20×20 mm Reiboberfläche, ungeschmiert.

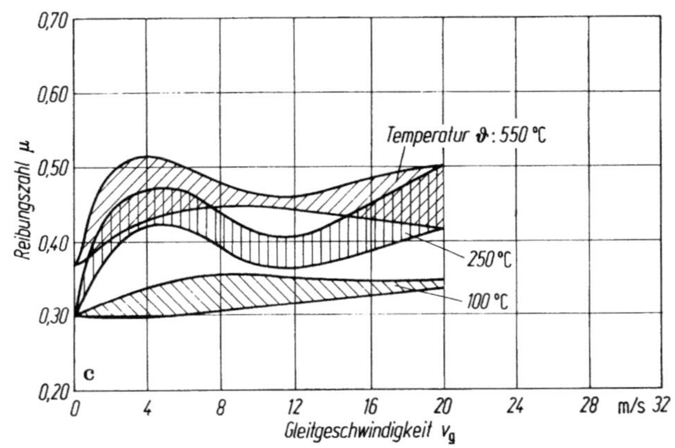

c) Asbest-Schwerspat, kunstharzgebunden/GG 25, Versuche von Wagenführer nach Bild 29/27b. Flächenpressung: 60...160 N/cm².

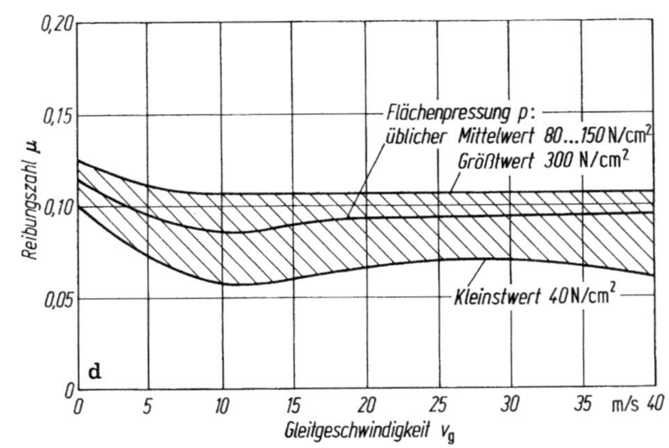

d) Sinterbronzelamellen (Hoerbiger, Schongau), Spritzölschmierung, Temperatur $\vartheta \leqq 200\,°C$, Lamellen mit Radial- und Ringnuten.

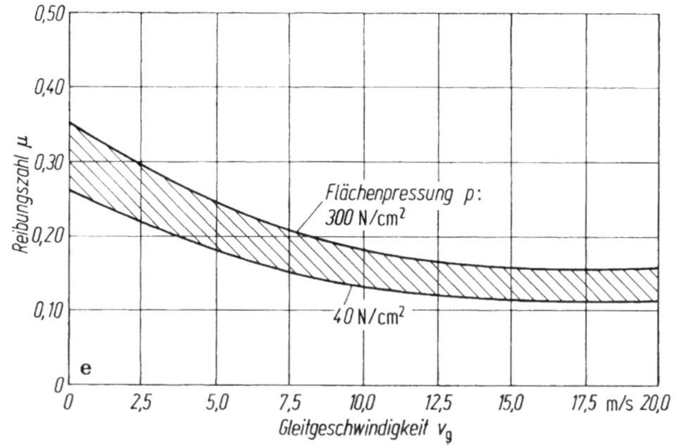

e) Sinterbronzelamellen, trockenlaufend, Temperatur $\vartheta \leq 200\,°C$, Lamellen mit Radial- und Ringnuten.

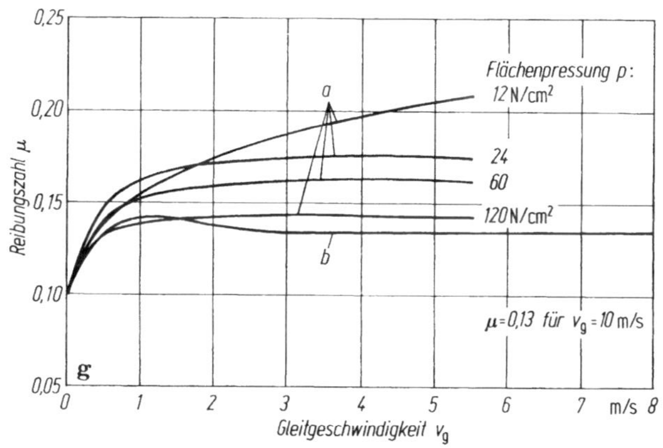

g) Papier/Stahl.

a: Nach Versuchen von Vojacek, FZG, TU München, Kegelreibprüfstand, Ringe mit 9 Quernuten am Umfang, $y_1 = 0{,}85$, Einspritzschmierung ATF-Öl, $\vartheta = 50\,°C$.

b: Nach Versuchen von Baule [29/39] an Lamellenkupplungen, Öltemperatur $\vartheta = 71 \dots 82\,°C$, $p = 84\ N/cm^2$.

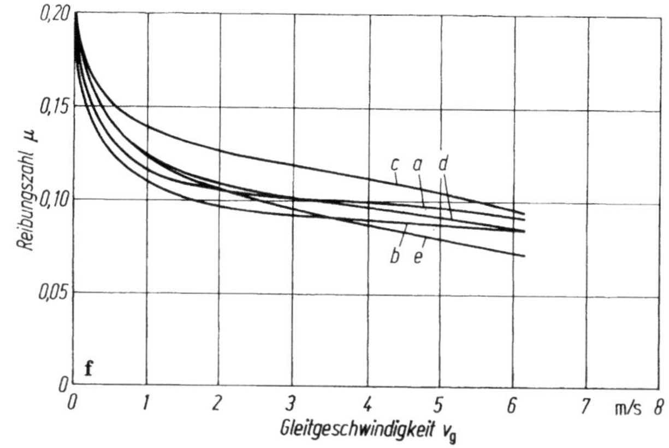

f) Grauguß/Stahl 34 Cr 4 geh. nach Versuchen von Vojacek, FZG, TU München. Kegelreibprüfstand, Ringe mit 9 Quernuten.

a: GG 30, Hypoidöl SAE 80, $\vartheta = 50\,°C$, Ring ohne umlaufende Rillen, $y_1 = 0{,}85$, $p = 60\ N/cm^2$.

b: GG 20, sonst wie unter *a*,

c: GG 20, wie unter *b*, jedoch $\vartheta = 80\,°C$, Ring mit umlaufenden Rillen, $y_1 = 0{,}5$, $p_m = 100\ N/cm^2$,

d: GG 20, ATF-Öl, $\vartheta = 50\,°C$, Ring mit umlaufenden Rillen, $y_1 = 0{,}5$, $p_m = 100\ N/cm^2$,

e: GG 20, $\vartheta = 80\,°C$, sonst wie unter *d*.

Bei hohen Temperaturen eignet sich die Paarung Sinterkeramik oder Sinterkeramikmetall gegen Grauguß. Allerdings ist die Reibungszahl niedriger als bei organischen Belägen.

Besonders kostengünstig ist die Paarung Grauguß gegen Stahl. Durch Verschleiß wird die Graugußoberfläche laufend erneuert. Nachteilig ist, daß die Reibungszahl stark von der Gleitgeschwindigkeit abhängt (Bild 29/26).

• Für ölgeschmierte Paarungen eignen sich besonders: Sintermetall gegen Grauguß oder Stahl. Vorzüge sind: Hohe zulässige Flächenpressung bei hohen konstanten Reibungszahlen mit guter Wärmeabfuhr, vgl. Bild 29/27.

Die Reibungszahlen von kunstharzgebundenen Papierbelägen gegen Stahl sind zwar noch höher und noch weniger abhängig von der Gleitgeschwindigkeit, zulässige Flächenpressung und Wärmestromdichte sind aber geringer. Die vom Papier aufgesaugte Ölmenge tritt während des Rutschvorganges aus, verdampft infolge hoher Reibtemperaturen und ergibt dabei gute Notlaufeigenschaften, ohne daß die Stahlgegenfläche bei Überlastung beschädigt wird. Diese Speicherwirkung gibt dem Belag eine sonst für Papier unvorstellbar hohe Temperaturbeständigkeit.

29.6 Bedieneinrichtungen

Hierzu gehören alle Teile, die zum Ein- und Ausschalten sowie zum Einstellen von Kupplung oder Bremse dienen. Ihre Gestaltung richtet sich nach der Art der Bedienung (durch Federkraft, Gewicht oder Fliehkraft, durch Hand oder Fuß, Magnet, Druckluft oder Drucköl) und nach der Betriebsweise, d. h. ob die Belastung durch Feder, Gewicht oder Fliehkraft gegeben ist und die Entlastung durch die äußere Bedienung erfolgen soll oder umgekehrt, und ferner, ob die Ausschalt- oder Einschaltstellung oder beide „Ruhestellungen" sein sollen.

29.6.1 Bedienwerte

Schaltkraft F_s und Schaltweg s siehe Tafel 29/2. Lüftspalt l_s senkrecht zur Reibfläche: $l_s = 0{,}2 \ldots 2$ mm; unterer Wert: z. B. Lamellenkupplung kleine Baugröße, oberer Wert: z. B. trockenlaufende, große Einscheibenkupplung, mit Belagfederung; Verschleißreserve und Totgang berücksichtigen!

Mit gewählter Übersetzung i und Schaltzeug-Wirkungsgrad η_G:

Erforderliche Bedienkraft: $$H = F_s/(i\eta_G), \qquad (29/34)$$

Bedienweg: $$h = si, \qquad (29/35)$$

oder notwendige Übersetzung: $i = F_s/(H\eta_G) = h/s$.

Je nach Art und Anzahl der Lagerungen, Führungen, Rastierungen etc. sind für η_G Werte zwischen 50% und 99% zu erwarten.

29.6.2 Nachstellen der Reibbeläge zum Ausgleich des Verschleißes

Bei mechanischer Übertragung der Schaltkraft verwendet man Schrauben, Exzenter oder Nocken, die möglichst nahe der Reibstelle liegen sollten. Bei pneumatischer und hydraulischer Übertragung der Schaltkraft wird Verschleiß meist automatisch durch Nachrücken des Arbeitskolbens im Betätigungszylinder ausgeglichen. (Hub entsprechend groß wählen.) Bei begrenztem Bedienweg (Hand- oder Fußbedienung) muß auch der Nachstellweg klein sein.

29.6.3 Schaltzeug, Bedienkräfte

Bei Kupplungen mit mechanischer Übertragung der Schaltkraft auf den umlaufenden Teil wird eine äußere axiale Bewegung (axiale Hebel- oder Stangenbewegung) über eine

Gleit- oder Wälzpaarung auf eine axial bewegliche und mitumlaufende Schiebemuffe übertragen. In den weiteren Kraftfluß von der Schiebemuffe bis zur axial, radial oder tangential anzupressenden Reibpaarung kann man auch eine Kraftübersetzung einschalten.

Man muß darauf achten, daß keine größeren axialen Kräfte von außen auf die umlaufenden Teile dauernd übertragen werden müssen; die Schaltmuffe soll also in der Ein- und Ausschaltung axial und radial entlastet sein.

Bei Bremsen greift die Bedienung am nichtumlaufenden Reibteil an. Für die Konstruktion ist es wesentlich, ob die Belastung der Bremse durch Feder bzw. Gewicht und die Entlastung durch das Schaltzeug oder umgekehrt gefordert wird; ferner, ob die Anpreßkraft unmittelbar oder über Hebel, Gestänge, Seilzug oder Bowdenzug aufgebracht werden soll.

Mechanische Gestängeübersetzung (vgl. Bild 29/25) ist funktionssicher und robust; nachteilig ist der Totgang in den Gelenken, bei Seilzugübersetzung der schlechte Wirkungsgrad.

Einfach und spielfrei bei gutem Wirkungsgrad, beliebiger Übersetzung und beliebigem Abstand zwischen Betätigungsort und Kupplung arbeiten hydraulische, pneumatische oder elektrische Kraftübertragungen. Sie erfordern jedoch mehr Aufwand und Wartung (Bild 29/28).

- Grenzwerte für Hand- oder Fußbedienung:

$$\left.\begin{array}{ll} \text{Handbedienung:} & H < 60\ \text{N Pkw};\ H < 150\ \text{N Lkw, Hebezeuge} \\ & h = 20\ldots25\ \text{cm} \\ \text{Fußbedienung:} & H < 150\ \text{N Pkw};\ H < 250\ \text{N Lkw} \\ & h = 10\ldots20\ \text{cm} \end{array}\right\}\quad H\cdot h < 90\ \text{Nm}.$$

- Bei Kraftbedienung (durch Magnet, Drucköl oder Druckluft) kann der Kraftgeber unmittelbar in die Kupplung bzw. Bremse eingebaut werden (Bild 29/19) oder als Gerät für sich von außen her über Hebel die Schaltkraft einleiten (Bild 29/13).
- Bei Magnetbedienung wachsen Ein- und Ausschaltzeit mit Magnetgröße und Strom. Die Zugkraft ändert sich mit dem Luftspalt des Magneten, also mit dem Schaltweg. Ein besonderer Vorzug ist die einfache Fernbedienung des Magneten. Die übliche Stromzuleitung zum drehenden Teil durch zwei Schleifringe (bei Rückleitung über die „Masse“

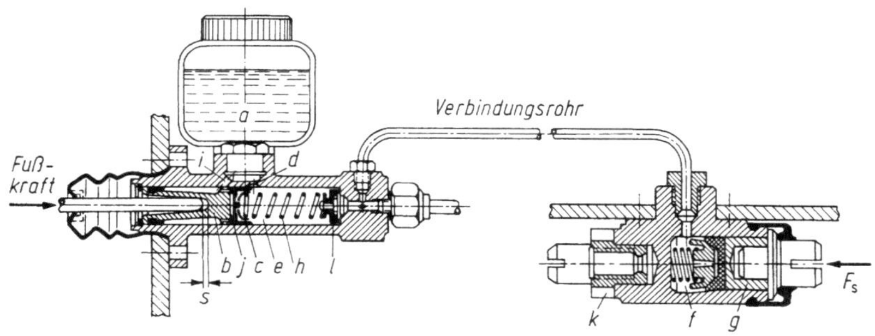

Bild 29/28. Hydraulische Schaltkraftübertragung (ATE, Frankfurt). a Ausgleichsgefäß mit Bremsflüssigkeit für Mengen- und Druckausgleich bei gelöster Bremse. Beim Betätigen der Bremse mit Fußkraft überfährt Hauptkolben b nach Überwinden des Spieles s mit Dichtmanschette c die Ausgleichsbohrung d, der Druck im Zylinder e wirkt über Verbindungsrohr auf Arbeitszylinder f mit Bremskolben g und erzeugt Schaltkraft F_s; Rückholen des Bremskolbens g durch Feder außerhalb Bremszylinder f, die über die Hydraulik auch Hauptkolben b zurückdrückt. Bei Leckverlusten schiebt Feder h Hauptkolben b auf Ausgangsstellung zurück; dabei strömt Flüssigkeit aus Vorratsbehälter a über Nachlaufbohrung i und Scheibenventil j in Zylinder e, Bodenventil l hält die im Bremszylinder befindliche Flüssigkeit unter Überdruck, so daß die Bremse bei geringer Druckerhöhung (Betätigung) sofort wirkt (kaum Totgang); k Nachstellmutter zum Ausgleich des Bremsbackenverschleißes.

nur einer) kann man vermeiden, indem man die Magnetspule auf der Welle drehbar lagert und von außen festhält (s. Bild 29/21). Bei Lamellenkupplungen können Stahllamellen auch unmittelbar durch den magnetischen Kraftfluß statt mittelbar durch den Magnetanker angezogen werden (Bild 29/21). Erregerspannung des Magneten (zur Vermeidung von Unfällen) ≤ 60 V. Üblich ist 24 V Gleichspannung.

• Magnetabmessungen (Zeichen und Einheiten s. unten). Für den ersten Entwurf lassen sich (mit den u. a. Voraussetzungen) einige Richtwerte angeben (s. Bild 29/29):

Notwendige Polfläche in cm²: $$A_{P1} = A_{P2} \approx F_s/120. \qquad (29/37)$$

Notwendiger Spulenquerschnitt in cm²: $$A_S = \delta^2 z_W \approx 174 \cdot f. \qquad (29/38)$$

Notwendige Windungszahl: $$z_W = 900\ U/D_m. \qquad (29/39)$$

Hierin ist A_P in cm²

$$A_{P1} = (\pi/4)\,(D_2^2 - D_1^2); \qquad (29/40)$$

$$A_{P2} = (\pi/4)\,(D_4^2 - D_3^2). \qquad (29/41)$$

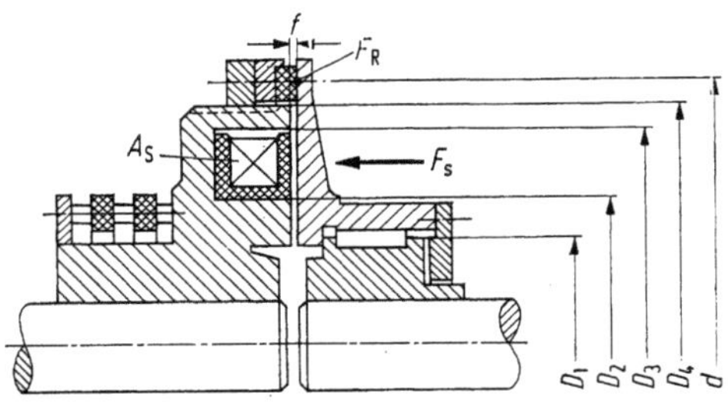

Bild 29/29. Zur Berechnung der Magnetabmessungen.

Für (29/37) bis (29/41) gelten folgende Einheiten:

F_s	N	Schaltkraft,	f	cm	Luftspalt zwischen Pol und Anker (praktisch $= 0{,}03$ cm),
δ	cm	äußerer Drahtdurchmesser (mit Isolierung),	D_m	cm	mittlerer Durchmesser der Spule,
δ_k	cm	$\approx \delta/1{,}07$ leitender Drahtdurchmesser,	$D_1 \dots D_4$	cm	s. Bild 29/29,
			U	V	Spannung.

Voraussetzungen: Magnetische Induktion $B = 1{,}2$ T (Tesla $=$ Vs/m²), Leitfähigkeit $\varkappa = 57 \cdot 10^3$ in m/(Ω mm²) für Kupferdraht, Stromdichte $J = 2$ Ampere je mm² Querschnitt von δ_k.

• **Berechnungsbeispiel:** *Gegeben:* $F_s = 3000$ N, $D_m = 17{,}5$ cm, $U = 24$ V und $f = 0{,}03$ cm — Ergebnis: $A_{P1} = A_{P2} = 25$ cm²; $A_S = 5{,}2$ cm²; $z_W = 1240$; $\delta = 0{,}647$ mm; $\delta_k = 0{,}61$ mm.

• Bei Druckluftbedienung mit etwa 4 bis 8 bar Überdruck (meist in Werkstätten verfügbar) sind für Schaltkupplungen mit Druckkolben etwa gleiche Gesamtabmessungen wie bei Magnetkupplungen erreichbar. Druckluft wird hierbei über gleitende Dichtungen dem drehenden Teil zugeführt. Vorteil: Regelbares sanftes oder schnelles Ansprechen und gleichbleibende Druckkraft über den Schaltweg. — Eine andere Variante sind Schlauchkupplungen (Abschn. 29.4.1 c und Bild 29/15).

• Bei Druckölbedienung mit Druck bis etwa 25 bar sind kleinere Abmessungen als bei Magnet oder Druckluft erreichbar (Bild 29/21). Für Schnellschaltung mit Fernbedienung sollte man ein Magnetventil einbauen. Temperatureinfluß beobachten!

29.7 Auswahl, Bemessung, Berechnung

Fall 1: Hauptabmessungen einer Kupplung oder Bremse kann man bestimmen, wenn Auslegungsmoment T_{RA} und mittlere Reibleistung P_{RmA} (29/13) bewährter, ausgeführter Kupplungen (Index A), die unter ähnlichen Bedingungen arbeiten wie diejenige, die neu ausgelegt werden soll, bekannt sind. Man ermittelt die Hauptabmessungen der neuen Kupplung (Index N) für das gegebene Reibmoment T_{RN} und Reibleistung P_{RmN} durch Vergrößern oder Verkleinern:

$$d_N = d_A \sqrt[3]{T_{RN}/T_{RA}} \tag{29/42}$$

oder

$$d_N = d_A \sqrt{P_{RmN}/P_{RmA}}. \tag{29/43}$$

Index A: ausgeführte Konstruktion; Index N: neue Konstruktion.

Der größere Wert nach (29/42) oder (29/43) ist zu wählen. Bei diesem Vorgehen legt man konstante zulässige Belastungswerte $q_{m\,zul}$ und p_{zul} sowie gleiche Reibungszahl μ zugrunde.

In Wirklichkeit nimmt μ mit der Baugröße ab (ungleichmäßiges Tragen), und die Wärmeabfuhr wird schlechter, d. h. $q_{m\,zul}$ kleiner. Durchmesser d_N wächst deshalb etwas stärker mit T_{RN} und P_{RmN} als sich nach (29/42) und (29/43) ergibt.

Fall 2: Wenn nicht auf bewährte Ausführungen zurückgegriffen werden kann, geht man wie folgt vor:

- Sorgfältige Analyse der Anforderungen (Checkliste, Abschn. 29.7.1) und Wahl der Bauart (Abschn. 29.4).
- Überschlägige Bestimmung der Hauptabmessungen nach Abschn. 29.7.2.
- Entwurf, Konstruktion, wobei die Anforderungen nach Abschn. 29.7.1 (Beurteilungskriterien) zu beachten sind.
- Nachrechnen der Lebensdauer nach Abschn. 29.7.3, Temperatur nach Abschn. 29.7.4, Schaltarbeit nach Abschn. 29.3. Weichen die Ergebnisse von den geforderten oder zulässigen Werten ab, zunächst gewählte Abmessungen ändern und Nachrechnung wiederholen!

29.7.1 Anforderungen (Pflichtenheft, Checkliste)

Allgemeine Gesichtspunkte s. Abschn. 20.2. Bei Kupplungen und Bremsen sind insbesondere folgende Fragen vorab zu klären:

- Art der Antriebs- und Arbeitsmaschine, Leistung, Drehzahl, Drehmomentkennlinien (Bilder 29/7,8), Massenträgheitsmomente (Tafel 20/3).
- Schalthäufigkeit (Anhaltswerte für Schaltzahl z s. Tafel 29/7 und 29/8).
- Kupplungs-(Brems)dauer. Auswirkungen s. Abschn. 29.3.1. Vorschriften über Maximalbeschleunigungen oder -verzögerungen (z. B. bei Fahrzeugen, in denen Menschen stehen, < 4 m/s^2) beachten! Für sehr lange Schlupfzeiten (z. B. für Kranfahrwerke) normale Reibkupplungen oft ungeeignet; besser: hydraulische, Magnet-fluid-, Pulver- oder Induktionskupplungen.
- Raumbedarf, Anschlußmaße (z. B. Felgengröße bei Kraftfahrzeugbremse).
- Wärmeabführung: Freie Konvektion (Fahrtwind?), Zwangsbelüftung möglich? Ölschmierung? Ölkreislauf mit Kühler möglich?
- Erwärmung von außen? Ungleichmäßige Erwärmung parallel geschalteter Reibpaarungen (z. B. Gefahr ungleichmäßigen Ziehens von Bremsen, „Fading")-Reibstoffwahl.
- Erforderliche Lebensdauer (geringer Verschleiß ölgeschmierter Reibpaarungen).
- Wartung und Nachstellung, z. B. einfacher Wechsel der Bremsklötze bei Scheibenbremsen, evtl. keine Nachstellung bei geringem Verschleiß und ausreichendem Federweg.
- Hand- oder Fußbedienung gefordert? Welche Fremdkraft verfügbar (elektrisch, hydraulisch, Kfz-Bremskraftverstärker)?
- Direktschaltung oder Fernbedienung? Übertragungsmittel (mechanisch, elektrisch, hydraulisch, pneumatisch)?

- Soll die Kupplung sich selbst überlassen, ein- oder ausgeschaltet sein oder sollen beide Stellungen Ruhestellungen sein? (Beispiel: Hebezeugbremsen sollen sich selbst überlassen immer geschlossen sein, bei Stromausfall gibt Bremslüfter nach.)
- Querkräfte auf die Wellen zulässig? Unter Umständen größere Lager erforderlich. Eventuell ungleichförmigen Verschleiß des Reibbelages beachten (häufig bei nicht querkraftfreien Kupplungen und Bremsen),
- Zentrierung von An- und Abtriebswelle sichergestellt? (Sonst Gefahr von Querkräften),
- Gleiche Reibwirkung in beiden Drehrichtungen verlangt? Wenn ja, keine Konstruktion mit Servowirkung (z. B. Bandbremse nach Tafel 29/2).
- Servowirkung erwünscht? (Schaltkräfte zwar geringer, aber Reibungszahlschwankungen wirken sich verstärkt auf Reibmoment aus, u. U. Gefahr der Selbsthemmung, erhöhte Gefahr reibungserregter Schwingungen — Rattern, Quietschen —, häufig ungleichförmiger Verschleiß.
- Luftfeuchtigkeit: Einfluß auf Reibungszahl, evtl. Korrosionsschutz.
- Staubeinwirkung: Bei ölgeschmierten Paarungen Abdichtung der An- und Abtriebswelle.
- Ölspritzer mindern Reibungszahl trocken laufender Kupplungen, ggf. Schutz erforderlich, z. B. Ölfangnut.

Wenn verschiedene Bauformen und Lösungsvarianten die Hauptfunktionen erfüllen, führt eine Vergleichskalkulation zur kostengünstigsten Lösung.

29.7.2 Überschlägige Bestimmung der Hauptabmessungen

Man bestimmt zunächst das maßgebende Reibmoment T_R.

Je nachdem, ob Mindest- oder Maximalwerte der Beschleunigungen oder der Rutschzeit vorgeschrieben sind, geht man unterschiedlich vor:

Fall (a): Keine weiteren Vorschriften. Man rechnet mit:

$$T_R = C \cdot T_H. \qquad (29/44)$$

(T_R wird meist als konstant angenommen). Hieraus Überschußmoment T_{BI}, das für die Beschleunigung zur Verfügung steht:

$$T_{BI} = T_R - T_H = (C - 1)\, T_H. \qquad (29/45)$$

C muß groß genug sein, um Durchrutschen bei ungünstigen Betriebszuständen zu vermeiden (Belastungsspitzen, Schwankungen von μ, Verkleinern des Reibradius durch Verschleiß, Nachlassen der Anpreßkraft infolge Setzen der Anpreßfedern usw.).

Ein hoher C-Faktor bedeutet kurze Reibzeit, kleine Reibarbeit, geringen Verschleiß und damit hohe Belaglebensdauer, hat aber andererseits zur Folge, daß alle im Antriebsstrang liegenden Maschinenteile hoch beansprucht werden. — Erfahrungswerte für C siehe Tafel 29/3.

Damit kann man berechnen:

- Gleichlaufdrehzahl n_s nach (29/8)[7],
- Rutschzeit t_s nach (29/9),
- Rutscharbeit W_R nach (29/11)[7],
- Reibleistung P_R nach (29/12) und P_{Rm} nach (29/13).

Fall (b): Drehzahlbeschleunigung der Antriebsmaschine $\dot{n}_2$ gegeben. Man berechnet das Beschleunigungsmoment T_{BI} nach (29/4) und geht weiter vor wie bei Fall (a).

Fall (c): Rutschzeit t_s gegeben (häufig üblich bei Bremsen, wenn ein bestimmter Bremsweg nicht überschritten werden soll). Man berechnet:

- Verzögerungsmoment T_B nach (29/19) (meist näherungsweise als konstant zu betrachten),
- Reibmoment T_R nach (29/18),
- Reibarbeit (Rutscharbeit) W_R nach (29/23),
- Reibleistung P_R nach (29/12) und P_{Rm} nach (29/13).

Bei Bauarten mit etwa gleichmäßiger Verteilung der Flächenpressung, d. h. Bauarten 1 bis 3, nach Tafel 29/2.

7 Berechnung aufgrund vereinfachender Annahmen; allgemeiner Lösungsweg s. Abschn. 29.3.1.

Nachdem auch die Bauart festliegt, erhält man die Hauptabmessungen aus folgenden Bedingungen:

- Mittlere Flächenpressung $p_m \leq p_{zul}$:

$$p_m = \frac{F}{A_B} = \frac{F}{(b/d)\, d^2 \pi y_1 y_2} = \frac{200 T_R}{\mu (b/d)\, d^3 \pi y_1 y_2 j} \leq p_{zul}.^8 \qquad (29/46)⊛$$

- Wärmestromdichte während der Rutschphase $q \leq q_{zul}$:

$$q = \frac{P_R}{(b/d)\, d^2 \pi j y_1 y_2} = q_m \cdot \frac{3600}{z t_s} \leq q_{zul}.^8 \qquad (29/47)⊛$$

- Mittlere Wärmestromdichte $q_m \leq q_{m\,zul}$:

$$q_m = \frac{P_{Rm}}{(b/d)\, d^2 \pi j y_1 y_2} \leq q_{m\,zul}.^8 \qquad (29/48)$$

Hieraus folgen die Bestimmungsgleichungen für den mittleren Reibdurchmesser d:

$$d \geq \sqrt[3]{\frac{200 T_R}{\mu (b/d)\, \pi y_1 y_2 j p_{zul}}}, \qquad (29/49)⊛$$

$$d \geq \sqrt{\frac{P_{Rm}}{(b/d)\, \pi j y_1 y_2 q_{m\,zul}}}, \qquad (29/50)$$

$$d \geq \sqrt{\frac{P_R}{(b/d)\, \pi j y_1 y_2 q_{zul}}}. \qquad (29/51)$$

Maßgebend für die Konstruktion ist der größte Wert nach (29/49) bis (29/51).

y_1, Nutfaktor, berücksichtigt, daß die Bruttobelagfläche durch Nuten, Nieten usw. verkleinert wird (vgl. Abschn. 29.4.3 b). — y_2, Bedeckungsfaktor, berücksichtigt das Verhältnis der Bruttobelagfläche zur tatsächlichen Reibfläche $bd\pi j$ (z. B. für Klotzscheibenbremsen viel kleiner als für Lamellenkupplungen).

Anhaltswerte für y_1 und y_2, b/d, mittlere Reibungszahl μ_m, zulässige Flächenpressung p_{zul}, mittlere Wärmestromdichte $q_{m\,zul}$ und augenblickliche Wärmestromdichte q_{zul} s. Tafel 29/9.

29.7.3 Nachrechnung der Lebensdauer der Reibpaarung (Verschleiß) L_B

Der Verschleiß ist bei konstanten Reibverhältnissen in erster Näherung proportional der Reibarbeit. Die Lebensdauer der Reibpaarung ist durch das verschleißbare Reibstoffvolumen V_v und durch den spezifischen Verschleiß f_v — als Maß für die Verschleißfestigkeit — bestimmt. Bei der Ermittlung von V_v ist der Nutfaktor y_1 zu beachten (s. Abschn. 29.7.2). Ferner muß eine ausreichende Restbelagdicke verbleiben (bei geklebten Belägen ca. 1 bis 2 mm Mindestbelagdicke, über Nietköpfen je nach Baugröße etwa 0,5

8 Erläuterung: Flächenpressung und Wärmestromdichte sind — nur für eine Näherungsrechnung brauchbare — Kennwerte für die maßgebenden Beanspruchungsgrenzen: Zulässiger Verschleiß (Lebensdauer) und zulässige Temperatur.

Es genügt daher, den Mittelwert p_m nach (29/46) und die entsprechenden q-Werte nach (29/47) und (29/48) zu benutzen — auch im Falle der Bauart 1 (nach Tafel 29/2), wo die Pressungen an beiden Backen verschieden groß sein können oder bei Bauart 4, wo die Pressung sich ungleichmäßig über den Umfang verteilt. (Auch die zulässigen Werte der Tafel 29/9 hat man mit den vereinfachten Ansätzen aus bewährten Ausführungen ermittelt.)

Maßgebend sind die in der Nachrechnung ermittelten Verschleiß- und Temperaturwerte.

bis 2 mm). — Damit kann man ansetzen:

$$L_B = 10^3 V_v(p_m/p_{max})/(f_v P_{Rm}) = 10^3 A_B s_v(p_m/p_{max})/(f_v P_{Rm}).^9 \qquad (29/52)⊛$$

f_v hängt außer vom Belag- und Gegenmaterial von Temperatur, Schmierzustand und mittlerer Flächenpressung, auch von der Reibleistung P_R ab. Zuverlässige Werte erhält man daher nur aus Versuchen bei Betriebsbedingungen; Anhaltswerte für f_v s. Tafel 29/4, für L_B Tafel 29/8.

29.7.4 Nachrechnung der Erwärmung

Die Reibarbeit wird in Wärme umgesetzt. Die hierbei an der Reibstelle auftretende Temperatur ϑ muß unterhalb einer Grenztemperatur ϑ_{zul} bleiben, da sonst das Reibverhalten unzulässig verändert oder der Verschleiß zu groß wird. Allerdings ertragen die Reibwerkstoffe kurzzeitig höhere Temperaturen als bei Dauereinwirkung.

Grundlage der Berechnung ist die Erwärmungskurve der Reibpaarung über der Zeit bei konstanter Drehzahldifferenz, konstantem Reibmoment und konstanter Wärmeabfuhr nach Bild 29/30. Diese Kurve verläuft ebenso wie bei einem Elektromotor nach einer Exponentialfunktion. Die Anfangssteigung tan δ ist ein Maß für das Wärmespeichervermögen der erwärmten Teile. Die Abkühlkurve *b* ist ebenfalls eine Exponentialfunktion, in erster Näherung die umgelegte Erwärmungskurve. Entsprechend setzt sich der Temperaturverlauf als Sägezahnkurve (Kurve *c*) stückweise aus den Abschnitten der zugehörigen Dauer-Erwärmungs- und -Abkühlkurven *a* und *b* zusammen.

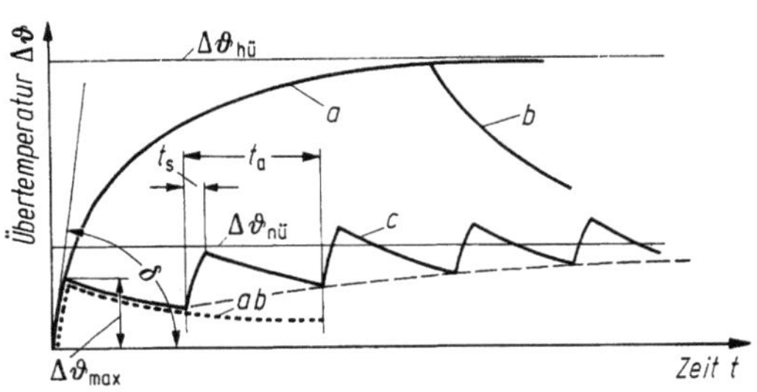

Bild 29/30. Übertemperatur einer Kupplungs- oder Bremsscheibe. *a* Erwärmung (Reibmoment und Drehzahl konstant), *b* Abkühlung, *c* wiederholte Schaltungen, *ab* einmaliger, kurzzeitiger Schaltvorgang.

Man beachte: Im Gegensatz zur Verschleißberechnung — (29/52) — gehen wir hier von der Wärmestromdichte *q* aus, die einer mittleren Flächenpressung entspricht (29/46). Denn man kann annehmen, daß sich an den rotierenden Metallscheiben sehr schnell eine einheitliche Temperatur einstellt.

a) Reibflächentemperatur bei sehr seltenen Schaltvorgängen. Die Rutschzeit t_s ist hierbei im Verhältnis zum Zeitabstand zwischen 2 Schaltvorgängen t_a sehr klein; deshalb kann der Wärmeübergang an die umgebende Luft während t_s meist vernachlässigt werden.

Die an der Reibstelle erzeugte Wärmemenge heizt während t_s den Kupplungs- (Brems-) Körper auf. Das Wärmespeichervermögen ist dabei im wesentlichen bestimmt durch Wärmeleitfähigleit λ, spezifische Wärme *c* der aufgeheizten Metallmasse und deren Dichte ϱ (die nichtmetallischen Beläge kann man meist vernachlässigen), sowie durch die Baugröße. — Als dimensionslose Kenngröße benutzen wir die Fourier-Zahl der Aufheizung:

$$Fo_R = \lambda t_s/(\varrho c l_R^2). \qquad (29/53)⊛$$

Zahlenwerte für λ, ϱc s. Tafel 29/6. Die „charakteristische Länge" l_R ist ein Kennwert für die Baugröße.

9 Der Faktor (p_m/p_{max}) berücksichtigt den Einfluß ungleicher Flächenpressung auf den Verschleiß s. Tafel 29/2.

Berechnung der momentanen Übertemperatur an der Reibstelle $\Delta\vartheta_{max}$ nach [29/10]. Hierbei wird angenommen, daß die erzeugte Wärmemenge von einem Anfangswert linear auf Null abfällt (Schaltkupplungen und Stoppbremsen mit konstantem Reibmoment). — Nach [29/10] muß man zwei Fälle unterscheiden:

a) $Fo_R \leq 1{,}132$, d. h. sehr kleines t_s oder großes l_R; hier hat l_R keinen Einfluß:

$$\Delta\vartheta_{max} = 0{,}67 \sqrt{2/\pi}\, K_1 K_2 y_1 y_2 q\, 10^4 \sqrt{t_s/(\varrho c \lambda)} \qquad (29/54)^{\circledast}$$

b) $Fo_R > 1{,}132$, z. B. lange Reibzeit t_s; hier hat λ keinen Einfluß:

$$\Delta\vartheta_{max} = 0{,}5 K_1 K_2 y_1 y_2 q t_s\, 10^4/(\varrho c l_R).^{10} \qquad (29/55)^{\circledast}$$

Maximaltemperatur — bei Umgebungstemperatur ϑ_∞:

$$\vartheta_{max} = \vartheta_\infty + \Delta\vartheta_{max} \leq \vartheta_{zul\ kurz}. \qquad (29/56)$$

Anhaltswerte für die kurzzeitig zulässige Reibflächentemperatur s. Tafel 29/9.
K_1 Isolationsfaktor; näherungsweise: $K_1 = 1$ für Paarung Metall/Metall, $K_1 = 2$ für Paarung nichtmetallischer Reibwerkstoff/Metall.
K_2, Reibscheibenfaktor, berücksichtigt die ungleichmäßige Wärmestromdichte an der Reibfläche infolge der mit dem Radius proportional wachsenden Gleitgeschwindigkeit und Reibleistung. K_2 ist damit nur für Bauart 2 und 3 nach Tafel 29/2 von Bedeutung. Anhaltswerte s. Tafel 29/5.

l_R, die charakteristische Länge, hängt davon ab, ob die Reibungswärme nur von einer Seite in den Reibkörper einfließt (z. B. Trommelbremse) oder gleichzeitig von beiden Seiten (z. B. Scheibenbremse) und ob sich die gesamte Wärmemenge auf mehreren Reibscheiben aufteilt (z. B. Lamellenkupplung). Damit ist für l_R einzusetzen:

Klotzscheibenbremse: Halbe Scheibendicke, Lamellenkupplungen mit nichtmetallischen Belägen der Gegenlamellen: Halbe Dicke der metallischen Lamelle.

Gut leitende metallische Beläge: Summe der halben Dicken von Lamelle und Gegenlamelle.

Innen- und Außenbacken, Bauart 1, Kegel-Bauart 2 und Band-Bauart 4 (nach Tafel 29/2): Dicke der Trommelwandung.

Kegel- und Trommel-Bauart mit vollem innerem Reibkörper aus Metall: Als grobe Näherung: Halber mittlerer Reibradius.

Alle anderen Fälle anhand der o. a. Werte abschätzen.

Faktoren y_1, y_2 s. Tafel 29/9, Wärmestromdichte q s. (29/47), Beiwerte ϱ, c, λ s. Tafel 29/6.

b) Reibflächentemperatur bei wiederholten Schaltvorgängen. Neben den allgemeinen Einflußgrößen nach Abschn. a) ist hier die Abkühlkurve (s. Bild 29/30) entscheidend. Ihr Verlauf wird durch die Biot-Zahl Bi und die Fourier-Zahl der Abkühlung Fo_K charakterisiert:

$$Bi = \alpha_K l_K/\lambda, \qquad (29/57)$$

mit α_K, Wärmeübergangszahl nach Abschn. c), Anhaltswerte s. Tafel 29/9; λ, Wärmeleitzahl s. Tafel 29/6.

l_K, charakteristische Länge für den Abkühlprozeß, hängt von der Größe der wärmeabführenden Fläche ab (s. Erläuterungen zu l_R in Abschn. a. Man setzt: $l_K = 0{,}5 l_R$, wenn die Reibungswärme von einer Seite der Reibscheibe zu-, aber von beiden Seiten abgeführt wird (z. B. innenbelüftete Außenbackenbremse), $l_K = l_R$ für alle übrigen Fälle.

$$Fo_K = \lambda t_a/(\varrho c l_K^2). \qquad (29/58)^{\circledast}$$

Hierin ist t_a die Zeit zwischen zwei aufeinander folgenden Schaltungen (s. Bild 29/30): $t_a = 3600/z^{\circledast}$.

Beiwerte ϱ, c, λ s. Tafel 29/6; Anhaltswerte für die Schaltzahl z s. Tafeln 29/7, 8.

Da meist $t_s \ll t_a$ (vgl. Bild 29/30), kann man die Zeit zwischen zwei aufeinander folgenden Schaltungen t_a etwa gleich der Abkühlzeit setzen. Dann beträgt die Beharrungsübertemperatur nach vielen Schaltungen [29/5]:

$$\Delta\vartheta_{nü} = 0{,}5 K_1 K_2 [(q y_1 y_2 t_s \cdot 10^4)/(\varrho c l_R)] \cdot e^{-Bi Fo_K}/(1 - e^{-Bi Fo_K}). \qquad (29/59)^{\circledast}$$

Hierin ist q Wärmestromdichte nach (29/47); übrige Begriffe s. oben.

Beharrungstemperatur — bei Umgebungstemperatur ϑ_∞:

$$\vartheta_h = \vartheta_\infty + \Delta\vartheta_{nü} \leq \vartheta_{zul\ dauer}. \qquad (29/60)$$

Anhaltswerte für die zulässige Dauertemperatur s. Tafel 29/9.

Hinweis: Für $Bi \cdot Fo_K < 0{,}05$ ist (29/59) nicht mehr ausreichend genau; Fehler in den aufsummierten Einzeltemperaturen (insbesondere wegen unsicherer α_K-Werte) könnten das Endergebnis stark verfälschen. In diesem Falle ist eine Abschätzung nach Verfahren c) vorzuziehen.

---

10 Mit (29/55) kann man den Anfangsbereich der Erwärmungskurve Bild 29/30 (Winkel δ) bestimmen. $\tan\delta = \Delta\vartheta_{max}/t_s = 0{,}5 K_1 K_2 y_1 y_2 q 10^4/(\varrho c l_R)$.

c) Näherungsverfahren zur Bestimmung der Dauerübertemperatur. Oft genügt es, die mittlere Übertemperatur an der wärmeabführenden Fläche A_K, die vom Kühlstrom Luft, Öl) bestrichen wird, zu bestimmen:

$$\Delta\vartheta_m = P_{Rm}/(A_K \alpha_K). \tag{29/61}$$

Hierin ist P_{Rm} die mittlere Reibleistung nach (29/13).

Beim Ansatz von A_K sind die nach innen liegenden Scheibenflächen nicht als Kühlflächen zu rechnen, sofern sie nicht voll vom Kühlstrom bestrichen werden (z. B. bei Kegelkupplungen).

Die Wärmeübergangszahl α_K hängt in erster Linie von der Kühlmittelgeschwindigkeit v_K an der wärmeabführenden Fläche ab, d. h. bei Luftkühlung (Trockenlauf) von der Umfangsgeschwindigkeit der Reibfläche am Reibdurchmesser. Bei ölgeschmierten Reibpaarungen hängt v_K stark vom Öldurchsatz ab. Zuverlässige Werte für α_K lassen sich nur durch Messungen an ausgeführten Konstruktionen ermitteln. Anhaltswerte s. Tafel 29/9.

Mittlere Gesamttemperatur — bei Umgebungstemperatur ϑ_∞:

$$\vartheta_m = \vartheta_\infty + \Delta\vartheta_m \leq \vartheta_{zul\,dauer}; \tag{29/62}$$

ϑ_m sollte mit einem gewissen Sicherheitsabstand unter der zulässigen Dauertemperatur (s. Tafel 29/9) liegen. Bei schlechtem Wärmeübergang zwischen Reibfläche und Kühlfläche (z. B. bei Lamellenkupplungen) ist nämlich die Temperatur der Reibfläche erheblich größer als die der Kühlfläche, für die ϑ_m berechnet wurde.

29.8 Sonderausführungen

29.8.1 Fliehkraftkupplung oder -bremse

Bild 29/31 zeigt das Arbeitsprinzip. Die Fliehkraft F_l greift am Gewicht G im Schwerpunkt S im Abstand r von der Drehachse an und erzeugt an der Reibpaarung die Anpreßkraft F. Die Wirkung der Fliehkraft kann durch die Federkraft F_e bis zu einer gewünschten Drehzahl aufgehoben werden. Der Antriebsmotor läuft dadurch zunächst fast unbelastet und beschleunigt die Arbeitsmaschine erst bei höherer Antriebsdrehzahl n_1 (Bild 29/32). Berechnung von t_s in grober Näherung nach (29/9) und W_R nach (29/11), wobei T_R und T_{Bl} in Abhängigkeit von n_1 bekannt sein muß. Für die Ausführung nach Bild 29/31

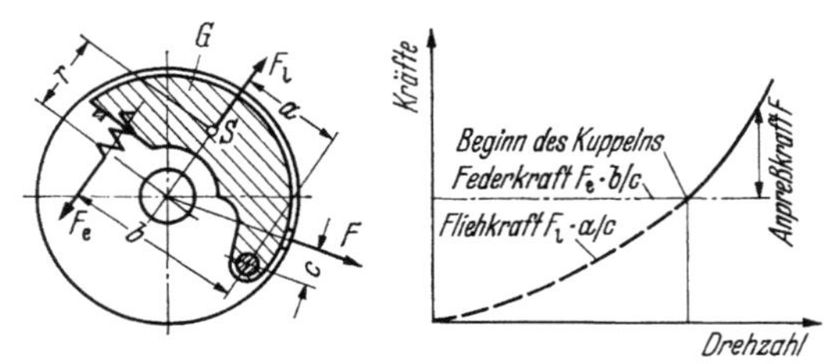

Bild 29/31. Kräfte in einer Fliehkraftkupplung mit Gewichtshebel als Fliehgewicht und mit Rückstellfeder.

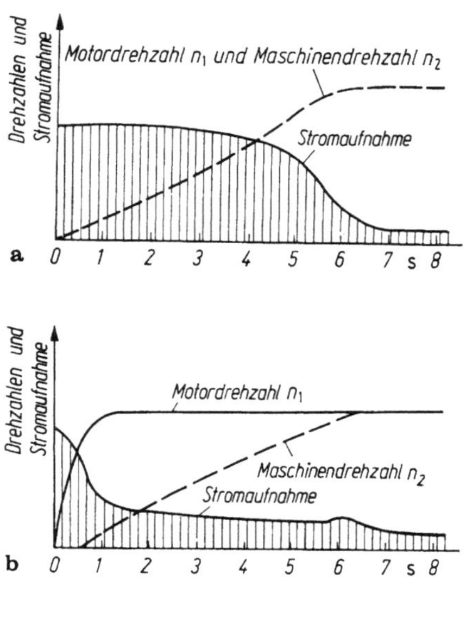

Bild 29/32. Anlauf eines Kurzschlußläufermotors, a) bei fester Kupplung, b) bei Zwischenschalten einer Stahlsand-Fliehkraftkupplung.

ergibt sich:

$$\text{Anpreßkraft } F = (aF_l - bF_e)/c, \tag{29/63}$$

$$\text{Fliehkraft } F_l = Gr\omega_1^2 = Grn_1^2/91{,}2 \tag{29/64}$$

mit Gewicht (Masse) G in kg, r in m und n_1 in min^{-1}.

Im Prinzip kann man alle Bauformen als Fliehkraftkupplungen ausführen. Beispiele s. Bilder 29/33 bis 29/35.

29.8.2 Sicherheits- oder Anfahrrutschkupplung (Beispiel: Bild 29/36)

Die Kupplung rutscht, sobald das Drehmoment hinter der Kupplung größer ist als das Haft-Reibmoment. Man schützt damit die Antriebselemente (Wellen, Getriebe usw.) vor Überlastmomenten, etwa infolge von Blockierungen in der Arbeitsmaschine und kann so Gewaltbruchschäden vermeiden. Ebenso ist das beim Anfahren auftretende Moment durch das Rutschmoment begrenzt.

Derartige Kupplungen benötigen keine Schalteinrichtungen.

Rutschzeit und Reibarbeit, ebenso Verschleiß und Erwärmung können klein gehalten werden, wenn die Rutschbewegung zum Abschalten des Antriebes oder der Kupplung

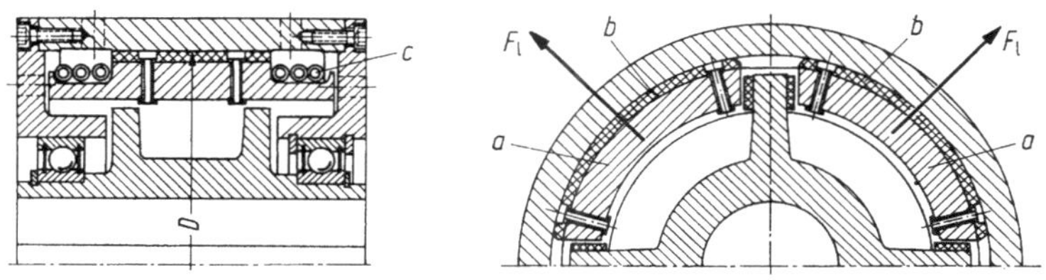

Bild 29/33. Segment-Fliehkraftkupplung (Desch, Neheim-Hüsten). 4 Segmente a mit Reibbelägen b sind Fliehgewichte, c Schnurfedern. — $D = 122 \ldots 328$ mm, $T_R = 1{,}5 \ldots 470$ Nm.

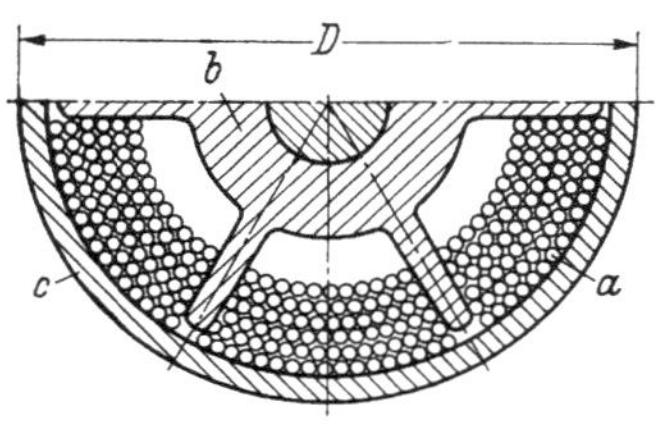

Bild 29/34

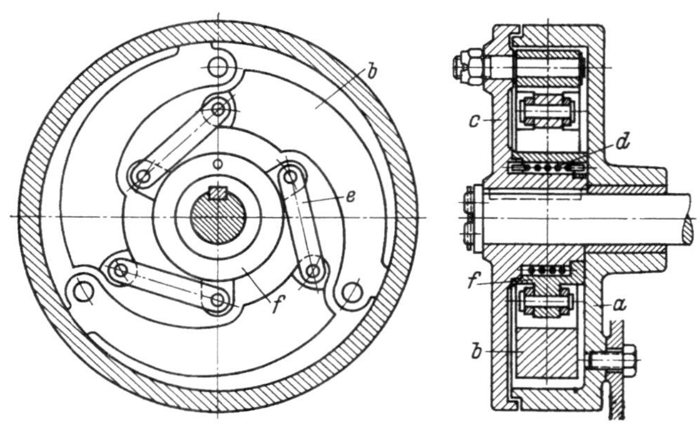

Bild 29/35

Bild 29/34. Fliehkraftkupplung (Metalluk, Bauscher, Bamberg) mit Stahlkugelfüllung (geschmiert). a, b Flügelstern, c Gehäuse. $D = 95 \ldots 1000$ mm, $T_H = 1{,}7 \ldots 41000$ Nm bei $n_H = 1440$ min^{-1}.

Bild 29/35. Fliehkraftbremse (E. Becker, Berlin-Reinickendorf). a Feststehendes Gehäuse; b Bremsklötze, an umlaufender Scheibe c angelenkt, werden von Laschen e nach innen gezogen, so lange Drehmoment der Drehfeder d ausreicht, um Hülse f entgegen der Fliehkraft der Klötze zu drehen. Sobald Fliehkraft der Bremsklötze die Rückzugskraft der Drehfeder übersteigt, setzt Bremswirkung der Bremsklötze an der Innenseite des Gehäuses a ein. Da Fliehkraft nach Bild 29/31 im Quadrat der Drehzahl ansteigt, wird Senkgeschwindigkeit der Last in bestimmten Grenzen gehalten.

(z. B. durch einen Endschalter) benutzt wird. — Andernfalls muß die Kupplung für ein längeres Rutschen (niedrige Flächenpressung und Wärmestromdichte) ausgelegt, d. h. ausreichend groß dimensioniert werden. Nimmt man allerdings für den Fall des Durchrutschens der Kupplung bewußt eine Zerstörung der Gleitflächen in Kauf (seltene Schadensfälle), so sind hohe Belastungen zulässig und es erübrigt sich, die Temperaturen nachzurechnen.

Das Reibmoment T_{R} ist entsprechend dem gewünschten Anlaufverhalten nach Abschn. 29.7.2 oder entsprechend dem für die Antriebselemente maximal zulässigen Drehmoment zu wählen.

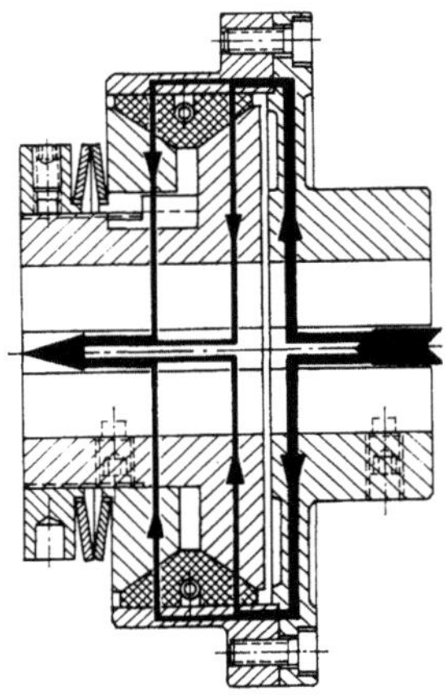

Bild 29/36. Sicherheitsrutschkupplung (Conax, Desch, Neheim-Hüsten) mit eingetragenem Kraftfluß; vgl. auch Bild 29/16.

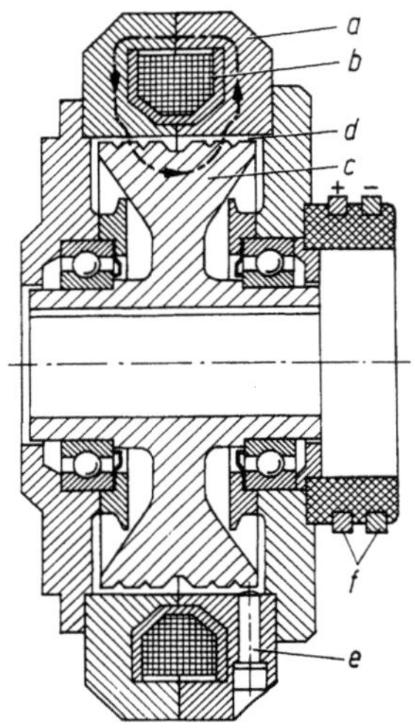

Bild 29/37. Magnetpulverkupplung (AEG-EMG, Wendener Hütte), *obere Hälfte* mit eingetragenem Magnetfluß. $D = 68 \ldots 674$ mm, $T_{\mathrm{H}} = 2{,}5 \ldots 10000$ Nm, *a* Eisenkörper mit Magnetringspule *b*, *c* Läufer, *d* Luftspalt mit Magnetpulver, *e* Füllschraube, *f* Stromzuführung über Schleifringe (Gleichstrom).

Eigenschaften der Sicherheitsrutschkupplungen gegenüber formschlüssigen Überlastkupplungen, nach [29/59]:

- Mehrere Überlastungen ohne Demontage der Kupplung möglich.
- Gleichzeitig als Anfahrrutschkupplung verwendbar.
- Abschaltgenauigkeit durch Unsicherheit der Reibungszahl μ begrenzt.
- Nach Blockieren der Arbeitsmaschine läuft Motor mit Rutschmoment belastet weiter, sofern keine Abschaltvorrichtung vorhanden.
- Größere Abmessungen als Brechelementkupplungen.
- Durchrutschen beeinträchtigt u. U. Synchronlauf zweier Wellen (beispielsweise nicht zulässig bei Walzwerk).

29.8.3 Magnetpulverkupplung, Magnetflüssigkeitskupplung (Bild 29/37)

Beim Einschalten des elektrischen Stromes entsteht im Luftspalt zwischen den zu kuppelnden Scheiben ein magnetischer Fluß. Das hier befindliche Pulver oder die Flüssigkeit mit ferromagnetischen Teilchen verändert dadurch seine mechanischen Eigenschaften und überträgt ein Drehmoment. Hervorzuheben sind die geringen Leerlaufverluste und die Regelbarkeit des Drehmomentes durch den Erregerstrom.

29.8.4 Haltebremse

Die Haltebremse soll keine Reibarbeit leisten, sondern nur ein sicheres Halten der Abtriebswelle gegen ein bestimmtes Drehmoment gewährleisten. Entsprechend kann man kleine Baumaße mit großer Flächenpressung wählen. Diese darf jedoch die Fließgrenze des weicheren Werkstoffes der Reibpaarung nicht überschreiten.

29.8.5 Leistungsbremse

Die Leistungsbremsen dienen zum Prüfen der Wellenleistung von Maschinen; man rechnet hierzu aber auch die Bremsen zum Lastsenken und Fahrzeugbremsen beim Bergabfahren. Von Interesse ist hierbei die Reibleistung P_R, die bei einer maximal zulässigen Reibflächentemperatur in Wärme umgesetzt werden kann. Bei konstantem Reibmoment und konstanter Drehzahl gilt:

$$P_R = T_R 2\pi n/60. \qquad (29/65)⊛$$

Tafel 29/3. Erfahrungswerte für $C = T_R/T_H$ [a]

Bei Reibkupplungen zwischen	Bei Bremsen	C	Bemerkung
Elektromotor/Kreiselpumpe		1,3 ... 1,5	
Elektromotor/leichte Werkzeugmaschine		1,3 ... 1,5	
Elektromotor/Presse, Stanze		1,4 ... 1,8	
Dampfturbine/Turbokompressor		1,4 ... 1,8	
Elektromotor/Zerkleinerungsmaschine		2 ... 2,5	
Wasserturbine/Mühlenantrieb		2 ... 2,5	
Elektromotor/Zentrifugen, Rollgänge		2,5 ... 3	
Dieselmotor/Baggerantrieb		2,5 ... 3	
Antrieb/Walzwerk, Kugelmühle		3 ... 5	
Antrieb/Kraftwagen		2 ... 3	T_H = Motormoment
	Hubwerksbremsen	2 ... 4	T_H = Lastmoment
	Fahr- und Drehwerksbremsen	0,8 ... 2	T_H = Lastmoment

[a] Bei einmaligem Reibvorgang mit konstantem T_R ist die Übertemperatur an der Reibstelle nach Hasselgruber für $C = 2$ ein Minimum

Tafel 29/4. Anhaltswerte für den spezifischen Verschleiß f_v von Reibpaarungen

Reibpaarung	f_v in $\frac{\text{cm}^3}{\text{kWh}}$
a) Mittelwerte für trockenlaufende, organische Reibbeläge (Kunstharz-Asbest)/GG	0,25 ... 1,1
b) Größtwerte für ungünstige Verhältnisse	0,5 ... 4,5 [a]
c) Geölte metallische Werkstoffe (geh. St./geh. St.; Sinterbronze/St.; GG/geh. St.)	0,000 35 ... 0,015 [b]
d) Geschmierte Kegelkupplungen (Synchronringe, Sondermessing/geh. St., Hypoidölschmierung)	0,025
e) Für trockenlaufende Sinterkeramikbeläge	1/4 der Werte nach a) und b)
f) Sintermetall/geh. St., Trockenlauf	0,05

[a] Obere Werte: $\mu \geq 0{,}4$, $\vartheta_{max} \geq 400\,°C$; untere Werte: $\mu \geq 0{,}3$, $\vartheta_{max} \geq 300\,°C$

[b] Oberer Wert während des Einlaufes; bei sehr gut eingelaufenen hochbelasteten Streusinterbelägen kann f_v bei $0{,}2 \cdot 10^{-3}$ cm³/kWh liegen

Tafel 29/5. Reibscheibenfaktor K_2 für Scheiben-, Lamellen- und Kugelreibflächen, Annahmen: p_m = const, μ = const. Übrige Bauarten: $K_2 = 1$

b/d [a]	0	0,05	0,1	0,15	0,2	0,25	0,3	0,35	0,4	0,45	0,5
K_2	1	1,05	1,10	1,14	1,19	1,23	1,26	1,30	1,33	1,36	1,38

[a] Für kegelige Reibfläche: $b/d \cdot \sin\delta$

Tafel 29/6. Wärmekapazitäten und Wärmeleitfähigkeiten verschiedener Metalle

Werkstoff	ϱc in $\frac{\text{J}}{\text{m}^3\,\text{K}}$	λ in $\frac{\text{W}}{\text{m K}}$	$\frac{\lambda}{\varrho c}$ in $\frac{\text{m}^2}{\text{s}}$
Gehärteter legierter Stahl	$3{,}75 \cdot 10^6$	≈ 45	$\approx 12 \cdot 10^{-6}$
Grauguß	$3{,}95 \cdot 10^6$	58	$15 \cdot 10^{-6}$
Dichte Sinterbronze ohne Keramikeinlagerungen	$3{,}35 \cdot 10^6$	≈ 60	$\approx 18 \cdot 10^{-6}$
Sintermetall, je nach Anteil der Keramikeinlagerungen (unterer Wert, großer Keramikanteil)	$0{,}8 \cdot 10^6 \ldots 3{,}3 \cdot 10^6$	0,7...35	$0{,}2 \cdot 10^{-6} \ldots 10 \cdot 10^{-6}$

Tafel 29/7. Anhaltswerte für Schaltzahl z pro h bei Kraftfahrzeugkupplungen nach [29/45]

	Autobahn-, Überland- verkehr	Gemischter Verkehr	Stadtverkehr	
			Kleinstadt, Außenbezirke	Großstadt, Spitzenverkehr
Pkw bis 45 kW Leistungsgewicht bis 35 kg/kW	60...100	120...160	150...200	150...250
Pkw bis 70 kW Leistungsgewicht bis 20 kg/kW	60... 90	100...150	140...190	150...250
Pkw über 70 kW Leistungsgewicht bis 16 kg/kW	60... 90	70...120	100...160	150...250
Transporter, Lieferwagen Leistungsgewicht bis 60 kg/kW	—	90...130	200...250	250...300
Mittlere Lkw, Kommunalfahrzeuge, Gesamtgewicht bis 12 t	—	90...130	200...250	250...300
Überlandtransporter, Reisebusse	60... 90	—	—	—
Stadtbusse	—	150...220	150...220	250...450

Tafel 29/8. Anhaltswerte für Schaltzahl z und Belag-Lebensdauer L_B bei Hebezeugbremsen

Art des Hebezeuges	z in 1/h	L_B in h
Aufzüge	60...70	10000
Laufkrane	bis 120	10000
Stückgut-Hafenkrane	50...120	15000
Greiferkrane	100...200	1500
Kübelkrane	200...350	1000
Gießereikrane	80...150	5000
Stripper- und Tiefofenkrane	bis 600	200

29.9 Rechenschema und Beispiele

Beispiel 1: Außenbackenbremse für Hubwerk (Bauart 1 nach Tafel 29/2).

Gegeben: Nennlast (Gewicht, Masse) $G = 5300$ kg (Gewichtskraft $F_G = 52000$ N); Motordrehzahl $n_H \approx n_0 = 750$ min^{-1}; auf Bremstrommelwelle reduziertes Massenträgheitsmoment aller bewegten Teile (außer Last G) $J = 24$ kgm^2; Anzahl der Bremsungen pro Stunde $z = 200$; Aufstellung in Werkhalle, maximale Umgebungstemperatur $\vartheta_\infty = 40$°C; Maße der Bremstrommel nach DIN 15431, innenbelüftet; Dicke der Bremstrommelwandung $s_T = 15$ mm; Ausführung der Bremse nach Bild 29/13.
Nach Tafel 29/9 Reibwerkstoff GG/KH + Bunageb. Asbest mit Stahlwolle; $p_{zul} = 50$ N/cm^2; $q_{zul} = 40$ W/cm^2; $q_{m\,zul} = 4$ W/cm^2; $\vartheta_{zul} = 250$°C (kurzzeitig 400°C); $\mu = 0{,}38$; $y_1 = 0{,}95$; $y_2 = 0{,}60$; nutzbare Belagdicke $s_v = 10$ mm; Bedienung mit Fremdkraft (Lüften elektrisch, Bremskraft durch Federn); geforderte Belaglebensdauer nach Tafel 29/8: $L_B \approx 1000$ h. Weitere Daten s. Bild 29/38.

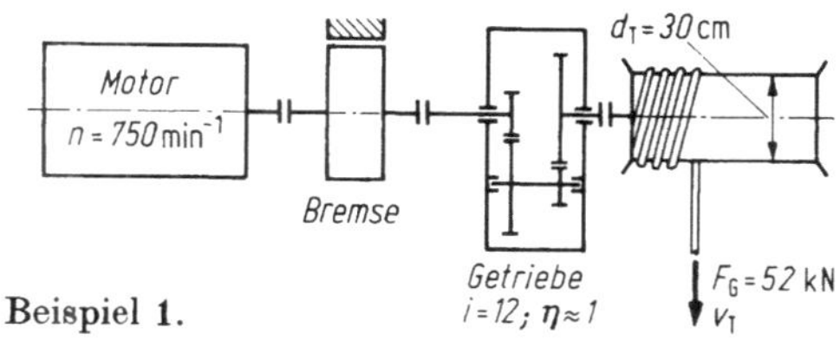

Bild 29/38. Schema der Maschinenanlage zu Beispiel 1.

Berechnet: Beharrungsmoment an der Bremswelle $T_H = F_G \cdot 0{,}5 d_T/(i \cdot 100)^{\circledast} = 650$ Nm; Rutschmoment nach (29/44): $T_R = 1950$ Nm mit $C = 3$ nach Tafel 29/3;
Beschleunigungsmoment nach (29/19): Last heben: $T_B = T_R + T_H = 2600$ Nm, Last senken: $T_B = T_R - T_H = 1300$ Nm. Kinetische Energie nach (29/16): $W_{kin} = 0{,}5 J_{red}\,(2\pi n_H/60)^2 = 0{,}5 J (2\pi n_H/60)^2 + 0{,}5 G (0{,}005 d_T)^2\,(2\pi n_H/60)^2/i^2\,^{\circledast} = 76600$ Nm.
Lastgeschwindigkeit v_T nach Bild 29/38: $v_T = (\pi n_H/60)\, d_T/(i \cdot 100)^{\circledast} = 0{,}98$ m/s.
Rutschzeit nach (29/22): Last heben: $t_s = 0{,}75$ s, Last senken: $t_s = 1{,}5$ s.
Reibarbeit während Rutschzeit t_s nach (29/23): Last heben: $W_R = 57450$ Nm, Last senken: $W_R = 114900$ Nm.
Auslegung der Bremse nach der größeren Reibarbeit beim Lastsenken.

Geschätzt: Nach Tafel 29/9 und DIN 15431 bei geschätztem Trommeldurchmesser $d = 50$ cm : $b/d = 0{,}38$.

Berechnet: Trommeldurchmesser nach (29/49) mit $T_R = 1950$ Nm: $d \geq 31{,}1$ cm;
mittlere Reibleistung nach (29/13): $P_{Rm} = 6380$ W, hiermit nach (29/50): $d \geq 48{,}4$ cm;
Reibleistung P_R während der Rutschphase nach (29/12): $P_R = 76600$ W, hiermit nach (29/51): $d \geq 53$ cm.

Gewählt: $d = 50$ cm, $b = 19$ cm nach DIN 15431, $F_s = 20500$ Nm.

Berechnet: Umfangskraft $F_t = F_R = 200 T_R/d^{\circledast} = 7800$ N.
Fourier-Zahl der Aufheizung nach (29/53) mit $\lambda/(\varrho c)$ nach Tafel 29/6 und $l_R = s_T = 15$ mm: $Fo_R = 0{,}1 < 1{,}132$;
Fourier-Zahl der Abkühlung nach (29/58) mit Abkühlzeit $t_a = 3600/z = 18$ s, $\lambda/(\varrho c)$ nach Tafel 29/6 und $l_K = 0{,}5 l_R$: $Fo_K = 4{,}8$.

Geschätzt: Mittlere Kühlluftgeschwindigkeit zwischen Lauf und Stillstand: $v_K = 0{,}5 d\pi n_H/6000^{\circledast} \approx 10$ m/s.

Berechnet: Wärmeübergangszahl nach Tafel 29/9: $\alpha_K = 5{,}2 + 7 v_K^{0{,}75} \approx 45$ W/(m^2 K).
Biot-Zahl nach (29/57), mit λ nach Tafel 29/6: $Bi = 0{,}0058$.
Wärmestromdichte während t_s nach (29/47): $q = 45$ W/cm^2.
Temperaturerhöhung bei einer Schaltung nach (29/54) mit $K_1 = 2$ (Abschn. 29.7.4a), $K_2 = 1$ (Tafel (29/5) und $\varrho c \lambda$ nach Tafel 29/6: $\Delta\vartheta_{max} = 22$ K.
Beharrungsübertemperatur nach vielen Schaltungen nach (29/59): $\Delta\vartheta_{nü} = 227$ K. — Da $Bi \cdot Fo_K = 0{,}028 < 0{,}05$ kann das Ergebnis für $\Delta\vartheta_{nü}$ zu ungenau sein.
Maximal auftretende Temperatur nach (29/56): $\vartheta_{max} = 267$°C $> \vartheta_{zul}$ ($\vartheta_{zul} \approx 250$°C).
Mittelwert der Temperatur nach Näherungsverfahren (29/62) mit $A_K \approx 2 d\pi b = 0{,}60$ m^2: $\Delta\vartheta_m = 236$ K; $\vartheta_m = 40$°C + 236 K = 276°C, als mittlere Dauertemperatur zu hoch; Abhilfemaßnahme: Kühlung verbessern oder d vergrößern.
Verschleißvolumen $V_v = \pi d b y_1 y_2 s_v = 1700$ cm^3.

Geschätzt: Spezifischer Verschleiß nach Tafel 29/4: $f_v \approx 0{,}8$ cm^3/kWh.

Berechnet: Lebensdauer nach (29/52): $L_B = 333$ h < geforderter Wert, Abhilfe: d vergrößern und/oder Reibwerkstoff mit kleinerem f_v wählen (s. Tafel 29/4).

Tafel 29/9. Konstruktions- und Berechnungsdaten von Reibkupplungen und -bremsen

Bauart	Reibwerkstoffe	Schmierung	$q_{m\,zul}$ W/cm²	q_{zul} W/cm²	p_{zul} N/cm²	ϑ_{zul} °C dauer	ϑ_{zul} °C kurz	μ [e]	b/d	y_1 Nutung	y_2 Bedeckung	α_K W/m²K	Typische Einsatzfälle
Lamellen- kupplung und -bremse	St geh./St geh.	Ölnebel	0,4...1,5		50...100	80	100	0,05...0,07	0,10...0,15 bis 0,45[f]	0,4[f] 0,6...0,9	1	25...50	Magnetkupplungen in Lastschalt- getrieben
		Spritzöl	0,2...0,55		70...120	100	200	0,05...0,07	0,1...0,15 bis 0,45[f]	0,4[f] 0,6...0,9	1	40...70	
		Ölinnen- kühlung	0,35...1,4		70...150	150	200 250	0,05...0,07	0,1...0,18	0,6...0,8	1	bis 1200	
	St geh./Sinter Bz	Ölnebel Spritzöl Ölinnen- kühlung	0,25...0,85 0,55...3 2...11	 200...400	150...250 250...300 300...600	100 120 300	150 300 700	0,08...0,2 0,08...0,11 0,08...0,11	0,09...0,15 0,09...0,15 0,09...0,15	0,7...0,85 0,7...0,85 0,6...0,8	1 1 1	25...45 40...70 bis 1200	Motorradkupplung; automat. Kfz-Ge- triebe; mechan., pneumat. oder hydr. geschaltete Kupp- lungen und Bremsen im Getriebebau
	St geh./Sinter Bz	trocken	0,1...0,4		30...100		 550	0,2...0,45 0,4	0,09...0,15	0,8...0,9	1		Kuppl. für Erdbewe- gungsmasch.; Bremsen für Ketten- fahrzeuge u. Flug- zeuge; Überlast- kupplungen
	St geh./Asbest KH[h]-gebunden	trocken	0,2...0,35		100...600	250	400	0,28...0,45	0,075...0,12	0,9...1	1		
	St geh./Zellulose (Papier)	Spritzöl	1...3	80...120	80...200	130	400	0,11...0,15			1		automat. Getriebe für Pkw
	St geh./Zellulose	trocken									1		Schaltkupplungen ohne Last geschaltet
Einscheiben- kupplung	GG (St)/Kera- mikmetall- sinterwerkstoff	trocken				600	800		0,3...0,4	0,6...0,8	0,9 ... 1		Lkw; Erdbewe- gungsmaschinen; Kettenfahrzeuge

Einscheiben-bremse	GG/Sintereisen Graphit	trocken				550	850	0,28...0,35			0,12 ... 0,35		Schienenfahrzeuge; Bergbahnen; Busse; Anhänger
	GG/KH-gebundener Asbest mit Metallbeimischungen	trocken			100...800	350	500	0,38...0,42				$\alpha_K \approx 95 + 4{,}3 \cdot v_K$ [c] $\alpha_K \approx 95 + 9{,}5 \cdot v_K$ [d]	Pkw mit und ohne Verstärker
	GG/KH + Buna-geb. Asbest + Metallbeimischungen	trocken			50 bis 1000	400	600	0,48					Pkw und Lkw
	GG/IKH + Buna geb. Asbest mit Metallbeimischungen	trocken			200 bis 1200	400	600	0,32					Taxi; Wettbewerbsfahrzeuge
Einscheiben-kupplung	GG (St)/KH-gebundener Asbest	trocken			200...600	300	500	0,38...0,42	0,15...0,3	0,88...1	1		Pkw
	GG (St)/Kork	Spritzöl			5...10	80	120	0,15...0,25		1	0,4...0,7		Motorroller, niedrige Drehzahl
Außen-Trommel-bremse	GG/Baumwollgewebe	trocken			5...30			0,45...0.55	0,35...0,4	0,9...1	0,3...0,65		Haltebremsen
	GG/Asbestgewebe	trocken			5...60	600	900	0,3...0,4	0,35...0,4	0,9...1	0,5...0,65		Krane; allgemeiner Maschinenbau
	GG/KH + Buna-geb. Asbest + Stahlwolle + Mineralwolle	trocken			30...150	250	400	0,38...0,42	0,35...0,4	0,9...1	0,5...0,65	$\alpha_K \approx 5{,}2 + 7 \cdot v_K^{0,75}$ [b]	Krane
	GG/KH + Buna-geb. Asbest + Mineralwolle	trocken			20...150	250	400	0,32...0,35	0,35...0.4	0,9...1	0,5...0,65		Krane; Fördertechnik; allg. Maschinenbau; geräuschdämpfend

Fußnoten s. S. 261

Tafel 29/9. (Fortsetzung)

Bauart	Reibwerkstoffe	Schmierung	$q_{m\,zul}$ W/cm²	q_{zul} W/cm²	p_{zul} N/cm²	ϑ_{zul} °C dauer kurz	μ [e]	b/d	y_1 Nutung	y_2 Bedeckung	α_K W/m²K	Typische Einsatzfälle
Innen-Trommel-bremse	GG/Buna-gebundener Asbest + Mineralwolle	trocken		8...10	150...200	250 300	0,42...0,46	0,12...0,28	0,85...1	0,55...0,7	$\alpha_K \approx 20 + 7 \cdot v_K^{0,75}$ [a]	Pkw; Landmaschinen
	GG/KH-gebundener Asbest + Metallbeimischung + Mineralwolle	trocken		8...12	200...300	350 450	0,28...0,35					Lkw und Hänger
	GG/Sintereisen, Graphit	trocken										Lkw-Anhänger
Außen-Trommel-bremse	St/GG	trocken			80...140 25...40	250 300	0,11...0,17		0,95...1	0,22...0,28		Schienenfahrzeuge, Lokomotiven, Wagen
	St/Asbest KH-gebunden, graphitfrei	trocken				360 450	0,14...0,20		0,95...1	0,22...0,28		
Einscheiben-kupplung	St/GG	geschmiert			60...80	300	0,06					Rutschnaben
	St (GG)/KH-gebundener Asbest + Mineralwolle	trocken										Überlastkupplung (Haftreibungszahl μ für Begrenzung des Überlastmomentes)
Kegelkupplung	GG/KH-gebundener Asbest	trocken	0,2...2,1 [g]	15...50	10...40		0,3...0,4	0,1...0,16	0...0,25	1		Wellenkupplung von Förderbändern; Pumpen; Mühlen-Generatoren; Verschiebeläufermotor
	St/Bz	Spritzöl	5...12	80...250	200...500 40	120 250 150	0,05...0,12	0,14...0,18	0,30...0,45	1		Synchronisation bei Schaltgetrieben

Band	(GG) St/St	trocken			150...300			0,18...0,25	1	0,6...0,75		Bandbremse; Schlingband-kupplung
	GG (St)/KH-gebundener Asbest	trocken			20...100			0,12...0,15	1	0,75...0,90		Spreizbandkupplung für Seiltrommel; Bandbremse; Fördertechnik
Fliehkraft-kupplung	St (GG)/Stahl-kugel graphitiert	trocken				300	0,2...0,3					Wellenkupplung

[a] Näherungsgleichung nach Versuchsergebnissen von [29/8], gültig für Bremstrommel innerhalb der Felge und Fahrgeschwindigkeit $3 \leq v_K \leq 10$ m/s

[b] Nach Versuchen von Niemann mit natürlicher Konvektion mit v_K, Umfangsgeschwindigkeit m/s am Reibdurchmesser

[c] Versuchswerte für innenbelüftete Scheibenbremsen bei Lkw und Schienenfahrzeugen bei ungünstigen Strömungs- und Einbauverhältnissen (Bremsscheibe im Radschüssel), gültig für Umfangsgeschwindigkeit am Reibdurchmesser $3 \leq v_K \leq 25$ m/s

[d] Wie bei c, jedoch für günstige Strömungs- und Einbauverhältnisse (Bremsscheibe allseitig frei auf Welle sitzend) und für $3 \leq v_K \leq 16$ m/s

[e] Mittlerer Gleitreibwert

[f] Bei magnetisch durchfluteten Lamellen

[g] Für Verschieberläufermotoren: Unterer Wert: Hubwerke; oberer Wert: Massenantriebe

[h] KH = Kunstharz

Beispiel 2: Lamellenschaltkupplung im Getriebe einer Förderanlage für eine Verpackungsmaschine.

Gegeben: Daten der Arbeitsmaschine: Förderanlage mit etwa konstantem Beharrungsmoment $T_H = 100$ Nm (Kennlinie *a* in Bild 29/8), auf Kupplungswelle reduziertes Massenträgheitsmoment der Arbeitsmaschine $J_{AM} = 0{,}5$ kg m², Anzahl der Schaltvorgänge pro Stunde $z = 150$.

Daten des Motors: Drehstromasynchronmotor (Kennlinie *a* in Bild 29/7), Nennmoment (Beharrungsmoment) $T_H = 100$ Nm, Kippmoment: 290 Nm, Nennleistung $P_H = 15$ kW, Nenndrehzahl (Beharrungsdrehzahl) $n_H = 1440$ min^{-1}, Leerlaufdrehzahl $n_0 = 1500$ min^{-1}, auf Kupplungswelle bezogenes Massenträgheitsmoment des Motors $J_{MOT} = 0{,}075$ kg m².

Daten der Kupplung: Magnetkupplung mit nicht durchfluteten Lamellen, mit Motorwelle direkt gekoppelt; Spritzölschmierung, Ölsumpftemperatur $\vartheta_{öl} = \vartheta_\infty = 40$°C; Lamellen: Stahl gehärtet/Sinterbronze $\mu \approx 0{,}08 \approx$ const mit 6 radialen Nuten und engen konzentrischen Nuten $y_1 \approx 0{,}4$; nach Tafel 29/9: $p_{zul} = 250$ N/cm²; $q_{m\,zul} = 3$ W/cm²; $q_{zul} = 300$ W/cm².

Berechnet: Rutschmoment nach (29/44) mit $C = 1{,}8$ nach Tafel 29/3: $T_R = 180$ Nm $<$ Kippmoment.

Angenommen: Näherungsweise lineare Motorkennlinie nach Bild 29/7 bei kleinem Schlupf.

Berechnet: Motordrehzahl n_R bei Rutschmoment T_R:

$$n_R = n_0 + (n_H - n_0)\, T_R/T_H = 1392 \text{ min}^{-1}. \tag{29/66}$$

Um den Einfluß der Dauer eines Einrückvorganges zu zeigen, sollen für die weitere Berechnung zwei Fälle unterschieden werden:

Fall (a): Einrücken der Kupplung schlagartig (Einrückzeit $t_E = 0$, Phase *A* nach Tafel 29/1 entfällt), damit $T_R = 180$ Nm für $t > 0$.

Berechnet: Beschleunigungsmoment nach (29/3): $T_{BI} = 80$ Nm $=$ const;
Drehzahlverlauf der Abtriebswelle nach (29/6) als Lösung von (29/4) für $T_{BI} =$ const in Abhängigkeit von der Zeit t in s: $n_2 = 1528 \cdot t$ in min^{-1}. Drehzahlverlauf der Antriebswelle: Durch Lösen von (29/5) in Abhängigkeit von der Zeit t mit

$$T_{MOT} = T_R(n_1 - n_0)/(n_R - n_0) \tag{29/67}$$

ergibt sich:

$$T_R - T_{MOT} = T_R(n_R - n_1)/(n_R - n_0) = -J_{MOT}(2\pi/60)\, \dot{n}_1 \tag{29/68}^{\circledast}$$

$$n_1 = n_R + (n_0 - n_R) \exp\left(-\frac{60}{2\pi} \frac{T_R t}{(n_0 - n_R)\, J_{MOT}}\right) = 1392 + 108\, e^{-212{,}2 \cdot t}. \tag{29/69}^{\circledast}$$

Fall (b): Bei Einrücken der Kupplung steigt Rutschmoment T_R während Phase *A* nach Tafel 29/1 innerhalb von $t_E = 0{,}2$ s linear von 0 auf $T_R = 180$ Nm. Für $t > t_E$: $T_R = 180$ Nm $=$ const.

Berechnet:

$$T_{BI} = T_R t/t_E - T_H = 180 t/t_E - 100 \text{ Nm} \quad \text{für} \quad t < t_E; \quad T_{BI} = 80 \text{ Nm} \quad \text{für} \quad t > t_E. \tag{29/70}$$

Einsetzen von (29/70) in (29/4) und Integration mit der Randbedingung $n_2 = 0$ für $t = 0$ und $n_2 = n_E$ für $t = t_E$ ergibt:

$$n_2 = (60/4\pi)\,[T_R t^2/(t_E J_{AM})] - (60/2\pi)\,(T_H t/J_{AM}), \tag{29/71}^{\circledast}$$

d. h.

$$n_2 = 8592 t^2 - 1910 t \quad \text{für} \quad 0 \le t \le t_E = 0{,}2 \text{ s}$$

$$n_2 = 1528 t - 38{,}2 \quad \text{für} \quad t_E \le t \le t_s = 1{,}14 \text{ s}.$$

Drehzahlverläufe von Motor und Arbeitsmaschine für die Fälle (a) und (b) s. Bild (29/39). Die Drehzahl des Motors fällt in beiden Fällen sehr schnell ab. Im Fall (a) ist bereits nach $t = 0{,}02$ s die Motordrehzahl von $n_0 = 1500$ min^{-1} auf $n_1 = 1392$ min^{-1} abgefallen. Sie unterscheidet sich damit kaum von der Drehzahl bei Rutschmoment T_R: $n_R = 1392$ min^{-1}. Die Gleichlaufdrehzahl n_s, die etwas höher liegt als n_R, kann ebenfalls ausreichend genau mit $n_s \approx n_R$ eingesetzt werden. Im Fall (b) fällt die Drehzahl des Motors etwas weniger schnell ab als im Fall (a), näherungsweise ist aber auch hier während der gesamten Rutschphase $n_1 \approx n_R \approx n_s$. Im Fall (b) wird nach Einkuppeln zunächst die Arbeitsmaschine durch das konstante Beharrungsmoment T_H in negative Drehrichtung beschleunigt. Erst ab $T_R > T_H$ nimmt die Drehzahl zu (vergleiche: Anfahren mit Kfz am Berg, Fahrzeug rollt rückwärts, solange Rutschmoment $T_R < T_H$ aus Hangabtrieb).

Berechnet: Drehzahlverlauf während der Gleichlaufphase $t \ge t_s$: Einsetzen von (29/66, 67) in (29/17) ergibt

$$\dot{n} - (1/2\pi)\,(T_H/J_{red})\, n/(n_H - n_0) + (1/2\pi)\,(T_H/J_{red})\, n_H/(n_H - n_0) = 0 \tag{29/72}$$

daraus mit $n = n_s$ für $t = t_s$:

$$n = n_H - (n_H - n_s) \exp [-(60/2\pi) (T_H/J_{red}) (t - t_s)/(n_0 - n_H)] = 1440 - 48 \, e^{-27{,}68(t-t_s)}. \quad (29/73)⊛$$

Nach (29/73) ist bereits 0,1 s nach Erreichen der Gleichlaufdrehzahl n_s die Beharrungsdrehzahl n_H erreicht (s. auch Bild 29/39). — Wie Bild 29/39 zeigt, sind die exponentiellen Drehzahlübergänge vernachlässigbar. Während der Rutschphase I ist für beide Fälle: $n_1 \approx n_s \approx n_R$. n_2 nimmt etwa linear zu.

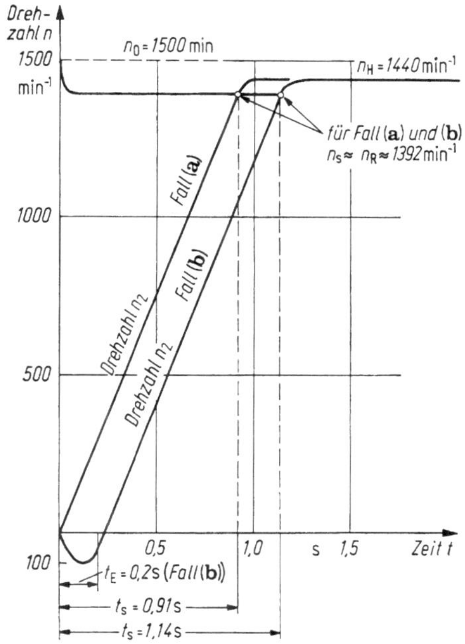

Bild 29/39. Drehzahlverlauf zu Beispiel 2.

Ermittelt: Graphisch aus Bild 29/39 Fall (a): $t_s = 0{,}91$ s, Fall (b): $t_s = 1{,}14$ s.
Reibarbeit nach (29/11) für Fall (a): $W_R = 12900$ J. Reibarbeit nach (29/10) für Fall (b) mit n_2 nach (29/71):

$$W_R = (T_R 2\pi/60) \int_0^{t_E} (t/t_E)(n_1 - n_2)\,dt + (T_R 2\pi/60) \int_{t_E}^{t_s} (n_1 - n_2)\,dt = 15400 \text{ J}.$$

Zum Vergleich Näherungsrechnung mit (29/11): $W_R \approx 16400$. Weitere Rechnung mit $W_R = 15400$ J und $t_s = 1{,}14$ s.

Geschätzt: nach Tafel 29/9: $b/d = 0{,}15$, $y_2 = 1$; $j \approx 11$ bei 6 Lamellen (vgl. Abschn. 29.4.3a).

Berechnet: Reibdurchmesser nach (29/49) mit $T_R = 180$ Nm: $d \geq 95{,}4$ mm;
mittlere Reibleistung nach (29/13): $P_{Rm} = 640$ kW; hiermit nach (29/50): $d \geq 101$ mm;
Reibleistung während der Rutschphase nach (29/12): $P_R = 13500$ W; hiermit nach (29/51): $d \geq 46{,}6$ mm.

Gewählt: $d = 100$ mm, $b = 15$ mm, $j = 12$, Blechdicke $s = 1{,}8$ mm. Dicke des Streusinterbelages $s_B = 0{,}5$ mm.

Berechnet: Notwendige Schaltkraft nach Tafel 29/2: $F_s = 3750$ N;
mittlere Flächenpressung nach (29/46): $p_m = 199$ N/cm² $< p_{zul}$;
Wärmestromdichte während der Rutschphase nach (29/47): $q = 59{,}7$ W/cm² $< q_{zul}$;
mittlere Wärmestromdichte nach (29/48): $q_m = 2{,}83$ W/cm² $< q_{m\,zul}$;
Fourier-Zahl der Aufheizung nach (29/53) mit $l_R = 2{,}3$ mm (mittlere Lamellendicke) und $\lambda/(\varrho c)$ nach Tafel 29/6 (Mittelwert): $Fo_R = 2{,}98 > 1{,}132$

Geschätzt: Wärmeübergangszahl nach Tafel 29/9: $\alpha_K = 70$ W/(m² K).

Berechnet: Schaltintervall: $t_a = 3600/z = 24$ s;
Fourier-Zahl der Abkühlung nach (29/58) mit $l_K = l_R$: $Fo_K = 62{,}7$; Biot-Zahl nach (29/57) mit $\lambda = 50$ nach Tafel 29/6: $Bi = 0{,}0032$;
Temperaturerhöhung bei einer Schaltung nach (29/55) mit $K_1 = 1$ (Abschn. 29.7.4a), $K_2 = 1{,}14$ nach Tafel 29/5 und $\varrho c = 3{,}62 \cdot 10^6$ J/(m³ K) nach Tafel 29/6 (Mittelwert): $\Delta\vartheta_{max} = 18{,}6$ K;

Beharrungsübertemperatur nach vielen Schaltungen nach (29/59): $\Delta\vartheta_{nü} = 83{,}9$ K; — Beharrungstemperatur nach (29/60): $\vartheta_h = 123{,}9$°C.

Geschätzt: Spez. Verschleiß nach Tafel 29/4: $f_v = 0{,}2 \cdot 10^{-3}$ cm³/kWh.

Berechnet: Verschleißvolumen mit $s_v = 0{,}1$ mm: $V_V = d^2(b/d)\,\pi j y_1 y_2 s_v = 2{,}26$ cm³, Lebensdauer nach (29/52): $L_B \approx 17\,000$ h; ausreichend: vgl. Tafel 29/8.

Beispiel 3: Nachrechnung der Schlingbandbremse für einen Hochbau-Materialaufzug, Bremstrommel auf der Seiltrommelwelle nach Bild 29/24 und Tafel 29/2 (Bauart 4a).

Gegeben: Seilkraft aus Nutzlast und Eigengewicht des Aufzugkorbes $F_G = 2\,500$ N; Seiltrommeldurchmesser $d_S = 300$ mm. — Die Last F_G soll aus $h = 15$ m Höhe bei konstanter Geschwindigkeit $v = 3$ m/s abgesenkt werden; Schaltzahl $z = 20$ pro Stunde.
Bremstrommel: Grauguß, Bremstrommeldurchmesser $d = 200$ mm, Dicke der Bremstrommel $s_T = 15$ mm, Belüftung der Bremstrommel von innen möglich.
Bremsband: Breite $b = 45$ mm, Dicke $s_B = 1{,}5$ mm, zulässige Zugfestigkeit $\sigma_{zul} = 100$ N/mm², Federstahl, Umschlingungswinkel $\beta = 250°$ ($\beta = 4{,}36$ rad).
Bremsbelag: Kunstharzgebundener Asbest mit Metallbeimengungen, geklebt, $\mu = 0{,}3$, $p_{zul} = 70$ N/cm², $\vartheta_{zul} = 600$ °C (kurzzeitig); Belagdicke 6 mm, notwendige Restdicke 1 mm (d. h. $s_v = 5$ mm), Nuten zur Verschleißabfuhr: $y_1 = 0{,}95$ (vgl. (Tafel 29/9), spezifischer Verschleiß $f_v = 0{,}25$ cm³/kWh (vgl. Tafel 29/4), höchste Umgebungstemperatur $\vartheta_\infty = 35$°C.

Berechnet: Bremszeit: $t_s = h/v = 5$ s; Bremsarbeit: $W_R = F_G h = 37\,500$ J; Bremsleistung während der Rutschphase nach (29/12): $P_R = 7\,500$ W; mittlere Reibleistung nach (29/13): $P_{Rm} = 208$ W.
Rutschmoment $T_R = F_G d_s/2 = 375$ Nm, Umfangskraft (Reibkraft) $F_t = F_R = 2T_R/d = 3\,750$ N.
Mittlere Wärmestromdichte nach (29/48): $q_m = 1{,}1$ W/cm²; Wärmestromdichte während t_s nach (29/47): $q = 40$ W/cm².
Beiwert m nach (29/33) oder Bild 27/7: $m = 3{,}7$; Bandkräfte nach Tafel 29/2: $S_2 = F_R/(m - 1) = 1\,390$ N, $S_1 = F_R + S_2 = 5\,140$ N. Bedeckungsfaktor $y_2 = \beta/2\pi = 0{,}7$; Flächenpressung nach Tafel 29/2: $p_m = 66{,}5$ N/cm², $< p_{zul}$, $p_{max} = 120$ N/cm².
Maximale Zugspannung im Band: $\sigma = S_1/(b s_B) = 76$ N/mm² $< \sigma_{zul}$.
Verschleißvolumen $V_V = \pi d b y_1 y_2 s_V = 94$ cm³, Lebensdauer nach (29/52): $L_B \approx 1\,000$ h.
Fourier-Zahl während der Rutschphase nach (29/53) mit $l_R = s_T = 15$ mm und $\lambda/(\varrho c) = 15 \cdot 10^{-6}$ m²/s nach Tafel 29/6: $Fo_R = 0{,}333 < 1{,}132$; Temperaturanstieg bei einem Schaltvorgang nach (29/54) mit $y_1 = 1$, $K_2 = 1$, $K_1 = 2$ und ϱc sowie λ nach Tafel 29/6: $\Delta\vartheta_{max} = 42$ K.

Geschätzt: Nach Tafel 29/9: $\alpha_K = 30$ W/(m²K) anhand der Werte für Innentrommelbremsen.

Berechnet: Biot-Zahl mit $l_K = l_R = 15$ mm nach (29/57): $Bi = 0{,}00775$; Fourier-Zahl der Abkühlung — mit $t_a = 3600/z = 180$ s — nach (29/58): $Fo_K = 11{,}75$; Beharrungsübertemperatur nach (29/59): $\Delta\vartheta_{nü} = 236$ K, Beharrungstemperatur nach (29/60): $\vartheta_h = 271$ °C $< \vartheta_{zul}$.

29.10 Literatur zu 29

Normen, Richtlinien

29/1 VDI-Richtlinie 2241 (Entwurf): Schaltbare fremdbetätigte Reibkupplungen und Bremsen; Juni 1976
29/2 DIN 15435 Doppelbackenbremsen für Krane (1961)
29/3 DIN 15431 Bremsscheiben für Doppelbackenbremsen (1967)
29/3a DIN 43648 Elektromagnetkupplungen und -bremsen, Kenngrößen (1967)

Bücher, Dissertationen

29/4 Strien, H.: Berechnung und Prüfung von Fahrzeugbremsen. Diss. TU Braunschweig 1949
29/5 Hasselgruber, H.: Die Berechnung der Temperaturen an Reibungskupplungen. Diss. TH Aachen 1953
29/6 Ehlers, H.-R.: Die mechanischen und wärmetechnischen Eigenschaften von selbstbelüfteten Scheibenbremsen. Diss. TH Aachen 1960, veröffentl. Schriftenreihe Arch. Eisenbahntech., Folge 15 (1961). Darmstadt: Carl Röhrig
29/7 Pokorny, J.: Untersuchung der Reibungsvorgänge in Kupplungen mit Reibscheiben aus Stahl und Sintermetall. Diss. Univ. Stuttgart 1960
29/8 Dorner, H.: Grundlagen zur Berechnung der Bremsleistungen von Kraftfahrzeugbremsen bei dauernder und zeitlich begrenzter Beanspruchung. Diss. TU Hannover 1964
29/9 Krüger, H.: Reibungs- und Temperaturverhalten der nassen Lamellenkupplung. Diss. TU Hannover 1964

29/10 Steinhilper, W.: Der zeitliche Temperaturverlauf in schnellgeschalteten Reibungskupplungen und -bremsen. Diss. Univ. Karlsruhe 1962
29/11 Bäse, H.: Thermisches Verhalten von Trommel- und Scheibenbremsen. Diss. TU Braunschw. 1969
29/12 Kraft, K.-F.: Zugkraftschaltungen in automatischen Fahrzeuggetrieben. Diss. Univ. Karlsruhe 1972
29/13 ATE-Bremsenhandbuch. Ottobrunn b. München: Bartsch (Handbuch d. Fa. Alfred Teves, Frankfurt, Bauelemente d. Kfz-Bremsen)
29/14 Krause, R.: Selbsterregte Reibungsschwingungen bei Kupplungslamellen, eine experimentelle Untersuchung. Diss. Univ. Karlsruhe 1965
29/15 Görlich, D.: Theoretische Untersuchung der Schwingungsvorgänge beim Schalten von Reibkupplungen. Diss. Univ. Karlsruhe 1968

Zeitschriftenaufsätze

29/16 Koeßler, P.: Bremserwärmung und Zweistoff-Bremstrommel. ATZ 52 (1950) 169...174
29/17 Nitsche, C.: Die Schaltvorgänge bei Elektromagnet-Lamellen-Kupplungen und ihre Beeinflussung durch Formgebung der Lamellen. Konstr. 7 (1955) 287...290
29/18 Bielecke, F. W.: Wärmetechnische Nachrechnung von Kraftfahrzeug-Reibungsbremsen. ATZ 58 (1956) 242...246
29/19 ohne Verf.: Die elektromagnetische Schlupfkupplung VDI-Z. 91 (1957) 548...550
29/20 Newcomb, T. B.: The radial flow of heat in an infinite cylinder. Brit. J. Appl. Phys. 9 (1958) 456...458
29/21 Newcomb, T. B.: Transient temperatures attained in diskbrakes. Brit. J. Appl. Phys. 10 (1959) 339...340
29/22 Sauthoff, F.; Schmidt, E.: Die Scheibenbremse und ihre Beläge. Glasers Ann. (1959) 108...114
29/23 Dorner, H.: Vergleichende thermische Untersuchungen an Scheiben- und Trommelbremsen. ATZ 63 (1961) 18...26
29/24 Koeßler, P.; P. Hollmann, G.: Reibpaarungsuntersuchungen. VDI-Forschungsh. 160 (1962)
29/25 Dittrich, O.: Drehmomentbegrenzungskupplungen beim Anfahren von Maschinen. VDI-Ber. 73 (1963)
29/26 Eichhorn, H.: Induktionskupplungen. VDI-Ber. 73 (1963)
29/27 Pinnekamp, W.: Hydrostatische Kupplungen. VDI-Ber. 73 (1963)
29/28 Steinhilper, W.: Der zeitliche Temperaturverlauf in schnellgeschalteten Reibungskupplungen und -bremsen. ATZ 65 (1963) 223...229 u. 326...329
29/29 Steinhilper, W.: Temperaturverlauf in Lamellenkupplungen beim Schaltvorgang. VDI-Ber. 73 (1963)
29/30 Straub, H.: Der Lamellenverschleiß als Lebensdauergrenze. VDI-Ber. 73 (1963)
29/31 Schach, W.: Kenngrößen und Berechnung von Lamellenkupplungen. Antriebstech. 3 (1964) 222...228
29/32 Stübner, K.; Rüggen, W.: Asbest als Reibwerkstoff in Reibungsbelägen bei Kupplungen und Bremsen. Antriebstech. 3 (1964) 401...406
29/33 Walter, L.: Reibwerkstoffe im Maschinenbau. Antriebstech. 3 (1964) 53...55
29/34 Krüger, H.: Das Reibungsverhalten der nassen Lamellenkupplung. Konstr. 17 (1965) 54...60 u. 93...99
29/35 Busch, H.-J.: Elektromagnetische Einscheibenkupplungen und -bremsen für die Automation. Maschinenmarkt 72 (1966) 97 2552...2556
29/36 Wagenführer, H.: Bremsgeräusche. ATZ 66 (1964) 217...222
29/37 Harrison, N. C.; Pech, J. F.; Lavoie, F. J.: Clutches (mechanical clutches, electric clutches and fluid couplings). Mach. Des. 1967, 42...52
29/38 Schmücker, B.; Kolbeck, E.: Das Zusammenwirken von klotz- und scheibengebremsten Fahrzeugen in Eisenbahnzügen. ETR (1967) 104...112 u. 177...187
29/39 Baule, W. G.: Papierbelag für Lamellenkupplungen. Antriebstech. 7 (1968) 373...376
29/40 Hille, F.: Auslegung von Kupplungen. Antriebstech. 7 (1968) 140...145
29/41 Völker, U.; Gade, U.: Herstellung, Eigenschaften und Einsatzmöglichkeiten gesinterter Reibwerkstoffe. Antriebstech. 7 (1968) 64...67
29/42 Wagenführer, H.: Reibwert und Abrieb bei Festkörperreibung. ATZ 70 (1968) 344...350
29/43 Bäse, H.: Modellähnlichkeitsversuche an Trommel- und Scheibenbremsen. VDI-Forschungsber. 198 (1969). Düsseldorf: VDI-Verlag
29/44 Baumgarten, D.: Reibung und Verschleiß an Scheibenbremsen bei hohen spezifischen Reibleistungen. ATZ 71 (1969) 227...230
29/45 Kraus, H.: Entwicklungstendenzen heutiger Kraftfahrzeugkupplungen. ATZ 71 (1969) 321...328
29/46 Saumweber, E.: Temperaturberechnung in Bremsscheiben für ein beliebiges Fahrprogramm. Leichtbau d. Verkehrsfahrzeuge 13 (1969) 123...129
29/47 Ehlers, H. R.: Sinterwerkstoffe für Kupplungen und Bremsen. Maschinenmarkt 76 (1970) 749...750
29/48 Rehling, W.: Auslegung von Kupplungen. Maschinenmarkt 76 (1970) 201...204
29/49 Gemeinholzer, G.: Ölgekühlte Lamellenkupplungen. Werkstatt Betr. 104 (1971) 213...216 u. 125...130
29/50 Lauster, E.: Wärmetechnische Berechnung bei Lamellenkupplungen. VDI-Z. 115 (1973) 122...126
29/51 Lomnicky, H.: Eine Magnetpulver-Kupplung und -Bremse für Magnetbandgeräte der Datenverarbeitung. Feinwerktech. u. Micronic 77 (1973) 157...160

29/52 Scheid, W.: Auslegungskriterien für Lamellen- und Einscheibenkupplungen in unterschiedlichen Antrieben. Maschinenmarkt 79 (1973) 823...826

29/53 Wagenführer, H.; Godehardt, E. K. u. Mitverf.: Werkstoffentwicklung für Reibpaarungen mit dem Computer. ATZ 75 (1973) 237...243

29/54 Böhm, D.: Entwicklungstendenzen im Kupplungsbau. Opt. Einsatz von Getrieben und Antriebselementen. Kongreßbd. d. Fachtagung Antriebstech. anläßlich d. Hannover-Messe 1974

29/55 Burckhardt, M.; Glasner, E.-Ch.; Naumann, E.: Der Bremsbelag — ein wichtiges Konstruktionselement für das Kraftfahrzeug. ATZ 76 (1974) 357...365

29/56 Ehlers, H.-R.: Stand der Entwicklung von Kunststoff-Reibstoffen für Schienenfahrzeuge. Eisenbahnwes. u. Verkehrstech. Glasers Ann. 99 (1975) 11...16 u. 55...60

29/57 Köck, W.: Moderne Kraftfahrzeugkupplungen, Teil 1. Antriebstech. 14 (1975) 689...693

29/58 Rjachowskij, O. A.; Winter, H.: Versuche zur Drehmomentenübertragung mit Viskose-Kupplungen. Konstr. 27 (1975) 182...184

29/59 Grimpe, K.: Drehmomentbegrenzung als Überlastschutz im Schwermaschinenbau — Betriebserfahrungen mit einer neuen Sicherheitskupplung. Antriebstech. 15 (1976) 393...395

29/60 Sebulke, J.: Wärmetechnische Auslegung von Trockenreibungs- und Rutschkupplungen. Antriebstech. 20 (1981) 376...382

30 Freilaufkupplungen (Rücklaufsperren, Überholkupplungen, schaltbare Freiläufe)

Freilaufkupplungen übertragen das Drehmoment nur in einer Richtung. Der Vorgang ist ähnlich wie beim Schieben eines Wagens: Die Druckkraft kann nur wirken (Betriebszustand „Sperren"), solange der Wagen nicht davonläuft. Tritt dies ein, d. h. überholt das Abtriebselement (der Wagen) das Antriebselement, so sind beide entkuppelt (Betriebszustand „Freilauf").

30.1 Überblick: Verwendung, Bauarten, Benennungen

Das oben beschriebene Arbeitsprinzip läßt sich für verschiedene Anwendungen nutzen.

- Rücklaufsperre. Das Abtriebselement des Freilaufs ist hierbei drehfest und verhindert so eine Rückwärtsbewegung durch die Last wenn der Antrieb aussetzt, z. B. bei Schrägförderbändern, Hebezeugen, Pumpen (Bild 30/1).
- Freilauf- oder Überholkupplung. Hierbei soll der Abtrieb (Arbeitsmaschine) weiterlaufen können, wenn der Antrieb zurückbleibt, z. B. beim Antrieb von Fahrzeugen (Torpedofreilaufnabe im Fahrrad), von Gebläsen und Ventilatoren (freier Auslauf des Ventilators bei Abschalten des Motors), bei Verbrennungsmotoren und Gasturbinen für den Anschluß des Anwurfmotors (Bild 30/2). In Schaltgetrieben kann der Freilauf die Funktion einer Schaltkupplung übernehmen (Bild 30/3). In Rollgängen von Förderanlagen eingesetzt, erlaubt er, daß sich das Fördergut schneller bewegt (von außen oder durch Schwerkraft geschoben), als es der Antriebsdrehzahl der Rollen entspricht.

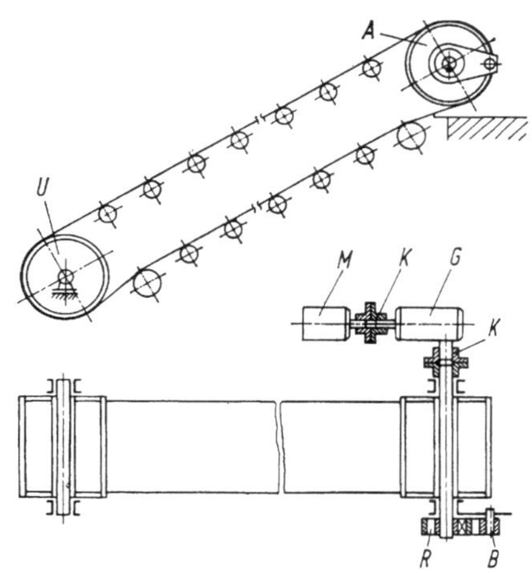

Bild 30/1

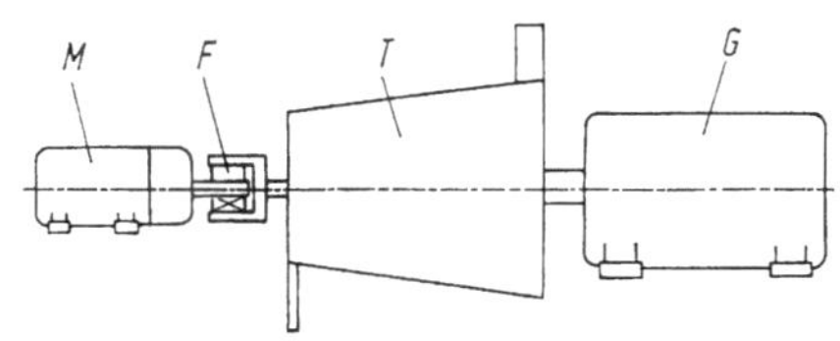

Bild 30/2

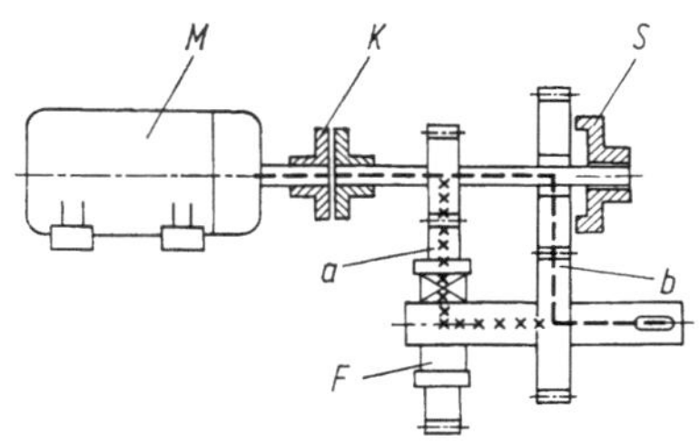

Bild 30/3

Bild 30/1. Schrägförderband mit Freilaufkupplung als Rücklaufsperre *R* (z. B. für Wartungsarbeiten kann die Sperre durch Lösen des Bolzens *B* aufgehoben werden). *M* Motor, *G* Getriebe, *K* Kupplung, *A* Antriebstrommel, *U* Umlenktrommel [30/4].

Bild 30/2. Dampfturbine *T* mit Freilaufkupplung *F* zum Anfahren mit Hilfsmotor *M*, *G* Generator [30/4].

Bild 30/3. Zweigang-Schaltgetriebe [30/4]. Eine Schaltkupplung durch Freilauf *F* ersetzt. *M* Motor, *K* Kupplung. *a* Kraftfluß bei ausgeschalteter Kupplung *S* (Freilauf sperrt), *b* bei eingeschalteter Kupplung *S* (Freilauf überholt).

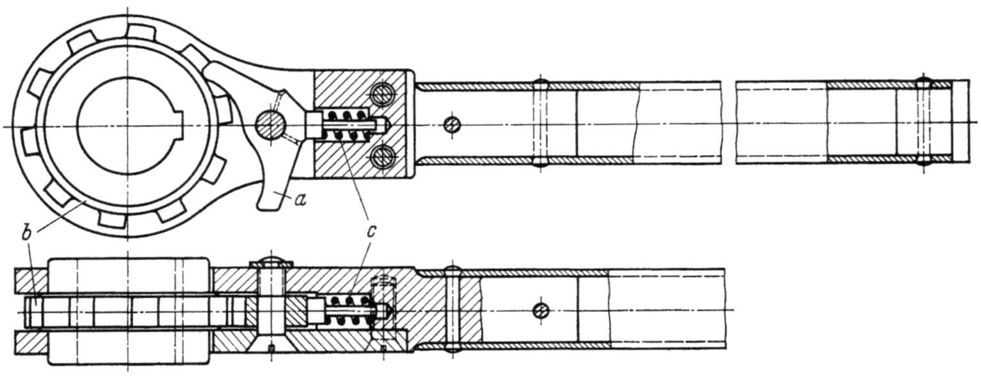

Bild 30/4. Ratsche für zwei Drehrichtungen [30/6]. Bei Bewegung des Handhebels nach unten rutscht Klinke a über die Zähne, d. h. keine Bewegung des Sperrades b. Durch Hin- und Herbewegung des Hebels wird b schrittweise nach links gedreht. Durch Umlegen von a (untere statt obere Klinke eingreifend) wird b bei Hin- und Herbewegung des Hebels nach rechts gedreht. Druckfeder c drückt a jedesmal in die Zahnlücken.

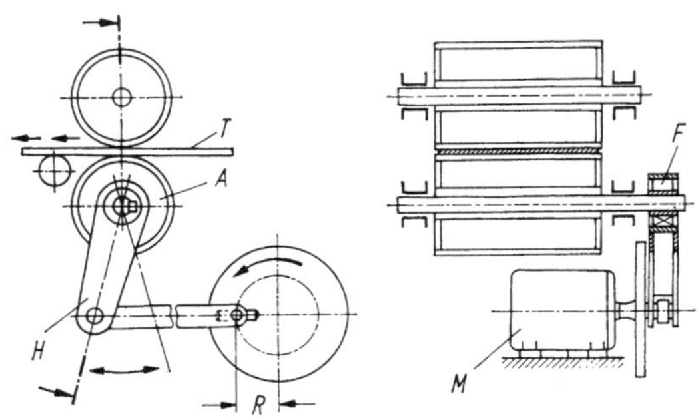

Bild 30/5. Walzenvorschubapparat mit Freilaufkupplung F als Vorschub-Schaltelement [30/4]. Übersetzungsänderung durch Verstellen des Exzenterradius R. M Motor, H Schwinghebel, A Antriebswalze, T Transportgurt.

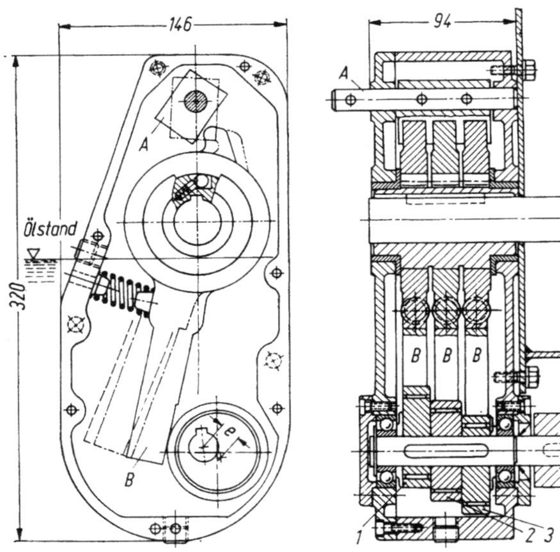

Bild 30/6

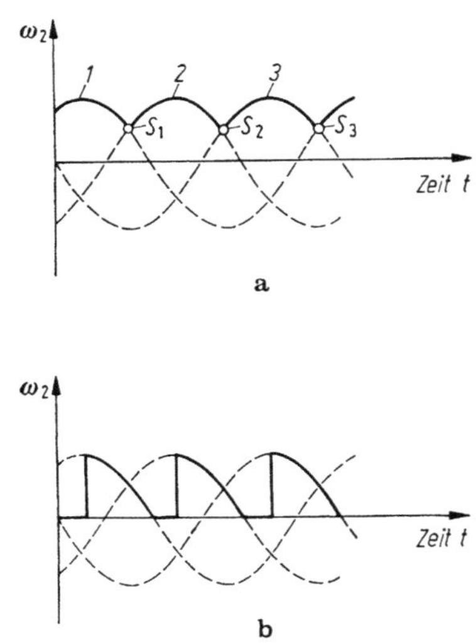

Bild 30/7

Bild 30/6. Schaltwerkgetriebe mit drei um je 120° versetzten Exzentern *1, 2, 3* (Stieber, München). Maximales/Nenn-Abtriebsmoment: 450/18 Nm, max. Antriebsdrehzahl 900 min^{-1}, Übersetzung 17,5 ... ∞. Durch Schwenken des Anschlages A Einstellen des Hubes der Schwingen B vom Maximalwert $2e$ bis Null (durchgezogene Linie — ohne Hubbegrenzung, strichpunktiert — mit Hubbegrenzung durch Anschlag A).

Bild 30/7. Winkelgeschwindigkeit ω_2 der Antriebswelle des Schaltwerkgetriebes nach Bild 30/6 [30/3]. a) kleine, b) große Übersetzung. Im Schnitt- und Ablösepunkt S_1 geht die Bewegungsübertragung von Schaltwerk *1* auf Schaltwerk *2* und in S_2 von diesem auf Schaltwerk *3* über.

• Vorschub-Schaltelement. Die Antriebsseite des Freilaufs führt hierbei eine hin- und hergehende Drehbewegung aus. Wenn der abtriebsseitige Ring nicht zurückläuft — dies wird durch eine Rücklaufsperre erreicht — dreht er sich infolgedessen nur in einer Richtung. So wirken Ratschen zur Handbedienung von Schraubenschlüsseln (Bild 30/4) und Hebeböcken. Nach dem gleichen Prinzip arbeiten Vorschubeinrichtungen (Bild 30/5), sowie Schaltwerksgetriebe (Bild 30/6), die aus mehreren, um einen Winkel gegeneinander versetzten, Schaltelementen bestehen. Sie gestatten große, stufenlos verstellbare Übersetzungen. Die Abtriebsdrehzahl ist um so gleichmäßiger, je mehr Schaltwerke parallel angeordnet werden (Bild 30/7). Anwendung (s. a. Tafel 20/2): Antrieb von Drehtürmen in der Verfahrenstechnik, Spannen von Hochspannungsschaltern mit kleiner Motorleistung (das Spannen der Feder dauert mehrere Minuten, Wirkungsgrad ca. 80% gegenüber 35% für Schneckengetriebe gleicher Übersetzung).

30.1.1 Arbeitsweise: Formschlüssig — Reibschlüssig

Bei Klinkenfreiläufen besteht Formschluß zwischen einem gezahnten Rad und einer Sperrklinke (Bild 30/8); die Klinken können nur von Zahn zu Zahn, also nur schrittweise einfallen. Anwendung: für kleine und große Umfangskräfte, aber nur für geringe Schaltgeschwindigkeiten (Drehzahlen), z. B. in der Feinmechanik (Bilder 30/9, 10), bei Hebezeugen, bei handbedienten oder mit Schwinghebel angetriebenen Geräten (Bild 30/4), bei Fahrrädern und Motorrädern [30/5]. Für die Übertragung großer Umfangskräfte bei hohen Drehzahlen und Überholgeschwindigkeiten verwendet man Zahnkupplungen oder Klauenkupplungen, die sich drehrichtungsabhängig selbst schalten (Bild 30/15).

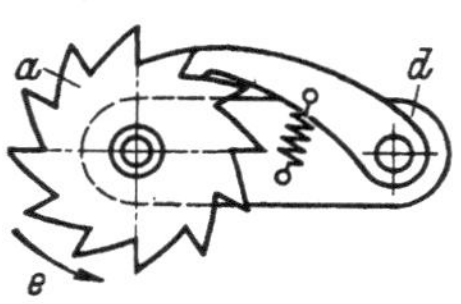

Bild 30/8

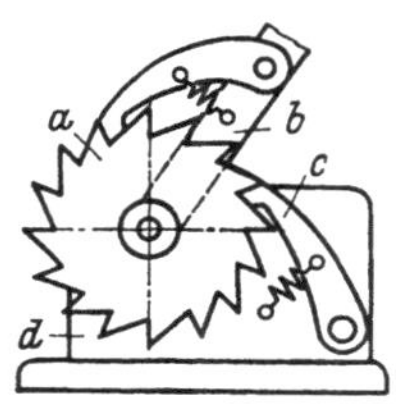

Bild 30/9

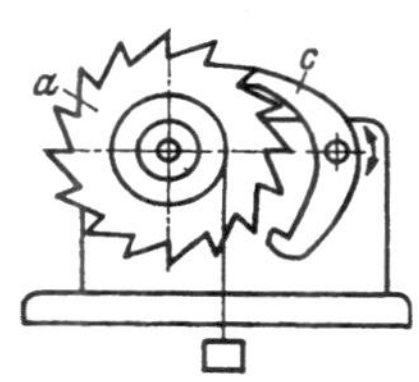

Bild 30/10

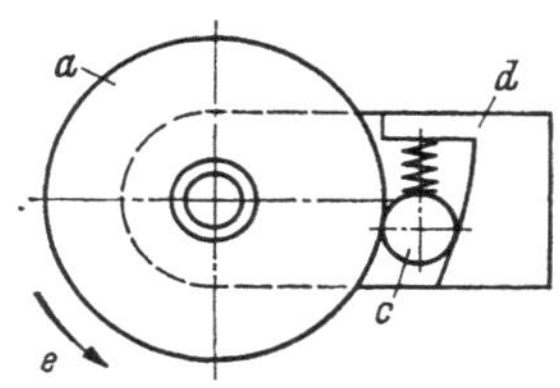

Bild 30/11

Bild 30/8. Zahngesperre [30/1]. *e* mögliche Drehrichtung, *d* raumfest. (Wenn *a* in Richtung *e* dreht: Freilauf).

Bild 30/9. Klinkenschaltwerk. *a* Abtrieb; *b* Antrieb; *c*, *d* Rücklaufsperre.

Bild 30/10. Hemmwerk mit Schwingsteuerung. Pro Schwingzyklus der Schwinge *c* dreht sich Rad *a* um zwei Zähne weiter.

Bild 30/11. Klemmgesperre [30/1]. *a*, *d*, *e* wie in Bild 30/8, *c* Klemmrolle.

Bei Klemmsperrung dienen Reibpaarungen mit Selbsthemmung zum Sperren, s. Bild 30/11. Sie fassen (sperren) in jeder Stellung, sobald die Umfangskraft oder Relativbewegung zwischen der Reibpaarung die Richtung wechselt. Man zieht sie im Maschinenbau meist vor: Sie arbeiten geräuscharm und sind für größere Schaltgeschwindigkeiten geeignet. Die erforderliche Anpreßkraft F_n beträgt allerdings bei jeder Reibpaarung ein vielfaches der Umfangskraft F_t, da $F_n > F_t/\mu$ ist. In der Regel werden mehrere solcher Klemmpaarungen am Umfang angeordnet, so daß die Anpreßkräfte die Wellenlager nicht belasten. Klemmfreiläufe werden von Spezialfirmen in vielen Größen und Bauarten einbaufertig angeboten.

Reibschlüssig arbeiten auch Schrauben-Reibkupplungen (Bild 30/19a) und Federbandfreiläufe (Bild 30/23).

Bei gleichem Bauraum können mit formschlüssigen Freilaufkonstruktionen größere Drehmomente übertragen werden, da hierbei nahezu die gesamte Anpreßkraft zwischen den Wirkflächen als Umfangskraft nutzbar wird.

30.1.2 Benennung

Man richtet sich hier entweder nach der jeweiligen Verwendung (Gesperre, Rücklaufsperre, Freilauf, Überholkupplung und Schaltwerk) oder nach einem besonderen Merkmal der Ausführung (Zahngesperre, Reibgesperre, Klemmgesperre, Klinkenfreilauf, Klemmrollen-, Klemmkörper- oder Klemmbackenfreilauf, berührungsloser Freilauf). Außerdem wird die Bezeichnung „Freilauf" oft allgemein als Kurzbezeichnung verwendet. Genauere Einteilung s. [30/1].

30.2 Zeichen und Einheiten

Zeichen	Einheit	Bedeutung
a	mm	Abstand des Klinkendrehpunktes
b	mm	Ringbreite, Zahn- bzw. Klinkenbreite
d	mm	Durchmesser
e	mm	Abstand der Innenstern-Klemmfläche vom Mittelpunkt
f	mm	Breite des Zahnrückens
f_1, f_2 (f_3)	mm	Aufweitung des Außenringes, Abplattung außen (innen)
g	m/s²	Erdbeschleunigung = 9,81
h	mm	Zahnhöhe, Einbauhöhe des Klemmkörpers
l_r	mm	Länge des Klemmelements
m	mm	Modul des Sperrzahnes
p_H	N/mm²	Hertzsche Pressung
p_K	N/mm	Kantenpressung
r, r_a, r_i	mm	Radius, der Außen-, Innenlaufbahn des Klemmfreilaufs
r_m	mm	mittlerer Außenringradius $= (r_a + s)/2$
s	mm	Ringdicke
s_P	mm	Radialspiel des Klemmelements
t	mm	Teilung
x	mm	Bruchdicke des Zahnes
z	—	Zahl der Klemmelemente, Zähnezahl
C	—	Stoßfaktor
E	N/mm²	Elastizitätsmodul (E-Modul)
F, F_K, F_n	N	Kraft, Klinkenkraft, Normalkraft
F_R, F_t	N	Reibkraft, (Nenn-)Umfangskraft
HB, HRC	—	Brinellhärte, Rockwellhärte
I_x	mm⁴	Flächenträgheitsmoment gegen Biegung
M_b	Nm	Biegemoment
T	Nm	(Nenn-)Drehmoment
W_b	mm³	Biegewiderstandsmoment
α, α_a, α_i	°	Klemmwinkel ohne Last (außen, innen)
α'	°	Klemmwinkel unter Last
γ	°	Freiwinkel beim Klemmrollenfreilauf
ϑ'	°	Verdrehwinkel der Freilaufringe unter Last
μ	—	Reibungszahl
ϱ	mm	Ersatzkrümmungsradius
σ_b, σ_z	N/mm²	Biege-, Zugspannung
τ	N/mm²	Schubspannung
φ	°	Teilungswinkel

30.3 Freiläufe mit Klinkensperrung

Arbeitsweise, Eigenschaften und Vergleich mit Klemmfreiläufen s. Abschn. 30.1.

30.3.1 Ausführungsarten, Verwendung

Die Sperräder können mit Außenverzahnung, z. B. Bild 30/19a, oder Innenverzahnung, z. B. Bilder 30/12, 13, ausgeführt werden. Außenverzahnung ist einfach herstellbar, Innenverzahnung fügt sich gut in geschlossene, außen glatte oder abgedichtete Naben ein.

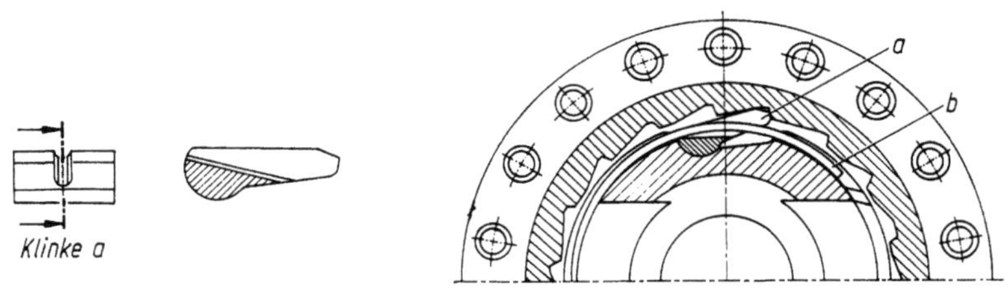

Bild 30/12. Fahrradnabe mit Klinkenfreilauf (Fichtel & Sachs, Schweinfurt). $T = 300$ Nm. Klinken a liegen bolzenlos in Klinkentaschen. Sprengring b stellt die Klinken federnd an. Abschrägung an der Oberseite der Klinken mindert Verschleiß der Klinkenspitze beim Überholen der Hülsenverzahnung.

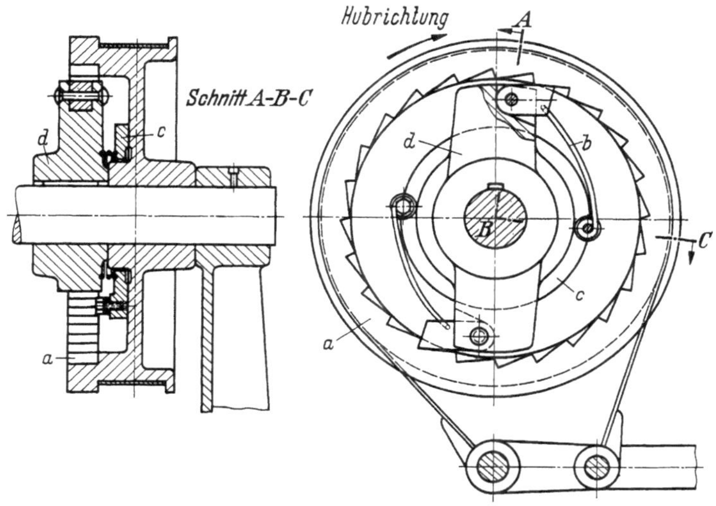

Bild 30/13. Sperradbremse. Bei Drehung des innenverzahnten Sperrades *a* in Hubrichtung werden die Klinken von den Schleppfedern *b* aus den Zahnlücken gehoben, da der Reibring *c*, an dem die Schleppfedern angelenkt sind, von *a* durch Reibung mitgenommen wird. Bei Drehung von *a* in Senkrichtung werden die Klinken von den Schleppfedern wieder eingelegt, so daß *a* über die Klinken und den Klinkenträger *d* mit der Welle fest verbunden ist.

• Klinkensteuerung: Die gezahnten Sperräder oder die Klinken fallen durch Gewicht oder Federbelastung selbsttätig ein, z. B. Bild 30/8, oder werden gesteuert, z. B. Bild 30/14.

Außer den üblichen einfachen Druckklinken verwendet man auch Zugklinken (Zughaken, entsprechend dem unteren Teil der Klinke in Bild 30/10) und ferner Umlegeklinken (Bild 30/4) für den Wechsel der Sperrichtung. Zur größeren Sicherheit und zum Verkürzen des Einfallweges werden auch 2 oder 3 Klinken am Umfang des Sperrades angeordnet, deren Einfallstellung $t/2$ bzw. $t/3$ versetzt ist (Bild 30/13).

Steuerung, die die Klinke bei Freilauf abhebt, s. Bild 30/14, 15. — Maybach-Klauen-Überholkupplung s. [30/3].

30.3.2 Konstruktionsdaten

Anders als bei Zahnrädern definiert man Modul und Teilung auf dem Kopfkreisdurchmesser:

$$d = mz = tz/\pi. \qquad (30/1)$$

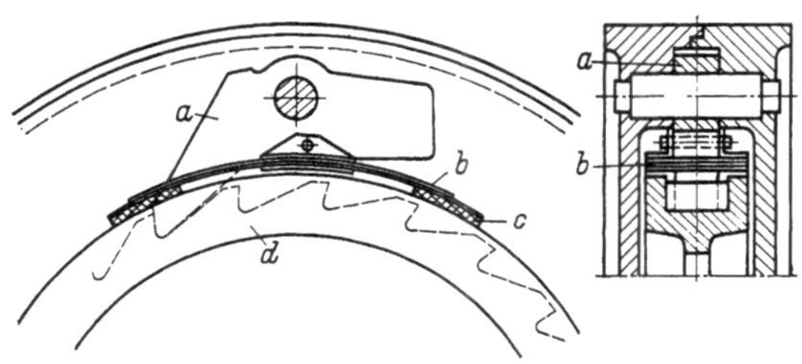

Bild 30/14. Sperradbremse mit reibgesteuerter Klinke [30/6]. An der Klinke *a* ist ein Reibschuh *b* mit Reibbelag *c* befestigt, der *a* bei Drehung des Sperrades *d* nach rechts einlegt (Drehbewegung im Senksinn) und bei Drehung nach links (Drehbewegung im Hubsinn) *a* aus den Zahnlücken heraushebt und eine Klapperbewegung der Klinken vermeidet.

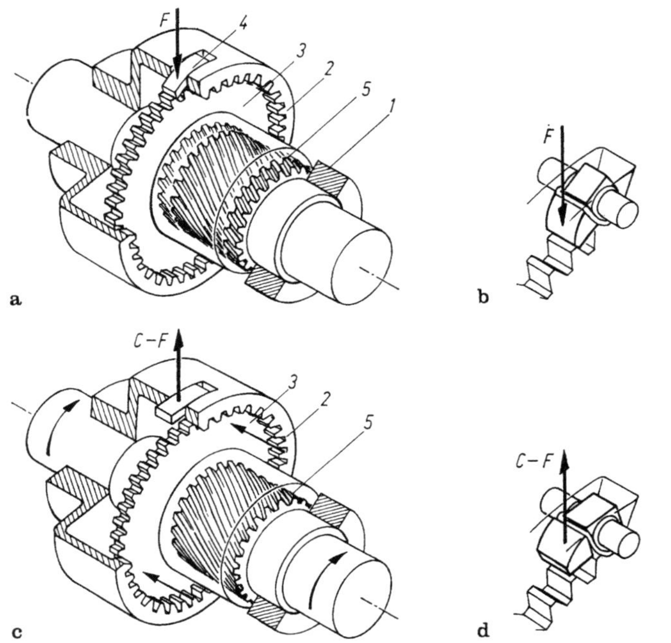

Bild 30/15. SSS (Synchro-Self-Shifting)-Überholkupplung, System Sinclair (Renk, Augsburg) für Nennmomente bis 30 kNm (z. B. für Schiffsantriebe, Pumpspeicherwerke). *F* Federkraft, *C*−*F* Fliehkraft minus Federkraft. a) Stillstand, ausgerückt. Muffe *3* wird bei Antrieb von *1* durch Steilgewinde *5* nach vorn in Kupplungshöhe gezogen. Angefederte Klinke *4* stellt sicher, daß die Verzahnungen von Muffe und Hülse *2* synchron laufen (Stellung b); c) Überholen, ausrücken. Wenn Hülse *2* überholt, wird Muffe *3* durch Steilgewinde *5* nach hinten aus der Verzahnung der Hülse herausgedrückt. Die Klinke (Stellung b) ratscht zunächst über die Muffenverzahnung und hebt bei weiterer Drehzahlerhöhung ab (Stellung d).

- Zähnezahl z: Maßgebend für die Wahl von z ist der
- zulässige Drehwinkel (Teilungswinkel φ_t) von Zahn zu Zahn: $\varphi_t = 2\pi/z$ in Bogenmaß, $\varphi_t = 360/z$ in Grad.

Je größer z, um so kleiner sind Teilung t und Modul m und um so größer die Biegespannung am Zahnfuß, wenn Umfangskraft F_t und Sperraddurchmesser d gegeben sind. Übliche Werte s. Tafel 30/1.

Tafel 30/1. Übliche Daten der Verzahnung von Klinkenfreiläufen (Bild 30/17)

Zähnezahlen	$z = 6 \dots 30$
Modul	$m > 6$ (meist $10 \dots 20$)
Zahnmaße	$h/m = 0{,}6 \dots 1{,}0$
	$h = 5 \dots 15$ mm für Zahngesperre im Maschinenbau
	$f/m = 0{,}6 \dots 0{,}9$
Bei Außenklinken (Bilder 30/16,17):	$\alpha = 14° \dots 17°$
Bei Innenklinken (Bild 30/18):	$\alpha = 17° \dots 30°$

- Verzahnung: Nur für kleine Baumaße und Kräfte (Feinmechanik) verwendet man spitze Zähne nach Bilder 30/8...10. Für größere Kräfte ist bei Außenverzahnung die Ausführung nach Bilder 30/16,17 gebräuchlich, für Innenverzahnung nach Bilder 30/12 oder 18.

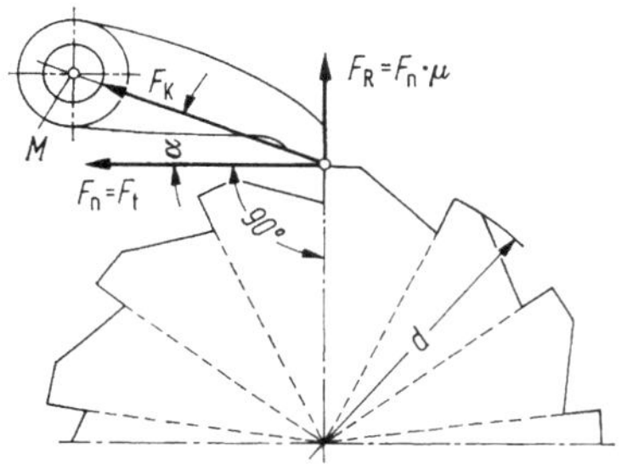

Bild 30/16. Sperrad mit radialen Zahnflanken.

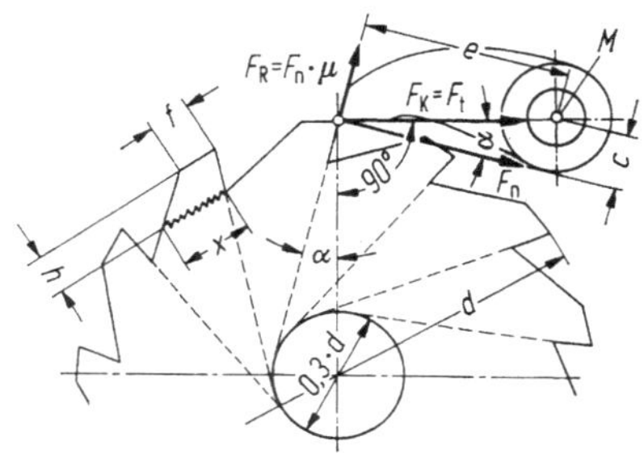

Bild 30/17. Sperrad mit nichtradialen Zahnflanken.

Da die Klinke auch beim Fassen an der Zahnspitze mit Sicherheit in die Zahnlücke gedrückt werden soll und hierbei die Reibkraft F_R zu überwinden ist, muß die Normalkraft F_n im Winkel $\alpha > \varrho$ zur Klinkenkraft F_K stehen, d. h., es muß $\tan\alpha > \mu$ sein. Entsprechend kann man die Zahnflanke radial legen, wenn die Klinkenkraft F_K im Winkel α zur Umfangstangente (zur Normalkraft F_n) angeordnet wird (Bild 30/16) oder im Winkel α zur Radialrichtung zurückstehend, wenn die Klinkenkraft F_K in Richtung der Umfangstangente liegt (Bild 30/17). Die erstere Anordnung ergibt steifere Zähne, aber eine etwas größere Klinkenkraft $F_K = F_t/\cos\alpha$.

Bild 30/18 zeigt die entsprechenden Zahnflanken für Innengesperre.

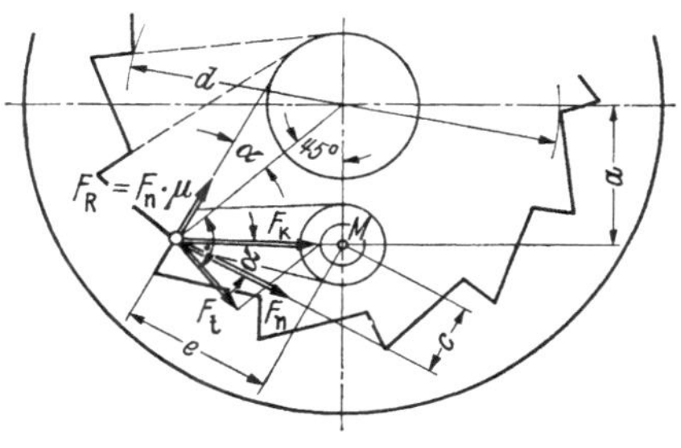

Bild 30/18. Sperrad mit Innenverzahnung.

30.3.3 Kräfte, Beanspruchungen, Ausführung

Die Klinkenkraft F_K ergibt sich aus der Nenn-Umfangskraft $F_t = 2\,000T/d$:⊛

$$\left.\begin{array}{ll} \text{Für Bild 30/16:} & F_K = F_t/\cos\alpha \\ \text{für Bild 30/17:} & F_K = F_t \\ \text{für Bild 30/18:} & F_K = F_t d/(2a) \end{array}\right\}. \qquad (30/2)$$

Die notwendige Zahnbreite bzw. Klinkenbreite b erhält man aus der zulässigen Kantenpressung:

$$p_k = F_K/b \leq p_{k\,zul}. \qquad (30/3)$$

$p_{k\,zul}$ s. Tafel 30/2. Kontrolle der Biegespannung σ_b am Zahnfuß (Maße s. Bild 30/17):

$$\sigma_b = 10^3 M_b/W_b = 6F_t h/(bx^2) \leq \sigma_{b\,zul}. \qquad (30/4)⊛$$

$\sigma_{b\,zul}$ s. Tafel 30/2. Für $m \geq 6$ mm und $h \leq 0{,}8$ m erübrigt sich die Kontrolle von σ_b, wenn $p_{k\,zul}$ eingehalten wird.

Klinkenbolzen: Kontrolle auf Biegespannung und Flächenpressung nach Bd. I, Abschn. 11.4, Bolzenverbindung.

Tafel 30/2. Zulässige Spannungen für Klinkenfreiläufe

Werkstoff	$p_{k\,zul}$ in N/mm	$\sigma_{b\,zul}$ in N/mm²
Grauguß	50...100	20... 30
Stahl oder Stahlguß	100...200	40... 70
Stahl gehärtet	200...400	60...100

Ausführung: Für Zahngesperre mit häufigem Schalten (z. B. für Schaltwerke) sollten die Klinken und möglichst auch die Zähne zur Minderung des Verschleißes gehärtet werden. Umlaufende Klinken werden ausgewuchtet, falls Fliehkraft ihre Einfallfunktion beeinträchtigt.

30.3.4 Berechnungsbeispiel

Gegeben: Zahngesperre nach Bild 30/19a mit radialen Zahnflanken. Nenn-Drehmoment $T = 500$ Nm; $z = 18$; $d = 252$, $b = 30$, $h = 14$, $x = 25$ mm; $\alpha = 14°$. Werkstoff Sperrad/Klinke Stahl C 45/C 45.

Berechnet: Nenn-Umfangskraft $F_t = 2000T/d = 3970$ N, Klinkenkraft $F_K = F_t/\cos\alpha = 4090$ N, Kantenpressung $p_k = F_K/b = 136$ N/mm $< p_{k\,zul}$ nach Tafel 30/2, Zahnbiegespannung $\sigma_b = 6F_t h/(bx^2) = 18{,}3$ N/mm² $< \sigma_{b\,zul}$ nach Tafel 30/2.

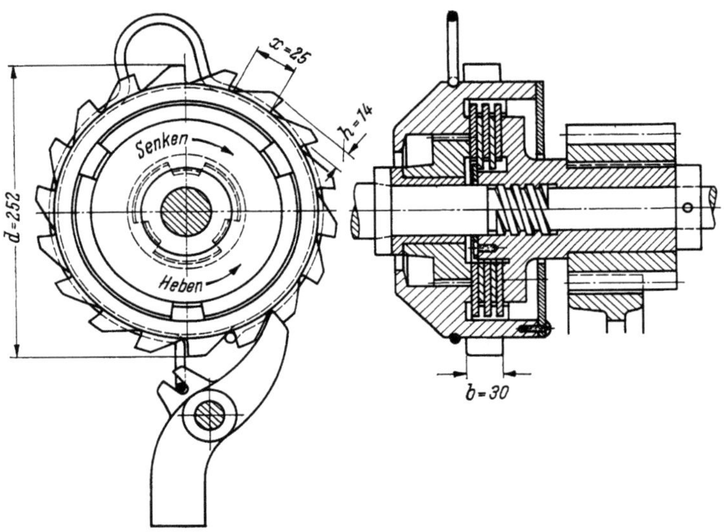

Bild 30/19a. Gewinde-Lastdruckbremse mit Zahngesperre und Klinkensteuerung durch Reibring; siehe Berechnungsbeispiel, Abschn. 30.3.4 (Piechatzek, Berlin).

30.4 Freiläufe mit Klemmsperrung

Arbeitsprinzip, Eigenschaften und Vergleich mit Klinkenfreiläufen s. Abschn. 30.1.

30.4.1 Ausführungsarten, Verwendung

Nach der Richtung des Kraftflusses unterscheidet man Freiläufe mit radialem Reibschluß (kurz: Radialfreiläufe, Bilder 30/20 ... 22) und Freiläufe mit axialem Reibschluß (kurz: Axialfreiläufe, Bild 30/19b). Radialfreiläufe sind in den meisten Fällen vorzuziehen. Axialfreiläufe, Reibungskupplungen (Scheiben-, Lamellen- oder Kegelbauart), bei denen ein Glied mit Steilgewinde versehen ist, greifen zwar auch bei starkem Verschleiß der

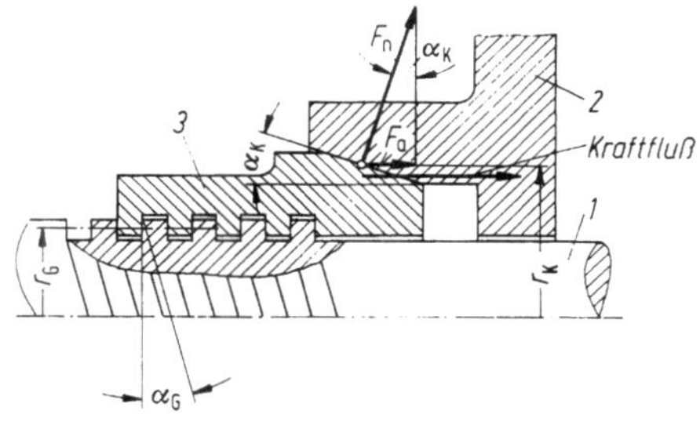

Bild 30/19b. Schema des Komet-Freilaufs, Axialfreilauf mit Konus. *1* treibende Welle mit steilgängigem Flachgewinde, *2* getriebenes Kupplungsteil, *3* Mutter mit Reibkegel.

Reibflächen sicher, da die Steuerflächen (Gewinde: Bild 30/19b) nicht gleichzeitig Reibflächen zur Drehmomentübertragung sind. Der tote Gang, d. h. der Winkel vom Überholbeginn bis zum Greifen ist jedoch größer, die Konstruktion aufwendiger.

Die größte Bedeutung haben heute Radialfreiläufe mit Klemmrollen und Innenstern (Bild 30/20) oder mit Klemmkörpern (Bild 30/22). Daneben haben sich Freiläufe mit Klemmrollen und Außenstern (Bild 30/21) bei serienmäßig gefertigten Größen für kleinere Drehmomente durchgesetzt (Hülsenfreiläufe). Tragfähigkeit der Radialfreiläufe verschiedener Ausführung s. Bild 30/34.

Einzige Bauart mit radialem Reibschluß ohne Klemmrollen oder -körper sind die Federbandfreiläufe (Bild 30/23; vgl. Abschn. 30.4.1k).

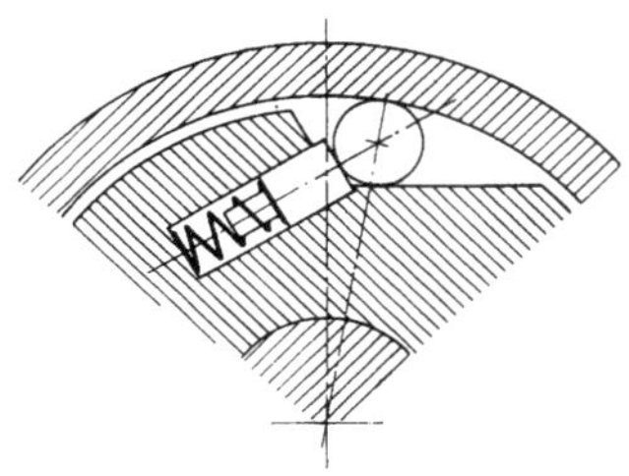

Bild 30/20

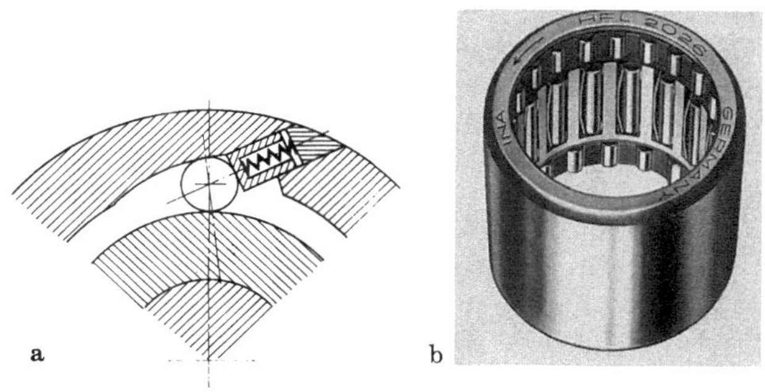

Bild 30/21

Bild 30/20. Klemmrollenfreilauf mit Innenstern, Einzelanfederung.

Bild 30/21. Klemmrollenfreilauf mit Außenstern, Einzelanfederung. a) Prinzip; b) Hülsenfreilauf mit Klemmnadeln und beidseitiger Nadellagerung (INA, Herzogenaurach).

Bild 30/22. Klemmkörperfreilauf, Klemmkörper mittels Schraubenringfeder angefedert.

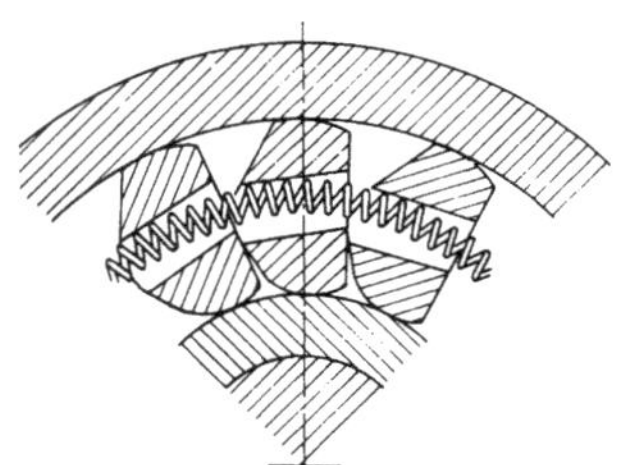

Bild 30/22

a) Klemmrollenfreiläufe — allgemein haben folgende Eigenschaften gemeinsam:

- Einfache, genaue Wälzlagerrollen bzw. Nadeln.
- Beim Überholen langsames Mitdrehen der Rollen, deshalb gleichmäßiger Verschleiß am Rollenumfang.
- Andererseits wird die Rillenbildung an den Klemmflächen des Innen- bzw. Außenringes begünstigt (vgl. auch Bild 30/31b).

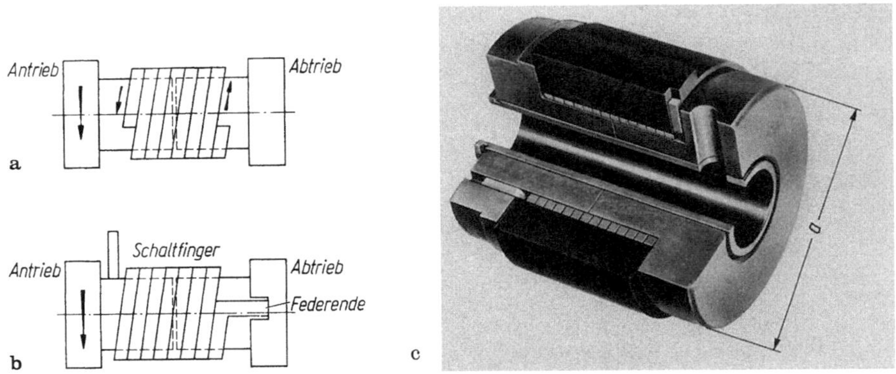

Bild 30/23. Federbandfreilauf; a), b) Prinzip. a) Die Feder umschlingt beide Naben. Wird Antriebsnabe in Pfeilrichtung gedreht, legen sich Federwindungen kraftschlüssig um beide Naben; bei Antrieb entgegen Pfeilrichtung keine Drehmomentübertragung; b) bei Festhalten des Schaltfingers keine Mitnahme für beide Antriebsrichtungen (schaltbarer Freilauf, Eintourenkupplungen s. Bild 30/29); c) Ausführung für Einsatz nach a) und b), für 0,3 Nm Nennmoment bei max. 1800 min^{-1} ($a = 24$ mm), bis 300 Nm bei max. 300 min^{-1} ($a = 102$ mm) (Warner Electric, Lausanne).

b) Klemmrollenfreiläufe mit Innenstern, z. B. nach Bild 30/20, werden serienmäßig hergestellt, aber auch in Einzelanfertigung für Drehmomente bis ca. 10^6 Nm. Eigenschaften:

- Einfach herstellbare zylindrische Bohrung im Außenring.
- Ebene, einfach herstellbare Anlauframpe (bei großen Abmessungen evtl. aus eingesetzten harten, verschleißfesten Platten).
- Günstigere Schmiegung als bei zylindrischem Innenring nach Bild 30/21.
- Bei gleicher Anpreßkraft höheres Drehmoment als bei zylindrischem Innenring (T = Anpreßkraft × Reibungszahl × Radius der zylindrischen Laufbahn).
- Progressiver Klemmwinkelverlauf, dadurch hohe Drehmomente möglich (s. Abschn. 30.4.2a und 30.4.4e).
- Durch Fliehkraft Schmierfilm am Außenring. Dadurch beim Überholen, d. h. Gleiten der Klemmrollen an der zylindrischen Lauffläche, günstige Schmierung und Kühlung vom Gehäuse her.
- Nachteilig ist, daß die Klemmrollen beim Überholen nur durch Drucköl oder ähnliches — entgegen der Fliehkraft — abgehoben werden können (vgl. Abschn. 30.4.1e).

Bei Verwendung als Überholkupplung sollte der Außenring überholen, d. h. schneller drehen; denn bei schnelldrehendem Innenstern preßt die Fliehkraft die Wälzkörper zusätzlich an die Laufbahn (verstärkte Gleitreibung, Verschleiß, Erwärmung). Bei Verwendung als Rücklaufsperre sollte im Falle niedriger Drehzahlen (d. h. geringer Fliehkraftwirkung) der Innenstern mit der Welle umlaufen, der Außenring am Gehäuse angeflanscht sein. Dies führt zu einer einfachen Konstruktion. Bei Verwendung für Schaltwerke sollte — insbesondere bei hoher Schaltzahl — der glatte Außenring oszillieren und nicht der Innenstern mit den Wälzkörpern.

c) Klemmrollenfreiläufe mit Außenstern, z. B. nach Bild 30/21. Eigenschaften:

- Schwierigere Herstellung des Außensterns, jedoch durch Räumen durchaus wirtschaftlich.
- Bei schnellaufendem, überholendem Außenring heben die Klemmrollen durch Fliehkraft ab (s. Abschn. 30.4.1e).
- Eine gehärtete, geschliffene Welle kann unmittelbar als Innenring dienen (Bild 30/21b).
- Durch Gestaltung der Klemmrampenform im Außenring kann sich der Klemmwinkel durch elastische Verformungen verkleinern (dadurch größere Anpreßkraft, kein Durchrutschen, aber Gefahr elastischer Verformung), konstant bleiben oder ansteigen (Abschn. 30.4.4e).

d) Klemmkörperfreiläufe (Bild 30/22) werden serienmäßig für Drehmomente von 10 bis 160000 Nm hergestellt. Sie sind auch in Kombination mit Wälzlagern mit deren genormten Einbaumaßen lieferbar (Bild 30/27b). Eigenschaften:

- In gleichem Bauraum lassen sich prinzipiell mehr Klemmkörper als -rollen unterbringen (vgl. Bilder 30/20,22); damit höhere Tragfähigkeit möglich.
- Einfache Fertigung der glatten Innen- und Außenringe, dagegen Klemmkörper — insbesondere bei Einzelfertigung großer Freiläufe — teurer als Rollen (aus der Wälzlagerfertigung).
- Klemmkörper lassen sich leicht so ausbilden, daß sie bei Freilauf infolge Fliehkraft abheben (Abschn. 30.4.1e).
- Bei einigen Bauformen geringere Einwälzwegreserve als beim Rollenfreilauf, damit bei Exzentrität zwischen beiden Ringen oder Überlast Gefahr, daß die Klemmkörper überkippen.

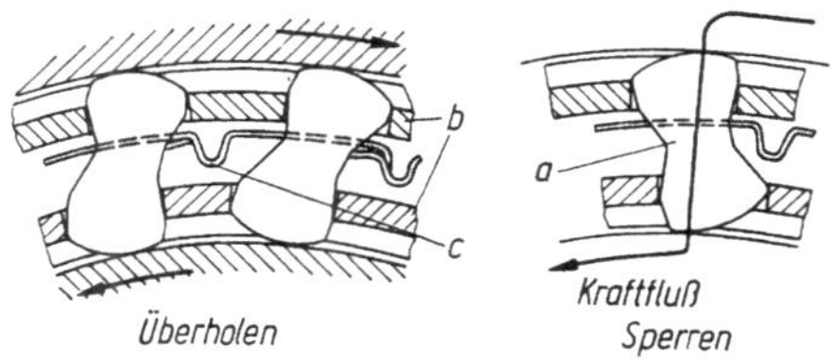

Bild 30/24. Klemmkörperfreilauf. Klemmkörper a in Doppelkäfig b geführt und mittels Bandspreizfeder c angefedert.

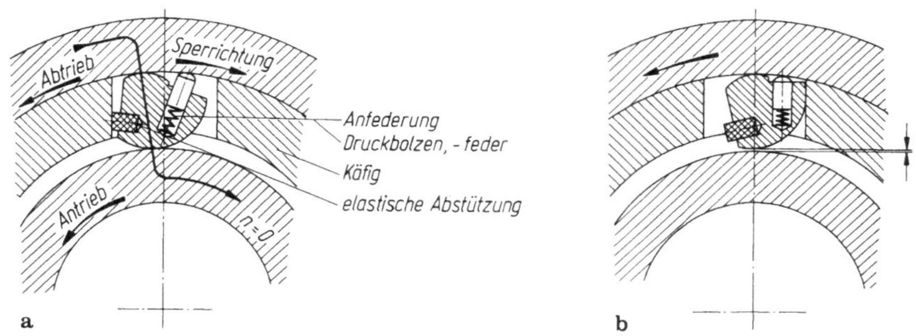

Bild 30/25. Klemmkörperfreilauf mit Einzelanfederung und Fliehkraftabhebung vom Innenring bei umlaufendem Außenring. Käfig mit Außenring (Abtrieb) fest verbunden. a) Sperrzustand; b) Abtrieb überholt Antrieb, Klemmkörper abgehoben.

Für hohe Schwellbeanspruchung über lange Zeit eignen sich Klemmkörperfreiläufe mit Doppelkäfig (Bild 30/24). Durch die mit dem äußeren Käfigring verbundene Schleppfeder ändern die Klemmkörper ihre Winkelstellung bei konzentrischem Lauf stets synchron.

e) Berührungslose Freiläufe bevorzugt man bei Dauerbetrieb im Freilaufzustand; Gleitverschleiß läßt sich damit weitgehend vermeiden. Besonders geeignet sind Klemmkörperfreiläufe; man kann die Klemmkörper so ausbilden, daß das Moment der Fliehkraft um den jeweiligen Abstützpunkt den Klemmkörper bei einer bestimmten Drehzahl vom überholten Ring abhebt (Bild 30/25).

Von den Klemmrollenfreiläufen eignet sich am besten die Bauart mit Außenstern (Bild 30/26a). Bei der Bauart mit Innenstern verstärkt die Fliehkraft die Anpressung an den überholenden Außenring, so daß zum Abheben besondere Maßnahmen erforderlich sind (Bild 30/26b).

Als Rücklaufsperre können berührungslose Freiläufe ohne Einschränkung eingesetzt werden, bei Überholkupplungen jedoch nur, wenn die Drehzahl bei Sperrbetrieb höchstens 60% der Überholdrehzahl beträgt.

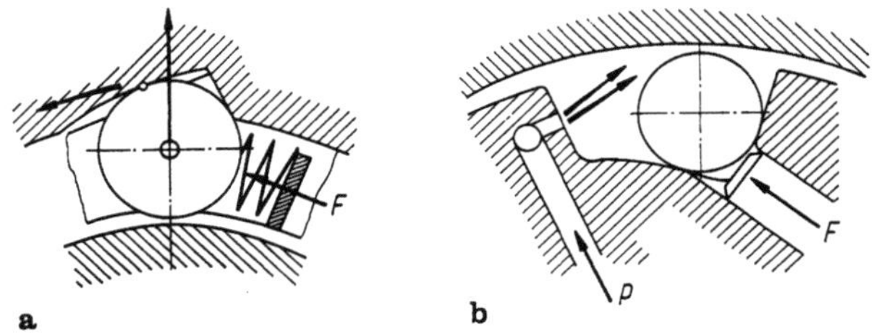

Bild 30/26. Berührungsfreie Klemmrollenfreiläufe [30/9], *F* Federkraft. a) Abheben vom Innenring durch Fliehkraft bei umlaufendem Außenstern; b) Abheben vom Außenring mittels Öldruck *p*.

Je näher nämlich Sperrdrehzahl und Überholdrehzahl beieinanderliegen, desto größer ist die Gefahr, daß bei Drehmomentschwankungen mit Nulldurchgang infolge Fertigungsabweichungen zunächst einzelne, u. U. auch sämtliche Klemmkörper abheben. Der Abtrieb bleibt dann zurück, bis einzelne Klemmkörper wieder greifen, die dann infolge Überlastung durch den plötzlichen Eingriff bei unterschiedlicher An- und Abtriebsdrehzahl zerstört werden können.

f) Einbaufreiläufe aller Bauarten sind für 0,5...25000 Nm in genormten Abmessungen — ähnlich wie Wälzlager — von Spezialfirmen beziehbar.

g) Freiläufe mit eingebauten Lagern (Bilder 30/21b, 27) — auch mit den Einbaumaßen von Wälzlagern lieferbar — sind notwendig, wenn Innen- und Außenring nicht ausreichend genau durch Lagerung in der Maschine zueinander zentriert sind (s. Abschn. 30.4.4h).

h) Hülsenfreiläufe, Bild 30/21b, haben keinen eigenen Innenring. Eine gehärtete, geschliffene Welle dient als innere Laufbahn.

j) Klemmkörperketten (Bild 30/28) bestehen aus kettenartig miteinander verbundenen Käfigelementen beliebiger Anzahl, die Klemmkörper enthalten. Außen- und Innenlaufbahn (gehärtet und geschliffen) sind Bestandteil der Konstruktion, in die die Klemmkörperketten eingelegt werden.

k) Federbandfreiläufe (Bild 30/23) sind bei kleinen Drehmomenten relativ billig sowie einfach zu- und abzuschalten, indem man das Federband festhält oder losläßt. Schaltweg bis zum Greifen (Totgang) allerdings relativ groß, Schaltgenauigkeit gering.

l) Sonderbauformen. Man kann Freilaufkupplungen so ausbilden, daß sie neben ihrer Selbstschaltfunktion zusätzliche Aufgaben erfüllen.

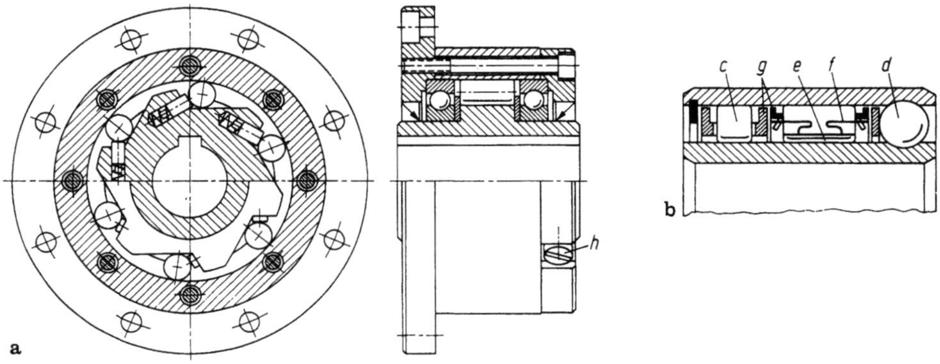

Bild 30/27. Freiläufe mit Wälzlagern. a) Klemm*rollen*freilauf mit Ölschmierung (Stieber, Bolenz & Schäfer, Borg-Warner u. a.) für Nenndrehmomente von 30...60000 Nm; *h* Ölschraube; b) Klemm*körper*freilauf, flache Bauart (Georg Müller, Nürnberg). *c* Lagerrollen, *d* Lagerkugeln (seitliche Führung), *e* Klemmkörper, *f* Anfederung, *g* Käfige.

Bild 30/28. Klemmkörperketten (Ringspann, Bad Homburg). *Links* für Fliehkraftabheben bei umlaufendem Außenteil.

• Schaltbare Freiläufe, z. B. Bild 30/29. Man kann hierbei durch Umlegen des Hebels die Sperr- und Leerlaufrichtung vertauschen. Ebenso gibt es Ausführungen, bei denen man zusätzlich die Sperrung für beide Richtungen abschalten — d. h. auf Leerlauf beidseitig — oder auf Sperren in beiden Richtungen schalten kann.

• Eintourenkupplung. Hierbei kann das Abtriebsteil für die Dauer eines definierten Drehwinkels (bis zu mehreren Umdrehungen) mit dem ständig umlaufenden Antriebsteil verbunden und lagegenau wieder angehalten werden. Durch das schlagartige Kuppeln und Entkuppeln entstehen allerdings hohe Drehmomentstöße. Daher Anwendung — hauptsächlich bei Verpackungs-, Druck- und Textilmaschinen — überwiegend bei kleinen Antrieben (Wellendurchmesser: 10...30 mm, maximal bis 120 mm Durchmesser) und niedrigen Drehzahlen (30...900 min^{-1}) [30/5].

• Lastmomentsperren (Formsprag, Michigan, USA). Das Drehmoment wird hierbei von der Antriebswelle auf eine konzentrisch gelagerte Abtriebswelle in beiden Drehrichtungen übertragen. Von der Abtriebswelle kann jedoch kein Drehmoment auf die Antriebswelle rückübertragen werden. Dann würde nämlich die zweite Welle von Klemmkörpern gesperrt, die sich am feststehenden Außenring abstützen. Lastmomentsperren können daher für Heben und Halten einer Last in beiden Drehrichtungen verwendet werden.

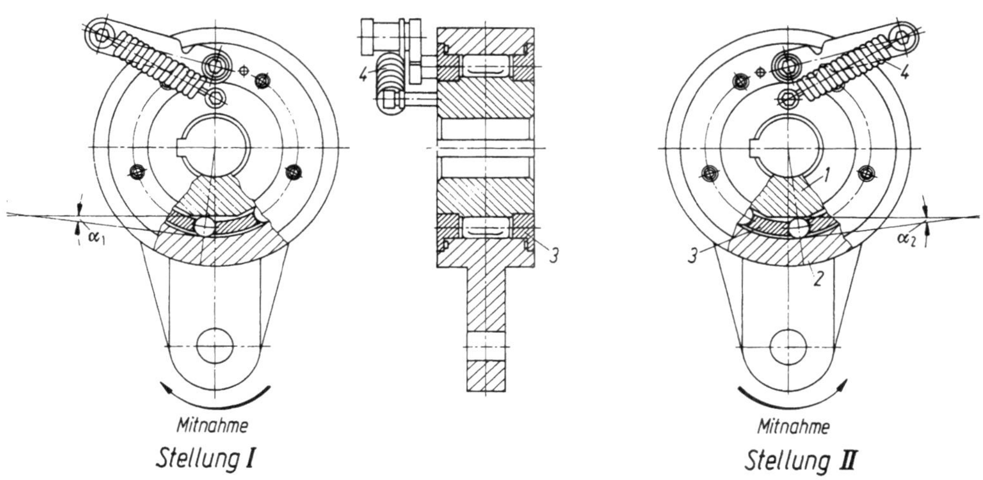

Bild 30/29. Umschaltbare Freilaufkupplung [30/16]. Käfig *3* zentriert Innenstern *1* und umlaufenden Außenring *2*; *3* wird durch Hebel mit Feder *4* in beide Schaltstellungen für Freilauf bzw. Sperren nach links oder rechts gedreht.

30.4.2 Grundlagen der Berechnung von Klemmfreiläufen

a) Das Klemmprinzip. Wenn man die Außenringe in Bild 30/30 in Richtung des Drehmoments T verdreht, verkeilt sich die Rolle bzw. der Klemmkörper, wenn Selbsthemmung[1] vorliegt, d. h. sofern

$$\tan \alpha_i < \mu_{zul}. \tag{30/5}$$

Unter dieser Voraussetzung gilt für Anpreßkraft F_n und Nenn-Umfangskraft F_t an Rolle oder Klemmkörper:

$$F_t = F_n \tan \alpha \qquad \text{mit } \alpha = \alpha_i \text{ oder } \alpha_a. \tag{30/6}$$

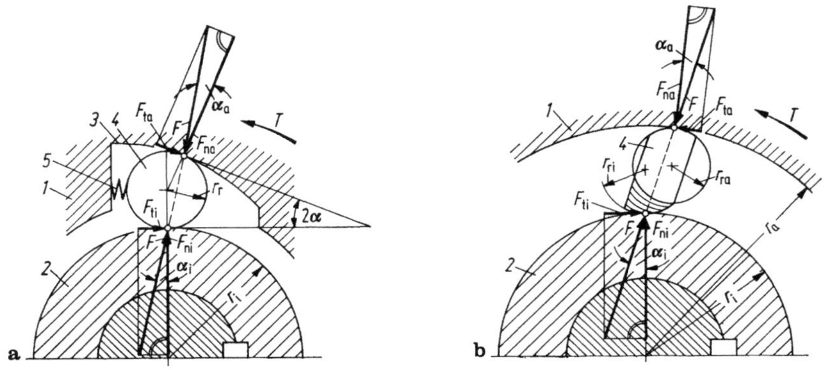

Bild 30/30. Kräfte bei Klemmsperrung. a) Klemm*rollen*freilauf; b) Klemm*körper*freilauf. *1* Außenring, *2* Innenring, *3* Klemmrampe, *4* Klemmrolle bzw. Klemmkörper, *5* Anfederung.

Bei z Rollen oder Klemmkörpern wird damit folgendes Nenn-Drehmoment übertragen:

- Klemmrollenfreilauf: $T = 10^{-3} z F_t r$ (30/7)⊛

mit $r = r_i$ bei Außenstern und $r = r_a$ bei Innenstern. Nach Bild 30/30a ist nach der Gleichgewichtsbedingung an der Rolle $F_{ta} = F_{ti} = F_t$ und $\alpha_a = \alpha_i = \alpha$.

- Klemmkörperfreilauf: $T = 10^{-3} z F_{ti} r_i$. (30/8)⊛

Nach Bild 30/30b ist $F_{ti} > F_{ta}$ und $\alpha_i > \alpha_a$. Deshalb kann die Rutschgrenze nur am Innenring erreicht werden.

b) Tragfähigkeitsberechnung. Nur für einige der Schadensarten kann man ein rechnerisch nachprüfbares Beanspruchungskriterium angeben. Den übrigen muß man durch geeignete Gestaltung, Werkstoffwahl und Schmierung Rechnung tragen.

- Hertzsche Pressung: Wegen der meist ungünstigeren Schmiegung ist die Paarung Klemmelement/Innenring maßgebend: Nach Bd. I, Abschn. 13.3.1 gilt für Stahl/Stahl:

$$p_H = 271 \sqrt{\frac{C}{2} \frac{F_n}{\varrho l_r}} \leq p_{H\,zul}. \tag{30/9}$$ ⊛

Hierin bedeuten: F_n Anpreßkraft aus α_i nach (30/6) und F_{ti} nach (30/7) bzw. (30.8); C Stoßfaktor. Zur Berücksichtigung der Einschaltstöße und Drehmomentschwankungen auf Antriebs- oder Abtriebsseite wählt man je nach rotierender Masse, Schaltgeschwindigkeit (Drehzahl) und Schaltzahl: $C = 2 \ldots 3$.

1 Begriff der Selbsthemmung s. Bd. I, Abschn. 10.5.

ϱ Ersatzkrümmungsradius. Bei Klemmrollenfreiläufen mit Innenstern bei ebener Anlauframpe (Bild 30/20):

$$\varrho = r_r \quad \text{(Rollenradius)}. \tag{30/10}$$

Bei Klemmrollenfreiläufen mit Außenstern (Bild 30/21,30a) gilt:

$$\varrho = r_i r_r/(r_i + r_r). \tag{30/11a}$$

Bei Klemmkörperfreiläufen (Bild 30/22,30b) gilt für die Berührstelle mit Innenring:

$$\varrho = r_i r_{ri}/(r_i + r_{ri}). \tag{30/11b}$$

Berührstelle mit Außenring:

$$\varrho = r_a r_{ra}/(r_a - r_{ra}). \tag{30/11c}$$

$p_{H\,zul}$ zulässige Hertzsche Pressung. Anhaltswerte s. Bild 30/33.

• Spannung im glatten Außenring: Vereinfachend werden nur die Normalkräfte F_n berücksichtigt, die Tangentialkräfte dagegen vernachlässigt, da ihr Einfluß meist gering ist [30/3][2]. Die Spannungsmaxima treten an der Außenseite des Ringes über der Klemmstelle (Bild 30/31a, Stelle *1*) und an der Innenseite zwischen den Klemmstellen (Stelle *2*) auf:

	Stelle *1*	Stelle *2*
Zugspannung σ_z	$F_n \cot \varphi_1/(2bs)$	$F_n/(2bs \sin \varphi_1)$
Schubspannung τ	$F_n/(2bs)$	0
Biegespannung σ_b	$\frac{3F_n r}{bs^2}\left(\frac{1}{\varphi_1} - \cot \varphi_1\right)$	$\frac{3F_n r}{bs^2}\left(\frac{1}{\sin \varphi_1} - \frac{1}{\varphi_1}\right)$

Damit beträgt die Vergleichsspannung nach der Gestaltänderungsenergie-Hypothese:

$$\sigma_v = \sqrt{(\sigma_z + \sigma_b)^2 + (1{,}5\tau)^2} \leq \sigma_{zul}. \tag{30/12}$$

Meist ist die Vergleichsspannung an der Stelle *1* größer. Hierin bedeuten (vgl. Bild 30/31a): φ_1 halber Winkel zwischen zwei Klemmelementen: $\varphi_1 = \pi/z$, b Ringbreite, s Ringdicke, r mittlerer Ringradius: $r = r_a + s/2$, σ_{zul} zulässige Spannung bis 450 N/mm² bei optimalen Bedingungen bis 1200 N/mm² (für Werkstoffe nach Abschn. 30.4.4d), F_n radiale Kraft auf den Außenring an den Berührpunkten der Klemmelemente, bei Klemmrollenfreiläufen mit Innenstern und Klemmkörperfreiläufen gleich der Normalkraft auf das Klemmelement:

$$F_n = 10^3 TC/(z r_a \tan \alpha_a). \tag{30/13}⊛$$

c) Verformung von Freiläufen mit glattem Außenring.[3] Aus der Verformung läßt sich der Klemmwinkel α' abhängig von der Last und damit die Sicherheit gegen Durchrutschen (auch Pop-out) bestimmen, ferner der Gesamtschaltweg (Drehweg) und damit die Drehfederkennlinie (Abschn. 30.4.4f).

Neben den Annahmen[4] sei hier die Durchbiegung des Innenringes (meist fest auf der Welle) vernachlässigt. Damit sind folgende Verformungsanteile zu berücksichtigen:

---

2 Verfahren für dünne Ringe, d. h. Wanddicke < 0,1 Radius; Berechnung für andere Fälle, Berücksichtigung der Tangentialkräfte, Klemmkörpergeometrie und Exzentrizität der Ringe s. [30/3, 4].

3 D. h. für Klemmrollenfreiläufe mit Innenstern und Klemmkörperfreiläufe.

4 Siehe Fußnote 2.

Radiale Aufweitung des Außenringes:

$$f_1 = \frac{F_n r^3}{2EI_x} J_1 + \frac{F_n r}{2Ebs} J_2. \tag{30/14}$$

Hierin bedeuten: F_n Normalkraft nach (30/13), $J_1 = J_2 - 1/\varphi_1$, $J_2 = 0{,}5(\cot \varphi_1 + \varphi_1/\sin^2 \varphi_1)$, I_x Flächenträgheitsmoment des Außenringquerschnitts, $I_x = bs^3/12$.

Abplattung zwischen Klemmelement und Außenring f_2 sowie Klemmelement und Innenring f_3 für Paarung Stahl/Stahl:

$$f_{2,3} = \frac{0{,}551 F_n}{10^5 l_r} \left[1{,}19 + \ln \left(301\, l_r \sqrt{\frac{l_r}{\varrho_{2,3} F_n}}\right)\right]. \tag{30/15}$$ ⊛

Hierin bedeuten: ϱ_2 Ersatzkrümmungsradius außen, ϱ_3 innen: ϱ_2 nach (30/11c); für Klemmkörperfreilauf ϱ_3 nach (30/11b), für Klemmrollenfreilauf mit Innenstern ϱ_3 nach (30/10).

Damit Klemmwinkel unter Last α', z. B. für Klemmrollenfreilauf mit Innenstern (vgl. Bild 30/31a):

$$\alpha' = \arccos \frac{e + r_r - f_3}{r_a - r_r + f_1 + f_2}. \tag{30/16}$$

Da die Normalkraft F_n nach (30/13) vom Klemmwinkel α bzw. α' abhängt, muß man die wahren Verformungsgrößen und den Klemmwinkel unter Last iterativ berechnen.

Der Drehwinkel ϑ', um den sich Innen- und Außenring unter Last gegeneinander verdrehen, beträgt damit beim Klemmrollenfreilauf:[5]

$$\vartheta' = 2(\alpha' - \alpha). \tag{30/17}$$

Er ist zur Bestimmung der Drehfederkennlinie ϑ' für mehrere Belastungen zu berechnen (progressive Kennlinie).

30.4.3 Schadensgrenzen, Gegenmaßnahmen (s. a. Bild 30/33)

Tragfähigkeit, Gebrauchsdauer oder Funktionssicherheit eines Freilaufs werden durch verschiedene Schadensarten begrenzt, die durch ausreichende Dimensionierung und geeignete Gestaltung vermieden werden müssen.

- Leerlaufverschleiß: Im Betriebszustand „Überholen" gleiten die Rollen oder Klemmkörper an den Ringen und Anlaufbahnen. Die zylindrischen Laufbahnen verschleißen gleichmäßig; in der Anlauframpe bildet sich dagegen beim Klemmrollenfreilauf durch langsames Mitdrehen der Rolle eine Rille; dadurch wird ein größerer Anfangsklemmwinkel erzeugt (Bild 30/31b). An den Klemmkörpern können sich Facetten bilden.

Berechnung der Verschleißbeanspruchung ist bis heute nicht möglich.

Folgeschäden: Durch den größeren Anfangsklemmwinkel und die Facetten greifen die Klemmelemente u. U. nicht beim Einleiten des Klemmvorganges (insbes. bei schnellem Lastanstieg), sie rutschen durch. Klemmkörper können eventuell überkippen, d. h. ein Sperrzustand ist dann nicht mehr möglich. Wenn schließlich $\tan \alpha = \mu$ wird, können die Klemmelemente aus dem Eingriff springen. Bei Schaltwerksgetrieben führt Verschleiß zu verlängerten, u. U. unterschiedlichen Schaltwegen (zwischen den parallelen Freiläufen). Die Bewegungsübertragung wird ungleichförmiger.

Gegenmaßnahmen: Leerlaufverschleiß läßt sich durch abhebende Klemmelemente weitgehend vermeiden. Vorteilhaft sind hohe Oberflächenhärte und ausreichende Schmie-

5 Berechnung des Winkels ϑ' beim Klemmkörperfreilauf analog zum hier beschriebenen Verfahren nach [30/3], genauer nach [30/4].

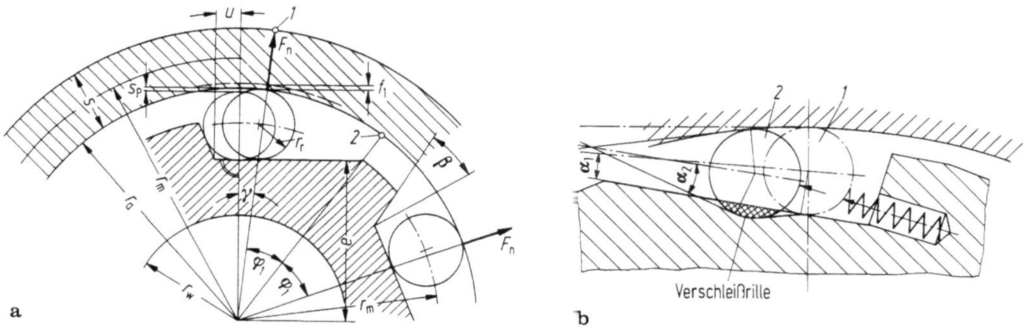

Bild 30/31. a) Zur Berechnung der Spannungen im glatten Außenring und des elastischen Drehweges (vgl. Rechenbeispiel Abschn. 30.5). b) Klemmwinkeländerung durch Verschleiß und plastische Verformung an einem Rollenfreilauf. Stellung *1*: Leerlauf; Stellung *2*: Sperren.

rung. Der Facettenbildung an den Klemmkörpern kann man bei gelagerten Freiläufen durch eine geringe Exzentrizität der beiden Laufbahnen entgegenwirken; die Klemmkörper wippen dadurch während eines Umlaufes leicht vor und zurück.

• Lastverschleiß: Beim Einwälzen bzw. Gleiten in die Sperrstellung, d. h. bei jedem Schaltvorgang, tritt Verschleiß ähnlich dem Leerlaufverschleiß auf (Bild 30/31 b). Allerdings liegt die Verschleißrille beim Klemmrollenfreilauf im Bereich der Klemmstellung. Dadurch wälzen die Klemmrollen weiter ein und kommen ebenfalls in einen Bereich größerer Klemmwinkel.

Berechnung: Die Hertzsche Pressung kann als Beanspruchungskriterium herangezogen werden.

Folgeschäden und Gegenmaßnahmen sind ähnlich wie beim Leerlaufverschleiß. Da der Klemmzustand betroffen ist, tritt Lastverschleiß auch bei abhebenden Freiläufen auf.

• Grübchenbildung kann gleichzeitig mit dem Lastverschleiß auftreten, wegen der ungünstigeren Krümmungsverhältnisse insbesondere am inneren Ring.

Berechnung: Als Beanspruchungskriterium wird ebenfalls die Hertzsche Pressung benützt.

Folgeschäden und Gegenmaßnahmen zunächst ähnlich wie bei Leerlaufverschleiß. Die grübchenartigen Ausbrüche in den Laufbahnen können darüber hinaus zu unruhigem Leerlauf und schließlich zur Zerstörung der Laufbahngeometrie führen.

• Plastische Verformungen an Laufbahnen oder Klemmkörpern treten als Primärschäden fast nur infolge mangelnder Oberflächenhärte auf, als Folge vorausgegangener Grübchenschäden.

• Bruch der Laufbahnringe, seltener der Klemmelemente. Besonders frei tragende Außenringe mit Durchgangsbohrungen zur Befestigung weiterer Maschinenteile sind bezüglich Beanspruchungen und Dehnungen genau zu prüfen. — Berechnung der Tangential-Zugspannungen im Ring, s. Abschn. 30.4.2b.

• Elastische Verformung der Laufbahnringe und Klemmelemente vergrößert im allgemeinen den Klemmwinkel. Wenn $\tan \alpha = \mu$ wird, rutscht der Freilauf in Sperrichtung durch.

Nachrechnung für freitragende glatte Außenringe, s. Abschn. 30.4.2b.

• Pop-out, d. h. Herausspringen der Klemmelemente aus der Sperrstellung. Durch starkes Torsions- oder Axialschwingen der Laufbahnringe gegeneinander kann die Reibungszahl μ stark verringert werden, so daß $\mu \approx \tan \alpha$ wird und keine Selbsthemmung mehr besteht.

Auch ungeeignete Schmiermittel können dies bewirken. Die Klemmelemente schießen dann mit hoher Geschwindigkeit aus der Sperrstellung heraus und können Teile des Freilaufs zerstören. Umgekehrt können elastische Verformungen (s. oben) unter Überlast oder Verschleiß (Leerlauf- und Lastverschleiß) zu größeren Anlaufwinkeln führen und damit ebenfalls Pop-out hervorrufen.

Gegenmaßnahmen: Günstig sind flache Klemmwinkel, da die Überlastung meist durch kurzzeitig auftretende Lastspitzen (dynamische Belastung) beim Schaltvorgang oder infolge von Drehmomentschwingungen hervorgerufen wird. Durch die geringe Torsionssteifigkeit des Freilaufs wird die Stoßenergie über einen längeren Einwälzweg aufgenommen, was die Lastspitzen verringert.

Nachrechnung über die Kontrolle des Klemmwinkels unter Vollast, siehe Abschnitt 30.4.2c, 4e.

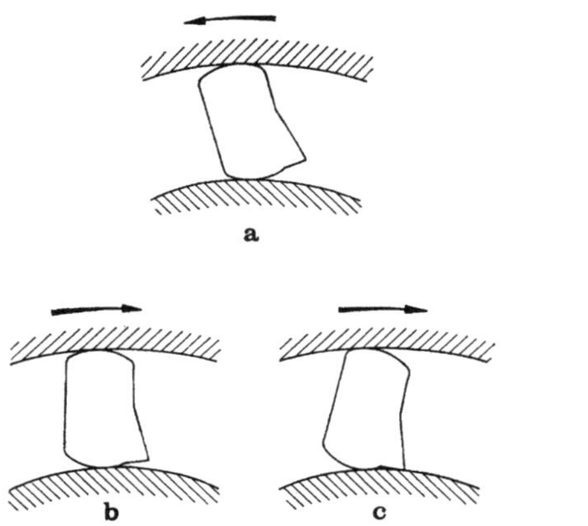

Bild 30/32. Klemmkörper zur Begrenzung des Klemmwinkels (Stieber, Nebelmeier). a) Leerlauf; b) Sperren bei normaler Belastung; c) Durchrutschen bei Überlastung.

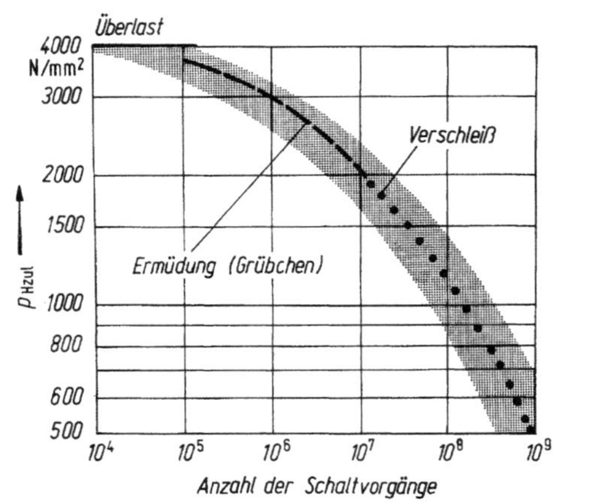

Bild 30/33. Anhaltswerte für die zulässige Hertzsche Pressung [30/5,9], Wälzlager- oder Einsatzstahl, Oberflächenhärte HRC = 62 ± 2.

• Abheben der Klemmelemente: Bei hohen Schaltfrequenzen (z. B. in Schaltwerken) reicht mitunter die Schaltzeit nicht aus, das Klemmelement voll in Eingriff zu bringen, der Freilauf sperrt nicht. Vgl. nächsten Absatz.

• Die Torsionssteifigkeit der anderen Bauteile (Wellen, Kupplungen) zwischen Freilauf und Abtrieb sowie deren Massenträgheitsmoment ist für die dynamische Belastung des Freilaufs ebenfalls wichtig. Im allgemeinen sollen Freiläufe das 2,5fache Nennmoment ertragen können. Bei Schaltwerken sind kurze Schaltwege nötig, aber sicheres Greifen beim Einschaltvorgang, daher progressiver Klemmwinkelverlauf (progressive Federkennlinie) günstig.

• Die geringsten Schäden sind zu erwarten, wenn der Freilauf in Sperrichtung durchrutscht. Meist verschleißen dabei zuerst die Klemmelemente, die man dann auswechseln kann. Bei gelegentlicher kurzzeitiger statischer Überlastung kann durch Sonderausführungen etwa nach Bild 30/32 der Klemmwinkel begrenzt werden, so daß der Freilauf während der Dauer der Überlastung durchrutscht (Bild 30/32). Bei ungünstigeren Betriebsbedingungen (Schmierung) kann allerdings Freßverschleiß auftreten; damit wird der Freilauf unbrauchbar.

Bild 30/33 zeigt, welches Schadenskriterium je nach Schaltzahl maßgebend ist.

30.4.4 Bemessung, Gestaltung, Schmierung

Eine zuverlässige Berechnung ist nur als Nachrechnung möglich. Beim Auslegen eines Freilaufs geht man deshalb in folgenden Schritten vor:

- Pflichtenheft nach Abschn. 30.4.4a.
- Wahl der Bauart (Klemmrollen, Innenstern, Außenstern, Klemmkörper, selbstabhebend usw.) nach Abschn. 30.4.1.
- Überschlägige Ermittlung der Baugröße nach Listen oder Diagrammen für ausgeführte Freiläufe.
- Wahl der Hauptabmessungen nach Abschn. 30.4.4c.
- Nachrechnen der Tragfähigkeitsgrenzen, Drehfederkennlinie usw. nach Abschn. 30.4.2.
- Wenn nötig, Hauptabmessungen ändern und Tragfähigkeits-Nachrechnung wiederholen.

a) Pflichtenheft. Die Anforderungen, die der Freilauf erfüllen soll, und die Einflüsse, die auf ihn einwirken, müssen vorab möglichst umfassend geklärt werden. Die nachstehende Liste kann hierbei als Anhalt dienen.

Freilauf als Vorschub-Schaltelement

- Schaltwinkel.
- Schaltfrequenz.
- Führt Innenring oder Außenring die hin- und hergehende Bewegung aus?
- Wodurch wird die hin- und hergehende Bewegung erzeugt (Kurbeltrieb, Kurven- oder Nockenscheibe, Hydraulik- oder Pneumatikzylinder usw.)?
- Schaltgenauigkeit (toter Gang).
- Stoßfaktor.

Freilauf als Rücklaufsperre

- Drehzahl an der Einbaustelle (kann man die Rücklaufsperre eventuell auf schneller laufender Welle mit geringerem Drehmoment anordnen?).
- Anordnung (auf Wellenstumpf, durchgehender Welle, an Riemenscheibe, Zahnrad usw.).
- Drehelastische Elemente zwischen Rücklaufsperre und zu sperrender Anlage, die beim Sperren hohe Drehmomente erzeugen (Drehsteifigkeit des Freilaufs darauf abstimmen).
- Treten extreme Anfahrstöße auf? (Rücklaufsperre evtl. überdimensionieren.)
- Muß Rücklaufsperre lösbar sein (häufig oder nur im Notfall)?

Freilauf als Überholkupplung

- Antriebsmaschine (Drehmoment-Charakteristik), Antriebsleistung im Mitnahmebetrieb.
- Sperrdrehzahl, Verhältnis Sperrdrehzahl/Überholdrehzahl (Begrenzung bei berührungslosen Überholkupplungen).
- Sind Ausgleichs- oder elastische Kupplungen an der Drehmomentenübertragung beteiligt (s. o.)?
- Trägheitsmomente der angetriebenen Maschine.
- Treten während des Mitnahmebetriebes Drehmomentschwankungen auf, so daß $T = 0$ wird?
- Abheben durch Fliehkraft gefordert?

Allgemeines, sonstige Eigenschaften und Anforderungen, Einbaubedingungen

- Drehmoment, Drehzahl.
- Innen- und Außenring ausreichend zentriert (Parallelversatz, Winkelfehler)?
- Welle als Innenring, Nabe als Außenring vorgesehen?
- Befestigung der Innen- und Außenringe (Durchgangsbohrungen?).
- Schaltbarkeit der Sperr- und Leerlaufrichtung gefordert?
- Umgebung (Staubdichtung; Temperaturkühlung).
- Schmierung (Ölbad, Ölnebel bei Einbau im geschlossenen Maschinengehäuse; Anschluß an Zentralschmierung möglich?), Schmierstoff vorgegeben (EP- oder andere Zusätze, Viskosität).
- Betriebsdauer und Anzahl der Schaltvorgänge, Zugänglichkeit, Betriebssicherheit, Wartung.
- Stückzahl (Sondervorrichtungen, Wälzlagerelemente).

b) Überschlägige Ermittlung der Baugröße. Nach den Bildern 30/34,35 kann man die Baugrößen vorläufig abschätzen. Wie Bild 30/35 zeigt, gibt es bei gegebenem Klemmkörperprofil und -abstand sowie Außendurchmesser eine optimale Ringdicke für die Trag-

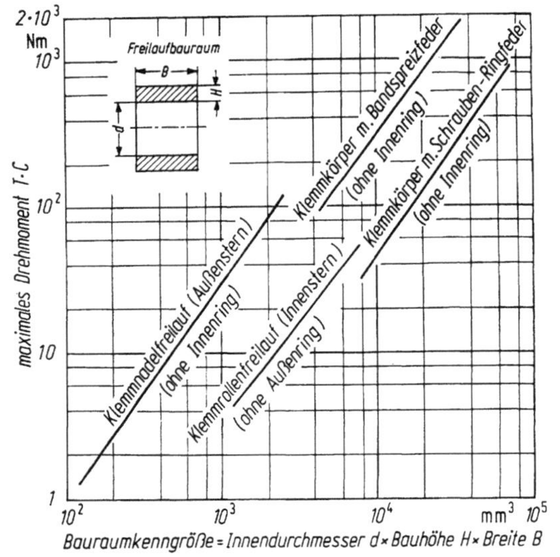

Bild 30/34

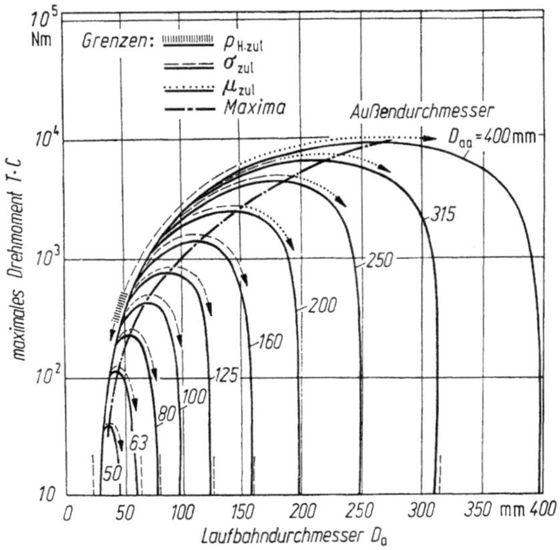

Bild 30/35

Bild 30/34. Übertragbares Drehmoment für verschiedene Freilaufkonstruktionen [30/19].

Bild 30/35. Übertragbares Drehmoment und Schadensgrenzen für Klemmkörperfreiläufe [30/4]. (Ring- und Klemmkörperbreite: 10 mm, Klemmkörperhöhe: 12 mm, Klemmkörperabstand: 9,5 mm, Klemmkörperprofil: Kreisbogenstücke, die ohne Berücksichtigung der Verformungen nahezu konstanten Klemmwinkelverlauf ergeben.) Beachte: Für jede Kurve nimmt die Außenringdicke von links nach rechts ab. Grenzen: IIIIIII Hertzsche Pressung $p_{H\,zul} = 4000$ N/mm², — — — Ringspannung $\sigma_{zul} = 450$ N/mm², ········ Reibungszahl $\mu_{zul} = 0{,}105$. Berechnung von Diagrammen für andere Daten s. [30/4].

fähigkeit. Man erkennt ferner, daß bei dicken Ringen die Hertzsche Pressung für die Tragfähigkeit maßgebend ist, bei mittlerer Ringdicke die Ringspannung und bei großen Abmessungen die Reibungszahl (die starken Verformungen führen hier zu großen Klemmwinkeln). Ähnliche Zusammenhänge gelten auch für andere Bauarten.

Bei der vorläufigen Dimensionierung kann man auch vom Wellendurchmesser ausgehen, der für die Übertragung des Drehmomentes erforderlich ist (Abschn. 17.2); s. auch Abschn. 30.4.4 c und 30.4.5 (Berechnungsbeispiel).

c) Hauptabmessungen, Genauigkeit, Erfahrungswerte.

Klemmrollenfreiläufe (Bild 30/31 a):

Innendurchmesser des glatten Außenringes	$d_a = (2 \ldots 2{,}5)\, d_w$
Klemmrollenradius	$r_r = (0{,}1 \ldots 0{,}4)\, e$
Klemmrollenbreite	$l_r = (3 \ldots 5)\, r_r$
Außenringdicke	$s = (1{,}5 \ldots 2)\, r_r$
Zahl der Klemmrollen	$z = (1{,}5 \ldots 2)\, r_m/r_r$

Klemmkörperfreiläufe (Bild 30/30 b):

Einbauhöhe	$h = 4 \ldots 30$ mm
Außenringdicke	$s \geq r_a/2$
Innenringdicke	$s_i \geq r_i/2{,}5$ [6]
Klemmkörperbreite	$l_r = (0{,}5 \ldots 2)\, h$
Klemmkörperradius	$r_r = (0{,}4 \ldots 0{,}8)\, h$
Zahl der Klemmkörper	$z = (1 \ldots 4{,}5)\, r_m/r_r$

Die Ringe sollen mindestens 3 mm breiter als die Klemmelemente sein. Damit sich die Gesamtumfangskraft gleichmäßig auf alle Klemmelemente und über deren Breite verteilt und um hohe Hertzsche Pressungen zulassen zu können, sind enge Fertigungstoleranzen fein geschliffene Laufbahnen und Rollen erforderlich.

6 Bei Aufsetzen auf Welle größer.

Anhaltswerte:

- Neigungsfehler der Laufbahnen auf 10 mm Länge: 3 µm; Rauhtiefe der Klemmflächen der Ringe $R_t = 0{,}5 \dots 1$ µm, der Klemmrollen $R_t = 0{,}5$ µm, der Klemmkörper (gezogen, kalibriert und gleitgeschliffen) $R_t = 2$ µm; zulässiger Mittenversatz der zu kuppelnden Wellen $\leq 0{,}015 \dots 0{,}5$ mm je nach Bauart.
- In der Regel steifer Innenring mit Paßfeder und Festsitz (Bohrung H7, Welle h6, h5, j6 oder j5). Die Paßfeder muß Rückenspiel haben, sie darf in der Breite nicht zu stramm sitzen, da sonst der Innenring deformiert wird. Außenring häufig angeflanscht (z. B. Bild 30/27). Bei dünnem Außenring (Hülsenfreilauf): Festsitz.
- Reibmomente nicht abhebender Freiläufe: Klemmrollenfreilauf: (0,0006 ... 0,002) Nenn-Drehmoment T; bei verstärkter Anfederung (Schaltwerksgetriebe: 0,001 ... 0,005) T.
- Maximale Schaltfrequenz: 16 ... 80 s^{-1} in Schaltwerksgetrieben, abhängig von der Art der Antriebsmaschine, den Schwungmassen, Federsteifigkeiten und Dämpfungen.

d) Werkstoff, Wärmebehandlung. Bei einer Reibungszahl der Paarung Stahl/Stahl von etwa $\mu = 0{,}05 \dots 0{,}1$ und entsprechend kleinen Klemmwinkeln (30/6) ist die Anpreßkraft etwa gleich dem 15fachen der Umfangkraft. Dementsprechend verwendet man ausschließlich gehärtete Bauelemente, um hohe Hertzsche Pressungen zulassen zu können und hohe Verschleißfestigkeit zu erzielen. (Alle anderen Werkstoffpaarungen führen wegen geringer Härte und trotz teilweise höheren Reibungszahlen zu größeren Abmessungen).

Bei kleinen Abmessungen wählt man meist Wälzlagerstahl 100 Cr 6, durchgehärtet, bei größeren Abmessungen (Durchvergüten schwieriger) und besonderen Stoßbeanspruchungen Einsatzstahl z. B. 16 MnCr 5 mit 1 ... 1,5 mm Einsatzhärtungstiefe, Oberflächenhärte HRC $= 62 \pm 2$. Bei großen Abmessungen ist auch Induktionshärtung üblich. Kernfestigkeit von 1000 ... 1200 N/mm² bei Einsatz- und Induktionshärtung meist ausreichend.

e) Anlaufbahn, Klemmwinkel. Man erhält konstante Klemmwinkel für jede Lage des Klemmelements, wenn die Klemmbahn als logarithmische Spirale ausgeführt ist (Verformung unter Last nicht berücksichtigt). Bei geraden Klemmbahnen nach Bild 30/31a nimmt dagegen meist der Klemmwinkel zu, wenn die Rolle sich beim Einwälzen unter Last durch die elastischen Verformungen zum Außendurchmesser hin verlagert. (Abschnitt 30.4.2c) Neben der einfachen Herstellung (Abschn. 30.4.1b) hat dies wesentliche Vorteile: Ein zunächst kleiner (Anfangs-) Klemmwinkel ergibt sicheres Greifen beim Einschaltvorgang, da der Schmierfilm durchgedrückt werden muß und dabei die Reibungszahl gering ist. Danach kann die dann größere Reibungszahl durch den größeren Klemmwinkel für die Erzeugung einer größtmöglichen Umfangskraft ausgenützt werden (30/5, 6). Schließlich kann der Freilauf bei Überlastung u. U. durchrutschen, wenn $\tan \alpha > \mu$ wird, bevor durch Bruch oder plastische Verformung eine bleibende Schädigung auftritt.

Erfahrungswerte: Anfangsklemmwinkel 1,7° ··· 3°, Endklemmwinkel 2° ··· 6°, (Einfluß der Schmierung s. Abschn. 30.4.4j).

Auch bei Klemmkörpern läßt sich mit Kreisbogenstücken jeder gewünschte Klemmwinkelverlauf erreichen.

Die mindestens erforderliche Länge der Klemmbahnen ergibt sich dann aus dem Wälzwinkel ϑ' (30/17) und dem Abstand des Berührpunktes vom Mittelpunkt des Freilaufs. Dabei sind außer den Verformungen nach (30/14, 15) auch die Fertigungstoleranzen der Ringe und Klemmelemente, sowie die zulässige Exzentrizität zwischen Innen- und Außenring zu berücksichtigen. Sie ergeben gleichsam einen zusätzlichen konstanten Verformungsanteil entsprechend f_1, f_2 und f_3, aus dem sich ein weiterer Anteil zum Wälzwinkel ϑ' nach (30/17) errechnen läßt.

f) Drehsteifigkeit. Die Drehsteifigkeit der Klemmfreiläufe liegt in der Größenordnung derjenigen von elastischen Kupplungen. Sie muß also bei der Drehschwingungsrechnung berücksichtigt werden. Man benötigt die Drehfederkennlinie ferner für die Ermittlung der beim Schaltvorgang entstehenden Lastspitzen.

Berechnung s. Abschn. 30.4.2 und [30/3,4]. Berechnung der Lastüberhöhungen abhängig von rotierenden Massen und Drehsteifigkeiten s. [30/3].

Die Drehfederkennlinie entspricht in etwa dem Verlauf des Klemmwinkels. Wird dieser mit der Belastung größer, ist sie progressiv; bleibt der Klemmwinkel konstant, so verläuft sie linear. Bei kleinem Klemmwinkel verläuft die Kennlinie flacher als bei großem.

Freiläufe für Schaltwerke sollten eine möglichst steile Kennlinie aufweisen. Eine veränderliche Belastung würde anderenfalls zu stark unterschiedlichen Einwälzwegen führen, d. h. die Schaltgenauigkeit verringern.

Für dynamisch stark beanspruchte Antriebe bevorzugt man dagegen zum Ausgleich harter Belastungsstöße besonders drehelastische Freiläufe (flacher, konstanter Klemmwinkel). Wegen des langen Einwälzweges eignen sich hierfür besonders Rollenfreiläufe; auch Klemmkörperfreiläufe kann man für lange Einwälzwege so gestalten, daß die Klemmkörper nicht überkippen.

g) Anfederung der Klemmelemente. Am besten — aber am aufwendigsten — ist die Einzelanfederung für jedes Klemmelement. Man vermeidet damit unterschiedliche Lastaufteilung bei kleinen Maßunterschieden. Ausführung mit der — kostengünstigeren — gemeinsamen Anfederung, s. Bild 30/22.

Die Federkraft muß etwas größer als die Gegenwirkung von Gleitreibung, Eigengewicht und Fliehkraft sein. Bei Schaltwerken ist eine verstärkte Anfederung zu empfehlen, um auch bei hohen Schaltfrequenzen keinen Totgang und sicheres Greifen zu erhalten. Fettschmierung erfordert stärkere Anfederung als Ölschmierung, um sicheres Greifen zu gewährleisten.

h) Lagerung, Einbau. Freiläufe sollen ausschließlich Drehmoment übertragen. Sie müssen auch in Sperrstellung von Querkräften freigehalten werden.

Exzentrizität zwischen beiden Laufringen führt in der Sperrstellung zu zyklischen Kippbewegungen der Klemmkörper (vgl. Abschn. 30.4.1d) bzw. Wälzbewegungen der Klemmrollen. Zu große Exzentrizität verursacht deshalb Laufunruhe sowie bei nicht konstantem Klemmwinkel dauernden Wechsel von Überlastung und Entlastung (vgl. Pop-out, Abschn. 30.4.3). Notfalls sind zusätzliche Querlager vorzusehen oder Freiläufe mit eingebauten Lagern (Abschn. 30.4.1g) zu wählen.

Entsteht am Freilauf eine Querkraft durch die Drehmomenteinleitung, z. B. Schubstangenkraft, Kettenzug, Riemenzug, so sollte deren Wirkungslinie möglichst in der Mitte zwischen den Lagern angreifen, besonders bei Freiläufen mit geringem Lagerabstand. Anderenfalls wird die Lebensdauer gemindert, denn die außermittig angreifende Querkraft kippt aufgrund des Lagerspiels den Außenring relativ zum Innenring. Die dadurch entstehenden Axialbewegungen zwischen Innen- und Außenlaufbahn heben die Haftreibung zwischen Klemmelement und Laufbahn auf.

Einbaupassungen s. Abschn. 30.4.4c.

j) Schmierung. Um Verschleiß und Erwärmung zu begrenzen, müssen Freiläufe mit Öl geschmiert werden (bis 10 m/s Umfangsgeschwindigkeit auch Fettschmierung möglich). Andererseits ist zu beachten, daß die Anfederkraft ausreichen muß, den Schmierfilm durchzudrücken, damit der Freilauf greift. Geeignet sind Mineralöle mit Alterungs- und Korrosionsinhibitoren oder Wälzlagerfette, die nach den Richtlinien für die Wälzlagerschmierung auszuwählen sind.

Zähigkeit: 20 ... 40 mm²/s bei 50 °C. Ungeeignet sind MoS_2-, Graphit- und manche EP-Zusätze, die die Reibungszahl herabsetzen. Falls derartige Schmierstoffe vorgeschrieben sind (z. B. bei Einbau in Zahnradgetriebe), muß nach (30/5) ein entsprechend kleiner Anfangsklemmwinkel gewählt werden: Bei den o. a. Zusätzen $\leq 3°$ [30/5].

Durchweg wird Öltauschschmierung gewählt; Ölstand in Ruhe bei etwa 1/3 des Laufbahndurchmessers.

30.4.5 Berechnungsbeispiel [7]

Gegeben: Wellendurchmesser $d_w = 30$ mm; Nenn-Drehmoment $T = 100$ Nm; Anfangsklemmwinkel $\alpha = 3°$; Stoßfaktor $C = 2{,}5$. Es soll ein in sich gelagerter Klemmrollenfreilauf mit Innenstern und frei tragendem Außenring nach Bild 30/27 für 10^7 Schaltungen ausgelegt werden.

Wahl der Hauptabmessungen

1. Nach Abschn. 30.4.4c Innendurchmesser des Außenringes $d_a = 60 \ldots 75$ mm. Gewählt: $d_a = 75$ mm, damit Außenringbohrung als Lagersitz für Rillenkugellager Reihe 0, Innendurchmesser 45 mm geeignet.
2. Aus Bedingung $r_a \approx e + 2r_r$ (Bild 30/31a) und $r_r = 0{,}1 \ldots 0{,}4\, e$ ergibt sich $r_r = 0{,}2e = 5{,}36$ mm. — Gewählt: $r_r = 5$ mm.
Aus geometrischen Beziehungen: $e = (r_a - r_r) \cos \alpha - r_r = 27{,}4555$ mm.
3. Aufriß des Sternprofils nach Bild 30/31a ergibt unter Berücksichtigung des Raumes für Einzelanfederung und Herstellung der Klemmflächen durch tangentiales Einfräsen $z = 8$ Klemmrollen.
4. Aus Bild 30/33: $p_{H\,zul}$ für 10^7 LW ca. 2000 N/mm². Unter Berücksichtigung der Klemmwinkelvergrößerung unter Last (s. Abschn. 30.4.1b) wird $\alpha' = 4°$ geschätzt. Klemmrollenbreite l_r nach (30/6, 7, 9, 10):

$$l_r \geq \left(\frac{271}{p_{H\,zul}}\right)^2 \cdot \frac{10^3\, TC}{2zr_r \tan \alpha' r_a} \circledast = 21{,}9 \text{ mm}.$$

Gewählt: $l_r = 25$ mm. Kontrolle nach Abschn. 30.4.4c: $l_r = 15 \ldots 25$ mm.
5. Für einwandfreies Freilaufen unter Berücksichtigung der Fertigungstoleranzen soll Spiel $s_P = 0{,}1$ mm sein (Bild 30/31a).
Aus den geometrischen Beziehungen folgen Winkel $\gamma = \arccos \{[(r_a - r_r)/(r_a - r_r - s_P)] \cos 2\alpha\} = 3{,}98°$ und Maß u für die Fertigung mit $\beta = 25°$: $u = r_r\,(1 - \sin \beta)/\cos \beta = 3{,}2$ mm.
6. Außenringdicke nach Abschn. 30.4.4c: $s = 7{,}5 \ldots 10$ mm. Gewählt: $s = 10$ mm.
7. Außenringbreite $b = 44$ mm gewählt, um Wälzlager unterzubringen.

Nachrechnung des Endklemmwinkels α'

Nach (30/13): $F_n = 11\,917$ N mit zunächst geschätztem $\alpha' = 4°$. Aufweitung des Außenringes f_1 nach (30/14) mit $\varphi_1 = 22{,}5°$, $r = 42{,}5$ mm, $E = 210\,000$ N/mm², $I_x = 3667$ mm⁴, $J_2 = 2{,}547\,865$, $J_1 = 0{,}001\,386$: $f_1 = 0{,}007\,81$ mm.

Hertzsche Verformung nach (30/15) mit $\varrho_2 = 4{,}4$ mm, $\varrho_3 = r_r = 5$ mm: $f_2 = 0{,}0165$ mm; $f_3 = 0{,}0163$ mm, d. h. $f_2 \approx f_3$; aus (30/16): $\alpha' = 4{,}15°$.

1. Iteration: $F_n = 11\,484$ N; $f_1 = 0{,}007\,53$ mm; $f_2 = 0{,}0160$; $f_3 = 0{,}0159$; $\alpha' = 4{,}12° < 6°$. — Verdrehwinkel $\vartheta' = 2{,}24°$, Drehsteifigkeit bei Maximallast $c'_\varphi = CT/\vartheta' = 6395$ Nm/rad.

Nachrechnung der Ringspannungen

Nach (30/12) für Stelle *1* (Außenseite Außenring über Klemmstelle): $\sigma_z = 31{,}5$ N/mm²; $\tau = 13{,}1$ /mm² $\sigma_b = 44{,}0$ N/mm²; $\sigma_v = 78{,}0$ N/mm² $< \sigma_{zul}$ nach Angaben unter (30/12).
Für Stelle *2* (Innenseite Außenring zwischen den Klemmstellen): $\sigma_z = 34{,}1$ N/mm²; $\tau = 0$; $\sigma_b = 22{,}2$ N/mm²; $\sigma_v = 56{,}3$ N/mm² $< \sigma_{zul}$ nach Angaben unter (30/12).

30.5 Literatur zu 30

Richtlinien

30/1 AWF- und VDMA-Getriebeblätter: AWF 6006 und 6061 bis 6065, Begriffsbestimmungen, Sperrgetriebe, Berlin 1952/57
30/2 VDI-Richtlinie 2146: Schaltwerkgetriebe

Bücher, Dissertationen

30/3 Stölzle, K.; Hart, S.: Freilaufkupplungen, Berechnung und Konstruktion. Berlin, Göttingen, Heidelberg: Springer 1961
30/4 Timtner, K.: Berechnung der Drehfederkennlinien und zulässiger Drehmomente bei Freilaufkupplungen. Diss. TH Darmstadt 1974
30/5 Krausskopf-Taschenbuch „Antriebstechnik", Bd. II: Kupplungen. Darin: Jorden, W.: Freilaufkupplungen. Mainz: Krausskopf 1974
30/6 Hänchen, R.: Sperrwerke und Bremsen. Berlin: Springer 1930

7 Berechnungsbeispiel für Zahngesperre s. Abschn. 30.3.4.

Zeitschriftenaufsätze

30/7 Timtner, K.: Berechnung der Drehfederkennlinie und zulässigen Drehmomente bei Freilaufkupplungen mit Klemmkörpern. Konstr. 27 (1975) 433...437 u. 472...477

30/8 Ferris, E. A.: Automotive sprag clutches, design and application. SAE paper 208 A 6 (1960)

30/9 Jorden, W.: Gebrauchsdauer von Klemmfreilaufkupplungen. Konstr. 24 (1972) 485...491

30/10 Reister, D.: Lebensdauerberechnung für Klemmrollenfreiläufe. Ind. Anz. 93 (1971) 1805...1811

30/11 Chapman, C. S.: One-way clutch. SAE Trans. 208 (1960)

30/12 Ferris, E. A.: Automative sprag clutches, design and application. SAE Trans. 208A (1960)

30/13 Maltsev, V. F.; Papchenko, A. I.: Optimum wedging angle of rollers in starter free-wheeling mechanisms. Russ. Eng. J. XLVII, No. 6

30/14 Timtner, K.: Die beiden Arten der Fliehkraftabhebung bei Klemmstückfreiläufen. Maschine (1970) Nr. 11 u. 12

30/15 Kollmann, K.: Beitrag zur Konstruktion und Berechnung von Überholkupplungen. Konstr. 9 (1957) 254...259

30/16 Dahmen, F.: Freilaufkupplungen — Funktion, Aufbau, Anwendungsmöglichkeiten. Maschine (1968) Nr. 7 u. 8

30/17 Titt, G.: Konstruktive Weiterentwicklung des Hemmkeilfreilaufes. Antriebstech. 7 (1968) 68...71

30/18 Bollmann, E.: Die Eintouren-Rollenkupplung — ein vielseitiges Antriebselement. Antriebstech. 12 (1973) 101...106

30/19 Paland, E.-G.: Hülsenfreiläufe. Antriebstech. 13 (1974) 681...685

Firmenschriften

Bolenz & Schäfer, Dortmund; Fichtel & Sachs, Schweinfurt; Industriewerk Schäffler, Offenbach; Ringspann Albrecht Maurer, Bad Homburg v. d. H.; Georg Müller, Nürnberg; Stieber-Präzision, München; Walther Flender, Düsseldorf; Warner Electric, Nürtingen; Zahnräderfabrik Renk, Augsburg.

Sachverzeichnis

Zahl in ( ) = Berechnungsbeispiele bzw. Beispielwerte

MIX
Papier aus verantwortungsvollen Quellen
Paper from responsible sources
FSC® C105338
FSC
www.fsc.org

If you have any concerns about our products,
you can contact us on
ProductSafety@springernature.com

In case Publisher is established outside the EU,
the EU authorized representative is:
Springer Nature Customer Service Center GmbH
Europaplatz 3, 69115 Heidelberg, Germany

Printed by Libri Plureos GmbH
in Hamburg, Germany